Sauvigny
Partielle Differentialgleichungen
der Geometrie und der Physik 2

T0226041

Friedrich Sauvigny

Partielle Differentialgleichungen der Geometrie und der Physik

Funktionalanalytische Lösungsmethoden

Unter Berücksichtigung der Vorlesungen
von E. Heinz

 Springer

Prof. Dr. Friedrich Sauvigny

Brandenburgische Technische Universität Cottbus
Fakultät 1, Lehrstuhl Mathematik, inbes. Analysis
Universitätsplatz 3/4
03044 Cottbus, Deutschland
e-mail: sauvigny@math.tu-cottbus.de

Bibliografische Information Der Deutschen Bibliothek

Die Deutsche Bibliothek verzeichnet diese Publikation in der Deutschen Nationalbibliografie;
detaillierte bibliografische Daten sind im Internet über http://dnb.ddb.de abrufbar.

Mathematics Subject Classification (2000): 35, 30, 31, 45, 46, 49, 53

ISBN 3-540-23107-2 Springer Berlin Heidelberg New York

Springer ist ein Unternehmen der Springer Science+Business Media
springer.de

© Springer-Verlag Berlin Heidelberg 2005
Printed in Germany

Umschlaggestaltung: *design & production GmbH*, Heidelberg
Herstellung: LE-TeX Jelonek, Schmidt & Vöckler GbR, Leipzig
Satz: Datenerstellung durch den Autor unter Verwendung eines Springer LaTeX- Makropakets
Gedruckt auf säurefreiem Papier   44/3142YL-5 4 3 2 1 0

Vorwort zu Band 2 - Funktionalanalytische Lösungsmethoden

Mit dem nun vorliegenden zweiten Teil „Funktionalanalytische Lösungsmethoden" setzen wir unser Lehrbuch „Partielle Differentialgleichungen der Geometrie und der Physik" fort. Aus beiden Gebieten werden wir zentrale Fragestellungen wie etwa Krümmungsgleichungen oder Eigenwertprobleme behandeln. Mit dem Titel unseres Lehrbuchs wollen wir auch den reinen und angewandten Aspekt der Partiellen Differentialgleichungen hervorheben. Es stellt sich heraus, daß der Lösungsbegriff in der Theorie partieller Differentialgleichungen sich ständig erweitert. Dabei verlieren die klassischen Konzepte jedoch nicht an Bedeutung. Neben der n-dimensionalen Theorie wollen wir hier ebenso die zweidimensionale Theorie präsentieren.

Wir werden die Differentialgleichungen mit der Kontinuitätsmethode, der Variationsmethode oder der Topologischen Methode lösen. Die Kontinuitätsmethode erscheint vom geometrischen Standpunkt besonders geeignet, zumal sie die Stabilität der Lösung untersucht. Die Variationsmethode ist auch vom physikalischen Standpunkt sehr attraktiv, stellt aber schwierige Regularitätsfragen an die schwache Lösung. Die Topologische Methode kontrolliert die Lösungsgesamtheit während einer Deformation des Problems, und sie ist ebenso wie die Variationsmethode nicht angewiesen auf die Eindeutigkeit.

In Kapitel VII werden i.a. nichtlineare Operatoren im Banachraum behandelt. Auf der Grundlage des Brouwerschen Abbildungsgrades aus Kapitel III beweisen wir in § 1 den Schauderschen Fixpunktsatz, und wir ergänzen den Banachschen Fixpunktsatz. Mittels Approximation erklären wir dann in § 2 den Leray-Schauderschen Abbildungsgrad im Banachraum und weisen dessen Fundamentaleigenschaften in § 3 nach. In diesem Teil berücksichtigen wir die Vorlesung [H4] meines akademischen Lehrers, Herrn Prof. Dr. E. Heinz in Göttingen.

Wir gehen dann über zu linearen Operatoren im Banachraum, und mit dem Abbildungsgrad zeigen wir den fundamentalen Lösbarkeitssatz von F. Riesz. Zum Abschluß beweisen wir mit dem Zornschen Lemma den Hahn-Banachschen Fortsetzungssatz (vgl. [HS]).

In Kapitel VIII über Lineare Operatoren im Hilbertraum transformieren wir in § 1 die Eigenwertprobleme von Sturm-Liouville und H. Weyl für Differential-operatoren in Integralgleichungsprobleme. Dann betrachten wir in § 2 schwach singuläre Integraloperatoren und beweisen einen Satz von I. Schur über ite-rierte Kerne. In § 3 vertiefen wir die Ergebnisse aus Kapitel II, § 6 über den Hilbertschen Raum und vervollständigen abstrakt den Prä-Hilbertraum. Mit beschränkten linearen Operatoren im Hilbertraum befassen wir uns in § 4: Fortsetzungssatz, Adjungierte und Hermitesche Operatoren, Hilbert-Schmidt-Operatoren, Inverse Operatoren, Bilinearformen und der Satz von Lax-Milgram werden vorgestellt. In § 5 wird die Transformation von Fourier-Plancherel als unitärer Operator auf dem Hilbertraum $L^2(\mathbb{R}^n)$ studiert. Vollstetige bzw. kompakte Operatoren werden in § 6 im Zusammenhang mit schwacher Konvergenz untersucht. Als Beispiel geben wir die Operatoren mit endlicher Quadratnorm an. Der Lösbarkeitssatz von Fredholm über Operator-gleichungen im Hilbertraum wird auf die entsprechende Aussage von F. Riesz im Banachraum zurückgeführt. Wir spezialisieren dann diese Ergebnisse auf schwach singuläre Integraloperatoren.

Mit Variationsmethoden wird in § 7 der Spektralsatz von F. Rellich über voll-stetige, Hermitesche Operatoren bewiesen. Dann wenden wir uns in § 8 dem Sturm-Liouvilleschen Eigenwertproblem zu und entwickeln die auftretenden Integralkerne nach den Eigenfunktionen. Nach Ideen von H. Weyl behandeln wir in § 9 das Eigenwertproblem für die Schwingungsgleichung in Gebieten des $\mathbb{R}^n$ mit der Integralgleichungsmethode. Auch in diesem Kapitel profitieren wir von einer Vorlesung von Professor Dr. E. Heinz (vgl. [H3]). Insbesondere zum Studium der Eigenwertprobleme empfehlen wir das klassische Lehrbuch [CH] von R. Courant und D. Hilbert, welches den Weg auch in die moderne Physik gewiesen hat.

Wir haben uns in die Funktionalanalysis anhand von Problemen über Dif-ferentialoperatoren der Mathematischen Physik leiten lassen (vgl. [He1] und [He2]). Der übliche Lehrstoff zur Funktionalanalysis ist den Kapiteln II §§ 6-8, VII und VIII zu entnehmen. Darüber hinaus haben wir auch die Lösbarkeit nichtlinearer Operatorgleichungen im Banachraum behandelt. Zum Spektral-satz für unbeschränkte, selbstadjungierte Operatoren verweisen wir auf die Literatur.

In unserem Lehrbuch werden wir nun mit funktionalanalytischen Metho-den direkt klassische Lösungen für Rand- und Anfangswertprobleme linearer und nichtlinearer partieller Differentialgleichungen konstruieren. Mit a-priori-Abschätzungen bezüglich der Höldernorm sichern wir die Existenz von Lösun-gen in klassischen Funktionenräumen.

In Kapitel IX, §§ 1-3 folgen wir i. w. dem Buch von I. N. Vekua [V] und lösen mit der Integralgleichungsmethode das Riemann-Hilbertsche Randwertpro-blem. Unter Benutzung der Vorlesung [H6] stellen wir in §§ 4-7 die Schauder-sche Kontinuitätsmethode zur Behandlung von Randwertaufgaben linearer elliptischer Differentialgleichungen in n Veränderlichen vor. Hierzu erbringen wir die Schauderschen Abschätzungen.

In Kapitel X über schwache Lösungen elliptischer Differentialgleichungen profitieren wir von den Grundlehren [GT] chapter 7 und 8 von D. Gilbarg und N. S. Trudinger. Hier empfehlen wir auch das Lehrbuch [Jo] von J. Jost und die Monographie [E] von L. C. Evans. Wir führen Sobolevräume in § 1 ein und behandeln die Einbettungssätze in § 2. Nachdem wir in § 3 die Existenz schwacher Lösungen etabliert haben, zeigen wir mit der Moserschen Iterationsmethode in § 4 die Beschränktheit schwacher Lösungen. Dann untersuchen wir in §§ 5-7 die Hölderstetigkeit schwacher Lösungen im Innern und am Rand. Indem wir uns auf interessante Teilklassen konzentrieren, können wir einleuchtend die Beweismethoden präsentieren. Dann wenden wir in § 8 die Resultate auf Gleichungen in Divergenzform an.

In Kapitel XI, §§ 1-2 legen wir zunächst Grundlagen aus der Differentialgeometrie (siehe [BL]) und der Variationsrechnung. Dann behandeln wir die Charakteristikentheorie nichtlinearer hyperbolischer Differentialgleichungen in zwei Veränderlichen (vgl. [CH], [G], [H5]) in § 3 und lösen in § 4 das Cauchysche Anfangswertproblem mit dem Banachschen Fixpunktsatz. In § 6 präsentieren wir H. Lewys Beweis des Bernsteinschen Analytizitätstheorems. Hier möchten wir auch auf P. Garabedians Monographie [G] hinweisen.

Auf der Grundlage von Kapitel IV über verallgemeinerte analytische Funktionen aus dem Band 1 behandeln wir in Kapitel XII nichtlineare elliptische Systeme. Zu Beginn dieses Kapitels geben wir einen Überblick über die dort behandelten Resultate. Nach dem Jägerschen Maximumprinzip aus § 1 entwickeln wir die Theorie in §§ 2-5 aus der grundlegenden Arbeit von E. Heinz [H7] über nichtlineare elliptische Systeme. Im Zentrum steht hier ein Existenzsatz für nichtlineare elliptische Systeme, der mit dem Leray-Schauderschen Abbildungsgrad gewonnen wird. In §§ 6-10 wenden wir die Ergebnisse auf differentialgeometrische Probleme an. Hier führen wir mit einer nichtlinearen Kontinuitätsmethode konforme Parameter in eine nichtanalytische Riemannsche Metrik ein. Die notwendigen a-priori-Abschätzungen haben wir direkt bis zum Rand erbracht. Schließlich lösen wir das Dirichletproblem für die nichtparametrische Gleichung vorgeschriebener mittlerer Krümmung mit der Uniformisierungsmethode. Zu diesem Kapitel studiere man auch [DHKW], insbesondere chapter 7, von U. Dierkes und S. Hildebrandt, wo die Theorie der Minimalflächen präsentiert wird. Mittels nichtlinearer elliptischer Systeme kann aber auch die Monge-Ampèresche Differentialgleichung behandelt werden, welche nicht mehr quasilinear ist. Diese Theorie wurde von H. Lewy, E. Heinz und F. Schulz (vgl. [Sc]) entwickelt zur Behandlung des Weylschen Einbettungsproblems.

Das Lehrbuch „Partielle Differentialgleichungen der Geometrie und der Physik" ist entstanden aus Vorlesungen, welche ich seit dem Wintersemester 1992/93 an der Brandenburgischen Technischen Universität in Cottbus halte. Diese Monographie berücksichtigt die Vorlesungen von Herrn Prof. Dr. E. Heinz, die ich als Student in Göttingen von 1971 bis 1978 kennenlernen durfte. Als Assistent in Aachen von 1978 bis 1983 habe ich die eleganten Vorlesungszyklen von Herrn Prof. Dr. G. Hellwig schätzen gelernt. Herr Prof. Dr. S. Hildebrandt hat seit meinem Forschungsaufenthalt 1989/90 in Bonn mit förderndem Interesse stets meine Lehrtätigkeit begleitet. Ihnen allen gilt immer mein ganz herzlicher Dank!

Für die Ausarbeitung von Kapitel IX danke ich Herrn Dipl.-Math. Matthias Bergner recht herzlich. Herr Dr. Frank Müller hat in ausgezeichneter Weise die weiteren Kapitel bearbeitet und das gesamte TEX-Manuskript erstellt. Für seine unschätzbare wissenschaftliche Hilfe bin ich ihm von Herzen dankbar. Dem Springer-Verlag danke ich sehr herzlich für die vertrauensvolle Zusammenarbeit.

Cottbus, im September 2004   *Friedrich Sauvigny*

Inhaltsverzeichnis von Band 2:
Funktionalanalytische Lösungsmethoden

Inhaltsverzeichnis von Band 1 - Grundlagen und Integraldarstellungen

VII

Operatoren im Banachraum

Wir wollen nun Methoden aus der nichtlinearen Funktionalanalysis bereitstellen. In diesem Kapitel bauen wir auf die Überlegungen aus Kapitel II §§ 6-8.

§1 Fixpunktsätze

Definition 1. *Ein Banachraum $\mathcal{B}$ ist ein linearer, normierter, vollständiger (unendlich dimensionaler) Vektorraum über dem Körper $\mathbb{R}$.*

Beispiel 1. Sei $\Omega \subset \mathbb{R}^n$ offen, $1 \le p < +\infty$, $\mathcal{B} := L^p(\Omega)$. Es ist $f \in L^p(\Omega)$ genau dann, wenn $f : \Omega \to \mathbb{R}$ meßbar ist und

$$\int_\Omega |f(x)|^p \, dx < +\infty$$

gilt. Zu $f \in \mathcal{B}$ erklären wir die Norm

$$\|f\| := \left(\int_\Omega |f(x)|^p \, dx \right)^{\frac{1}{p}}.$$

$\mathcal{B}$ ist ein *Lebesguescher Raum*. Im Fall $p = 2$ erhalten wir einen Hilbertraum mit dem Skalarprodukt

$$(f, g) := \int_\Omega f(x)g(x) \, dx.$$

Beispiel 2. (Hilbertscher Folgenraum ℓ^p) Sei $x = (x_1, x_2, x_3, \ldots)$ eine Folge. Es gilt $x \in \ell^p$ für $1 \le p < +\infty$ genau dann, wenn

$$\sum_{i=1}^\infty |x_i|^p < +\infty$$

richtig ist. Mit der Norm

$$\|x\| := \left(\sum_{i=1}^{\infty} |x_i|^p \right)^{\frac{1}{p}}$$

wird ℓ^p zum Banachraum. Offenbar gilt $\ell^p \subset L^p((0, +\infty))$.

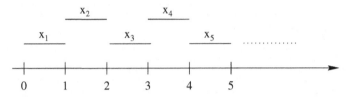

Beispiel 3. (Soboleväume) Seien $k \in \mathbb{N}$, $1 \leq p < +\infty$ und $\Omega \subset \mathbb{R}^n$ offen. Der Raum

$$\mathcal{B} = W^{k,p}(\Omega) := \left\{ f : \Omega \to \mathbb{R} \; : \; D^\alpha f \in L^p(\Omega) \text{ für alle } |\alpha| \leq k \right\}$$

mit der Norm

$$\|f\|_{W^{k,p}(\Omega)} := \left(\sum_{|\alpha| \leq k} \int_{\Omega} |D^\alpha f(x)|^p \, dx \right)^{\frac{1}{p}}, \qquad f \in \mathcal{B},$$

ist ein Banachraum. Dabei bezeichnet $\alpha = (\alpha_1, \ldots, \alpha_n) \in \mathbb{N}_0^n$ einen Multiindex, und wir haben

$$|\alpha| := \sum_{i=1}^{n} \alpha_i \in \mathbb{N}_0 := \mathbb{N} \cup \{0\}$$

gesetzt. Hierzu verweisen wir auf Kapitel X, § 1.

Beispiel 4. Schließlich betrachten wir die *klassischen Räume* $C^k(\overline{\Omega})$, $k = 0, 1, 2, 3, \ldots$, auf einem beschränkten Gebiet $\Omega \subset \mathbb{R}^n$. Es ist $f \in C^k(\overline{\Omega})$ genau dann, wenn

$$\sup_{x \in \Omega} \sum_{|\alpha| \leq n} |D^\alpha f(x)| < +\infty$$

gilt. Dabei bezeichnet $\alpha \in \mathbb{N}_0^n$ wieder einen Multiindex. Der Raum $\mathcal{B} := C^k(\overline{\Omega})$ ist unter der Norm

$$\|f\|_{C^k(\overline{\Omega})} := \sum_{|\alpha| \leq k} \sup_{x \in \Omega} |D^\alpha f(x)|$$

mit

$$D^\alpha f(x) := \frac{\partial^{|\alpha|}}{\partial x_1^{\alpha_1} \ldots \partial x_n^{\alpha_n}} f(x), \qquad \alpha \in \mathbb{N}_0^n, \quad \mathbb{N}_0 := \mathbb{N} \cup \{0\},$$

vollständig, stellt also einen Banachraum dar.

Definition 2. *Eine Teilmenge $K \subset \mathcal{B}$ im Banachraum $\mathcal{B}$ nennen wir konvex, wenn mit $x, y \in K$ und $\lambda \in [0, 1]$ auch $\lambda x + (1 - \lambda)y \in K$ erfüllt ist.*

Bemerkungen:

1. Ist K abgeschlossen, so ist K genau dann konvex, wenn gilt:

$$x, y \in K \quad \Rightarrow \quad \frac{1}{2}(x + y) \in K.$$

2. Für eine konvexe Menge K gilt: Sind $x_1, \ldots, x_n \in K$ und $\lambda_i \geq 0$, $i = 1, \ldots, n$, mit $\lambda_1 + \ldots + \lambda_n = 1$ gewählt, so folgt

$$\sum_{i=1}^{n} \lambda_i x_i \in K.$$

Definition 3. *Eine Teilmenge $E \subset \mathcal{B}$ heißt präkompakt, wenn jede Folge $\{x_n\}_{n=1,2,\ldots} \subset E$ eine Cauchyfolge als Teilfolge enthält. Ist zusätzlich die Menge E abgeschlossen, d.h. aus $\{x_n\}_{n\in\mathbb{N}} \subset E$ mit $x_n \to x$ für $n \to \infty$ in $\mathcal{B}$ folgt $x \in E$, so nennen wir die Menge E kompakt.*

Beispiel 5. Sei $E \subset \mathcal{B}$ eine abgeschlossene und beschränkte Teilmenge eines endlich dimensionalen Teilraumes von $\mathcal{B}$. Dann liefert der Weierstraßsche Häufungsstellensatz, daß E kompakt ist.

Beispiel 6. In unendlich dimensionalen Banachräumen ist eine beschränkte, abgeschlossene Teilmenge nicht notwendig kompakt: Für $k \in \mathbb{N}$ betrachten wir im Raum ℓ^2 die Menge der Folgen $x_k := (\delta_{kj})_{j=1,2,\ldots}$, wobei δ_{kj} das Kronecker-Symbol bezeichnet. Offenbar gilt $\|x_k\| = 1$ für $k \in \mathbb{N}$ und

$$\|x_k - x_l\| = \sqrt{2}\,(1 - \delta_{kl}) \qquad \text{für alle} \quad k, l \in \mathbb{N}.$$

Somit ist $\{x_k\}_{k=1,2,\ldots}$ keine präkompakte Menge.

Beispiel 7. Eine beschränkte Menge in $C^k(\overline{\Omega})$ ist kompakt, wenn wir zusätzlich einen Stetigkeitsmodul für die k-ten Ableitungen angeben können: Betrachte

$$E := \left\{ f \in C^k(\overline{\Omega}) : \begin{array}{c} \|f\|_{C^k(\overline{\Omega})} \leq M; \\ |D^\alpha f(x) - D^\alpha f(y)| \leq M'|x - y|^\vartheta \\ \text{für alle } x, y \in \overline{\Omega}, \ |\alpha| = k \end{array} \right\}$$

mit $k \in \mathbb{N}_0$, $M, M' \in (0, +\infty)$ und $\vartheta \in (0, 1]$. Mit dem Satz von Arzelà-Ascoli stellt man leicht fest, daß $E \subset \mathcal{B} := C^k(\overline{\Omega})$ kompakt ist.

Definition 4. *Eine auf der Teilmenge $E \subset \mathcal{B}$ im Banachraum $\mathcal{B}$ erklärte Abbildung $F : E \to \mathcal{B}$ nennen wir stetig, falls aus $x_n \to x$ für $n \to \infty$ in E folgt*

$$F(x_n) \to F(x) \qquad \text{für} \quad n \to \infty \quad \text{in} \quad \mathcal{B}.$$

Wir nennen F vollstetig (oder auch kompakt), falls zusätzlich $F(E) \subset \mathcal{B}$ präkompakt ist, d.h. für alle $\{x_n\}_{n=1,2,\dots} \subset E$ gibt es eine Teilfolge $\{x_{n_k}\}_k \subset \{x_n\}_n$, so daß $\{F(x_{n_k})\}_{k=1,2,\dots}$ Cauchyfolge in $\mathcal{B}$ ist.

Hilfssatz 1. *Sei K eine präkompakte Teilmenge des Banachraumes $\mathcal{B}$. Dann existieren für alle $\varepsilon > 0$ endlich viele Elemente $w_1, \dots, w_N \in K$ mit $N = N(\varepsilon) \in \mathbb{N}$, so daß die Überdeckungseigenschaft*

$$K \subset \bigcup_{j=1}^{N(\varepsilon)} \left\{ x \in \mathcal{B} : \|x - w_j\| \le \frac{\varepsilon}{2} \right\}$$

erfüllt ist.

Beweis: Wir wählen $w_1 \in K$ und sind bereits fertig, falls

$$K \subset \left\{ x \in \mathcal{B} : \|x - w_1\| \le \frac{\varepsilon}{2} \right\}$$

gilt. Anderenfalls gibt es ein $w_2 \in K$ mit $\|w_2 - w_1\| > \frac{\varepsilon}{2}$, und wir betrachten die Kugeln

$$\left\{ x \in \mathcal{B} : \|x - w_j\| \le \frac{\varepsilon}{2} \right\} \qquad \text{für} \quad j = 1, 2.$$

Würden diese K noch nicht überdecken, so gibt es ein $w_3 \in K$ mit $\|w_3 - w_j\| > \frac{\varepsilon}{2}$ für $j = 1, 2$. Wenn das Verfahren nicht abbrechen würde, können wir eine Folge $\{w_j\}_{j=1,2,\dots} \subset K$ so finden, daß

$$\|w_j - w_i\| > \frac{\varepsilon}{2} \qquad \text{für} \quad i = 1, \dots, j-1$$

richtig ist. Dies widerspricht aber der Präkompaktheit von K.   q.e.d.

Hilfssatz 2. *Sei K eine präkompakte Menge in $\mathcal{B}$. Dann gibt es zu jedem $\varepsilon > 0$ endlich viele Elemente $w_1, \dots, w_N \in K$ mit $N = N(\varepsilon) \in \mathbb{N}$ und stetige Funktionen $t_i = t_i(x) : \overline{K} \to \mathbb{R} \in C^0(\overline{K})$ mit*

$$t_i(x) \ge 0 \quad \text{und} \quad \sum_{i=1}^{N} t_i(x) = 1 \qquad \text{in} \quad K,$$

so daß gilt

$$\left\| \sum_{i=1}^{N} t_i(x) w_i - x \right\| \le \varepsilon \qquad \text{für alle} \quad x \in \overline{K}.$$

Beweis: Wir wählen $\{w_1, \dots, w_N\} \subset K$ gemäß Hilfssatz 1. Erklären wir die stetige Funktion $\varphi(\tau) : [0, +\infty) \to [0, +\infty)$ gemäß

$$\varphi(\tau) := \begin{cases} \varepsilon - \tau, & \text{für } 0 \leq \tau \leq \varepsilon \\ 0, & \text{für } \varepsilon \leq \tau < +\infty \end{cases},$$

so folgt

$$\sum_{j=1}^{N} \varphi(\|x - w_j\|) \geq \frac{\varepsilon}{2} \qquad \text{für alle} \quad x \in \overline{K}.$$

Die Funktionen

$$t_i(x) := \frac{\varphi(\|x - w_i\|)}{\displaystyle\sum_{j=1}^{N} \varphi(\|x - w_j\|)}, \qquad x \in \overline{K}, \quad i = 1, \ldots, N,$$

sind also wohldefiniert, und wir bemerken

$$t_i \in C^0(\overline{K}, [0,1]) \qquad \text{und} \qquad \sum_{i=1}^{N} t_i(x) = 1 \quad \text{für alle} \quad x \in \overline{K}.$$

Nun können wir abschätzen

$$\left\| x - \sum_{i=1}^{N} t_i(x) w_i \right\| = \left\| \sum_{i=1}^{N} t_i(x)(x - w_i) \right\|$$

$$\leq \sum_{i=1}^{N} t_i(x) \|x - w_i\|$$

$$\leq \sum_{i=1}^{N} t_i(x) \varepsilon = \varepsilon \qquad \text{für alle} \quad x \in \overline{K}.$$

Dies ist die behauptete Ungleichung. \hfill q.e.d.

Hilfssatz 3. *Sei $E \subset \mathcal{B}$ abgeschlossen und $F : E \to \mathcal{B}$ vollstetig. Zu jedem $\varepsilon > 0$ existieren dann $N = N(\varepsilon) \in \mathbb{N}$ Elemente $w_1, \ldots, w_N \in F(E)$ und N stetige Funktionen $F_j : E \to \mathbb{R}$, $j = 1, \ldots, N$, mit*

$$F_j(x) \geq 0 \quad \text{und} \quad \sum_{j=1}^{N} F_j(x) = 1, \qquad x \in E,$$

derart daß

$$\left\| F(x) - \sum_{j=1}^{N} F_j(x) w_j \right\| \leq \varepsilon \qquad \text{für alle} \quad x \in E$$

erfüllt ist.

Beweis: Die Menge $K := F(E) \subset \mathcal{B}$ ist präkompakt. Nach Hilfssatz 2 gibt es zu jedem $\varepsilon > 0$ Elemente $w_1, \ldots, w_N \in F(E)$ und nichtnegative stetige Funktionen $t_i = t_i(x)$, $x \in \overline{K}$, mit $t_1(x) + \ldots + t_N(x) = 1$ in $\overline{K}$, so daß gilt

$$\left\| x - \sum_{i=1}^{N} t_i(x) w_i \right\| \leq \varepsilon \qquad \text{für alle} \quad x \in \overline{K}.$$

Setzen wir also $F_i(x) := t_i(F(x))$, $x \in E$, so folgt bereits die Behauptung.

q.e.d.

Wir betrachten nun das *Einheitssimplex*

$$\Sigma_{n-1} := \left\{ x \in \mathbb{R}^n \ : \ x_i \geq 0 \ \text{ für } \ i = 1, \ldots, n, \ \sum_{i=1}^{n} x_i = 1 \right\}$$

und dessen Projektion auf die Ebene $\mathbb{R}^{n-1} \times \{0\} \subset \mathbb{R}^n$

$$\sigma_{n-1} := \left\{ x \in \mathbb{R}^{n-1} \ : \ x_i \geq 0 \ \text{ für } \ i = 1, \ldots, n-1, \ \sum_{i=1}^{n-1} x_i \leq 1 \right\}.$$

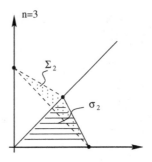

Wir bemerken noch

$$\Sigma_{n-1} = \left\{ (x_1, \ldots, x_n) \in \mathbb{R}^n \ : \ x_n = 1 - \sum_{i=1}^{n-1} x_i \ \text{ mit } \ (x_1, \ldots, x_{n-1}) \in \sigma_{n-1} \right\}.$$

Hilfssatz 4. (Brouwerscher Fixpunktsatz für das Einheitssimplex)
Jede stetige Abbildung $f : \Sigma_{n-1} \to \Sigma_{n-1}$ hat einen Fixpunkt.

Beweis:

1. Zu der gegebenen Abbildung $f = (f_1, \ldots, f_n) : \Sigma_{n-1} \to \Sigma_{n-1}$ erklären wir durch

$$g_i(x) = g_i(x_1, \ldots, x_{n-1}) := f_i\left(x_1, \ldots, x_{n-1}, 1 - \sum_{j=1}^{n-1} x_j \right)$$

für $i = 1, \ldots, n$ eine Abbildung $g(x) = (g_1(x), \ldots, g_{n-1}(x)) : \sigma_{n-1} \to \sigma_{n-1}$. Nun ist ein Punkt $\eta = (\eta_1, \ldots, \eta_{n-1}) \in \sigma_{n-1}$ genau dann Fixpunkt der Abbildung $g : \sigma_{n-1} \to \sigma_{n-1}$, wenn der Punkt

$$\left(\eta_1, \ldots, \eta_{n-1}, 1 - \sum_{i=1}^{n-1} \eta_i \right) \in \Sigma_{n-1}$$

Fixpunkt der Abbildung $f : \Sigma_{n-1} \to \Sigma_{n-1}$ ist.

2. Wir betrachten die in 1. definierte Abbildung $g = (g_1, \ldots, g_{n-1}) : \sigma_{n-1} \to \sigma_{n-1}$. Hiermit verbunden sind die Funktionen

$$h_i = h_i(x_1, \ldots, x_{n-1}) := \sqrt{g_i(x_1^2, \ldots, x_{n-1}^2)}, \qquad i = 1, \ldots, n-1,$$

die auf der Kugel

$$K := \left\{ (x_1, \ldots, x_{n-1}) \in \mathbb{R}^{n-1} \; : \; x_1^2 + \ldots + x_{n-1}^2 \le 1 \right\}$$

erklärt sind. Nach dem Brouwerschen Fixpunktsatz für die Kugel (Satz 2 aus Kap. III, §3) hat die stetige Abbildung $h = (h_1, \ldots, h_{n-1}) : K \to K$ einen Fixpunkt $\xi = (\xi_1, \ldots, \xi_{n-1}) \in K$, d.h. es gilt $h(\xi) = \xi$. Somit folgt

$$g_i(\xi_1^2, \ldots, \xi_{n-1}^2) = \xi_i^2 \qquad \text{für} \quad i = 1, \ldots, n-1.$$

Mit $\eta := (\xi_1^2, \ldots, \xi_{n-1}^2) \in \sigma_{n-1}$ erhalten wir schließlich einen Fixpunkt der Abbildung $g : \sigma_{n-1} \to \sigma_{n-1}$ mit $g(\eta) = \eta$.

$$\text{q.e.d.}$$

Satz 1. (Fixpunktsatz von Schauder)

Sei $A \subset \mathcal{B}$ eine abgeschlossene, konvexe Teilmenge des Banachraumes $\mathcal{B}$. Dann besitzt jede vollstetige Abbildung $F : A \to A$ einen Fixpunkt $\xi \in A$, d.h. es gilt $F(\xi) = \xi$.

Beweis:

1. Wir wenden Hilfssatz 3 auf die vollstetige Abbildung F an: Zu jedem $\varepsilon > 0$ existieren $N = N(\varepsilon) \in \mathbb{N}$ Elemente $\{w_1, \ldots, w_N\} \subset F(A) \subset A$ und N nicht negative stetige Funktionen $F_j : A \to \mathbb{R}$, $j = 1, \ldots, N$, mit $F_1(x) + \ldots + F_N(x) = 1$ in A, so daß folgendes gilt:

$$\left\| F(x) - \sum_{j=1}^{N(\varepsilon)} F_j(x) w_j \right\| \le \varepsilon \qquad \text{für alle} \quad x \in A.$$

Wir betrachten nun die stetige Funktion

$$g(\lambda) = (g_1(\lambda_1, \ldots, \lambda_N), \ldots, g_N(\lambda_1, \ldots, \lambda_N)) : \Sigma_{N-1} \to \Sigma_{N-1}$$

mit

$$g_j(\lambda_1, \ldots, \lambda_N) := F_j\left(\sum_{i=1}^{N} \lambda_i w_i\right), \qquad j = 1, \ldots, N.$$

Nach Hilfssatz 4 gibt es ein $\lambda \in \Sigma_{N-1}$ mit $g(\lambda) = \lambda$. Also folgt

$$F_j\left(\sum_{i=1}^{N} \lambda_i w_i\right) = \lambda_j \qquad \text{für} \quad j = 1, \ldots, N.$$

2. Nach 1. besitzt die Abbildung

$$F_\varepsilon(x) := \sum_{j=1}^{N(\varepsilon)} F_j(x) w_j$$

den Fixpunkt

$$\xi_\varepsilon := \sum_{i=1}^{N} \lambda_i w_i.$$

Wegen $\|F(x) - F_\varepsilon(x)\| \leq \varepsilon$ für alle $x \in A$ folgt also $\|F(\xi_\varepsilon) - \xi_\varepsilon\| \leq \varepsilon$. Wir lassen nun ε die Nullfolge $\varepsilon = \frac{1}{n}$, $n = 1, 2, \ldots$, durchlaufen und erhalten so eine Punktfolge $\{\xi_n\}_{n=1,2,\ldots}$ mit

$$\|F(\xi_n) - \xi_n\| \leq \frac{1}{n}, \qquad n = 1, 2, \ldots$$

Da $F(A)$ präkompakt ist, gibt es eine Teilfolge mit $F(\xi_{n_k}) \to \xi (k \to \infty)$, und da A abgeschlossen ist, folgt $\xi \in A$. Somit erhalten wir

$$\|\xi - \xi_{n_k}\| \leq \|F(\xi_{n_k}) - \xi_{n_k}\| + \|\xi - F(\xi_{n_k})\| \to 0 \qquad \text{für} \quad k \to \infty.$$

Zusammen mit der Stetigkeit von F folgt schließlich

$$\xi = \lim_{k \to \infty} F(\xi_{n_k}) = F(\lim_{k \to \infty} \xi_{n_k}) = F(\xi).$$

q.e.d.

Als Anwendung von Satz 1 beweisen wir den

Satz 2. (Leraysche Eigenwertaufgabe)
Es sei $K(s,t) : [a,b] \times [a,b] \to (0, +\infty)$ ein stetiger, positiver Integralkern. Dann besitzt die Integralgleichung

$$\int_a^b K(s,t) x(t)\, dt = \lambda x(s), \qquad a \leq s \leq b,$$

mindestens einen positiven Eigenwert λ und eine zugehörige nichtnegative, stetige Eigenfunktion $x(s) \not\equiv 0$.

Beweis: Wir wählen den Banachraum $\mathcal{B} := C^0([a,b])$ mit der Norm

$$\|x\| := \max_{a \le s \le b} |x(s)|$$

und betrachten die in $\mathcal{B}$ abgeschlossene, konvexe Teilmenge

$$A := \left\{ x = x(s) \in C^0([a,b]) : x(s) \ge 0 \text{ in } [a,b], \int_a^b x(s)\,ds = 1 \right\}.$$

Ferner betrachten wir die Abbildung $F : A \to A$ erklärt durch

$$F(x) := \frac{\displaystyle\int_a^b K(s,t)x(t)\,dt}{\displaystyle\int_a^b \left(\int_a^b K(s,t)x(t)\,dt \right) ds}, \qquad x \in A.$$

Mit Hilfe des Satzes von Arzelà-Ascoli zeigt man, daß $F : A \to A$ vollstetig ist. Nach dem Schauderschen Fixpunktsatz existiert ein $\xi \in A$ mit $F(\xi) = \xi$. Somit folgt

$$\int_a^b K(s,t)\xi(t)\,dt = \left[\int_a^b \left(\int_a^b K(s,t)\xi(t)\,dt \right) ds \right] \xi(s), \qquad s \in [a,b].$$

Also ist ξ die gesuchte Eigenfunktion zum Eigenwert

$$\lambda := \int_a^b \left(\int_a^b K(s,t)\xi(t)\,dt \right) ds \ \in (0,+\infty).$$

q.e.d.

Sowohl im Brouwerschen als auch im Schauderschen Fixpunktsatz wird nur die Existenz eines Fixpunktes nachgewiesen, i.a. ist dieser aber nicht eindeutig bestimmt. Der nun folgende Banachsche Fixpunktsatz liefert neben der Existenz eines Fixpunktes auch dessen Eindeutigkeit. Ferner werden wir die stetige Abhängigkeit des Fixpunktes vom Parameter zeigen. De facto wird schon der Existenzsatz für gewöhnliche Differentialgleichungen bei der sukzessiven Approximation mit dem Banachschen Fixpunktsatz bewiesen.

Definition 5. *Die Schar der Operatoren* $T_\lambda : \mathcal{B} \to \mathcal{B}$, $0 \le \lambda \le 1$, *heißt kontrahierend, falls es ein* $\theta \in [0,1)$ *so gibt, daß*

$$\|T_\lambda(x) - T_\lambda(y)\| \le \theta \|x - y\| \qquad \textit{für alle} \quad x, y \in \mathcal{B} \quad \textit{und} \quad \lambda \in [0,1]$$

erfüllt ist. Für jedes feste $x \in \mathcal{B}$ *sei die Kurve* $\{T_\lambda(x)\}_{0 \le \lambda \le 1}$ *in* $\mathcal{B}$ *stetig. Ist* $T := T_\lambda : \mathcal{B} \to \mathcal{B}$ *für* $0 \le \lambda \le 1$ *konstant, so nennen wir den Operator* T *kontrahierend.*

Satz 3. (Banachscher Fixpunktsatz)
Sei die Schar der Operatoren $T_\lambda : \mathcal{B} \to \mathcal{B}$, $0 \le \lambda \le 1$, auf dem Banachraum
$\mathcal{B}$ kontrahierend. Dann gibt es zu jedem $\lambda \in [0,1]$ genau ein $x_\lambda \in \mathcal{B}$ mit
$T_\lambda(x_\lambda) = x_\lambda$, also einen Fixpunkt von T_λ. Ferner ist die Kurve $[0,1] \ni \lambda \to$
$x_\lambda \in \mathcal{B}$ stetig.

Beweis:

1. Wir erklären zunächst $y_\lambda := T_\lambda(0)$, $0 \le \lambda \le 1$, und setzen

$$\varrho := \max_{0 \le \lambda \le 1} \|y_\lambda\| \in (0, +\infty).$$

Auf der Kugel $\mathcal{B}_r := \{x \in \mathcal{B} : \|x\| \le r\}$ vom Radius $r := \frac{\varrho}{1-\theta} \in (0, +\infty)$
im Banachraum $\mathcal{B}$ betrachten wir die Schar der Abbildungen

$$T_\lambda : \mathcal{B}_r \to \mathcal{B}_r, \quad 0 \le \lambda \le 1.$$

Es gilt nämlich für $x \in \mathcal{B}_r$

$$\|T_\lambda(x)\| \le \|T_\lambda(x) - T_\lambda(0)\| + \|T_\lambda(0)\|$$
$$\le \theta\|x\| + \|y_\lambda\| \le \theta r + \varrho$$
$$\le \theta \frac{\varrho}{1-\theta} + \varrho \; = \; r.$$

2. Für $n = 0, 1, 2, \ldots$ betrachten wir die *Iterierten*

$$x_\lambda^{(n)} := T_\lambda^n(0) = \underbrace{T_\lambda \circ \ldots \circ T_\lambda}_{n-\text{mal}}(0).$$

Offenbar ist $x_\lambda^{(0)} = 0$ und $x_\lambda^{(1)} = y_\lambda$ für $0 \le \lambda \le 1$. Ferner gilt

$$x_\lambda^{(n+1)} = x_\lambda^{(n+1)} - x_\lambda^{(0)} = \sum_{k=0}^{n} \left(x_\lambda^{(k+1)} - x_\lambda^{(k)} \right) = \sum_{k=0}^{n} \left(T_\lambda^{k+1}(0) - T_\lambda^k(0) \right).$$

Wir können nun abschätzen

$$\|T_\lambda^{k+1}(0) - T_\lambda^k(0)\| \le \theta\|T_\lambda^k(0) - T_\lambda^{k-1}(0)\|$$
$$\le \ldots \le \theta^k \|T_\lambda(0) - T_\lambda^0(0)\|$$
$$= \theta^k \|y_\lambda\|, \quad 0 \le \lambda \le 1, \quad k = 0, 1, 2, \ldots$$

Somit hat die Reihe

$$\sum_{k=0}^{\infty} \left(T_\lambda^{k+1}(0) - T_\lambda^k(0) \right)$$

die konvergente Majorante $\sum_{k=0}^{\infty} \theta^k \|y_\lambda\|$, und es existiert der Grenzwert

$$x_\lambda := \lim_{n \to \infty} x_\lambda^{(n+1)} = \sum_{k=0}^{\infty} \left(T_\lambda^{(k+1)}(0) - T_\lambda^{(k)}(0) \right) \in \mathcal{B}_r.$$

3. Der kontrahierende Operator $T_\lambda : \mathcal{B} \to \mathcal{B}$ ist stetig. Es folgt also

$$x_\lambda = \lim_{n \to \infty} x_\lambda^{(n+1)} = \lim_{n \to \infty} T_\lambda\left(x_\lambda^{(n)} \right) = T_\lambda\left(\lim_{n \to \infty} x_\lambda^{(n)} \right) = T_\lambda(x_\lambda)$$

für $0 \leq \lambda \leq 1$. Daß mit T_λ auch der Fixpunkt x_λ stetig von $\lambda \in [0,1]$ abhängt, sieht man wie folgt ein: Seien $\lambda_1, \lambda_2 \in [a,b]$ gewählt. Dann haben wir

$$\begin{aligned} \|x_{\lambda_1} - x_{\lambda_2}\| &= \|T_{\lambda_1}(x_{\lambda_1}) - T_{\lambda_2}(x_{\lambda_2})\| \\ &\leq \|T_{\lambda_1}(x_{\lambda_1}) - T_{\lambda_1}(x_{\lambda_2})\| + \|T_{\lambda_1}(x_{\lambda_2}) - T_{\lambda_2}(x_{\lambda_2})\| \\ &\leq \theta \|x_{\lambda_1} - x_{\lambda_2}\| + \|T_{\lambda_1}(x_{\lambda_2}) - T_{\lambda_2}(x_{\lambda_2})\| \end{aligned}$$

beziehungsweise

$$\|x_{\lambda_1} - x_{\lambda_2}\| \leq \frac{1}{1-\theta} \|T_{\lambda_1}(x_{\lambda_2}) - T_{\lambda_2}(x_{\lambda_2})\|.$$

4. Wir zeigen zum Schluß noch die Eindeutigkeit des Fixpunktes. Dazu betrachten wir zwei Elemente $x_\lambda, \tilde{x}_\lambda \in \mathcal{B}$ mit

$$x_\lambda = T_\lambda(x_\lambda), \qquad \tilde{x}_\lambda = T_\lambda(\tilde{x}_\lambda).$$

Dann folgt aus der Kontraktionsbedingung

$$\|x_\lambda - \tilde{x}_\lambda\| = \|T_\lambda(x_\lambda) - T_\lambda(\tilde{x}_\lambda)\| \leq \theta \|x_\lambda - \tilde{x}_\lambda\|$$

und somit $\|x_\lambda - \tilde{x}_\lambda\| = 0$ bzw. $x_\lambda = \tilde{x}_\lambda$ für $\lambda \in [0,1]$.   q.e.d.

Bemerkung: Hängt die Operatorenschar T_λ sogar differenzierbar vom Parameter $\lambda \in [0,1]$ ab, so kann man wie in Teil 3 des obigen Beweises auch die differenzierbare Abhängigkeit des Fixpunktes vom Parameter ableiten.

§2 Der Leray-Schaudersche Abbildungsgrad

Im folgenden bezeichnen wir Abbildungen zwischen Banachräumen $\mathcal{B}$ mit

$$f : \mathcal{B} \to \mathcal{B}, \quad x \mapsto f(x).$$

Sei $\mathcal{B}$ ein endlich dimensionaler Banachraum mit $1 \leq \dim \mathcal{B} = n < +\infty$. Ferner bezeichne $\Omega \subset \mathcal{B}$ eine beschränkte, offene Menge und $g : \overline{\Omega} \to \mathcal{B}$ eine stetige Abbildung mit der Eigenschaft $0 \notin g(\partial\Omega)$. Wir wollen im folgenden den Abbildungsgrad $\delta_{\mathcal{B}}(g, \Omega)$ erklären.

Ist $\{w_1, ..., w_n\} \subset \mathcal{B}$ eine Basis von $\mathcal{B}$, so betrachten wir die *Koordinatenabbildung*

$$\psi = \psi_{w_1 ... w_n}(x) := x_1 w_1 + ... + x_n w_n, \qquad x = (x_1, ..., x_n) \in \mathbb{R}^n.$$

Offenbar gilt $\psi : \mathbb{R}^n \to \mathcal{B}$, und die Umkehrabbildung $\psi^{-1} : \mathcal{B} \to \mathbb{R}^n$ existiert. Wir ziehen nun die Abbildung $g : \overline{\Omega} \to \mathcal{B}$ auf den $\mathbb{R}^n$ zurück. Dazu setzen wir

$$\Omega_n := \psi^{-1}(\Omega), \qquad \partial\Omega_n = \psi^{-1}(\partial\Omega), \qquad \overline{\Omega}_n = \psi^{-1}(\overline{\Omega})$$

und betrachten die Abbildung

$$g_n := \psi^{-1} \circ g \circ \psi \mid_{\overline{\Omega}_n} \qquad \text{mit} \quad 0 \notin g_n(\partial\Omega_n).$$

Wie in Kap. III, § 2 können wir der stetigen Abbildung $g_n : \overline{\Omega}_n \to \mathbb{R}^n$ den Abbildungsgrad $d(g_n, \Omega_n)$ zuordnen.

Definition 1. *Sei der endlich dimensionale Banachraum $\mathcal{B}$ mit $n = \dim \mathcal{B} \in \mathbb{N}$ gegeben, und $\Omega \subset \mathcal{B}$ sei eine beschränkte, offene Menge. Ferner sei die stetige Abbildung $g : \overline{\Omega} \to \mathcal{B}$ mit $0 \notin g(\partial\Omega)$ gegeben. Dann erklären wir den Abbildungsgrad*

$$\delta_\mathcal{B}(g, \Omega) := d(g_n, \Omega_n).$$

Dabei haben wir $g_n := \psi^{-1} \circ g \circ \psi \mid_{\overline{\Omega}_n}$ mit $\Omega_n := \psi^{-1}(\Omega)$ gesetzt, und $\psi : \mathbb{R}^n \to \mathcal{B}$ bezeichnet eine beliebige Koordinatenabbildung.

Wir haben noch die Unabhängigkeit der Definition von der gewählten Basis zu zeigen: Sei $\{w_1^*, ..., w_n^*\}$ eine weitere Basis von $\mathcal{B}$ mit der Koordinatenabbildung

$$\psi^*(x^*) = \psi_{w_1^* ... w_n^*}^*(x_1^*, ..., x_n^*) = x_1^* w_1^* + ... + x_n^* w_n^* \; : \; \mathbb{R}^n \to \mathcal{B}$$

und der Inversen $\psi^{*-1} : \mathcal{B} \to \mathbb{R}^n$. Auf $\Omega_n^* := \psi^{*-1}(\Omega)$ erklären wir dann die Abbildung

$$g_n^* := \psi^{*-1} \circ g \circ \psi^* \mid_{\overline{\Omega}_n^*}, \qquad 0 \notin g_n^*(\partial\Omega_n^*).$$

Definition 1 ist nun sinnvoll wegen

Hilfssatz 1. *Es gilt $d(g_n^*, \Omega_n^*) = d(g_n, \Omega_n)$.*

Beweis: Die Abbildung

$$\chi := \psi^{-1} \circ \psi^* : \mathbb{R}^n \to \mathbb{R}^n$$

ist linear und nichtsingulär, und wir bemerken $\psi^* = \psi \circ \chi$. Ferner gilt $\chi(\Omega_n^*) = \Omega_n$, und wir berechnen

$$g_n^* = \psi^{*-1} \circ g \circ \psi^* \;\; = \;\; (\psi \circ \chi)^{-1} \circ g \circ (\psi \circ \chi)$$

$$= \chi^{-1} \circ (\psi^{-1} \circ g \circ \psi) \circ \chi \;\; = \;\; \chi^{-1} \circ g_n \circ \chi \qquad \text{auf} \quad \Omega_n^*.$$

Nun gibt es eine Folge von Abbildungen $g_{n,\nu} : \mathbb{R}^n \to \mathbb{R}^n \in C^1(\mathbb{R}^n, \mathbb{R}^n)$ mit den folgenden Eigenschaften (vgl. Kap. III, § 4):

(a) Es gilt $g_{n,\nu}(x) \to g_n(x)$ für $\nu \to \infty$ glm. auf $\overline{\Omega}_n$.

(b) Für alle $\nu \geq \nu_o$ hat die Gleichung

$$g_{n,\nu}(x) = 0, \qquad x \in \overline{\Omega}_n,$$

nur endlich viele Lösungen $\{x_\nu^{(\mu)}\}_{\mu=1,\ldots,p_\nu}$ mit der Jacobischen

$$J_{g_{n,\nu}}(x_\nu^{(\mu)}) \neq 0 \qquad \text{für} \quad \mu = 1, \ldots, p_\nu.$$

Für die Abbildung $g_{n,\nu}^* := \chi^{-1} \circ g_{n,\nu} \circ \chi$ gilt dann

$$g_{n,\nu}^*(x) \to g_n^*(x) \qquad \text{für} \quad \nu \to \infty \quad \text{glm. auf} \quad \overline{\Omega}_n^*.$$

Die Nullstellen $g_{n,\nu}^*(y) = 0$, $y \in \overline{\Omega}_n^*$, sind offenbar $\chi^{-1}(x_\nu^{(\mu)}) =: y_\nu^{(\mu)}$ für $\mu = 1, \ldots, p_\nu$, und wir berechnen

$$J_{g_{n,\nu}^*}(y_\nu^{(\mu)}) = (\det \chi^{-1}) \cdot J_{g_{n,\nu}}(x_\nu^{(\mu)}) \cdot \det \chi = J_{g_{n,\nu}}(x_\nu^{(\mu)}), \qquad \mu = 1, \ldots, p_\nu.$$

Mit Satz 3 aus Kap. III, § 4 folgt für alle $\nu \geq \nu_0$ die Identität

$$\begin{aligned}
d(g_{n,\nu}, \Omega_n) &= \sum_{\mu=1}^{p_\nu} \operatorname{sgn} J_{g_{n,\nu}}(x_\nu^{(\mu)}) \\
&= \sum_{\mu=1}^{p_\nu} \operatorname{sgn} J_{g_{n,\nu}^*}(y_\nu^{(\mu)}) \\
&= d(g_{n,\nu}^*, \Omega_n^*).
\end{aligned}$$

Der Grenzübergang $\nu \to \infty$ liefert die Behauptung. q.e.d.

Durch Zurückziehen auf den $\mathbb{R}^n$ erhalten wir sofort die nachfolgenden Hilfssätze 2-5 aus entsprechenden Aussagen von Kap. III.

Hilfssatz 2. *Sei $g_\lambda : \overline{\Omega} \to \mathcal{B}$ mit $a \leq \lambda \leq b$ eine Schar stetiger Abbildungen, welche $g_\lambda(x) \to g_{\lambda_0}(x)$ für $\lambda \to \lambda_0$ glm. auf $\overline{\Omega}$ erfüllen. Weiter gelte $g_\lambda(x) \neq 0$ für alle $x \in \partial\Omega$ und $\lambda \in [a, b]$. Dann ist*

$$\delta_{\mathcal{B}}(g_\lambda, \Omega) = const \qquad auf \quad [a, b].$$

Hilfssatz 3. *Sei $g : \overline{\Omega} \to \mathcal{B}$ stetig und $g(x) \neq 0$ für alle $x \in \partial\Omega$. Ferner gelte $\delta_{\mathcal{B}}(g, \Omega) \neq 0$. Dann gibt es ein $z \in \Omega$ mit $g(z) = 0$.*

Hilfssatz 4. *Seien Ω_1, Ω_2 beschränkte, offene, disjunkte Teilmengen von $\mathcal{B}$, und sei $\Omega := \Omega_1 \cup \Omega_2$ erklärt. Weiter bezeichne $g : \overline{\Omega} \to \mathcal{B}$ eine stetige Abbildung mit $0 \notin g(\partial\Omega_i)$ für $i = 1, 2$. Dann gilt*

$$\delta_{\mathcal{B}}(g, \Omega) = \delta_{\mathcal{B}}(g, \Omega_1) + \delta_{\mathcal{B}}(g, \Omega_2).$$

Hilfssatz 5. *Auf der offenen, beschränkten Teilmenge $\Omega \subset \mathcal{B}$ sei die stetige Funktion $g : \overline{\Omega} \to \mathcal{B}$ gegeben. Weiter sei $\Omega_0 \subset \Omega$ eine offene Menge mit der Eigenschaft $g(x) \neq 0$ für alle $x \in \overline{\Omega} \setminus \Omega_0$. Dann gilt*

$$\delta_{\mathcal{B}}(g, \Omega) = \delta_{\mathcal{B}}(g, \Omega_0).$$

Sei $\mathcal{B}$ ein Banachraum und $\Omega \subset \mathcal{B}$ eine offene, beschränkte Teilmenge. Weiter bezeichne $\mathcal{B}'$ einen endlich dimensionalen Teilraum von $\mathcal{B}$ mit $\Omega_{\mathcal{B}'} := \Omega \cap \mathcal{B}' \neq \emptyset$. Die Menge $\Omega_{\mathcal{B}'}$ ist offen und beschränkt in $\mathcal{B}'$, und es gilt

$$\partial \Omega_{\mathcal{B}'} \subset \partial \Omega \cap \mathcal{B}', \qquad \overline{\Omega}_{\mathcal{B}'} \subset \overline{\Omega} \cap \mathcal{B}'.$$

Mit der stetigen Abbildung $f : \overline{\Omega} \to \mathcal{B}'$ assoziieren wir die Abbildung

$$\varphi_f(x) := x - f(x), \qquad x \in \overline{\Omega}.$$

Für alle Banachräume $\mathcal{B}'' \supset \mathcal{B}'$ gilt dann

$$\varphi_f(\overline{\Omega} \cap \mathcal{B}'') \subset \mathcal{B}''.$$

Hilfssatz 6. *Seien die Banachräume $\mathcal{B}' \subset \mathcal{B}'' \subset \mathcal{B}$ mit*

$$0 < \dim \mathcal{B}' \leq \dim \mathcal{B}'' < +\infty$$

gegeben. Für die offene, beschränkte Menge $\Omega \subset \mathcal{B}$ gelte $\Omega_{\mathcal{B}'} = \Omega \cap \mathcal{B}' \neq \emptyset$. Die stetige Abbildung $f : \overline{\Omega} \to \mathcal{B}'$ habe die assoziierte Abbildung $\varphi_f(x) := x - f(x)$, $x \in \overline{\Omega}$, welche

$$\varphi_f(x) \neq 0 \qquad \text{für alle} \quad x \in \partial \Omega$$

erfülle. Dann gilt

$$\delta_{\mathcal{B}'}(\varphi_f, \Omega_{\mathcal{B}'}) = \delta_{\mathcal{B}''}(\varphi_f, \Omega_{\mathcal{B}''}).$$

Beweis: Wegen $\partial \Omega_{\mathcal{B}'} \subset \partial \Omega$ und $\partial \Omega_{\mathcal{B}''} \subset \partial \Omega$ sind die angegebenen Abbildungsgrade erklärt. O. E. können wir

$$\dim \mathcal{B}'' > \dim \mathcal{B}'$$

annehmen. Wir wählen eine Basis $\{w_1, ..., w_n\} \subset \mathcal{B}'$ von $\mathcal{B}'$ und erweitern diese zu einer Basis $\{w_1, ..., w_n, w_{n+1}, ..., w_{n+p}\} \subset \mathcal{B}''$ von $\mathcal{B}''$ mit einem $p \in \mathbb{N}$. Schreiben wir nun die Abbildung $\varphi_f : \mathcal{B}'' \to \mathcal{B}''$ in den zur Basis $\{w_1, ..., w_{n+p}\}$ gehörigen Koordinaten, so erhalten wir die Abbildung $\varphi'' := \varphi_f|_{\mathcal{B}''} : \mathcal{B}'' \to \mathcal{B}''$ vermöge

$$\begin{aligned}
& \big(x_1 - f_1(x_1, \ldots, x_n, x_{n+1}, \ldots, x_{n+p}), \ldots \\
(x_1, \ldots, x_n, x_{n+1}, \ldots, x_{n+p}) \mapsto \; & x_n - f_n(x_1, \ldots, x_n, x_{n+1}, \ldots, x_{n+p}), \\
& x_{n+1}, \ldots, x_{n+p}\big).
\end{aligned}$$

Die eingeschränkte Abbildung $\varphi' := \varphi_f|_{\mathcal{B}'} : \mathcal{B}' \to \mathcal{B}'$ erscheint dann in den Koordinaten $x_1, \ldots, x_n$ wie folgt:

$$(x_1, \ldots, x_n) \mapsto (x_1 - f_1(x_1, \ldots, x_n, 0, \ldots, 0), \ldots, x_n - f_n(x_1, \ldots, x_n, 0, \ldots, 0)).$$

Nun hat φ'' eine Nullstelle $x'' = (\overset{\circ}{x}_1, \ldots, \overset{\circ}{x}_n, 0, \ldots, 0)$ genau dann, wenn φ' eine Nullstelle $x' = (\overset{\circ}{x}_1, \ldots, \overset{\circ}{x}_n)$ hat, und es gilt $J_{\varphi''}(x'') = J_{\varphi'}(x')$ bzw.

$$\operatorname{sgn} J_{\varphi''}(x'') = \operatorname{sgn} J_{\varphi'}(x').$$

Durch Summation über alle Nullstellen erhalten wir schließlich

$$\delta_{\mathcal{B}''}(\varphi_f, \Omega_{\mathcal{B}''}) = \delta_{\mathcal{B}'}(\varphi_f, \Omega_{\mathcal{B}'}).$$ q.e.d.

Definition 2. *Sei Ω eine beschränkte, offene Menge in $\mathcal{B}$ und $\mathcal{B}'$ ein linearer Teilraum von $\mathcal{B}$ mit $1 \le \dim \mathcal{B}' < +\infty$ und $\Omega_{\mathcal{B}'} := \Omega \cap \mathcal{B}' \neq \emptyset$. Ferner sei $f : \overline{\Omega} \to \mathcal{B}'$ stetig und*

$$\varphi_f(x) = x - f(x) \neq 0 \qquad \text{für alle} \quad x \in \partial\Omega.$$

Dann setzen wir

$$\delta_{\mathcal{B}}(\varphi_f, \Omega) := \delta_{\mathcal{B}'}(\varphi_f, \Omega_{\mathcal{B}'}).$$

Wir zeigen noch die Unabhängigkeit von der Wahl des endlich dimensionalen Unterraumes $\mathcal{B}'$. Sei $\mathcal{B}'' \subset \mathcal{B}$ mit $1 \le \dim \mathcal{B}'' < +\infty$ und $\Omega \cap \mathcal{B}'' \neq \emptyset$ ein weiterer Unterraum von $\mathcal{B}$. Wir setzen $\mathcal{B}^* := \mathcal{B}' \oplus \mathcal{B}''$, so daß gilt $\mathcal{B}' \subset \mathcal{B}^*$, $\mathcal{B}'' \subset \mathcal{B}^*$. Hilfssatz 6 liefert dann

$$\delta_{\mathcal{B}'}(\varphi_f, \Omega_{\mathcal{B}'}) = \delta_{\mathcal{B}^*}(\varphi_f, \Omega_{\mathcal{B}^*}) = \delta_{\mathcal{B}''}(\varphi_f, \Omega_{\mathcal{B}''}).$$

Wir wollen nun den Übergang zu vollstetigen Abbildungen $f : \mathcal{B} \to \mathcal{B}$ vollziehen.

Hilfssatz 7. *Sei $A \subset \mathcal{B}$ abgeschlossen, $f : A \to \mathcal{B}$ sei vollstetig, und es gelte*

$$\varphi_f(x) = x - f(x) \neq 0 \qquad \text{für alle} \quad x \in A.$$

Dann gibt es ein $\varepsilon > 0$, so daß $\|\varphi_f(x)\| \ge \varepsilon$ für alle $x \in A$ gilt.

Beweis: Wäre die Behauptung falsch, so gibt es eine Folge $\{x_n\}_{n=1,2,\ldots} \subset A$ mit

$$\varphi_f(x_n) = x_n - f(x_n) \to 0 \qquad \text{für} \quad n \to \infty.$$

Da $f(A)$ präkompakt ist, gibt es eine Teilfolge $\{x_{n_k}\}_{k=1,2,\ldots}$ mit $f(x_{n_k}) \to x^* \in \mathcal{B}$ für $k \to \infty$. Also folgt

$$\|x_{n_k} - x^*\| \le \|x_{n_k} - f(x_{n_k})\| + \|f(x_{n_k}) - x^*\| \to 0$$

bzw. $x_{n_k} \to x^* \in A$ für $k \to \infty$, denn A ist abgeschlossen. Dies liefert schließlich

$$\varphi_f(x^*) = x^* - f(x^*) = \lim_{k \to \infty}(x_{n_k} - f(x_{n_k})) = 0$$

im Widerspruch zur Voraussetzung $\varphi_f \neq 0$ in A.   q.e.d.

Hilfssatz 3 aus § 1 entnehmen wir den folgenden

Hilfssatz 8. *Sei $\Omega \subset \mathcal{B}$ eine beschränkte, offene Menge, und $f : \overline{\Omega} \to \mathcal{B}$ sei vollstetig. Dann gibt es zu jedem $\varepsilon > 0$ einen linearen Teilraum $\mathcal{B}_\varepsilon$ mit $0 < \dim \mathcal{B}_\varepsilon < +\infty$ und $\Omega \cap \mathcal{B}_\varepsilon \neq \emptyset$ sowie eine stetige Abbildung $f_\varepsilon : \overline{\Omega} \to \mathcal{B}_\varepsilon$ mit der Eigenschaft*

$$\|f_\varepsilon(x) - f(x)\| \leq \varepsilon \qquad \text{für alle} \quad x \in \overline{\Omega}.$$

Beweis: Mit den in § 1, Hilfssatz 3 erklärten Funktionen $F_j(x)$, $x \in \overline{\Omega}$, $j = 1, \ldots, N$, und den Elementen $w_1, \ldots, w_N \in \mathcal{B}$ wählen wir

$$f_\varepsilon(x) := \sum_{j=1}^N F_j(x) w_j.$$

q.e.d.

Definition 3. *Sei $\Omega \subset \mathcal{B}$ eine beschränkte, offene Menge, und $f : \overline{\Omega} \to \mathcal{B}$ sei vollstetig. Die assoziierte Funktion $\varphi_f(x) = x - f(x)$ erfülle $0 \notin \varphi_f(\partial\Omega)$. Dann heißt $g : \Omega \to \mathcal{B}_g \subset \mathcal{B}$ zulässige Approximation von f, wenn folgende Bedingungen erfüllt sind:*

(a) g ist stetig.
(b) Für den Unterraum $\mathcal{B}_g$ gelte $1 \leq \dim \mathcal{B}_g < +\infty$ und $\Omega \cap \mathcal{B}_g \neq \emptyset$.
(c) Es gilt die Ungleichung

$$\sup_{x \in \overline{\Omega}} \|g(x) - f(x)\| < \inf_{x \in \partial\Omega} \|\varphi_f(x)\|.$$

Hilfssatz 9. *Die Abbildung $f : \overline{\Omega} \to \mathcal{B}$ erfülle die Voraussetzungen von Definition 3 und $g : \overline{\Omega} \to \mathcal{B}_g$ bzw. $h : \overline{\Omega} \to \mathcal{B}_h$ seien zwei zulässige Approximationen von f. Dann gilt*

$$\delta_{\mathcal{B}}(\varphi_g, \Omega) = \delta_{\mathcal{B}}(\varphi_h, \Omega).$$

Beweis: Wir setzen $\mathcal{B}^* := \mathcal{B}_g \oplus \mathcal{B}_h$. Damit gilt

$$\delta_{\mathcal{B}}(\varphi_g, \Omega) := \delta_{\mathcal{B}_g}(\varphi_g, \Omega_{\mathcal{B}_g}) = \delta_{\mathcal{B}^*}(\varphi_g, \Omega_{\mathcal{B}^*})$$

und entsprechend $\delta_{\mathcal{B}}(\varphi_h, \Omega) = \delta_{\mathcal{B}^*}(\varphi_h, \Omega_{\mathcal{B}^*})$. Wir betrachten nun die Schar von Abbildungen

$$\chi_\lambda(x) = x - \big(\lambda g(x) + (1-\lambda) h(x)\big), \qquad x \in \overline{\Omega}, \quad \lambda \in [0,1].$$

Setzen wir noch $\eta := \inf_{x \in \partial\Omega} \|\varphi_f(x)\| > 0$, so können wir abschätzen

$$\|\chi_\lambda(x) - \varphi_f(x)\| = \|\lambda(g(x) - f(x)) + (1-\lambda)(h(x) - f(x))\|$$
$$\leq \lambda \|g(x) - f(x)\| + (1-\lambda)\|h(x) - f(x)\|$$
$$< \eta \qquad \text{für alle} \quad x \in \partial\Omega.$$

Somit folgt $\|\chi_\lambda(x)\| > 0$ für alle $x \in \partial\Omega$ und alle $\lambda \in [0,1]$, und Hilfssatz 2 liefert $\delta_{\mathcal{B}^*}(\chi_\lambda, \Omega_{\mathcal{B}^*}) = const$ auf $[0,1]$. Wir erhalten dann

$$\delta_{\mathcal{B}}(\varphi_g, \Omega) = \delta_{\mathcal{B}^*}(\chi_1, \Omega_{\mathcal{B}^*}) = \delta_{\mathcal{B}^*}(\chi_0, \Omega_{\mathcal{B}^*}) = \delta_{\mathcal{B}}(\varphi_h, \Omega).$$

q.e.d.

Definition 4. $\Omega \subset \mathcal{B}$ *sei beschränkt und offen, und* $f : \overline{\Omega} \to \mathcal{B}$ *bezeichne eine vollstetige Abbildung mit* $\varphi(x) = x - f(x) \neq 0$ *für alle* $x \in \partial\Omega$. *Ferner sei* $g : \overline{\Omega} \to \mathcal{B}_g$ *eine zulässige Approximation von* f. *Dann nennen wir*

$$\delta_{\mathcal{B}}(\varphi_f, \Omega) := \delta_{\mathcal{B}}(\varphi_g, \Omega)$$

den Leray-Schauderschen Abbildungsgrad von (φ_f, Ω) *bzgl.* $x = 0$.

§3 Fundamentaleigenschaften des Abbildungsgrades

Wir fassen zunächst noch einmal zusammen: Sei $\Omega \subset \mathcal{B}$ eine beschränkte, offene Menge und $f : \overline{\Omega} \to \mathcal{B}$ vollstetig, so daß gilt

$$\varphi_f(x) = x - f(x) \neq 0 \qquad \text{für alle} \quad x \in \partial\Omega.$$

Dann haben wir den Abbildungsgrad von φ_f durch die folgende Gleichungskette erklärt:

$$\delta_{\mathcal{B}}(\varphi_f, \Omega) = \delta_{\mathcal{B}}(\varphi_g, \Omega) = \delta_{\mathcal{B}_g}(\varphi_g, \Omega \cap \mathcal{B}_g) = d(\varphi_n, \Omega_n).$$

Dabei bezeichnet g eine zulässige Approximation, $n = \dim \mathcal{B}_g$, Ω_n ist das Bild von $\Omega \cap \mathcal{B}_g$ unter einer beliebigen Koordinatenabbildung ψ^{-1} und $\varphi_n = \psi^{-1} \circ \varphi_g \circ \psi|_{\overline{\Omega}_n}$.

Satz 1. (Homotopiesatz)
Sei $\Omega \subset \mathcal{B}$ *offen, beschränkt, und es sei* $f_\lambda : \overline{\Omega} \to \mathcal{B}$, $\lambda \in [a, b]$, *eine Schar von Abbildungen mit folgenden Eigenschaften:*

(a) Für alle $\lambda \in [a, b]$ *ist* $f_\lambda : \overline{\Omega} \to \mathcal{B}$ *vollstetig.*
(b) Zu jedem $\varepsilon > 0$ *gibt es ein* $\delta = \delta(\varepsilon) > 0$, *so daß für alle* $x \in \overline{\Omega}$ *folgendes gilt:*

$$\|f_{\lambda_1}(x) - f_{\lambda_2}(x)\| \leq \varepsilon \qquad \text{für alle} \quad \lambda_1, \lambda_2 \in [a, b] \quad \text{mit} \quad |\lambda_1 - \lambda_2| \leq \delta.$$

(c) Für alle $x \in \partial\Omega$ *und alle* $\lambda \in [a, b]$ *gilt* $\varphi_{f_\lambda}(x) = x - f_\lambda(x) \neq 0$.

Dann ist $\delta_{\mathcal{B}}(\varphi_{f_\lambda}, \Omega) = const$.

Beweis: Sei $\lambda_0 \in [a, b]$ beliebig gewählt. Dann gibt es ein $\varepsilon > 0$ mit $\|\varphi_{f_{\lambda_0}}(x)\| \geq \varepsilon$ für alle $x \in \partial\Omega$. Wir konstruieren eine zulässige Approximation $g : \overline{\Omega} \to \mathcal{B}_g \subset \mathcal{B}$ von f_{λ_0} mit

$$\|g(x) - f_{\lambda_0}(x)\| \leq \frac{\varepsilon}{4} \qquad \text{für alle} \quad x \in \overline{\Omega}.$$

Somit gibt es ein $\delta = \delta(\varepsilon)$, so daß für alle $\lambda \in [a, b]$ mit $|\lambda - \lambda_0| \leq \delta$ gilt

$$\|g(x) - f_\lambda(x)\| \leq \|g(x) - f_{\lambda_0}(x)\| + \|f_{\lambda_0}(x) - f_\lambda(x)\| \leq \frac{\varepsilon}{2}, \qquad x \in \overline{\Omega}.$$

Andererseits haben wir für $|\lambda - \lambda_0| \leq \delta$

$$\|\varphi_{f_\lambda}(x)\| \geq \|\varphi_{f_{\lambda_0}}(x)\| - \|\varphi_{f_\lambda}(x) - \varphi_{f_{\lambda_0}}(x)\| \geq \frac{3\varepsilon}{4}, \qquad x \in \partial\Omega.$$

Also ist g eine zulässige Approximation für alle $\lambda \in [a,b]$ mit $|\lambda - \lambda_0| \leq \delta$, und es folgt

$$\delta_\mathcal{B}(\varphi_{f_\lambda}, \Omega) = \delta_\mathcal{B}(g, \Omega) \qquad \text{für alle} \quad \lambda : |\lambda - \lambda_0| \leq \delta.$$

Ein Fortsetzungsargument liefert schließlich $\delta_\mathcal{B}(\varphi_{f_\lambda}, \Omega) = const$ auf $[a,b]$.

q.e.d.

Satz 2. (Existenzsatz)
Sei $\Omega \subset \mathcal{B}$ beschränkt und offen. Die Abbildung $f : \overline{\Omega} \to \mathcal{B}$ sei vollstetig, und es gelte

$$\varphi_f(x) = x - f(x) \neq 0 \qquad \text{für alle} \quad x \in \partial\Omega.$$

Schließlich sei $\delta_\mathcal{B}(\varphi_f, \Omega) \neq 0$ erfüllt. Dann hat die Gleichung $\varphi_f(x) = 0$ eine Lösung $x \in \Omega$, d.h. die Abbildung $x \mapsto f(x)$ besitzt in Ω einen Fixpunkt.

Beweis: Wir betrachten eine Folge zulässiger Approximationen $g_n : \overline{\Omega} \to \mathcal{B}_{g_n}$ von f mit

$$\sup_{x \in \overline{\Omega}} \|g_n(x) - f(x)\| \leq \frac{1}{n}.$$

Es folgt dann

$$0 \neq \delta_\mathcal{B}(\varphi_f, \Omega) = \delta_{\mathcal{B}_{g_n}}(\varphi_{g_n}, \Omega \cap \mathcal{B}_{g_n}), \qquad n \geq n_0.$$

Nach Hilfssatz 3 aus § 2 gibt es nun eine Folge $x_n \in \Omega \cap \mathcal{B}_{g_n}$, $n = n_0, n_0 + 1, \ldots$, mit

$$0 = \varphi_{g_n}(x_n) = x_n - g_n(x_n).$$

Somit erhalten wir

$$\|x_n - f(x_n)\| = \|x_n - g_n(x_n)\| + \|g_n(x_n) - f(x_n)\| \leq \frac{1}{n}, \qquad n \geq n_0,$$

und daher

$$\inf_{x \in \overline{\Omega}} \|\varphi_f(x)\| = \inf_{x \in \overline{\Omega}} \|x - f(x)\| = 0.$$

Nach § 2, Hilfssatz 7 existiert nun ein $x_0 \in \Omega$ mit $\varphi_f(x_0) = x_0 - f(x_0) = 0$.

q.e.d.

Definition 1. *$\Omega \subset \mathcal{B}$ bezeichne eine beschränkte, offene Menge und $f : \overline{\Omega} \to \mathcal{B}$ eine vollstetige Abbildung mit der assoziierten Abbildung $\varphi_f(x) = x - f(x)$, $x \in \overline{\Omega}$. Ferner sei $G \subset \mathcal{B} \setminus \varphi_f(\partial\Omega)$ ein Gebiet. Dann setzen wir für beliebige $z \in G$*

$$\delta_\mathcal{B}(\varphi_f, \Omega, z) = \delta_\mathcal{B}(\varphi_f, \Omega, G) := \delta_\mathcal{B}(\varphi_{f-z}, \Omega).$$

Betrachtet man die Schar von Abbildungen $f_t(x) = f(x) - z(t)$ mit dem stetigen Weg $z(t) : [0, 1] \to G$, so liefert Satz 1 die Unabhängigkeit von der Auswahl des Punktes $z \in G$. Nun ist es möglich, einen Produktsatz wie im $\mathbb{R}^n$ abzuleiten, was wir hier aber nicht ausführen wollen. Stattdessen werden wir die Indexsummenformel (vgl. Satz 1 aus Kap. III, §4) auf vollstetige Abbildungen zwischen Banachräumen verallgemeinern.

Hilfssatz 1. *Sei $\Omega \subset \mathcal{B}$ beschränkt, offen und $f : \overline{\Omega} \to \mathcal{B}$ vollstetig. Ferner bezeichne $\Omega_0 \subset \Omega$ eine offene Teilmenge mit $\varphi_f(x) \neq 0$ für alle $x \in \overline{\Omega} \setminus \Omega_0$. Dann gilt*

$$\delta_{\mathcal{B}}(\varphi_f, \Omega) = \delta_{\mathcal{B}}(\varphi_f, \Omega_0).$$

Beweis: Es gilt $\partial\Omega \subset \overline{\Omega} \setminus \Omega_0$ und $\partial\Omega_0 \subset \overline{\Omega} \setminus \Omega_0$ und somit

$$\varphi_f(x) \neq 0 \qquad \text{für alle} \quad x \in \partial\Omega \cup \partial\Omega_0.$$

Hilfssatz 7 aus §2 liefert ferner

$$\|\varphi_f(x)\| \geq \varepsilon > 0 \qquad \text{für alle} \quad x \in \overline{\Omega} \setminus \Omega_0,$$

da $\overline{\Omega} \setminus \Omega_0$ abgeschlossen ist. Sei nun $g : \overline{\Omega} \to \mathcal{B}_g \subset \mathcal{B}$ eine zulässige Approximation mit $\Omega_0 \cap \mathcal{B}_g \neq \emptyset$ und $\|g(x) - f(x)\| \leq \frac{\varepsilon}{2}$ für alle $x \in \overline{\Omega}$. Dann folgt

$$\|\varphi_g(x)\| \geq \|\varphi_f(x)\| - \|\varphi_f(x) - \varphi_g(x)\| \geq \frac{\varepsilon}{2} \qquad \text{für alle} \quad x \in \overline{\Omega} \setminus \Omega_0.$$

Zusammen mit Hilfssatz 5 aus §2 erhalten wir

$$\delta_{\mathcal{B}}(\varphi_f, \Omega) = \delta_{\mathcal{B}_g}(\varphi_g, \Omega \cap \mathcal{B}_g) = \delta_{\mathcal{B}_g}(\varphi_g, \Omega_0 \cap \mathcal{B}_g) = \delta_{\mathcal{B}}(\varphi_f, \Omega_0).$$

q.e.d.

Hilfssatz 2. *Seien die Mengen $\Omega_1, \Omega_2 \subset \mathcal{B}$ beschränkt, offen und disjunkt, und sei $\Omega := \Omega_1 \dot\cup \Omega_2$ erklärt. Dann gilt*

$$\delta_{\mathcal{B}}(\varphi_f, \Omega) = \delta_{\mathcal{B}}(\varphi_f, \Omega_1) + \delta_{\mathcal{B}}(\varphi_f, \Omega_2).$$

Beweis: Sei $g : \overline{\Omega} \to \mathcal{B}_g \subset \mathcal{B}$ eine zulässige Approximation von f mit $\Omega_i \cap \mathcal{B}_g \neq \emptyset$ für $i = 1, 2$. Dann sind $g|_{\overline{\Omega}_i}$ zulässige Approximationen von $f|_{\overline{\Omega}_i}$, und nach Hilfssatz 4 aus §2 gilt

$$\begin{aligned}
\delta_{\mathcal{B}}(\varphi_f, \Omega) &= \delta_{\mathcal{B}_g}(\varphi_g, \Omega \cap \mathcal{B}_g) \\
&= \delta_{\mathcal{B}_g}(\varphi_g, \Omega_1 \cap \mathcal{B}_g) + \delta_{\mathcal{B}_g}(\varphi_g, \Omega_2 \cap \mathcal{B}_g) \\
&= \delta_{\mathcal{B}}(\varphi_f, \Omega_1) + \delta_{\mathcal{B}}(\varphi_f, \Omega_2).
\end{aligned}$$

q.e.d.

Definition 2. *Sei* $U = U(z) \subset \mathcal{B}$ *eine offene Umgebung von* z *und* $f : \overline{U(z)} \to \mathcal{B}$ *vollstetig. Für die assoziierte Abbildung gelte*

$$\varphi_f(x) \neq 0 \quad \text{in} \quad \overline{U(z)} \setminus \{z\} \qquad \text{und} \qquad \varphi_f(z) = 0.$$

Dann erklären wir den Index

$$i(\varphi_f, z) := \delta_{\mathcal{B}}(\varphi_f, K) \qquad \text{mit} \quad K := \{x \in \mathcal{B} : \|x - z\| < \varepsilon\} \subset\subset U(z).$$

Satz 3. (Indexsummenformel)
Sei $f : \overline{\Omega} \to \mathcal{B}$ *vollstetig. Ferner besitze die Gleichung* $\varphi_f(x) = 0$ *genau* p *paarweise verschiedene Lösungen* $z_1, \ldots, z_p \in \Omega$. *Dann gilt*

$$\delta_{\mathcal{B}}(\varphi_f, \Omega) = \sum_{\nu=1}^{p} i(\varphi_f, z_\nu).$$

Beweis: Zu hinreichend kleinem $\varepsilon > 0$ betrachten wir die paarweise disjunkten Kugeln

$$K_\nu := \{x \in \Omega : \|x - z_\nu\| < \varepsilon\}, \qquad \nu = 1, \ldots, p.$$

Wir wenden Hilfssatz 1 und Hilfssatz 2 mit $\Omega_0 := \bigcup_{\nu=1}^{p} K_\nu \subset \Omega$ an:

$$\delta_{\mathcal{B}}(\varphi_f, \Omega) = \delta_{\mathcal{B}}(\varphi_f, \Omega_0) = \sum_{\nu=1}^{p} \delta_{\mathcal{B}}(\varphi_f, K_\nu) = \sum_{\nu=1}^{p} i(\varphi_f, z_\nu).$$

$$\text{q.e.d.}$$

Wir erhalten nun zusammenfassend den

Satz 4. (Leray-Schauderscher Fundamentalsatz)
Sei $\Omega \subset \mathcal{B}$ *eine beschränkte, offene Menge im Banachraum* $\mathcal{B}$ *und* $f_\lambda : \overline{\Omega} \to \mathcal{B}$, $a \leq \lambda \leq b$, *eine Schar von Abbildungen mit folgenden Eigenschaften:*

(a) Für alle $\lambda \in [a, b]$ *ist* $f_\lambda : \overline{\Omega} \to \mathcal{B}$ *vollstetig.*

(b) Zu jedem $\varepsilon > 0$ *gibt es ein* $\delta = \delta(\varepsilon) > 0$, *so daß für alle* $x \in \overline{\Omega}$ *folgendes gilt:*

$$\|f_{\lambda_1}(x) - f_{\lambda_2}(x)\| \leq \varepsilon \qquad \text{für alle} \quad \lambda_1, \lambda_2 \in [a, b] \quad \text{mit} \quad |\lambda_1 - \lambda_2| \leq \delta.$$

(c) Für alle $x \in \partial\Omega$ *und alle* $\lambda \in [a, b]$ *gilt* $\varphi_{f_\lambda}(x) = x - f_\lambda(x) \neq 0$.

(d) Für ein spezielles $\lambda_0 \in [a, b]$ *hat die Gleichung* $\varphi_{f_{\lambda_0}}(x) = x - f_{\lambda_0}(x) = 0$, $x \in \Omega$, *endlich viele Lösungen* $z_1, \ldots, z_p$, $p \in \mathbb{N}$, *mit*

$$\sum_{\nu=1}^{p} i(\varphi_{f_{\lambda_0}}, z_\nu) \neq 0.$$

Dann hat die Gleichung $\varphi_{f_\lambda}(x) = 0$, $x \in \Omega$, *für jedes* $\lambda \in [a, b]$ *mindestens eine Lösung.*

Bemerkung: In Kapitel XII werden wir mit Satz 4 die Existenz von Lösungen nichtlinearer elliptischer Systeme nachweisen.

§4 Lineare Operatoren im Banachraum

Seien $\{\mathcal{B}_j, \| \ \|_j\}$ für $j = 1, 2$ zwei Banachräume. Dann können wir in $\mathcal{B}_j$, $j = 1, 2$, mit Hilfe der jeweiligen Norm $\| \ \|_j$ offene Mengen erklären. Im folgenden betrachten wir lineare, stetige Operatoren

$$T : \mathcal{B}_1 \to \mathcal{B}_2.$$

Ein Operator T heißt *linear*, falls

$$T(\alpha x + \beta y) = \alpha T(x) + \beta T(y) \qquad \text{für alle} \quad x, y \in \mathcal{B}_1 \quad \text{und alle} \quad \alpha, \beta \in \mathbb{R} \quad (1)$$

erfüllt ist. Der Operator T ist *stetig* genau dann, wenn T beschränkt ist, bzw. wenn gilt

$$\|T\| := \sup_{\substack{x \in \mathcal{B}_1 \\ x \neq 0}} \frac{\|Tx\|_2}{\|x\|_1} < +\infty. \qquad (2)$$

Wir notieren zunächst den

Satz 1. (Prinzip der offenen Abbildung)
Der lineare, stetige Operator $T : \mathcal{B}_1 \to \mathcal{B}_2$ sei surjektiv. Dann ist T eine offene Abbildung, d.h. das Bild jeder offenen Menge ist offen.

Beweis: Der Beweis wird mit Methoden der mengentheoretischen Topologie erbracht. Wir verweisen hierzu auf [HS], pp. 39-41 (Satz 9.1) und pp. 21-22 (Lemma 4.1 und Satz 4.3).

Aus Satz 1 folgt sofort der

Satz 2. (Satz vom inversen Operator)
Der lineare, stetige Operator $T : \mathcal{B}_1 \to \mathcal{B}_2$ sei bijektiv. Dann ist $T^{-1} : \mathcal{B}_2 \to \mathcal{B}_1$ stetig.

Statten wir die Menge $\mathcal{B} = \mathcal{B}_1 \times \mathcal{B}_2$ mit der Norm

$$\|(x, y)\| := \sqrt{\|x\|_1^2 + \|y\|_2^2}, \qquad (x, y) \in \mathcal{B} = \mathcal{B}_1 \times \mathcal{B}_2,$$

aus, so wird $\mathcal{B}$ zu einem Banachraum. Folglich haben wir in $\mathcal{B}$ offene Mengen erklärt. Wir definieren nun den Graphen von $T : \mathcal{B}_1 \to \mathcal{B}_2$ als

$$\text{graph}(T) := \Big\{ (x, Tx) \in \mathcal{B}_1 \times \mathcal{B}_2 \ : \ x \in \mathcal{B}_1 \Big\}. \qquad (3)$$

Satz 3. (Satz vom abgeschlossenen Graphen)
Für einen linearen Operator $T : \mathcal{B}_1 \to \mathcal{B}_2$ gilt: T ist genau dann stetig, wenn $\text{graph}(T)$ in $\mathcal{B}_1 \times \mathcal{B}_2$ abgeschlossen ist.

Beweis:

„⇒" Wir betrachten eine Folge $\{x_n\}_{n=1,2,...} \subset \mathcal{B}_1$ mit $x_n \to x \in \mathcal{B}_1$ für $n \to \infty$. Da T stetig ist, folgt

$$\lim_{n\to\infty} Tx_n = T(\lim_{n\to\infty} x_n) = Tx$$

und somit

$$\lim_{n\to\infty} (x_n, Tx_n) = (x, Tx) \in \text{graph}\,(T).$$

Also ist graph (T) abgeschlossen.

„⇐" Sei nun graph $(T) \subset \mathcal{B}_1 \times \mathcal{B}_2$ abgeschlossen. Dann stellt der Graph einen Banachraum dar. Die Projektion

$$\pi : \text{graph}\,(T) \to \mathcal{B}_1, \quad (x, Tx) \mapsto x$$

ist bijektiv, linear und stetig, und nach Satz 2 ist auch $\pi^{-1} : \mathcal{B}_1 \to \text{graph}\,(T)$ stetig. Da nun offenbar auch die Projektion

$$\varrho : \mathcal{B}_1 \times \mathcal{B}_2 \to \mathcal{B}_2, \quad (x, y) \mapsto y$$

stetig ist, folgt die Stetigkeit von

$$T = \varrho \circ \pi^{-1} : \mathcal{B}_1 \to \mathcal{B}_2.$$

q.e.d.

Wir wählen nun $\mathcal{B}_1 = \mathcal{B}_2 = \mathcal{B}$ und betrachten lineare, stetige Operatoren $T : \mathcal{B} \to \mathcal{B}$. Diese sind offenbar genau dann injektiv, wenn ker $T := T^{-1}(0)$ nur aus $\{0\}$ besteht. M. H. des Leray-Schauderschen Abbildungsgrades wollen wir nun ein Kriterium für die Surjektivität von T beweisen. Im folgenden bezeichnen wir die offenen Kugeln in $\mathcal{B}$ mit

$$\mathcal{B}_r := \Big\{ x \in \mathcal{B} \ : \ \|x\| < r \Big\}, \qquad 0 < r < +\infty.$$

Deren Rand wird durch $\partial\mathcal{B}_r = \{ x \in \mathcal{B} \ : \ \|x\| = r \}$ beschrieben.

Definition 1. *Der lineare Operator $K : \mathcal{B} \to \mathcal{B}$ heißt kompakt bzw. vollstetig, falls für ein $r \in (0, +\infty)$ die Bedingung „$K(\partial\mathcal{B}_r)$ ist präkompakt" erfüllt ist.*

Bemerkungen:

1. Die Definition ist unabhängig von $r \in (0, +\infty)$.
2. Ein kompakter Operator ist beschränkt, also stetig. Somit ist die Definition für lineare Operatoren äquivalent zu der in § 1, Definition 4 gegebenen.

Definition 2. *Mit dem vollstetigen Operator $K : \mathcal{B} \to \mathcal{B}$ assoziieren wir den Fredholmoperator*

$$Tx := x - Kx = (Id_{\mathcal{B}} - K)(x), \qquad x \in \mathcal{B}. \tag{4}$$

Von fundamentaler Bedeutung zur Lösung linearer Operatorgleichungen im Banachraum ist nun der

Satz 4. (F. Riesz)
Sei $K : \mathcal{B} \to \mathcal{B}$ ein vollstetiger Operator auf dem Banachraum $\mathcal{B}$ mit dem assoziierten Fredholmoperator

$$Tx := (Id_{\mathcal{B}} - K)(x) = x - Kx, \quad x \in \mathcal{B}.$$

Weiter sei die Implikation

$$Tx = 0, \quad x \in \mathcal{B} \quad \Rightarrow \quad x = 0$$

wahr, d.h. der Kern von T besteht nur aus dem Nullelement. Dann ist die Abbildung $T : \mathcal{B} \to \mathcal{B}$ bijektiv, und es existiert der inverse Operator $T^{-1} : \mathcal{B} \to \mathcal{B}$ zu T, welcher auf $\mathcal{B}$ beschränkt ist. Insbesondere hat dann für alle $y \in \mathcal{B}$ die Operatorgleichung

$$Tx = y, \quad x \in \mathcal{B},$$

genau eine Lösung.

Beweis: Für beliebiges $r \in (0, +\infty)$ betrachten wir $Tx = x - Kx$, $x \in \mathcal{B}_r$. Nach Voraussetzung gilt

$$Tx \neq 0 \qquad \text{für alle} \quad x \in \partial\mathcal{B}_r.$$

Gemäß Hilfssatz 7 aus § 2 finden wir also ein $\varepsilon > 0$, so daß

$$\|Tx\| \geq \varepsilon r \qquad \text{für alle} \quad x \in \partial\mathcal{B}_r \tag{5}$$

richtig ist. Zu vorgegebenen $y \in \mathcal{B}$ betrachten wir nun die Schar der Operatoren

$$T_\lambda x := Tx - \lambda y, \quad x \in \mathcal{B}_r, \quad 0 \leq \lambda \leq 1. \tag{6}$$

Wählen wir r hinreichend groß, so folgt für alle $x \in \partial\mathcal{B}_r$ und alle $\lambda \in [0,1]$

$$\|T_\lambda x\| \geq \|Tx\| - \|\lambda y\| \geq \varepsilon r - \|y\| > 0.$$

Für $\lambda = 0$ hat die Gleichung $T_\lambda x = 0$, $x \in \mathcal{B}_r$, genau eine Lösung, nämlich $x = 0$, vom Index $i(T, 0) \neq 0$. Nach dem Leray-Schauderschen Fundamentalsatz hat dann die Gleichung $T_\lambda x = 0$, $x \in \mathcal{B}_r$, für jedes $\lambda \in [0,1]$ mindestens eine Lösung. Insbesondere finden wir also für $\lambda = 1$ ein $x \in \mathcal{B}_r$ mit

$$Tx = y.$$

Da y beliebig gewählt war, ist damit $T : \mathcal{B} \to \mathcal{B}$ surjektiv. Die Injektivität von T folgt sofort aus ker $T = \{0\}$. Schließlich impliziert die Ungleichung

$$\|Tx\| \geq \varepsilon \|x\| \qquad \text{für alle} \quad x \in \mathcal{B}$$

noch die Beschränktheit von T^{-1}, nämlich

$$\|T^{-1}y\| \leq \frac{1}{\varepsilon}\|y\| \qquad \text{für alle} \quad y \in \mathcal{B}.$$

q.e.d.

Einen linearen Operator $F : \mathcal{B} \to \mathbb{R}$ nennt man *lineares Funktional* auf dem Banachraum $\mathcal{B}$. Zum Abschluß dieses Kapitels beweisen wir den

Satz 5. (Fortsetzungssatz von Hahn-Banach)
Sei $\mathcal{L}$ ein Unterraum des Banachraumes $\mathcal{B}$ und $f : \mathcal{L} \to \mathbb{R}$ eine lineare, stetige Abbildung mit

$$\|f\| := \sup_{\substack{x \in \mathcal{L} \\ x \neq 0}} \frac{|f(x)|}{\|x\|}.$$

Dann gibt es ein stetiges, lineares Funktional $F : \mathcal{B} \to \mathbb{R}$ mit $F(x) = f(x)$ für alle $x \in \mathcal{L}$ und $\|F\| = \|f\|$.

Definition 3. *Sei $\mathcal{L} \subset \mathcal{B}$ ein Unterraum eines Banachraumes $\mathcal{B}$. Eine Funktion $p = p(x) : \mathcal{L} \to \mathbb{R}$ nennen wir superlinear (auf $\mathcal{L}$), wenn*

$$p(\lambda x) = \lambda p(x) \qquad \text{für alle} \quad x \in \mathcal{L} \quad \text{und alle} \quad \lambda \in [0, +\infty) \qquad (7)$$

und

$$p(x + y) \leq p(x) + p(y) \qquad \text{für alle} \quad x, y \in \mathcal{L} \qquad (8)$$

gilt.

Hilfssatz 1. *Unter den Voraussetzungen von Satz 5 ist die Funktion*

$$p(x) := \inf_{y \in \mathcal{L}} \left\{ \|f\| \, \|x - y\| + f(y) \right\}, \qquad x \in \mathcal{B}, \qquad (9)$$

superlinear in $\mathcal{B}$, und es gilt

$$p(x) \leq \|f\| \, \|x\|, \quad x \in \mathcal{B}; \qquad p(x) \leq f(x), \quad x \in \mathcal{L}. \qquad (10)$$

Beweis: Zunächst bemerken wir

$$p(x) := \inf_{y \in \mathcal{L}} \left\{ \|f\| \, \|x - y\| + f(y) \right\}$$

$$\geq \inf_{y \in \mathcal{L}} \left\{ f(y) + \|f\| \, \|y\| - \|f\| \, \|x\| \right\}$$

$$\geq -\|f\| \, \|x\| > -\infty, \qquad x \in \mathcal{B}.$$

Wir weisen nun (7) nach: Für $\lambda = 0$ gilt

$$p(0 \, x) = \inf_{y \in \mathcal{L}} \left\{ \|f\| \, \|y\| + f(y) \right\} = 0 = 0 \, p(x) \qquad \text{für alle} \quad x \in \mathcal{B}.$$

Für $\lambda \in (0, +\infty)$ berechnen wir

$$p(\lambda x) = \inf_{y \in \mathcal{L}} \left\{ \|f\| \, \|\lambda x - y\| + f(y) \right\}$$

$$= \inf_{y \in \mathcal{L}} \left\{ \|f\| \, \|\lambda x - \lambda y\| + f(\lambda y) \right\}$$

$$= \lambda \inf_{y \in \mathcal{L}} \left\{ \|f\| \, \|x - y\| + f(y) \right\}$$

$$= \lambda p(x) \qquad \text{für alle} \quad x \in \mathcal{B}.$$

Nun ermitteln wir (8): Seien $x, z \in \mathcal{B}$ beliebig gewählt. Dann gibt es zu jedem $\varepsilon > 0$ Elemente $y_1, y_2 \in \mathcal{L}$, so daß gilt

$$p(x) \geq \|f\| \, \|x - y_1\| + f(y_1) - \varepsilon,$$

$$p(z) \geq \|f\| \, \|z - y_2\| + f(y_2) - \varepsilon.$$

Damit können wir wie folgt abschätzen

$$p(x + z) = \inf_{y \in \mathcal{L}} \left\{ \|f\| \, \|x + z - y\| + f(y) \right\}$$

$$\leq \|f\| \, \|x + z - (y_1 + y_2)\| + f(y_1 + y_2)$$

$$\leq \|f\| \left\{ \|x - y_1\| + \|z - y_2\| \right\} + f(y_1 + y_2)$$

$$= \left\{ \|f\| \, \|x - y_1\| + f(y_1) \right\} + \left\{ \|f\| \, \|z - y_2\| + f(y_2) \right\}$$

$$\leq p(x) + p(z) + 2\varepsilon.$$

Der Grenzübergang $\varepsilon \to 0$ liefert also die Superlinearität von $p(x)$. Wir zeigen nun noch (10): Wählt man in der Definition von $p(x)$ speziell $y = 0$, so folgt

$$p(x) = \inf_{y \in \mathcal{L}} \left\{ \|f\| \, \|x - y\| + f(y) \right\} \leq \|f\| \, \|x\| + f(0) = \|f\| \, \|x\|, \qquad x \in \mathcal{B}.$$

Entsprechend liefert die Wahl $y = x \in \mathcal{L}$ die Ungleichung

$$p(x) = \inf_{y \in \mathcal{L}} \left\{ \|f\| \, \|x - y\| + f(y) \right\} \leq f(x), \qquad x \in \mathcal{L}.$$

Dies vervollständigt den Beweis. $\hfill$ q.e.d.

Wir betrachten nun die Menge der in $\mathcal{L}$ superlinearen Funktionen

$$\mathcal{F} := \mathcal{S}(\mathcal{L}) := \left\{ p : \mathcal{L} \to \mathbb{R} \; : \; p \text{ ist superlinear in } \mathcal{L} \right\}.$$

Diese ist bezüglich der Relation

$$p, \tilde{p} \in \mathcal{S}(\mathcal{L}) : \qquad p \leq \tilde{p} \quad \Leftrightarrow \quad p(x) \leq \tilde{p}(x) \text{ für alle } x \in \mathcal{L} \qquad (11)$$

halbgeordnet im folgenden Sinne:

$$p \le p; \qquad p \le \tilde{p}, \ \tilde{p} \le \hat{p} \ \Rightarrow \ p \le \hat{p}; \qquad p \le \tilde{p}, \ \tilde{p} \le p \ \Rightarrow \ p = \tilde{p}. \quad (12)$$

Eine Teilmenge $\mathcal{E} \subset \mathcal{F}$ nennen wir *total-geordnet*, falls für je zwei Elemente $p, \tilde{p} \in \mathcal{E}$ entweder $p \le \tilde{p}$ oder $\tilde{p} \le p$ gilt. Das Element $p_* \in \mathcal{F}$ nennen wir *untere Schranke* von $\mathcal{E}$, falls

$$p_* \le p \qquad \text{für alle} \quad p \in \mathcal{E} \tag{13}$$

richtig ist.

Hilfssatz 2. *Jede total-geordnete Teilmenge* $\mathcal{E} \subset \mathcal{S}(\mathcal{L})$ *besitzt eine untere Schranke* $p_* = p_*(\mathcal{E}) \in \mathcal{S}(\mathcal{L})$.

Beweis: Es sei $\mathcal{E} = \{p_i\}_{i \in I} \subset \mathcal{S}(\mathcal{L})$ eine total-geordnete Teilmenge. Wir wählen

$$p_*(x) := \inf_{i \in I} p_i(x), \qquad x \in \mathcal{L},$$

als untere Schranke und zeigen, daß p_* eine superlineare Funktion ist. Dazu genügt es offenbar, die Ungleichung (8) nachzuweisen. Seien $x, y \in \mathcal{L}$ beliebig gewählt. Dann gibt es zu jedem $\varepsilon > 0$ einen Index $j \in I$, so daß gilt

$$p_*(x) \ge p_j(x) - \varepsilon.$$

Entsprechend finden wir einen Index $k \in I$, so daß

$$p_*(y) \ge p_k(y) - \varepsilon$$

richtig ist. Da nun aber entweder $p_j \ge p_k$ oder $p_k \ge p_j$ in $\mathcal{L}$ gelten muß, sind beide Ungleichungen sogar mit dem gleichen Index, sagen wir $j \in I$, erfüllt. Somit folgt

$$p_*(x + y) = \inf_{i \in I} p_i(x + y) \le p_j(x + y)$$

$$\le p_j(x) + p_j(y) \le p_*(x) + p_*(y) + 2\varepsilon.$$

Der Grenzübergang $\varepsilon \to 0$ liefert dann die Behauptung.   q.e.d.

Definition 4. *In einer halbgeordneten Menge* $\mathcal{F}$ *nennen wir* $p \in \mathcal{F}$ *ein minimales Element von* $\mathcal{F}$, *falls die Implikation*

$$\tilde{p} \in \mathcal{F} \quad \text{mit} \quad \tilde{p} \le p \qquad \Rightarrow \qquad \tilde{p} = p \tag{14}$$

richtig ist; es gibt also keine echt kleineren Elemente zu p.

Hilfssatz 3. $p \in \mathcal{S}(\mathcal{L})$ *ist genau dann ein minimales Element von* $\mathcal{S}(\mathcal{L})$, *wenn* $p : \mathcal{L} \to \mathbb{R}$ *linear ist.*

Beweis:

„$\Leftarrow$" Sei $p(x) : \mathcal{L} \to \mathbb{R}$ linear. Ferner sei $\tilde{p}(x) \in \mathcal{S}(\mathcal{L})$ mit $\tilde{p} \le p$ gewählt, es gelte also $\tilde{p}(x) \le p(x)$ für alle $x \in \mathcal{L}$. Dann folgt aber unmittelbar $\tilde{p} = p$. Würde nämlich ein $y \in \mathcal{L}$ mit $\tilde{p}(y) < p(y)$ existieren, so folgt

$$0 = \tilde{p}(y - y) \le \tilde{p}(y) + \tilde{p}(-y) < p(y) + p(-y) = p(y - y) = 0.$$

„$\Rightarrow$" Zu festem $a \in \mathcal{L}$ betrachten wir die Funktion

$$p_a(x) := \inf_{t \ge 0} \Big\{ p(x + ta) - tp(a) \Big\}, \qquad x \in \mathcal{L}. \tag{15}$$

Offenbar gilt $p_a(x) \le p(x)$, $x \in \mathcal{L}$. Ferner haben wir für $\lambda > 0$

$$
\begin{aligned}
p_a(\lambda x) &= \inf_{t \ge 0} \Big\{ p(\lambda x + ta) - tp(a) \Big\} \\
&= \inf_{t \ge 0} \Big\{ p(\lambda x + \lambda ta) - \lambda tp(a) \Big\} \\
&= \lambda \inf_{t \ge 0} \Big\{ p(x + ta) - tp(a) \Big\} \\
&= \lambda p_a(x), \qquad x \in \mathcal{L}.
\end{aligned}
$$

Für $\lambda = 0$ ist diese Identität trivial erfüllt.
Wir zeigen nun, daß $p_a(x)$ auch der Ungleichung (8) genügt: Seien $x, y \in \mathcal{L}$ gewählt. Wie im Beweis von Hilfssatz 1 wählen wir Punkte $t_1 \ge 0$ und $t_2 \ge 0$, in denen die Infima $p_a(x)$ bzw. $p_a(y)$ bis auf ein $\varepsilon > 0$ approximiert werden. Dann folgt

$$
\begin{aligned}
p_a(x + y) &= \inf_{t \ge 0} \Big\{ p(x + y + ta) - tp(a) \Big\} \\
&\le p(x + y + (t_1 + t_2)a) - (t_1 + t_2)p(a) \\
&\le \Big\{ p(x + t_1 a) - t_1 p(a) \Big\} + \Big\{ p(y + t_2 a) - t_2 p(a) \Big\} \\
&\le p_a(x) + p_a(y) + 2\varepsilon,
\end{aligned}
$$

und der Grenzübergang $\varepsilon \to 0$ liefert (8). Die Funktion $p_a(x)$, $x \in \mathcal{L}$, ist somit superlinear. Da andererseits $p(x)$ ein minimales Element in $\mathcal{S}(\mathcal{L})$ ist, folgt

$$p(x) \le p_a(x) = \inf_{t \ge 0} \Big\{ p(x + ta) - tp(a) \Big\} \le p(x + a) - p(a)$$

bzw.

$$p(x) + p(a) \le p(x + a) \le p(x) + p(a) \qquad \text{für alle} \quad x, a \in \mathcal{L}.$$

Also ist $p : \mathcal{L} \to \mathbb{R}$ linear.   q.e.d.

Aus der Mengenlehre benötigen wir noch den

Hilfssatz 4. (Lemma von Zorn)
In der halbgeordneten Menge $\mathcal{F}$ gebe es für jede total-geordnete Teilmenge $\mathcal{E} \subset \mathcal{F}$ eine untere Schranke. Dann gibt es in $\mathcal{F}$ ein minimales Element.

Wir kommen nun zum

Beweis von Satz 5: Unter den Voraussetzungen von Satz 5 betrachten wir die superlineare Funktion $p(x)$ aus Hilfssatz 1 und erklären die halbgeordnete Menge

$$\mathcal{F} := \left\{ \tilde{p} \in \mathcal{S}(\mathcal{B}) \ : \ \tilde{p} \leq p \right\}.$$

Nach Hilfssatz 2 hat jede total-geordnete Teilmenge $\mathcal{E} \subset \mathcal{F}$ eine untere Schranke. Wegen Hilfssatz 4 gibt es in $\mathcal{F}$ ein minimales Element $F : \mathcal{B} \to \mathbb{R}$, welches gemäß Hilfssatz 3 eine lineare Funktion ist. Wegen (10) erhalten wir für alle $x \in \mathcal{B}$

$$F(x) \leq p(x) \leq \|f\| \, \|x\|$$

und

$$-F(x) = F(-x) \leq \|f\| \, \| - x\| = \|f\| \, \|x\|,$$

also $|F(x)| \leq \|f\| \, \|x\|$. Somit folgt $\|F\| = \|f\|$.

Da nun für alle $x \in \mathcal{L}$ die Ungleichung $F(x) \leq p(x) \leq f(x)$ erfüllt ist und $f : \mathcal{L} \to \mathbb{R}$ linear ist, ermitteln wir

$$F(x) = f(x) \qquad \text{für alle} \quad x \in \mathcal{L}$$

aus Hilfssatz 3.   q.e.d

VIII

Lineare Operatoren im Hilbertraum

§1 Verschiedene Eigenwertprobleme

Wir untersuchen zunächst die Auflösung linearer Gleichungssysteme: Zu gegebener Matrix $A = (a_{ij})_{i,j=1,\ldots,n} \in \mathbb{R}^{n \times n}$ betrachten wir die Abbildung $x \mapsto Ax : \mathbb{R}^n \to \mathbb{R}^n$ und das Gleichungssystem

$$\sum_{k=1}^{n} a_{ik}x_k = y_i, \quad i = 1,\ldots,n, \qquad bzw. \qquad Ax = y$$

mit gegebener rechter Seite $y = (y_1,\ldots,y_n)^t$. Das System $Ax = y$ ist für alle $y \in \mathbb{R}^n$ genau dann lösbar, wenn die homogene Gleichung $Ax = 0$ nur die triviale Lösung $x = 0$ besitzt. Es folgt dann $x = A^{-1}y$. Wir bemerken, daß der Begriff der Determinante hierbei nicht benötigt wird.

In Satz 4 aus Kapitel VII, § 4 (Satz von F. Riesz) haben wir diese Lösbarkeitstheorie auf lineare Operatoren im Banachraum übertragen: Sei $\mathcal{B}$ ein reeller Banachraum und $K : \mathcal{B} \to \mathcal{B}$ ein linearer, vollstetiger Operator mit dem assoziierten Operator $Tx := x - Kx$, $x \in \mathcal{B}$. Falls die Implikation

$$Tx = 0 \quad \Rightarrow \quad x = 0$$

wahr ist, so hat für alle $y \in \mathcal{B}$ die Gleichung

$$Tx = y, \qquad x \in \mathcal{B},$$

genau eine Lösung.

Wir betrachten nun die *Hauptachsentransformation Hermitescher Matrizen*: Sei $A = (a_{ik})_{i,k=1,\ldots,n} \in \mathbb{C}^{n \times n}$ eine Hermitesche Matrix, d.h. $a_{ik} = \overline{a}_{ki}$ für alle $i, k = 1,\ldots,n$. Dann besitzt A ein vollständiges, orthonormiertes System von Eigenvektoren $\varphi_1,\ldots,\varphi_n \in \mathbb{C}^n$ mit den reellen Eigenwerten $\lambda_1,\ldots,\lambda_n \in \mathbb{R}$, d.h.

$$A\varphi_i = \lambda_i\varphi_i, \qquad i = 1,\ldots,n,$$

und es gilt

$$(\varphi_i, \varphi_k) = \delta_{ik}, \qquad i,k = 1,\ldots,n.$$

Dabei haben wir $(x,y) := \overline{x}^t \cdot y$ gesetzt. Bezeichnet $\xi_i := (\varphi_i, x)$ die i-te Komponente von $x \in \mathbb{C}^n$ bez. $(\varphi_1,\ldots,\varphi_n)$, das heißt

$$x = \sum_{i=1}^{n} \xi_i\varphi_i,$$

dann folgt

$$Ax = \sum_{i=1}^{n} \xi_i A\varphi_i = \sum_{i=1}^{n} \lambda_i\xi_i\varphi_i.$$

Wir erklären die Diagonalmatrix

$$\Lambda := \begin{pmatrix} \lambda_1 & 0 & \ldots & 0 \\ 0 & \ddots & \ddots & \vdots \\ \vdots & \ddots & \ddots & 0 \\ 0 & \ldots & 0 & \lambda_n \end{pmatrix} \in \mathbb{R}^{n\times n}$$

und die unitäre Matrix $U^{-1} := (\varphi_1,\ldots,\varphi_n) \in \mathbb{C}^{n\times n}$. Nun haben wir die Darstellung $x = U^{-1}\xi$ mit $\xi = (\xi_1,\ldots,\xi_n)^t$ und somit $\xi = Ux$. Es folgt also

$$U \circ A \circ U^{-1} \circ \xi = U \circ A \circ x = U \circ U^{-1} \circ \Lambda \circ \xi = \Lambda \circ \xi$$

bzw. die *unitäre Transformation*

$$\Lambda = U \circ A \circ U^{-1}.$$

Nun gilt $U^{-1} = U^* = \overline{U}^t$. Wir berechnen damit die Transformation der zugehörigen Hermiteschen Form

$$\sum_{i,k=1}^{n} a_{ik}\overline{x}_i x_k = (x, Ax) = \left(\sum_{i=1}^{n}(\varphi_i, x)\varphi_i, \sum_{j=1}^{n}(\varphi_j, x)\lambda_j\varphi_j \right)$$

$$= \sum_{i,j=1}^{n} \overline{(\varphi_i, x)}(\varphi_j, x)\lambda_j\delta_{ij}$$

$$= \sum_{i=1}^{n} |(\varphi_i, x)|^2\lambda_i = \sum_{i=1}^{n} \lambda_i|\xi_i|^2.$$

In dem vorliegenden Kapitel wollen wir entsprechende Sätze für Operatoren im Hilbertraum herleiten und durch Spezialisierung auf Integraloperatoren Eigenwertprobleme bei gewöhnlichen und partiellen Differentialgleichungen behandeln.

Beispiel 1. Der Definitionsbereich

$$\mathcal{D} := \Big\{ u = u(x) \in C^2[0, \pi] \ : \ u(0) = 0 = u(\pi) \Big\}$$

und der Differentialoperator

$$L u(x) := -u''(x), \quad x \in [0, \pi], \qquad \text{für} \quad u \in \mathcal{D}$$

seien gegeben. Für welche $\lambda \in \mathbb{R}$ hat das Eigenwertproblem

$$L u(x) = \lambda u(x), \quad 0 \le x \le \pi, \qquad u \in \mathcal{D}, \tag{1}$$

eine nichttriviale Lösung $u \in \mathcal{D}$, d.h. $u \not\equiv 0$?

$\lambda = 0$: Wir haben $u''(x) = 0$ für $x \in [0, \pi]$, also $u(x) = ax + b$ mit Konstanten $a, b \in \mathbb{R}$. Die Randbedingungen an u liefern $0 = u(0) = b$ und $0 = u(\pi) = a\pi + b = a\pi$. Es folgt also

$$u(x) \equiv 0, \qquad x \in [0, \pi].$$

Deshalb ist $\lambda = 0$ kein Eigenwert von (1).

$\lambda < 0$: Mit $\lambda = -k^2$, $k \in (0, +\infty)$, schreiben wir (1) in der Form

$$u''(x) - k^2 u(x) = 0, \qquad x \in [0, \pi].$$

Offenbar bildet $\{e^{kx}, e^{-kx}\}$ ein Fundamentalsystem der Differentialgleichung. Beachten wir $u(0) = 0$, so folgt

$$u(x) = A e^{kx} + B e^{-kx} = A(e^{kx} - e^{-kx}) = 2A \sinh(kx).$$

Wegen $u(\pi) = 0$ erhalten wir schließlich

$$u(x) \equiv 0, \qquad x \in [0, \pi].$$

Also gibt es keinen negativen Eigenwert $\lambda < 0$ von (1).

$\lambda > 0$: Sei nun $\lambda = k^2$ mit einem $k \in (0, +\infty)$. Dann schreibt sich (1) als

$$u''(x) + k^2 u(x) = 0, \qquad x \in [0, \pi],$$

und mit $\{\cos(kx), \sin(kx)\}$ finden wir ein Fundamentalsystem der Differentialgleichung und daher die allgemeine Lösung

$$u(x) = A \cos(kx) + B \sin(kx), \qquad x \in [0, \pi].$$

Aus $0 = u(0) = A$ folgt $u(x) = B \sin(kx)$, $x \in [0, \pi]$, und der Randbedingung $0 = u(\pi) = B \sin(k\pi)$ entnehmen wir noch $k \in \mathbb{N}$. Daraus ergeben sich die Eigenwerte $\lambda = k^2$ von (1) zu den Eigenfunktionen

$$u_k(x) = \sin(kx), \quad x \in [0, \pi], \qquad k = 1, 2, \ldots$$

Beispiel 2. Es sei das Gebiet

$$G := \left\{ x = (x_1, \ldots, x_n) \in \mathbb{R}^n \ : \ x_i \in (0, \pi), \ i = 1, \ldots, n \right\} = (0, \pi)^n \subset \mathbb{R}^n$$

gegeben. Auf dem Definitionsbereich

$$\mathcal{D} := \left\{ u \in C^2(G) \cap C^0(\overline{G}) \ : \ u|_{\partial G} = 0 \right\}$$

erklären wir den Differentialoperator

$$Lu(x) := -\Delta u(x) = -\sum_{i=1}^{n} \frac{\partial^2}{\partial x_i^2} u(x), \qquad x \in G.$$

Wir betrachten das Eigenwertproblem

$$Lu(x) = \lambda u(x), \qquad x \in G, \tag{2}$$

für $u \in \mathcal{D}$ und $\lambda \in \mathbb{R}$. Zu dessen Lösung machen wir den *Separationsansatz*

$$u(x) = u(x_1, \ldots, x_n) := u_1(x_1) \cdot u_2(x_2) \cdot \ldots \cdot u_n(x_n), \qquad x \in G.$$

Die Differentialgleichung (2) wird dann zu

$$-\sum_{i=1}^{n} u_1(x_1) \cdot \ldots \cdot u_{i-1}(x_{i-1}) u_i''(x_i) u_{i+1}(x_{i+1}) \cdot \ldots \cdot u_n(x_n) = \lambda u_1(x_1) \cdot \ldots \cdot u_n(x_n)$$

beziehungsweise

$$-\sum_{i=1}^{n} \frac{u_i''(x_i)}{u_i(x_i)} = \lambda, \qquad x \in G.$$

Wir wählen nun $u_i(x_i) := \sin(k_i x_i)$ mit $k_i \in \mathbb{N}$, $i = 1, \ldots, n$, und folgern

$$-\sum_{i=1}^{n} \frac{u_i''(x_i)}{u_i(x_i)} = \sum_{i=1}^{n} k_i^2 = \lambda \ \in \ (0, \infty).$$

Als Lösungen des Eigenwertproblems (2) ergeben sich also

$$u(x_1, \ldots, x_n) := \sin(k_1 x_1) \cdot \ldots \cdot \sin(k_n x_n) \qquad \text{und} \qquad \lambda = k_1^2 + \ldots + k_n^2$$

für $k_1, \ldots, k_n \in \mathbb{N}$. Nach der Normierung

$$u_{k_1, \ldots, k_n}(x_1, \ldots, x_n) := \left(\frac{2}{\pi} \right)^{\frac{n}{2}} \sin(k_1 x_1) \cdot \ldots \cdot \sin(k_n x_n), \qquad x \in G, \tag{3}$$

erhalten wir mit dem skalaren Produkt

$$(u, v) := \int_G u(x_1, \ldots, x_n) v(x_1, \ldots, x_n) \, dx_1 \ldots dx_n, \qquad u, v \in \mathcal{D},$$

das orthonormierte System von Funktionen

$$(u_{k_1...k_n}, u_{l_1...l_n}) = \delta_{k_1 l_1} \cdot ... \cdot \delta_{k_n l_n} \qquad \text{für} \quad k_1, ..., k_n, l_1, ..., l_n \in \mathbb{N}. \quad (4)$$

Wegen

$$Lu_{k_1...k_n} = (k_1^2 + ... + k_n^2)u_{k_1...k_n}$$

und

$$\|u_{k_1...k_n}\|_{L^2(G)}^2 := (u_{k_1...k_n}, u_{k_1...k_n}) = 1$$

für alle $k_1 ... k_n \in \mathbb{N}$ folgt

$$\sup_{u \in \mathcal{D}, \|u\|=1} \|Lu\| \geq \sup_{k_1...k_n \in \mathbb{N}} \|Lu_{k_1...k_n}\| = \sup_{k_1...k_n \in \mathbb{N}} (k_1^2 + ... + k_n^2) = +\infty. \quad (5)$$

Somit ist $L = -\Delta : L^2(G) \to L^2(G)$ ein unbeschränkter Operator auf dem Hilbertraum $L^2(G)$.

Von besonderem Interesse ist die Frage: Sind die oben angegebenen Funktionen $\{u_{k_1...k_n}\}_{k_1...k_n=1,2,...}$ vollständig? Ist also eine willkürliche Funktion in eine solche Funktionenreihe entwickelbar?

Wir betrachten nun das *Sturm-Liouvillesche Eigenwertproblem:* Die Zahlen $c_1, c_2, d_1, d_2 \in \mathbb{R}$ mit $c_1^2 + c_2^2 > 0$, $d_1^2 + d_2^2 > 0$ seien vorgegeben. Als Definitionsbereich wählen wir den linearen Raum

$$\mathcal{D} := \Big\{ f \in C^2([a,b], \mathbb{R}) \ : \ c_1 f(a) + c_2 f'(a) = 0 = d_1 f(b) + d_2 f'(b) \Big\},$$

wobei $-\infty < a < b < +\infty$ feste Zahlen sind. Zu den Funktionen $p = p(x) \in C^1([a,b], (0, +\infty))$ und $q = q(x) \in C^0([a,b], \mathbb{R})$ erklären wir den *Sturm-Liouville-Operator*

$$Lu(x) := -(p(x)u'(x))' + q(x)u(x), \quad x \in [a,b], \qquad \text{für} \quad u \in \mathcal{D}.$$

Hilfssatz 1. $L : \mathcal{D} \to \mathbb{C}^0([a,b], \mathbb{R})$ *ist ein linearer, symmetrischer Operator, das heißt*

$$L(\alpha u + \beta v) = \alpha Lu + \beta Lv \qquad \text{für alle} \quad u, v \in \mathcal{D}, \quad \alpha, \beta \in \mathbb{R},$$

und

$$\int_a^b u(x)\Big(Lv(x)\Big)\,dx = \int_a^b \Big(Lu(x)\Big)v(x)\,dx \qquad \text{für alle} \quad u, v \in \mathcal{D}.$$

Beweis: Die Linearität ist klar. Wir berechnen für $u, v \in \mathcal{D}$

$$
\begin{aligned}
vLu - uLv &= v(-(pu')' + qu) - u(-(pv')' + qv) \\
&= \frac{d}{dx}\Big\{p(x)(u(x)v'(x) - u'(x)v(x))\Big\}, \qquad x \in [a,b].
\end{aligned}
\quad (6)
$$

Es folgt somit

$$\int\limits_a^b (vLu - uLv)\, dx = \Big[- p(x)(u(x), u'(x)) \cdot (-v'(x), v(x))^t \Big]_a^b = 0.$$

Denn wegen $u, v \in \mathcal{D}$ sind die Vektoren $(u(x), u'(x))$ und $(v(x), v'(x))$ parallel für $x = a$ bzw. $x = b$.

q.e.d.

Wir untersuchen nun das Eigenwertproblem

$$Lu = \lambda u, \qquad u \in \mathcal{D}. \tag{7}$$

Setzen wir

$$(u, v) := \int\limits_a^b u(x)v(x)\, dx \qquad \text{für} \quad u, v \in \mathcal{D},$$

so erhalten wir in § 8 parallel zu Beispiel 1 ein orthonormiertes System von Eigenfunktionen

$$u_k(x) \in \mathcal{D} \qquad \text{mit} \quad (u_k, u_l) = \delta_{kl}, \qquad k, l \in \mathbb{N},$$

und

$$Lu_k = \lambda_k u_k, \qquad k = 1, 2, \ldots$$

Wir erwarten wegen Beispiel 1 das asymptotische Verhalten

$$-\infty < \lambda_1 \le \lambda_2 \le \lambda_3 \le \ldots \to +\infty \tag{8}$$

für die Eigenwerte. Somit ist L ein unbeschränkter Operator. Wir werden die Entwicklung

$$f(x) = \sum_{k=1}^\infty c_k u_k(x) \qquad \text{mit} \quad c_k = (u_k, f)$$

für alle $f \in \mathcal{D}$ herleiten. Zunächst machen wir die

Voraussetzung 0: Die Gleichung $Lu = 0$, $u \in \mathcal{D}$, hat nur die triviale Lösung $u \equiv 0$.

Der Bereich $\mathcal{D}$ ist bezüglich der Norm $\|u\| := \sqrt{(u, u)}$, $u \in \mathcal{D}$, nicht vollständig und der Operator L ist i.a. unbeschränkt, so daß mit dem o.a. Satz von F. Riesz nicht abstrakt die Inverse L^{-1} gebildet werden kann. Unter der Voraussetzung 0 werden wir aber die Inverse m.H. der *Greenschen Funktion des Sturm-Liouville-Operators* $K(x, y)$ konstruieren. Haben wir dieses durchgeführt, so wird (7) äquivalent umgeformt in das Eigenwertproblem für den beschränkten Operator L^{-1}, nämlich

$$L^{-1}u = \frac{1}{\lambda} u, \qquad u \in \mathcal{D}. \tag{9}$$

Zur Konstruktion der Inversen betrachten wir die gewöhnliche Differentialgleichung

$$
\begin{aligned}
Lu(x) &= -\left(p(x)u'(x)\right)' + q(x)u(x) \\
&= -p(x)u''(x) - p'(x)u'(x) + q(x)u(x) \quad (10)\\
&= f(x), \qquad a \le x \le b.
\end{aligned}
$$

Die homogene Gleichung $Lu = 0$ besitzt ein Fundamentalsystem $\alpha = \alpha(x)$,
$\beta = \beta(x)$ mit

$$
L\alpha(x) \equiv 0 \equiv L\beta(x) \quad \text{in} \quad [a, b].
$$

Wir konstruieren eine Lösung von (10) mittels Variation der Konstanten

$$
u(x) = A(x)\alpha(x) + B(x)\beta(x), \qquad a \le x \le b, \quad (11)
$$

unter der Nebenbedingng

$$
A'(x)\alpha(x) + B'(x)\beta(x) = 0. \quad (12)
$$

Mit Hilfe von (12) berechnen wir

$$
u'(x) = A(x)\alpha'(x) + B(x)\beta'(x)
$$

und

$$
u''(x) = A(x)\alpha''(x) + B(x)\beta''(x) + A'(x)\alpha'(x) + B'(x)\beta'(x).
$$

Zusammen mit Formel (11) ergibt sich

$$
Lu(x) = A(x)L\alpha(x) + B(x)L\beta(x) - p(x)\Big\{A'(x)\alpha'(x) + B'(x)\beta'(x)\Big\} = f(x)
$$

beziehungsweise

$$
-p(x)\Big\{A'(x)\alpha'(x) + B'(x)\beta'(x)\Big\} = f(x), \qquad a \le x \le b. \quad (13)
$$

Machen wir nun den Ansatz

$$
A'(x) = \beta(x)k(x), \quad B'(x) = -\alpha(x)k(x), \qquad a \le x \le b, \quad (14)
$$

mit einer stetigen Funktion $k = k(x)$, $x \in [a, b]$, so wird (12) erfüllt, und (13)
wird zu

$$
-p(x)\left\{\beta(x)\alpha'(x) - \alpha(x)\beta'(x)\right\}k(x) = f(x), \qquad a \le x \le b. \quad (15)
$$

Hilfssatz 2. *Es gilt* $p(x)\{\alpha(x)\beta'(x) - \alpha'(x)\beta(x)\} =$const *in* $[a, b]$.

Beweis: Wenden wir (6) auf $u = \alpha(x)$ und $v = \beta(x)$ an, so folgt

$$0 = \frac{d}{dx}\Big\{p(x)\,(\alpha(x)\beta'(x) - \alpha'(x)\beta(x))\Big\} \quad \text{in} \quad [a,b].$$

q.e.d.

Wir wählen nun $\alpha = \alpha(x)$ und $\beta = \beta(x)$ als Lösungen der homogenen Gleichung $Lu = 0$ so, daß folgendes gilt:

$$p(x)\Big\{\alpha(x)\beta'(x) - \alpha'(x)\beta(x)\Big\} \equiv 1 \quad \text{in} \quad [a,b] \tag{16}$$

und

$$c_1\beta(a) + c_2\beta'(a) = 0 = d_1\alpha(b) + d_2\alpha'(b). \tag{17}$$

Hierzu lösen wir die Anfangswertprobleme

$$L\alpha = 0 \quad \text{in} \quad [a,b], \qquad \alpha(b) = d_2, \qquad \alpha'(b) = -d_1$$

und

$$L\beta = 0 \quad \text{in} \quad [a,b], \qquad \beta(a) = \frac{1}{M}c_2, \qquad \beta'(a) = -\frac{1}{M}c_1,$$

wobei wir $M \neq 0$ so bestimmen, daß

$$p(a)\Big\{\alpha(a)\beta'(a) - \alpha'(a)\beta(a)\Big\} = -\frac{1}{M}p(a)\Big\{c_1\alpha(a) + c_2\alpha'(a)\Big\} = 1$$

erfüllt ist, d.h. wir wählen

$$M = -p(a)\Big\{c_1\alpha(a) + c_2\alpha'(a)\Big\}.$$

Die Aussage $M \neq 0$ entnehmen wir dem folgenden

Hilfssatz 3. $\{\alpha, \beta\}$ *bildet ein Fundamentalsystem.*

Beweis: Wäre die Behauptung falsch, so gibt es ein $\mu \neq 0$ mit der Eigenschaft

$$\alpha(x) = \mu\beta(x), \qquad a \leq x \leq b.$$

Wegen (17) folgt $\alpha \in \mathcal{D}$, und Voraussetzung 0 liefert $\alpha \equiv 0$, also einen Widerspruch.

q.e.d.

Aus (15) und (16) erhalten wir nun

$$k(x) = f(x) \quad \text{in} \quad [a,b], \tag{18}$$

und (14) liefert

$$A(x) = \int\limits_a^x \beta(y)f(y)\,dy + \text{const}, \qquad B(x) = \int\limits_x^b \alpha(y)f(y)\,dy + \text{const}. \tag{19}$$

Zusammenfassend ergibt sich der

Satz 1. *Die Sturm-Liouville-Gleichung $Lu = f$, $u \in \mathcal{D}$, zu der rechten Seite $f \in C^0([a,b])$ wird durch die Funktion*

$$u(x) = \alpha(x) \int_a^x \beta(y) f(y) \, dy + \beta(x) \int_x^b \alpha(y) f(y) \, dy = \int_a^b K(x,y) f(y) \, dy \quad (20)$$

gelöst. Mit Hilfe des Fundamentalsystems $\{\alpha, \beta\}$ von $Lu = 0$, für das (16) und (17) gelte, wird dabei die Greensche Funktion des Sturm-Liouville-Operators wie folgt erklärt:

$$K(x,y) = \begin{cases} \alpha(x)\beta(y), & a \leq y \leq x \\ \beta(x)\alpha(y), & x \leq y \leq b. \end{cases} \quad (21)$$

Beweis: Aus der obigen Herleitung ist ersichtlich, daß die Funktion $u(x)$ aus (20) die Differentialgleichung $Lu = f$ erfüllt. Weiter folgt

$$u(a) = \beta(a) \int_a^b \alpha(y) f(y) \, dy, \qquad u'(a) = \beta'(a) \int_a^b \alpha(y) f(y) \, dy,$$

und wegen (17) haben wir

$$c_1 u(a) + c_2 u'(a) = (c_1 \beta(a) + c_2 \beta'(a)) \int_a^b \alpha(y) f(y) \, dy = 0.$$

Ebenso ermitteln wir

$$u(b) = \alpha(b) \int_a^b \beta(y) f(y) \, dy, \qquad u'(b) = \alpha'(b) \int_a^b \beta(y) f(y) \, dy$$

und

$$d_1 u(b) + d_2 u'(b) = (d_1 \alpha(b) + d_2 \alpha'(b)) \int_a^b \beta(y) f(y) \, dy = 0.$$

q.e.d.

Dem Satz 1 entnehmen wir sofort den

Satz 2. *Unter der Voraussetzung 0 sind die beiden folgenden Aussagen äquivalent:*

I. $u \in \mathcal{D}$ mit $u \not\equiv 0$ genügt $Lu = \lambda u$.

II. $u \in \mathcal{D}$ mit $u \not\equiv 0$ genügt $\int_a^b K(x,y) u(y) \, dy = \dfrac{1}{\lambda} u(x)$ für $a \leq x \leq b$.

Wir wenden uns nun dem *Eigenwertproblem der n-dimensionalen Schwingungsgleichung* zu: Sei $G \subset \mathbb{R}^n$ ein beschränktes Dirichletgebiet, d.h. für alle stetigen Funktionen $g = g(x) : \partial G \to \mathbb{R}$ ist das Dirichletproblem

$$u = u(x) \in C^2(G) \cap C^0(\overline{G}),$$

$$\Delta u(x) = 0 \quad \text{in} \quad G, \tag{22}$$

$$u(x) = g(x) \quad \text{auf} \quad \partial G$$

lösbar (vgl. Kap. V, § 3). Die weitere Voraussetzung, daß nämlich G den Bedingungen des *Gaußschen Satzes* gemäß § 5 in Kap. I genügt, werden wir in § 9 mit Hilfssatz 1 eliminieren. Wir können dann die *Greensche Funktion des Laplace-Operators* für das Gebiet G wie folgt angeben:

$$H(x,y) = \begin{cases} -\dfrac{1}{2\pi} \log |y - x| + h(x,y), & n = 2 \\[2mm] \dfrac{1}{(n-2)\omega_n} \dfrac{1}{|y-x|^{n-2}} + h(x,y), & n \geq 3 \end{cases} \tag{23}$$

für $(x,y) \in G \otimes G := \{(\xi, \eta) \in G \times G : \xi \neq \eta\}$. Dabei ist $\Delta_y h(x,y) = 0$ in G und

$$h(x,y) = \begin{cases} \dfrac{1}{2\pi} \log |y - x|, & n = 2 \\[2mm] -\dfrac{1}{(n-2)\omega_n} \dfrac{1}{|y-x|^{n-2}}, & n \geq 3 \end{cases} \tag{24}$$

für $x \in G$ und $y \in \partial G$ erfüllt. Ferner bezeichnet ω_n die Oberfläche der Einheitssphäre im $\mathbb{R}^n$. Aufgrund von Kapitel V, § 1 und § 2 kann eine Lösung des Problems

$$u = u(x) \in C^2(G) \cap C^0(\overline{G}),$$

$$-\Delta u(x) = f(x) \quad \text{in} \quad G, \tag{25}$$

$$u(x) = 0 \quad \text{auf} \quad \partial G$$

dargestellt werden in der Form

$$u(x) = \int\limits_G H(x,y) f(y) \, dy, \quad x \in G. \tag{26}$$

Zur Herleitung von (26) betrachten wir das Gebiet $G_\varepsilon := \{y \in G : |y-x| > \varepsilon\}$ für kleine $\varepsilon > 0$. Der Gaußsche Satz liefert

$$\int\limits_{G_\varepsilon} \Big(H(x,y) \Delta u(y) - u(y) \Delta_y H(x,y) \Big) \, dy$$

$$= \int\limits_{\partial G} \Big(H(x,y) \frac{\partial u}{\partial \nu}(y) - u(y) \frac{\partial H}{\partial \nu}(x,y) \Big) \, d\sigma(y)$$

$$- \int\limits_{y:|y-x|=\varepsilon} \Big(H(x,y) \frac{\partial u}{\partial \nu}(y) - u(y) \frac{\partial H}{\partial \nu}(x,y) \Big) \, d\sigma(y).$$

Somit folgt für $\varepsilon \downarrow 0$

$$-\int_G H(x,y) f(y)\, dy = \lim_{\varepsilon \downarrow 0} \int_{r=|y-x|=\varepsilon} u(y) \left(\frac{1}{(n-2)\omega_n}(2-n) r^{1-n} \right) d\sigma(y)$$

$$= -\lim_{\varepsilon \downarrow 0} \left(\frac{1}{\varepsilon^{n-1}\omega_n} \int_{r=|y-x|=\varepsilon} u(y)\, d\sigma(y) \right)$$

$$= -u(x) \qquad \text{für alle} \quad x \in G,$$

falls $n \geq 3$ gilt (entsprechend für $n = 2$).

Wir weisen nun die *Symmetrie der Greenschen Funktion* nach, nämlich

$$H(x,y) = H(y,x) \qquad \text{für alle} \quad (x,y) \in G \otimes G. \tag{27}$$

Dazu wählen wir $x, y \in G$ mit $x \neq y$ fest und betrachten im Gebiet

$$G_\varepsilon := \left\{ z \in G \,:\, |z-x| > \varepsilon \text{ und } |z-y| > \varepsilon \right\}$$

die Funktionen $p(z) := H(x,z)$ und $q(z) := H(y,z)$, $z \in G_\varepsilon$. Der Gaußsche Satz liefert für $\varepsilon \downarrow 0$

$$0 = \lim_{\varepsilon \downarrow 0} \int_{G_\varepsilon} (q\Delta p - p\Delta q)\, dz = \lim_{\varepsilon \downarrow 0} \int_{\partial G_\varepsilon} \left(q \frac{\partial p}{\partial \nu} - p \frac{\partial q}{\partial \nu} \right) d\sigma(z)$$

$$= -\lim_{\varepsilon \downarrow 0} \int_{|z-x|=\varepsilon} \left(q \frac{\partial p}{\partial \nu} - p \frac{\partial q}{\partial \nu} \right) d\sigma(z) - \lim_{\varepsilon \downarrow 0} \int_{|z-y|=\varepsilon} \left(q \frac{\partial p}{\partial \nu} - p \frac{\partial q}{\partial \nu} \right) d\sigma(z)$$

$$= q(x) - p(y) = H(y,x) - H(x,y) \qquad \text{für alle} \quad x, y \in G \quad \text{mit} \quad x \neq y.$$

Wir zeigen nun eine *Wachstumsbedingung für die Greensche Funktion $H(x,y)$*: Zu $\varepsilon > 0$ erklären wir die harmonische Funktion

$$W_\varepsilon(x,y) := \begin{cases} -\dfrac{1}{2\pi}(1+\varepsilon) \log \dfrac{|y-x|}{d}, & n = 2 \\[2mm] \dfrac{1+\varepsilon}{(n-2)\omega_n} |y-x|^{2-n}, & n \geq 3 \end{cases}$$

mit $d := \operatorname{diam} G$. Wir betrachten die Funktion $\Phi_\varepsilon(x,y) := W_\varepsilon(x,y) - H(x,y)$ und wählen $\delta > 0$ so klein, daß

$$\Phi_\varepsilon(x,y) \geq 0 \qquad \text{für alle} \quad y : |y-x| = \delta \quad \text{und alle} \quad y \in \partial G$$

erfüllt ist. Wenden wir das Maximumprinzip auf die harmonische Funktion $\Phi_\varepsilon(x,.)$ in dem Gebiet $G_\delta := \{y \in G \,:\, |x-y| > \delta\}$ an, so folgt $\Phi_\varepsilon(x,y) \geq 0$ in G_δ bzw.

$$H(x,y) \le W_\varepsilon(x,y) \qquad \text{für alle} \quad \varepsilon > 0.$$

Wir erhalten

$$0 \le H(x,y) \le \begin{cases} -\dfrac{1}{2\pi} \log \dfrac{|y-x|}{d}, & n = 2 \\[2ex] \dfrac{1}{(n-2)\omega_n} |y-x|^{2-n}, & n \ge 3 \end{cases}$$

für alle $(x,y) \in G \otimes G$, und somit die Wachstumsbedingung

$$|H(x,y)| \le \frac{\text{const}}{|x-y|^\alpha} \qquad \text{für alle} \quad (x,y) \in G \otimes G \tag{28}$$

mit $\alpha := n - 2 < n$.

Definition 1. *Sei $G \subset \mathbb{R}^n$ ein beschränktes Gebiet mit $n \in \mathbb{N}$, und $\alpha \in [0,n)$ sei gewählt. Eine Funktion $K = K(x,y) \in C^0(G \otimes G, \mathbb{C})$ nennen wir singulären Kern der Ordnung α, in Zeichen $K \in \mathcal{S}_\alpha(G, \mathbb{C})$, falls es eine Konstante $c \in [0, +\infty)$ so gibt, daß*

$$|K(x,y)| \le \frac{c}{|x-y|^\alpha} \qquad \text{für alle} \quad (x,y) \in G \otimes G \tag{29}$$

erfüllt ist. Wir nennen den Kern $K \in \mathcal{S}_\alpha(G, \mathbb{C})$ Hermitesch, falls

$$K(x,y) = \overline{K(y,x)} \qquad \text{für alle} \quad (x,y) \in G \otimes G \tag{30}$$

richtig ist. Die reellen Kerne gehören zur Klasse $\mathcal{S}_\alpha(G) := \mathcal{S}_\alpha(G, \mathbb{R})$. Ein Kern $K \in \mathcal{S}_\alpha(G)$ ist genau dann Hermitesch, wenn er im folgenden Sinne symmetrisch ist:

$$K(x,y) = K(y,x) \qquad \text{für alle} \quad (x,y) \in G \otimes G. \tag{31}$$

Wir fassen nun unsere Betrachtungen über die n-dimensionale Schwingungsgleichung zusammen im folgenden

Satz 3. *Sei $G \subset \mathbb{R}^n$, $n = 2, 3, \ldots$, ein Dirichletgebiet, das den Bedingungen des Gaußschen Satzes genügt, und der Definitionsbereich*

$$\mathcal{D} := \left\{ u = u(x) \in C^2(G) \cap C^0(\overline{G}) \; : \; u(x) = 0 \text{ für alle } x \in \partial G \right\}$$

sei erklärt. Dann sind die beiden folgenden Aussagen äquivalent:

I. *$u \in \mathcal{D}$ mit $u \not\equiv 0$ löst die Differentialgleichung*

$$-\Delta u(x) = \lambda u(x) \qquad in \quad G$$

für ein $\lambda \in \mathbb{R}$.

II. $u \in \mathcal{D}$ mit $u \not\equiv 0$ löst die Integralgleichung

$$\int\limits_G H(x,y)u(y)\,dy = \frac{1}{\lambda}u(x) \qquad in \quad G$$

für ein $\lambda \in \mathbb{R} \setminus \{0\}$. Dabei ist die Greensche Funktion $H(x,y)$ des Laplace-Operators für das Gebiet G ein symmetrischer, reeller, singulärer Kern der Regularitätsklasse $\mathcal{S}_{n-2}(G)$.

Wir betrachten nun *singuläre Integraloperatoren*: Auf dem beschränkten Gebiet $G \subset \mathbb{R}^n$, $n \in \mathbb{N}$ sei ein singulärer Kern $K = K(x,y) \in \mathcal{S}_\alpha(G,\mathbb{C})$ der Ordnung $\alpha \in [0,n)$ gegeben. Wir erklären auf dem Definitionsbereich

$$\mathcal{D} := \left\{ u(x) : G \to \mathbb{C} \in C^0(G,\mathbb{C}) : \begin{array}{l} \text{Es existiert ein } c \in [0,+\infty) \\ \text{mit } |u(x)| \le c \text{ für alle } x \in G \end{array} \right\}$$

$$=: C_b^0(G,\mathbb{C}) = C^0(G,\mathbb{C}) \cap L^\infty(G,\mathbb{C})$$

den Integraloperator $\mathbb{K} : \mathcal{D} \to C^0(G,\mathbb{C})$ vermittels

$$\mathbb{K}u(x) := \int\limits_G K(x,y)u(y)\,dy, \quad x \in G, \qquad \text{mit} \quad u \in \mathcal{D}.$$

Offenbar ist $\mathbb{K} : \mathcal{D} \to C^0(G,\mathbb{C})$ ein linearer Operator.

Satz 4. *Sei der Kern $K = K(x,y) \in \mathcal{S}_\alpha(G,\mathbb{C})$ mit $\alpha \in [0,n)$ Hermitesch. Dann gelten die folgenden Aussagen:*

a) *Ist $u \in \mathcal{D}$ eine Eigenfunktion des zugehörigen Integraloperators, d.h. $u \not\equiv 0$ und*

$$\mathbb{K}u = \lambda u \qquad mit \quad \lambda \in \mathbb{C},$$

so folgt $\lambda \in \mathbb{R}$.

b) *Sind $u_i \in \mathcal{D}$ mit $\mathbb{K}u_i = \lambda_i u_i$, $i = 1,2$, zwei Eigenfunktionen zu den Eigenwerten $\lambda_1 \neq \lambda_2$, so folgt $(u_1,u_2) = 0$. Dabei ist*

$$(u,v) := \int\limits_G \overline{u(x)}v(x)\,dx \qquad für \quad u,v \in \mathcal{D}$$

erklärt.

Beweis:

a) Sei $u \in \mathcal{D} \setminus \{0\}$ eine Lösung von $\mathbb{K}u = \lambda u$ mit einem $\lambda \in \mathbb{C}$, d.h.

$$\lambda u(x) = \int\limits_G K(x,y)u(y)\,dy, \qquad x \in G.$$

Multiplikation der Gleichung mit $\overline{u(x)}$ und anschließende Integration über G bez. x ergibt

$$\lambda(u,u) = \int\limits_G \int\limits_G K(x,y)\overline{u(x)}u(y)\,dx\,dy \quad \in \mathbb{R}.$$

Da auch das Skalarprodukt (u,u) ein reeller Ausdruck ist, muß λ reell sein.

b) Seien $u_i \in \mathcal{D}$ mit $\mathbb{K}u_i = \lambda_i u_i$, $i = 1, 2$, für $\lambda_1 \neq \lambda_2$ gegeben. Dann folgt wegen $\lambda_1, \lambda_2 \in \mathbb{R}$

$$\lambda_1(u_1,u_2) = (\lambda_1 u_1, u_2) = (\mathbb{K}u_1, u_2) = (u_1, \mathbb{K}u_2) = (u_1, \lambda_2 u_2) = \lambda_2(u_1,u_2)$$

bzw. $(\lambda_1 - \lambda_2)(u_1, u_2) = 0$ und daher

$$(u_1, u_2) = 0.$$

Für alle $u, v \in \mathcal{D}$ gilt nämlich

$$(\mathbb{K}u, v) = \int\limits_G \overline{\left(\int\limits_G K(x,y)u(y)\,dy \right)} v(x)\,dx = \int\limits_G \int\limits_G \overline{K(x,y)u(y)}v(x)\,dx\,dy$$

$$= \int\limits_G \int\limits_G K(y,x)v(x)\overline{u(y)}\,dx\,dy = \int\limits_G \overline{u(y)}\left(\int\limits_G K(y,x)v(x)\,dx \right)dy$$

$$= (u, \mathbb{K}v).$$

q.e.d.

§2 Integralgleichungsprobleme

In §1 haben wir Eigenwertprobleme bei Differentialgleichungen äquivalent umgeformt in sogenannte *Integralgleichungen erster Art*

$$\int\limits_G K(x,y)u(y)\,dy = \mu u(x), \qquad x \in G, \tag{1}$$

mit singulären Kernen $K = K(x,y)$. Wie bei der Schwingungsgleichung sei nun $G \subset \mathbb{R}^n$ ein beschränktes Dirichletgebiet, das den Voraussetzungen des Gaußschen Satzes genügt, mit der Greenschen Funktion $H = H(x,y) \in \mathcal{S}_{n-2}(G)$ des Laplace-Operators. Speziell für die Einheitskugel $B := \{x \in \mathbb{R}^n : |x| < 1\}$ erhalten wir als Greensche Funktion im Fall $n = 2$

$$G(\zeta, z) := \frac{1}{2\pi} \log\left| \frac{1 - \overline{z}\zeta}{\zeta - z} \right|, \qquad (\zeta, z) \in B \otimes B, \tag{2}$$

und im Fall $n \geq 3$

$$G(x,y) := \frac{1}{(n-2)\omega_n} \left\{ \frac{1}{|y-x|^{n-2}} - \frac{1}{|x|^{n-2}\left|y - \frac{x}{|x|^2}\right|^{n-2}} \right\}, \qquad (x,y) \in B \otimes B.$$

(3)

Wir betrachten nun das Dirichletproblem

$$u = u(x) \in C^2(G) \cap C^0(\overline{G}),$$

$$\Delta u(x) + \sum_{i=1}^{n} b_i(x)u_{x_i}(x) + c(x)u(x) = f(x), \qquad x \in G,$$

(4)

$$u(x) = 0, \qquad x \in \partial G.$$

Hierbei nehmen wir an, daß die Funktionen $b_i(x)$, $i = 1, \ldots, n$, $c(x)$ und $f(x)$ Hölder-stetig in $\overline{G}$ sind. Wir überführen die Gleichung (4) wie folgt in eine Integralgleichung: Indem wir schreiben

$$-\Delta u(x) = \sum_{i=1}^{n} b_i(x)u_{x_i}(x) + c(x)u(x) - f(x) =: g(x), \qquad x \in G, \quad (5)$$

können wir wie bei der Schwingungsgleichung folgern

$$u(x) = \int_G H(x,y) \left\{ \sum_{i=1}^{n} b_i(y)u_{x_i}(y) + c(y)u(y) - f(y) \right\} dy$$

beziehungsweise

$$u(x) - \int_G \left\{ (H(x,y)c(y))\, u(y) + \sum_{i=1}^{n} (H(x,y)b_i(y))\, u_{x_i}(y) \right\} dy$$

$$= -\int_G H(x,y)f(y)\, dy \qquad \text{für alle} \quad x \in G.$$

(6)

Wir differenzieren (6) nach x_j, $j = 1, \ldots, n$, durch und erhalten die weiteren n Gleichungen

$$u_{x_j}(x) - \int_G \left\{ (H_{x_j}(x,y)c(y))\, u(y) + \sum_{i=1}^{n} (H_{x_j}(x,y)b_i(y))\, u_{x_i}(y) \right\} dy$$

$$= -\int_G H_{x_j}(x,y)f(y)\, dy, \qquad x \in G, \quad j = 1, \ldots, n.$$

(7)

Setzen wir noch

$$K_{00}(x,y) := H(x,y)c(y), \qquad K_{0i}(x,y) := H(x,y)b_i(y),$$

$$K_{j0}(x,y) := H_{x_j}(x,y)c(y), \qquad K_{ji}(x,y) := H_{x_j}(x,y)b_i(y)$$

für $i, j = 1, \ldots, n$ und

$$f_0(x) := -\int\limits_{G} H(x,y)f(y)\,dy, \qquad f_j(x) := -\int\limits_{G} H_{x_j}(x,y)f(y)\,dy$$

für $j = 1,\dots,n$, so folgt der

Satz 1. *Die Lösung $u = u(x)$ von (4) wird überführt in das* System Fredholm-
scher Integralgleichungen

$$u_j(x) - \int\limits_{G} \sum_{i=0}^{n} K_{ji}(x,y)u_i(y)\,dy = f_j(x), \qquad x \in G, \quad j = 0,\dots,n, \qquad (8)$$

*mit den Funktionen $u_0(x) := u(x)$ und $u_i(x) := u_{x_i}(x)$ für $i = 1,\dots,n$. Dabei
sind die singulären Kerne $K_{ji}(x,y) \in \mathcal{S}_{n-1}(G)$ für $i,j = 0,\dots,n$ reell (aber
im allgemeinen nicht symmetrisch).*

Bemerkung: Im Spezialfall $n = 2$, $G = B$, $b_1(x) \equiv 0 \equiv b_2(x)$ in B kann man
das Problem

$$u = u(z) \in C^2(B) \cap C^0(\overline{B}),$$

$$\Delta u(z) + c(z)u(z) = f(z), \qquad z \in B, \qquad (9)$$

$$u(z) = 0, \qquad z \in \partial B,$$

überführen in die Fredholmsche Integralgleichung

$$u(z) - \int\limits_{B} \frac{1}{2\pi} \log\left|\frac{1 - \bar{z}\zeta}{\zeta - z}\right| c(\zeta)u(\zeta)\,d\zeta = -\int\limits_{B} \frac{1}{2\pi} \log\left|\frac{1 - \bar{z}\zeta}{\zeta - z}\right| f(\zeta)\,d\zeta, \qquad z \in B.$$

$$(10)$$

Man nennt (10) auch *Integralgleichung zweiter Art*. Wir bemerken, daß der
auftretende Integralkern im allgemeinen nicht symmetrisch ist.

Für die im folgenden benutzten L^p-Räume verweisen wir auf Kapitel II, § 7.
Auf dem beschränkten Gebiet $G \subset \mathbb{R}^n$ wählen wir einen singulären Kern
$K = K(x,y) \in \mathcal{S}_\alpha(G,\mathbb{C})$ mit $\alpha \in [0,n)$. Auf dem Definitionsbereich

$$\mathcal{D} := \left\{ f : G \to \mathbb{C} \in C^0(G) \ : \ \sup_{x \in G} |f(x)| < +\infty \right\}$$

betrachten wir den zugehörigen Integraloperator

$$\mathbb{K}f(x) := \int\limits_{G} K(x,y)f(y)\,dy, \qquad x \in G, \qquad \text{für} \quad f \in \mathcal{D}. \qquad (11)$$

Wählen wir nun ein $p \in \left(1, \frac{n}{\alpha}\right)$, so gibt es wegen § 1, Definition 1 eine Konstante $C = C(c,\alpha,n,p) \in (0,+\infty)$ mit der Eigenschaft

$$\int\limits_{G} |K(x,y)|^p\,dy \le C \qquad \text{für alle} \quad x \in G. \qquad (12)$$

Ist nun $q \in (\frac{n}{n-\alpha}, +\infty)$ der konjugierte Exponent zu p mit $\frac{1}{p} + \frac{1}{q} = 1$, so liefert die Höldersche Ungleichung aus Kap. II, §7, Satz 1 für alle $f \in \mathcal{D}$ die Abschätzung

$$
\begin{aligned}
|\mathbb{K}f(x)| &\le \int\limits_{G} |K(x,y)||f(y)|\, dy \\
&\le \left(\int\limits_{G} |K(x,y)|^p\, dy \right)^{\frac{1}{p}} \left(\int\limits_{G} |f(y)|^q\, dy \right)^{\frac{1}{q}} \qquad (13) \\
&\le C^{\frac{1}{p}} \|f\|_{L^q(G)} \qquad \text{für alle} \quad x \in G.
\end{aligned}
$$

Dabei bezeichnet

$$
\|f\|_p = \|f\|_{L^p(G)} := \left(\int\limits_{G} |f(x)|^p dx \right)^{\frac{1}{p}}, \qquad 1 \le p < +\infty,
$$

die L^p-Norm auf dem Banachraum (vgl. Kap. II, §6 und §7)

$$
L^p(G) := \left\{ f : G \to \mathbb{C} \text{ meßbar} : \|f\|_{L^p(G)} < +\infty \right\}.
$$

Führen wir weiter die C^0-Norm

$$
\|f\|_{C^0(G)} := \sup_{x \in G} |f(x)|, \qquad f \in \mathcal{D},
$$

ein, so liefert (13) die Abschätzung

$$
\|\mathbb{K}f\|_{C^0(G)} \le C \|f\|_{L^q(G)} \qquad \text{für alle} \quad f \in \mathcal{D} \qquad (14)
$$

mit einer Konstanten $C \in (0, +\infty)$. Somit ist $\mathbb{K} : \mathcal{D} \to C^0(G)$ ein beschränkter linearer Operator, wobei $\mathcal{D}$ mit der $L^q(G)$-Norm ausgestattet ist (vgl. Kap. II, §6, Definitionen 6 und 7, Satz 3). Wie in Kap. II, §8, Satz 1 können wir nun $\mathbb{K}$ fortsetzen zu

$$
\mathbb{K} : L^q(G) \to C^0(G) \qquad (15)
$$

auf den Banachraum $L^q(G)$. Da nämlich $C_0^\infty(G) \subset \mathcal{D}$ dicht liegt in $L^q(G)$, gibt es zu jedem $f \in L^q(G)$ eine Folge

$$
\{f_j\}_{j=1,2,\ldots} \subset C_0^\infty(G) \qquad \text{mit} \quad \|f - f_j\|_{L^q(G)} \to 0 \ (j \to \infty).
$$

Wir erklären dann

$$
\mathbb{K}f := \lim_{j \to \infty} \mathbb{K}f_j \qquad \text{in} \quad C^0(G). \qquad (16)
$$

Insgesamt erhalten wir den

Satz 2. *Der Integraloperator* $\mathbb{K} : \mathcal{D} \to C^0(G)$ *mit dem singulären Kern* $K \in \mathcal{S}_\alpha(G)$ *und* $\alpha \in [0, n)$ *ist für jedes* $q \in (\frac{n}{n-\alpha}, +\infty)$ *gemäß (16) eindeutig fortsetzbar zu dem beschränkten, linearen Operator* $\mathbb{K} : L^q(G) \to C^0(G)$ *mit*

$$\|\mathbb{K}f\|_{C^0(G)} \leq C(q)\|f\|_{L^q(G)} \quad \text{für alle} \quad f \in L^q(G). \tag{17}$$

Dabei ist $C = C(q) \in (0, +\infty)$ *eine Konstante.*

Bemerkung: Falls $n \geq 3$, dann ist die Greensche Funktion des Laplaceoperators $H = H(x, y)$ aus $\mathcal{S}_{n-2}(G)$, d.h. $\alpha = n - 2$ und $q \in \left(\frac{n}{2}, +\infty\right)$. Somit ist der assoziierte singuläre Integraloperator

$$\mathbb{H} : L^q(G) \to C^0(G)$$

für $n = 3$ auch auf dem Hilbertraum $L^2(G)$ erklärt. Für $n > 3$ ist $\mathbb{H}$ aber nicht auf $L^2(G)$ fortsetzbar.

Zu $\alpha \in [0, n)$, $\beta \in [0, n)$ seien $K = K(x, y) \in \mathcal{S}_\alpha(G, \mathbb{C})$, $L = L(y, z) \in \mathcal{S}_\beta(G, \mathbb{C})$ zwei singuläre Kerne mit den zugehörigen Integraloperatoren

$$\begin{aligned}
\mathbb{K}f(x) &:= \int_G K(x, y)f(y)\,dy, \quad x \in G; \qquad f \in \mathcal{D}, \\
\mathbb{L}f(y) &:= \int_G L(y, z)f(z)\,dz, \quad y \in G; \qquad f \in \mathcal{D}.
\end{aligned} \tag{18}$$

Mit dem Satz von Fubini aus Kapitel II, §5 berechnen wir nun für alle $f \in \mathcal{D}$ und alle $x \in G$:

$$\begin{aligned}
\mathbb{K} \circ \mathbb{L}f(x) &= \mathbb{K}\left(\int_G L(y, z)f(z)\,dz\right)\Big|_x \\
&= \int_G K(x, y)\left(\int_G L(y, z)f(z)\,dz\right)dy \\
&= \int_G \int_G K(x, y)L(y, z)f(z)\,dz\,dy \tag{19} \\
&= \int_G \left(\int_G K(x, y)L(y, z)\,dy\right)f(z)\,dz \\
&= \int_G M(x, z)f(z)\,dz = \mathbb{M}f(x), \qquad x \in G.
\end{aligned}$$

Dabei haben wir als Produktkern

$$M(x, z) = \int_G K(x, y)L(y, z)\,dy, \qquad (x, z) \in G \otimes G. \tag{20}$$

Hilfssatz 1. *Es gilt* $M = M(x, z) \in C^0(G \otimes G, \mathbb{C})$.

Beweis: Sei $(x^0, z^0) \in G \otimes G$, d.h. $x^0, z^0 \in G$ und $x^0 \neq z^0$. Zu hinreichend kleinem $0 < \delta < \frac{1}{4}|x^0 - z^0|$ erklären wir die Mengen

$$B_\delta := \left\{ y \in G : |y - x^0| \leq 2\delta \text{ oder } |y - z^0| \leq 2\delta \right\}$$

und

$$G_\delta := G \backslash B_\delta = \left\{ y \in G : |y - x^0| > 2\delta \text{ und } |y - z^0| > 2\delta \right\}.$$

Zu vorgegebenem $\varepsilon > 0$ gibt es wegen $K \in \mathcal{S}_\alpha$ und $L \in \mathcal{S}_\beta$ ein $\delta = \delta(\varepsilon) > 0$ mit der Eigenschaft

$$\int\limits_{B_\delta} |K(x, y) L(y, z)| \, dy \leq \varepsilon \tag{21}$$

für alle $x, z \in G$ mit $|x - x^0| \leq \delta$, $|z - z^0| \leq \delta$. Weiter gibt es ein $\eta \in (0, \delta]$ so, daß

$$\left| K(x, y) L(y, z) - K(x^0, y) L(y, z^0) \right| \leq \varepsilon \tag{22}$$

für alle $y \in G_\delta$ und $x, z \in G$ mit $|x - x^0| \leq \eta$, $|z - z^0| \leq \eta$. Wir erhalten insgesamt die Abschätzung

$$|M(x, z) - M(x^0, z^0)| \leq \int\limits_{G_\delta} \left| K(x, y) L(y, z) - K(x^0, y) L(y, z^0) \right| dy$$

$$+ \int\limits_{B_\delta} \left| K(x, y) L(y, z) - K(x^0, y) L(y, z^0) \right| dy$$

$$\leq \varepsilon |G| + 2\varepsilon$$

für alle $x, z \in G$ mit $|x - x^0| \leq \eta$, $|z - z^0| \leq \eta$. Somit folgt $M = M(x, z) \in C^0(G \otimes G)$.

q.e.d.

Hilfssatz 2. *Falls* $\alpha + \beta < n$ *gilt, so folgt* $M \in \mathcal{S}_0(G, \mathbb{C})$.

Beweis: Wir haben nur die Beschränktheit von M zu zeigen. Ohne Einschränkung können wir $\alpha > 0$ und $\beta > 0$ annehmen. Für $(x, z) \in G \otimes G$ schätzen wir mit der Hölderschen Ungleichung wie folgt ab:

$$|M(x, z)| \leq \int\limits_G |K(x, y)| |L(y, z)| \, dy \leq c_1 c_2 \int\limits_G \frac{1}{|x - y|^\alpha} \frac{1}{|y - z|^\beta} \, dy$$

$$\leq c_1 c_2 \left(\int\limits_G \frac{1}{|x - y|^{\alpha + \beta}} \, dy \right)^{\frac{\alpha}{\alpha + \beta}} \left(\int\limits_G \frac{1}{|y - z|^{\alpha + \beta}} \, dy \right)^{\frac{\beta}{\alpha + \beta}}$$

$$\leq c_1 c_2 C \quad \text{für alle} \quad (x, z) \in G \otimes G.$$

Dabei ist $C := \sup\limits_{x \in G} \int\limits_G \frac{1}{|x - y|^{\alpha + \beta}} \, dy < +\infty$, denn $\alpha + \beta < n$.

q.e.d.

Hilfssatz 3. *Falls* $\alpha + \beta > n$ *gilt, folgt* $M \in \mathcal{S}_{\alpha+\beta-n}(G, \mathbb{C})$.

Beweis: Wir setzen $R := \operatorname{diam} G \in (0, +\infty)$, und zu $x, z \in G$ mit $x \neq z$ erklären wir $\delta := |x - z| \in (0, R)$. Wir berechnen

$$|M(x,z)| \leq \int\limits_G |K(x,y)||L(y,z)|\, dy \leq c \int\limits_G \frac{1}{|x-y|^\alpha} \cdot \frac{1}{|y-z|^\beta}\, dy$$

$$= c \int\limits_{\substack{y \in G \\ |y-x| \leq \frac{1}{2}\delta}} \frac{1}{|x-y|^\alpha} \frac{1}{|y-z|^\beta}\, dy \; + \; c \int\limits_{\substack{y \in G \\ \frac{1}{2}\delta \leq |y-x| \leq 2\delta}} \frac{1}{|x-y|^\alpha} \frac{1}{|y-z|^\beta}\, dy$$

$$+ \, c \int\limits_{\substack{y \in G \\ |y-x| \geq 2\delta}} \frac{1}{|x-y|^\alpha} \frac{1}{|y-z|^\beta}\, dy.$$

mit einer Konstante $c \in (0, +\infty)$.

Für $y \in G$ mit $|y - x| \leq \frac{1}{2}\delta$ schätzen wir ab

$$|y - z| \geq |z - x| - |x - y| \geq \delta - \frac{1}{2}\delta = \frac{1}{2}\delta.$$

Für $y \in G$ mit $|y - x| \geq 2\delta$ folgt

$$|y - z| \geq |y - x| - |x - z| = |y - x| - \delta \geq |y - x| - \frac{1}{2}|y - x| = \frac{1}{2}|y - x|.$$

Damit erhalten wir

$$|M(x,z)| \leq \frac{c}{(\frac{1}{2}\delta)^\beta} \int\limits_{y:|y-x|\leq\frac{1}{2}\delta} \frac{1}{|y-x|^\alpha}\, dy \; + \; \frac{c}{(\frac{1}{2}\delta)^\alpha} \int\limits_{y:|y-x|\leq 2\delta} \frac{1}{|y-z|^\beta}\, dy$$

$$+ \frac{c}{(\frac{1}{2})^\beta} \int\limits_{y:|y-x|\geq 2\delta} \frac{1}{|y-x|^{\alpha+\beta}}\, dy$$

$$\leq \frac{c}{(\frac{1}{2}\delta)^\beta} \int\limits_{y:|y-x|\leq\frac{1}{2}\delta} \frac{1}{|y-x|^\alpha}\, dy \; + \; \frac{c}{(\frac{1}{2}\delta)^\alpha} \int\limits_{y:|y-z|\leq 3\delta} \frac{1}{|y-z|^\beta}\, dy$$

$$+ \frac{c}{(\frac{1}{2})^\beta} \int\limits_{y:|y-x|\geq 2\delta} \frac{1}{|y-x|^{\alpha+\beta}}\, dy. \tag{23}$$

Wir substituieren nun

$$y = x + \varrho\xi, \quad dy = \omega_n \varrho^{n-1}\, d\varrho, \qquad \varrho \in (0, \tfrac{1}{2}\delta), \;\; \xi \in S^{n-1},$$

und berechnen

$$\int\limits_{y:|y-x|\le\frac{1}{2}\delta} \frac{1}{|y-x|^\alpha}\,dy = \int\limits_0^{\frac{1}{2}\delta} \varrho^{-\alpha}\varrho^{n-1}\omega_n d\varrho = \omega_n \int\limits_0^{\frac{1}{2}\delta} \varrho^{n-\alpha-1}d\varrho$$

$$= \frac{\omega_n}{n-\alpha}\Big[\varrho^{n-\alpha}\Big]_0^{\frac{1}{2}\delta} = \frac{\omega_n}{n-\alpha}\Big(\frac{1}{2}\delta\Big)^{n-\alpha}. \tag{24}$$

Analog ergibt sich

$$\int\limits_{y:|y-z|\le 3\delta} \frac{1}{|y-z|^\beta}\,dy = \frac{\omega_n}{n-\beta}(3\delta)^{n-\beta}. \tag{25}$$

Schließlich ermitteln wir mit obiger Substitution noch

$$\int\limits_{y:|y-x|\ge 2\delta} \frac{1}{|y-x|^{\alpha+\beta}}\,dy = \omega_n \int\limits_{2\delta}^{+\infty} \varrho^{-\alpha-\beta}\varrho^{n-1}d\varrho$$

$$= \omega_n \frac{1}{n-(\alpha+\beta)}\Big[\varrho^{n-\alpha-\beta}\Big]_{2\delta}^{+\infty} \tag{26}$$

$$= \frac{\omega_n}{\alpha+\beta-n}(2\delta)^{n-\alpha-\beta}.$$

Insgesamt erhalten wir aus (23), (24), (25) und (26) die Abschätzung

$$|M(x,z)| \le c\Big\{\Big(\frac{1}{2}\Big)^{n-\alpha-\beta}\frac{\omega_n}{n-\alpha} + 3^{n-\beta}\Big(\frac{1}{2}\Big)^{-\alpha}\frac{\omega_n}{n-\beta} + \frac{2^{n-\alpha}\omega_n}{\alpha+\beta-n}\Big\}\delta^{n-\alpha-\beta}$$

$$= \frac{C(n,\alpha,\beta)}{|x-z|^{\alpha+\beta-n}} \quad \text{für alle} \quad x,z \in G \quad \text{mit} \quad x \ne z.$$

$$\tag{27}$$

Also folgt $M \in \mathcal{S}_{\alpha+\beta-n}(G,\mathbb{C})$.   q.e.d.

Wir fassen unsere Überlegungen zusammen zum

Satz 3. (I. Schur)
Zu $\alpha \in [0,n)$, $\beta \in [0,n)$ seien $K = K(x,y) \in \mathcal{S}_\alpha(G,\mathbb{C})$, $L = L(y,z) \in \mathcal{S}_\beta(G,\mathbb{C})$ singuläre Kerne mit den zugehörigen Integraloperatoren $\mathbb{K}$, $\mathbb{L}$. Dann ist auch

$$\mathbb{K}\circ\mathbb{L}f(x) = \int\limits_G M(x,z)f(z)\,dz, \quad x \in G, \qquad f \in \mathcal{D},$$

ein singulärer Integraloperator, wobei für den Produktkern

$$M(x,z) = \int\limits_G K(x,y)L(y,z)\,dy, \qquad (x,z) \in G \otimes G,$$

die folgende Regularitätsaussage gilt:

$$M = M(x,y) \in \begin{cases} \mathcal{S}_0(G,\mathbb{C}), & falls \quad \alpha + \beta < n \\ \mathcal{S}_{\alpha+\beta-n}(G,\mathbb{C}), & falls \quad \alpha + \beta > n \end{cases}.$$

Satz 4. (Iterierte Kerne)

Sei $K = K(x,y) \in \mathcal{S}_\alpha(G,\mathbb{C})$ mit $0 < \alpha < n$ ein singulärer Kern mit dem zugehörigen Integraloperator $\mathbb{K}$. Dann gibt es eine natürliche Zahl $k = k(K) \in \mathbb{N}$ und einen Kern $L = L(x,y) \in \mathcal{S}_0(G,\mathbb{C})$ mit dem zugehörigen Integraloperator $\mathbb{L}$, so daß folgendes gilt:

$$\mathbb{K}^k f = \mathbb{L} f \qquad für\ alle \quad f \in \mathcal{D}.$$

Beweis: Wir wählen $\beta \in (\alpha, n)$ so, daß

$$\beta \neq \frac{m}{m+1} n \qquad für\ alle \quad m \in \mathbb{N}$$

richtig ist. Dann folgt

$$\beta + m(\beta - n) \neq 0 \qquad für\ alle \quad m \in \mathbb{N}.$$

Wir betrachten nun die iterierten Kerne mit Hilfe des Satzes von I. Schur:

$$K \in \mathcal{S}_\alpha \subset \mathcal{S}_\beta, \qquad K^2 = K \circ K \in \mathcal{S}_{\beta+\beta-n} = \mathcal{S}_{\beta+1(\beta-n)},$$

$$K^3 = K \circ K \circ K \in \mathcal{S}_{\beta+2(\beta-n)}, \quad \ldots, \qquad K^k = \underbrace{K \circ \ldots \circ K}_{k} \in \mathcal{S}_{\beta+(k-1)(\beta-n)}.$$

Bestimmen wir die Zahl $k \in \mathbb{N}$ so, daß

$$\beta + (k-2)(\beta - n) > 0 \qquad und \qquad \beta + (k-1)(\beta - n) < 0$$

erfüllt ist, dann folgt

$$\{\beta + (k-2)(\beta - n)\} + \beta = \beta + (k-1)(\beta - n) + n < n.$$

Satz 3 liefert somit $K^k \in \mathcal{S}_0(G,\mathbb{C})$.   q.e.d.

Ausblick auf die Behandlung des Eigenwertproblems der n-dimensionalen Schwingungsgleichung (Weylsches Eigenwertproblem): Wie in Satz 3 aus § 1 betrachten wir auf dem Definitionsbereich

$$\mathcal{D}_0 := \left\{ u = u(x) \in C^2(G) \cap C^0(\overline{G}) : u(x) = 0 \text{ auf } \partial G \right\}$$

das Eigenwertproblem der n-dimensionalen Schwingungsgleichung

$$-\Delta u(x) = \lambda u(x), \quad x \in G; \qquad u \in \mathcal{D}_0 \setminus \{0\}, \quad \lambda \in \mathbb{R}. \tag{28}$$

In § 9 zeigen wir $\lambda > 0$. Dann ist (28) überführbar in die singuläre Integralgleichung

$$\mathbb{H}u(x) := \int\limits_G H(x,y)u(y)\,dy = \frac{1}{\lambda}u(x), \qquad x \in G, \tag{29}$$

mit dem singulären Kern $H = H(x,y) \in \mathcal{S}_{n-2}(G)$, der symmetrisch ist. Mit Satz 4 wählen wir nun ein $k \in \mathbb{N}$ so, daß

$$\mathbb{H}^k u = \mathbb{K}u = \int\limits_G K(x,y)u(y)\,dy, \qquad u \in \mathcal{D}_0,$$

mit einem Kern $K = K(x,y) \in \mathcal{S}_0(G)$ erfüllt ist. Das Eigenwertproblem (29) wird überführt in

$$\mathbb{K}u = \mathbb{H}^k u = \frac{1}{\lambda^k}u(x), \qquad x \in G. \tag{30}$$

Wir können nun $\mathbb{K}: L^q(G) \to C^0(G)$ gemäß Satz 2 für jedes $q > 1$ fortsetzen und erhalten mit (30) ein Eigenwertproblem auf dem Hilbertraum $L^2(G) \subset L^q(G)$ falls $q \in (1,2]$. Es reicht also im folgenden aus, Eigenwertprobleme für Operatoren im Hilbertraum zu untersuchen.

§3 Der abstrakte Hilbertraum

Wir vertiefen nun die Überlegungen aus §6 in Kapitel II.

Postulat (A): $\mathcal{H}$ ist ein linearer Raum, d.h. $\mathcal{H}$ ist eine additiv geschriebene Abelsche Gruppe mit 0 als neutralem Element:

$$x, y \in \mathcal{H} \;\Rightarrow\; x + y \in \mathcal{H}, \qquad x = 0 \in \mathcal{H}.$$

Weiter gibt es in $\mathcal{H}$ eine Skalarmultiplikation, d.h. mit $\lambda \in \mathbb{C}$ und $x \in \mathcal{H}$ ist $\lambda x \in \mathcal{H}$ erfüllt, und es gelten die Vektorraumaxiome.

Postulat (B): In $\mathcal{H}$ ist ein inneres Produkt

$$\mathcal{H} \times \mathcal{H} \to \mathbb{C}$$
$$(x,y) \mapsto (x,y)_{\mathcal{H}}$$

mit den folgenden Eigenschaften erklärt:

(a) $(x,\alpha y)_{\mathcal{H}} = \alpha(x,y)_{\mathcal{H}}$ für alle $x,y \in \mathcal{H}$ und $\alpha \in \mathbb{C}$
(b) $(x,y)_{\mathcal{H}} = \overline{(y,x)_{\mathcal{H}}}$ für alle $x,y \in \mathcal{H}$ (Hermitescher Charakter)
(c) $(x_1 + x_2, y)_{\mathcal{H}} = (x_1,y)_{\mathcal{H}} + (x_2,y)_{\mathcal{H}}$ für alle $x_1, x_2, y \in \mathcal{H}$
(d) $(x,x)_{\mathcal{H}} \geq 0$ für alle $x \in \mathcal{H}$ und $(x,x)_{\mathcal{H}} = 0 \Leftrightarrow x = 0$ (positive Definitheit)

Postulat (C): Zu jeder natürlichen Zahl $n \in \mathbb{N}$ gibt es n linear unabhängige Elemente $x_1, \ldots, x_n \in \mathcal{H}$, d.h.

$$\alpha_1, \ldots \alpha_n \in \mathbb{C}, \quad \sum_{i=1}^{n} \alpha_i x_i = 0 \quad \Rightarrow \quad \alpha_1 = \ldots = \alpha_n = 0.$$

Definition 1. *Wenn für $\mathcal{H}'$ die Postulate (A), (B), (C) erfüllt sind, so ist $\mathcal{H}'$ ein Prä-Hilbertraum.*

Beispiel 1. Sei $G \subset \mathbb{R}^n$ eine beschränkte, offene Menge und

$$\mathcal{H}' := \left\{ f : G \to \mathbb{C} \in C^0(G) \; : \; \sup_{x \in G} |f(x)| < +\infty \right\}.$$

Mit dem inneren Produkt

$$(f, g) := \int\limits_G \overline{f(x)} g(x) \, dx, \qquad f, g \in \mathcal{H}', \tag{1}$$

wird $\mathcal{H}'$ zu einem Prä-Hilbertraum.

Satz 1. *Im Prä-Hilbertraum $\mathcal{H}'$ gelten für das innere Produkt $(.\,,.)$ die folgenden Rechenregeln:*

a) *Für alle $x, y, y_1, y_2 \in \mathcal{H}'$, $\alpha \in \mathbb{C}$ gilt*

$$(\alpha x, y) = \overline{\alpha}(x, y), \qquad (x, y_1 + y_2) = (x, y_1) + (x, y_2).$$

Also ist $(.\,,.)$ antilinear in der ersten und linear in der zweiten Komponente.

b) *Die Cauchy-Schwarzsche Ungleichung ist erfüllt:*

$$|(x, y)| \leq \sqrt{(x, x)} \sqrt{(y, y)} \qquad \text{für alle} \quad x, y \in \mathcal{H}'.$$

c) *Mit $\|x\| := \sqrt{(x, x)}$, $x \in \mathcal{H}'$, wird $\mathcal{H}'$ zu einem normierten Raum, d.h. es gilt*

$$\|x\| = 0 \; \Leftrightarrow \; x = 0,$$

$$\|x + y\| \leq \|x\| + \|y\| \qquad \text{für alle} \quad x, y \in \mathcal{H}',$$

$$\|\lambda x\| = |\lambda| \|x\| \qquad \text{für alle} \quad x \in \mathcal{H}', \; \lambda \in \mathbb{C},$$

$$\|x - y\| \geq |\, \|x\| - \|y\| \,| \qquad \text{für alle} \quad x, y \in \mathcal{H}'.$$

d) *Das innere Produkt ist stetig in $\mathcal{H}'$ im folgenden Sinne: Gilt*

$$x_n \to x \; (n \to \infty) \qquad \text{mit} \quad \{x_n\}_{n=1,2,\ldots} \subset \mathcal{H}' \quad \text{und} \quad x \in \mathcal{H}'$$

und

$$y_n \to y \; (n \to \infty) \qquad \text{mit} \quad \{y_n\}_{n=1,2,\ldots} \subset \mathcal{H}' \quad \text{und} \quad y \in \mathcal{H}',$$

so folgt

$$(x_n, y_n) \to (x, y) \; (n \to \infty).$$

Dabei bedeutet $x_n \to x \; (n \to \infty)$, daß $\|x_n - x\| \to 0 \; (n \to \infty)$ erfüllt ist.

Beweis:

a) Wir berechnen

$$(\alpha x, y) = \overline{(y, \alpha x)} = \overline{\alpha(y, x)} = \overline{\alpha}(x, y)$$

und

$$(x, y_1 + y_2) = \overline{(y_1 + y_2, x)} = \overline{(y_1, x) + (y_2, x)}$$
$$= \overline{(y_1, x)} + \overline{(y_2, x)} = (x, y_1) + (x, y_2).$$

b) und c) entnimmt man Kapitel II, § 6, genauer dem Satz 1 und dessen Beweis sowie der Bemerkung im Anschluß an Definition 1.

d) Folgende Abschätzung führt zur Behauptung:

$$|(x_n, y_n) - (x, y)| \leq |(x_n, y_n) - (x_n, y)| + |(x_n, y) - (x, y)|$$
$$= |(x_n, y_n - y)| + |(x_n - x, y)|$$
$$\leq \|x_n\|\|y_n - y\| + \|x_n - x\|\|y\| \to 0 \ (n \to \infty).$$

$$\text{q.e.d.}$$

Postulat (D): $\mathcal{H}$ ist vollständig, d.h. zu jeder Folge $\{x_n\}_{n=1,2,\ldots} \subset \mathcal{H}$ mit $\|x_n - x_m\| \to 0 \ (n, m \to \infty)$ existiert ein $x \in \mathcal{H}$ mit

$$\lim_{n \to \infty} \|x_n - x\| = 0.$$

Definition 2. *Wenn $\mathcal{H}$ die Postulate (A), (B), (C), (D) erfüllt, so nennen wir $\mathcal{H}$ einen Hilbertraum.*

Bemerkung: Mit der in Satz 1 c) angegebenen Norm wird der Hilbertraum $\mathcal{H}$ zu einem Banachraum.

Definition 3. *Der Hilbertraum $\mathcal{H}$ heißt separabel, falls zusätzlich das folgende Postulat (E) erfüllt ist:*

Postulat (E): *Es gibt eine Folge $\{x_n\}_{n=1,2,\ldots} \subset \mathcal{H}$, die in $\mathcal{H}$ dicht liegt; d.h. für alle $x \in \mathcal{H}$ und alle $\varepsilon > 0$ gibt es ein $n \in \mathbb{N}$ mit der Eigenschaft $\|x - x_n\| < \varepsilon$.*

Beispiel 2. Der *Hilbertsche Folgenraum*

$$l_2 := \left\{ x = (x_1, x_2, \ldots) \in \mathbb{C} \times \mathbb{C} \times \ldots : \sum_{k=1}^{\infty} |x_k|^2 < +\infty \right\}$$

mit dem inneren Produkt

$$(x, y) := \sum_{k=1}^{\infty} \overline{x_k} y_k \ \in \mathbb{C}$$

ist ein separabler Hilbertraum.

Beispiel 3. Sei $G \subset \mathbb{R}^n$ eine beschränkte offene Menge, und

$$L^2(G) := \left\{ f : G \to \mathbb{C} \text{ meßbar} : \int_G |f(x)|^2 \, dx < +\infty \right\}$$

bezeichne den Lebesgueraum der quadratintegrablen Funktionen mit dem inneren Produkt

$$(f, g) := \int_G \overline{f(x)} g(x) \, dx \qquad \text{für} \quad f, g \in L^2(G).$$

Dann ist $\mathcal{H} = L^2(G)$ ein separabler Hilbertraum. Der in Beispiel 1 notierte Prä-Hilbertraum $\mathcal{H}'$ liegt dicht in $\mathcal{H}$ (vgl. hierzu Kapitel II, §7).

Ähnlich wie beim Übergang von $\mathbb{Q}$ zu $\mathbb{R}$ beweisen wir mit Ideen von David Hilbert den

Satz 2. (Hilbertscher Fundamentalsatz)
Jeder Prä-Hilbertraum $\mathcal{H}'$ läßt sich zu einem Hilbertraum $\mathcal{H}$ ergänzen, so daß $\mathcal{H}'$ in $\mathcal{H}$ dicht liegt. Wir nennen $\mathcal{H}$ die abstrakte Vervollständigung von $\mathcal{H}'$. *Falls $\mathcal{H}'$ das Postulat (E) erfüllt, so ist die abstrakte Vervollständigung $\mathcal{H}$ ein separabler Hilbertraum.*

Beweis: Sei $\mathcal{H}'$ ein Prä-Hilbertraum. Wir betrachten dann die Cauchyfolgen $\{f_n'\}_{n=1,2,\ldots} \subset \mathcal{H}'$ und $\{g_n'\}_{n=1,2,\ldots} \subset \mathcal{H}'$ und nennen diese äquivalent, falls

$$f_n' - g_n' \to 0 \ (n \to \infty)$$

erfüllt ist. Nun setzen wir

$$\mathcal{H} := \left\{ f = [f_n']_{n=1,2,\ldots} : \begin{array}{l} [f_n'] \text{ ist die Äquivalenzklasse zur} \\ \text{Cauchyfolge } \{f_n'\}_{n=1,2,\ldots} \subset \mathcal{H}' \end{array} \right\}.$$

Offenbar gilt für $f = [f_n']_n \in \mathcal{H}$ und $g = [g_n']_n \in \mathcal{H}$ die Aussage

$$[f_n']_n = [g_n']_n \quad \Leftrightarrow \quad \|f_n' - g_n'\| \to 0 \ (n \to \infty).$$

Zu Postulat (A): Wir definieren auf $\mathcal{H}$ wie folgt eine Vektorraumstruktur: Zu $\alpha, \beta \in \mathbb{C}$ und $f = [f_n']_n \in \mathcal{H}$, $g = [g_n']_n \in \mathcal{H}$ setzen wir

$$\alpha f + \beta g := [\alpha f_n' + \beta g_n']_n.$$

Das Nullelement entspricht der Äquivalenzklasse aller Nullfolgen aus $\mathcal{H}'$:

$$0 = [f_n']_n \qquad \text{mit} \quad \{f_n'\}_{n=1,2,\ldots} \subset \mathcal{H}' \quad \text{und} \quad \|f_n'\| \to 0 \ (n \to \infty).$$

Zu Postulat (B): Für Elemente $f = [f'_n]_n \in \mathcal{H}$ und $g = [g'_n]_n \in \mathcal{H}$ definieren wir das innere Produkt

$$(f,g) := \lim_{n \to \infty} (f'_n, g'_n).$$

Wegen

$$|(f'_n, g'_n) - (f'_m, g'_m)| \leq |(f'_n - f'_m, g'_n)| + |(f'_m, g'_n - g'_m)|$$

$$\leq \|f'_n - f'_m\|\|g'_n\| + \|f'_m\|\|g'_n - g'_m\| \to 0 \ (n, m \to \infty)$$

existiert der oben angegebene Grenzwert. Man prüft leicht nach, daß das so definierte innere Produkt das Postulat (B) erfüllt.

Zu Postulat (C) und (E): Sei $\widetilde{\mathcal{H}}$ die Menge aller $f \in \mathcal{H}$ mit $f = [f', f', \ldots]$ und $f' \in \mathcal{H}'$. Dann sind $\mathcal{H}'$ und $\widetilde{\mathcal{H}}$ isomorph zueinander, und somit ist $\mathcal{H}'$ in $\mathcal{H}$ eingebettet. Nun ist $\widetilde{\mathcal{H}}$ dicht in $\mathcal{H}$: Ist nämlich $f = [f'_n]_n \in \mathcal{H}$, so setzen wir $\tilde{f}_m = [f'_m, f'_m, \ldots] \in \widetilde{\mathcal{H}}$ und erkennen

$$\|f - \tilde{f}_m\| = \lim_{n \to \infty} \|f'_n - f'_m\| \to 0 \ (m \to \infty).$$

Offenbar ist Postulat (C) auch für $\mathcal{H}$ gültig. Genügt $\mathcal{H}'$ zusätzlich dem Postulat (E), so gilt dieses auch für $\mathcal{H}$.

Zu Postulat (D): Sei $\{f_n\}_{n=1,2,\ldots} \subset \mathcal{H}$ mit

$$\|f_n - f_m\| \to 0 \ (n, m \to \infty)$$

gewählt. Da $\widetilde{\mathcal{H}}$ dicht in $\mathcal{H}$ liegt, gibt es eine Folge $\{\tilde{f}_n\}_{n=1,2,\ldots} \subset \widetilde{\mathcal{H}}$ mit

$$\|f_n - \tilde{f}_n\| \leq \frac{1}{n}, \quad n = 1, 2, \ldots$$

Dabei ist $\tilde{f}_n = [f'_n, f'_n, \ldots]$ mit $f'_n \in \mathcal{H}'$. Wir setzen nun $f := [f'_n]_{n=1,2,\ldots}$ und zeigen, daß $f \in \mathcal{H}$ und $\|f - f_n\| \to 0 \ (n \to \infty)$ richtig ist. Zunächst schätzen wir ab

$$\|f'_n - f'_m\| = \|\tilde{f}_n - \tilde{f}_m\| \leq \|\tilde{f}_n - f_n\| + \|f_n - f_m\| + \|f_m - \tilde{f}_m\|$$

$$\leq \frac{1}{n} + \|f_n - f_m\| + \frac{1}{m} \quad \to \quad 0 \ (n, m \to \infty).$$

Nun gilt

$$\|f - f_m\| \leq \|f - \tilde{f}_m\| + \|\tilde{f}_m - f_m\| \leq \|f - \tilde{f}_m\| + \frac{1}{m},$$

und wegen $\tilde{f}_m = [f'_m, f'_m, \ldots]$ und $f = [f'_1, f'_2, \ldots]$ folgt

$$\|f - \tilde{f}_m\| = \lim_{n \to \infty} \|f'_n - f'_m\| \leq \varepsilon_m$$

mit Zahlen $\varepsilon_m > 0$, $m \in \mathbb{N}$, für die $\varepsilon_m \to 0 \, (m \to \infty)$ gilt. Insgesamt erhalten wir somit

$$\|f - f_m\| \leq \varepsilon_m + \frac{1}{m} \to 0 \; (m \to \infty).$$

q.e.d.

Bemerkung: Den Prä-Hilbertraum $\mathcal{H}'$ aus Beispiel 1 können wir mit Hilfe von Satz 2 abstrakt vervollständigen zu einem Hilbertraum $\mathcal{H}$. Wir können aber auch $\mathcal{H}'$ konkret vervollständigen zum Hilbertraum

$$L^2(G, \mathbb{C}) := \left\{ f : G \to \mathbb{C} \text{ meßbar} : \int\limits_G |f(x)|^2 dx < +\infty \right\}$$

mit dem in (1) angegebenen inneren Produkt.

Definition 4. *Eine Folge von Elementen* $\{\varphi_1, \varphi_2, \ldots\} \subset \mathcal{H}'$ *in einem Prä-Hilbertraum* $\mathcal{H}'$ *nennen wir orthonormiert, falls*

$$(\varphi_i, \varphi_j) = \delta_{ij} \qquad \text{für alle} \quad i, j \in \mathbb{N}$$

richtig ist. Wir nennen das orthonormierte System $\{\varphi_k\}_{k=1,2,\ldots}$ *vollständig, kurz ein v.o.n.S., wenn für jedes* $f \in \mathcal{H}'$ *die Vollständigkeitsrelation*

$$\|f\|^2 = \sum_{k=1}^{\infty} |(\varphi_k, f)|^2 \tag{2}$$

erfüllt ist.

Diese Definition wird gerechtfertigt durch den folgenden Satz, dessen Beweis wir den Hilfssätzen 1 und 2 sowie Satz 5 aus § 6 in Kapitel II entnehmen.

Satz 3. *Sei* $\{\varphi_k\}_{k=1,2,\ldots} \subset \mathcal{H}'$ *ein orthonormiertes System. Dann gilt für alle* $f \in \mathcal{H}'$ *die Besselsche Ungleichung*

$$\sum_{k=1}^{\infty} |(\varphi_k, f)|^2 \leq \|f\|^2. \tag{3}$$

Für ein $f \in \mathcal{H}'$ *gilt die Gleichung*

$$\sum_{k=1}^{\infty} |(\varphi_k, f)|^2 = \|f\|^2 \tag{4}$$

genau dann, wenn

$$\lim_{N \to \infty} \left\| f - \sum_{k=1}^{N} (\varphi_k, f) \varphi_k \right\| = 0 \tag{5}$$

richtig ist. Letztere Aussage bedeutet, daß $f \in \mathcal{H}'$ durch die Fourier-Reihe

$$\sum_{k=1}^{\infty} (\varphi_k, f) \varphi_k$$

bzgl. der Konvergenz in der Hilbertraumnorm $\| \cdot \|$ dargestellt wird.

Beispiel 4. Bei den Fourierreihen und den Kugelfunktionen in § 4 bzw. § 5 von Kapitel V erhalten wir jeweils ein v.o.n.S. in den entsprechenden Hilberträumen.

Satz 4. *Ein orthonormiertes System $\{\varphi_k\}_{k=1,2,\ldots}$ im Prä-Hilbertraum $\mathcal{H}'$ ist genau dann vollständig, wenn aus $(\varphi_k, x) = 0$, $k = 1, 2, \ldots$, mit $x \in \mathcal{H}'$ die Identität $x = 0$ folgt.*

Beweis:

„⇒" Seien $x \in \mathcal{H}'$ und $(\varphi_k, x) = 0$ für alle $k \in \mathbb{N}$. Dann liefert die Vollständigkeitsrelation

$$\|x\|^2 = \sum_{k=1}^{\infty} |(\varphi_k, x)|^2 = 0$$

bzw. $\|x\| = 0$ und somit $x = 0 \in \mathcal{H}'$.

„⇐" Sei $\{\varphi_k\}_{k=1,2,\ldots}$ ein orthonormiertes System, für das aus $(\varphi_k, x) = 0$ für alle $k \in \mathbb{N}$ sofort $x = 0$ folgt. Für beliebige $y \in \mathcal{H}$ setzen wir

$$x := y - \sum_{k=1}^{\infty} (\varphi_k, y) \varphi_k$$

und berechnen

$$(\varphi_l, x) = (\varphi_l, y) - \left(\varphi_l, \sum_{k=1}^{\infty} (\varphi_k, y) \varphi_k \right) = (\varphi_l, y) - (\varphi_l, y) = 0$$

für alle $l \in \mathbb{N}$. Somit ergibt sich $x = 0$ beziehungsweise

$$y = \sum_{k=1}^{\infty} (\varphi_k, y) \varphi_k.$$

Also ist nach Satz 3 das System $\{\varphi_k\}_{k=1,2,\ldots} \subset \mathcal{H}'$ vollständig.

q.e.d.

Satz 5. *Sei $\mathcal{H}$ ein separabler Hilbertraum.*

a) Dann gibt es ein v.o.n.S. $\{\varphi_k\}_{k=1,2,\ldots} \subset \mathcal{H}$.
b) Für zwei beliebige Elemente $x, y \in \mathcal{H}$ gilt die Parsevalsche Gleichung

$$(x, y) = \sum_{k=1}^{\infty} \overline{(\varphi_k, x)} (\varphi_k, y). \tag{6}$$

c) $\mathcal{H}$ *ist isomorph zum Raum* l_2 *vermöge der Abbildung*

$$\Phi : \mathcal{H} \to l_2, \quad x \mapsto (x_1, x_2, \ldots) \quad \textit{mit} \quad x_k := (\varphi_k, x).$$

Durch

$$x = \sum_{k=1}^{\infty} x_k \varphi_k \quad \textit{mit} \quad (x_1, x_2, \ldots) \in l_2$$

wird die zu Φ *inverse Abbildung gegeben.*

Beweis:

a) Da $\mathcal{H}$ separabel ist, gibt es eine Folge $\{g_1, g_2, \ldots\} \subset \mathcal{H}$, die in $\mathcal{H}$ dicht liegt. Indem wir aus $\{g_1, g_2, \ldots\}$ die linear abhängigen Funktionen elimi-nieren, konstruieren wir ein System von linear unabhängigen Funktionen $\{f_1, f_2, \ldots\}$ in $\mathcal{H}$ mit der folgenden Eigenschaft: Bezeichnen $[g_1, \ldots, g_n]$ und $[f_1, \ldots, f_p]$ die von den Elementen $g_1, \ldots, g_n$ bzw. $f_1, \ldots, f_p$, $n, p \in \mathbb{N}$, aufgespannten $\mathbb{C}$-linearen Räume, so gilt

$$[g_1, \ldots, g_n] \subset [f_1, \ldots, f_p] \quad \text{für alle} \quad p \geq n \geq 1. \tag{7}$$

Nun wenden wir auf $\{f_k\}_{k=1,2\ldots}$ das *Orthonormalisierungsverfahren von E. Schmidt* an:

$$\varphi_1 := \frac{1}{\|f_1\|} f_1, \qquad \varphi_2 := \frac{f_2 - (\varphi_1, f_2)\varphi_1}{\|f_2 - (\varphi_1, f_2)\varphi_1\|}, \quad \ldots,$$

$$\varphi_n := \frac{f_n - \sum_{j=1}^{n-1} (\varphi_j, f_n)\varphi_j}{\left\| f_n - \sum_{j=1}^{n-1} (\varphi_j, f_n)\varphi_j \right\|}, \qquad n = 1, 2, \ldots$$

Offenbar gilt $(\varphi_j, \varphi_k) = \delta_{jk}$ für $j, k = 1, 2, \ldots$ und

$$[g_1, \ldots, g_n] \subset [\varphi_1, \ldots, \varphi_p] \quad \text{für alle} \quad p \geq n \geq 1. \tag{8}$$

Sind nun $f \in \mathcal{H}$ und $\varepsilon > 0$ vorgegeben, so gibt es ein $n \in \mathbb{N}$ mit $\|f - g_n\| \leq \varepsilon$. Wegen (8) finden wir $p \geq n$ Zahlen $c_1, \ldots, c_p \in \mathbb{C}$ mit

$$\left\| f - \sum_{k=1}^{p} c_k \varphi_k \right\| \leq \varepsilon.$$

Aufgrund der Minimaleigenschaft der Fourierkoeffizienten (vgl. Kap. II, § 6, Folgerung zu Hilfssatz 1) können wir n bzw. p noch so wählen, daß

$$\left\| f - \sum_{k=1}^{p} (\varphi_k, f)\varphi_k \right\| \leq \varepsilon \quad \text{für alle} \quad \varepsilon > 0$$

erfüllt ist. Für $\varepsilon \downarrow 0$ folgt somit

$$f = \sum_{k=1}^{\infty} (\varphi_k, f) \varphi_k,$$

und $\{\varphi_k\}_{k=1,2,...}$ ist ein v.o.n.S.

b) Für zwei Elemente $x, y \in \mathcal{H}$ mit den Darstellungen

$$x = \sum_{k=1}^{\infty} (\varphi_k, x) \varphi_k, \qquad y = \sum_{l=1}^{\infty} (\varphi_l, y) \varphi_l$$

berechnen wir das Skalarprodukt

$$(x, y) = \lim_{n \to \infty} \left(\sum_{k=1}^{n} (\varphi_k, x) \varphi_k, \sum_{l=1}^{n} (\varphi_l, y) \varphi_l \right)$$

$$= \lim_{n \to \infty} \sum_{k,l=1}^{n} \overline{(\varphi_k, x)} (\varphi_l, y) (\varphi_k, \varphi_l)$$

$$= \lim_{n \to \infty} \sum_{k=1}^{n} \overline{(\varphi_k, x)} (\varphi_k, y)$$

$$= \sum_{k=1}^{\infty} \overline{(\varphi_k, x)} (\varphi_k, y).$$

c) Hierzu ist nichts mehr zu zeigen.   q.e.d.

Definition 5. *Wir nennen $\mathcal{M} \subset \mathcal{H}$ einen linearen Teilraum des Hilbertraumes $\mathcal{H}$, falls für beliebige $f, g \in \mathcal{M}$ und $\alpha, \beta \in \mathbb{C}$*

$$\alpha f + \beta g \in \mathcal{M}$$

gilt. Ein linearer Teilraum $\mathcal{M} \subset \mathcal{H}$ heißt abgeschlossen, wenn für jede Cauchyfolge $\{f_n\}_{n=1,2,...} \subset \mathcal{M}$ die Aussage

$$f := \lim_{n \to \infty} f_n \in \mathcal{M}$$

richtig ist. Für einen linearen Teilraum $\mathcal{M} \subset \mathcal{H}$ bezeichnen wir mit

$$\overline{\mathcal{M}} := \left\{ f \in \mathcal{H} : \begin{array}{l} \text{Es gibt eine Cauchyfolge } \{f_n\}_{n=1,2,...} \subset \mathcal{M} \\ \text{mit } f = \lim_{n \to \infty} f_n \end{array} \right\}$$

die Abschließung von $\mathcal{M}$.

Beispiel 5. Der Raum $C_0^{\infty}(G) =: \mathcal{M} \subset \mathcal{H} := L^2(G)$ ist ein nicht abgeschlossener, linearer Teilraum, und es gilt $\overline{\mathcal{M}} = \mathcal{H}$.

Definition 6. $\mathcal{H}$ *ist ein unitärer Raum, wenn zusätzlich zu den Postulaten (A) und (B) das folgende Postulat (C') erfüllt ist.*

Postulat (C'): *Mit einem $n \in \mathbb{N}$ gilt $\dim \mathcal{H} = n$.*

Bemerkungen:

1. In einem n-dimensionalen unitären Raum $\mathcal{H}$ gibt es n linear unabhängige Elemente $\{f_1, \ldots, f_n\}$, und jedes $g \in \mathcal{H}$ ist darstellbar in der Form

$$g = \sum_{k=1}^{n} c_k f_k \qquad \text{mit} \quad c_1, \ldots, c_n \in \mathbb{C}.$$

2. Ein unitärer Raum $\mathcal{H}$ besitzt eine orthonormierte Basis $\{\varphi_1, \ldots, \varphi_n\}$, $n = \dim \mathcal{H}$, mit der Eigenschaft

$$f = \sum_{k=1}^{n} (\varphi_k, f) \varphi_k \qquad \text{für alle} \quad f \in \mathcal{H}.$$

3. Jeder unitäre Raum $\mathcal{H}$ ist isomorph zum $\mathbb{C}^n$, $n = \dim \mathcal{H}$, ausgestattet mit dem Skalarprodukt

$$(x, y) := \sum_{k=1}^{n} \overline{x_k} y_k, \qquad x = (x_1, \ldots, x_n), \; y = (y_1, \ldots, y_n) \in \mathbb{C}.$$

4. Jeder unitäre Raum ist vollständig.

Mit den Definitionen 5 und 6 beweist man leicht den

Satz 6. *Sei $\mathcal{H}$ ein Hilbertraum und $\mathcal{M}$ ein abgeschlossener, linearer Teilraum von $\mathcal{H}$. Dann ist $\mathcal{M}$ entweder selbst ein Hilbertraum oder ein unitärer Raum. Wenn $\mathcal{H}$ separabel ist, so gilt dieses auch für $\mathcal{M}$.*

Definition 7. *Sei $\mathcal{M}$ ein linearer Teilraum von $\mathcal{H}$. Dann ist mit*

$$\mathcal{M}^{\perp} := \Big\{ g \in \mathcal{H} \, : \, (g, f) = 0 \text{ für alle } f \in \mathcal{M} \Big\}$$

der Orthogonalraum von $\mathcal{M}$ in $\mathcal{H}$ erklärt.

Bemerkung: Wegen der Stetigkeit des Skalarproduktes ist $\mathcal{M}^{\perp} \subset \mathcal{H}$ abgeschlossen.

Aus Kapitel II, §6, Satz 2 übernehmen wir nun den Beweis von

Satz 7. (Projektionssatz)
Sei $\mathcal{M}$ ein abgeschlossener, linearer Teilraum in $\mathcal{H}$. Dann läßt sich jedes $x \in \mathcal{H}$ eindeutig in der Form $x = x_1 + x_2$ mit $x_1 \in \mathcal{M}$ und $x_2 \in \mathcal{M}^{\perp}$ darstellen. Man schreibt

$$\mathcal{H} = \mathcal{M} \oplus \mathcal{M}^{\perp}.$$

Wir notieren noch den

Satz 8. *Sei $\mathcal{M}$ ein linearer Teilraum in einem Hilbertraum $\mathcal{H}$. Es liegt $\mathcal{M}$ genau dann dicht in $\mathcal{H}$, wenn folgende Implikation richtig ist:*

$$\varphi \in \mathcal{H}: \quad (f, \varphi) = 0 \text{ für alle } f \in \mathcal{M} \quad \Rightarrow \quad \varphi = 0. \tag{9}$$

Beweis: Der Projektionssatz liefert die orthogonale Zerlegung $\mathcal{H} = \overline{\mathcal{M}} \oplus \mathcal{M}^\perp$. Nun liegt $\mathcal{M}$ genau dann dicht in $\mathcal{H}$, wenn $\overline{\mathcal{M}} = \mathcal{H}$, also $\mathcal{M}^\perp = \{0\}$ richtig ist. Dies ist aber gerade die Aussage der Implikation (9).
$$\text{q.e.d.}$$

§4 Beschränkte lineare Operatoren im Hilbertraum

Definition 1. *Auf dem Hilbertraum $\mathcal{H}$ ist die Abbildung $A : \mathcal{H} \to \mathbb{C}$ ein beschränktes lineares Funktional, wenn die folgenden Bedingungen erfüllt sind:*

a) $A(\alpha f + \beta g) = \alpha A f + \beta A g \quad$ *für alle $f, g \in \mathcal{H}$ und $\alpha, \beta \in \mathbb{C}$,*
b) $|Af| \leq c\|f\| \quad$ *für alle $f \in \mathcal{H}$ mit einer Konstante $c \in [0, +\infty)$.*

Nach Kapitel II, § 6, Definitionen 6 bis 8 und Satz 3 sind für ein lineares Funktional die folgenden drei Aussagen äquivalent:

(i) A ist beschränkt,
(ii) A ist in einem Punkt stetig,
(iii) A ist in allen Punkten des Hilbertraumes stetig.

Wir erklären mit

$$\|A\| := \sup_{x \in \mathcal{H}, \|x\| \leq 1} |Ax| = \sup_{x \in \mathcal{H}, \|x\| = 1} |Ax| < +\infty$$

die *Norm des beschränkten linearen Funktionals* A. In Kapitel II, § 6, Satz 4 haben wir die folgende Aussage bewiesen:

Satz 1. (Darstellungssatz von Fréchet-Riesz)
Jedes beschränkte lineare Funktional $A : \mathcal{H} \to \mathbb{C}$ auf einem Hilbertraum $\mathcal{H}$ läßt sich in der Form

$$Af = (g, f) \quad \text{für alle} \quad f \in \mathcal{H} \tag{1}$$

mit einem eindeutig bestimmten erzeugenden Element $g \in \mathcal{H}$ darstellen.

Definition 2. *Sei $\mathcal{D}$ ein linearer Teilraum des Hilbertraumes $\mathcal{H}$. Ein linearer Operator T ist eine Zuordnung $T : \mathcal{D} \to \mathcal{H}$ mit der Eigenschaft*

$$T(c_1 u_1 + c_2 u_2) = c_1 T(u_1) + c_2 T(u_2) \quad \text{für alle} \quad u_1, u_2 \in \mathcal{D} \quad \text{und} \quad c_1, c_2 \in \mathbb{C}.$$

Definition 3. *Ein linearer Operator* $T : \mathcal{D} \to \mathcal{H}$ *heißt beschränkt, wenn es ein* $c \in [0, +\infty)$ *so gibt, daß*

$$\|Tu\| \le c\|u\| \qquad \text{für alle} \quad u \in \mathcal{D} \tag{2}$$

erfüllt ist. Die Norm von T *ist dann erklärt als*

$$\|T\| := \sup_{u \in \mathcal{D},\, u \ne 0} \frac{\|Tu\|}{\|u\|} = \sup_{u \in \mathcal{D},\, \|u\| \le 1} \|Tu\| = \sup_{u \in \mathcal{D},\, \|u\| = 1} \|Tu\|. \tag{3}$$

Bemerkung: Das Beispiel 2 in §1 zeigt mit $T := -\Delta$ einen unbeschränkten Operator.

Definition 4. *Seien* $\mathcal{D}_T, \mathcal{D}_{\widetilde{T}}$ *zwei lineare Teilräume des Hilbertraumes* $\mathcal{H}$. *Dann heißt die Abbildung*

$$\widetilde{T} : \mathcal{D}_{\widetilde{T}} \to \mathcal{H}$$

die Fortsetzung des beschränkten linearen Operators $T : \mathcal{D}_T \to \mathcal{H}$, *wenn*

a) $\mathcal{D}_T \subset \mathcal{D}_{\widetilde{T}}$,
b) $\widetilde{T}u = Tu$ *für alle* $u \in \mathcal{D}_T$

richtig ist. Wir schreiben $T \subset \widetilde{T}$.

Es reicht für beschränkte Operatoren aus, sie auf einem dichten Teilraum des Hilbertraumes zu definieren, gemäß dem

Satz 2. (Fortsetzungssatz)
Sei $T : \mathcal{D} \to \mathcal{H}$ *ein beschränkter linearer Operator, und der lineare Teilraum* $\mathcal{D} \subset \mathcal{H}$ *liege dicht im Hilbertraum* $\mathcal{H}$. *Dann gibt es eine eindeutig bestimmte beschränkte Fortsetzung* $\widetilde{T} \supset T$ *mit* $\mathcal{D}_{\widetilde{T}} = \mathcal{H}$ *und* $\|\widetilde{T}\| = \|T\|$.

Beweis:

1. Wir definieren $\widetilde{T} : \mathcal{H} \to \mathcal{H}$ wie folgt: Sei $f \in \mathcal{H}$, so gibt es eine Folge $\{f_n\}_{n=1,2,\dots} \subset \mathcal{D}_T$ mit $f_n \to f$ $(n \to \infty)$ in $\mathcal{H}$. Nun ist $\{Tf_n\}_{n=1,2\dots}$ eine Cauchy-Folge in $\mathcal{H}$ wegen

$$\|Tf_n - Tf_m\| = \|T(f_n - f_m)\| \le \|T\|\|f_n - f_m\| \to 0 \ (n, m \to \infty).$$

Es existiert also der Grenzwert $\lim_{n \to \infty} Tf_n$, und wir setzen

$$\widetilde{T}f := \lim_{n \to \infty} Tf_n, \qquad f \in \mathcal{H}.$$

Diese Definition ist eindeutig: Ist nämlich $\{f_n'\}_{n=1,2,\dots} \subset \mathcal{D}_T$ eine weitere Folge mit $f_n' \to f$ $(n \to \infty)$ in $\mathcal{H}$, so beachten wir

$$\|Tf_n - Tf_n'\| \le \|T\|\|f_n - f_n'\| \le \|T\| \left(\|f_n - f\| + \|f - f_n'\| \right) \to 0 \ (n \to \infty).$$

Schließlich bemerken wir noch $\widetilde{T}f = Tf$ für alle $f \in \mathcal{D}_T$.

2. Nun ist

$$\|\widetilde{T}\| := \sup_{f \in \mathcal{H}, \|f\| \leq 1} \|\widetilde{T}f\| = \sup_{f \in \mathcal{D}_T, \|f\| \leq 1} \|\widetilde{T}f\| = \sup_{f \in \mathcal{D}_T, \|f\| \leq 1} \|Tf\| = \|T\|$$

richtig. Weiter ist $\widetilde{T} : \mathcal{H} \to \mathcal{H}$ linear. Denn für zwei Elemente

$$f = \lim_{n \to \infty} f_n, \quad g = \lim_{n \to \infty} g_n \quad \text{aus} \quad \mathcal{H}$$

mit $\{f_n\}_n \subset \mathcal{D}_T$ und $\{g_n\}_n \subset \mathcal{D}_T$ gilt für beliebige $\alpha, \beta \in \mathbb{C}$ wegen der Stetigkeit von $\widetilde{T}$ die Gleichung

$$\widetilde{T}(\alpha f + \beta g) = \widetilde{T}(\lim_{n \to \infty}(\alpha f_n + \beta g_n)) = \lim_{n \to \infty}(\alpha T f_n + \beta T g_n)$$

$$= \alpha \lim_{n \to \infty} T f_n + \beta \lim_{n \to \infty} T g_n = \alpha \widetilde{T} f + \beta \widetilde{T} g.$$

3. Sind $\widehat{T}, \widetilde{T} : \mathcal{H} \to \mathcal{H}$ zwei Fortsetzungen von $\mathcal{D}_T$ auf $\mathcal{H}$, so gilt

$$(\widetilde{T} - \widehat{T})(f) = 0 \quad \text{für alle} \quad f \in \mathcal{D}_T.$$

Da $\mathcal{D}_T \subset \mathcal{H}$ dicht liegt und $(\widetilde{T} - \widehat{T}) : \mathcal{H} \to \mathcal{H}$ stetig ist, folgt

$$(\widetilde{T} - \widehat{T})(f) = 0 \quad \text{für alle} \quad f \in \mathcal{H}$$

und somit $\widetilde{T} = \widehat{T}$.   q.e.d.

Satz 3. *Sei $T : \mathcal{H} \to \mathcal{H}$ ein beschränkter linearer Operator im Hilbertraum $\mathcal{H}$. Dann gibt es einen eindeutig bestimmten linearen Operator $T^* : \mathcal{H} \to \mathcal{H}$ so, daß*

$$(Tf, g) = (f, T^* g) \quad \text{für alle} \quad f, g \in \mathcal{H} \tag{4}$$

richtig ist. Es gilt

$$\|T^*\| = \|T\| \quad \text{und} \quad T^{**} = T,$$

d.h. die Operation $*$ ist involutorisch.

Definition 5. *Der Operator T^* heißt die Adjungierte zu T.*

Definition 6. *Ein beschränkter linearer Operator H heißt Hermitesch, wenn $H^* = H$ gilt, d.h.*

$$(Hx, y) = (x, Hy) \quad \text{für alle} \quad x, y \in \mathcal{H}.$$

Beweis von Satz 3:
-*Eindeutigkeit:* Seien T_1, T_2 zwei Adjungierte zu T, so liefert (4)

$$(f, T_1 g) = (Tf, g) = (f, T_2 g) \quad \text{für alle} \quad f, g \in \mathcal{H}$$

bzw. $(f, (T_1 - T_2)g) = 0$ für alle $f, g \in \mathcal{H}$ und somit $T_1 = T_2$.

-*Existenz:* Zu einem festen $g \in \mathcal{H}$ betrachten wir das beschränkte lineare Funktional

$$A_g(f) := (g, Tf), \qquad f \in \mathcal{H}.$$

Dieses ist beschränkt durch

$$|A_g(f)| \le \|g\| \|Tf\| \le (\|g\| \|T\|) \|f\| \qquad \text{für alle} \quad f \in \mathcal{H}.$$

Nach dem Darstellungssatz von Fréchet-Riesz gibt es zu jedem $g \in \mathcal{H}$ ein $g^* \in \mathcal{H}$ mit der Eigenschaft

$$(g, Tf) = A_g(f) = (g^*, f) \qquad \text{für alle} \quad f \in \mathcal{H}.$$

Wir setzen nun $T^* g := g^*$. Offenbar erfüllt die so erklärte Abbildung $T^* : \mathcal{H} \to \mathcal{H}$ die Eigenschaft (4).

-*Linearität:* Seien $g_1, g_2 \in \mathcal{H}$ und $c_1, c_2 \in \mathbb{C}$. Wir berechnen mit (4)

$$\begin{aligned}
(T^*(c_1 g_1 + c_2 g_2), f) &= (c_1 g_1 + c_2 g_2, Tf) \\
&= \bar{c}_1 (g_1, Tf) + \bar{c}_2 (g_2, Tf) \\
&= \bar{c}_1 (T^* g_1, f) + \bar{c}_2 (T^* g_2, f) \\
&= (c_1 T^* g_1 + c_2 T^* g_2, f) \qquad \text{für alle} \quad f \in \mathcal{H}.
\end{aligned}$$

-*Beschränktheit:* Zunächst beachten wir

$$(Tf, g) = (f, T^* g) = (T^{**} f, g) \qquad \text{für alle} \quad f, g \in \mathcal{H}.$$

Also ist T involutorisch. Mit (4) erhalten wir die Abschätzung

$$\|(f, T^* g)\| \le \|Tf\| \|g\| \le \|T\| \|f\| \|g\| \qquad \text{für alle} \quad f, g \in \mathcal{H}.$$

Insbesondere für $f = T^* g$ haben wir also

$$\|T^* g\|^2 \le \|T\| \|T^* g\| \|g\|$$

beziehungsweise

$$\|T^* g\| \le \|T\| \|g\|, \quad \text{d.h.} \quad \|T^*\| \le \|T\|.$$

Da T involutorisch ist, folgt auch

$$\|T\| = \|T^{**}\| \le \|T^*\|.$$

Also ist insgesamt $\|T\| = \|T^*\|$ richtig.   q.e.d.

Beispiel 1. Sei

$$Q := \left\{ x = (x_1, \ldots, x_n) \in \mathbb{R}^n \ : \ |x_j| \le R \text{ für } j = 1, \ldots, n \right\}$$

ein Würfel im $\mathbb{R}^n$ mit der Kantenlänge $2R \in (0, +\infty)$. Wir betrachten dann einen *Hilbert-Schmidt-Integralkern*

$$K = K(x, y) : Q \times Q \to \mathbb{C} \in L^2(Q \times Q, \mathbb{C}). \tag{5}$$

Wegen

$$\int_{Q \times Q} |K(x, y)|^2 dx\, dy < \infty$$

gibt es eine Nullmenge $N \subset Q$, so daß für alle $x \in Q \setminus N$ die Funktion $y \mapsto K(x, y)$ auf Q meßbar ist und

$$\int_Q |K(x, y)|^2 dy < \infty$$

erfüllt ist. Weiter gilt

$$\int_Q \left(\int_Q |K(x, y)|^2 dy \right) dx = \int_{Q \times Q} |K(x, y)|^2 dx\, dy =: \|K\|^2 < \infty$$

nach dem Satz von Fubini-Tonelli. Für $f \in L^2(Q, \mathbb{C})$ erklären wir den *Hilbert-Schmidt-Operator*

$$\mathbb{K}f(x) = \begin{cases} \int_Q K(x, y) f(y)\, dy, & x \in Q \setminus N \\ 0, & x \in N \end{cases}. \tag{6}$$

Die Höldersche Ungleichung liefert für alle $x \in Q \setminus N$

$$|\mathbb{K}f(x)|^2 \le \left(\int_Q |K(x, y)|^2 dy \right) \|f\|^2,$$

und Integration über $x \in Q$ ergibt

$$\int_Q |\mathbb{K}f(x)|^2 dx \le \left(\int_{Q \times Q} |K(x, y)|^2 dx\, dy \right) \|f\|^2 = \|K\|^2 \|f\|^2$$

beziehungsweise

$$\|\mathbb{K}f\| \le \|K\| \|f\| \qquad \text{für alle} \quad f \in L^2(Q, \mathbb{C}). \tag{7}$$

Wir erhalten also den

Satz 4. *Der Hilbert-Schmidt-Operator* $\mathbb{K} : \mathcal{H} \to \mathcal{H}$ *aus (6) mit dem Integralkern (5) ist ein beschränkter linearer Operator auf dem Hilbertraum* $\mathcal{H} = L^2(Q, \mathbb{C})$, *und es gilt*

$$\|\mathbb{K}\| \le \|K\|.$$

Bemerkungen:

1. Die singulären Kerne

$$K = K(x,y) \in \mathcal{S}_\alpha(G,\mathbb{C}) \qquad \text{mit} \quad \alpha \in [0,n)$$

erzeugen spezielle Hilbert-Schmidt-Operatoren. Die für diese speziellen Operatoren geltenden Aussagen aus § 2, Satz 3 und Satz 4 werden später für Regularitätsaussagen über die Lösungen der Integralgleichung verwendet.

2. Der Kern

$$K^*(x,y) := \overline{K(y,x)} \in L^2(Q \times Q, \mathbb{C})$$

erzeugt den zum Hilbert-Schmidt-Operator $\mathbb{K}$ adjungierten Operator $\mathbb{K}^*$.

3. Der Operator $\mathbb{K}$ ist genau dann Hermitesch, wenn $K(x,y) = \overline{K(y,x)}$ fast überall in $Q \times Q$ erfüllt ist.

Wir wollen nun die Inverse eines linearen Operators untersuchen.

Definition 7. *Sei*

$$T : \mathcal{D}_T \to \mathcal{H}$$

ein linearer Operator auf der Teilmenge $\mathcal{D}_T \subset \mathcal{H}$ des Hilbertraumes $\mathcal{H}$ mit dem Wertebereich $\mathcal{W}_T := T(\mathcal{D}_T) \subset \mathcal{H}$. Außerdem sei die Abbildung

$$x \mapsto Tx, \qquad x \in \mathcal{D}_T,$$

injektiv. Dann ist durch $f = T^{-1}g$ die Inverse $T^{-1} : \mathcal{W}_T \to \mathcal{D}_T \subset \mathcal{H}$ des Operators T erklärt, falls $Tf = g$ gilt. Wir bemerken

$$\mathcal{D}_{T^{-1}} = \mathcal{W}_T, \qquad \mathcal{W}_{T^{-1}} = \mathcal{D}_T.$$

Wir erhalten sofort den

Satz 5. *Der Operator $T^{-1} : \mathcal{W}_T \to \mathcal{D}_T$ ist linear und existiert genau dann, wenn die Gleichung*

$$Tx = 0, \qquad x \in \mathcal{D}_T,$$

nur die triviale Lösung $x = 0$ besitzt.

Satz 6. (O. Toeplitz)
Sei $T : \mathcal{H} \to \mathcal{H}$ ein beschränkter linearer Operator in dem Hilbertraum $\mathcal{H}$. Dann besitzt T genau dann eine in $\mathcal{H}$ erklärte beschränkte Inverse $T^{-1} : \mathcal{H} \to \mathcal{H}$, wenn die folgenden Bedingungen erfüllt sind:

a) *Für alle $x \in \mathcal{H}$ gilt $\|Tx\| \geq d\|x\|$ mit einem $d \in (0,+\infty)$.*
b) *Die homogene Gleichung $T^*x = 0$ hat nur die triviale Lösung $x = 0$.*

Beweis:

„$\Rightarrow$" Es existiere die beschränkte Inverse $T^{-1} : \mathcal{H} \to \mathcal{H}$. Dann gibt es ein $c > 0$ mit

$$\|T^{-1}x\| \le c\|x\| \qquad \text{für alle} \quad x \in \mathcal{H},$$

so daß für $x := Tf$ folgt

$$\|Tf\| \ge \frac{1}{c}\|f\|.$$

Also ist mit $d := \frac{1}{c}$ die Bedingung a) erfüllt.
Ist $z \in \mathcal{H}$ eine Lösung von $T^*z = 0$, so folgt

$$(Tx, z) = (x, T^*z) = (x, 0) = 0 \qquad \text{für alle} \quad x \in \mathcal{H}.$$

Insbesondere für $x = T^{-1}z$ ergibt sich $z = 0$.
„$\Leftarrow$" Wir zeigen zunächst, daß $\mathcal{W}_T \subset \mathcal{H}$ abgeschlossen ist: Sei $\{y_n\}_{n=1,2,\ldots} \subset \mathcal{W}_T$ eine beliebige Folge mit $y_n \to y$ $(n \to \infty)$ in $\mathcal{H}$. Wir setzen $y_n = Tx_n$, $n = 1, 2, \ldots$, und erhalten mit a) die Ungleichung

$$\|x_n - x_m\| \le \frac{1}{d}\|y_n - y_m\| \to 0 \ (m, n \to \infty).$$

Somit folgt $x_n \to x$ $(n \to \infty)$, und da T stetig ist

$$Tx = T(\lim_{n \to \infty} x_n) = \lim_{n \to \infty} Tx_n = \lim_{n \to \infty} y_n = y \ \in \mathcal{W}_T.$$

Also ist $\mathcal{W}_T$ abgeschlossen in $\mathcal{H}$, und wir haben die orthogonale Zerlegung

$$\mathcal{H} = \mathcal{W}_T \oplus \mathcal{W}_T^\perp.$$

Sei nun $z \in \mathcal{W}_T^\perp$. Dann erhalten wir

$$0 = (z, Tx) = (T^*z, x) \qquad \text{für alle} \quad x \in \mathcal{H}$$

bzw. $T^*z = 0$. Bedingung b) liefert also $z = 0$ und daher $\mathcal{H} = \mathcal{W}_T$, d.h. T ist surjektiv. Die Injektivität von T folgt sofort aus a). Damit existiert T^{-1} und ist gemäß a) beschränkt mit

$$\|T^{-1}\| \le \frac{1}{d}.$$

q.e.d.

Bemerkung: Ist $H : \mathcal{H} \to \mathcal{H}$ ein beschränkter Hermitescher Operator mit

$$\|Hx\| \ge d\|x\| \qquad \text{für alle} \quad x \in \mathcal{H}$$

mit einem $d \in (0, +\infty)$, so existiert nach Satz 6 die beschränkte Inverse $H^{-1} : \mathcal{H} \to \mathcal{H}$.

Satz 7. *Sei $T : \mathcal{H} \to \mathcal{H}$ ein beschränkter linearer Operator in dem Hilbertraum $\mathcal{H}$. Außerdem sei die beschränkte Inverse $T^{-1} : \mathcal{H} \to \mathcal{H}$ erklärt. Dann hat auch T^* eine in $\mathcal{H}$ erklärte beschränkte Inverse $(T^*)^{-1}$. Es gilt $(T^{-1})^* = (T^*)^{-1}$.*

Beweis: Nach Voraussetzung gilt

$$\|T^{-1}x\| \le c\|x\| \qquad \text{für alle} \quad x \in \mathcal{H}.$$

Setzen wir in die Beziehung

$$(Tx, y) = (x, T^*y) \qquad \text{für alle} \quad y \in \mathcal{H}$$

speziell $x = T^{-1}y$ ein, so folgt

$$\|y\|^2 \le \|T^{-1}y\|\|T^*y\| \le c\|y\|\|T^*y\|$$

beziehungsweise

$$\|T^*y\| \ge \frac{1}{c}\|y\| \qquad \text{für alle} \quad y \in \mathcal{H}.$$

Weiter entnehmen wir Satz 3 und der Beziehung

$$(T^*)^*f = T^{**}f = Tf,$$

daß mit $(T^*)^*f = 0$ auch $f = 0$ gilt. Nach Satz 6 existiert also die Inverse

$$(T^*)^{-1} : \mathcal{H} \to \mathcal{H},$$

und es gilt

$$\|(T^*)^{-1}\| \le \|T^{-1}\|.$$

Seien nun $f, g \in \mathcal{H}$ beliebig gewählt. Dann erhalten wir mit $x = T^{-1}f$ und $y = (T^*)^{-1}g$ die Beziehung

$$(f, (T^*)^{-1}g) = (Tx, y) = (x, T^*y) = (T^{-1}f, g) = (f, (T^{-1})^*g).$$

Also gilt $(T^*)^{-1} = (T^{-1})^*$.   q.e.d.

Ist im Hilbertraum $\mathcal{H}$ ein abgeschlossener, linearer, nichtleerer Teilraum $\mathcal{M} \subset \mathcal{H}$ gegeben, so liefert der Projektionssatz $\mathcal{H} = \mathcal{M} \oplus \mathcal{M}^\perp$. Wegen

$$f = f_1 + f_2 \ \in \mathcal{H} \qquad \text{mit} \quad f_1 \in \mathcal{M}, \ f_2 \in \mathcal{M}^\perp$$

ist folgende Definition eines Projektors P sinnvoll:

$$P : \mathcal{H} \to \mathcal{M} \qquad \text{vermöge} \quad f = f_1 + f_2 \mapsto Pf := f_1.$$

Wir beachten

$$\|Pf\|^2 = \|f_1\|^2 \le \|f\|^2 \qquad \text{für alle} \quad f \in \mathcal{H}$$

und

$$\|Pf\| = \|f\| \qquad \text{für alle} \quad f \in \mathcal{M}.$$

Daher folgt für die Norm des Projektors

$$\|P\| = 1.$$

Ferner bemerken wir

$$P^2 f = P \circ P f = P f \quad \text{bzw.} \quad P^2 = P \quad \text{in} \quad \mathcal{H}$$

und schließlich

$$(Pf, g) = (f_1, g_1 + g_2) = (f_1, g_1)$$
$$= (f_1 + f_2, g_1) = (f, Pg) \qquad \text{für alle} \quad f, g \in \mathcal{H},$$

das heißt $P = P^*$.

Definition 8. *Ein beschränkter linearer Operator $P : \mathcal{H} \to \mathcal{H}$ ist ein Projektionsoperator oder ein Projektor, wenn folgendes gilt:*

a) P ist Hermitesch, d.h. $P = P^*$;
b) $P^2 = P$.

Satz 8. *Sei $P : \mathcal{H} \to \mathcal{H}$ ein Projektor. Dann ist die Menge*

$$\mathcal{M} := \left\{ g \in \mathcal{H} \ : \ g = Pf \text{ mit } f \in \mathcal{H} \right\}$$

ein abgeschlossener linearer Teilraum in $\mathcal{H}$. Es gilt

$$f = Pf + (f - Pf) \ \in \ \mathcal{M} \oplus \mathcal{M}^\perp.$$

Beweis:

1. Wir zeigen, daß $\mathcal{M} = P(\mathcal{H})$ abgeschlossen ist: Sei $\{g_n\}_{n=1,2,\dots} \subset \mathcal{M}$ eine Folge mit $g_n \to g$ $(n \to \infty)$ in $\mathcal{H}$. Wegen $g_n = Pf_n$ mit $f_n \in \mathcal{H}$ folgt

$$Pg_n = P^2 f_n = P f_n = g_n.$$

   Da P stetig ist, folgt $Pg = g$, also ist $g \in \mathcal{M}$.
2. Seien nun $f \in \mathcal{H}$ und $f_1 := Pf$, $f_2 := f - Pf$, so folgt $f_1 \in \mathcal{M}$. Weiter gilt für alle $h \in \mathcal{M}$

$$(f_2, h) = (f - Pf, h) = (f - Pf, Ph) = (Pf - P^2 f, h) = 0.$$

   Somit ist $f_2 = f - Pf \in \mathcal{M}^\perp$ richtig. $\qquad$ q.e.d.

Bemerkung: In einem Hilbertraum $\mathcal{H}$ sei ein linearer Teilraum $\mathcal{M} \subset \mathcal{H}$ gegeben. Die Folge $\{\varphi_j\}_{j=1,2,\dots}$ bilde ein v.o.n.S. in $\mathcal{M}$. Dann gilt

$$P_\mathcal{M} f = \sum_{j=1}^{j_0} (\varphi_j, f) \varphi_j, \qquad f \in \mathcal{H},$$

mit einem $j_0 \in \mathbb{N} \cup \{\infty\}$.

In der Physik wird die Energie eines Systems mit Hilfe von *Bilinearformen* gemessen. Diesen sind dann lineare Operatoren zugeordnet.

Definition 9. *Eine komplexwertige Funktion*

$$B(.,.) : \mathcal{H} \times \mathcal{H} \to \mathbb{C}$$

heißt Bilinearform, falls

$$
\begin{aligned}
B(f, c_1 g_1 + c_2 g_2) &= c_1 B(f, g_1) + c_2 B(f, g_2) && \text{für alle} \quad f, g_1, g_2 \in \mathcal{H} \\
B(c_1 f_1 + c_2 f_2, g) &= \bar{c}_1 B(f_1, g) + \bar{c}_2 B(f_2, g) && \text{für alle} \quad f_1, f_2, g \in \mathcal{H}
\end{aligned}
\tag{8}
$$

und alle $c_1, c_2 \in \mathbb{C}$ *gilt. Die Bilinearform heißt Hermitesch, falls*

$$B(f, g) = \overline{B(g, f)} \qquad \text{für alle} \quad f, g \in \mathcal{H} \tag{9}$$

richtig ist, und wir nennen B symmetrisch, falls

$$B(f, g) = B(g, f) \qquad \text{für alle} \quad f, g \in \mathcal{H} \tag{10}$$

gilt. Für reellwertige Bilinearformen sind (9) und (10) äquivalent. B heißt beschränkt, falls eine Konstante $c \in [0, +\infty)$ *mit der Eigenschaft*

$$|B(f, g)| \leq c\|f\|\|g\| \qquad \text{für alle} \quad f, g \in \mathcal{H} \tag{11}$$

existiert. Eine Hermitesche Bilinearform heißt strikt positiv-definit, falls es eine Konstante $c \in (0, +\infty)$ *gibt, so daß*

$$B(f, f) \geq c\|f\|^2 \qquad \text{für alle} \quad f \in \mathcal{H} \tag{12}$$

erfüllt ist.

Bemerkungen:

1. Man nennt (12) auch *Koerzivitätsbedingung.*
2. Mit einem beschränkten linearen Operator $T : \mathcal{H} \to \mathcal{H}$ erhalten wir in

$$B(f, g) := (Tf, g), \qquad f, g \in \mathcal{H},$$

eine Bilinearform. Diese ist beschränkt wegen

$$|B(f, g)| \leq \|Tf\|\|g\| \leq \|T\|\|f\|\|g\|, \qquad f, g \in \mathcal{H}.$$

Ist T Hermitesch, so ist auch die Bilinearform Hermitesch, denn es gilt

$$B(f, g) = (Tf, g) = (f, Tg) = \overline{(Tg, f)} = \overline{B(g, f)}, \qquad f, g \in \mathcal{H}.$$

Wir wenden uns nun der umgekehrten Frage zu.

Satz 9. (Darstellungssatz für Bilinearformen)
Zu jeder beschränkten Bilinearform $B = B(f, g)$, $f, g \in \mathcal{H}$, *gibt es genau einen beschränkten linearen Operator* $T : \mathcal{H} \to \mathcal{H}$, *so daß*

$$B(f, g) = (Tf, g) \qquad \text{für alle} \quad f, g \in \mathcal{H} \tag{13}$$

richtig ist. Ist B Hermitesch, so ist auch T Hermitesch.

Beweis: Für ein festes $f \in \mathcal{H}$ ist

$$L_f(g) := B(f,g), \qquad g \in \mathcal{H},$$

ein beschränktes lineares Funktional auf $\mathcal{H}$. Nach dem Darstellungssatz von Fréchet-Riesz gibt es ein $f^* \in \mathcal{H}$ mit der Eigenschaft

$$(f^*, g) = B(f,g) = L_f(g) \qquad \text{für alle} \quad g \in \mathcal{H}. \tag{14}$$

Nun ist f^* eindeutig durch f bestimmt, und wir setzen

$$Tf := f^*, \qquad f \in \mathcal{H}.$$

1. Der Operator $T : \mathcal{H} \to \mathcal{H}$ ist linear, denn wir berechnen

$$(T(c_1 f_1 + c_2 f_2), g) = B(c_1 f_1 + c_2 f_2, g) = \bar{c}_1 B(f_1, g) + \bar{c}_2 B(f_2, g)$$
$$= \bar{c}_1 (Tf_1, g) + \bar{c}_2 (Tf_2, g) = (c_1 Tf_1 + c_2 Tf_2, g)$$

für alle $f_1, f_2, g \in \mathcal{H}$ und alle $c_1, c_2 \in \mathbb{C}$.

2. Da die Bilinearform $B(f,g) = (Tf,g)$ beschränkt ist, folgt

$$|(Tf,g)| \leq c \|f\| \|g\| \qquad \text{für alle} \quad f, g \in \mathcal{H},$$

woraus wir mit $g = \frac{Tf}{\|Tf\|}$ die Ungleichung

$$\|Tf\| \leq c \|f\| \qquad \text{für alle} \quad f \in \mathcal{H}$$

ablesen. Somit haben wir

$$\|T\| \leq c < +\infty.$$

3. Wenn B Hermitesch ist, dann gilt

$$(Tf,g) = B(f,g) = \overline{B(g,f)} = \overline{(Tg,f)} = (f,Tg) \qquad \text{für alle} \quad f, g \in \mathcal{H}.$$

T ist also Hermitesch.   q.e.d.

Satz 10. (Lax-Milgram)

Sei $B : \mathcal{H} \times \mathcal{H} \to \mathbb{C}$ eine Hermitesche Bilinearform, welche gemäß

$$|B(f,g)| \leq c^+ \|f\| \|g\| \qquad \textit{für alle} \quad f, g \in \mathcal{H} \tag{15}$$

beschränkt ist und die Koerzivitätsbedingung

$$B(f,f) \geq c^- \|f\|^2 \qquad \textit{für alle} \quad f \in \mathcal{H} \tag{16}$$

erfüllt. Dabei sind $0 < c^- \leq c^+ < +\infty$ gewählt worden. Dann gibt es einen beschränkten Hermiteschen Operator $T : \mathcal{H} \to \mathcal{H}$ mit $\|T\| \leq c^+$ und

$$B(f,g) = (Tf,g) \qquad \textit{für alle} \quad f, g \in \mathcal{H}. \tag{17}$$

Dieser besitzt eine beschränkte Inverse $T^{-1} : \mathcal{H} \to \mathcal{H}$, welche Hermitesch ist und für die gilt

$$\|T^{-1}\| \leq \frac{1}{c^-}.$$

Beweis: Nach Satz 9 gibt es einen Hermiteschen Operator $T : \mathcal{H} \to \mathcal{H}$ mit $\|T\| \le c^+$ und der Eigenschaft (17). Zusammen mit (16) ergibt sich

$$c^- \|f\|^2 \le B(f,f) = (Tf,f) \le \|Tf\|\|f\| \qquad \text{für alle} \quad f \in \mathcal{H}$$

beziehungsweise

$$\|Tf\| \ge c^- \|f\| \qquad \text{für alle} \quad f \in \mathcal{H}. \tag{18}$$

Nach dem Satz von Toeplitz hat dann T eine beschränkte Inverse $T^{-1} : \mathcal{H} \to \mathcal{H}$, die nach Satz 7 Hermitesch ist. Schließlich folgt aus (18)

$$\|T^{-1}\| \le \frac{1}{c^-}.$$

q.e.d.

Bemerkungen:

1. Die Sätze 9 und 10 bleiben für reelle Bilinearformen richtig, wenn wir „Hermitesch" durch „symmetrisch" ersetzen.
2. Satz 10 bildet die Grundlage für die schwache Lösbarkeit elliptischer Differentialgleichungen.

§5 Unitäre Operatoren

Definition 1. *Seien $\mathcal{H}$ und $\mathcal{H}'$ zwei Hilberträume mit den Skalarprodukten (x,y) und $(x,y)'$. Dann heißt der lineare Operator $V : \mathcal{H} \to \mathcal{H}'$ isometrisch, falls folgendes gilt:*

$$(Vf, Vg)' = (f,g) \qquad \text{für alle} \quad f,g \in \mathcal{H}. \tag{1}$$

Bemerkungen:

1. Für einen isometrischen Operator $V : \mathcal{H} \to \mathcal{H}'$ berechnen wir

$$\|Vf - Vg\|'^2 = \|V(f-g)\|'^2 = \Big(V(f-g), V(f-g) \Big)'$$
$$= (f-g, f-g) = \|f-g\|^2 \qquad \text{für alle} \quad f,g \in \mathcal{H}. \tag{2}$$

Damit folgt aus $f \ne g$ auch $Vf \ne Vg$, d.h. V ist injektiv.

2. V ist beschränkt, denn wegen

$$\|Vf\|' = \sqrt{(Vf, Vf)'} = \sqrt{(f,f)} = \|f\| \qquad \text{für alle} \quad f \in \mathcal{H}$$

haben wir

$$\|V\| = 1. \tag{3}$$

3. Es gilt $\mathcal{D}_V = \mathcal{H}$ für den Definitionsbereich eines isometrischen Operators V, und der Wertebereich $\mathcal{W}_V \subset \mathcal{H}'$ ist abgeschlossen. Ist nämlich

$$g_n = V f_n \in \mathcal{W}_V, \qquad n = 1, 2, \ldots,$$

eine Folge mit $g_n \to g$ $(n \to \infty)$, so ist $\{f_n\}_{n=1,2,\ldots} \subset \mathcal{H}$ wegen (2) eine Cauchyfolge:

$$\|f_n - f_m\|^2 = \|g_n - g_m\|'^2 \to 0 \ (n, m \to \infty).$$

Somit folgt $f_n \to f \in \mathcal{H}$ $(n \to \infty)$ und weiter

$$g = \lim_{n \to \infty} g_n = \lim_{n \to \infty} V f_n = V(\lim_{n \to \infty} f_n) = V f \ \in \mathcal{W}_V,$$

denn V ist stetig. Folglich ist $\mathcal{W}_V \subset \mathcal{H}$ abgeschlossen.

4. Ist $\dim \mathcal{H} = \dim \mathcal{H}' < +\infty$, so folgt aus der Injektivität die Surjektivität. Für unendlich dimensionale Hilberträume $\mathcal{H}$ und $\mathcal{H}'$ gilt dies jedoch nicht, wie das folgende Beispiel zeigt.

Beispiel 1. Wir betrachten den sogenannten *Shift-Operator* im Hilbertschen Folgenraum $\mathcal{H} := l_2 =: \mathcal{H}'$:

$$V : \mathcal{H} \to \mathcal{H}',$$
$$(x_1, x_2, \ldots) \mapsto (0, \ldots, 0, x_1, x_2, \ldots).$$

Offenbar ist V isometrisch, aber nicht surjektiv.

Definition 2. *Ein isometrischer Operator $V : \mathcal{H} \to \mathcal{H}'$ heißt unitär, wenn $V : \mathcal{H} \to \mathcal{H}'$ surjektiv ist, d.h. $V(\mathcal{H}) = \mathcal{H}'$.*

Bemerkung: Für einen unitären Operator $U : \mathcal{H} \to \mathcal{H}'$ existiert $U^{-1} : \mathcal{H}' \to \mathcal{H}$, und es gilt wegen (1)

$$(U^{-1} f, U^{-1} g) = (U \circ U^{-1} f, U \circ U^{-1} g)' = (f, g)' \qquad \text{für alle} \quad f, g \in \mathcal{H}'. \quad (4)$$

Somit ist auch die Inverse U^{-1} unitär.

Definition 3. *Es seien $\mathcal{H}$, $\mathcal{H}'$ zwei Hilberträume mit den Skalarprodukten (x, y), $(x, y)'$, und T, T' seien zwei lineare Operatoren in $\mathcal{H}$ bzw. $\mathcal{H}'$. Dann heißen T, T' unitär äquivalent, wenn es einen unitären Operator $U : \mathcal{H} \to \mathcal{H}'$ gibt mit der Eigenschaft*

$$T' = U \circ T \circ U^{-1}. \qquad (5)$$

Satz 1. *Ein beschränkter linearer Operator $V : \mathcal{H} \to \mathcal{H}$ ist genau dann unitär, wenn*

$$V^* \circ V = V \circ V^* = \mathbb{E} \qquad (6)$$

richtig ist. Dabei bezeichnet $\mathbb{E} : \mathcal{H} \to \mathcal{H}$ den identischen Operator.

Beweis:

„$\Rightarrow$" Zunächst bemerken wir, daß $V : \mathcal{H} \to \mathcal{H}$ genau dann isometrisch ist, wenn

$$(V^* \circ Vf, g) = (Vf, Vg) = (f, g) = (\mathbb{E}f, g) \qquad \text{für alle} \quad f, g \in \mathcal{H}$$

beziehungsweise

$$V^* \circ V = \mathbb{E}$$

richtig ist.

Ist nun V unitär, so existiert $V^{-1} : \mathcal{H} \to \mathcal{H}$. Aus der letzten Beziehung folgt daher $V^* = V^{-1}$ und damit auch

$$V \circ V^* = \mathbb{E}.$$

„$\Leftarrow$" Sei nun für $V : \mathcal{H} \to \mathcal{H}$ die Identität (6) erfüllt. Dann folgt $V^{-1} = V^*$. Insbesondere ist V also surjektiv und wegen

$$(f, g) = (V^* \circ Vf, g) = (Vf, Vg) \qquad \text{für alle} \quad f, g \in \mathcal{H}$$

auch isometrisch.   q.e.d.

Wir wollen nun das Theorem von Fourier-Plancherel beweisen (vgl. Kapitel VI, § 3, Satz 1). Zunächst führen wir einen Übergang von der Fourierreihe zum Fourierintegral durch: Für ein beliebiges $c > 0$ gibt

$$\left\{ \frac{1}{\sqrt{2c}} \, e^{-\frac{\pi}{c} i k x} \right\}_{k \in \mathbb{Z}}$$

ein vollständig orthonormiertes System von Funktionen im Intervall $[-c, +c]$ an. Die Vollständigkeitsrelation liefert für alle

$$f \in L^2([-c, +c], \mathbb{R}) \cap C_0^0((-c, +c), \mathbb{R})$$

die Identität

$$\int\limits_{-c}^{+c} |f(x)|^2 \, dx = \sum_{k=-\infty}^{+\infty} \left| \int\limits_{-c}^{+c} \frac{1}{\sqrt{2c}} \, e^{\frac{\pi}{c} i k x} f(x) \, dx \right|^2$$

$$= \sum_{k=-\infty}^{+\infty} \frac{1}{2c} \left| \int\limits_{-c}^{+c} e^{\frac{\pi}{c} i k y} f(y) \, dy \right|^2.$$

Wir setzen

$$g(x) := \frac{1}{\sqrt{2\pi}} \int\limits_{-c}^{+c} e^{i x y} f(y) \, dy, \qquad x \in \mathbb{R},$$

und $x_k = \frac{\pi}{c} k$ für $k \in \mathbb{Z}$. Wir erhalten dann $x_k - x_{k-1} = \frac{\pi}{c}$ und

$$\frac{1}{2c}\left|\int\limits_{-c}^{+c} e^{\frac{\pi}{c}iky} f(y)\, dy\right|^2 = \frac{1}{2c}\left|\sqrt{2\pi}g(x_k)\right|^2 = \frac{\pi}{c}|g(x_k)|^2 = |g(x_k)|^2(x_k - x_{k-1})$$

für alle $k \in \mathbb{Z}$. Somit folgt für alle $c > 0$ die Identität

$$\int\limits_{-c}^{+c} |f(x)|^2\, dx = \sum_{k=-\infty}^{+\infty} |g(x_k)|^2 (x_k - x_{k-1}),$$

und der Grenzübergang $c \to +\infty$ liefert

$$\int\limits_{-\infty}^{+\infty} |f(x)|^2\, dx = \int\limits_{-\infty}^{+\infty} |g(x)|^2\, dx. \tag{7}$$

Wir erwarten, daß der Operator

$$Tf(x) := \frac{1}{\sqrt{2\pi}} \int\limits_{-\infty}^{+\infty} e^{ixy} f(y)\, dy, \qquad x \in \mathbb{R}, \tag{8}$$

unitär auf $L^2(\mathbb{R})$ ist. Allgemeiner erklären wir im $\mathbb{R}^n$ den *Fourierschen Integraloperator*

$$Tf(x) = \frac{1}{\sqrt{2\pi}^n} \int\limits_{\mathbb{R}^n} e^{i(x \cdot y)} f(y)\, dy, \qquad x \in \mathbb{R}^n, \tag{9}$$

und zeigen, daß $T : L^2(\mathbb{R}^n) \to L^2(\mathbb{R}^n)$ unitär ist.

Zunächst berechnen wir T aus (8) explizit für die *Treppenfunktionen*

$$\varphi_{a,b}(x) = \varphi(a,b,x) = \begin{cases} 1, & a \le x \le b \\ 0, & x < a \text{ oder } x > b \end{cases}. \tag{10}$$

Wir ermitteln

$$T\varphi_{a,b}(0) = \frac{1}{\sqrt{2\pi}} \int\limits_{-\infty}^{+\infty} e^{i\,0\,y} \varphi_{a,b}(y)\, dy = \frac{b-a}{\sqrt{2\pi}} \tag{11}$$

und für $x \ne 0$

$$T\varphi_{a,b}(x) = \frac{1}{\sqrt{2\pi}} \int\limits_{-\infty}^{+\infty} e^{ixy} \varphi_{a,b}(y)\, dy = \frac{1}{\sqrt{2\pi}} \int\limits_{a}^{b} e^{ixy}\, dy$$

$$= \frac{1}{\sqrt{2\pi}} \left[\frac{e^{ixy}}{ix}\right]_{y=a}^{y=b} = \frac{1}{\sqrt{2\pi}} \frac{e^{ibx} - e^{iax}}{ix}. \tag{12}$$

Hilfssatz 1. *Für die Cauchyschen Hauptwerte*

$$\psi(h) = \frac{1}{\pi} \int\limits_{-\infty}^{+\infty} \frac{e^{ihx} - 1}{x^2} \, dx := \lim_{\varepsilon \downarrow 0} \left\{ \frac{1}{\pi} \int\limits_{-\infty}^{-\varepsilon} \frac{e^{ihx} - 1}{x^2} \, dx + \frac{1}{\pi} \int\limits_{+\varepsilon}^{+\infty} \frac{e^{ihx} - 1}{x^2} \, dx \right\}$$

gilt

$$\psi(h) = -|h|, \qquad h \in \mathbb{R}.$$

Beweis: Für beliebiges $h \geq 0$ betrachten wir die holomorphe Funktion

$$\begin{aligned} f(z) &:= \frac{e^{ihz} - 1}{z^2} = \frac{1 + ihz + \frac{1}{2}(ihz)^2 + \ldots - 1}{z^2} \\ &= \frac{ih}{z} + \ldots, \qquad z \in \mathbb{C} \setminus \{0\}. \end{aligned} \tag{13}$$

Zu $0 < \varepsilon < R < +\infty$ betrachten wir das Gebiet

$$G_{\varepsilon,R} := \left\{ z \in \mathbb{C} \,:\, \varepsilon < |z| < R, \ \mathrm{Re}\, z > 0 \right\}$$

mit dem Rand in positiver Orientierung

$$[-R, -\varepsilon] \cup K_\varepsilon \cup [+\varepsilon, +R] \cup K_R = \partial G_{\varepsilon,R}.$$

Dabei sind der Halbkreis

$$K_R : \ z = Re^{i\varphi}, \ 0 \leq \varphi \leq \pi,$$

und der negativ durchlaufene Halbkreis

$$-K_\varepsilon : \ z = \varepsilon e^{i\varphi}, \ 0 \leq \varphi \leq \pi,$$

erklärt worden. Da f in $\overline{G_{\varepsilon,R}}$ holomorph ist, liefert der Cauchysche Integralsatz für alle $0 < \varepsilon < R < +\infty$ die Identität

$$\begin{aligned} 0 = \int\limits_{\partial G_{\varepsilon,R}} f(z)\, dz &= \int\limits_{-R}^{-\varepsilon} \frac{e^{ihx} - 1}{x^2} \, dx + \int\limits_{+\varepsilon}^{+R} \frac{e^{ihx} - 1}{x^2} \, dx \\ &+ \int\limits_{K_R} \frac{e^{ihz} - 1}{z^2} \, dz - \int\limits_{-K_\varepsilon} \frac{e^{ihz} - 1}{z^2} \, dz. \end{aligned} \tag{14}$$

Mit Hilfe von (13) berechnen wir nun

$$\begin{aligned} \lim_{\varepsilon \downarrow 0} \int\limits_{-K_\varepsilon} \frac{e^{ihz} - 1}{z^2} \, dz &= \lim_{\varepsilon \downarrow 0} \int\limits_{-K_\varepsilon} \left(\frac{ih}{z} + \ldots \right) dz = \lim_{\varepsilon \downarrow 0} \int\limits_{-K_\varepsilon} \frac{ih}{z} \, dz \\ &= \lim_{\varepsilon \downarrow 0} \int\limits_{0}^{\pi} \frac{ih}{\varepsilon e^{i\varphi}} i\varepsilon e^{i\varphi} \, d\varphi = -h\pi. \end{aligned} \tag{15}$$

Weiter ermitteln wir

$$\int\limits_{K_R} \frac{e^{ihz} - 1}{z^2}\, dz = \int\limits_0^\pi \frac{\exp\left\{ih(\cos\varphi + i\sin\varphi)R\right\} - 1}{R^2 e^{2i\varphi}}\, iRe^{i\varphi}\, d\varphi$$

$$= \frac{i}{R}\int\limits_0^\pi e^{-i\varphi}\left\{e^{ihR\cos\varphi}e^{-hR\sin\varphi} - 1\right\} d\varphi$$

und schätzen für alle $R > 0$ wie folgt ab:

$$\left|\int\limits_{K_R} \frac{e^{ihz} - 1}{z^2}\, dz\right| \leq \frac{1}{R}\int\limits_0^\pi 1\cdot\left\{1\cdot e^{-hR\sin\varphi} + 1\right\} d\varphi$$

$$\leq \frac{2\pi}{R} \to 0 \quad (R \to +\infty).$$

Somit folgt

$$\lim_{R\to+\infty}\int\limits_{K_R} \frac{e^{ihz} - 1}{z^2}\, dz = 0 \qquad \text{für alle} \quad h \geq 0. \tag{16}$$

Vollziehen wir in (14) den Grenzübergang $\varepsilon \downarrow 0$ und $R \uparrow +\infty$, so erhalten wir mit Hilfe von (15) und (16) die Identität

$$0 = \int\limits_{-\infty}^{+\infty} \frac{e^{ihx} - 1}{x^2}\, dx + h\pi$$

beziehungsweise

$$\psi(h) = -h \qquad \text{für alle} \quad h \geq 0. \tag{17}$$

Mit Hilfe der Substitution $y = -x$ berechnen wir weiter

$$\psi(-h) = \lim_{\varepsilon\downarrow 0}\left\{\frac{1}{\pi}\int\limits_{-\infty}^{-\varepsilon} \frac{e^{ih(-x)} - 1}{x^2}\, dx + \frac{1}{\pi}\int\limits_{\varepsilon}^{+\infty} \frac{e^{ih(-x)} - 1}{x^2}\, dx\right\}$$

$$= \lim_{\varepsilon\downarrow 0}\left\{\frac{1}{\pi}\int\limits_{\varepsilon}^{+\infty} \frac{e^{ihy} - 1}{y^2}\, dy + \frac{1}{\pi}\int\limits_{-\infty}^{-\varepsilon} \frac{e^{ihy} - 1}{y^2}\, dy\right\}$$

$$= \psi(h) \qquad \text{für alle} \quad h \in \mathbb{R}.$$

Wir erhalten schließlich aus (17) die Identität

$$\psi(h) = -|h| \qquad \text{für alle} \quad h \in \mathbb{R}.$$

q.e.d.

Hilfssatz 2. *Bezüglich des $L^2(\mathbb{R}, \mathbb{C})$-Skalarproduktes gilt*

$$(T\varphi_{a,b}, T\varphi_{c,d}) = \begin{cases} 0, & falls \ -\infty < a < b \leq c < d < +\infty \\ b - a, & falls \ -\infty < a = c < b = d < +\infty \end{cases}. \qquad (18)$$

Beweis: Mit Hilfe von (12) berechnen wir

$$(T\varphi_{a,b}, T\varphi_{c,d}) = \frac{1}{2\pi} \int\limits_{-\infty}^{+\infty} \frac{(e^{-ibx} - e^{-iax})(e^{idx} - e^{icx})}{x^2} \, dx$$

$$= \frac{1}{2\pi} \int\limits_{-\infty}^{+\infty} \frac{e^{i(d-b)x} - e^{i(c-b)x} - e^{i(d-a)x} + e^{i(c-a)x}}{x^2} \, dx.$$

Falls $-\infty < a < b \leq c < d < +\infty$ erfüllt ist, so folgt mit Hilfssatz 1

$$(T\varphi_{a,b}, T\varphi_{c,d}) = \frac{1}{2}\Big\{\psi(d-b) - \psi(c-b) - \psi(d-a) + \psi(c-a)\Big\}$$

$$= \frac{1}{2}\Big\{b - d + c - b + d - a + a - c\Big\} = 0.$$

Falls $-\infty < a = c < b = d < +\infty$ gilt, so erhalten wir

$$(T\varphi_{a,b}, T\varphi_{c,d}) = \frac{1}{2\pi} \int\limits_{-\infty}^{+\infty} \frac{1 - e^{i(c-b)x} - e^{i(d-a)x} + 1}{x^2} \, dx$$

$$= -\frac{1}{2}\Big\{\psi(c-b) + \psi(d-a)\Big\} = -\frac{1}{2}\{c - b + a - d\}$$

$$= -\frac{1}{2}\{2a - 2b\} = b - a. \qquad\qquad \text{q.e.d.}$$

Sei der Quader

$$Q := \Big\{x = (x_1, \ldots, x_n) \in \mathbb{R}^n \ : \ a_\alpha \leq x_\alpha \leq b_\alpha \text{ für } \alpha = 1, \ldots, n\Big\}$$

im $\mathbb{R}^n$ gegeben. Wir zerlegen das Intervall $[a_\alpha, b_\alpha]$ in

$$a_\alpha = x_\alpha^{(0)} < x_\alpha^{(1)} < \ldots < x_\alpha^{(m_\alpha)} = b_\alpha \qquad \text{für} \quad \alpha = 1, \ldots, n,$$

und setzen

$$I_\alpha^{(k_\alpha)} = [x_\alpha^{(k_\alpha - 1)}, x_\alpha^{(k_\alpha)}]$$

für $1 \leq k_\alpha \leq m_\alpha$ und $\alpha = 1, \ldots, n$. Schließlich erklären wir für $k = (k_1, \ldots, k_n) \in \mathbb{N}^n$ mit $1 \leq k_\alpha \leq m_\alpha$ noch

$$I^{(k)} = I_1^{(k_1)} \times \ldots \times I_n^{(k_n)} \subset \mathbb{R}^n.$$

Ist

$$\varphi_{I^{(k)}}(x) = \begin{cases} 1, & x \in I^{(k)} \\ 0, & x \in \mathbb{R}^n \setminus I^{(k)} \end{cases}$$

die charakteristische Funktion der Menge $I^{(k)}$ und entsprechend

$$\varphi_{I_\alpha^{(k_\alpha)}}(x) = \begin{cases} 1, & x \in I_\alpha^{(k_\alpha)} \\ 0, & x \in \mathbb{R} \setminus I_\alpha^{(k_\alpha)} \end{cases} \quad \text{für} \quad \alpha = 1, \ldots, n,$$

so folgt

$$\varphi_{I^{(k)}}(x) = \varphi_{I_1^{(k_1)}}(x_1) \cdot \ldots \cdot \varphi_{I_n^{(k_n)}}(x_n), \qquad x \in \mathbb{R}^n. \tag{19}$$

Wir berechnen nun

$$T\varphi_{I^{(k)}}(x) = \frac{1}{\sqrt{2\pi}^n} \int\limits_{\mathbb{R}^n} e^{i(x \cdot y)} \varphi_{I^{(k)}}(y)\, dy$$

$$= \left(\int\limits_{-\infty}^{+\infty} \frac{e^{ix_1 y_1}}{\sqrt{2\pi}} \varphi_{I_1^{(k_1)}}(y_1)\, dy_1 \right) \cdot \ldots \cdot \left(\int\limits_{-\infty}^{+\infty} \frac{e^{ix_n y_n}}{\sqrt{2\pi}} \varphi_{I_n^{(k_n)}}(y_n)\, dy_n \right) \tag{20}$$

$$= T\varphi_{I_1^{(k_1)}}(x_1) \cdot \ldots \cdot T\varphi_{I_n^{(k_n)}}(x_n).$$

Für zulässige $k = (k_1, \ldots, k_n)$ und $l = (l_1, \ldots, l_n)$ gilt

$$(T\varphi_{I^{(k)}}, T\varphi_{I^{(l)}})$$

$$= \int\limits_{\mathbb{R}^n} \left(\overline{T\varphi_{I_1^{(k_1)}}(x_1) \cdot \ldots \cdot T\varphi_{I_n^{(k_n)}}(x_n)} \right) \left(T\varphi_{I_1^{(l_1)}}(x_1) \cdot \ldots \cdot T\varphi_{I_n^{(l_n)}}(x_n) \right) dx$$

$$= (T\varphi_{I_1^{(k_1)}}, T\varphi_{I_1^{(l_1)}}) \cdot \ldots \cdot (T\varphi_{I_n^{(k_n)}}, T\varphi_{I_n^{(l_n)}})$$

$$= |I_1^{(k_1)}| \cdot \ldots \cdot |I_n^{(k_n)}| \, \delta_{k_1 l_1} \cdot \ldots \cdot \delta_{k_n l_n}$$

$$= |I^{(k)}| \, \delta_{k_1 l_1} \cdot \ldots \cdot \delta_{k_n l_n}$$

und somit

$$(T\varphi_{I^{(k)}}, T\varphi_{I^{(l)}}) = \begin{cases} |I^{(k)}|, & k = l \\ 0, & k \neq l \end{cases}. \tag{21}$$

Dabei haben wir

$$|I_\alpha^{(k_\alpha)}| = x_\alpha^{(k_\alpha)} - x_\alpha^{(k_\alpha - 1)} \quad \text{und} \quad |I^{(k)}| = |I_1^{(k_1)}| \cdot \ldots \cdot |I_n^{(k_n)}|$$

gesetzt. Insgesamt erhalten wir den

Hilfssatz 3. *Sei* $\varphi_k := \varphi_{I^{(k)}}$ *mit* $k = (k_1, \ldots, k_n)$ *und* $1 \leq k_\alpha \leq m_\alpha$ *für* $\alpha = 1, \ldots, n$ *gewählt. Dann ist*

$$T\varphi_k \in L^2(\mathbb{R}^n)$$

erfüllt, und es gilt

$$(T\varphi_k, T\varphi_l) = (\varphi_k, \varphi_l) \qquad \text{für alle zulässigen } k, l. \tag{22}$$

Wir betrachten nun den linearen Teilraum $\mathcal{D} \subset L^2(\mathbb{R}^n)$ der Treppenfunktionen im $\mathbb{R}^n$. Das sind alle Funktionen f, für die folgendes gilt:

1. Außerhalb eines Quaders $Q \subset \mathbb{R}^n$ ist $f(x) = 0$ richtig.
2. Es gibt eine Zerlegung $Q = \bigcup_k I^{(k)}$ des Quaders wie oben, und wir haben die Darstellung

$$f(x) = \sum_k c_k \varphi_k$$

mit $c_k \in \mathbb{C}$ und $\varphi_k := \varphi_{I^{(k)}}$.

Hilfssatz 4. *Für alle $f, g \in \mathcal{D}$ gilt*

$$(Tf, Tg) = (f, g).$$

Beweis: Wir wählen einen Quader $Q \supset \operatorname{supp}(f) \cup \operatorname{supp}(g)$ und finden eine kanonische Unterteilung von Q, so daß

$$f = \sum_k c_k \varphi_k, \qquad g = \sum_l d_l \varphi_l$$

erfüllt ist. Damit folgt

$$(Tf, Tg) = \left(\sum_k c_k T\varphi_k, \sum_l d_l T\varphi_l \right) = \sum_{k,l} \overline{c_k} d_l (T\varphi_k, T\varphi_l)$$

$$= \sum_{k,l} \overline{c_k} d_l (\varphi_k, \varphi_l) = (f, g).$$

q.e.d.

Wir betrachten nun den Integraloperator

$$Sf := \frac{1}{\sqrt{2\pi}^n} \int\limits_{\mathbb{R}^n} e^{-i(x \cdot y)} f(y) \, dy, \qquad f \in \mathcal{D},$$

und bemerken

$$Sf = \overline{T\overline{f}}, \qquad f \in \mathcal{D}. \tag{23}$$

Da $T : \mathcal{D} \to L^2(\mathbb{R}^n)$ ein linearer beschränkter Operator ist, ist dieses auch für S der Fall. Weiter ist S isometrisch wegen

$$(Sf, Sg) = (\overline{T\overline{f}}, \overline{T\overline{g}}) = \overline{(T\overline{f}, T\overline{g})} = \overline{(\overline{f}, \overline{g})} = (f, g)$$

für alle $f, g \in \mathcal{D}$.

Zwischenbehauptung: Es gilt

$$(Tf, g) = (f, Sg) \qquad \text{für alle} \quad f, g \in \mathcal{D}.$$

Beweis: Wir berechnen

$$(Tf, g) = \int\limits_Q \Big(\frac{1}{\sqrt{2\pi}^n} \int\limits_Q e^{-i(x \cdot y)} \overline{f}(y) \, dy \Big) g(x) \, dx$$

$$= \frac{1}{\sqrt{2\pi}^n} \int\limits_{Q \times Q} e^{-i(x \cdot y)} \overline{f}(y) g(x) \, dy \, dx$$

$$= \int\limits_Q \overline{f}(y) \Big(\frac{1}{\sqrt{2\pi}^n} \int\limits_Q e^{-i(x \cdot y)} g(x) \, dx \Big) \, dy$$

$$= (f, Sg).$$

Zusammenfassend erhalten wir den

Hilfssatz 5. *Sei $\mathcal{D}$ die Menge aller Treppenfunktionen im $\mathbb{R}^n$. Dann sind $T, S : \mathcal{D} \to L^2(\mathbb{R}^n)$ isometrisch, und S ist zu T adjungiert, d.h.*

$$(Tf, Tg) = (f, g) = (Sf, Sg) \tag{24}$$

und

$$(Tf, g) = (f, Sg) \tag{25}$$

für alle $f, g \in \mathcal{D}$.

Nun liegt $\mathcal{D} \subset L^2(\mathbb{R}^n)$ dicht, d.h. zu jedem $f \in L^2(\mathbb{R}^n)$ gibt es eine Folge

$$\{f_k\}_{k=1,2,\dots} \subset \mathcal{D} \qquad \text{mit} \quad \|f_k - f\|_{L^2(\mathbb{R}^n)} \to 0 \ (k \to \infty).$$

Somit können wir die beschränkten Operatoren T, S von $\mathcal{D}$ auf $L^2(\mathbb{R}^n)$ wie folgt eindeutig fortsetzen:

$$Tf := \lim_{k \to \infty} Tf_k, \qquad Sf := \lim_{k \to \infty} Sf_k. \tag{26}$$

Die Relationen (24) und (25) liefern

$$S \circ T = T^* \circ T = \mathbb{E} = S^* \circ S = T \circ S \qquad \text{auf} \quad \mathcal{D},$$

und es folgt

$$S \circ T = \mathbb{E} = T \circ S \qquad \text{auf} \quad L^2(\mathbb{R}^n). \tag{27}$$

Also ist $T : L^2(\mathbb{R}^n) \to L^2(\mathbb{R}^n)$ ein unitärer Operator mit

$$T^* = S = T^{-1}.$$

Wir wollen nun noch eine direkte Darstellung von T und S aus (26) herleiten. Hierzu wählen wir zunächst

$$f \in L_0^2(\mathbb{R}^n) := \left\{ g \in L^2(\mathbb{R}^n) \; : \; \operatorname{supp}(g) \subset \mathbb{R}^n \text{ ist kompakt} \right\}.$$

Zu $f \in L_0^2(\mathbb{R}^n)$ gibt es eine Folge $\{f_k\}_{k=1,2,\ldots} \subset \mathcal{D}$ mit

$$\operatorname{supp}(f), \operatorname{supp}(f_k) \subset Q, \qquad k = 1, 2, \ldots,$$

wobei $Q \subset \mathbb{R}^n$ ein fester Quader ist und

$$\|f - f_k\|_{L^2(Q)} \to 0 \; (k \to \infty)$$

gilt. Wir erhalten für alle $x \in \mathbb{R}^n$ die Abschätzung

$$\left| T f_k(x) - \frac{1}{\sqrt{2\pi}^n} \int_Q e^{i(x \cdot y)} f(y) \, dy \right| = \frac{1}{\sqrt{2\pi}^n} \left| \int_Q e^{i(x \cdot y)} (f_k(y) - f(y)) \, dy \right|$$

$$\leq \frac{1}{\sqrt{2\pi}^n} \int_Q |f_k(y) - f(y)| \, dy \tag{28}$$

$$\leq \frac{1}{\sqrt{2\pi}^n} \sqrt{|Q|} \|f_k - f\|_{L^2(Q)} \to 0 \; (k \to \infty)$$

und damit

$$\left\| T f_k(x) - \frac{1}{\sqrt{2\pi}^n} \int_Q e^{i(x \cdot y)} f(y) \, dy \right\|_{L^2(\mathbb{R}^n)} \to 0 \; (k \to \infty). \tag{29}$$

Daraus folgt zusammen mit (26)

$$\left\| T f(x) - \frac{1}{\sqrt{2\pi}^n} \int_Q e^{i(x \cdot y)} f(y) \, dy \right\|_{L^2(\mathbb{R}^n)}$$

$$\leq \|Tf - Tf_k\|_{L^2(\mathbb{R}^n)} + \left\| T f_k(x) - \frac{1}{\sqrt{2\pi}^n} \int_Q e^{i(x \cdot y)} f(y) \, dy \right\|_{L^2(\mathbb{R}^n)}$$

$$\to 0 \; (k \to \infty).$$

Für alle $f \in L_0^2(\mathbb{R}^n)$ ist somit

$$Tf(x) = \frac{1}{\sqrt{2\pi}^n} \int_Q e^{i(x \cdot y)} f(y) \, dy \qquad \text{f.ü. im } \mathbb{R}^n \tag{30}$$

richtig. Für ein beliebiges $f \in L^2(\mathbb{R}^n)$ wählen wir eine Folge von Quadern

$$Q_1 \subset Q_2 \subset \ldots \qquad \text{mit} \quad \bigcup_{n=1}^{\infty} Q_k = \mathbb{R}^n$$

und setzen

$$f_k(x) = \begin{cases} f(x), & x \in Q_k \\ 0, & x \in \mathbb{R}^n \setminus Q_k \end{cases}.$$

Damit ist $\|f_k - f\|_{L^2(\mathbb{R}^n)} \to 0 \ (k \to \infty)$ erfüllt, und (26) liefert

$$Tf = \lim_{k \to \infty} Tf_k = \text{l.i.m.} \frac{1}{\sqrt{2\pi}^n} \int\limits_{Q_k} e^{i(x \cdot y)} f(y) \, dy, \tag{31}$$

$$Sf = \lim_{k \to \infty} Sf_k = \text{l.i.m.} \frac{1}{\sqrt{2\pi}^n} \int\limits_{Q_k} e^{-i(x \cdot y)} f(y) \, dy. \tag{32}$$

Dabei bedeutet l.i.m. den Limes bez. $k \to \infty$ im quadratischen Mittel, also in der $L^2(\mathbb{R}^n)$-Norm.

Wir fassen die Überlegungen zusammen zum

Satz 2. (Fourier-Plancherel)
Gemäß (31) existiert der Fouriersche Integraloperator $T : L^2(\mathbb{R}^n) \to L^2(\mathbb{R}^n)$ und ist unitär. Ebenso ist der adjungierte Integraloperator aus (32) $S : L^2(\mathbb{R}^n) \to L^2(\mathbb{R}^n)$ unitär, und es gilt

$$S \circ T = T \circ S = \mathbb{E} \qquad auf \ \ L^2(\mathbb{R}^n).$$

§6 Vollstetige Operatoren im Hilbertraum

David Hilbert verdankt man den folgenden Konvergenzbegriff:

Definition 1. *Im Hilbertraum $\mathcal{H}$ heißt die Folge $\{x_n\}_{n=1,2,\dots} \subset \mathcal{H}$ schwach konvergent gegen ein $x \in \mathcal{H}$, in Zeichen $x_n \rightharpoonup x \ (n \to \infty)$, wenn*

$$\lim_{n \to \infty} (x_n, y) = (x, y) \qquad \text{für alle} \ \ y \in \mathcal{H}$$

erfüllt ist.

Beispiel 1. Sei $\{\varphi_i\}_{i=1,2,\dots}$ ein orthonormiertes System im Hilbertraum $\mathcal{H}$, so gilt

$$\|\varphi_i - \varphi_j\| = \sqrt{(\varphi_i - \varphi_j, \varphi_i - \varphi_j)} = \sqrt{(\varphi_i, \varphi_i) + (\varphi_j, \varphi_j)} = \sqrt{2}$$

für alle $i, j \in \mathbb{N}$ mit $i \neq j$. Somit ist $\{\varphi_i\}_{i=1,2,\dots}$ keine Cauchyfolge bez. der Hilbertraumnorm. Nach der Besselschen Ungleichung gilt jedoch für alle $f \in \mathcal{H}$

$$\sum_{i=1}^{\infty} |(\varphi_i, f)|^2 \leq \|f\|^2 < +\infty,$$

und es folgt

$$\lim_{i \to \infty} (\varphi_i, f) = 0 = (0, f) \qquad \text{für alle} \quad f \in \mathcal{H}.$$

Wir erhalten also $\varphi_i \rightharpoonup 0 \ (i \to \infty)$ und beachten noch

$$\|0\| \leq \liminf_{i \to \infty} \|\varphi_i\| = 1.$$

Satz 1. (Prinzip der gleichmäßigen Beschränktheit)

Auf dem Hilbertraum $\mathcal{H}$ sei eine Folge von beschränkten linearen Funktionalen $A_n : \mathcal{H} \to \mathbb{C}$, $n \in \mathbb{N}$, derart gegeben, daß für jedes $f \in \mathcal{H}$ eine Konstante $c_f \in [0, +\infty)$ existiert mit der Eigenschaft

$$|A_n f| \leq c_f, \qquad n = 1, 2, \ldots \tag{1}$$

Dann gibt es eine Konstante $\alpha \in [0, +\infty)$, so daß

$$\|A_n\| \leq \alpha \qquad \text{für alle} \quad n \in \mathbb{N} \tag{2}$$

richtig ist.

Beweis:

1. Sei $A : \mathcal{H} \to \mathbb{C}$ ein beschränktes lineares Funktional mit

$$|Af| \leq c \qquad \text{für alle} \quad f \in \mathcal{H} \quad \text{mit} \quad \|f - f_0\| \leq \varepsilon;$$

dabei sind $f_0 \in \mathcal{H}$, ein $\varepsilon > 0$ und eine Konstante $c \geq 0$ gewählt. Dann gilt

$$\|A\| \leq \frac{2c}{\varepsilon}.$$

Setzen wir nämlich $x := \frac{1}{\varepsilon}(f - f_0)$, so folgt $\|x\| \leq 1$ und

$$|Ax| = \left| \frac{1}{\varepsilon} Af - \frac{1}{\varepsilon} A f_0 \right| \leq \frac{1}{\varepsilon} \Big(|Af| + |Af_0| \Big) \leq \frac{2c}{\varepsilon}$$

beziehungsweise $\|A\| \leq \frac{2c}{\varepsilon}$.

2. Ist die Behauptung (2) falsch, so können wir mit Hilfe von Teil 1 des Beweises und der Stetigkeit der Funktionale $\{A_n\}_n$ eine Folge von Kugeln

$$\Sigma_n := \Big\{ f \in \mathcal{H} : \|f - f_n\| \leq \varepsilon_n \Big\}, \qquad n \in \mathbb{N},$$

mit $\Sigma_1 \supset \Sigma_2 \supset \ldots$ und $\varepsilon_n \downarrow 0 \ (n \to \infty)$ sowie eine Indexfolge $1 \leq n_1 < n_2 < \ldots$ so konstruieren, daß

$$|A_{n_j} x| \geq j \qquad \text{für alle} \quad x \in \Sigma_j \quad \text{und alle} \quad j = 1, 2, \ldots \tag{3}$$

richtig ist. Offenbar führt (3) auf einen Widerspruch zu (1).

q.e.d.

Satz 2. (Schwaches Konvergenzkriterium)
Sei die Folge $\{x_n\}_{n=1,2,\ldots} \subset \mathcal{H}$ in einem Hilbertraum so gegeben, daß für alle $y \in \mathcal{H}$ der Grenzwert

$$\lim_{n \to \infty} (x_n, y)$$

existiert. Dann ist die Folge $\{x_n\}_n$ beschränkt und schwach konvergent gegen ein $x \in \mathcal{H}$, das heißt $x_n \rightharpoonup x \ (n \to \infty)$.

Beweis: Wir betrachten die beschränkten linearen Funktionale

$$A_n(y) := (x_n, y), \qquad y \in \mathcal{H},$$

mit den Normen $\|A_n\| = \|x_n\|$ für $n = 1, 2, \ldots$ Da nach Voraussetzung für alle $y \in \mathcal{H}$

$$\lim_{n \to \infty} A_n(y) =: A(y)$$

existiert, gibt es wegen Satz 1 eine Konstante $c \in [0, +\infty)$ mit $\|x_n\| = \|A_n\| \le c$ für alle $n \in \mathbb{N}$. Es folgt $\|A\| \le c$, und nach dem Darstellungssatz von Fréchet-Riesz gibt es für das beschränkte lineare Funktional A genau ein $x \in \mathcal{H}$ mit

$$A(y) = (x, y), \qquad y \in \mathcal{H}.$$

Wir erhalten

$$\lim_{n \to \infty} (x_n, y) = \lim_{n \to \infty} A_n(y) = A(y) = (x, y) \qquad \text{für alle} \quad y \in \mathcal{H}$$

beziehungsweise $x_n \rightharpoonup x \ (n \to \infty)$.   q.e.d.

Wenn wir auch nach Beispiel 1 aus einer beschränkten Folge im Hilbertraum i.a. keine normkonvergente Teilfolge auswählen können, so gilt aber der folgende fundamentale (vgl. Kap. II, §8, Satz 7 für $\mathcal{H} = L^2(X)$)

Satz 3. (Hilbertscher Auswahlsatz)
Jede beschränkte Folge $\{x_n\}_{n=1,2,\ldots} \subset \mathcal{H}$ in einem Hilbertraum $\mathcal{H}$ enthält eine schwach konvergente Teilfolge $\{x_{n_k}\}_{k=1,2,\ldots}$.

Beweis:

1. Da die Folge $\{x_n\}_{n=1,2,\ldots}$ beschränkt ist, gibt es eine Konstante $c \in [0, +\infty)$, so daß

$$\|x_n\| \le c, \qquad n = 1, 2, \ldots, \tag{4}$$

richtig ist. Wegen

$$|(x_1, x_n)| \le c\|x_1\| \qquad \text{für alle} \quad n \in \mathbb{N}$$

finden wir eine Teilfolge $\{x_n^{(1)}\}_n \subset \{x_n\}_n$, so daß $\lim\limits_{n \to \infty} (x_1, x_n^{(1)})$ existiert. Wegen

$$|(x_2, x_n^{(1)})| \leq c\|x_2\| \qquad \text{für alle} \quad n \in \mathbb{N}$$

gibt es eine weitere Teilfolge $\{x_n^{(2)}\}_n \subset \{x_n^{(1)}\}_n$, für die der Grenzwert $\lim_{n\to\infty} (x_2, x_n^{(2)})$ existiert. Die Fortsetzung dieses Verfahrens liefert eine Kette von Teilfolgen

$$\{x_n\}_n \supset \{x_n^{(1)}\}_n \supset \{x_n^{(2)}\}_n \supset \ldots \supset \{x_n^{(k)}\}_n,$$

so daß

$$\lim_{n\to\infty} (x_i, x_n^{(k)})$$

existiert für $i = 1, \ldots, k$. Gemäß dem Cantorschen Diagonalverfahren verwenden wir die Folge $x_k{}' := x_k^{(k)}$. Dann ist für alle $i \in \mathbb{N}$ die Folge $\{(x_i, x_k{}')\}_{k=1,2,\ldots}$ konvergent. Bezeichnen wir mit $\mathcal{M}$ den linearen Teilraum aller endlichen Linearkombinationen

$$x = \sum_{i=1}^{N(x)} \alpha_i x_i, \qquad \alpha_i \in \mathbb{C}, \quad N(x) \in \mathbb{N},$$

so existiert

$$\lim_{k\to\infty} (x, x_k{}') \qquad \text{für alle} \quad x \in \mathcal{M}. \tag{5}$$

2. Gehen wir nun über zu dem abgeschlossenen linearen Teilraum $\mathcal{M} \subset \overline{\mathcal{M}} \subset \mathcal{H}$, so existiert auch der Grenzwert

$$\lim_{k\to\infty} (y, x_k{}') \qquad \text{für alle} \quad y \in \overline{\mathcal{M}}. \tag{6}$$

Man kann nämlich das beschränkte lineare Funktional

$$A(y) := \lim_{k\to\infty} (x_k{}', y) = \overline{\lim_{k\to\infty} (y, x_k{}')}, \qquad y \in \mathcal{M},$$

stetig auf den Abschluß $\overline{\mathcal{M}}$ fortsetzen. Nach dem Projektionssatz ist jedes $y \in \mathcal{H}$ darstellbar als $y = y_1 + y_2$ mit $y_1 \in \overline{\mathcal{M}}$ und $y_2 \in \overline{\mathcal{M}}^\perp$. Hieraus folgt die Existenz von

$$\lim_{k\to\infty} (y, x_k{}') = \lim_{k\to\infty} (y_1 + y_2, x_k{}') = \lim_{k\to\infty} (y_1, x_k{}')$$

für alle $y \in \mathcal{H}$. Somit ist die Folge $\{x_k{}'\}_{k=1,2,\ldots}$ in dem Hilbertraum $\mathcal{H}$ schwach konvergent.

q.e.d.

Bemerkungen zur schwachen Konvergenz:

1. Falls $x_n \to x$ $(n \to \infty)$ stark konvergent ist, d.h.

$$\lim_{n\to\infty} \|x_n - x\| = 0,$$

so ist $x_n \rightharpoonup x$ $(n \to \infty)$ auch schwach konvergent. Denn für beliebige $y \in \mathcal{H}$ gilt

$$|(x_n, y) - (x, y)| = |(x_n - x, y)| \leq \|x_n - x\|\|y\| \to 0 \ (n \to \infty).$$

2. Die Norm ist unterhalbstetig bez. schwacher Konvergenz, das heißt

$$x_n \rightharpoonup x \ (n \to \infty) \quad \Rightarrow \quad \liminf_{n \to \infty} \|x_n\| \ge \|x\|, \qquad x_n, x \in \mathcal{H},$$

für einen reellen Hilbertraum $\mathcal{H}$. Es gilt nämlich

$$\begin{aligned}
\|x_n\|^2 - \|x\|^2 &= (x_n, x_n) - (x, x) = (x_n - x, x_n + x) \\
&= (x_n - x, x_n - x) + 2(x - x_n, x), \qquad n = 1, 2, \ldots,
\end{aligned}$$

und somit

$$\liminf_{n \to \infty} \|x_n\|^2 - \|x\|^2 = \liminf_{n \to \infty} \|x_n - x\|^2 + 2 \liminf_{n \to \infty} (x - x_n, x) \ge 0$$

beziehungsweise

$$\liminf_{n \to \infty} \|x_n\| \ge \|x\|.$$

3. Aus $x_n \rightharpoonup x \ (n \to \infty)$ und $y_n \rightharpoonup y \ (n \to \infty)$ folgt $(x_n, y_n) \to (x, y)$ $(n \to \infty)$. Denn wir haben die Abschätzung

$$\begin{aligned}
|(x_n, y_n) - (x, y)| &= |(x_n, y_n) - (x_n, y) + (x_n, y) - (x, y)| \\
&\le |(x_n, y_n - y)| + |(x_n - x, y)| \\
&\le \|y_n - y\| \|x_n\| + |(x_n - x, y)| \to 0 \ (n \to \infty).
\end{aligned}$$

Definition 2. *Eine Teilmenge $\Sigma \subset \mathcal{H}$ eines Hilbertraumes heißt präkompakt, wenn jede Folge $\{y_n\}_{n=1,2,\ldots} \subset \Sigma$ eine stark konvergente Teilfolge $\{y_{n_k}\}_{k=1,2,\ldots} \subset \{y_n\}_n$ enthält, d.h.*

$$\lim_{k,l \to \infty} \|y_{n_k} - y_{n_l}\| = 0.$$

Definition 3. *Ein linearer Operator $K : \mathcal{H}_1 \to \mathcal{H}_2$ heißt vollstetig bzw. kompakt, wenn die Menge*

$$\Sigma := \left\{ y = Kx \ : \ x \in \mathcal{H}_1 \ \text{mit} \ \|x\|_1 \le r \right\} \subset \mathcal{H}_2$$

mit einem gewissen $r \in (0, +\infty)$ präkompakt ist. Dies bedeutet, jede Folge $\{x_n\}_{n=1,2,\ldots} \subset \mathcal{H}_1$ mit $\|x_n\|_1 \le r$, $n \in \mathbb{N}$, enthält eine Teilfolge $\{x_{n_k}\}_{k=1,2,\ldots}$ so, daß $\{Kx_{n_k}\}_{k=1,2,\ldots} \subset \mathcal{H}_2$ stark konvergiert.

Bemerkungen:

1. In Definition 3 genügt es $r = 1$ zu wählen.
2. Ein vollstetiger linearer Operator $K : \mathcal{H}_1 \to \mathcal{H}_2$ ist beschränkt. Wäre das nämlich nicht der Fall, so existiert eine Folge $\{x_n\}_{n=1,2,\ldots} \subset \mathcal{H}_1$ mit $\|x_n\|_1 = 1$, $n \in \mathbb{N}$, und

$$\|Kx_n\|_2 \to +\infty.$$

Wir können also aus $\{Kx_n\}_{n=1,2,\ldots}$ keine konvergente Teilfolge in $\mathcal{H}_2$ auswählen, was im Widerspruch zu Definition 3 steht.

Satz 4. *Sei $K : \mathcal{H}_1 \to \mathcal{H}_2$ ein linearer Operator zwischen den Hilberträumen $\mathcal{H}_1$ und $\mathcal{H}_2$. Der Operator K ist genau dann vollstetig, wenn für jede schwach konvergente Folge $x_n \rightharpoonup x$ $(n \to \infty)$ in $\mathcal{H}_1$ die Aussage*

$$K x_n \to K x \ (n \to \infty) \quad in \ \ \mathcal{H}_2$$

folgt. Also ist K genau dann vollstetig, wenn jede schwach konvergente Folge in $\mathcal{H}_1$ in eine stark konvergente Folge in $\mathcal{H}_2$ überführt wird.

Beweis:

„$\Leftarrow$" Sei $\{x_n\}_{n=1,2,\dots} \subset \mathcal{H}_1$ eine Folge mit $\|x_n\|_1 \leq 1$, $n \in \mathbb{N}$. Nach dem Hilbertschen Auswahlsatz gibt es eine Teilfolge $\{x_{n_k}\}_{k=1,2,\dots} \subset \{x_n\}_n$ mit

$$x_{n_k} \rightharpoonup x \ (k \to \infty) \quad in \ \ \mathcal{H}_1.$$

Nach Voraussetzung ist

$$y_{n_k} \to K x \ (k \to \infty)$$

für $y_{n_k} := K x_{n_k}$, $k = 1, 2, \dots$, erfüllt. Somit ist $K : \mathcal{H}_1 \to \mathcal{H}_2$ vollstetig.

„$\Rightarrow$" Sei nun K vollstetig und $\{x_n\}_{n=1,2,\dots} \subset \mathcal{H}_1$ eine Folge mit $x_n \rightharpoonup x = 0$, $(n \to \infty)$. Wir haben dann $K x_n \to K x = 0$ $(n \to \infty)$ in $\mathcal{H}_2$ zu zeigen: Wäre letztere Aussage falsch, so gibt es ein $d > 0$ und eine Teilfolge $\{x_n{}'\}_n \subset \{x_n\}_n$ mit

$$\|K x_n{}'\| \geq d > 0 \qquad \text{für alle} \ \ n \in \mathbb{N}.$$

Da K vollstetig ist, gibt es eine weitere Teilfolge

$$\{x_n{}''\}_n \subset \{x_n{}'\} \quad \text{mit} \quad K x_n{}'' \to y \ (n \to \infty).$$

Somit erhalten wir in

$$0 < d^2 \leq (y, y) = \lim_{n \to \infty} (y, K x_n{}'') = \lim_{n \to \infty} (K^* y, x_n{}'') = (K^* y, 0) = 0$$

einen Widerspruch. \hfill q.e.d.

Bemerkungen zu vollstetigen Operatoren:

1. Ist $K : \mathcal{H} \to \mathcal{H}$ ein beschränkter linearer Operator mit einem endlichdimensionalen Wertebereich $\mathcal{W}_K := K(\mathcal{H})$, so ist K vollstetig.
2. Sind $T_1 : \mathcal{H}_1 \to \mathcal{H}_2$ und $T_2 : \mathcal{H}_2 \to \mathcal{H}_3$ zwei beschränkte lineare Operatoren, und T_1 oder T_2 ist vollstetig, dann ist auch der Operator

$$T := T_2 \circ T_1 : \mathcal{H}_1 \to \mathcal{H}_3$$

vollstetig. Denn ist z.B. T_1 vollstetig, so wird die schwach konvergente Folge $x_n \rightharpoonup x$ $(n \to \infty)$ in $\mathcal{H}_1$ in die stark konvergente Folge $T_1 x_n \to T_1 x$ $(n \to \infty)$ in $\mathcal{H}_2$ überführt. Da T_2 stetig ist, folgt

$$T x_n = T_2 \circ T_1 x_n \to T_2 \circ T_1 x = T x \ (n \to \infty) \quad in \ \ \mathcal{H}_3.$$

3. Genau dann ist $K : \mathcal{H} \to \mathcal{H}$ auf dem Hilbertraum $\mathcal{H}$ vollstetig, wenn $K^* : \mathcal{H} \to \mathcal{H}$ vollstetig ist.
   Beweis: Sei $K : \mathcal{H} \to \mathcal{H}$ vollstetig, so ist auch $K \circ K^*$ vollstetig. Für eine beliebige Folge

$$\{x_n\}_{n=1,2,\dots} \subset \mathcal{H} \qquad \text{mit} \quad \|x_n\| \leq 1, \quad n \in \mathbb{N},$$

gibt es eine Teilfolge $\{x_{n_k}\}_{k=1,2,\dots}$, so daß$\{K \circ K^* x_{n_k}\}_k$ in $\mathcal{H}$ stark konvergiert. Es folgt

$$
\begin{aligned}
\|K^* x_{n_k} - K^* x_{n_l}\|^2 &= \|K^*(x_{n_k} - x_{n_l})\|^2 \\
&= \left(K^*(x_{n_k} - x_{n_l}), K^*(x_{n_k} - x_{n_l}) \right) \\
&= \left(K \circ K^*(x_{n_k} - x_{n_l}), x_{n_k} - x_{n_l} \right) \\
&\leq \|K \circ K^*(x_{n_k} - x_{n_l})\| \|x_{n_k} - x_{n_l}\| \to 0 \ (k, l \to \infty).
\end{aligned}
$$

Somit konvergiert $\{K^* x_{n_k}\}_{k=1,2,\dots}$ in $\mathcal{H}$, und K^* ist vollstetig. Die Umkehrung folgt aus $K = (K^*)^*$.

4. Sei $A : \mathcal{H} \to \mathcal{H}$ ein vollstetiger, Hermitescher, linearer Operator auf dem Hilbertraum $\mathcal{H}$. Dann ist die assoziierte *Bilinearform*

$$\alpha(x, y) := (Ax, y) = (x, Ay), \qquad (x, y) \in \mathcal{H} \times \mathcal{H},$$

stetig bez. schwacher Konvergenz, das heißt mit $x_n \rightharpoonup x \ (n \to \infty)$ und $y_n \rightharpoonup y \ (n \to \infty)$ in $\mathcal{H}$ gilt

$$\alpha(x_n, y_n) \to \alpha(x, y) \ (n \to \infty).$$

Beweis: Dies folgt sofort aus der Bemerkung 3 zur schwachen Konvergenz in Verbindung mit Satz 4.

Definition 4. *Sei $\mathcal{H}$ ein separabler Hilbertraum mit zwei v.o.n.S.*

$$\varphi = \{\varphi_i\}_{i=1,2,\dots}, \qquad \psi = \{\psi_i\}_{i=1,2,\dots}.$$

Der lineare Operator $T : \mathcal{H} \to \mathcal{H}$ hat eine endliche Quadratnorm, falls

$$N(T; \varphi, \psi) := \sqrt{\sum_{i,k=1}^{\infty} |(T\varphi_i, \psi_k)|^2} < +\infty$$

richtig ist.

Hilfssatz 1. *Sei $T : \mathcal{H} \to \mathcal{H}$ ein linearer Operator wie in Definition 4 mit $N(T; \varphi, \psi) < +\infty$. Dann folgt*

$$\|T\| \leq N(T; \varphi, \psi) = \sqrt{\sum_{i=1}^{\infty} \|T\varphi_i\|^2}. \tag{7}$$

Beweis: Zunächst ist

$$N(T;\varphi,\psi)^2 = \sum_{i,k=1}^{\infty} |(T\varphi_i,\psi_k)|^2 = \sum_{i=1}^{\infty} \Big(\sum_{k=1}^{\infty} |(T\varphi_i,\psi_k)|^2 \Big) = \sum_{i=1}^{\infty} \|T\varphi_i\|^2.$$

Mit

$$f = \sum_{i=1}^{\infty} c_i \, \varphi_i \in \mathcal{H}$$

folgt

$$Tf = \sum_{i=1}^{\infty} c_i T\varphi_i$$

und somit

$$\|Tf\| \le \sum_{i=1}^{\infty} |c_i| \|T\varphi_i\|.$$

Wir erhalten dann

$$\|Tf\| \le \sqrt{\sum_{i=1}^{\infty} |c_i|^2} \sqrt{\sum_{i=1}^{\infty} \|T\varphi_i\|^2} = \|f\| N(T;\varphi,\psi) \qquad \text{für alle} \quad f \in \mathcal{H}$$

und somit $\|T\| \le N(T;\varphi,\psi)$.   q.e.d.

Hilfssatz 2. *Seien*

$$\varphi = \{\varphi_i\}_{i=1,2,\dots}, \quad \varphi' = \{\varphi_i'\}_{i=1,2,\dots}, \quad \psi = \{\psi_i\}_{i=1,2,\dots}, \quad \psi' = \{\psi_i'\}_{i=1,2,\dots}$$

vollständig orthonormierte Systeme in $\mathcal{H}$, *so gilt*

$$N(T;\varphi,\psi) = N(T;\varphi',\psi') =: N(T).$$

Weiter ist $N(T) = N(T^*)$ *richtig.*

Beweis: Wir berechnen

$$\begin{aligned}
N(T;\varphi,\psi)^2 &= \sum_{i,k=1}^{\infty} |(T\varphi_i,\psi_k)|^2 &=& \sum_{i=1}^{\infty} \|T\varphi_i\|^2 \\[2mm]
&= \sum_{i,k=1}^{\infty} |(\psi_k',T\varphi_i)|^2 &=& \sum_{i,k=1}^{\infty} |(T^*\psi_k',\varphi_i)|^2 \\[2mm]
&= \sum_{k=1}^{\infty} \|T^*\psi_k'\|^2 &=& \sum_{i,k=1}^{\infty} |(T^*\psi_k',\varphi_i')|^2 \\[2mm]
&= \sum_{i,k=1}^{\infty} |(\psi_k',T\varphi_i')|^2 &=& \sum_{i,k=1}^{\infty} |(T\varphi_i',\psi_k')|^2 = N(T;\varphi',\psi').
\end{aligned}$$

Obiger Identität entnehmen wir auch $N(T) = N(T^*)$.   q.e.d.

Hilfssatz 2 besagt, daß die Quadratnorm unabhängig von den gewählten vollständig orthonormierten Systemen ist.

Beispiel 2. Auf dem Quader

$$Q := \left\{ x = (x_1, \ldots, x_n) \in \mathbb{R}^n \ : \ a_i \leq x_i \leq b_i \text{ für } i = 1, \ldots, n \right\}$$

sei der Kern $K = K(x, y) : Q \times Q \to \mathbb{C} \in L^2(Q \times Q, \mathbb{C})$ mit

$$\int\limits_{Q \times Q} |K(x, y)|^2 \, dx \, dy < +\infty \tag{8}$$

gegeben. Wie in Beispiel 1 aus §4 erklären wir den Hilbert-Schmidt-Operator

$$\mathbb{K}f(x) := \int\limits_{Q} K(x, y) f(y) \, dy \qquad \text{für fast alle} \quad x \in Q.$$

Gemäß Satz 4 aus §4 ist $\mathbb{K} : L^2(Q) \to L^2(Q)$ ein beschränkter linearer Operator mit $\|\mathbb{K}\| \leq \|K\|_{L^2(Q \times Q)}$.

Behauptung: Der Hilbert-Schmidt-Operator $\mathbb{K}$ hat die endliche Quadratnorm

$$N(\mathbb{K}) = \sqrt{\int\limits_{Q \times Q} |K(x, y)|^2 \, dx \, dy} < +\infty. \tag{9}$$

Beweis: Sei $\{\varphi_i(x)\}_{i=1,2,\ldots}$ ein v.o.n.S. in $L^2(Q)$, so setzen wir

$$\psi_i(x) = \int\limits_{Q} K(x, y) \varphi_i(y) \, dy = \mathbb{K}\varphi_i(x) \qquad \text{f.ü. in} \quad Q \quad \text{für} \quad i = 1, 2, \ldots$$

Wir berechnen

$$\sum_{i=1}^{\infty} |\psi_i(x)|^2 = \sum_{i=1}^{\infty} \left| \int\limits_{Q} K(x, y) \varphi_i(y) \, dy \right|^2$$

$$= \sum_{i=1}^{\infty} \left| (\overline{K(x, \cdot)}, \varphi_i) \right|^2 = \int\limits_{Q} |K(x, y)|^2 \, dy,$$

und der Satz von Fubini liefert

$$\int\limits_{Q \times Q} |K(x, y)|^2 \, dx \, dy = \int\limits_{Q} \sum_{i=1}^{\infty} |\psi_i(x)|^2 \, dx = \sum_{i=1}^{\infty} \int\limits_{Q} |\psi_i(x)|^2 \, dx$$

$$= \sum_{i=1}^{\infty} \|\mathbb{K}\varphi_i\|^2 = N(\mathbb{K})^2.$$

    q.e.d.

Von zentraler Bedeutung ist nun der

Satz 5. *Auf dem separablen Hilbertraum $\mathcal{H}$ sei $T : \mathcal{H} \to \mathcal{H}$ ein linearer Operator mit endlicher Quadratnorm $N(T) < +\infty$. Dann ist $T : \mathcal{H} \to \mathcal{H}$ vollstetig.*

Beweis: Sei $f_n \rightharpoonup f = 0$ $(n \to \infty)$ schwach konvergent. Ist $\{\varphi_i\}_{i=1,2,\dots}$ ein v.o.n.S. in $\mathcal{H}$, so haben wir die Darstellung

$$f_n = \sum_{i=1}^{\infty} c_n^i \varphi_i$$

mit

$$\lim_{n\to\infty} c_n^i = 0 \qquad \text{für} \quad i = 1, 2, \dots \tag{10}$$

und

$$\sum_{i=1}^{\infty} |c_n^i|^2 \leq M^2 \qquad \text{für} \quad n = 1, 2, \dots \tag{11}$$

Nach Hilfssatz 1 ist $T : \mathcal{H} \to \mathcal{H}$ stetig, so daß folgt

$$T f_n = \sum_{i=1}^{\infty} c_n^i T\varphi_i$$

und

$$\|T f_n\| \leq \left\| \sum_{i=1}^{N} c_n^i T\varphi_i \right\| + \left\| \sum_{i=N+1}^{\infty} c_n^i T\varphi_i \right\|$$

$$\leq \left\| \sum_{i=1}^{N} c_n^i T\varphi_i \right\| + \sqrt{\sum_{i=1}^{\infty} |c_n^i|^2} \sqrt{\sum_{i=N+1}^{\infty} \|T\varphi_i\|^2} \ .$$

Mit Hilfe von (11) erhalten wir also

$$\|T f_n\| \leq \left\| \sum_{i=1}^{N} c_n^i T\varphi_i \right\| + M \sqrt{\sum_{i=N+1}^{\infty} \|T\varphi_i\|^2}, \qquad n = 1, 2, \dots \tag{12}$$

Wir wählen nun zu vorgegebenem $\varepsilon > 0$ ein $N = N(\varepsilon) \in \mathbb{N}$ so groß, daß

$$M \sqrt{\sum_{i=N+1}^{\infty} \|T\varphi_i\|^2} \leq \varepsilon$$

ausfällt. Wegen (10) können wir dann ein $n_0 = n_0(\varepsilon) \in \mathbb{N}$ so wählen, daß

$$\left\| \sum_{i=1}^{N(\varepsilon)} c_n^i T\varphi_i \right\| \leq \varepsilon \qquad \text{für alle} \quad n \geq n_0$$

erfüllt ist. Insgesamt erhalten wir

$$\|Tf_n\| \leq 2\varepsilon \qquad \text{für alle} \quad n \geq n_0$$

zu gegebenem $\varepsilon > 0$ und somit $Tf_n \to 0$ $(n \to \infty)$.   q.e.d.

Bemerkung: Gemäß Satz 5 sind insbesondere die Hilbert-Schmidt-Operatoren vollstetig.

Definition 5. *Ist $K : \mathcal{H} \to \mathcal{H}$ ein vollstetiger Operator auf dem Hilbertraum $\mathcal{H}$, so nennen wir $T := \mathbb{E} - K : \mathcal{H} \to \mathcal{H}$ mit*

$$Tx := \mathbb{E}x - Kx = x - Kx, \qquad x \in \mathcal{H},$$

den zugehörigen Fredholmoperator.

Wir beweisen nun mit dem Satz von F. Riesz den bedeutenden

Satz 6. (Fredholm)
Sei $K : \mathcal{H} \to \mathcal{H}$ ein vollstetiger linearer Operator auf dem Hilbertraum $\mathcal{H}$ mit dem zugehörigen Fredholmoperator $T := \mathbb{E} - K$. Dann gelten die folgenden Aussagen:

i) Für die Kerne

$$\mathcal{N}_T := \left\{ x \in \mathcal{H} \; : \; Tx = 0 \right\}$$

von T und

$$\mathcal{N}_{T^*} := \left\{ x \in \mathcal{H} \; : \; T^*x = 0 \right\}$$

von $T^* = \mathbb{E} - K^*$ gilt

$$\omega := \dim \mathcal{N}_T = \dim \mathcal{N}_{T^*} \; \in \; \mathbb{N}_0 = \mathbb{N} \cup \{0\}. \tag{13}$$

ii) Die Operatorgleichung

$$x - Kx = Tx = y, \qquad x \in \mathcal{H}, \tag{14}$$

ist für $y \in \mathcal{H}$ genau dann lösbar, wenn $y \in \mathcal{N}_{T^*}^{\perp}$ ist, also

$$(y, z) = 0 \qquad \text{für alle} \quad z \in \mathcal{N}_{T^*} \tag{15}$$

erfüllt ist.
iii) Falls $\omega = 0$ gilt, existiert die beschränkte Inverse $T^{-1} : \mathcal{H} \to \mathcal{H}$.

Beweis:

1. Wir zeigen zunächst $\dim \mathcal{N}_T < +\infty$. Wäre das nicht der Fall, so existiert ein orthonormiertes System $\{\varphi_i\}_{i=1,2,\dots}$ mit

$$0 = T\varphi_i = \varphi_i - K\varphi_i, \qquad i = 1, 2, \dots$$

Da K vollstetig ist, gibt es eine Teilfolge $\{\varphi_{i_j}\}_{j=1,2,\ldots} \subset \{\varphi_i\}_i$ mit $\varphi_{i_j} \to \varphi$ $(j \to \infty)$ in $\mathcal{H}$. Dies widerspricht aber der Aussage

$$\|\varphi_i - \varphi_j\| = \sqrt{2} \qquad \text{für alle} \quad i, j \in \mathbb{N} \quad \text{mit} \quad i \neq j.$$

Also ist $\dim \mathcal{N}_T \in \mathbb{N}_0$. Da mit K auch K^* vollstetig ist, gilt ebenso $\dim \mathcal{N}_{T^*} \in \mathbb{N}_0$.

Wir zerlegen nun $\mathcal{H}$ in die abgeschlossenen linearen Teilräume

$$\mathcal{H} = \mathcal{N}_T^\perp \oplus \mathcal{N}_T. \tag{16}$$

Weiter nehmen wir an

$$\dim \mathcal{N}_T \leq \dim \mathcal{N}_{T^*}.$$

Denn wäre das nicht der Fall, könnten wir T durch T^* ersetzen und T^* durch $T^{**} = T$. Schließlich setzen wir

$$\mathcal{W}_T := T(\mathcal{H}) \quad \text{und} \quad \mathcal{W}_{T^*} := T^*(\mathcal{H}).$$

2. Nun gilt $y \in \mathcal{W}_T^\perp$ genau dann, wenn

$$0 = (y, Tx) = (T^*y, x) \qquad \text{für alle} \quad x \in \mathcal{H}$$

richtig ist, also $T^*y = 0$ beziehungsweise $y \in \mathcal{N}_{T^*}$. Somit folgt

$$\mathcal{N}_{T^*} = \mathcal{W}_T^\perp \quad \text{bzw.} \quad \mathcal{W}_T = \mathcal{N}_{T^*}^\perp. \tag{17}$$

Insbesondere ist der Wertebereich von T abgeschlossen in $\mathcal{H}$. Seien nun

$$\{\varphi_1, \ldots, \varphi_d\} \subset \mathcal{N}_T$$

eine orthonormierte Basis in $\mathcal{N}_T$ und

$$\{\psi_1, \ldots, \psi_{d^*}\} \subset \mathcal{N}_{T^*}$$

eine orthonormierte Basis in $\mathcal{N}_{T^*}$ mit $0 \leq d \leq d^* < +\infty$. Wir modifizieren T zu einem Fredholmoperator

$$Sx := Tx - \sum_{i=1}^{d} (\varphi_i, x)\psi_i, \qquad x \in \mathcal{H}. \tag{18}$$

Offenbar ist wegen (16) und (17) für den Kern von S

$$\mathcal{N}_S = \Big\{ x \in \mathcal{H} \ : \ Sx = 0 \Big\} = \{0\}$$

richtig. Nach dem Satz von F. Riesz aus Kapitel VII, § 4, Satz 4 ist dann $S : \mathcal{H} \to \mathcal{H}$ surjektiv. Hieraus folgt $d^* = d$ und somit $\dim \mathcal{N}_T = \dim \mathcal{N}_{T^*}$. Weiter ist $T : \mathcal{N}_T^\perp \to \mathcal{N}_{T^*}^\perp$ umkehrbar. Im Spezialfall

$$\omega = \dim \mathcal{N}_T = \dim \mathcal{N}_{T^*} = 0$$

existiert nach dem oben genannten Satz von F. Riesz die beschränkte Inverse auf dem gesamten Hilbertraum $\mathcal{H}$.

q.e.d.

Bemerkung: Satz 6 gilt insbesondere für lineare Operatoren $K : \mathcal{H} \to \mathcal{H}$ auf dem separablen Hilbertraum $\mathcal{H}$ mit endlicher Quadratnorm $N(K) < +\infty$. Wir können dann die Dimension des Kerns von T gemäß

$$\dim \mathcal{N}_T \leq N(K)^2 \qquad (19)$$

abschätzen. Ist nämlich $\{\varphi_1, \ldots, \varphi_d\}$ ein orthonormiertes System in $\mathcal{N}_T$, so erweitern wir dieses zu einem v.o.n.S. $\{\varphi_i\}_{i=1,2,\ldots}$ in $\mathcal{H}$ und erhalten

$$N(K)^2 = \sum_{i=1}^{\infty} \|K\varphi_i\|^2 \geq \sum_{i=1}^{d} \|K\varphi_i\|^2$$

$$= \sum_{i=1}^{d} \|\varphi_i\|^2 = d = \dim \mathcal{N}_T.$$

Wir notieren nun unsere Ergebnisse speziell für Hilbert-Schmidt-Operatoren im folgenden

Satz 7. (D. Hilbert - E. Schmidt) *Auf dem Quader $Q = [a_1, b_1] \times \ldots \times [a_n, b_n]$ sei der Integralkern*

$$K = K(x, y) : Q \times Q \to \mathbb{C} \in L^2(Q \times Q)$$

gegeben. Dann gilt für die linearen Teilräume von $L^2(Q)$

$$\mathcal{N} : \quad \int_Q K(x, y) f(y) \, dy = f(x), \quad f \in L^2(Q),$$

$$\mathcal{N}^* : \quad \int_Q K^*(x, y) \psi(y) \, dy = \psi(x), \quad \psi \in L^2(Q),$$

mit $K^*(x, y) := \overline{K(y, x)}$, $(x, y) \in Q \times Q$, die Aussage

$$\dim \mathcal{N} = \dim \mathcal{N}^* \leq \int_{Q \times Q} |K(x, y)|^2 \, dx \, dy < +\infty. \qquad (20)$$

Für ein vorgegebenes $f(x) \in L^2(Q)$ ist die Integralgleichung

$$u(x) - \int_Q K(x, y) u(y) \, dy = f(x), \qquad u \in L^2(Q),$$

genau dann lösbar, wenn

$$\int_Q \overline{f(x)} \psi(x) \, dx = 0 \qquad \text{für alle} \quad \psi \in \mathcal{N}^*$$

erfüllt ist.

Beweis: Der Hilbert-Schmidt-Operator

$$\mathbb{K}f(x) := \int\limits_Q K(x,y)f(y)\,dy, \qquad f \in L^2(Q),$$

hat die endliche Operatornorm

$$N(\mathbb{K}) = \sqrt{\int\limits_{Q \times Q} |K(x,y)|^2 dx\,dy} < +\infty.$$

Er ist also gemäß Satz 5 vollstetig und hat den adjungierten Operator

$$\mathbb{K}^*f(x) := \int\limits_Q K^*(x,y)f(y)\,dy, \qquad f \in L^2(Q).$$

Wir können somit dem Satz 6 und der anschließenden Bemerkung die Aussagen entnehmen.

q.e.d.

In dem beschränkten Gebiet $G \subset \mathbb{R}^n$ betrachten wir die schwach singulären Kerne

$$K = K(x,y) \in \mathcal{S}_\alpha(G, \mathbb{C})$$

aus § 1, Definition 1 mit $\alpha \in [0, n)$ und ihre zugehörigen Integraloperatoren

$$\mathbb{K}f(x) := \int\limits_G K(x,y)f(y)\,dy, \qquad x \in G,$$

$$\text{für} \qquad f \in \mathcal{D} := C^0(G, \mathbb{C}) \cap L^\infty(G, \mathbb{C}).$$

(21)

Hilfssatz 3. *Sei* $K = K(x,y) \in \mathcal{S}_\alpha(G, \mathbb{C})$ *mit den Eigenschaften*

$$\int\limits_G |K(x,y)|\,dy \le M, \qquad x \in G,$$

$$\int\limits_G |K(x,y)|\,dx \le N, \qquad y \in G,$$

(22)

gegeben. Dann ist $\mathbb{K} : \mathcal{H} \to \mathcal{H}$ *von* $\mathcal{D}$ *auf den Hilbertraum* $\mathcal{H} = L^2(G, \mathbb{C})$ *fortsetzbar, und es gilt*

$$\|\mathbb{K}\| \le \sqrt{MN}.$$

Beweis: Für beliebige $f, g \in \mathcal{D}$ schätzen wir wie folgt ab:

$$|(g, \mathbb{K}f)| = \left| \int\limits_G \overline{g(x)} \left(\int\limits_G K(x,y)f(y)\,dy \right) dx \right|$$

$$\leq \int\limits_{G \otimes G} |K(x,y)||g(x)||f(y)|\,dx\,dy$$

$$= \int\limits_{G \otimes G} \left(|K(x,y)|^{\frac{1}{2}}|g(x)| \right) \left(|K(x,y)|^{\frac{1}{2}}|f(y)| \right) dx\,dy$$

$$\leq \left(\int\limits_{G \otimes G} |K(x,y)||g(x)|^2\,dx\,dy \right)^{\frac{1}{2}} \left(\int\limits_{G \otimes G} |K(x,y)||f(y)|^2\,dx\,dy \right)^{\frac{1}{2}}$$

$$= \left(\int\limits_G |g(x)|^2 \left(\int\limits_G |K(x,y)|\,dy \right) dx \right)^{\frac{1}{2}} \left(\int\limits_G |f(y)|^2 \left(\int\limits_G |K(x,y)|\,dx \right) dy \right)^{\frac{1}{2}}$$

$$\leq \sqrt{MN} \sqrt{\int\limits_G |g(x)|^2\,dx} \sqrt{\int\limits_G |f(y)|^2\,dy} = \sqrt{MN}\|g\|\|f\|.$$

Somit ist $\mathbb{K} : \mathcal{H} \to \mathcal{H}$ erklärt mit $\|\mathbb{K}\| \leq \sqrt{MN}$.   q.e.d.

Sei

$$\Theta(t) := \begin{cases} 0, & 0 \leq t \leq 1 \\ t-1, & 1 \leq t \leq 2 \\ 1, & 2 \leq t \end{cases}$$

erklärt, so betrachten wir zu $K = K(x,y) \in \mathcal{S}_\alpha(G, \mathbb{C})$ und $\delta \in (0, \delta_0)$ die stetigen Kerne

$$K_\delta(x,y) := K(x,y)\,\Theta\!\left(\frac{|x-y|}{\delta} \right), \qquad (x,y) \in G \times G, \tag{23}$$

mit den zugehörigen Integraloperatoren $\mathbb{K}_\delta$. Nach Satz 5 ist für alle $\delta \in (0, \delta_0)$ der Operator $\mathbb{K}_\delta : \mathcal{H} \to \mathcal{H}$ vollstetig, und mit Hilfssatz 3 stellen wir leicht fest, daß

$$\|\mathbb{K}_\delta - \mathbb{K}\| \to 0 \quad (\delta \to 0). \tag{24}$$

richtig ist. Die Vollstetigkeit von $\mathbb{K}$ ersehen wir aus dem folgenden

Hilfssatz 4. *Auf dem Hilbertraum $\mathcal{H}$ sei die Folge von vollstetigen Operatoren $A_j : \mathcal{H} \to \mathcal{H}$, $j = 1, 2, \ldots$, gegeben, die gemäß $\|A_j - A\| \to 0$ $(j \to \infty)$ gegen den beschränkten linearen Operator $A : \mathcal{H} \to \mathcal{H}$ konvergieren. Dann ist $A : \mathcal{H} \to \mathcal{H}$ vollstetig.*

Beweis: Sei $\{x_k\}_{k=1,2,\ldots} \subset \mathcal{H}$ eine Folge mit $\|x_k\| \leq 1$ für alle $k \in \mathbb{N}$, so gibt es eine Teilfolge $\{x_k^{(1)}\}_k \subset \{x_k\}_k$, so daß $\{A_1 x_k^{(1)}\}_{k=1,2,\ldots} \subset \mathcal{H}$ konvergiert. Weiterhin gibt es eine Folge $\{x_k^{(2)}\}_k \subset \{x_k^{(1)}\}_k$, so daß $\{A_2 x_k^{(2)}\}_k \subset \mathcal{H}$ konvergiert.

Wir wählen so sukzessive Teilfolgen

$$\{x_k^{(1)}\} \supset \{x_k^{(2)}\} \supset \dots$$

aus und gehen zu der Diagonalfolge $x_k' := x_k^{(k)}$, $k = 1, 2, \dots$, über. Wir zeigen, daß dann auch $\{Ax_k'\}_{k=1,2,\dots}$ in $\mathcal{H}$ konvergiert: Zunächst schätzen wir ab

$$\|Ax_k' - Ax_l'\| \leq \|Ax_k' - A_j x_k'\| + \|A_j x_k' - A_j x_l'\| + \|A_j x_l' - Ax_l'\|$$
$$\leq \|A - A_j\|\|x_k'\| + \|A_j x_k' - A_j x_l'\| + \|A_j - A\|\|x_l'\|. \tag{25}$$

Zu einem vorgegebenen $\varepsilon > 0$ wählen wir nun $j \in \mathbb{N}$ so groß, daß $\|A - A_j\| \leq \varepsilon$ richtig ist. Ferner wählen wir ein $N = N(\varepsilon) \in \mathbb{N}$, so daß gilt

$$\|A_j x_k' - A_j x_l'\| \leq \varepsilon \qquad \text{für alle} \quad k, l \geq N.$$

Wir erhalten dann aus (25) die Ungleichung

$$\|Ax_k' - Ax_l'\| \leq 2\varepsilon + \varepsilon = 3\varepsilon \qquad \text{für alle} \quad k, l \geq N(\varepsilon).$$

Somit konvergiert $\{Ax_k'\}_{k=1,2,\dots}$ in $\mathcal{H}$.   q.e.d.

Satz 8. (Schwach singuläre Integralgleichungen)
Auf dem beschränkten Gebiet $G \subset \mathbb{R}^n$ sei der schwach singuläre Kern $K = K(x, y)$ der Klasse $\mathcal{S}_\alpha(G, \mathbb{C})$ mit $\alpha \in [0, n)$ und dem Integraloperator $\mathbb{K}$ gegeben. Dann ist für die Nullräume

$$\mathcal{N} : \int_G K(x, y)\varphi(y)\, dy = \varphi(x), \quad x \in G; \quad \varphi \in \mathcal{D}$$
$$\mathcal{N}^* : \int_G \overline{K(x, y)}\psi(x)\, dx = \psi(y), \quad y \in G; \quad \psi \in \mathcal{D}$$

die Aussage $\dim \mathcal{N} = \dim \mathcal{N}^* < +\infty$ *erfüllt. Die Integralgleichung*

$$u(x) - \int_G K(x, y)u(y)\, dy = f(x), \quad x \in G; \qquad u \in \mathcal{D}, \tag{26}$$

ist zu einem vorgegebenen $f \in \mathcal{D}$ genau dann lösbar, wenn gilt

$$\int_G \overline{\psi(x)} f(x) = 0 \qquad \text{für alle} \quad \psi \in \mathcal{N}^*. \tag{27}$$

Beweis: Wegen Hilfssatz 4 ist der Integraloperator $\mathbb{K} : \mathcal{H} \to \mathcal{H}$ vollstetig, und der Fredholmsche Satz 6 kann im Hilbertraum $\mathcal{H} = L^2(G, \mathbb{C})$ angewendet werden. Zu zeigen bleibt, daß (26) in $\mathcal{D}$ lösbar ist. Sei also $u \in \mathcal{H}$ eine Lösung der Integralgleichung

$$\mathbb{E}u - \mathbb{K}u = f \tag{28}$$

mit der stetigen rechten Seite $f \in \mathcal{D}$. Nach dem Satz von I. Schur über iterierte Kerne (§ 2, Satz 4) gibt es ein $k \in \mathbb{N}$, so daß $\mathbb{K}^k = \mathbb{L}$ mit einem Kern $L = L(x, y) \in \mathcal{S}_0(G, \mathbb{C})$ richtig ist. Nach Satz 2 aus § 2 ist $\mathbb{L}u \in \mathcal{D}$ erfüllt. Nun erhalten wir mit (28) die Identität

$$\mathbb{E}u - \mathbb{L}u = \mathbb{E}u - \mathbb{K}^k u = (\mathbb{E} + \mathbb{K} + \ldots + \mathbb{K}^{k-1})f =: g. \tag{29}$$

Gemäß § 2, Satz 2 gilt $\mathbb{E} + \mathbb{K} + \ldots + \mathbb{K}^{k-1} : \mathcal{D} \to \mathcal{D}$ und somit $g \in \mathcal{D}$. Schließlich folgt

$$u = g + \mathbb{L}u \in \mathcal{D}. \qquad\qquad \text{q.e.d.}$$

§7 Spektraltheorie vollstetiger Hermitescher Operatoren

Zunächst betrachten wir das folgende

Beispiel 1. Auf dem Hilbertraum $\mathcal{H} = L^2((0,1), \mathbb{C})$ mit dem inneren Produkt

$$(f, g) = \int_0^1 \overline{f(x)} g(x)\, dx, \qquad f, g \in \mathcal{H},$$

erklären wir den linearen Operator

$$Af(x) := xf(x), \quad x \in (0,1); \qquad f = f(x) \in \mathcal{H}.$$

Wegen

$$\|Af\|^2 = \int_0^1 x^2 \overline{f(x)} f(x)\, dx \le \int_0^1 |f(x)|^2\, dx = \|f\|^2$$

ist A beschränkt mit $\|A\| \le 1$. Weiter ist A symmetrisch, denn es gilt

$$(Af, g) = \int_0^1 x\overline{f(x)} g(x)\, dx = (f, Ag) \qquad \text{für alle} \quad f, g \in \mathcal{H}.$$

Wir behaupten nun, daß A keinen Eigenwert besitzt. Aus $Af = \lambda f$ folgt nämlich

$$(x - \lambda)f(x) = 0 \qquad \text{f.ü. in} \quad (0,1)$$

und damit $f(x) = 0$ f.ü. in $(0,1)$ beziehungsweise $f = 0 \in \mathcal{H}$.

Satz 1. *Sei $A : \mathcal{H} \to \mathcal{H}$ ein vollstetiger Hermitescher Operator auf dem Hilbertraum $\mathcal{H}$. Dann gibt es ein $\varphi \in \mathcal{H}$ mit $\|\varphi\| = 1$ und ein $\lambda \in \mathbb{R}$ mit $|\lambda| = \|A\|$, so daß gilt*

$$A\varphi = \lambda\varphi.$$

Somit ist $+\|A\|$ oder $-\|A\|$ Eigenwert von A. Weiter haben wir die folgende Abschätzung:

$$|(x, Ax)| \le |\lambda|(x, x) \qquad \text{für alle} \quad x \in \mathcal{H}. \tag{1}$$

Beweis:

1. Zunächst zeigen wir

$$\|A\| = \sup_{x \in \mathcal{H},\, \|x\|=1} |(Ax, x)|. \tag{2}$$

Der Abschätzung

$$|(Ax, x)| \le \|Ax\|\,\|x\| \le \|A\|\,\|x\|^2 = \|A\|$$

für alle $x \in \mathcal{H}$ mit $\|x\| = 1$ entnehmen wir sofort

$$\sup_{x \in \mathcal{H},\, \|x\|=1} |(Ax, x)| \le \|A\|.$$

Um die umgekehrte Ungleichung zu beweisen, wählen wir ein beliebiges $\alpha \in [0, +\infty)$, so daß gilt

$$|(Ax, x)| \le \alpha \|x\|^2 \qquad \text{für alle} \quad x \in \mathcal{H}.$$

Für beliebige $f, g \in \mathcal{H}$ berechnen wir

$$(A(f+g), f+g) - (A(f-g), f-g) = 2\{(Af, g) + (Ag, f)\} = 4\,\mathrm{Re}(Af, g)$$

und damit

$$4|\,\mathrm{Re}(Af, g)| \le |(A(f+g), f+g)| + |(A(f-g), f-g)|$$

$$\le \alpha\{\|f+g\|^2 + \|f-g\|^2\} = 2\alpha\{\|f\|^2 + \|g\|^2\}.$$

Wir ersetzen nun

$$f = \sqrt{\frac{\|y\|}{\|x\|}}\, x, \qquad g = e^{i\varphi} \sqrt{\frac{\|x\|}{\|y\|}}\, y$$

mit geeignetem $\varphi \in [0, 2\pi)$, so daß folgt

$$4|(Ax, y)| \le 2\alpha \left\{ \frac{\|y\|}{\|x\|} \|x\|^2 + \frac{\|x\|}{\|y\|} \|y\|^2 \right\} = 4\alpha \|x\|\,\|y\|$$

beziehungsweise

$$|(Ax, y)| \le \alpha \|x\|\,\|y\| \qquad \text{für alle} \quad x, y \in \mathcal{H}.$$

Speziell für $y = Ax$ ergibt sich

$$\|Ax\|^2 \le \alpha \|x\|\,\|Ax\| \qquad \text{bzw.} \qquad \|Ax\| \le \alpha \|x\|$$

für alle $x \in \mathcal{H}$, also $\|A\| \le \alpha$. Wir erhalten somit

$$\sup_{x \in \mathcal{H},\, \|x\|=1} |(Ax, x)| = \inf \left\{ \alpha \in [0, +\infty) : \begin{array}{l} |(Ax, x)| \le \alpha \|x\|^2 \\ \text{für alle } x \in \mathcal{H} \end{array} \right\} \ge \|A\|.$$

2. Wir betrachten nun das Variationsproblem

$$\|A\| = \sup_{x \in \mathcal{H} \setminus \{0\}} \frac{|(Ax, x)|}{\|x\|^2} = \sup_{x \in \mathcal{H}, \|x\| = 1} |(Ax, x)| \tag{3}$$

und nehmen o.E. $A \neq 0$ an. Sei $\{x_n\}_{n=1,2,\ldots} \subset \mathcal{H}$ eine Folge mit $\|x_n\| = 1$ für alle $n \in \mathbb{N}$ und mit

$$|(Ax_n, x_n)| \to \|A\| \ (n \to \infty).$$

Dann gibt es eine Teilfolge $\{x_n'\}_{n=1,2,\ldots} \subset \{x_n\}_{n=1,2,\ldots}$ und ein $x \in \mathcal{H}$ mit $\|x\| \leq 1$, so daß $x_n' \rightharpoonup x \ (n \to \infty)$ und

$$(Ax_n', x_n') \to \lambda \ \in \ \{-\|A\|, \|A\|\}$$

richtig ist. Da die Bilinearform $(y, z) \mapsto (Ay, z)$ schwach stetig ist, folgt

$$0 \neq \lambda = \lim_{n \to \infty} (Ax_n', x_n') = (Ax, x),$$

also $x \neq 0$. Nun gilt $\|x\| = 1$, denn wäre $\|x\| < 1$, so erhalten wir

$$\frac{|(Ax, x)|}{\|x\|^2} > \frac{|\lambda|}{1} = \|A\|$$

im Widerspruch zu (3).

3. Wir nehmen nun o.E. $\lambda = +\|A\|$ an, und $x \in \mathcal{H}$ mit $\|x\| = 1$ sei die in Teil 2 des Beweises gefundene Lösung des Variationsproblems (3). Wir haben also

$$(Ax, x) = \lambda \|x\|^2.$$

Für ein beliebiges $y \in \mathcal{H}$ gibt es dann ein $\varepsilon_0 = \varepsilon_0(y) > 0$, so daß für alle $\varepsilon \in (-\varepsilon_0, \varepsilon_0)$ gilt

$$(A(x + \varepsilon y), x + \varepsilon y) \leq \lambda(x + \varepsilon y, x + \varepsilon y)$$

beziehungsweise

$$(Ax, x) + \varepsilon\{(Ax, y) + (Ay, x)\} \leq \lambda \|x\|^2 + \varepsilon \lambda \{(x, y) + (y, x)\} + o(\varepsilon).$$

Hieraus folgt

$$\varepsilon \operatorname{Re}(Ax - \lambda x, y) \leq o(\varepsilon),$$

also $\operatorname{Re}(Ax - \lambda x, y) \leq o(1)$ für alle $y \in \mathcal{H}$. Somit muß

$$\operatorname{Re}(Ax - \lambda x, y) = 0 \qquad \text{für alle} \quad y \in \mathcal{H}$$

erfüllt sein und insbesondere

$$Ax = \lambda x.$$

q.e.d.

Satz 2. (Spektralsatz von F. Rellich)

Vorgelegt sei ein vollstetiger Hermitescher Operator $A : \mathcal{H} \to \mathcal{H}$ auf dem Hilbertraum $\mathcal{H}$, und es gelte $A \neq 0$. Dann gibt es ein endliches oder abzählbar unendliches System von orthonormierten Elementen $\{\varphi_i\}_{i=1,2,\dots}$ in $\mathcal{H}$, so daß folgendes gilt:

a) *Die φ_i sind Eigenelemente zu den Eigenwerten $\lambda_i \in \mathbb{R}$ mit*

$$\|A\| = |\lambda_1| \geq |\lambda_2| \geq |\lambda_3| \geq \dots > 0,$$

d.h. es gilt

$$A\varphi_i = \lambda_i \varphi_i, \qquad i = 1, 2, \dots$$

Falls $\{\varphi_i\}_i$ unendlich ist, haben wir das asymptotische Verhalten

$$\lim_{i \to \infty} \lambda_i = 0.$$

b) *Für alle $x \in \mathcal{H}$ gelten die Darstellungen*

$$Ax = \sum_{i=1,2,\dots} \lambda_i (\varphi_i, x)\varphi_i \qquad und \qquad (x, Ax) = \sum_{i=1,2,\dots} \lambda_i |(\varphi_i, x)|^2.$$

Bemerkung: Dieser Satz gilt auch in nichtseparablen Hilberträumen. Falls $\{\varphi_i\}_{i=1,\dots,N}$ endlich ist, reduzieren sich die Reihen auf Summen.

Beweis von Satz 2: Wegen $\|A\| > 0$ gibt es nach Satz 1 ein $\varphi_1 \in \mathcal{H}$ mit $\|\varphi_1\| = 1$, für das gilt

$$A\varphi_1 = \lambda_1 \varphi_1, \qquad \lambda_1 \in \{-\|A\|, +\|A\|\},$$

und wir haben

$$|(Ax, x)| \leq |\lambda_1|(x, x) \qquad \text{für alle} \quad x \in \mathcal{H}.$$

Wir nehmen nun an, wir hätten bereits $m \geq 1$ orthonormierte Eigenelemente $\varphi_1, \dots, \varphi_m$ mit den zugehörigen Eigenwerten $\lambda_1, \dots, \lambda_m \in \mathbb{R}$ gefunden, und diese erfüllen die Eigenschaft a). Wir betrachten dann den vollstetigen Hermiteschen Operator

$$B_m x = Ax - \sum_{i=1}^{m} \lambda_i (\varphi_i, x)\varphi_i.$$

1.Fall: Es gilt $B_m = 0$. Dann haben wir die Darstellung

$$Ax = \sum_{i=1}^{m} \lambda_i (\varphi_i, x)\varphi_i.$$

2.Fall: Es gilt $B_m \neq 0$. Nach Satz 1 gibt es ein $\varphi \in \mathcal{H}$ mit $\|\varphi\| = 1$, so daß $B_m\varphi = \lambda\varphi$, also

$$A\varphi - \sum_{i=1}^{m} \lambda_i(\varphi_i, \varphi)\varphi_i = \lambda\varphi$$

mit $|\lambda| = \|B_m\| > 0$ erfüllt ist. Multiplikation mit φ_k, $k \in \{1, \ldots, m\}$, von links liefert

$$\lambda(\varphi_k, \varphi) = (\varphi_k, A\varphi) - \lambda_k(\varphi_k, \varphi) = (A\varphi_k, \varphi) - \lambda_k(\varphi_k, \varphi)$$
$$= \lambda_k(\varphi_k, \varphi) - \lambda_k(\varphi_k, \varphi) = 0, \qquad k = 1, \ldots m.$$

Somit ist auch das System $\{\varphi_1, \ldots, \varphi_m, \varphi\}$ orthonormiert, und wir setzen $\varphi_{m+1} := \varphi$ und $\lambda_{m+1} := \lambda \neq 0$. Nun gilt $|\lambda_{m+1}| \leq |\lambda_m|$. Da nämlich nach Konstruktion die Abschätzung

$$|(x, B_m x)| \leq |\lambda_m|(x, x) \qquad \text{für alle} \quad x \in \mathcal{H}$$

erfüllt ist, erhalten wir für $x = \varphi_{m+1}$

$$|\lambda_m| \geq |(\varphi_{m+1}, B_m\varphi_{m+1})| = |(\varphi_{m+1}, \lambda_{m+1}\varphi_{m+1})| = |\lambda_{m+1}|.$$

Wir nehmen nun an, daß das oben beschriebene Verfahren nicht abbricht. Da $\{\varphi_i\}_i$ orthonormiert ist, gilt $\varphi_i \rightharpoonup 0$ $(i \to \infty)$, und die Vollstetigkeit von A liefert

$$|\lambda_i| = \|A\varphi_i\| \to 0 \quad (i \to \infty).$$

Schließlich erhalten wir wegen $\|B_m\| = |\lambda_{m+1}|$ die Aussage

$$\left\| A - \sum_{i=1}^{m} \lambda_i(\varphi_i, \cdot)\varphi_i \right\| = |\lambda_{m+1}| \to 0 \quad (m \to \infty) \tag{4}$$

und somit

$$Ax = \sum_{i=1}^{\infty} \lambda_i(\varphi_i, x)\varphi_i, \qquad x \in \mathcal{H}.$$

Also sind alle $y = Ax$, $x \in \mathcal{H}$, in der Form

$$y = \sum_{i=1}^{\infty} (\varphi_i, y)\varphi_i$$

darstellbar, d.h. das System $\{\varphi_i\}_{i=1,2,\ldots}$ ist in $\overline{\mathcal{W}_A} = \overline{A(\mathcal{H})}$ vollständig.

$$\text{q.e.d.}$$

Satz 3. *Auf dem separablen Hilbertraum $\mathcal{H}$ sei der Hermitesche Operator $A : \mathcal{H} \to \mathcal{H}$ mit endlicher Quadratnorm $N(A) < +\infty$ und mit $A \neq 0$ erklärt. A besitze ein abzählbar unendliches System von orthonormierten Eigenelementen*

$\{\varphi_i\}_{i=1,2,\ldots}$ *und Eigenwerten* $\{\lambda_i\}_{i=1,2,\ldots}$ *mit den Eigenschaften a) und b) aus Satz 2. Wir setzen*

$$A_n f := Af - \sum_{i=1}^{n} \lambda_i (\varphi_i, f) \varphi_i, \qquad n = 1, 2, \ldots$$

Dann ist die Folge der Quadratnormen

$$N(A_n)^2 = \sum_{i=n+1}^{\infty} \lambda_i^2, \qquad n = 1, 2, \ldots$$

eine Nullfolge.

Beweis: Wegen $N(A) < +\infty$ ist $A : \mathcal{H} \to \mathcal{H}$ vollstetig, und nach Satz 2 gilt die Darstellung

$$y = \sum_{i=1}^{\infty} (\varphi_i, y) \varphi_i \qquad \text{für alle} \quad y \in \mathcal{W}_A.$$

Wir haben die Zerlegung $\mathcal{H} = \overline{\mathcal{W}}_A \oplus \mathcal{N}_A$. Denn $y \in \mathcal{N}_A$ beziehungsweise $Ay = 0$ gilt genau dann, wenn

$$0 = (Ay, x) = (y, Ax) \qquad \text{für alle} \quad x \in \mathcal{H}$$

erfüllt ist, das heißt $\mathcal{N}_A = \mathcal{W}_A^{\perp}$.

Sei nun $\{\psi_i\}_{i=1,2,\ldots}$ ein v.o.n.S. in $\mathcal{N}_A$. Dann ist $\{\varphi_i\}_i \cup \{\psi_i\}_i$ ein v.o.n.S. in $\mathcal{H}$. Damit berechnen wir

$$N(A)^2 = \sum_{i=1}^{\infty} \|A\varphi_i\|^2 + \sum_{i=1}^{\infty} \|A\psi_i\|^2 = \sum_{i=1}^{\infty} \lambda_i^2 < +\infty$$

und schließlich

$$N(A_n)^2 = \sum_{i=1}^{\infty} \|A_n\varphi_i\|^2 + \sum_{i=1}^{\infty} \|A_n\psi_i\|^2 = \sum_{i=n+1}^{\infty} \lambda_i^2 \to 0 \ (n \to \infty).$$

$$\text{q.e.d.}$$

Wir spezialisieren nun die Sätze 2 und 3 auf Hilbert-Schmidt-Operatoren und erhalten sofort den

Satz 4. (Spektralsatz von D. Hilbert und E. Schmidt)
Auf dem Quader $Q \subset \mathbb{R}^n$, $n \in \mathbb{N}$, *sei* $K = K(x,y) : Q \times Q \to \mathbb{C} \in L^2(Q \times Q)$ *ein Integralkern mit*

$$\int\limits_{Q \times Q} |K(x,y)|^2 \, dx \, dy > 0$$

und mit

$$\overline{K(y,x)} = K(x,y) \qquad \text{für fast alle} \quad (x,y) \in Q \times Q. \tag{5}$$

Dann gibt es ein endliches oder abzählbar unendliches System von Eigenfunktionen $\{\varphi_i(x)\}_{i=1,2,...} \subset L^2(Q, \mathbb{C})$ *mit zugehörigen Eigenwerten* $\{\lambda_i\}_{i=1,2,...} \subset \mathbb{R}$, *so daß die Integral-Eigenwert-Gleichung*

$$\int\limits_Q K(x,y)\varphi_i(y)\,dy = \lambda_i \varphi_i(x) \qquad \text{für fast alle} \quad x \in Q \tag{6}$$

mit $i = 1, 2, \ldots$ *erfüllt ist. Für die Eigenwerte gilt*

$$|\lambda_1| \geq |\lambda_2| \geq \ldots > 0 \qquad \text{und} \qquad \lim_{i \to \infty} \lambda_i = 0. \tag{7}$$

Weiter haben wir die Beziehungen

$$\int\limits_{Q \times Q} |K(x,y)|^2\,dx\,dy = \sum_{i=1}^{\infty} \lambda_i^2 < +\infty \tag{8}$$

und

$$\int\limits_{Q \times Q} \left| K(x,y) - \sum_{i=1}^{n} \lambda_i \varphi_i(x)\overline{\varphi_i(y)} \right|^2 dx\,dy = \sum_{i=n+1}^{\infty} \lambda_i^2 \to 0 \ (n \to \infty). \tag{9}$$

§8 Das Sturm-Liouvillesche Eigenwertproblem

Wir benötigen im folgenden den

Satz 1. (Eigenwertproblem für schwach singuläre Integraloperatoren)
Auf dem beschränkten Gebiet $G \subset \mathbb{R}^n$ *sei der schwach singuläre Kern* $K = K(x,y) \in \mathcal{S}_\alpha(G, \mathbb{C})$ *mit* $\alpha \in [0, n)$ *gegeben, und es gelte* $K(x,y) \not\equiv 0$ *und*

$$K(x,y) = \overline{K(y,x)} \qquad \text{für alle} \quad (x,y) \in G \otimes G.$$

Den zugehörigen Integraloperator bezeichnen wir mit $\mathbb{K}$ *und erklären als Definitionsbereich*

$$\mathcal{D} := \left\{ f \in C^0(G, \mathbb{C}) \ : \ \sup_{x \in G} |f(x)| < +\infty \right\}.$$

Behauptungen: *Dann gibt es ein endliches oder abzählbar unendliches orthonormiertes System* $\{\varphi_i\}_{i \in I} \subset \mathcal{D}$ *und Eigenwerte* $\lambda_i \in \mathbb{R} \setminus \{0\}$, $i \in I$, *so daß*

$$\int\limits_G K(x,y)\varphi_i(y)\,dy = \lambda_i \varphi_i(x), \quad x \in G, \qquad i \in I, \tag{1}$$

erfüllt ist. Falls $I = \{1, 2, \ldots\}$ abzählbar unendlich ist, haben wir

$$\lim_{i \to \infty} \lambda_i = 0, \tag{2}$$

und es kann jedes $g = \mathbb{K}f$ mit $f \in \mathcal{D}$ im quadratischen Mittel gemäß

$$\lim_{n \to \infty} \int_G \left| g(x) - \sum_{i=1}^n g_i \varphi_i(x) \right|^2 dx = 0 \tag{3}$$

approximiert werden. Dabei haben wir

$$g_i := \int_G \overline{\varphi_i(x)} g(x) \, dx, \qquad i \in I, \tag{4}$$

für die Fourierkoeffizienten gesetzt. Wird zusätzlich $\alpha \in [0, \frac{n}{2})$ vorausgesetzt, so kann $g = \mathbb{K}f$ mit $f \in \mathcal{D}$ in die gleichmäßig konvergente Reihe

$$g(x) = \sum_{i=1}^\infty g_i \varphi_i(x), \qquad x \in G, \tag{5}$$

entwickelt werden.

Beweis: Wie im Beweis von Satz 8 aus § 6 ausgeführt wurde, ist $\mathbb{K} : \mathcal{H} \to \mathcal{H}$ auf dem Hilbertraum $\mathcal{H} = L^2(G, \mathbb{C})$ vollstetig, und es gilt die Regularitätsaussage

$$\mathbb{E}u - \mathbb{K}u = v \quad \text{mit} \quad u \in \mathcal{H} \text{ und } v \in \mathcal{D} \quad \Rightarrow \quad u \in \mathcal{D}. \tag{6}$$

Nach dem Rellichschen Spektralsatz aus § 7, Satz 2 besitzt $\mathbb{K}$ ein endliches oder abzählbar unendliches System von orthonormierten Eigenfunktionen $\{\varphi_i\}_{i=1,2,\ldots} \subset \mathcal{H}$. Dann gilt für alle $i = 1, 2, \ldots$

$$\int_G K(x, y)\varphi_i(y) \, dy = \lambda_i \varphi_i(x), \qquad x \in G,$$

mit $|\lambda_1| \geq |\lambda_2| \geq \ldots > 0$ und mit $\lambda_i \to 0$ ($i \to \infty$), falls es unendlich viele Eigenfunktionen gibt. Nach der Regularitätsaussage (6) folgt $\varphi_i \in \mathcal{D}$, $i = 1, 2, \ldots$ Ferner gilt für $g = \mathbb{K}f$ mit beliebigem $f \in \mathcal{D}$ im Hilbertraum die Identität

$$g = \mathbb{K}f = \sum_{i=1,2,\ldots} \lambda_i (\varphi_i, f)\varphi_i = \sum_{i=1,2,\ldots} (\mathbb{K}\varphi_i, f)\varphi_i$$

$$= \sum_{i=1,2,\ldots} (\varphi_i, \mathbb{K}f)\varphi_i = \sum_{i=1,2,\ldots} (\varphi_i, g)\varphi_i$$

beziehungsweise (3) mit den in (4) erklärten Fourierkoeffizienten g_i. Falls zusätzlich $\alpha \in [0, \frac{n}{2})$ vorausgesetzt wird, ist $\mathbb{K} : L^2(G) \to C^0(G)$ nach Satz 2 aus § 2 ein beschränkter linearer Operator mit

$$\|\mathbb{K}f\|_{C^0(G)} \leq C\|f\|_{L^2(G)} \qquad \text{für alle} \quad f \in \mathcal{D}.$$

Somit wird die im Hilbertraum $\mathcal{H} = L^2(G, \mathbb{C})$ konvergente Reihe

$$\sum_{i=1,2,\dots} (\varphi_i, f)\varphi_i$$

durch $\mathbb{K}$ in die gleichmäßig konvergente Reihe

$$\sum_{i=1,2,\dots} \lambda_i(\varphi_i, f)\varphi_i = \mathbb{K}\Big(\sum_{i=1,2,\dots} (\varphi_i, f)\varphi_i \Big) = g$$

überführt.   q.e.d.

Satz 2. (Entwicklungssatz für Integralkerne)
Sei $K = K(x, y) : G \times G \to \mathbb{C}$ ein Hermitescher Integralkern der Klasse $\mathcal{S}_0(G, \mathbb{C})$, welcher auf $G \times G$ stetig ist. Für den zugehörigen Integraloperator $\mathbb{K}$ gelte

$$(f, \mathbb{K}f) \geq 0 \qquad \text{für alle} \quad f \in \mathcal{D}. \tag{7}$$

Dann haben wir in jedem Kompaktum $\Gamma \subset G$ die gleichmäßig konvergente Reihendarstellung

$$K(x, y) = \sum_{i=1}^{\infty} \lambda_i \varphi_i(x)\overline{\varphi_i(y)}, \qquad (x, y) \in \Gamma \times \Gamma. \tag{8}$$

Beweis:

1. Wir zeigen zunächst, daß

$$K(x, x) \geq 0 \qquad \text{für alle} \quad x \in G \tag{9}$$

erfüllt ist. Hierzu verwenden wir eine Funktion $\varphi = \varphi(y) : \mathbb{R}^n \to [0, +\infty) \in C^0(\mathbb{R}^n)$ mit

$$\varphi(y) = 0, \quad |y| \geq 1, \qquad \text{und} \qquad \int_{\mathbb{R}^n} \varphi(y)\, dy = 1.$$

Zu beliebigem $\delta > 0$ betrachten wir die approximativen Punktmassen um $x \in G$

$$f_\delta(y) := \frac{1}{\delta^n}\varphi\Big(\frac{1}{\delta}(y - x)\Big), \qquad y \in \mathbb{R}^n.$$

Einsetzen von $f_\delta \in \mathcal{D}$ in (7) liefert

$$0 \leq (f_\delta, \mathbb{K}f_\delta) = \int\limits_{\mathbb{R}^n} \int\limits_{\mathbb{R}^n} f_\delta(y) K(y,z) f_\delta(z) \, dy \, dz$$

$$= \int\limits_{\mathbb{R}^n} \int\limits_{\mathbb{R}^n} K(x,x) f_\delta(y) f_\delta(z) \, dy \, dz$$

$$+ \int\limits_{\mathbb{R}^n} \int\limits_{\mathbb{R}^n} (K(y,z) - K(x,x)) f_\delta(y) f_\delta(z) \, dy \, dz$$

$$= K(x,x) + \int\limits_{\mathbb{R}^n} \int\limits_{\mathbb{R}^n} (K(y,z) - K(x,x)) f_\delta(y) f_\delta(z) \, dy \, dz.$$

Da der zweite Anteil auf der rechten Seite für $\delta \to 0$ verschwindet, folgt (9).

2. Wir zeigen nun die Richtigkeit von

$$0 \leq \sum_{i=1}^{\infty} \lambda_i |\varphi_i(x)|^2 \leq K(x,x) < +\infty \qquad \text{für alle} \quad x \in G. \qquad (10)$$

Wir erklären den Integralkern

$$K_N(x,y) := K(x,y) - \sum_{i=1}^{N} \lambda_i \varphi_i(x)\overline{\varphi_i(y)}$$

mit dem zugehörigen Integraloperator $\mathbb{K}_N$. Letzterer erfüllt

$$(f, \mathbb{K}_N f) = \sum_{i=N+1}^{\infty} \lambda_i |(\varphi_i, f)|^2 \geq 0 \qquad \text{für alle} \quad f \in \mathcal{D}.$$

Aus Teil 1 des Beweises erhalten wir $K_N(x,x) \geq 0$ für alle $x \in G$ beziehungsweise

$$K(x,x) \geq \sum_{i=1}^{N} \lambda_i \varphi_i(x)\overline{\varphi_i(x)}, \qquad x \in G,$$

für alle $N \in \mathbb{N}$, woraus (10) folgt.

3. Sei nun $x \in G$ fest gewählt. Dann können wir für beliebiges $\varepsilon > 0$

$$\sum_{i=N+1}^{\infty} |\lambda_i \varphi_i(x)\overline{\varphi_i(y)}| \leq \sqrt{\sum_{i=N+1}^{\infty} \lambda_i |\varphi_i(x)|^2} \sqrt{\sum_{i=N+1}^{\infty} \lambda_i |\varphi_i(y)|^2}$$

$$\leq \varepsilon \sqrt{K(y,y)} \leq \varepsilon \cdot \text{const}, \qquad y \in G,$$

für alle $N \geq N_0(\varepsilon)$ abschätzen. Also gilt für jedes feste $x \in G$:

Die Reihe $\Phi(y) := \sum_{i=1}^{\infty} \lambda_i \varphi_i(x)\overline{\varphi_i(y)}$ konvergiert gleichmäßig in G.

$$(11)$$

4. Gemäß Satz 4 aus §7 haben wir die Beziehung

$$K(x,y) = \sum_{i=1}^{\infty} \lambda_i \varphi_i(x) \overline{\varphi_i(y)} \tag{12}$$

im $L^2(G \times G, \mathbb{C})$-Sinne. Für beliebiges $x \in G$ und $f \in C_0^0(G)$ erhalten wir mit (11) und (12) die Identität

$$\int_G K(x,y) f(y)\, dy = \lim_{N \to \infty} \int_G \Big(\sum_{i=1}^{N} \lambda_i \varphi_i(x) \overline{\varphi_i(y)} \Big) f(y)\, dy$$

$$= \int_G \Big(\sum_{i=1}^{\infty} \lambda_i \varphi_i(x) \overline{\varphi_i(y)} \Big) f(y)\, dy.$$

Hieraus folgt

$$\int_G \Big(K(x,y) - \sum_{i=1}^{\infty} \lambda_i \varphi_i(x) \overline{\varphi_i(y)} \Big) f(y)\, dy = 0 \qquad \text{für alle} \quad f \in C_0^0(G).$$

Da $K \in C^0(G \times G)$ gilt und die Reihe im Integranden stetig in $y \in G$ ist, haben wir die punktweise Identität

$$K(x,y) = \sum_{i=1}^{\infty} \lambda_i \varphi_i(x) \overline{\varphi_i(y)} \qquad \text{für alle} \quad x, y \in G. \tag{13}$$

5. Speziell für $x = y$ entnehmen wir (13)

$$K(x,x) = \sum_{i=1}^{\infty} \lambda_i |\varphi_i(x)|^2, \qquad x \in G,$$

und die Reihe konvergiert nach dem Satz von Dini gleichmäßig in jedem Kompaktum $\Gamma \subset G$. Schließlich erhalten wir für beliebiges $\varepsilon > 0$ und geeignetes $N \geq N_0(\varepsilon)$ die Ungleichung

$$\Big| \sum_{i=N+1}^{\infty} \lambda_i \varphi_i(x) \overline{\varphi_i(y)} \Big| \leq \sqrt{\sum_{i=N+1}^{\infty} \lambda_i |\varphi_i(x)|^2} \sqrt{\sum_{i=N+1}^{\infty} \lambda_i |\varphi_i(y)|^2} \leq \varepsilon^2$$

für alle $(x, y) \in \Gamma \times \Gamma$. q.e.d.

Satz 3. (Sturm-Liouvillesches Eigenwertproblem)
Zu $a, b \in \mathbb{R}$ mit $a < b$ und den Koeffizientenfunktionen

$$p = p(x) \in C^1([a, b], (0, +\infty)), \qquad q = q(x) \in C^0([a, b], \mathbb{R})$$

betrachten wir den Sturm-Liouville-Operator

$$\mathbb{L}u(x) := -(p(x)u'(x))' + q(x)u(x), \qquad x \in [a,b],$$

mit $\mathbb{L} : C^2([a,b],\mathbb{C}) \to C^0([a,b],\mathbb{C})$. *Ferner erklären wir die reellen Randoperatoren* $\mathbb{B}_j : C^2([a,b],\mathbb{C}) \to \mathbb{C}$, $j = 1,2$, *gemäß*

$$\mathbb{B}_1 u := c_1 u(a) + c_2 u'(a) \qquad mit \quad c_1^2 + c_2^2 > 0$$

und

$$\mathbb{B}_2 u := d_1 u(b) + d_2 u'(b) \qquad mit \quad d_1^2 + d_2^2 > 0$$

sowie den Definitionsbereich

$$\mathcal{D} := \Big\{ u \in C^2([a,b],\mathbb{C}) \ : \ \mathbb{B}_1 u = 0 = \mathbb{B}_2 u \Big\}.$$

Behauptungen: *Dann gibt es eine Folge* $\{\lambda_i\}_{i=1,2,\dots} \subset \mathbb{R}$ *von Eigenwerten mit*

$$-\infty < \lambda_1 \le \lambda_2 \le \dots \qquad und \qquad \lim_{i \to \infty} \lambda_i = +\infty$$

und Eigenfunktionen $\{\varphi_i\}_{i=1,2,\dots} \subset \mathcal{D}$ *mit den folgenden Eigenschaften:*

a) Es gilt

$$\mathbb{L}\varphi_i = \lambda_i \varphi_i, \qquad \int_a^b \overline{\varphi_i(x)}\varphi_j(x)\,dx = \delta_{ij} \qquad \textit{für alle} \quad i,j \in \mathbb{N},$$

und die Identität

$$\sum_{i=1}^\infty \Big| \int_a^b \overline{\varphi_i(x)} f(x)\,dx \Big|^2 = \int_a^b |f(x)|^2\,dx \qquad \textit{für alle} \quad f \in \mathcal{D}$$

   ist erfüllt.

b) Jedes $g \in \mathcal{D}$ *läßt sich wie folgt in eine im Intervall* $[a,b]$ *gleichmäßig konvergente Reihe entwickeln:*

$$g(x) = \sum_{i=1}^\infty g_i \varphi_i(x), \quad x \in [a,b], \qquad mit \quad g_i := \int_a^b \overline{\varphi_i(x)} g(x)\,dx, \quad i \in \mathbb{N}.$$

c) Gilt $\lambda_i \neq 0$ *für alle* $i \in \mathbb{N}$, *so konvergiert die Reihe*

$$\sum_{i=1}^\infty \frac{1}{\lambda_i} \varphi_i(x)\overline{\varphi_i(y)}, \qquad (x,y) \in [a,b] \times [a,b],$$

gleichmäßig gegen die Greensche Funktion K *von* $\mathbb{L}$ *mit den Randbedingungen* $\mathbb{B}_1 = 0 = \mathbb{B}_2$.

Beweis: Wir schließen an die Überlegungen aus § 1 zum Sturm-Liouvilleschen Eigenwertproblem an.

1. Alle Eigenwerte von $\mathbb{L}$ sind reell. Da die Koeffizientenfunktionen p und q reell sind, erhalten wir aus Hilfssatz 1 in § 1 durch Trennung in Real- und Imaginärteil die Aussage

$$\int_a^b \overline{\mathbb{L}u(x)}v(x)\,dx = \int_a^b u(x)\overline{\mathbb{L}v(x)}\,dx \qquad \text{für alle} \quad u,v \in \mathcal{D}. \tag{14}$$

Wir berechnen

$$\overline{\lambda_i}\int_a^b |\varphi_i(x)|^2\,dx = \int_a^b \overline{\lambda_i\varphi_i(x)}\varphi_i(x)\,dx = \int_a^b \overline{\mathbb{L}\varphi_i}\,\varphi_i\,dx$$

$$= \int_a^b \overline{\varphi_i}\mathbb{L}\varphi_i\,dx = \int_a^b \overline{\varphi_i}\lambda_i\varphi_i\,dx$$

$$= \lambda_i\int_a^b |\varphi_i(x)|^2\,dx, \qquad i=1,2,\ldots$$

Somit folgt
$$\lambda_i = \overline{\lambda_i} \qquad \text{für alle} \quad i \in \mathbb{N}.$$

2. Wir zeigen nun, daß die Folge der Eigenwerte nach unten beschränkt ist. Hierzu betrachten wir die Klasse der zulässigen Funktionen

$$\mathcal{D}_0 := \Big\{ u = u(x) \in C^2([a,b],\mathbb{C}) \,:\, u(a) = 0 = u(b) \Big\}.$$

Ist $u \in \mathcal{D}_0$ Lösung von $\mathbb{L}u = \lambda u$, so folgt

$$\lambda \geq q_* := \inf_{a \leq x \leq b} q(x). \tag{15}$$

Mittels partieller Integration berechnen wir nämlich

$$\lambda \int_a^b |u(x)|^2\,dx = \lambda \int_a^b \overline{u(x)}u(x)\,dx = \int_a^b \overline{\mathbb{L}u(x)}u(x)\,dx$$

$$= \int_a^b \Big\{ p(x)|u'(x)|^2 + q(x)|u(x)|^2 \Big\}\,dx$$

$$\geq q_* \int_a^b |u(x)|^2\,dx.$$

Wir zeigen nun indirekt, daß $\mathbb{L}$ auf $\mathcal{D}$ höchstens zwei Eigenwerte kleiner als q_* hat. Angenommen es gibt drei Eigenfunktionen $\varphi_1, \varphi_2, \varphi_3 \in \mathcal{D}$ mit

$$\mathbb{L}\varphi_i = \lambda_i \varphi_i, \quad i = 1,2,3, \qquad \text{und} \qquad \lambda_1 \leq \lambda_2 \leq \lambda_3 < q_*.$$

Dann können wir Zahlen $\alpha_1, \alpha_2, \alpha_3 \in \mathbb{C}$ mit $|\alpha_1|^2 + |\alpha_2|^2 + |\alpha_3|^2 = 1$ so finden, daß

$$v := \sum_{i=1}^{3} \alpha_i \varphi_i \in \mathcal{D}_0$$

erfüllt ist. Wegen (15) folgt nun

$$q_* \int_a^b |v(x)|^2\, dx \leq \int_a^b \overline{\mathbb{L}v(x)}\, v(x)\, dx = \int_a^b \overline{\Big(\sum_{i=1}^{3} \lambda_i \alpha_i \varphi_i\Big)} \Big(\sum_{j=1}^{3} \alpha_j \varphi_j\Big) dx$$

$$= \int_a^b \sum_{i=1}^{3} \lambda_i |\alpha_i|^2 |\varphi_i(x)|^2\, dx \leq \lambda_3 \int_a^b \sum_{i=1}^{3} |\alpha_i|^2 |\varphi_i(x)|^2\, dx$$

$$= \lambda_3 \int_a^b |v(x)|^2\, dx.$$

Wir erhalten $\lambda_3 \geq q_*$ im Widerspruch zu $\lambda_3 < q_*$.

3. Nennen wir $\lambda_1 \in \mathbb{R}$ den nach Teil 2 des Beweises existenten kleinsten Eigenwert von $\mathbb{L}$ auf $\mathcal{D}$, so erhalten wir mit

$$\widetilde{\mathbb{L}} := \mathbb{L} - \lambda_1 \mathbb{E} + \mathbb{E}$$

einen Sturm-Liouville-Operator mit den Eigenwerten $\widetilde{\lambda}_k \geq 1$, $k = 1, 2, \ldots$ Nach §1, Satz 1 existiert für $\mathbb{L}$ auf $\mathcal{D}$ eine symmetrische Greensche Funktion $K = K(x, y)$, $(x, y) \in [a, b] \times [a, b]$, der Klasse $C^0([a, b] \times [a, b], \mathbb{R})$. Beachten wir nun Satz 2 aus §1 und verwenden wir für die dort angegebene Integralgleichung den obigen Satz 1, so erhalten wir eine Folge von Eigenfunktionen $\{\varphi_i\}_{i=1,2,\ldots} \subset \mathcal{D}$ mit

$$\mathbb{L}\varphi_i = \lambda_i \varphi_i, \quad i \in \mathbb{N}, \qquad \text{und} \qquad \lambda_1 \leq \lambda_2 \leq \ldots \to +\infty.$$

Den obigen Sätzen 1 und 2 können wir nun alle Behauptungen entnehmen.
q.e.d.

§9 Das Weylsche Eigenwertproblem für den Laplaceoperator

Wir benötigen die folgende Verallgemeinerung des Gaußschen Satzes, welche keine Regularitätsforderungen an den Rand des Gebietes stellt:

Hilfssatz 1. *I. Sei $G \subset \mathbb{R}^n$ ein beschränktes Gebiet, in welchem die $N \in \mathbb{N}_0$ paarweise disjunkten Kugeln*

$$K_j := \left\{ x \in \mathbb{R}^n \; : \; |x - x^{(j)}| \le r_j \right\}, \qquad j = 1, 2, \ldots, N,$$

mit den Radien $r_j > 0$ und den Mittelpunkten $x^{(j)}$ enthalten sind. Wir setzen

$$G' := G \setminus \{x^{(1)}, \ldots, x^{(N)}\} \qquad und \qquad G'' := G \setminus \bigcup_{j=1}^{N} K_j.$$

Den topologischen Abschluß der Menge G'' bezeichnen wir mit $\overline{G''}$.
II. Für zwei Funktionen $u, v \in C^2(G') \cap C^0(\overline{G''})$ gelte

$$u|_{\partial G} = 0 = v|_{\partial G}; \qquad \int_{G''} \left\{ |\Delta u(x)| + |\Delta v(x)| \right\} dx < +\infty.$$

Behauptung: *Dann ist die Identität*

$$\int_{G''} (v \Delta u + \nabla v \cdot \nabla u) \, dx = - \sum_{j=1}^{N} \int_{|x - x^{(j)}| = r_j} v \frac{\partial u}{\partial \nu_j} \, d\Omega_j \tag{1}$$

erfüllt. Hierbei ist ν_j die äußere Normale an K_j, und $d\Omega_j$ bezeichnet das Oberflächenelement auf $\{x \; : \; |x - x^{(j)}| = r_j\} = \partial K_j$ für $j = 1, \ldots, N$.

Aus Hilfssatz 1 folgt sofort der

Hilfssatz 2. *Unter den Voraussetzungen von Hilfssatz 1 gilt die Greensche Identität*

$$\int_{G''} (v \Delta u - u \Delta v) \, dx = - \sum_{j=1}^{N} \int_{|x - x^{(j)}| = r_j} \left(v \frac{\partial u}{\partial \nu_j} - u \frac{\partial v}{\partial \nu_j} \right) d\Omega_j. \tag{2}$$

Beweis von Hilfssatz 1:

1. Wir nehmen zunächst an, daß zusätzlich zu den Voraussetzungen $v \in C_0^0(G)$ erfüllt ist und betrachten das Vektorfeld $f = v \nabla u$. Der Gaußsche Satz liefert dann die Identität

$$\int_{G''} (v \Delta u + \nabla v \cdot \nabla u) \, dx = - \sum_{j=1}^{N} \int_{|x - x^{(j)}| = r_j} v \frac{\partial u}{\partial \nu_j} \, d\Omega_j. \tag{3}$$

Eine beliebige Funktion $v \in C^2(G') \cap C^0(\overline{G''})$ approximieren wir nun durch Folgen $\{v_k\}_{k=1,2,\ldots}$ wie folgt:

Sei $\{w_k(t)\}_{k=1,2,\ldots} \subset C^\infty(\mathbb{R}, [0,1]))$ eine Funktionenfolge mit der Eigenschaft

$$w_k(t) = \begin{cases} 1, & |t| \geq \dfrac{1}{k} \\[2mm] 0, & |t| \leq \dfrac{1}{2k} \end{cases}, \qquad k = 1, 2, \ldots$$

Für die Funktionen

$$\varphi_k(t) := \int_0^t w_k(s)\, ds, \qquad t \in \mathbb{R},$$

gilt dann

$$\varphi_k(0) = 0, \qquad \varphi_k'(t) = w_k(t), \qquad k = 1, 2, \ldots,$$

und wir können abschätzen

$$|\varphi_k(t) - t| = \left| \int_0^t (w_k(s) - 1)\, ds \right| \leq \frac{2}{k}, \qquad k = 1, 2, \ldots$$

Wir erklären nun die Folge

$$v_k(x) := \varphi_k(v(x)), \qquad x \in \overline{G''}, \qquad k = 1, 2, \ldots \tag{4}$$

und beachten

$$|v_k(x) - v(x)| = |\varphi_k(v(x)) - v(x)| \leq \frac{2}{k} \to 0 \ (k \to \infty)$$

für alle $x \in G''$ beziehungsweise

$$v_k(x) \to v(x) \ (k \to \infty) \qquad \text{gleichmäßig in } \overline{G''}. \tag{5}$$

2. Wir zeigen nun, daß

$$E := \left\{ x \in G'' \ : \ v(x) = 0, \ \nabla v(x) \neq 0 \right\}$$

eine Lebesguesche Nullmenge ist. Dazu sei $z \in E$ beliebig gewählt. Für hinreichend kleines $\varepsilon > 0$ ist dann

$$E \cap \left\{ x \in G'' \ : \ |x - z| < \varepsilon \right\}$$

ein Graph und somit eine Lebesguesche Nullmenge, wie man dem Satz über implizite Funktionen entnimmt. Wir schöpfen G'' durch eine Würfelzerlegung aus. Zu jedem $z \in E$ erhalten wir einen hinreichend kleinen Würfel $z \in W \subset G''$, so daß $W \cap E$ eine Lebesguesche Nullmenge ist. Nun ist E abzählbare Vereinigung solcher Mengen $W \cap E$, und die σ-Additivität des Lebesguemaßes liefert die Behauptung.

3. Nun gilt für alle $x \in G'' \setminus E$

$$\nabla v_k(x) = \varphi_k'(v(x))\nabla v(x) = w_k(v(x))\nabla v(x) \to \nabla v(x) \ (k \to \infty),$$

also nach 2. f.ü. in G''. Wir gehen in (3) mit $v = v_k$

$$\int\limits_{G''} (v_k \Delta u + \nabla v_k \cdot \nabla u)\, dx = -\sum_{j=1}^{N} \int\limits_{|x-x^{(j)}|=r_j} v_k \frac{\partial u}{\partial \nu_j}\, d\Omega_j, \qquad k \in \mathbb{N},$$

zur Grenze $k \to \infty$ über und erhalten

$$\int\limits_{G''} v(x)\Delta u(x)\, dx + \lim_{k \to \infty} \int\limits_{G''} (\nabla v_k(x) \cdot \nabla u(x))\, dx$$
$$= -\sum_{j=1}^{N} \int\limits_{|x-x^{(j)}|=r_j} v(x) \frac{\partial u(x)}{\partial \nu_j}\, d\Omega_j. \tag{6}$$

Setzen wir $v(x) = u(x)$ in (6) ein und beachten

$$\nabla v_k(x) = w_k(u(x))\nabla u(x),$$

so folgt

$$\int\limits_{G''} u(x)\Delta u(x)\, dx + \lim_{k \to \infty} \int\limits_{G''} w_k(u(x))|\nabla u(x)|^2\, dx$$
$$= -\sum_{j=1}^{N} \int\limits_{|x-x^{(j)}|=r_j} u(x) \frac{\partial u(x)}{\partial \nu_j}\, d\Omega_j. \tag{7}$$

Der Fatousche Satz liefert nun

$$\int\limits_{G''} |\nabla u(x)|^2\, dx < +\infty \quad \text{und ebenso} \quad \int\limits_{G''} |\nabla v(x)|^2\, dx < +\infty. \tag{8}$$

Wegen

$$|\nabla v_k(x) \cdot \nabla u(x)| = |w_k(v(x))|\, |\nabla v(x) \cdot \nabla u(x)|$$
$$\leq \frac{1}{2}(|\nabla u(x)|^2 + |\nabla v(x)|^2), \qquad x \in G'',$$

haben wir also eine integrable Majorante für den Grenzwert in (6). Mit dem Lebesgueschen Konvergenzsatz folgt die behauptete Identität (1).

q.e.d.

Wir setzen nun die Überlegungen aus § 1 über das Eigenwertproblem der n-dimensionalen Schwingungsgleichung fort: Sei $G \subset \mathbb{R}^n$ ein beschränktes Dirichletgebiet. Auf dem linearen Raum

$$\mathcal{E} := \Big\{ u = u(x) \in C^2(G) \cap C^0(\overline{G}) : u|_{\partial G} = 0 \Big\}$$

betrachten wir das *Weylsche Eigenwertproblem*

$$-\Delta u(x) = \lambda u(x), \quad x \in G, \qquad \text{mit} \quad u \in \mathcal{E} \setminus \{0\} \quad \text{und} \quad \lambda \in \mathbb{R}. \tag{9}$$

Hilfssatz 3. *Für alle Eigenwerte λ von (9) gilt $\lambda > 0$.*

Beweis: Sei $u \in \mathcal{E} \setminus \{0\}$ eine Lösung von (9) zum Eigenwert $\lambda \in \mathbb{R}$. Dann gilt

$$\int\limits_G |\Delta u(x)|\, dx = |\lambda| \int\limits_G |u(x)|\, dx < +\infty,$$

und Anwendung von Hilfssatz 1 mit $v = u$ liefert

$$\int\limits_G |\nabla u(x)|^2\, dx = - \int\limits_G u(x) \Delta u(x)\, dx = \lambda \int\limits_G |u(x)|^2\, dx$$

beziehungsweise

$$\lambda = \frac{\displaystyle\int\limits_G |\nabla u(x)|^2\, dx}{\displaystyle\int\limits_G |u(x)|^2\, dx} > 0.$$

q.e.d.

Bemerkung: In der letzten Formel erscheint der *Rayleighquotient*.

Wir notieren im folgenden nicht extra den Fall $n = 2$ und verwenden für $n = 3, 4, \dots$ die Greensche Funktion

$$H(x, y) = \frac{1}{(n-2)\omega_n} \frac{1}{|y - x|^{n-2}} + h(x, y), \qquad (x, y) \in G \otimes G. \tag{10}$$

Eine Lösung u von (9) liegt offenbar im Raum

$$\mathcal{D} := \Big\{ u = u(x) \in C^0(G) : \sup_{x \in G} |u(x)| < +\infty \Big\} = C^0(G) \cap L^\infty(G)$$

und genügt dem Integralgleichungsproblem

$$u(x) = \lambda \int\limits_G H(x, y) u(y)\, dy, \quad x \in G, \qquad \text{mit} \quad u \in \mathcal{D} \setminus \{0\} \quad \text{und} \quad \lambda \in \mathbb{R}. \tag{11}$$

Letztere Aussage können wir mit den obigen Hilfssätzen 1 und 2 wie in §1 herleiten (vergleiche den dortigen Satz 3). Bereits nachgewiesen haben wir auch die Symmetrie der Greenschen Funktion

$$\begin{aligned} H &= H(x, y) \in \mathcal{S}_{n-2}(G), \\ 0 &\le H(x, y) = H(y, x), \qquad (x, y) \in G \otimes G. \end{aligned} \tag{12}$$

Wir wollen nun zeigen, daß eine Lösung u von (11) auch (9) löst.

Hilfssatz 4. *Sei $u = u(x) \in \mathcal{D}$ gegeben und*

$$v(x) := \int\limits_G H(x,y)u(y)\,dy, \qquad x \in G,$$

erklärt. Dann folgt $v \in C^0(\overline{G})$ und $v|_{\partial G} = 0$.

Beweis: Mit der Funktion

$$\Theta(t) = \begin{cases} 0, & 0 \le t \le 1 \\ t - 1, & 1 \le t \le 2 \\ 1, & 2 \le t \end{cases}$$

erklären wir den stetigen Integralkern

$$H_\delta(x,y) := H(x,y)\Theta\Big(\frac{|x-y|}{\delta}\Big)$$

$$= \Theta\Big(\frac{|x-y|}{\delta}\Big)\Big(\frac{1}{(n-2)\omega_n}|y-x|^{2-n} + h(x,y)\Big), \qquad \delta > 0.$$

Für alle $\delta > 0$ ist dann

$$v_\delta(x) := \int\limits_G H_\delta(x,y)u(y)\,dy, \qquad x \in \overline{G},$$

stetig in $\overline{G}$, und es gilt $v_\delta|_{\partial G} = 0$. Weiter haben wir für alle $x \in G$

$$|v_\delta(x) - v(x)| \le \int\limits_G \Big|\Theta\Big(\frac{|x-y|}{\delta}\Big) - 1\Big|\,|H(x,y)|\,|u(y)|\,dy$$

$$\le \int\limits_{y:|y-x|\le 2\delta} \frac{c}{|y-x|^{n-2}}\,dy \le \gamma(\delta) \to 0 \ (\delta \downarrow 0). \tag{13}$$

Somit folgt

$$v_\delta(x) \to v(x) \ (\delta \downarrow 0) \qquad \text{gleichmäßig in} \quad G$$

und daher $v \in C^0(\overline{G})$ und $v|_{\partial G} = 0$. q.e.d.

Hilfssatz 5. *Sei u eine Lösung von (11). Dann folgt $u \in C^2(G)$, und es gilt*

$$-\Delta u(x) = \lambda u(x), \qquad x \in G.$$

Beweis: Zu einem beliebigen $z \in G$ wählen wir ein $\varepsilon > 0$ so klein, daß die Inklusion

$$K_\varepsilon(z) := \Big\{x \in \mathbb{R}^n \ : \ |x - z| \le \varepsilon\Big\} \subset G$$

erfüllt ist. Aus der Integralgleichung (11) folgt dann

$$u(x) = \lambda \int\limits_{K_\varepsilon(z)} \frac{1}{(n-2)\omega_n} \frac{1}{|y-x|^{n-2}} u(y)\, dy$$

$$+\lambda \int\limits_{G\backslash K_\varepsilon(z)} \frac{1}{(n-2)\omega_n} \frac{1}{|y-x|^{n-2}} u(y)\, dy + \int\limits_G h(x,y)u(y)\, dy \qquad (14)$$

$$= \lambda \int\limits_{K_\varepsilon(z)} \frac{1}{(n-2)\omega_n} \frac{1}{|y-x|^{n-2}} u(y)\, dy + \psi_{z,\varepsilon}(x), \qquad x \in \overset{\circ}{K_\varepsilon}(z)\,.$$

Hier ist $\psi_{z,\varepsilon}(x)$ harmonisch in $\overset{\circ}{K_\varepsilon}(z)$. Wir können nun (14) einmal (aber nicht zweimal!) differenzieren und erhalten mit Hilfe des Gaußschen Satzes

$$\nabla u(x) = \lambda \int\limits_{K_\varepsilon(z)} \frac{1}{(n-2)\omega_n} \Big(\nabla_x \frac{1}{|y-x|^{n-2}}\Big) u(y)\, dy + \nabla\psi_{z,\varepsilon}(x)$$

$$= -\lambda \int\limits_{K_\varepsilon(z)} \frac{1}{(n-2)\omega_n} \Big(\nabla_y \frac{1}{|y-x|^{n-2}}\Big) u(y)\, dy + \nabla\psi_{z,\varepsilon}(x)$$

$$= -\lambda \int\limits_{K_\varepsilon(z)} \frac{1}{(n-2)\omega_n} \nabla_y \Big(\frac{u(y)}{|y-x|^{n-2}}\Big)\, dy$$

$$+\lambda \int\limits_{K_\varepsilon(z)} \frac{1}{(n-2)\omega_n} \frac{\nabla u(y)}{|y-x|^{n-2}} u(y)\, dy + \nabla\psi_{z,\varepsilon}(x) \qquad (15)$$

$$= -\lambda \int\limits_{\partial K_\varepsilon(z)} \frac{1}{(n-2)\omega_n} \frac{u(y)}{|y-x|^{n-2}} \nu(y)\, d\Omega(y)$$

$$+\lambda \int\limits_{K_\varepsilon(z)} \frac{1}{(n-2)\omega_n} \frac{\nabla u(y)}{|y-x|^{n-2}}\, dy + \nabla\psi_{z,\varepsilon}(x)$$

für alle $x \in \overset{\circ}{K_\varepsilon}(z)$. Dabei ist $\nu(y)$ die äußere Normale an $K_\varepsilon(z)$ und $d\Omega(y)$ das Oberflächenelement auf $\partial K_\varepsilon(z)$. Wir entnehmen (15) die Aussage

$$u \in C^2(G), \qquad (16)$$

denn $z \in G$ konnte beliebig gewählt werden. Differenzieren wir (15) nochmals, wählen $x = z$ und berechnen $\varepsilon \downarrow 0$, so folgt

$$\Delta u(z) = \lim_{\varepsilon\downarrow 0}\Big\{ -\lambda \int\limits_{\partial K_\varepsilon(z)} \frac{1}{(n-2)\omega_n} \Big(\nabla_x \frac{u(y)}{|y-x|^{n-2}}\Big)\Big|_{x=z} \nu(y)\, d\Omega(y)\Big\}$$

$$+\lim_{\varepsilon\downarrow 0}\Big\{ \lambda \int\limits_{K_\varepsilon(z)} \frac{1}{(n-2)\omega_n} \Big(\nabla_x \frac{\nabla u(y)}{|y-x|^{n-2}}\Big)\Big|_{x=z}\, dy\Big\} \qquad (17)$$

$$= -\lambda u(z) + 0 = -\lambda u(z) \qquad \text{für alle} \quad z \in G.$$

q.e.d.

Wir fassen unsere Überlegungen zusammen zum

Hilfssatz 6. *Es löst u das Eigenwertproblem (9) genau dann, wenn u das Eigenwertproblem (11) löst.*

Satz 1. (H. Weyl)
Auf jedem beschränkten Dirichletgebiet $G \subset \mathbb{R}^n$, $n = 2, 3, \ldots$, besitzt der Laplaceoperator ein v.o.n.S. von Eigenfunktionen $\varphi_k \in \mathcal{E}$, $k = 1, 2, \ldots$, das heißt

$$-\Delta\varphi_k(x) = \lambda_k\varphi_k(x), \quad x \in G, \qquad k = 1, 2, \ldots, \tag{18}$$

und für die Eigenwerte gilt

$$0 < \lambda_1 \le \lambda_2 \le \lambda_3 \le \ldots \to +\infty. \tag{19}$$

Beweis: Äquivalent zu (9) betrachten wir das Integral-Eigenwert-Problem (11),

$$\int_G H(x, y)u(y)\, dy = \mu u(x), \quad x \in G, \qquad \mu = \frac{1}{\lambda},$$

mit dem symmetrischen, schwach singulären Kern $H(x, y)$ aus (12). Die Aussagen des Satzes können wir nun §8, Satz 1 entnehmen.

q.e.d.

Bemerkungen:

1. Im $\mathbb{R}^2$ und $\mathbb{R}^3$ können wir jede Funktion $f \in \mathcal{E}$ sogar gleichmäßig nach den Eigenfunktionen des Laplaceoperators entwickeln.
2. Für den kleinsten Eigenwert λ_1 auf dem beschränkten Gebiet $G \subset \mathbb{R}^n$ gilt

$$\lambda_1(G) = \inf_{\varphi \in W_0^{1,2}(G) \cap G^0(\overline{G}),\, \varphi \ne 0} \frac{\displaystyle\int_G |\nabla\varphi(x)|^2\, dx}{\displaystyle\int_G |\varphi(x)|^2\, dx}. \tag{20}$$

Wir verweisen hierzu auf die Sobolevräume in §1 und §2 von Kapitel X. Aus (20) ersieht man sofort die *Monotonieeigenschaft des kleinsten Eigenwertes*

$$G \subset G_* \quad \Rightarrow \quad \lambda_1(G) \ge \lambda_1(G_*). \tag{21}$$

Mit einem Regularitätssatz für schwache Lösungen der Laplacegleichung zeigt man die *strikte Monotonieeigenschaft*

$$G \subset\subset G_* \quad \Rightarrow \quad \lambda_1(G) > \lambda_1(G_*). \tag{22}$$

Wir verweisen hierzu auf [CH], Band II, Kapitel VI.

3. Vergleicht man hinreichend reguläre Gebiete $G \subset \mathbb{R}^n$ mit der inhaltsgleichen Kugel $K \subset \mathbb{R}^n$, d.h. es gilt $|K| = |G|$, so folgt

$$\lambda_1(G) \geq \lambda_1(K). \tag{23}$$

Gleichheit tritt nur dann ein, wenn G bereits eine Kugel im $\mathbb{R}^n$ ist. Dieser *Satz von Faber und Krahn* beruht auf der isoperimetrischen Ungleichung im $\mathbb{R}^n$ und wurde bereits von Rayleigh in seinem Buch „Theory of the sound" vermutet. Für den Fall $n = 2$ verweisen wir auf

E. Krahn: *Über eine von Rayleigh formulierte Minimaleigenschaft des Kreises.* Mathematische Annalen, Bd. 94 (1924), S. 97-100.

4. Ist $\varphi \in \mathcal{E}$ eine Lösung von (9) zum Eigenwert $\lambda \in \mathbb{R}$, so gilt

$$\lambda = \lambda_1 \quad \Leftrightarrow \quad \varphi(x) \neq 0 \quad \text{für alle} \quad x \in G. \tag{24}$$

Somit ist die Eigenfunktion zum kleinsten Eigenwert λ_1 nullstellenfrei in G.

5. Über die Eigenfunktionen zu höheren Eigenwerten und insbesondere ihre Knotengebiete liegen kaum Ergebnisse vor (vergleiche [CH]).

6. Statten wir das Gebiet $G \subset \mathbb{R}^n$ mit der elliptischen Riemannschen Metrik

$$ds^2 = \sum_{i,j=1}^{n} g_{ij}(x)\, dx_i\, dx_j$$

aus, so kann man auch das Eigenwertproblem des Laplace-Beltrami-Operators

$$\Delta = \frac{1}{\sqrt{g(x)}} \sum_{i=1}^{n} \frac{\partial}{\partial x_i} \Big(\sqrt{g(x)} \sum_{j=1}^{n} g^{ij}(x) \frac{\partial}{\partial x_j} \Big) \tag{25}$$

behandeln $((g^{kl})_{kl} = (g_{ij})_{ij}^{-1}$, $g = \det(g_{ij}))$. Wir benötigen dann die Greensche Funktion für elliptische Operatoren in Divergenzform, die wiederum schwach singulär ist. Hierzu verweisen wir auf

M. Grüter, K. O. Widman: *The Green function for uniformly elliptic equations.* Manuscripta mathematica, Bd. 37 (1982), S. 303-342.

7. Auch für den kleinsten Eigenwert der Operatoren (25) sind Sätze vom Faber-Krahn-Typ richtig; man siehe hierzu

G. Polya: *Isoperimetric inequalities*, Princeton University Press, 1944

und

C. Bandle: *Isoperimetric inequalities in Mathematical Physics*, Pitman, 1984.

8. Für die Spektraltheorie unbeschränkter Operatoren verweisen wir auf das Kapitel IV: „Selbstadjungierte Operatoren im Hilbertraum" in der Monographie

H. Triebel: *Höhere Analysis*. Verlag der Wissenschaften, Berlin, 1972.

Ein einfacher Beweis des Spektralsatzes für selbstadjungierte Operatoren wurde gegeben von

H. Leinfelder: *A geometric proof of the spectral theorem for unbounded selfadjoint operators*. Mathematische Annalen, Bd. 242 (1979), S. 85-96.

IX

Lineare elliptische Differentialgleichungen

Zunächst führen wir in §1 Randwertprobleme von elliptischen Differentialgleichungen in zwei Variablen auf ein Riemann-Hilbertsches Randwertproblem zurück. Letzteres lösen wir in §2 und §3 mit der Integralgleichungsmethode von I.N. Vekua. Dann leiten wir in §4 potentialtheoretische Abschätzungen für die Lösungen der Poissongleichung her. Zur Verwendung in Kapitel XII beweisen wir entsprechende Ungleichungen für Lösungen der inhomogenen Cauchy-Riemann-Gleichung. Für elliptische Differentialgleichungen in n Variablen lösen wir in §5 und §6 das Dirichletproblem mit der Kontinuitätsmethode im klassischen Funktionenraum $C^{2+\alpha}(\overline{\Omega})$. Die hierzu notwendigen Schauderabschätzungen leiten wir im letzten Paragraphen her.

§1 Die Differentialgleichung $\Delta\phi + p(x,y)\phi_x + q(x,y)\phi_y = r(x,y)$

Im einfach-zusammenhängenden Gebiet $\Omega \subset \mathbb{C}$ haben wir die beschränkten Koeffizientenfunktionen

$$p = p(x,y),\ q = q(x,y),\ r = r(x,y) \in C^0(\Omega,\mathbb{R}),$$

und wir betrachten den Differentialoperator

$$\mathcal{L} := \Delta + p(x,y)\frac{\partial}{\partial x} + q(x,y)\frac{\partial}{\partial y}\ . \tag{1}$$

Wir setzen

$$a = a(z) := -\frac{1}{4}\left(p(x,y) + iq(x,y)\right), \qquad z = x + iy \in \Omega, \tag{2}$$

und bemerken

$$\frac{\partial}{\partial z} = \frac{1}{2}\left(\frac{\partial}{\partial x} - i\frac{\partial}{\partial y}\right), \qquad \frac{\partial}{\partial \overline{z}} = \frac{1}{2}\left(\frac{\partial}{\partial x} + i\frac{\partial}{\partial y}\right).$$

Für beliebige Funktionen $\phi = \phi(x, y) \in C^2(\Omega, \mathbb{R})$ berechnen wir

$$
\begin{aligned}
\frac{1}{4}\mathcal{L}\phi(x, y) &= \frac{1}{4}\left(\Delta\phi(x, y) + p\phi_x + q\phi_y\right) \\
&= \phi_{z\bar{z}} + \frac{1}{2}\operatorname{Re}\left\{(p + iq)\frac{1}{2}(\phi_x - i\phi_y)\right\} \\
&= \phi_{z\bar{z}} - 2\operatorname{Re}\{a(z)\phi_z(z)\} \\
&= \phi_{z\bar{z}} - a\phi_z - \bar{a}\phi_{\bar{z}} \quad \text{in} \ \ \Omega.
\end{aligned}
\tag{3}
$$

Dabei bezeichnen wir den Real- bzw. Imaginärteil einer komplexen Zahl z mit $\operatorname{Re} z$ bzw. $\operatorname{Im} z$. Wir betrachten Lösungen $f_* = f_*(z) \in C^1(\Omega, \mathbb{C}\backslash\{0\})$ der Differentialgleichung

$$
\frac{\partial}{\partial\bar{z}}f_*(z) - a(z)f_*(z) = 0 \quad \text{in} \ \ \Omega.
\tag{4}
$$

Diese haben die Form

$$
f_*(z) = F_*(z)\exp\left\{\frac{-1}{\pi}\iint\limits_{\Omega}\frac{a(\zeta)}{\zeta - z}\,d\xi\,d\eta\right\}, \quad z \in \Omega,
\tag{5}
$$

mit einer beliebigen holomorphen Funktion $F_* : \Omega \to \mathbb{C}\backslash\{0\}$ und dem *Cauchyschen Integraloperator*

$$
T_\Omega[a](z) := \frac{-1}{\pi}\iint\limits_{\Omega}\frac{a(\zeta)}{\zeta - z}\,d\xi\,d\eta, \quad z \in \Omega \ \ (\zeta = \xi + i\eta).
\tag{6}
$$

Hierbei verweisen wir auf § 5 in Kapitel IV. Wir betrachten nun die *assoziierte Gradientenfunktion*

$$
f(z) := \frac{2i}{f_*(z)}\phi_z(z), \quad z \in \Omega.
\tag{7}
$$

Mit der Koeffizientenfunktion

$$
b(z) := -\frac{1}{f_*(z)}\frac{\partial}{\partial z}\overline{f}_*(z) = -\overline{\left(\frac{1}{\overline{f}_*}\frac{\partial}{\partial\bar{z}}f_*(z)\right)}, \quad z \in \Omega,
\tag{8}
$$

berechnen wir

$$
\begin{aligned}
\frac{\partial}{\partial\bar{z}}f(z) - b(z)\overline{f}(z) &= \frac{\partial}{\partial\bar{z}}\left(\frac{2i}{f_*(z)}\phi_z(z)\right) + \frac{1}{f_*(z)}\left(\frac{\partial}{\partial z}\overline{f}_*(z)\right)\frac{-2i}{\overline{f}_*(z)}\phi_{\bar{z}}(z) \\
&= \frac{2i}{f_*}\phi_{z\bar{z}} - \frac{2i}{f_*^2}\left(\frac{\partial}{\partial\bar{z}}f_*\right)\phi_z - \frac{2i}{f_*}\left(\frac{1}{\overline{f}_*}\frac{\partial}{\partial z}\overline{f}_*\right)\phi_{\bar{z}} \\
&= \frac{2i}{f_*}\left\{\phi_{z\bar{z}} - a\phi_z - \bar{a}\phi_{\bar{z}}\right\} \\
&= \frac{i}{2f_*(z)}\mathcal{L}\phi(x, y), \quad z = x + iy \in \Omega.
\end{aligned}
\tag{9}
$$

Satz 1. *a) Genügt $\phi = \phi(x,y) \in C^2(\Omega)$ der Differentialgleichung $\mathcal{L}\phi(x,y) = r(x,y)$ in Ω, so genügt ihre assoziierte Gradientenfunktion (7) der Differentialgleichung*

$$\frac{\partial}{\partial\overline{z}}f(z) - b(z)\overline{f}(z) = \frac{i}{2f_*(z)}r(z) =: c(z), \qquad z \in \Omega. \tag{10}$$

b) Haben wir umgekehrt eine Lösung $f \in C^1(\Omega, \mathbb{C})$ von (10) im einfach zusammenhängenden Gebiet $\Omega \subset \mathbb{C}$, so erhalten wir mit dem reellen Kurvenintegral

$$\phi(x,y) := 2Re \int\limits_{z_0}^{z} \frac{1}{2i}f_*(\zeta)f(\zeta)\,d\zeta, \qquad z \in \Omega, \tag{11}$$

eine Lösung der Differentialgleichnung $\mathcal{L}\phi(x,y) = r(x,y)$ in Ω. Dabei ist $z_0 \in \Omega$ beliebig gewählt.

Beweis: a) folgt aus der Identität (9).
b) Zunächst erhalten wir aus (8) die Differentialgleichung

$$\frac{\partial}{\partial\overline{z}}f_*(z) + \overline{b(z)}\,\overline{f_*(z)} = 0, \qquad z \in \Omega.$$

Ferner ist das Kurvenintegral aus (11) unabhängig vom gewählten Weg ist. Ist nämlich $G \subset\subset \Omega$ ein beliebiges Normalgebiet, so folgt mit dem Gaußschen Satz in komplexer Form

$$Re \int\limits_{\partial G} \frac{1}{2i}f_*(\zeta)f(\zeta)\,d\zeta = Re \iint\limits_{G} \left(f_*(z)f(z)\right)_{\overline{z}} dx\,dy$$

$$= Re \iint\limits_{G} \left\{(\frac{\partial}{\partial\overline{z}}f_*)f + (\frac{\partial}{\partial\overline{z}}f)f_*\right\} dx\,dy$$

$$= Re \iint\limits_{G} \left\{ -\overline{b(z)f_*}f + b(z)\overline{f}f_* + \frac{i}{2}r(z)\right\} dx\,dy = 0.$$

Weiter gilt

$$\phi(z) = \frac{1}{2i} \int\limits_{z_0}^{z} \left\{f_*(\zeta)f(\zeta)\,d\zeta - \overline{f_*(\zeta)}\,\overline{f(\zeta)}\,d\overline{\zeta}\right\}, \qquad z \in \Omega,$$

woraus sich

$$\phi_z(z) = \frac{1}{2i}f_*(z)f(z), \qquad z \in \Omega, \tag{12}$$

ergibt. Die Gültigkeit von $\mathcal{L}\phi = r(x,y)$ in Ω liefert die Identität (9).

q.e.d.

Satz 2. (P. Hartman, A. Wintner)
Die nichtkonstante Funktion $\phi = \phi(x,y) \in C^2(\Omega)$ genüge der homogenen, elliptischen Differentialgleichung

$$\mathcal{L}\phi(x,y) = 0, \qquad (x,y) \in \Omega. \tag{13}$$

Dann hat der Gradient von ϕ höchstens isolierte Nullstellen in Ω, und in jeder Nullstelle $z_0 \in \Omega$ gilt die asymptotische Entwicklung

$$\phi_z(z_0 + \zeta) = c\,\zeta^n + o(|\zeta|^n), \qquad \zeta \to 0. \tag{14}$$

Dabei ist $n \in \mathbb{N}$, $c = c_1 + ic_2 \in \mathbb{C}\backslash\{0\}$, und $o(|\zeta|^n)$ gibt eine Funktion $\psi = \psi(\zeta) : \mathbb{C}\backslash\{0\} \to \mathbb{C}$ an mit der Eigenschaft

$$\lim_{\substack{\zeta \to 0 \\ \neq}} \frac{|\psi(\zeta)|}{|\zeta|^n} = 0\,.$$

Weiter hat ϕ in z_0 das sattelpunktförmige Verhalten

$$\phi(z_0 + re^{i\varphi}) = \phi(z_0) + \frac{2}{n+1}\,r^{n+1}\Big(c_1 \cos(n+1)\varphi - c_2 \sin(n+1)\varphi\Big) + o(r^{n+1}) \tag{15}$$

für $r \to 0+$. Also nimmt ϕ in z_0 weder ein lokales Minimum noch ein lokales Maximum an.

Beweis: Der Identität (12) entnehmen wir

$$\phi_z(z) = \frac{1}{2i}\,f_*(z)f(z), \qquad z \in \Omega,$$

wobei f_* durch (5) erklärt ist und f der Differentialgleichung

$$\frac{\partial}{\partial \bar z}f(z) = b(z)\overline{f}(z), \qquad z \in \Omega, \tag{16}$$

genügt. Also ist f pseudoholomorph (vgl. Kap. IV, §6), und wir erhalten die Entwicklung

$$\phi_z(z_0 + \zeta) = c\,\zeta^n + o(|\zeta|^n), \qquad \zeta \to 0,$$

mit $c = c_1 + ic_2 \in \mathbb{C}\backslash\{0\}$ und $n \in \mathbb{N}$ in einer Nullstelle z_0 von ϕ_z. Weiter gilt

$$\begin{aligned}
\phi(z_0 + re^{i\varphi}) - \phi(z_0) &= \int_0^r \frac{d}{d\varrho}\phi(z_0 + \varrho e^{i\varphi})\,d\varrho \\
&= \int_0^r \frac{d}{d\varrho}\phi(x_0 + \varrho\cos\varphi, y_0 + \varrho\sin\varphi)\,d\varrho \\
&= \int_0^r \Big\{\phi_x(\ldots)\cos\varphi + \phi_y(\ldots)\sin\varphi\Big\}\,d\varrho \\
&= 2\int_0^r \mathrm{Re}\Big\{\phi_z(z_0 + \varrho e^{i\varphi})e^{i\varphi}\Big\}\,d\varrho,
\end{aligned}$$

und Einsetzen der asymptotischen Entwicklung (14) von ϕ_z liefert schließlich

$$\phi(z_0 + re^{i\varphi}) - \phi(z_0)$$

$$= 2\int_0^r \mathrm{Re}\Big\{c\varrho^n e^{i(n+1)\varphi}\Big\}\, d\varrho + o(r^{n+1})$$

$$= 2\mathrm{Re}\Big\{(c_1 + ic_2)(\cos(n+1)\varphi + i\sin(n+1)\varphi)\Big\}\frac{r^{n+1}}{n+1} + o(r^{n+1})$$

$$= \frac{2}{n+1}\Big\{c_1\cos(n+1)\varphi - c_2\sin(n+1)\varphi\Big\}r^{n+1} + o(r^{n+1})$$

für $r \to 0+$.   q.e.d.

Sei nun $\Omega \subset \mathbb{C}$ ein einfach zusammenhängendes Gebiet, welches als Rand eine reguläre C^2-Kurve im folgenden Sinne besitze:

$$\partial\Omega: \ z = \zeta(t): [0, T] \to \partial\Omega \in C_T^2(\mathbb{R}, \mathbb{C}) \ \text{ mit } |\zeta'(t)| \equiv 1, \ 0 \le t \le T. \quad (17)$$

Hierbei ist $\zeta'(t)$, $0 \le t \le T$, die Tangente an $\partial\Omega$, und wir haben

$$C_T^2(\mathbb{R}, \mathbb{C}) := \Big\{g \in C^2(\mathbb{R}, \mathbb{C}) \ : \ g \text{ ist periodisch zur Periode } T\Big\}$$

erklärt. Ferner stelle $\nu(t) := -i\zeta'(t)$, $0 \le t \le T$, die äußere Normale an $\partial\Omega$ dar. Wir schreiben nun ein stetiges Einheitsvektorfeld

$$\gamma(t) = \alpha(t) + i\beta(t) \in C_T^0(\mathbb{R}, \mathbb{R}^2) \qquad \text{mit } \ |\gamma(t)| \equiv 1, \ \ t \in \mathbb{R},$$

auf $\partial\Omega$ und eine Funktion $\chi = \chi(t) \in C_T^0(\mathbb{R}, \mathbb{R})$ vor. Wir betrachten die folgende *Poincarésche Randwertaufgabe*

$$\phi = \phi(x, y) \in C^2(\Omega) \cap C^1(\overline{\Omega}),$$

$$\mathcal{L}\phi(x, y) = r(x, y) \qquad \text{in } \ \Omega, \tag{18}$$

$$\phi_x(\zeta(t))\alpha(t) + \phi_y(\zeta(t))\beta(t) = \chi(t), \qquad 0 \le t \le T.$$

Bemerkungen:

1. Im Fall $\gamma(t) = \nu(t)$, $0 \le t \le T$, geht die Randbedingung in die *Neumann-sche Randbedingung*

$$\frac{\partial}{\partial\nu}\phi(\zeta(t)) = \chi(t), \qquad 0 \le t \le T, \tag{19}$$

   über.

2. Im Fall $\gamma(t) = \zeta'(t)$, $0 \le t \le T$, wird die Randbedingung in die *Dirichlet-sche Randbedingung*

$$\frac{\partial}{\partial t}\phi(\zeta(t)) = \chi(t), \qquad 0 \le t \le T,$$

beziehungsweise

$$\phi(\zeta(t)) = \phi(\zeta(0)) + \int\limits_0^t \chi(\tau)\,d\tau, \qquad 0 \le t \le T,$$

überführt. Hierbei haben wir

$$\int\limits_0^T \chi(\tau)\,d\tau = 0 \tag{20}$$

zu fordern.

Für die assoziierte Gradientenfunktion $f(z) = \frac{2i}{f_*(z)}\phi_z(z)$, $z \in \overline{\Omega}$, ermitteln wir nun

$$\chi(t) = \phi_x(\zeta(t))\alpha(t) + \phi_y(\zeta(t))\beta(t)$$
$$= 2\mathrm{Re}\{\phi_z(\zeta(t))\gamma(t)\}$$
$$= \mathrm{Re}\{-if_*(z)\gamma(z)f(z)\}\big|_{z=\zeta(t)}, \qquad 0 \le t \le T.$$

Erklären wir die Funktion

$$g(z) := i\overline{f_*(z)}\,\overline{\gamma(z)}, \qquad z \in \partial\Omega, \tag{21}$$

so finden wir für f die Randbedingung

$$\mathrm{Re}\{\overline{g(\zeta(t))}f(\zeta(t))\} = \chi(t), \qquad 0 \le t \le T. \tag{22}$$

Zusammen mit Satz 1 erhalten wir den

Satz 3. *a) Ist ϕ eine Lösung des allgemeinen Randwertproblems (18), so löst die assoziierte Gradientenfunktion*

$$f = f(z) := \frac{2i}{f_*(z)}\phi_z(z) \in C^1(\Omega) \cap C^0(\overline{\Omega})$$

das Riemann-Hilbertsche Randwertproblem (10), (22).
b) Löst $f = f(z) \in C^1(\Omega) \cap C^0(\overline{\Omega})$ das Riemann-Hilbertsche Randwertproblem (10), (22), so erhalten wir mit dem reellen Kurvenintegral (11) eine Lösung des allgemeinen Randwertproblems (18).

Nun ist das Riemann-Hilbertsche Randwertproblem

$$\frac{\partial}{\partial \overline{z}}f(z) - b(z)\overline{f(z)} = c(z), \qquad z \in \Omega, \tag{23}$$

$$\mathrm{Re}\{\overline{g}(z)f(z)\} = \chi(z), \qquad z \in \partial\Omega,$$

invariant unter konformen Abbildungen. Nach dem Riemannschen Abbildungssatz können wir also im folgenden Ω als Einheitskreisscheibe wählen (vgl. Kap. IV, §7 und §8).

§2 Die Schwarzsche Integralformel

Auf der Einheitskreisscheibe $B := \{z = x + iy \in \mathbb{C} : |z| < 1\}$ mit dem Rand $\partial B = \{e^{i\varphi} : 0 \leq \varphi \leq 2\pi\}$ und dem Außengebiet $A := \{z \in \mathbb{C} : |z| > 1\}$ wollen wir in diesem Abschnitt Randwertprobleme für holomorphe Funktionen lösen. Wir beginnen mit dem wichtigen

Satz 1. (Plemelj)
Sei $F : \partial B \to \mathbb{C}$ eine Hölder-stetige Funktion, d.h. $\varphi \mapsto F(e^{i\varphi})$ definiere eine 2π-periodische Hölder-stetige Funkion. Dann stellen die Cauchyschen Hauptwerte

$$H(z) := \lim_{\varepsilon \to 0+} \frac{1}{2\pi i} \oint_{\substack{\zeta \in \partial B \\ |\zeta - z| \geq \varepsilon}} \frac{F(\zeta)}{\zeta - z} \, d\zeta, \qquad z \in \partial B,$$

eine stetige Funktion dar. Weiter weist die Funktion

$$G(z) := \frac{1}{2\pi i} \oint_{\zeta \in \partial B} \frac{F(\zeta)}{\zeta - z} \, d\zeta, \qquad z \in B \cup A,$$

das folgende Randverhalten an der Kreislinie ∂B auf:

$$\lim_{\substack{z \to z_0 \\ z \in B}} G(z) = H(z_0) + \frac{1}{2} F(z_0) \qquad \text{für alle} \quad z_0 \in \partial B \tag{1}$$

und

$$\lim_{\substack{z \to z_0 \\ z \in A}} G(z) = H(z_0) - \frac{1}{2} F(z_0) \qquad \text{für alle} \quad z_0 \in \partial B. \tag{2}$$

Bemerkung: Die Funktion G ist also sowohl in B als auch in A stetig bis auf die Kreislinie fortsetzbar. Sie hat dort allerdings einen Sprung der Größe $F(z_0)$, $z_0 \in \partial B$.

Beweis: Die Stetigkeit der Cauchyschen Hauptwerte ist mit den Argumenten aus Hilfssatz 3 in Kapitel IV, § 4 nachzuweisen. Für ein festes $z_0 \in \partial B$ erklären wir $\Gamma_\varepsilon := \{z \in \partial B : |z - z_0| > \varepsilon\}$ sowie $S_\varepsilon^- := \{z \in B : |z - z_0| = \varepsilon\}$ und $S_\varepsilon^+ := \{z \in A : |z - z_0| = \varepsilon\}$. Für alle $z \in B \backslash \{0\}$ gilt nun

$$G(z) = \frac{1}{2\pi i} \oint_{\partial B} \frac{F(\zeta) - F\left(\frac{z}{|z|}\right)}{\zeta - z} \, d\zeta + F\left(\frac{z}{|z|}\right) \frac{1}{2\pi i} \oint_{\partial B} \frac{1}{\zeta - z} \, d\zeta$$

$$= \frac{1}{2\pi i} \oint_{\partial B} \frac{F(\zeta) - F\left(\frac{z}{|z|}\right)}{\zeta - z} \, d\zeta + F\left(\frac{z}{|z|}\right) \frac{1}{2\pi i} \left\{ \int_{\Gamma_\varepsilon} \frac{1}{\zeta - z} \, d\zeta + \int_{S_\varepsilon^+} \frac{1}{\zeta - z} \, d\zeta \right\}$$

für alle hinreichend kleinen $\varepsilon > 0$. Wir erhalten dann für ein $z_0 \in \partial B$

$$\lim_{\substack{z \to z_0 \\ z \in B}} G(z) = \frac{1}{2\pi i} \oint_{\partial B} \frac{F(\zeta) - F(z_0)}{\zeta - z_0} \, d\zeta$$

$$+ F(z_0) \frac{1}{2\pi i} \left\{ \int_{\Gamma_\varepsilon} \frac{1}{\zeta - z_0} \, d\zeta + \int_{S_\varepsilon^+} \frac{1}{\zeta - z_0} \, d\zeta \right\}$$

für alle $\varepsilon > 0$. Mit $\varepsilon \to 0+$ folgt

$$\lim_{\substack{z \to z_0 \\ z \in B}} G(z) = \lim_{\varepsilon \to 0+} \frac{1}{2\pi i} \left\{ \int_{\Gamma_\varepsilon} \frac{F(\zeta) - F(z_0)}{\zeta - z_0} \, d\zeta + F(z_0) \int_{\Gamma_\varepsilon} \frac{1}{\zeta - z_0} \, d\zeta \right\} + \frac{1}{2} F(z_0)$$

$$= \lim_{\varepsilon \to 0+} \left\{ \frac{1}{2\pi i} \int_{\Gamma_\varepsilon} \frac{F(\zeta)}{\zeta - z_0} \, d\zeta \right\} + \frac{1}{2} F(z_0)$$

$$= H(z_0) + \frac{1}{2} F(z_0),$$

also (1). Durch eine analoge Rechnung erhält man (2), indem man die Integrale über S_ε^+ durch entsprechende Integrale über S_ε^- ersetzt.

q.e.d.

Satz 2. (Schwarzsche Integralformel)

Sei $\phi : \partial B \to \mathbb{R}$ eine Hölder-stetige, reellwertige Funktion, und das Schwarzsche Integral

$$F(z) := \frac{1}{2\pi} \int_0^{2\pi} \frac{e^{i\varphi} + z}{e^{i\varphi} - z} \, \phi(e^{i\varphi}) \, d\varphi, \qquad |z| < 1, \tag{3}$$

sei erklärt. Dann ist die holomorphe Funktion F stetig auf die abgeschlossene Einheitskreisscheibe $\overline{B}$ fortsetzbar, und die Funktion $\operatorname{Re} F(z) : \overline{B} \to \mathbb{R}$ nimmt die Randwerte ϕ an, d.h. es gilt

$$\lim_{\substack{z \to z_0 \\ z \in B}} \operatorname{Re} F(z) = \phi(z_0) \qquad \text{für alle} \quad z_0 \in \partial B. \tag{4}$$

Beweis:

1. Wir setzen F fort zu

$$F(z) := \frac{1}{2\pi} \int_0^{2\pi} \frac{e^{i\varphi} + z}{e^{i\varphi} - z} \, \phi(e^{i\varphi}) \, d\varphi, \qquad z \in B \cup A,$$

und erhalten die *Spiegelungsbedingung*

$$\overline{F(z)} = \frac{1}{2\pi} \int_0^{2\pi} \frac{e^{-i\varphi} + \overline{z}}{e^{-i\varphi} - \overline{z}} \, \phi(e^{i\varphi}) \, d\varphi = \frac{1}{2\pi} \int_0^{2\pi} \frac{\frac{1}{\overline{z}} + e^{i\varphi}}{\frac{1}{\overline{z}} - e^{i\varphi}} \, \phi(e^{i\varphi}) \, d\varphi$$

$$= -\frac{1}{2\pi} \int_0^{2\pi} \frac{e^{i\varphi} + \frac{1}{\overline{z}}}{e^{i\varphi} - \frac{1}{\overline{z}}} \, \phi(e^{i\varphi}) \, d\varphi = -F\left(\frac{1}{\overline{z}}\right), \qquad z \in (B \backslash \{0\}) \cup A.$$

2. Weiter gilt für alle $z \in B \cup A$ die Identität

$$F(z) = \frac{1}{2\pi} \int_0^{2\pi} \frac{e^{i\varphi} + z}{e^{i\varphi} - z} \phi(e^{i\varphi})\, d\varphi = \frac{1}{2\pi i} \oint_{\partial B} \frac{\zeta + z}{\zeta - z} \phi(\zeta)\, \frac{d\zeta}{\zeta}.$$

Beachten wir noch

$$\frac{z + \zeta}{\zeta(\zeta - z)} = \frac{z - \zeta + 2\zeta}{\zeta(\zeta - z)} = -\frac{1}{\zeta} + \frac{2}{\zeta - z},$$

so können wir berechnen

$$\begin{aligned}
F(z) &= \frac{1}{2\pi i} \oint_{\partial B} \left(-\frac{1}{\zeta} + \frac{2}{\zeta - z} \right) \phi(\zeta)\, d\zeta \\
&= -\frac{1}{2\pi i} \oint_{\partial B} \phi(\zeta)\, \frac{d\zeta}{\zeta} + \frac{1}{\pi i} \oint_{\partial B} \frac{\phi(\zeta)}{\zeta - z}\, d\zeta \\
&= -\frac{1}{2\pi} \int_0^{2\pi} \phi(e^{i\varphi})\, d\varphi + \frac{1}{\pi i} \oint_{\partial B} \frac{\phi(\zeta)}{\zeta - z}\, d\zeta, \qquad z \in B \cup A.
\end{aligned}$$

Nach dem Plemeljschen Satz ist F stetig auf ∂B fortsetzbar, und es gilt

$$\lim_{\substack{z \to z_0 \\ z \in B}} F(z) = -\frac{1}{2\pi} \int_0^{2\pi} \phi(e^{i\varphi})\, d\varphi + \frac{1}{\pi i} \oint_{\partial B} \frac{\phi(\zeta)}{\zeta - z_0}\, d\zeta + \phi(z_0), \qquad z_0 \in \partial B,$$

$$\lim_{\substack{z \to z_0 \\ z \in A}} F(z) = -\frac{1}{2\pi} \int_0^{2\pi} \phi(e^{i\varphi})\, d\varphi + \frac{1}{\pi i} \oint_{\partial B} \frac{\phi(\zeta)}{\zeta - z_0}\, d\zeta - \phi(z_0), \qquad z_0 \in \partial B.$$

$$(5)$$

Dabei sind unter den hier angegebenen Integralen $\oint_{\partial B} \dots$ die Cauchyschen Hauptwerte gemäß Satz 1 zu verstehen. Wir erhalten schließlich für alle $z_0 \in \partial B$ die Identität

$$\lim_{\substack{z \to z_0 \\ z \in B}} \operatorname{Re} F(z) = \frac{1}{2} \lim_{\substack{z \to z_0 \\ z \in B}} \left[F(z) + \overline{F(z)} \right] = \frac{1}{2} \lim_{\substack{z \to z_0 \\ z \in B}} \left[F(z) - F\left(\frac{1}{\overline{z}}\right) \right] = \phi(z_0).$$

q.e.d.

§3 Das Riemann-Hilbertsche Randwertproblem

Wir betrachten nun das folgende *Riemann-Hilbertsche Randwertproblem*: Zu gegebener Hölder-stetiger Koeffizientenfunktion $b = b(z) \in C^0(\overline{B}, \mathbb{C})$ genüge die Funktion

$$f = f(z) = u(x,y) + iv(x,y) \in C^1(B,\mathbb{C}) \cap C^0(\overline{B},\mathbb{C})$$

der homogenen Differentialgleichung:

$$\frac{\partial}{\partial \overline{z}} f(z) - b(z)\overline{f}(z) = 0, \qquad z \in B. \tag{1}$$

Weiter sei die Hölder-stetige Richtungsfunktion

$$a = a(z) = \alpha(x,y) + i\beta(x,y) : \partial B \to \partial B$$

gegeben, die $\alpha^2(z) + \beta^2(z) = 1$ für alle $z \in \partial B$ erfülle. Der *Index* $n \in \mathbb{Z}$ *des Riemann-Hilbert-Problems* gibt an, wie oft das Richtungsfeld a den Nullpunkt umläuft. Wir können daher annehmen, daß

$$a(z) = z^n e^{i\phi(z)}, \qquad z \in \partial B, \tag{2}$$

mit einer Hölder-stetigen Funktion $\phi : \partial B \to \mathbb{R}$ richtig ist. Weiter schreiben wir die Hölder-stetige Funktion $\chi : \partial B \to \partial B$ vor und fordern die *Riemann-Hilbertsche Randbedingung*

$$\alpha(z)u(z) + \beta(z)v(z) = \mathrm{Re}\Big(\overline{a(z)}f(z)\Big) = \chi(z), \qquad z \in \partial B. \tag{3}$$

Wir wollen nun das Riemann-Hilbertsche RWP (1), (3) für den Index $n \geq -1$ mit der Integralgleichungsmethode von I. N. Vekua lösen. Besonders wichtig ist der Fall $n = -1$, zumal wir damit nach § 1, Satz 3 ein gemischtes Randwertproblem für lineare elliptische Differentialgleichungen lösen können - insbesondere unter Dirichlet- und Neumann-Randbedingungen.

Gemäß Satz 2 aus § 2 betrachten wir die auf $\overline{B}$ stetige und in B holomorphe Funktion

$$\phi(z) + i\psi(z) = F(z) := \frac{1}{2\pi} \int\limits_0^{2\pi} \frac{e^{i\varphi} + z}{e^{i\varphi} - z} \, \phi(e^{i\varphi}) \, d\varphi, \qquad |z| < 1, \tag{4}$$

und beachten

$$\lim_{\substack{z \in B \\ z \to z_0}} \phi(z) = \phi(z_0) \qquad \text{für alle} \quad z_0 \in \partial B. \tag{5}$$

Durch Multiplikation von (3) mit $e^{\psi(z)}$, $z \in \partial B$, erhalten wir äquivalent

$$\eta(z) := e^{\psi(z)}\chi(z) = \mathrm{Re}\Big(e^{\psi(z)}e^{-i\phi(z)}\frac{f(z)}{z^n}\Big)$$

$$= \mathrm{Re}\Big(\frac{e^{-iF(z)}f(z)}{z^n}\Big) \qquad \text{für alle} \quad z \in \partial B. \tag{6}$$

Multiplizieren wir nun die Differentialgleichung (1) mit der holomorphen Funktion

$$e^{-iF(z)} = e^{\psi(z)} e^{-i\phi(z)} \neq 0, \qquad z \in \overline{B},$$

so ergibt sich die äquivalente Differentialgleichung

$$\frac{\partial}{\partial \overline{z}} \left(e^{-iF(z)} f(z) \right) - b(z) e^{-2i\phi(z)} \overline{\left(e^{-iF(z)} f(z) \right)} = 0, \qquad z \in B. \qquad (7)$$

Durch den Übergang $f(z) \mapsto e^{-iF(z)} f(z)$ erhalten wir als Randbedingung aus (6) die *kanonische Riemann-Hilbert-Randbedingung*

$$Re\left(\frac{f(z)}{z^n} \right) = \chi(z), \qquad z \in \partial B. \qquad (8)$$

Wir haben also das RWP (1), (8) zu lösen, welches wir in ein Integralgleichungsproblem umformen werden. Wir erhalten folgendes *Riemann-Hilbert-Randwertproblem in der Normalform:*

$$f = f(z) \in C^1(B, \mathbb{C}) \cap C^0(\overline{B}, \mathbb{C}),$$

$$\frac{\partial}{\partial \overline{z}} f(z) - b(z) \overline{f}(z) = 0 \qquad \text{in} \quad B, \qquad (9)$$

$$Re\left(\frac{f(z)}{z^n} \right) = \chi(z) \qquad \text{auf} \quad \partial B.$$

Wie üblich bezeichne

$$T_B[g](z) := -\frac{1}{\pi} \iint\limits_B \frac{g(\zeta)}{\zeta - z} \, d\xi \, d\eta, \qquad z \in B \quad (\zeta = \xi + i\eta),$$

den *Cauchyschen Integraloperator.* Für $n = 0, 1, 2, \ldots$ betrachten wir den *Riemann-Hilbert-Operator der Ordnung n*

$$\mathbb{V}_n g(z) := -\frac{1}{\pi} \iint\limits_B \frac{g(\zeta)}{\zeta - z} \, d\xi \, d\eta - \frac{z^{2n+1}}{\pi} \iint\limits_B \frac{\overline{g(\zeta)}}{1 - z\overline{\zeta}} \, d\xi \, d\eta$$

$$= T_B[g](z) - z^{2n} \overline{\left(-\frac{1}{\pi} \iint\limits_B \frac{g(\zeta)}{\zeta - \frac{1}{\overline{z}}} \, d\xi \, d\eta \right)} \qquad (10)$$

$$= T_B[g](z) - z^{2n} \overline{\left\{ T_B[g]\left(\frac{1}{\overline{z}} \right) \right\}}, \qquad z \in B.$$

Die Substitution

$$\zeta = \frac{1}{\overline{\gamma}}, \quad \gamma = \alpha + i\beta \in A := \overline{\mathbb{C}} \setminus \overline{B}, \qquad d\xi \, d\eta = \frac{1}{|\gamma|^4} \, d\alpha \, d\beta$$

liefert

$$\mathbb{V}_n g(z) = T_B[g](z) - \frac{z^{2n+1}}{\pi} \iint\limits_A \frac{\overline{g\left(\frac{1}{\overline{\gamma}}\right)}}{\left(1 - z\frac{1}{\gamma}\right)\gamma\,\gamma\overline{\gamma}^2}\,d\alpha\,d\beta$$

$$= T_B[g](z) - \frac{z^{2n+1}}{\pi} \iint\limits_A \frac{\overline{g\left(\frac{1}{\overline{\zeta}}\right)}\,\frac{1}{\zeta\overline{\zeta}^2}}{\zeta - z}\,d\xi\,d\eta \tag{11}$$

$$= T_B[g](z) + z^{2n+1} T_A[\tilde{g}](z), \qquad z \in B,$$

mit

$$\tilde{g}(\zeta) := \frac{1}{\zeta\overline{\zeta}^2}\,\overline{g\left(\frac{1}{\overline{\zeta}}\right)}, \qquad \zeta \in A. \tag{12}$$

Wir beachten

$$\frac{\partial}{\partial \overline{z}}\,\mathbb{V}_n g(z) = g(z) \qquad \text{in} \quad B,$$

$$\operatorname{Re}\left(\frac{\mathbb{V}_n g(z)}{z^n}\right) = 0 \qquad \text{auf} \quad \partial B, \tag{13}$$

was sofort aus (10) folgt. Wir können nun das Riemann-Hilbert-Problem

$$f = f(z) \in C^1(B, \mathbb{C}) \cap C^0(\overline{B}, \mathbb{C}),$$

$$\frac{\partial}{\partial \overline{z}}\,f(z) = 0 \qquad \text{in} \quad B, \tag{14}$$

$$\operatorname{Re}\left(\frac{f(z)}{z^n}\right) = \chi(z) \qquad \text{auf} \quad \partial B$$

explizit mit Hilfe des Schwarzschen Integrals wie folgt lösen:

$$\Phi(z) = \frac{z^n}{2\pi i} \int\limits_{\partial B} \chi(\zeta)\frac{\zeta + z}{\zeta - z}\frac{d\zeta}{\zeta} + i\gamma z^n + \sum_{k=0}^{n-1}\left\{\alpha_k(z^k - z^{2n-k}) + i\beta_k(z^k + z^{2n-k})\right\},$$
$$\tag{15}$$

mit den $2n+1$ reellen Konstanten $\alpha_0, \dots, \alpha_{n-1}, \beta_0, \dots \beta_{n-1}, \gamma$. Damit können wir das RWP (9) äquivalent überführen in die Integralgleichung

$$f(z) - \mathbb{V}_n[b\overline{f}](z) = \Phi(z), \qquad z \in B, \tag{16}$$

mit der rechten Seite $\Phi(z)$ aus (15). Der lineare Integraloperator $f \mapsto \mathbb{V}_n[b\overline{f}]$ ist vollstetig im Hilbertraum $\mathcal{H} = L^2(B, \mathbb{C})$, da der auftretende Kern schwach singulär ist. Weiter ist nach Satz 8 aus § 6 im Kapitel VIII eine Lösung $f \in \mathcal{H}$ der Integralgleichung (16) in der Klasse $\mathcal{D} := C^0(B, \mathbb{C}) \cap L^\infty(B, \mathbb{C})$. Wir benötigen den

Hilfssatz 1. (Vekua)
Sei $n \in \{0, 1, 2, \dots\}$ und $f \in \mathcal{H}$ löse die Integralgleichung $f - \mathbb{V}_n[b\overline{f}] = 0$. Dann folgt $f = 0$.

Beweis: Sei f eine Lösung der Integralgleichung $f - \mathbb{V}_n[b\overline{f}] = 0$. Dann folgt

$$f(z) + \frac{1}{\pi} \iint\limits_B \frac{b(\zeta)\overline{f(\zeta)}}{\zeta - z}\, d\xi\, d\eta = -\frac{z^{2n+1}}{\pi} \iint\limits_B \frac{\overline{b(\zeta)f(\zeta)}}{1 - z\overline{\zeta}}\, d\xi\, d\eta, \qquad z \in B. \quad (17)$$

Die rechte Seite von (17) ist in B holomorph und auf $\overline{B}$ stetig. Das Integral auf der linken Seite ist in ganz $\mathbb{C}$ stetig, verschwindet in ∞ und ist im Außengebiet $A = \overline{\mathbb{C}} \backslash \overline{B}$ holomorph. Für $z \in \partial B$ multiplizieren wir beide Seiten von (17) mit

$$\frac{1}{2\pi i} \frac{dz}{z - t}, \qquad t \in B,$$

und integrieren längs ∂B. Der Cauchysche Integralsatz und die Cauchysche Integralformel liefern

$$\frac{1}{2\pi i} \oint\limits_{\partial B} \frac{f(z)}{z - t}\, dz = -\frac{t^{2n+1}}{\pi} \iint\limits_B \frac{\overline{b(\zeta)f(\zeta)}}{1 - t\overline{\zeta}}\, d\xi\, d\eta. \quad (18)$$

Wir entwickeln nun beide Seiten nach Potenzen von t um 0 und erhalten

$$\oint\limits_{\partial B} f(z)e^{-ik\theta}\, d\theta = 0 \qquad \text{für} \quad k = 0, 1, \ldots, 2n \quad (19)$$

mit $z = e^{i\theta}$. Nach dem Ähnlichkeitsprinzip von Bers und Vekua haben wir die Darstellung

$$f(z) = \psi(z)e^{p(z)}, \qquad z \in B; \quad (20)$$

dabei ist ψ in B holomorph und

$$p(z) = -\frac{1}{\pi} \iint\limits_B \left\{ \frac{g(\zeta)}{\zeta - z} - \frac{z\overline{g(\zeta)}}{1 - \overline{\zeta}z} \right\} d\xi\, d\eta, \qquad g = b\frac{\overline{f}}{f}, \quad (21)$$

erklärt. Wegen $\operatorname{Im} p(z) = 0$ auf ∂B erhalten wir mit (20) die Randbedingung

$$\operatorname{Re}\left(\frac{\psi(z)}{z^n} \right) = 0 \qquad \text{auf} \quad \partial B \quad (22)$$

für die holomorphe Funktion ψ. Nun folgt

$$\psi(z) = \sum_{k=0}^{2n} c_k z^k, \quad (23)$$

wobei die komplexen Konstanten $c_0, c_1, \ldots, c_{2n}$ die Bedingungen

$$c_{2n-k} = -\overline{c}_k, \qquad k = 0, 1, \ldots, n, \quad (24)$$

erfüllen. Also finden wir

$$f(z) = \Big(\sum_{k=0}^{2n} c_k z^k \Big) e^{p(z)}, \qquad z \in \overline{B}. \tag{25}$$

Setzen wir (25) in (19) ein, so folgt

$$\sum_{k=0}^{2n} c_k \int_{\partial B} z^k z^{-l} e^{p(z)} \, d\theta = 0, \qquad l = 0, 1, \ldots, 2n, \tag{26}$$

und somit $c_k = 0$ für $k = 0, 1, 2, \ldots, 2n$. Es ist nämlich die Gramsche Determinante des Systems linear unabhängiger Funktionen

$$z^k e^{\frac{1}{2} p(z)}, \qquad k = 0, 1, 2, \ldots, 2n,$$

mit $\operatorname{Im} p(z) = 0$ auf ∂B verschieden von Null. Der Darstellung (25) entnehmen wir somit $f = 0$.

q.e.d.

Satz 1. *Für die Indizes $n = 0, 1, 2, 3, \ldots$ hat das Riemann-Hilbertsche Randwertproblem (9) eine (1+2n)-dimensionale Lösungsmenge.*

Beweis: Wir verwenden die Integralgleichung (16) und Hilfssatz 1. Nach Satz 8 aus § 6 im Kapitel VIII kann man für alle rechten Seiten Φ aus (15) die Integralgleichung in der Klasse der stetigen Funktionen lösen. Wir erhalten somit eine (2n+1)-dimensionale Lösungsschar von (9).

q.e.d.

Wir wollen nun das Riemann-Hilbert-Problem (9) zum Index $n = -1$ lösen. Mit einer Lösung f von (9) gehen wir über zur stetigen Funktion

$$g(z) := z f(z), \qquad z \in \overline{B}, \tag{27}$$

welche das folgende Riemann-Hilbert-Problem zum Index 0 löst:

$$0 = \frac{\partial}{\partial \bar{z}} \big[z f(z) \big] - b(z) \frac{z}{\bar{z}} \overline{\big[z f(z) \big]} = \frac{\partial}{\partial \bar{z}} g(z) - c(z) \overline{g(z)} \quad \text{in } \dot{B}, \tag{28}$$

$$\chi(z) = \operatorname{Re} g(z) \qquad \text{auf} \quad \partial B.$$

Hierbei haben wir $\dot{B} := B \backslash \{0\}$ und

$$c(z) := \frac{z}{\bar{z}} b(z), \qquad z \in \dot{B},$$

gesetzt. Die Funktion $g(z) = z f(z)$, $z \in \overline{B}$, genügt demnach der Integralgleichung

$$z f(z) - \mathbb{V}_0 [c \bar{z} \overline{f}](z) = \frac{1}{2\pi i} \int_{\partial B} \chi(\zeta) \frac{\zeta + z}{\zeta - z} \frac{d\zeta}{\zeta} + i\gamma$$

beziehungsweise

$$zf(z) - \mathbb{V}_0[zb\overline{f}](z) = \frac{1}{2\pi i} \int\limits_{\partial B} \frac{\chi(\zeta)}{\zeta} \, d\zeta + \frac{z}{\pi i} \int\limits_{\partial B} \frac{\chi(\zeta)}{\zeta(\zeta - z)} \, d\zeta + i\gamma, \qquad z \in \overline{B},$$

(29)

mit einem $\gamma \in \mathbb{R}$. Wir entwickeln nun

$$\mathbb{V}_0[zg]\Big|_z = -\frac{1}{\pi} \iint\limits_{B} g(\zeta) \, d\xi \, d\eta + z\mathbb{W}[g]\Big|_z, \qquad z \in \overline{B},$$

(30)

mit

$$\mathbb{W}[g]\Big|_z := -\frac{1}{\pi} \iint\limits_{B} \left\{ \frac{g(\zeta)}{\zeta - z} + \frac{\overline{\zeta}\,\overline{g(\zeta)}}{1 - z\overline{\zeta}} \right\} d\xi \, d\eta, \qquad z \in \overline{B}.$$

Es gilt nämlich

$$-\frac{1}{\pi} \iint\limits_{B} g(\zeta) \, d\xi \, d\eta - \frac{z}{\pi} \iint\limits_{B} \left\{ \frac{g(\zeta)}{\zeta - z} + \frac{\overline{\zeta}\,\overline{g(\zeta)}}{1 - z\overline{\zeta}} \right\} d\xi \, d\eta$$

$$= -\frac{1}{\pi} \iint\limits_{B} \left\{ \frac{\zeta g(\zeta)}{\zeta - z} + \frac{z\overline{\zeta}\,\overline{g(\zeta)}}{1 - z\overline{\zeta}} \right\} d\xi \, d\eta.$$

Setzen wir (30) in (29) ein, so ergibt sich die Integralgleichung

$$f(z) - \mathbb{W}[b\overline{f}](z) = \frac{1}{\pi i} \int\limits_{\partial B} \frac{\chi(\zeta)}{\zeta(\zeta - z)} \, d\zeta$$

$$+ \frac{1}{z} \left\{ i\gamma + \frac{1}{2\pi i} \int\limits_{\partial B} \frac{\chi(\zeta)}{\zeta} \, d\zeta - \frac{1}{\pi} \iint\limits_{B} b(\zeta)\overline{f(\zeta)} \, d\xi \, d\eta \right\}.$$

(31)

Damit wir eine stetige Lösung von (31) erhalten, muß

$$0 = i\gamma + \frac{1}{2\pi i} \int\limits_{\partial B} \frac{\chi(\zeta)}{\zeta} \, d\zeta - \frac{1}{\pi} \iint\limits_{B} b(\zeta)\overline{f(\zeta)} \, d\xi \, d\eta$$

(32)

erfüllt sein. Wir haben dann die Integralgleichung

$$f(z) - \mathbb{W}[b\overline{f}](z) = \frac{1}{\pi i} \int\limits_{\partial B} \frac{\chi(\zeta)}{\zeta(\zeta - z)} \, d\zeta, \qquad z \in \overline{B},$$

(33)

zu lösen. Wir betrachten jetzt den Integraloperator

$$\mathbb{W}[g](z) = -\frac{1}{\pi} \iint\limits_{B} \left\{ \frac{g(\zeta)}{\zeta - z} + \frac{\overline{g(\zeta)}}{\frac{1}{\zeta} - z} \right\} d\xi \, d\eta, \qquad z \in \overline{B}.$$

Mit Hilfe der Substitution

$$\zeta = \frac{1}{\overline{\gamma}}, \quad \gamma = \alpha + i\beta \in A, \qquad d\xi\,d\eta = \frac{1}{|\gamma|^4}\,d\alpha\,d\beta$$

erhalten wir

$$\mathbb{W}[g](z) = T_B[g](z) - \frac{1}{\pi} \iint\limits_{A} \frac{\overline{g\left(\frac{1}{\overline{\gamma}}\right)}}{\gamma - z} \frac{1}{\gamma} \frac{1}{\gamma\overline{\gamma}^2}\,d\alpha\,d\beta$$

$$= T_B[g](z) - \frac{1}{\pi} \iint\limits_{A} \frac{\overline{g\left(\frac{1}{\overline{\zeta}}\right)}\frac{1}{\overline{\zeta}^2}\frac{1}{\zeta}}{\zeta - z}\,d\xi\,d\eta \tag{34}$$

$$= T_B[g](z) + T_A\left[\frac{\tilde{g}}{z}\right](z), \qquad z \in \overline{B},$$

mit

$$\tilde{g}(\zeta) := \frac{1}{\zeta\overline{\zeta}^2}\,\overline{g\left(\frac{1}{\overline{\zeta}}\right)}, \qquad \zeta \in A. \tag{35}$$

Hilfssatz 2. (Vekua) *Sei* $f \in \mathcal{H}$ *eine Lösung von* $f - \mathbb{W}[\overline{bf}] = 0$, *so folgt* $f = 0$.

Beweis: Wir erklären die Kernfunktion

$$K(z,\zeta) := \frac{\overline{\zeta}}{1 - z\overline{\zeta}} \qquad \text{für} \quad z,\zeta \in B \tag{36}$$

und berechnen

$$K^*(z,\zeta) := \overline{K(\zeta,z)} = \overline{\left(\frac{\overline{z}}{1 - \zeta\overline{z}}\right)} = \frac{z}{1 - z\overline{\zeta}}. \tag{37}$$

Für beliebige Funktionen $f,g \in C^0(\overline{B},\mathbb{C})$ ermitteln wir

$$\iint\limits_{B} \left\{ f(z)\mathbb{W}[g](z) + g(z)\mathbb{V}_0[f](z) \right\} dz$$

$$= -\frac{1}{\pi} \iint\limits_{B} \iint\limits_{B} \left\{ f(z)\frac{g(\zeta)}{\zeta - z} + g(z)\frac{f(\zeta)}{\zeta - z} \right\} dz\,d\zeta$$

$$- \frac{1}{\pi} \iint\limits_{B} \iint\limits_{B} \left\{ f(z)K(z,\zeta)\overline{g(\zeta)} + g(z)\overline{K(\zeta,z)}\,\overline{f(\zeta)} \right\} dz\,d\zeta \tag{38}$$

$$= -\frac{2}{\pi} \operatorname{Re}\left(\iint\limits_{B} \iint\limits_{B} f(z)K(z,\zeta)\overline{g(\zeta)}\,dz\,d\zeta \right).$$

Hierbei ist natürlich $dz = dx\,dy$ und $d\zeta = d\xi\,d\eta$ gemeint. Substituieren wir nun in der Kommutatorrelation (38) die Funktionen $f \mapsto b\overline{g}$ und $g \mapsto \overline{bf}$, so erhalten wir für beliebige Funktionen $f,g \in C^0(\overline{B},\mathbb{C})$ die Identität

$$\text{Im} \iint\limits_B \left\{ b(z)\overline{g}(z)\Big(f(z) - \mathbb{W}[\overline{bf}](z)\Big) + \overline{b(z)f(z)}\Big(g(z) - \mathbb{V}_0[b\overline{g}](z)\Big) \right\} dx\, dy = 0.$$
(39)

Ist $f \in C^0(\overline{B}, \mathbb{C})$ eine Lösung von $f - \mathbb{W}[\overline{bf}] = 0$, so folgt

$$\text{Im} \iint\limits_B \overline{b(z)f(z)}\Big(g(z) - \mathbb{V}_0[b\overline{g}](z)\Big) dx\, dy = 0 \qquad \text{für alle} \quad g \in C^0(\overline{B}, \mathbb{C}).$$
(40)

Mit Hilfe von Satz 1 bestimmen wir nun zur rechten Seite $ib(z)f(z)$ die Lösung $g \in C^0(\overline{B}, \mathbb{C})$ der Integralgleichung

$$g(z) - \mathbb{V}_0[b\overline{g}](z) = ib(z)f(z), \qquad z \in \overline{B}.$$

Einsetzen in (40) liefert

$$0 = \text{Im}\left\{ i \iint\limits_B |b(z)|^2 |f(z)|^2\, dx\, dy \right\} = \iint\limits_B |b(z)|^2 |f(z)|^2\, dx\, dy. \qquad (41)$$

Wir erhalten $\overline{b(z)f(z)} \equiv 0$ bzw.

$$f(z) = \mathbb{W}[\overline{bf}](z) \equiv 0 \qquad \text{in} \quad B.$$
q.e.d.

Satz 2. *Zum Index $n = -1$ hat das Riemann-Hilbertsche Randwertproblem (9) eine Lösung genau dann, wenn die Bedingung (32) erfüllt ist.*

Beweis: Man verwende wieder Satz 8 aus §6 im Kapitel VIII und Hilfssatz 2.
q.e.d.

Bemerkung: Auch für den Fall der Indizes $n = -2, -3, \ldots$ ist das Riemann-Hilbert-Problem lösbar, wenn man $(-n)$ geeignete Integralbedingungen stellt. Wir verweisen hierbei auf I. N. Vekuas Buch [V] Kap. IV, §7, Abschnitt 3.

§4 Potentialtheoretische Abschätzungen

Wir bauen nun auf die Ergebnisse aus Kapitel V, §1 und §2 über die Poissonsche Differentialgleichung auf. Für die Einheitskugel $B := \{x \in \mathbb{R}^n : |x| < 1\}$ können wir explizit die Greensche Funktion angeben,

$$\phi(y; x) = \frac{1}{2\pi} \log\left| \frac{y - x}{1 - \overline{x}y} \right|, \qquad y \in \overline{B}, \quad x \in B, \qquad \text{falls} \quad \mathbf{n = 2} \qquad (1)$$

und

$$\phi(y; x) = \frac{1}{(2 - n)\omega_n} \left(\frac{1}{|y - x|^{n-2}} - \frac{1}{(1 - 2(x \cdot y) + |x|^2|y|^2)^{\frac{n-2}{2}}} \right),$$
$$y \in \overline{B}, \quad x \in B, \qquad \text{falls} \quad \mathbf{n \geq 3}. \qquad (2)$$

Ausgangspunkt ist die Poissonsche Integralformel aus Satz 2 im Kap. V, § 2:
Eine Lösung u von

$$
\begin{aligned}
u = u(x) = u(x_1, \ldots, x_n) \in C^2(B) \cap C^0(\overline{B}), \\
\Delta u(x) = f(x), \qquad x \in B,
\end{aligned}
\tag{3}
$$

mit der rechten Seite
$$
f = f(x) \in C^0(\overline{B})
\tag{4}
$$

genügt der Poissonschen Integraldarstellung

$$
u(x) = \frac{1}{\omega_n} \int\limits_{|y|=1} \frac{|y|^2 - |x|^2}{|y - x|^n} u(y)\, d\sigma(y) + \int\limits_{|y| \leq 1} \phi(y; x) f(y)\, dy, \qquad x \in B. \tag{5}
$$

Frage I: Für welche rechten Seiten $f : \overline{B} \to \mathbb{R}$ und welche Randwerte $u :$
$\partial B \to \mathbb{R}$ können wir das Dirichletproblem der Poissongleichung lösen?

Frage II: Unter welchen Bedingungen ist $u_{x_i x_j}(x)$, $x \in B$, stetig auf $\overline{B}$ fortsetzbar für $i, j = 1, \ldots, n$?

Falls u Nullrandwerte auf ∂B besitzt, haben wir nur das singuläre Integral
über B in (5) zu betrachten.

Definition 1. *Sei $\Omega \subset \mathbb{R}^n$ ein Gebiet, und im folgenden sei jeweils $\alpha \in (0, 1)$.
Dann gehört die stetige Funktion $f : \Omega \to \mathbb{R}$ zur Regularitätsklasse $C^\alpha(\overline{\Omega})$,
falls es eine Konstante $b \in (0, +\infty)$ gibt, so daß*

$$
|f(x) - f(y)| \leq b|x - y|^\alpha \qquad \text{für alle} \quad x, y \in \Omega \tag{6}
$$

gilt.

Hilfssatz 1. (E. Hopf)
Für $n = 2, 3, \ldots$ sei $\Omega \subset \mathbb{R}^n$ ein beschränktes Gebiet und

$$
\Omega \otimes \Omega := \Big\{ (x, y) \in \Omega \times \Omega \,:\, x \neq y \Big\}.
$$

*Gegeben sei die symmetrische Kernfunktion $\phi(y; x) = \phi(x; y) : \Omega \otimes \Omega \to \mathbb{R}$
mit den Wachstumsbedingungen*

$$
|\phi(y; x)| \leq \begin{cases} a \log |y - x|, & \text{falls } n = 2 \\ a|y - x|^{2-n}, & \text{falls } n \geq 3 \end{cases}, \tag{7}
$$

und

$$
\begin{aligned}
|\phi_{x_i}(y; x)| &\leq a|y - x|^{1-n}, \\
|\phi_{x_i x_j}(y; x)| &\leq a|y - x|^{-n}, \qquad i, j = 1, \ldots, n.
\end{aligned}
\tag{8}
$$

Dabei ist $a \in (0, +\infty)$ eine Konstante. Weiter gehören die Funktionen

$$\Phi_i(x) := \int\limits_\Omega \phi_{x_i}(y;x)dy, \quad x \in \Omega, \qquad mit \quad i = 1,\dots,n$$

zur Klasse $C^1(\Omega)$. *Schließlich betrachten wir zur Funktion* $f \in C^\alpha(\overline{\Omega})$ *das Parameterintegral*

$$F(x) := \int\limits_\Omega \phi(y;x)f(y)\,dy, \qquad x \in \Omega. \tag{9}$$

Dann ist $F(x) \in C^2(\Omega)$ *erfüllt, und es gilt*

$$F_{x_i}(x) = \int\limits_\Omega \phi_{x_i}(y;x)f(y)\,dy, \qquad x \in \Omega, \tag{10}$$

sowie

$$F_{x_i x_j}(x) = \int\limits_\Omega \phi_{x_i x_j}(y;x)\big(f(y) - f(x)\big)\,dy + f(x)\Phi_{ix_j}(x), \qquad x \in \Omega. \tag{11}$$

Beweis: Das Integral (9) ist absolut konvergent wegen (7). Wegen (8) können wir von $F(x)$ den Differenzenquotienten bilden und haben eine konvergente Majorante. Die Identität

$$F_{x_i}(x) = \int\limits_\Omega \phi_{x_i}(y;x)f(y)\,dy, \quad x \in \Omega, \qquad für \quad i = 1,\dots,n$$

erhalten wir dann mit dem Konvergenzsatz für uneigentliche Riemannsche Integrale. Da wir dieses Integral nicht direkt nochmals differenzieren dürfen - denn es bleibt nicht absolut konvergent - betrachten wir für festes $x_0 \in \Omega$ die Umformung

$$F_{x_i}(x) = \int\limits_\Omega \phi_{x_i}(y;x)\big(f(y) - f(x_0)\big)\,dy + f(x_0)\Phi_i(x), \qquad x \in \Omega.$$

Nun konvergiert wiederum der Differenzenquotient

$$F_{x_i x_j}(x_0) = \int\limits_\Omega \phi_{x_i x_j}(y;x_0)\big(f(y) - f(x_0)\big)\,dy + f(x_0)\Phi_{ix_j}(x_0)$$

für alle $x_0 \in \Omega$, denn das Integral hat die konvergente Majorante $|y - x_0|^{-n+\alpha}$.

q.e.d.

Hilfssatz 2. (Hopfsche Abschätzungen)
Sei $\Omega \subset \mathbb{R}^n$ ein beschränktes, konvexes Gebiet, auf welchem der singuläre Kern

$$K(x,y) : \Omega \otimes \Omega \to \mathbb{R} \in C^1(\Omega \otimes \Omega)$$

mit den Wachstumsbedingungen

$$|K(x,y)| \leq \frac{a}{|x-y|^n},$$

$$\sum_{i=1}^{n} |K_{x_i}(x,y)| \leq \frac{a}{|x-y|^{n+1}} \qquad \text{für} \quad (x,y) \in \Omega \otimes \Omega \tag{12}$$

erklärt sei. Weiter sei $f = f(x) \in C^\alpha(\overline{\Omega})$ gegeben mit

$$|f(x'') - f(x')| \leq b|x'' - x'|^\alpha \qquad \text{für alle} \quad x', x'' \in \Omega. \tag{13}$$

Dabei sind $a, b \in (0, +\infty)$ und $\alpha \in (0,1)$ feste Konstanten. Dann gelten für

$$F(x) := \int_\Omega K(x,y)\big(f(y) - f(x)\big)\, dy, \qquad x \in \Omega,$$

die Abschätzungen

$$|F(x)| \leq M_0(\alpha, n, \operatorname{diam}(\Omega))ab, \qquad x \in \Omega, \tag{14}$$

und

$$\left| \big(F(x'') - F(x')\big) + \big(f(x'') - f(x')\big) \cdot \int_{\substack{y \in \Omega \\ |y-x'| \geq 3|x''-x'|}} K(x',y)\, dy \right| \leq M_1(\alpha, n)ab|x'' - x'|^\alpha$$

$$\tag{15}$$

für alle $x', x'' \in \Omega$.

Beweis:

1. Für $x \in \Omega$ gilt

$$|F(x)| \leq \int_\Omega |K(x,y)|\, |f(y) - f(x)|\, dy$$

$$\leq ab \int_\Omega |y - x|^{-n+\alpha}\, dy$$

$$\leq M_0(\alpha, n, \operatorname{diam}(\Omega))ab.$$

2. Wir setzen $\delta := |x'' - x'|$ und berechnen für beliebige $x', x'' \in \Omega$

$$F(x'') - F(x')$$

$$= \int\limits_{\Omega} K(x'',y)\big(f(y) - f(x'')\big)\,dy - \int\limits_{\Omega} K(x',y)\big(f(y) - f(x')\big)\,dy$$

$$= \int\limits_{|y-x'|\leq 3\delta} K(x'',y)\big(f(y) - f(x'')\big)\,dy - \int\limits_{|y-x'|\leq 3\delta} K(x',y)\big(f(y) - f(x')\big)\,dy$$

$$+ \int\limits_{|y-x'|\geq 3\delta} K(x'',y)\big(f(y) - f(x'')\big)\,dy - \int\limits_{|y-x'|\geq 3\delta} K(x',y)\big(f(y) - f(x')\big)\,dy$$

$$= \int\limits_{|y-x'|\leq 3\delta} K(x'',y)\big(f(y) - f(x'')\big)\,dy - \int\limits_{|y-x'|\leq 3\delta} K(x',y)\big(f(y) - f(x')\big)\,dy$$

$$+ \int\limits_{|y-x'|\geq 3\delta} \big(K(x'',y) - K(x',y)\big)\big(f(y) - f(x'')\big)\,dy$$

$$+ \big(f(x') - f(x'')\big) \int\limits_{|y-x'|\geq 3\delta} K(x',y)\,dy$$

$$=: I_1 + I_2 + I_3 + \big(f(x') - f(x'')\big) \int\limits_{|y-x'|\geq 3\delta} K(x',y)\,dy.$$

$$(16)$$

Somit folgt

$$\left| \big(F(x'') - F(x')\big) + \big(f(x'') - f(x')\big) \int\limits_{|y-x'|\geq 3\delta} K(x',y)\,dy \right| \leq |I_1| + |I_2| + |I_3|.$$

$$(17)$$

3. Wegen (12) können wir I_1 wie folgt abschätzen:

$$|I_1| \leq \int\limits_{|y-x'|\leq 3\delta} \frac{a}{|y-x''|^n} b|y - x''|^\alpha\,dy \leq ab \int\limits_{|y-x''|\leq 4\delta} |y - x''|^{\alpha-n}\,dy$$

$$= ab \int\limits_0^{4\delta} r^{\alpha-n} r^{n-1} \omega_n\,dr = ab\,\omega_n \int\limits_0^{4\delta} r^{\alpha-1}\,dr = \omega_n \frac{ab}{\alpha} \Big[r^\alpha \Big]_0^{4\delta} \quad (18)$$

$$= \frac{ab\,\omega_n}{\alpha}(4\delta)^\alpha = \frac{4^\alpha ab\,\omega_n}{\alpha}|x'' - x'|^\alpha.$$

Entsprechend finden wir

$$|I_2| \leq \frac{3^\alpha ab\,\omega_n}{\alpha}|x'' - x'|^\alpha. \quad (19)$$

4. Nach dem Mittelwertsatz der Differentialrechnung ist

$$K(x'', y) - K(x', y) = \sum_{i=1}^{n} K_{x_i}(\zeta, y)(x_i'' - x_i')$$

mit einem $\zeta = x' + t(x'' - x') \in \Omega$ und $t \in (0, 1)$ erfüllt. Für $|y - x'| \geq 3\delta$ folgt $|y - x''| \geq 2\delta$ und somit

$$|y - \zeta| \geq |y - x''| - |x'' - \zeta| \geq |y - x''| - |x'' - x'| \geq \frac{1}{2}|y - x''| \,.$$

Wegen (12) erhalten wir für alle $y \in \Omega$ mit $|y - x'| \geq 3\delta$ die Ungleichung

$$|K(x'', y) - K(x', y)| \leq |x'' - x'| \sum_{i=1}^{n} |K_{x_i}(\zeta, y)|$$

$$\leq a\delta \frac{1}{|y - \zeta|^{n+1}} \tag{20}$$

$$\leq a\delta 2^{n+1} \frac{1}{|y - x''|^{n+1}} \,.$$

Einsetzen in I_3 liefert dann

$$|I_3| \leq \int_{|y-x'| \geq 3\delta} |K(x'', y) - K(x', y)| \, |f(y) - f(x'')| \, dy$$

$$\leq 2^{n+1} ab\,\delta \int_{|y-x'| \geq 3\delta} |y - x''|^{-n-1+\alpha} \, dy$$

$$\leq 2^{n+1} ab\,\delta \int_{|y-x''| \geq 2\delta} |y - x''|^{-n-1+\alpha} \, dy$$

$$\leq 2^{n+1} ab\,\delta \int_{2\delta}^{+\infty} r^{-n-1+\alpha} \omega_n r^{n-1} \, dr$$

$$= 2^{n+1} \omega_n \, ab\,\delta \int_{2\delta}^{+\infty} r^{\alpha-2} \, dr$$

$$= 2^{n+1} \omega_n \, ab\,\delta \big[r^{\alpha-1}\big]_{2\delta}^{+\infty} \frac{1}{\alpha - 1}$$

$$= \frac{2^{n+1}}{1 - \alpha} \omega_n \, ab\,\delta(2\delta)^{\alpha-1} = \frac{2^{n+\alpha}}{1 - \alpha} \omega_n \, ab\,\delta^{\alpha}$$

beziehungsweise

$$|I_3| \leq \frac{2^{n+\alpha}}{1 - \alpha} \omega_n \, ab|x'' - x'|^{\alpha}. \tag{21}$$

5. Aus (17)-(19) und (21) erhalten wir nun eine Konstante $M_1 = M_1(\alpha, n)$, so daß die Abschätzung (15) erfüllt ist.

q.e.d.

Für eine Funktion $f \in C^\alpha(\overline{\Omega})$ in einem Gebiet $\Omega \subset \mathbb{R}^n$ erklären wir die Größen

$$\|f\|_0^\Omega := \sup_{x \in \Omega} |f(x)|,$$

$$\|f\|_{0,\alpha}^\Omega := \sup_{\substack{x',x'' \in \Omega \\ x' \neq x''}} \frac{|f(x') - f(x'')|}{|x' - x''|^\alpha}, \tag{22}$$

$$\|f\|_\alpha^\Omega := \|f\|_0^\Omega + \|f\|_{0,\alpha}^\Omega.$$

Mit der Norm (22) wird $C^\alpha(\overline{\Omega})$ zu einem Banachraum. Weiter zeigt man für $f, g \in C^\alpha(\overline{\Omega})$ leicht die Ungleichung $\|fg\|_\alpha^\Omega \le \|f\|_\alpha^\Omega \|g\|_\alpha^\Omega$. Im Funktionenraum

$$C^{2+\alpha}(\overline{\Omega}) := \left\{ u \in C^2(\overline{\Omega}) \ : \ u_{x_i x_j} \in C^\alpha(\overline{\Omega}) \text{ für } i, j = 1, \ldots, n \right\}$$

definieren wir die Größen

$$\|u\|_0^\Omega := \sup_{x \in \Omega} |u(x)|,$$

$$\|u\|_1^\Omega := \sup_{x \in \Omega} \sum_{i=1}^n |u_{x_i}(x)|,$$

$$\|u\|_2^\Omega := \sup_{x \in \Omega} \sum_{i,j=1}^n |u_{x_i x_j}(x)|, \tag{23}$$

$$\|u\|_{2+\alpha}^\Omega := \|u\|_0^\Omega + \|u\|_1^\Omega + \|u\|_2^\Omega + \|u\|_{2,\alpha}^\Omega.$$

Dabei ist noch

$$\|u\|_{2,\alpha}^\Omega := \sup_{\substack{x',x'' \in \Omega \\ x' \neq x''}} \sum_{i,j=1}^n \frac{|u_{x_i x_j}(x') - u_{x_i x_j}(x'')|}{|x' - x''|^\alpha}$$

gesetzt worden. Mit der Norm (23) wird $C^{2+\alpha}(\overline{\Omega})$ zu einem Banachraum. Mit

$$C_*^{2+\alpha}(\overline{\Omega}) := \left\{ u \in C^{2+\alpha}(\overline{\Omega}) \ : \ u|_{\partial\Omega} = 0 \right\}$$

bezeichnen wir den abgeschlossenen Unterraum von $C^{2+\alpha}(\overline{\Omega})$ der Funktionen mit Nullrandwerten. Wir beweisen nun den

Satz 1. *Sei $f \in C^\alpha(\overline{B})$ gegeben. Dann gehört die Funktion*

$$u(x) := \int_{|y| < 1} \phi(y; x) f(y) \, dy, \qquad x \in B,$$

zur Klasse $C_*^{2+\alpha}(\overline{B})$ und genügt der Poissongleichung $\Delta u = f$ in $\overline{B}$. Außerdem gilt die Abschätzung

$$\|u\|_{2+\alpha}^B \leq C(\alpha, n) \|f\|_\alpha^B \tag{24}$$

mit einer Konstante $C(\alpha, n) \in (0, +\infty)$.

Beweis:

1. Durch Rückgriff auf die Darstellung

$$\phi(y; x) = \frac{-1}{(n-2)\omega_n} \left\{ \frac{1}{|x-y|^{n-2}} - \frac{1}{|y|^{n-2}} \frac{1}{\left|x - \frac{y}{|y|^2}\right|^{n-2}} \right\}, \qquad x, y \in B,$$

für die Greensche Funktion zeigt man

$$\sum_{i=1}^n |\phi_{x_i}(y; x)| \leq \frac{a(n)}{|x-y|^{n-1}}, \tag{25}$$

$$\sum_{i,j=1}^n |\phi_{x_i x_j}(y; x)| \leq \frac{a(n)}{|x-y|^n}, \tag{26}$$

$$\sum_{i,j,k=1}^n |\phi_{x_i x_j x_k}(y; x)| \leq \frac{a(n)}{|x-y|^{n+1}} \tag{27}$$

für alle $x, y \in B$ mit $x \neq y$; dabei ist $a = a(n) \in (0, +\infty)$ eine Konstante.

2. Wir betrachten die Funktion $w(x) := \frac{|x|^2 - 1}{2n}$, $x \in \overline{B}$, der Klasse $C_*^{2+\alpha}(\overline{B})$, welche die Differentialgleichung

$$\Delta w(x) = \sum_{i=1}^n w_{x_i x_i}(x) = \frac{1}{2n} \sum_{i=1}^n 2 = 1, \qquad x \in \overline{B},$$

erfüllt. Die Poissonsche Integraldarstellung liefert dann

$$\int_B \phi(y; x) \, dy = \frac{|x|^2 - 1}{2n}, \qquad x \in \overline{B}, \tag{28}$$

mit der nichtpositiven Greenschen Funktion $\phi(y; x)$. Wir schätzen nun für alle $x \in B$ wie folgt ab:

$$|u(x)| = \left| \int_{|y|<1} \phi(y; x) f(y) dy \right| \leq \|f\|_0^B \left| \int_B \phi(y; x) dy \right| \leq \frac{1 - |x|^2}{2n} \|f\|_0^B.$$

Hieraus folgt

$$u(x) = 0 \qquad \text{für alle} \quad x \in \partial B \tag{29}$$

und

$$\|u\|_0^B \le \frac{1}{2n}\|f\|_0^B. \tag{30}$$

Wegen (25) können wir (28) differenzieren und erhalten Funktionen

$$\Phi_i(x) := \int\limits_B \phi_{x_i}(y;x)\,dy = \frac{1}{n}x_i, \quad x \in \overline{B}, \qquad \text{für} \quad i = 1,\dots,n \tag{31}$$

der Klasse $C^1(\overline{B})$ mit

$$\Phi_{ix_j}(x) = \frac{1}{n}\delta_{ij}, \quad x \in \overline{B}, \qquad \text{für} \quad i,j = 1,\dots,n. \tag{32}$$

3. Aufgrund von (25) gilt

$$u_{x_i}(x) = \int\limits_B \phi_{x_i}(y;x)f(y)\,dy, \quad x \in B, \qquad \text{für} \quad i = 1,\dots,n \tag{33}$$

und die Abschätzung

$$\sum_{i=1}^n |u_{x_i}(x)| \le \|f\|_0^B \int\limits_B \sum_{i=1}^n |\phi_{x_i}(y;x)|\,dy$$

$$\le \|f\|_0^B \int\limits_B \frac{a(n)}{|y-x|^{n-1}}\,dy, \qquad x \in B,$$

beziehungsweise

$$\|u\|_1^B \le c_1(n)\|f\|_0^B. \tag{34}$$

Hilfssatz 1 entnehmen wir die Darstellung

$$u_{x_ix_j}(x) = \int\limits_B \phi_{x_ix_j}(y;x)\big(f(y)-f(x)\big)\,dy + f(x)\Phi_{ix_j}(x), \qquad x \in B, \tag{35}$$

für $i,j = 1,\dots,n$. Hieraus ermitteln wir mit Hilfe von (32) die Differentalgleichung

$$\Delta u(x) = \int\limits_B \Delta_x\phi(y;x)\big(f(y)-f(x)\big)\,dy + f(x)\sum_{i=1}^n \phi_{ix_i}(x)$$

$$= f(x)\sum_{i=1}^n \frac{1}{n} = f(x), \qquad x \in B. \tag{36}$$

Wir haben dabei $\Delta_x\phi(y;x) = 0$ ausgenutzt. Weiter gilt für alle $x \in B$ wegen (26) die Abschätzung

$$\sum_{i,j=1}^{n} |u_{x_i x_j}(x)| \leq \int_B \sum_{i,j=1}^{n} |\phi_{x_i x_j}(y;x)| \, |f(y) - f(x)| \, dy + \|f\|_0^B$$

$$\leq \|f\|_{0,\alpha}^B \int_B \frac{a}{|y-x|^n} |y-x|^\alpha \, dy + \|f\|_0^B \leq c_2(n,\alpha)\|f\|_\alpha^B$$

beziehungsweise

$$\|u\|_2^B \leq c_2(n,\alpha)\|f\|_\alpha^B. \tag{37}$$

4. Wir haben noch $\|u\|_{2,\alpha}^B$ abzuschätzen. Zu festen $i,j \in \{1,\ldots,n\}$ betrachten wir den Kern

$$K(x,y) := \phi_{x_i x_j}(y;x) : B \otimes B \to \mathbb{R}$$

und verwenden die Hopfsche Abschätzung für die Funktion

$$F(x) := \int_B K(x,y)\big(f(y) - f(x)\big)dy, \qquad x \in B.$$

Mit dem Gaußschen Integralsatz zeigt man zunächst die gleichmäßige Beschränktheit der Cauchyschen Hauptwerte

$$\left| \int_{\substack{y\in B:|y-x|\geq\delta}} K(x,y) \, dy \right| = \left| \int_{\substack{y\in B \\ |y-x|\geq\delta}} \phi_{x_i x_j}(y;x) \, dy \right| \leq c_3(n), \qquad x \in B, \tag{38}$$

für $\delta > 0$. Damit erhalten wir für alle $x', x'' \in B$ die Abschätzung

$$\left| |F(x'') - F(x')| - |f(x'') - f(x')| \left| \int_{\substack{y\in B \\ |y-x'|\geq 3|x''-x'|}} K(x',y) \, dy \right| \right.$$

$$\leq \left| \big(F(x'') - F(x')\big) + \big(f(x'') - f(x')\big) \int_{\substack{y\in B \\ |y-x'|\geq 3|x''-x'|}} K(x',y) \, dy \right|$$

$$\leq M_1(\alpha,n) \, a \, \|f\|_{0,\alpha}^B \, |x'' - x'|^\alpha$$

beziehungsweise

$$|F(x'') - F(x')| \leq \big\{c_3(n) + a \, M_1(\alpha,n)\big\}\|f\|_{0,\alpha}^B |x'' - x'|^\alpha.$$

Somit ergibt sich

$$\frac{|F(x'') - F(x')|}{|x'' - x'|^\alpha} \leq \tilde{c}_3(n,\alpha)\|f\|_{0,\alpha}^B, \qquad x', x'' \in B, \quad x' \neq x''. \tag{39}$$

Beachten wir noch (35) und (32), so folgt schließlich

$$\|u\|_{2,\alpha}^B \leq c_4(n,\alpha)\|f\|_{0,\alpha}^B. \tag{40}$$

5. Insgesamt erhalten wir aus (30), (34), (37) und (40) eine Konstante $C(n,\alpha)$, so daß

$$\|u\|_{2+\alpha}^{B} \le C(n,\alpha)\|f\|_{\alpha}^{B}$$

erfüllt ist.   q.e.d.

Zur Verwendung in Kapitel XII leiten wir schließlich eine potentialtheoretische Abschätzung für die Lösungen der inhomogenen Cauchy-Riemann-Gleichung her. Die in (22) und (23) erklärten Höldernormen übertragen sich natürlich auf komplexwertige Funktionen

$$w = f(z) : B \to \mathbb{C} \tag{41}$$

in der Einheitskreisscheibe $B := \{z = x + iy \in \mathbb{C} : |z| < 1\}$. Für Funktionen $f \in C^{\alpha}(\overline{B}, \mathbb{C})$ erklären wir den *Riemann-Hilbert-Operator*

$$
\begin{aligned}
\mathbb{V}f(z) := -\frac{1}{\pi}\Bigg\{ &\iint_{B} \frac{f(\zeta)}{\zeta - z}\, d\xi\, d\eta + \iint_{B} \frac{z\overline{f(\zeta)}}{1 - z\overline{\zeta}}\, d\xi\, d\eta \\
&- \iint_{B} \frac{1}{2|\zeta|^2}\Big(\overline{\zeta}f(\zeta) - \zeta\overline{f(\zeta)}\Big)\, d\xi\, d\eta \Bigg\}, \qquad z \in B,
\end{aligned}
\tag{42}
$$

mit $\zeta = \xi + i\eta \in B$.

Satz 2. *Für $f = f(z) \in C^{\alpha}(\overline{B}, \mathbb{C})$ genügt die Funktion $g(z) := \mathbb{V}f(z)$, $z \in B$, dem eindeutig lösbaren Riemann-Hilbert-Randwertproblem*

$$
\begin{aligned}
&g = g(z) \in C^1(B, \mathbb{C}) \cap C^0(\overline{B}, \mathbb{C}), \\
&\frac{\partial}{\partial \overline{z}}g(z) = f(z), \qquad z \in B, \\
&\mathrm{Re}\, g(z) = 0, \qquad z \in \partial B, \\
&\mathrm{Im}\, g(0) = 0.
\end{aligned}
\tag{43}
$$

Weiter gilt $g \in C^{1+\alpha}(\overline{B}, \mathbb{C})$, und es gibt eine Konstante $C(\alpha) \in (0, +\infty)$, so daß

$$\|g\|_{C^{1+\alpha}(\overline{B},\mathbb{C})} \le C(\alpha)\|f\|_{C^{\alpha}(\overline{B},\mathbb{C})} \tag{44}$$

erfüllt ist.

Beweis: Mit Formel (10) aus §3 prüft man leicht nach, daß die Funktion $g(z) = \mathbb{V}f(z)$, $z \in B$, das RWP (43) löst. Wendet man das Maximumprinzip für harmonische Funktionen auf den Realteil der Differenz zweier Lösungen an, so erkennt man sofort die eindeutige Lösbarkeit von (43). Speziell für die rechte Seite $f(z) \equiv 1$, $z \in B$, haben wir die Lösung $g(z) = \overline{z} - z$, $z \in B$, für dieses Randwertproblem. Wir erhalten eine der Formel (28) entsprechende Identität

$$-\frac{1}{\pi}\left\{ \iint\limits_B \frac{1}{\zeta - z}\, d\xi\, d\eta + \iint\limits_B \frac{z}{1 - z\bar{\zeta}}\, d\xi\, d\eta - \frac{1}{2} \iint\limits_B \left(\frac{1}{\zeta} - \frac{1}{\bar{\zeta}} \right) d\xi\, d\eta \right\} = \bar{z} - z \quad (45)$$

für $z \in B$. Mit Hilfssatz 3 und Hilfssatz 4 aus § 5 in Kapitel IV können wir dann $g(z) = \mathbb{V}f(z)$ nach z und $\bar{z}$ differenzieren. Wie im Beweis von Satz 1 erreichen wir über die Hopfsche Abschätzung die a-priori-Ungleichung (44).

q.e.d.

Als Folgerung erhalten wir den

Satz 3. (Privalov)
Zur Randfunktion $\phi(z) : \partial B \to \mathbb{R} \in C^{1+\alpha}(\partial B)$ betrachten wir das Schwarzsche Integral

$$F(z) := \frac{1}{2\pi} \int\limits_0^{2\pi} \frac{e^{i\varphi} + z}{e^{i\varphi} - z} \phi(e^{i\varphi})\, d\varphi, \qquad |z| < 1.$$

Dann gibt es eine Konstante $\widehat{C}(\alpha) \in (0, +\infty)$ mit

$$\|F\|_{C^{1+\alpha}(\overline{B})} \le \widehat{C}(\alpha)\|\phi\|_{C^{1+\alpha}(\partial B)}. \quad (46)$$

Beweis: Wir vergleichen $F(z)$ mit der Funktion

$$G(z)\Big|_{z=re^{i\varphi}} := r^{1+\alpha}\psi(\varphi), \qquad 0 \le r \le 1, \quad 0 \le \varphi \le 2\pi,$$

mit $\psi(\varphi) := \phi(e^{i\varphi})$, $0 \le \varphi \le 2\pi$. Für alle $z \in B \setminus \{0\}$ berechnen wir

$$\frac{\partial}{\partial \bar{z}} G(z)\Big|_{z=re^{i\varphi}} = \frac{1}{2}\left\{ \left(\frac{\partial}{\partial x} + i\frac{\partial}{\partial y} \right) G(z) \right\}\Big|_{z=re^{i\varphi}}$$

$$= \frac{e^{i\varphi}}{2}\left(\frac{\partial}{\partial r} + \frac{i}{r}\frac{\partial}{\partial \varphi} \right) G(re^{i\varphi})$$

$$= \frac{e^{i\varphi}}{2}\left((1+\alpha)r^{\alpha}\psi(\varphi) + ir^{\alpha}\psi'(\varphi) \right) =: f(z)\Big|_{z=re^{i\varphi}}.$$

Wir beachten

$$\|f\|_{C^{\alpha}(\overline{B})} \le \widetilde{C}(\alpha)\|\phi\|_{C^{1+\alpha}(\partial B)}. \quad (47)$$

Gemäß Satz 2 aus § 2 genügt die Funktion $g(z) := G(z) - F(z)$, $z \in B$, dem Randwertproblem (43), und Satz 2 liefert

$$\|G - F\|_{C^{1+\alpha}(\overline{B})} \le C(\alpha)\|f\|_{C^{\alpha}(\overline{B})} \le C(\alpha)\widetilde{C}(\alpha)\|\phi\|_{C^{1+\alpha}(\partial B)}. \quad (48)$$

Wir erhalten damit (46).

q.e.d.

Ohne Randbedingungen zu stellen, notieren wir noch den

Satz 4. *Für den Cauchyschen Integraloperator*

$$T_B[f](z) := -\frac{1}{\pi} \iint\limits_B \frac{f(\zeta)}{\zeta - z} \, d\xi \, d\eta, \qquad z \in B,$$

haben wir die Abschätzung

$$\|T_B[f]\|_{C^{1+\alpha}(\overline{B})} \le C(\alpha)\|f\|_{C^\alpha(\overline{B})}$$

für alle $f \in C^\alpha(\overline{B})$ *mit einer Konstante* $C(\alpha) \in (0, \infty)$.

Beweis: Wir beachten

$$\frac{\partial}{\partial z} T_B[f](z) = \Pi_B[f](z) := \lim_{\varepsilon \to 0+} \left\{ -\frac{1}{\pi} \iint\limits_{\substack{\zeta \in B \\ |\zeta - z| > \varepsilon}} \frac{f(\zeta)}{(\zeta - z)^2} \, d\xi \, d\eta \right\}, \qquad z \in B.$$

Dann wenden wir auf den Vekuaschen Integraloperator $\Pi_B[f]$ die Hopfschen Abschätzungen aus Hilfssatz 2 an.

q.e.d.

§5 Die Schaudersche Kontinuitätsmethode

Wir setzen nun die Überlegungen aus Kapitel VI, §1 fort und erklären den Differentialoperator

$$\mathcal{L}(u) := \sum_{i,j=1}^{n} a_{ij}(x) \frac{\partial^2 u}{\partial x_i \partial x_j} + \sum_{i=1}^{n} b_i(x) \frac{\partial u}{\partial x_i} + c(x)u(x) = f(x), \qquad x \in \Omega.$$

Voraussetzung C_1: Die Lösung $u(x)$ von $\mathcal{L}(u) = f$ ist aus $C^{2+\alpha}(\overline{\Omega})$. Es gilt $u(x) = 0$ auf $\partial\Omega$.

Voraussetzung C_2: : Die Koeffizienten $a_{ij}(x)$, $b_i(x)$, $c(x)$ mit $i,j = 1, \ldots, n$ sind aus $C^\alpha(\overline{\Omega})$. Außerdem ist die Matrix $(a_{ij}(x))_{i,j=1,\ldots,n}$ für alle $x \in \overline{\Omega}$ reell, symmetrisch und positiv definit.

Voraussetzung C_3: : Für jeden Punkt $\xi \in \partial\Omega$ gibt es eine positive Zahl $\varrho = \varrho(\xi)$ und eine Funktion $G(x) \in C^{2+\alpha}(\{x \in \mathbb{R}^n : |x - \xi| < \varrho\}, \mathbb{R})$ mit

$$\sum_{i=1}^{n} G_{x_i}(x)^2 > 0 \quad \text{für } |x - \xi| < \varrho, \qquad G(\xi) = 0,$$

so daß

$$\Omega \cap \left\{ x \in \mathbb{R}^n : |x - \xi| < \varrho \right\} = \left\{ x \in \mathbb{R}^n : |x - \xi| < \varrho, \ G(x) < 0 \right\}$$

richtig ist - d.h. kurz $\partial\Omega \in C^{2+\alpha}$. Weiter sei $\Omega \subset \mathbb{R}^n$ ein beschränktes Gebiet.

Voraussetzung C_4: : Es gilt $c(x) \le 0$ für alle $x \in \Omega$.

Wir benötigen das folgende tiefliegende Resultat, das wir in § 7 beweisen wollen:

Satz 1. (Schauderabschätzungen)
Seien die Voraussetzungen C_1, C_2, C_3 erfüllt. Außerdem gelte

$$\sum_{i,j=1}^{n} \|a_{ij}\|_\alpha^\Omega + \sum_{i=1}^{n} \|b_i\|_\alpha^\Omega + \|c\|_\alpha^\Omega \le H$$

und

$$m^2 \sum_{i=1}^{n} \lambda_i^2 \le \sum_{i,j=1}^{n} a_{ij}(x)\lambda_i\lambda_j \le M^2 \sum_{i=1}^{n} \lambda_i^2$$

für alle $\lambda = (\lambda_1, \ldots, \lambda_n) \in \mathbb{R}^n$ *sowie* $x \in \overline{\Omega}$ *mit den Konstanten* $H > 0$ *und* $0 < m \le M < +\infty$. *Dann können wir ein* $\theta = \theta(\alpha, n, m, M, H, \Omega)$ *so bestimmen, daß*

$$\|u\|_1^\Omega + \|u\|_2^\Omega + \|u\|_{2,\alpha}^\Omega \le \theta\big(\|u\|_0^\Omega + \|f\|_0^\Omega + \|f\|_{0,\alpha}^\Omega\big) \tag{1}$$

erfüllt ist.

In Verallgemeinerung von Satz 1 aus § 4 folgt hieraus der

Satz 2. *Zusätzlich zu den Voraussetzungen von Satz 1 gelte Voraussetzung C_4. Dann gibt es eine feste positive Zahl* $\theta = \theta(\alpha, n, m, M, H, \Omega)$, *so daß die a-priori-Abschätzung*

$$\|u\|_{2+\alpha}^\Omega \le \theta\|f\|_\alpha^\Omega \tag{2}$$

für alle Lösungen $u \in C^{2+\alpha}(\overline{\Omega})$ *des Dirichletproblems*

$$\begin{aligned}
\mathcal{L}(u) &= f \quad && in \quad \Omega, \\
u &= 0 \quad && auf \quad \partial\Omega
\end{aligned} \tag{3}$$

gilt.

Beweis: Nach Satz 1 aus § 1 in Kapitel VI gilt

$$\|u\|_0^\Omega \le \gamma\|f\|_0^\Omega$$

mit einer Konstanten $\gamma = \gamma(\Omega, m, M)$. Zusammen mit der Schauderabschätzung erhalten wir dann (2).

q.e.d.

Im folgenden benötigen wir noch die

Voraussetzung C$_0$: Für alle $f \in C^\alpha(\overline{\Omega})$ hat die Gleichung $\Delta u = f$ eine Lösung $u \in C_*^{2+\alpha}(\overline{\Omega})$.

Bemerkung: Nach Satz 1 aus § 4 ist (C$_0$) für die Einheitskugel $\Omega = B$ erfüllt. Wir werden später (C$_3$)$\Rightarrow$(C$_0$) zeigen, und somit diese Voraussetzung eliminieren.

Satz 3. (Kontinuitätsmethode)

Unter den Voraussetzungen C_0, C_2, C_3, C_4 *sei auf dem Gebiet* Ω *der Differentialoperator* $\mathcal{L}$ *gegeben. Dann hat für alle* $f \in C^\alpha(\overline{\Omega})$ *das Randwertproblem*

$$\mathcal{L}(u) = f \quad in \quad \Omega,$$
$$u = 0 \quad auf \quad \partial\Omega \tag{4}$$

genau eine Lösung $u \in C_*^{2+\alpha}(\overline{\Omega})$.

Beweis: Sei $0 \leq \tau \leq 1$, so erklären wir die Operatorschar

$$\mathcal{L}_\tau(u) := \sum_{i,j=1}^n a_{ij}(x,\tau)\frac{\partial^2 u}{\partial x_i \partial x_j} + \sum_{i=1}^n b_i(x,\tau)\frac{\partial u}{\partial x_i} + c(x,\tau)u$$

mit

$$a_{ij}(x,\tau) := \tau a_{ij}(x) + (1-\tau)\delta_{ij}, \quad i,j = 1,\ldots,n,$$
$$b_i(x,\tau) := \tau b_i(x), \quad i = 1,\ldots,n,$$
$$c(x,\tau) := \tau c(x),$$

das heißt wir setzen $\mathcal{L}_\tau = (1-\tau)\Delta + \tau\mathcal{L}$. Nach Satz 2 haben wir die a-priori-Abschätzung

$$\|u\|_{2+\alpha} \leq \theta\|f\|_\alpha, \quad \tau \in [0,1], \tag{5}$$

für alle Lösungen des Dirichletproblems $\mathcal{L}_\tau(u) = f$ in B und $u \in C_*^{2+\alpha}(\overline{\Omega})$. Dabei meinen wir ab jetzt $\|u\|_{2+\alpha} := \|u\|_{2+\alpha}^\Omega$ und $\|f\|_\alpha := \|f\|_\alpha^\Omega$ bei festem Gebiet Ω. Wir gehen nun von einer Lösung $u = u_{\tau_0} \in C_*^{2+\alpha}(\overline{\Omega})$ von $\mathcal{L}_{\tau_0}(u) = f$ aus für ein beliebiges $\tau_0 \in [0,1]$. Wegen (C$_0$) ist dieses für $\tau_0 = 0$ möglich, und wir beachten

$$\mathcal{L}_\tau(u) = f \iff \mathcal{L}_{\tau_0}(u) = \mathcal{M}_\tau(u) + f \tag{6}$$
$$\text{mit} \quad \mathcal{M}_\tau = (\mathcal{L}_{\tau_0} - \mathcal{L}_\tau)(u) = (\tau - \tau_0)(\Delta - \mathcal{L})(u).$$

Wir setzen $u_0 \equiv 0$ und erklären sukzessiv die Approximationsfolge $\{u_k\}_{k=0,1,\ldots}$ durch

$$\mathcal{L}_{\tau_0}(u_k) = \mathcal{M}_\tau(u_{k-1}) + f, \quad k = 1,2,\ldots \tag{7}$$

Ausgehend von der Aussage

$$A_{\tau_0} : \begin{cases} \text{Für jedes } f \in C^\alpha(\overline{\Omega}) \text{ hat die Differentialgleichung} \\ \mathcal{L}_{\tau_0}(u) = f \text{ eine Lösung } u_{\tau_0} \in C_*^{2+\alpha}(\overline{\Omega}) \end{cases} , \qquad (8)$$

wollen wir die Konvergenz der Folge $\{u_k\}_{k=0,1,\dots} \subset C_*^{2+\alpha}(\overline{\Omega})$ bezüglich der $\|\cdot\|_{2+\alpha}$-Norm untersuchen. Für beliebiges $u \in C_*^{2+\alpha}(\overline{\Omega})$ gilt zunächst

$$\|\mathcal{M}_\tau(u)\|_\alpha = |\tau - \tau_0| \, \|(\Delta - \mathcal{L})u\|_\alpha \le |\tau - \tau_0| \eta(H) \|u\|_{2+\alpha} \qquad (9)$$

mit einer Konstanten $\eta = \eta(H)$. Aus (7) ermitteln wir

$$\mathcal{L}_{\tau_0}(u_k - u_{k-1}) = \mathcal{M}_\tau(u_{k-1} - u_{k-2}), \qquad k = 2, 3, \dots \qquad (10)$$

Die Schauderabschätzung (5) liefert nun zusammen mit (9) die Ungleichung

$$\begin{aligned} \|u_k - u_{k-1}\|_{2+\alpha} &\le \theta \|\mathcal{M}_\tau(u_{k-1} - u_{k-2})\|_\alpha \\ &\le |\tau - \tau_0| \theta \, \eta(H) \|u_{k-1} - u_{k-2}\|_{2+\alpha}, \qquad k = 2, 3, \dots \end{aligned} \qquad (11)$$

Wählen wir also $|\tau - \tau_0| \le \frac{1}{2\theta \, \eta(H)}$, so folgt

$$\|u_k - u_{k-1}\|_{2+\alpha} \le \frac{1}{2} \|u_{k-1} - u_{k-2}\|_{2+\alpha}, \qquad k = 2, 3, \dots,$$

sowie

$$\|u_k - u_{k-1}\|_{2+\alpha} \le \frac{\|u_1\|_{2+\alpha}}{2^{k-1}}, \qquad k = 2, 3, \dots,$$

und schließlich

$$\sum_{k=1}^{+\infty} \|u_k - u_{k-1}\|_{2+\alpha} < +\infty.$$

Also konvergiert $\sum_{k=1}^{+\infty} (u_k - u_{k-1})$ im Banachraum $C_*^{2+\alpha}(\overline{\Omega})$. Für alle τ mit $|\tau - \tau_0| \le \frac{1}{2\theta \, \eta(H)}$ gibt es somit ein $u_\tau \in C_*^{2+\alpha}(\overline{\Omega})$ mit $\mathcal{L}_{\tau_0}(u_\tau) = \mathcal{M}_\tau(u_\tau) + f$ bzw.

$$\mathcal{L}_\tau(u_\tau) = f .$$

Somit ist die Aussage (A_τ) für alle $|\tau - \tau_0| \le \frac{1}{2\theta \, \eta(H)}$ richtig. Nach endlich vielen Schritten sehen wir dann die Aussage (A_1) ein.

q.e.d.

Auch das folgende tiefliegende Resultat werden wir in § 7 beweisen:

Satz 4. (Innere Schauderabschätzungen)
Im beschränkten Gebiet $\Omega \subset \mathbb{R}^n$ erfüllen die Koeffizienten von $\mathcal{L}$ die Voraussetzung C_2 und die Ungleichungen

$$\sum_{i,j=1}^{n} \|a_{ij}\|_\alpha^\Omega + \sum_{i=1}^{n} \|b_i\|_\alpha^\Omega + \|c\|_\alpha^\Omega \le H$$

und

$$m^2 \sum_{i=1}^{n} \lambda_i^2 \le \sum_{i,j=1}^{n} a_{ij}(x)\lambda_i\lambda_j \le M^2 \sum_{i=1}^{n} \lambda_i^2$$

für alle $\lambda \in \mathbb{R}^n$ *und alle* $x \in \overline{\Omega}$ *mit Konstanten* $H > 0$ *und* $0 < m \le M < +\infty$. *Die Funktion* $u = u(x) \in C^{2+\alpha}(\Omega) \cap C^0(\overline{\Omega})$ *sei eine Lösung der Differentialgleichung*

$$\mathcal{L}(u) = f \quad in \quad \Omega$$

mit der rechten Seite $f \in C^\alpha(\overline{\Omega})$. *Schließlich betrachten wir zu hinreichend kleinem* $d > 0$ *die Menge*

$$\Omega_d := \Big\{ x \in \Omega \ : \ dist(x, \partial\Omega) > d \Big\}.$$

Dann gibt es ein $\kappa = \kappa(\alpha, n, m, M, H, d)$, *so daß*

$$\|u\|_1^{\Omega_d} + \|u\|_2^{\Omega_d} + \|u\|_{2,\alpha}^{\Omega_d} \le \kappa \big(\|u\|_0^\Omega + \|f\|_0^\Omega + \|f\|_{0,\alpha}^\Omega \big) \tag{12}$$

richtig ist.

Bemerkung : $u \in C^{2+\alpha}(\Omega)$ *bedeutet hier, daß für jede kompakte Teilmenge* $\Theta \subset \Omega$ *die Aussage* $u \in C^{2+\alpha}(\Theta)$ *erfüllt ist.*

Satz 5. *Unter den Voraussetzungen* C_0, C_2, C_3, C_4 *sei auf dem Gebiet* Ω *der Differentialoperator* $\mathcal{L}$ *gegeben. Dann hat für alle* $f \in C^\alpha(\overline{\Omega})$ *und alle stetigen Funktionen* $g : \partial\Omega \to \mathbb{R}$ *das Dirichletproblem*

$$\begin{aligned} \mathcal{L}(u) &= f \quad in \quad \Omega, \\ u &= g \quad auf \quad \partial\Omega \end{aligned} \tag{13}$$

genau eine Lösung in der Regularitätsklasse $C^{2+\alpha}(\Omega) \cap C^0(\overline{\Omega})$.

Beweis: Wir konstruieren eine Folge von Polynomen $\{g_n\}_{n=1,2,\dots}$, die auf $\partial\Omega$ gleichmäßig gegen $g(x)$ konvergieren. Nun lösen wir für $n = 1, 2, \dots$ die Probleme

$$\begin{aligned} u_n &\in C^{2+\alpha}(\overline{\Omega}), \\ \mathcal{L}(u_n) &= f \quad in \quad \Omega, \\ u_n &= g_n \quad auf \quad \partial\Omega. \end{aligned} \tag{14}$$

Hierzu konstruieren wir mit Satz 3 eine Folge $\{v_n\}_{n=1,2,\dots} \subset C_*^{2+\alpha}(\overline{\Omega})$ mit

$$\begin{aligned} \mathcal{L}(v_n) &= f - \mathcal{L}(g_n) =: f_n \in C^\alpha(\overline{\Omega}) \quad in \quad \Omega, \\ v_n &= 0 \quad auf \quad \partial\Omega. \end{aligned} \tag{15}$$

Offenbar lösen dann $u_n := v_n + g_n$ die Randwertprobleme (14) für $n = 1, 2, \dots$ Wegen $\mathcal{L}(u_m - u_n) = 0$ in Ω und (C$_4$) liefert das Maximumprinzip

$$\|u_n - u_m\|_0^\Omega \le \max_{x \in \partial\Omega} |g_n(x) - g_m(x)| \to 0 \ (m, n \to \infty)$$

$$\|u_n\|_0^\Omega \le \text{const}, \qquad n = 1, 2, \ldots$$

(16)

Für jedes hinreichend kleine $d > 0$ erhalten wir nun mit der inneren Schauderabschätzung

$$\|u_n - u_m\|_1^{\Omega_d} + \|u_n - u_m\|_2^{\Omega_d} + \|u_n - u_m\|_{2,\alpha}^{\Omega_d}$$

$$\le \kappa(d)\|u_n - u_m\|_0^\Omega \to 0 \ (m, n \to \infty).$$

Setzen wir also

$$u(x) := \lim_{n \to \infty} u_n(x), \qquad x \in \overline{\Omega},$$

so gilt $u_n \to u \ (n \to \infty)$ in $C^{2+\alpha}(\Theta)$ für jede kompakte Teilmenge $\Theta \subset \Omega$. Somit gehört u zur Klasse $C^0(\overline{\Omega}) \cap C^{2+\alpha}(\Omega)$ und ist die eindeutige Lösung von (13).

q.e.d.

§6 Existenz- und Regularitätssätze

Wir wollen zunächst die Voraussetzung C_0 eliminieren.

Definition 1. *Zwei beschränkte Gebiete $\Omega_1, \Omega_2 \subset \mathbb{R}^n$ sind $C^{2+\alpha}$-diffeomorph, falls es eine bijektive Abbildung $y = y(x) : \overline{\Omega}_1 \to \overline{\Omega}_2 \in C^{2+\alpha}(\overline{\Omega}_1)$ mit der Umkehrabbildung $x = x(y) : \overline{\Omega}_2 \to \overline{\Omega}_1 \in C^{2+\alpha}(\overline{\Omega}_2)$ gibt, die dann $\frac{\partial(y_1,\ldots,y_n)}{\partial(x_1,\ldots,x_n)} \ne 0$ in $\overline{\Omega}_1$ erfüllt. Falls Ω zur Einheitskugel $B \subset \mathbb{R}^n$ $C^{2+\alpha}$-diffeomorph ist, sprechen wir von einer $C^{2+\alpha}$-Kugel.*

Wir benötigen nun den

Satz 1. (Rekonstruktionslemma)
In der $C^{2+\alpha}$-Kugel $\Omega \subset \mathbb{R}^n$ erfüllen die Koeffizienten des Differentialoperators $\mathcal{L}$ die Voraussetzungen C_2 und C_4. Dann gibt es zu allen rechten Seiten $f \in C^\alpha(\overline{\Omega})$ und Randwerten $g \in C^0(\partial\Omega)$ eine Lösung $u = u(x)$ der Regularitätsklasse $C^{2+\alpha}(\Omega) \cap C^0(\overline{\Omega})$ des Dirichletproblems

$$\mathcal{L}(u) = f \qquad in \ \ \Omega,$$

$$u = g \qquad auf \ \ \partial\Omega.$$

(1)

Falls zusätzlich für einen Randpunkt $\xi \in \partial\Omega$ und ein $\varrho > 0$ mit $\Omega(\xi, \varrho) := \{x \in \Omega : |x - \xi| < \varrho\}$ die Randbedingung

$$g(x) = 0 \qquad für \ alle \ \ x \in \partial\Omega \cap \partial\Omega(\xi, \varrho)$$

(2)

erfüllt ist, so folgt

$$u \in C^{2+\alpha}(\overline{\Omega(\xi, r)})$$

(3)

für alle hinreichend kleinen $0 < r < \varrho$.

Beweis:

1. Da Ω $C^{2+\alpha}$-diffeomorph zu B ist, gibt es einen $C^{2+\alpha}$-Diffeomorphismus $y = (y_1(x), \ldots y_n(x)) \in C^{2+\alpha}(\overline{\Omega})$ von $\overline{\Omega}$ auf $\overline{B}$ mit der inversen Abbildung $x = (x_1(y), \ldots, x_n(y)) \in C^{2+\alpha}(\overline{B})$. Sei $u(x) = \tilde{u}(y(x))$, $x \in \overline{\Omega}$, erklärt, so folgt

$$u_{x_i} = \sum_{k=1}^{n} \tilde{u}_{y_k} \frac{\partial y_k}{\partial x_i},$$

$$u_{x_i x_j} = \sum_{k,l=1}^{n} \tilde{u}_{y_k y_l} \frac{\partial y_k}{\partial x_i} \frac{\partial y_l}{\partial x_j} + \sum_{k=1}^{n} \tilde{u}_{y_k} \frac{\partial^2 y_k}{\partial x_i \partial x_j}.$$

Wir erhalten für alle $y \in \overline{B}$:

$$
\begin{aligned}
\mathcal{L}(u)|_{x=x(y)} &= \Big\{ \sum_{i,j=1}^{n} a_{ij} u_{x_i x_j} + \sum_{i=1}^{n} b_i u_{x_i} + c u \Big\}\Big|_{x=x(y)} \\
&= \sum_{k,l=1}^{n} \Big(\sum_{i,j=1}^{n} a_{ij} \frac{\partial y_k}{\partial x_i} \frac{\partial y_l}{\partial x_j} \Big)\Big|_{x=x(y)} \tilde{u}_{y_k y_l} \\
&\quad + \sum_{k=1}^{n} \Big(\sum_{i,j=1}^{n} a_{ij} \frac{\partial^2 y_k}{\partial x_i \partial x_j} + \sum_{i=1}^{n} b_i \frac{\partial y_k}{\partial x_i} \Big)\Big|_{x=x(y)} \tilde{u}_{y_k} \quad (4) \\
&\quad + c|_{x=x(y)} \tilde{u}(y) \\
&=: \sum_{k,l=1}^{n} \tilde{a}_{kl}(y) \tilde{u}_{y_k y_l} + \sum_{k=1}^{n} \tilde{b}_k(y) \tilde{u}_{y_k} + \tilde{c}(y) \tilde{u}.
\end{aligned}
$$

Nach Satz 1 aus § 4 ist auf B die Voraussetzung C$_0$ erfüllt, und wir können das Dirichletproblem (1) in B mit Satz 5 aus § 5 lösen. Aufgrund des Transformationsverhaltens der Koeffizienten in (4), nämlich

$$
\begin{aligned}
&\tilde{a}_{kl}(y), \tilde{b}_k(y) \in C^{\alpha}(\overline{B}), \qquad k, l = 1, \ldots, n, \\
&0 \ge \tilde{c}(y) \in C^{\alpha}(\overline{B}),
\end{aligned} \tag{5}
$$

können wir nun das Dirichletproblem (1) auch auf Ω behandeln.

2. Wir kontrollieren nun die Konstruktion im Beweis von Satz 5 aus § 5: Unter der Zusatzvoraussetzung (2) approximieren wir g gleichmäßig auf $\partial\Omega$ durch eine Folge $\{g_k\}_{k=1,2,\ldots}$ von Polynomen. Mit der Glättungsfunktion

$$
\Theta(t) := \begin{cases} 0, & 0 \le t \le \frac{1}{2} \\ 1, & 1 \le t < +\infty \end{cases} \in C^{\infty}(\mathbb{R})
$$

betrachten wir

$$\tilde{g}_k(x) := g_k(x)\Theta\Big(\frac{|x-\xi|}{\varrho}\Big), \quad x \in \mathbb{R}^n, \qquad k = 1, 2, \ldots$$

Wir beachten $\tilde{g}_k(x) \to g(x)\ (k \to \infty)$ gleichmäßig auf $\partial\Omega$ und

$$\tilde{g}_k(x) = 0 \qquad \text{für alle}\quad x \in \mathbb{R}^n \quad \text{mit}\quad |x-\xi| \leq \frac{1}{2}\varrho. \tag{6}$$

Wie im Beweis von Satz 5 in §5 existiert eine Lösung

$$\begin{aligned} u_k &\in C^{2+\alpha}(\overline{\Omega}),\\ \mathcal{L}(u_k) &= f \quad \text{in}\quad \Omega,\\ u_k &= \tilde{g}_k \quad \text{auf}\quad \partial\Omega. \end{aligned} \tag{7}$$

Verwenden wir nun eine Interpolation der Schauderabschätzungen aus Satz 1 und 4 in §5 (vgl. §7), so erhalten wir für beliebiges $0 < r < \frac{1}{2}\varrho$ die Abschätzung

$$\begin{aligned} \|u_k - u_l\|_1^{\Omega(\xi,r)} &+ \|u_k - u_l\|_2^{\Omega(\xi,r)} + \|u_k - u_l\|_{2,\alpha}^{\Omega(\xi,r)}\\ &\leq \vartheta\|u_k - u_l\|_0^{\Omega(\xi,\frac{1}{2}\varrho)} \leq \vartheta\|u_k - u_l\|_0^{\Omega} \tag{8}\\ &\leq \vartheta \sup_{x\in\partial\Omega} |\tilde{g}_k(x) - \tilde{g}_l(x)| \to 0 \ (k,l \to \infty). \end{aligned}$$

Somit folgt

$$u(x) := \lim_{k\to\infty} u_k(x) \in C^{2+\alpha}(\Omega) \cap C^0(\overline{\Omega}) \cap C^{2+\alpha}(\overline{\Omega(\xi,r)})$$

für alle $0 < r < \frac{1}{2}\varrho$, und u löst offenbar das Randwertproblem (1).

q.e.d.

Hilfssatz 1. *Zu $\varrho > 0$ sei die Funktion $G = G(x) \in C^{2+\alpha}(\{x \in \mathbb{R}^n : |x-\xi| < \varrho\})$ gegeben mit der Eigenschaft $G(\xi) = 0$ und $\nabla G(x) \neq 0$ für alle x mit $|x-\xi| < \varrho$. Dann gibt es eine $C^{2+\alpha}$-Kugel*

$$D \subset \Big\{x \in \mathbb{R}^n : |x-\xi| < \varrho,\ G(x) < 0\Big\},$$

deren Rand

$$\partial D \cap \{x \in \mathbb{R}^n : |x-\xi| < \varrho'\} = \Big\{x \in \mathbb{R}^n : |x-\xi| < \varrho',\ G(x) = 0\Big\} \tag{9}$$

für ein $0 < \varrho' < \varrho$ erfüllt.

Beweis: Übungsaufgabe.

Satz 2. (Existenzsatz)
Unter den Voraussetzungen C_2, C_3, C_4 sei auf dem Gebiet Ω der Differentialoperator $\mathcal{L}$ gegeben. Dann hat für alle $f \in C^\alpha(\overline{\Omega})$ und alle $g : \partial\Omega \to \mathbb{R} \in C^0(\partial\Omega)$ das Dirichletproblem

$$\mathcal{L}(u) = f \quad in \quad \Omega,$$
$$u = g \quad auf \quad \partial\Omega \tag{10}$$

genau eine Lösung in der Regularitätsklasse $C^{2+\alpha}(\Omega) \cap C^0(\overline{\Omega})$.

Beweis: Wir haben nur die Voraussetzung C_0 in Satz 5 aus § 5 zu eliminieren. Sei $f \in C^\alpha(\overline{\Omega})$, so betrachten wir im Fall $n \geq 3$ die Funktion

$$v(x) := \frac{1}{(2-n)\omega_n} \int\limits_\Omega \frac{f(y)}{|y-x|^{n-2}}\,dy, \quad x \in \Omega. \tag{11}$$

Wir ermitteln

$$v \in C^2(\Omega) \cap C^0(\overline{\Omega}),$$
$$\Delta v(x) = f(x) \quad in \quad \Omega. \tag{12}$$

Nun lösen wir wie in Kap. V, § 3 mit der Perronschen Methode das Randwertproblem

$$w \in C^2(\Omega) \cap C^0(\overline{\Omega}),$$
$$\Delta w = 0 \quad in \quad \Omega, \tag{13}$$
$$w = -v \quad auf \quad \partial\Omega.$$

Dann ist die Funktion $u(x) := v(x) + w(x)$, $x \in \overline{\Omega}$, eine Lösung des Randwertproblems

$$\Delta u(x) = f(x) \quad in \quad \Omega,$$
$$u = 0 \quad auf \quad \partial\Omega. \tag{14}$$

Indem wir mit Hilfe von Satz 1 die Lösung u lokal im Innern und auch mit Hilfssatz 1 am Rand rekonstruieren, erhalten wir $u \in C^{2+\alpha}(\overline{\Omega})$. Hierzu verweisen wir auf die nachfolgenden Beweise von Satz 3 und Satz 4.
q.e.d.

Satz 3. (Innere Regularität)
Im Gebiet $\Omega \subset \mathbb{R}^n$ *sei der Differentialoperator* $\mathcal{L}$ *unter der Voraussetzung* C_2 *und die rechte Seite* $f \in C^\alpha(\Omega)$ *gegeben. Dann gehört eine Lösung* $u \in C^2(\Omega)$ *der Differentialgleichung*

$$\mathcal{L}(u) = f \quad in \quad \Omega \tag{15}$$

zur Regularitätsklasse $C^{2+\alpha}(\Omega)$.

Beweis: Wegen (15) genügt $u \in C^2(\Omega)$ der Differentialgleichung $\tilde{\mathcal{L}}(u) = \tilde{f}$ in Ω mit

$$\tilde{\mathcal{L}}(u) := \sum_{i,j=1}^n a_{ij}(x)\frac{\partial^2 u}{\partial x_i \partial x_j} + \sum_{i=1}^n b_i(x)\frac{\partial u}{\partial x_i},$$
$$\tilde{f} := f - cu \in C^\alpha(\Omega).$$

Da nun $\tilde{\mathcal{L}}$ der Voraussetzung C_4 genügt, können wir mit Hilfe von Satz 1 die Lösung wie folgt rekonstruieren: Zu $\xi \in \Omega$ und hinreichend kleinem $\varrho > 0$ betrachte $D := \{x \in \mathbb{R}^n : |x - \xi| < \varrho\} \subset\subset \Omega$. Es gibt eine Lösung $v \in C^{2+\alpha}(D) \cap C^0(\overline{D})$ von

$$\tilde{\mathcal{L}}(v) = \tilde{f} \quad \text{in} \quad D,$$
$$v = u \quad \text{auf} \quad \partial D. \tag{16}$$

Nach dem Maximumprinzip folgt $u(x) \equiv v(x)$ in D und somit $u \in C^{2+\alpha}(D)$.

q.e.d.

Unter der Voraussetzung C_3 können wir $\partial\Omega$ als $(n-1)$-dimensionale Mannigfaltigkeit der Klasse $C^{2+\alpha}$ auffassen. Es ist damit möglich, Randfunktionen $g : \partial\Omega \to \mathbb{R} \in C^{2+\alpha}(\partial\Omega)$ in natürlicher Weise zu definieren. Sehr einfach zeigt man den

Hilfssatz 2. *Sei $g : \partial\Omega \to \mathbb{R} \in C^{2+\alpha}(\partial\Omega)$ gegeben. Dann gibt es zu jedem $\xi \in \partial\Omega$ und hinreichend kleinem $\varepsilon > 0$ eine Funktion $h = h(x_1, \ldots, x_n) \in C^{2+\alpha}(\{x \in \mathbb{R}^n : |x - \xi| \leq \varepsilon\})$ mit $h = g$ auf $\partial\Omega \cap \{x \in \mathbb{R}^n : |x - \xi| \leq \varepsilon\}$.*

Satz 4. (Randregularität)
Unter den Voraussetzungen C_2 und C_3 sei in dem Gebiet $\Omega \subset \mathbb{R}^n$ der Differentialoperator $\mathcal{L}$ gegeben. Zur Randfunktion $g \in C^{2+\alpha}(\partial\Omega)$ und zur rechten Seite $f \in C^\alpha(\overline{\Omega})$ sei u eine Lösung des Dirichletproblems

$$u \in C^2(\Omega) \cap C^0(\overline{\Omega}),$$
$$\mathcal{L}(u) = f \quad \text{in} \quad \Omega, \tag{17}$$
$$u = g \quad \text{auf} \quad \partial\Omega.$$

Dann folgt $u = u(x) \in C^{2+\alpha}(\overline{\Omega})$.

Beweis:

1. Es sei $\xi = (\xi_1, \ldots, \xi_n) \in \partial\Omega$ beliebig gewählt. Wir betrachten die Funktion $w(x) := e^{-\mu(x_1 - \xi_1)^2} > 0$ im $\mathbb{R}^n$ mit noch zu fixierendem $\mu > 0$. Wegen

$$w_{x_1} = -2\mu(x_1 - \xi_1)e^{-\mu(x_1 - \xi_1)^2},$$
$$w_{x_1 x_1} = \{4\mu^2(x_1 - \xi_1)^2 - 2\mu\}e^{-\mu(x_1 - \xi_1)^2}$$

erhalten wir

$$\mathcal{L}w|_{x=\xi} = -2\mu a_{11}(\xi) + c(\xi) < 0$$

für hinreichend großes $\mu > 0$. Wählen wir nun $\varrho > 0$ hinreichend klein, so folgt

$$\mathcal{L}w(x) \leq 0, \quad w(x) > 0 \quad \text{für alle} \quad x \in \overline{\Omega} \text{ mit } |x - \xi| \leq \varrho. \tag{18}$$

Gemäß §1 aus Kapitel VI können wir durch den Produktansatz $u(x) = w(x)v(x)$ erreichen, daß der Differentialoperator für v die Voraussetzung C_4 erfüllt. Also können wir im folgenden zusätzlich (C_4) fordern.

2. Nach Hilfssatz 2 können wir lokal $g : \partial\Omega \to \mathbb{R}$ um den Punkt ξ zu einer Funktion $h \in C^{2+\alpha}(\{x \in \mathbb{R}^n : |x - \xi| \leq \varrho\})$ fortsetzen. Nun wählen wir eine $C^{2+\alpha}$-Kugel D gemäß Hilfssatz 1, so daß

$$D \subset \left\{x \in \mathbb{R}^n : |x - \xi| \leq \varrho\right\} \cap \Omega$$

erfüllt ist. Die Funktion $v(x) := u(x) - h(x) \in C^{2+\alpha}(D) \cap C^0(\overline{D})$ genügt

$$\mathcal{L}v(x) = \mathcal{L}u(x) - \mathcal{L}h(x) = f(x) - \mathcal{L}h(x), \qquad x \in D. \tag{19}$$

Dabei gehört die rechte Seite von (19) zur Klasse $C^\alpha(\overline{D})$. Weiter gilt $v(x) = 0$ für alle $x \in \partial\Omega(\xi, \varrho') \cap \partial\Omega$ mit hinreichend kleinem $\varrho' > 0$; hier haben wir

$$\Omega(\xi, \varrho') := \left\{x \in \Omega : |x - \xi| < \varrho'\right\}$$

erklärt. Indem wir nun mit Hilfe von Satz 1 die Lösung v auf $\overline{D}$ wie im Beweis von Satz 3 rekonstruieren, erhalten wir

$$v \in C^{2+\alpha}(\overline{\Omega(\xi, \varrho'')}) \tag{20}$$

für ein $0 < \varrho'' < \varrho' < \varrho$. Da $\xi \in \partial\Omega$ beliebig gewählt war, folgt $u \in C^{2+\alpha}(\overline{\Omega})$.

q.e.d.

Bemerkung: Da der Beweis von Satz 4 lokal ist wie in Satz 1 beschrieben, können wir damit auch einen lokalen Regularitätssatz beweisen.

Wir kommen nun zum Ziel der Theorie, nämlich

Satz 5. (Fundamentalsatz für elliptische Differentialoperatoren)
Unter den Voraussetzungen C_2 und C_3 sei der Differentialoperator $\mathcal{L}$ auf dem Gebiet Ω gegeben, und es gelte

Das homogene Problem $\mathcal{L}(u) = 0$ in Ω, $u = 0$ auf $\partial\Omega$, $u \in C^2(\overline{\Omega})$ hat nur die triviale Lösung $u \equiv 0$. $\tag{21}$

Für alle $f \in C^\alpha(\overline{\Omega})$ und $g \in C^{2+\alpha}(\partial\Omega)$ hat dann das Randwertproblem

$$\begin{aligned} u &\in C^{2+\alpha}(\overline{\Omega}), \\ \mathcal{L}(u) &= f \quad in \quad \Omega, \\ u &= g \quad auf \quad \partial\Omega \end{aligned} \tag{22}$$

genau eine Lösung.

Beweis: Wir betrachten den reduzierten Differentialoperator

$$\mathcal{L}_0(u) := \sum_{i,j=1}^n a_{ij}(x)\frac{\partial^2 u}{\partial x_i \partial x_j} + \sum_{i=1}^n b_i(x)\frac{\partial u}{\partial x_i}$$

und lösen mit Hilfe von Satz 2 und 4 das Dirichletproblem

$$u_0 \in C^{2+\alpha}(\overline{\Omega}),$$
$$\mathcal{L}_0(u_0) = 0 \quad \text{in} \quad \Omega, \tag{23}$$
$$u_0 = g \quad \text{auf} \quad \partial\Omega.$$

Zu gegebener rechter Seite $f \in C^{\alpha}(\overline{\Omega})$ lösen wir dann das Problem (22) mit dem Ansatz

$$u = u_0 + u_1, \qquad u_1 \in C_*^{2+\alpha}(\overline{\Omega}). \tag{24}$$

Für u_1 finden wir dann die Bedingung

$$f = \mathcal{L}(u) = \mathcal{L}(u_0 + u_1) = \mathcal{L}_0(u_0 + u_1) + c(u_0 + u_1)$$
$$= \mathcal{L}_0(u_0) + \mathcal{L}_0(u_1) + cu_0 + cu_1 = \mathcal{L}_0(u_1) + cu_0 + cu_1$$

beziehungsweise

$$u_1 + \mathcal{L}_0^{-1}(cu_1) = \mathcal{L}_0^{-1}(f) - \mathcal{L}_0^{-1}(cu_0) = \tilde{f} \in C_*^{2+\alpha}(\overline{\Omega}). \tag{25}$$

Auf dem Banachraum

$$\mathcal{B} := \left\{ u : \overline{\Omega} \to \mathbb{R} \in C^2(\overline{\Omega}) \ : \ u = 0 \text{ auf } \partial\Omega \right\}$$

mit der Norm

$$\|u\| := \|u\|_0^{\Omega} + \|u\|_1^{\Omega} + \|u\|_2^{\Omega}, \qquad u \in \mathcal{B},$$

betrachten wir den linearen Operator

$$K(u) := -\mathcal{L}_0^{-1}\big[c(x)u(x)\big], \qquad u \in \mathcal{B}. \tag{26}$$

Die Schauderabschätzung liefert

$$\|K(u)\| \leq \|K(u)\|_{2+\alpha}^{\Omega} = \left\|\mathcal{L}_0^{-1}\big[c(x)u(x)\big]\right\|_{2+\alpha}^{\Omega} \leq \vartheta \|cu\|_{\alpha}^{\Omega}$$
$$\leq \vartheta \|c\|_{\alpha}^{\Omega} \|u\| = \tilde{\vartheta}\|u\|, \qquad u \in \mathcal{B}. \tag{27}$$

Somit ist K ein beschränkter, linearer Operator auf dem Banachraum $\mathcal{B}$, der nach dem Satz von Arzelà-Ascoli vollstetig ist. Wegen (21) hat die homogene Gleichung

$$u + \mathcal{L}_0^{-1}(cu) = 0, \qquad u \in \mathcal{B}, \tag{28}$$

nur die triviale Lösung $u \equiv 0$. Nach dem Satz von F. Riesz aus Kapitel VII, §4 besitzt somit für jede rechte Seite $\tilde{f} \in \mathcal{B}$ die Operatorgleichung

$$u - K(u) = \tilde{f}, \qquad u \in \mathcal{B}, \tag{29}$$

genau eine Lösung. Mit Hilfe von Satz 4 erhalten wir so die gesuchte Funktion $u_1 \in C_*^{2+\alpha}(\overline{\Omega})$, die (25) genügt. Damit löst $u = u_0 + u_1$ schließlich das Dirichletproblem (22).

q.e.d.

§7 Die Schauderschen Abschätzungen

Zu $\xi \in \mathbb{R}^n$ und $R > 0$ betrachten wir die Menge

$$B = B(\xi, R) := \left\{ x = (x_1, \ldots, x_n) \in \mathbb{R}^n \ : \ |x - \xi| < R, \ x_n > 0 \right\}.$$

Mit $x = (x_1, \ldots, x_n)$ setzen wir $x^* = (x_1, \ldots, x_{n-1}, -x_n)$. Sei

$$E := \left\{ x \in \mathbb{R}^n \ : \ x_n = 0 \right\},$$

so definieren wir für $n \geq 3$ die Greensche Funktion auf dem Halbraum $x_n > 0$

$$\phi(x, y) := \frac{1}{(n-2)\omega_n} \left(\frac{1}{|y - x|^{n-2}} - \frac{1}{|y - x^*|^{n-2}} \right).$$

Offenbar gilt $\phi(x, y) = 0$ für alle $y \in E$. Wir erklären nun die Funktionenklasse

$$C_*^{2+\alpha}(\overline{B}) := \left\{ u \in C^{2+\alpha}(\overline{B(\xi, R)}) \ : \ u(x) = 0 \text{ für alle } x \in \partial B(\xi, R) \cap E \right\}.$$

Hilfssatz 1. *Sei $u \in C_*^{2+\alpha}(\overline{B})$, so gilt für alle $x \in B$*

$$u(x) = \int\limits_{\substack{|y-\xi|=R \\ y_n \geq 0}} \left(\phi(x, y) \frac{\partial u}{\partial \nu}(y) - u(y) \frac{\partial \phi(x, y)}{\partial \nu} \right) d\sigma(y) - \int\limits_{\substack{|y-\xi|\leq R \\ y_n \geq 0}} \phi(x, y) \Delta u(y) \, dy.$$

Beweis: Zunächst gilt nach dem Gaußschen Satz

$$\int\limits_{\substack{B(\xi,R) \\ |y-x|>\varepsilon}} \left(\phi(x, y) \Delta u(y) - u(y) \Delta_y \phi(x, y) \right) d\sigma(y)$$

$$= \int\limits_{\partial B} \left(\phi(x, y) \frac{\partial u}{\partial \nu} - u(y) \frac{\partial \phi}{\partial \nu} \right) d\sigma(y)$$

$$+ \int\limits_{|y-x|=\varepsilon} \left(\phi(x, y) \frac{\partial u}{\partial \nu} - u(y) \frac{\partial \phi}{\partial \nu} \right) d\sigma(y)$$

für alle $\varepsilon > 0$ und $x \in B$. Wegen $u \in C_*^{2+\alpha}(\overline{B})$ liefert der Grenzübergang $\varepsilon \downarrow 0$

$$u(x) = \int\limits_{\substack{|y-\xi|=R \\ y_n \geq 0}} \left(\phi \frac{\partial u}{\partial \nu} - u \frac{\partial \phi}{\partial \nu} \right) d\sigma(y) - \int\limits_{\substack{|y-\xi|<R \\ y_n > 0}} \phi(x, y) \Delta u(y) \, dy.$$

$$\text{q.e.d.}$$

Bemerkungen:

1. Es ist wichtig, daß u auf einem ebenen Randstück verschwindet. Beim Zusammenziehen für $\xi \in E$ und $R \downarrow 0$ geht dieses dann in sich über. Halbkugeln sind besonders bedeutend.

2. Hätten wir eine Greensche Funktion für den Fall der Halbkugel $B = B(\xi, R)$ mit $\xi \in E$ zur Verfügung, könnten wir wie in §4 potentialtheoretische Abschätzungen bis an den Rand $\partial B \cap E$ herleiten.

3. Um aber die Greensche Funktion für die Halbkugel zu konstruieren, müssen wir mit der Poissonschen Integralformel das Dirichletproblem für die Kugel lösen. Von eben dieser Lösung wissen wir aber noch nicht, daß deren Ableitungen in $\overline{B}$ stetig sind.

Hilfssatz 2. *Die Funktion* $u \in C_*^{2+\alpha}(\overline{B})$ *genüge der Poissonschen Differentialgleichung* $\Delta u = f$ *in* B *mit* $f \in C^\alpha(\overline{B})$. *Dann gelten für* $x \in B$ *und* $i, j = 1, \dots, n$ *die Gleichungen*

$$u_{x_i x_j}(x) = \int\limits_{\substack{|y-\xi|=R \\ y_n \geq 0}} \left(\phi_{x_i x_j}(x, y) \frac{\partial u}{\partial \nu}(y) - u(y) \frac{\partial \phi_{x_i x_j}(x, y)}{\partial \nu} \right) d\sigma(y)$$

$$- f(x) \psi_{x_i x_j}(x, R) - \int\limits_B \phi_{x_i x_j}(x, y) \big(f(y) - f(x) \big) \, dy.$$

Hierbei erklären wir

$$\psi(x, R) := \int\limits_{\substack{|y-\xi|=R \\ y_n \geq 0}} \left(\phi(x, y) \frac{\partial (\frac{1}{2} y_n^2)}{\partial \nu} - \frac{1}{2} y_n^2 \frac{\partial \phi}{\partial \nu}(x, y) \right) d\sigma(y) - \frac{1}{2} x_n^2.$$

Beweis: In der Integraldarstellung von Hilfssatz 1 können wir das Oberflächenintegral zweimal differenzieren. Das problematische Volumenintegral

$$F(x) = \int\limits_B \phi(x, y) f(y) \, dy, \qquad x \in B,$$

ist zunächst nur einmal differenzierbar,

$$F_{x_i}(x) = \int\limits_B \phi_{x_i}(x, y) f(y) \, dy, \quad x \in B, \qquad \text{für} \quad i = 1, \dots, n.$$

Setzen wir in Hilfssatz 1 die Funktion $u(x) := \frac{1}{2} x_n^2$ mit $u(x) = 0$ für $x \in E$ und $\Delta u(x) = 1$ im $\mathbb{R}^n$ ein, so folgt

$$\int\limits_B \phi(x, y) dy = \int\limits_{\substack{|y-\xi|=R \\ y_n \geq 0}} \left(\phi(x, y) \frac{\partial (\frac{1}{2} y_n^2)}{\partial \nu} - \frac{1}{2} y_n^2 \frac{\partial \phi}{\partial \nu}(x, y) \right) d\sigma(y) - \frac{1}{2} x_n^2$$

$$= \psi(x, R), \qquad x \in B.$$

Somit gehört die Funktion

$$\Phi_i(x) := \int\limits_B \phi_{x_i}(x,y)\, dy = \psi_{x_i}(x,R), \qquad x \in B,$$

zur Klasse $C^1(B)$, und der Hilfssatz 1 aus §4 von E. Hopf liefert

$$F_{x_i x_j}(x) = \int\limits_B \phi_{x_i x_j}(x,y)\big(f(y) - f(x)\big)\, dy + f(x)\psi_{x_i x_j}(x,R), \qquad x \in B,$$

für $i,j = 1, \ldots, n$. \hfill q.e.d.

Hilfssatz 3. *Die Funktion* $u = u(x) \in C_*^{2+\alpha}(\overline{B(\xi,1)})$ *genüge* $\Delta u(x) = f(x)$ *in* $B(\xi,1)$ *mit* $f \in C^\alpha(\overline{B})$. *Dann gibt es eine Konstante* $C = C(n,\alpha)$, *so daß*

$$\|u\|_2^{B(\xi,\frac{1}{2})} + \|u\|_{2,\alpha}^{B(\xi,\frac{1}{2})} \le C(\alpha,n)\Big(\|u\|_0^{B(\xi,1)} + \|u\|_1^{B(\xi,1)} + \|f\|_0^{B(\xi,1)} + \|f\|_{0,\alpha}^{B(\xi,1)}\Big)$$

gilt.

Beweis: Für festes $i,j \in \{1, \ldots, n\}$ betrachten wir die Funktionen

$$g(x) := \int\limits_{\substack{|y-\xi|=1 \\ y_n \ge 0}} \left(\phi_{x_i x_j}(x,y)\frac{\partial u}{\partial \nu}(y) - u(y)\frac{\partial \phi_{x_i x_j}}{\partial \nu}(x,y)\right) d\sigma(y),$$

$$h(x) := f(x)\psi_{x_i x_j}(x,1),$$

$$F(x) := \int\limits_{B(\xi,1)} \phi_{x_i x_j}(x,y)\big(f(y) - f(x)\big)\, dy, \qquad x \in B(\xi,1).$$

Nach Hilfssatz 2 gilt

$$u_{x_i x_j}(x) = g(x) - h(x) - F(x), \qquad x \in B(\xi,1). \tag{1}$$

Wir ermitteln zunächst

$$\|g\|_0^{B(\xi,\frac{1}{2})} + \|g\|_{0,\alpha}^{B(\xi,\frac{1}{2})} \le C_1(\alpha,n)\Big(\|u\|_0^{B(\xi,1)} + \|u\|_1^{B(\xi,1)}\Big). \tag{2}$$

Weiter gilt

$$\|h\|_0^{B(\xi,\frac{1}{2})} + \|h\|_{0,\alpha}^{B(\xi,\frac{1}{2})} = \|h\|_\alpha^{B(\xi,\frac{1}{2})} = \|f \cdot \psi_{x_i x_j}(\cdot,1)\|_\alpha^{B(\xi,\frac{1}{2})}$$

$$\le \|\psi_{x_i x_j}(\cdot,1)\|_\alpha^{B(\xi,\frac{1}{2})} \|f\|_\alpha^{B(\xi,\frac{1}{2})} \tag{3}$$

$$\le C_2(\alpha,n)\Big(\|f\|_0^{B(\xi,1)} + \|f\|_{0,\alpha}^{B(\xi,1)}\Big).$$

Zur Abschätzung von $F(x)$ verwenden wir Hilfssatz 2 aus §4, nämlich

$$|F(x)| \le C_3(\alpha,n)\|f\|_{0,\alpha}^{B(\xi,1)}, \qquad x \in B(\xi,1), \tag{4}$$

und die Hopfsche Abschätzung

$$
\left| F(x'') - F(x') + \left(f(x'') - f(x')\right) \int\limits_{\substack{y \in B(\xi,1) \\ |y-x'| \geq 3|x''-x'|}} \phi_{x_i x_j}(x', y)\, dy \right|
$$
$$
\leq C_4(\alpha, n)\|f\|_{0,\alpha}^{B(\xi,1)} |x'' - x'|^\alpha \qquad \text{für alle} \quad x', x'' \in B(\xi,1). \tag{5}
$$

Mit dem Gaußschem Integralsatz zeigt man die gleichmäßige Beschränktheit der Cauchyschen Hauptwerte

$$
\left| \int\limits_{\substack{y \in B(\xi,1) \\ |y-x'| \geq \delta}} \phi_{x_i x_j}(x', y)\, dy \right| \leq C_5 \qquad \text{für alle} \quad x' \in B\left(\xi, \tfrac{1}{2}\right) \quad \text{und} \quad \delta > 0. \tag{6}
$$

Zusammen mit (5) folgt nun

$$
|F(x'') - F(x')| \leq \left\{ C_4(\alpha, n) + C_5 \right\} \|f\|_{0,\alpha}^{B(\xi,1)} |x'' - x'|^\alpha
$$
$$
\text{für alle} \quad x \in B\left(\xi, \tfrac{1}{2}\right) \quad \text{und} \quad x'' \in B(\xi,1). \tag{7}
$$

Den Ungleichungen (4) und (7) entnehmen wir

$$
\|F\|_0^{B(\xi,\frac{1}{2})} + \|F\|_{0,\alpha}^{B(\xi,\frac{1}{2})} \leq \left\{ C_3(\alpha,n) + C_4(\alpha,n) + C_5 \right\} \|f\|_{0,\alpha}^{B(\xi,1)}. \tag{8}
$$

Aus (1)-(3) und (8) erhalten wir für $i,j = 1, \ldots, n$ die Ungleichung

$$
\|u_{x_i x_j}\|_0^{B(\xi,\frac{1}{2})} + \|u_{x_i x_j}\|_{0,\alpha}^{B(\xi,\frac{1}{2})}
$$
$$
\leq \tilde{C}(\alpha,n) \left\{ \|u\|_0^{B(\xi,1)} + \|u\|_1^{B(\xi,1)} + \|f\|_0^{B(\xi,1)} + \|f\|_{0,\alpha}^{B(\xi,1)} \right\},
$$

und die gesuchte Abschätzung folgt. \hfill q.e.d.

Mit einem Skalierungsargument zeigen wir nun den

Satz 1. *Sei* $u = u(x) \in C_*^{2+\alpha}(\overline{B(\xi,R)})$ *mit* $\xi \in \mathbb{R}^n$ *und* $R > 0$ *eine Lösung von* $\Delta u(x) = f(x)$, $x \in B(\xi, R)$. *Dann gilt*

$$
\|u\|_2^{B(\xi,\frac{1}{2}R)} \leq C(\alpha,n) \left(\frac{\|u\|_0^{B(\xi,R)}}{R^2} + \frac{\|u\|_1^{B(\xi,R)}}{R} + \frac{\|f\|_0^{B(\xi,R)}}{1} + R^\alpha \|f\|_{0,\alpha}^{B(\xi,R)} \right)
$$

und

$$
\|u\|_{2,\alpha}^{B(\xi,\frac{1}{2}R)} \leq C(\alpha,n) \left(\frac{\|u\|_0^{B(\xi,R)}}{R^{2+\alpha}} + \frac{\|u\|_1^{B(\xi,R)}}{R^{1+\alpha}} + \frac{\|f\|_0^{B(\xi,R)}}{R^\alpha} + \|f\|_{0,\alpha}^{B(\xi,R)} \right).
$$

Beweis: Wir wenden Hilfssatz 3 auf die Funktion $v(y) := u(Ry)$, $y \in B(\frac{\xi}{R}, 1)$, der Klasse $C_*^{2+\alpha}\left(\overline{B(\frac{\xi}{R}, 1)}\right)$ an und erhalten

$$
\|v\|_2^{B(\frac{\xi}{R}, \frac{1}{2})} + \|v\|_{2,\alpha}^{B(\frac{\xi}{R}, \frac{1}{2})}
$$
$$
\leq C(\alpha, n)\left\{ \|v\|_0^{B(\frac{\xi}{R}, 1)} + \|v\|_1^{B(\frac{\xi}{R}, 1)} + \|g\|_0^{B(\frac{\xi}{R}, 1)} + \|g\|_{0,\alpha}^{B(\frac{\xi}{R}, 1)} \right\}. \tag{9}
$$

Ferner berechnen wir

$$
v_{y_i}(y) = R\, u_{x_i}(Ry), \qquad i = 1, \ldots, n,
$$
$$
v_{y_i y_k}(y) = R^2\, u_{x_i x_k}(Ry), \qquad i, k = 1, \ldots, n,
$$
$$
\Delta v(y) = R^2\, f(Ry) =: g(y), \qquad y \in B\left(\frac{\xi}{R}, 1\right),
$$

und beachten

$$
\|v\|_l^{B(\frac{\xi}{R}, 1)} = R^l \|u\|_l^{B(\xi, R)}, \qquad \|v\|_l^{B(\frac{\xi}{R}, \frac{1}{2})} = R^l \|u\|_l^{B(\xi, \frac{R}{2})}, \qquad l = 0, 1, 2.
$$

Schließlich notieren wir die Identitäten

$$
\|v\|_{2,\alpha}^{B(\frac{\xi}{R}, \frac{1}{2})} = R^{2+\alpha} \|u\|_{2,\alpha}^{B(\xi, \frac{R}{2})},
$$
$$
\|g\|_0^{B(\frac{\xi}{R}, 1)} = R^2 \|f\|_0^{B(\xi, R)},
$$
$$
\|g\|_{0,\alpha}^{B(\frac{\xi}{R}, 1)} = R^{2+\alpha} \|f\|_{0,\alpha}^{B(\xi, R)}.
$$

Damit erhalten wir aus (9) die Ungleichung

$$
R^2 \|u\|_2^{B(\xi, \frac{R}{2})} + R^{2+\alpha} \|u\|_{2,\alpha}^{B(\xi, \frac{R}{2})}
$$
$$
\leq C(\alpha, n)\left\{ \|u\|_0^{B(\xi, R)} + R\|u\|_1^{B(\xi, R)} + R^2 \|f\|_0^{B(\xi, R)} + R^{2+\alpha} \|f\|_{0,\alpha}^{B(\xi, R)} \right\}.
$$

Hieraus folgen die behaupteten Abschätzungen.   q.e.d.

Wir gehen nun zu elliptischen Differentialoperatoren mit konstanten Koeffizienten über. Zur Vorbereitung beweisen wir den

Hilfssatz 4. *Sei $A = (a_{ij})_{i,j=1,\ldots,n}$ eine reelle, symmetrische, positiv-definite Matrix, welche*

$$
m^2 \sum_{i=1}^n \xi_i^2 \leq \sum_{i,j=1}^n a_{ij} \xi_i \xi_j \leq M^2 \sum_{i=1}^n \xi_i^2 \qquad \text{für alle} \quad \xi = (\xi_1, \ldots, \xi_n) \in \mathbb{R}^n
$$

mit Konstanten $0 < m \leq M < +\infty$ erfülle. Dann gibt es eine reelle Matrix $T = (t_{ij})_{i,j=1,\ldots,n}$ mit $t_{nj} = 0$ für $j = 1, \ldots, n-1$ und $t_{nn} > 0$, so daß

$$T \circ A \circ T^* = E$$

gilt. *Weiter gelten die Dilatationsabschätzungen*

$$M^{-1}|x| \le |Tx| \le m^{-1}|x|, \qquad x \in \mathbb{R}^n,$$

sowie

$$m|y| \le |T^{-1}y| \le M|y|, \qquad y \in \mathbb{R}^n.$$

Beweis: Da A eine reelle, symmetrische Matrix ist, gibt es eine orthogonale Matrix B mit $B \circ B^* = E = B^* \circ B$, so daß $B \circ A \circ B^* = \Lambda =: \operatorname{diag}(\lambda_1, \dots, \lambda_n)$ zur Diagonalmatrix mit den Eigenwerten $\lambda_i \in [m^2, M^2]$ für $i = 1, \dots, n$ wird. Wir multiplizieren nun die Matrixgleichung von links und rechts mit der Matrix $\Lambda^{-1/2} := \operatorname{diag}(\lambda_1^{-1/2}, \dots, \lambda_n^{-1/2})$ und erhalten mit $C := \Lambda^{-1/2} \circ B$ die Identität

$$E = \Lambda^{-1/2} \circ B \circ A \circ B^* \circ (\Lambda^{-1/2})^* = C \circ A \circ C^*.$$

Wir multiplizieren nun diese Gleichung mit einer beliebigen orthogonalen Matrix D und erhalten mit $T := D \circ C$ die Identität

$$E = D \circ C \circ A \circ C^* \circ D^* = T \circ A \circ T^*.$$

Wir wählen nun D so, daß $t_{nj} = 0$ $(j = 1, \dots, n-1)$ und $t_{nn} > 0$ erfüllt wird. Nun folgt $T = D \circ \Lambda^{-1/2} \circ B$ mit den orthogonalen Matrizen B und D und der Diagonalmatrix $\Lambda^{-1/2}$ mit den Diagonalelementen $\lambda_i^{-1/2} \in [M^{-1}, m^{-1}]$ für $i = 1, \dots, n$. Hieraus ergibt sich die Abschätzung

$$M^{-1}|x| \le |Tx| \le m^{-1}|x|, \qquad x \in \mathbb{R}^n,$$

und mit $x = T^{-1}y$ die zweite Dilatationsabschätzung

$$M^{-1}|T^{-1}y| \le |y| \le m^{-1}|T^{-1}y|, \qquad y \in \mathbb{R}^n. \qquad \text{q.e.d.}$$

Satz 2. *Die reelle, symmetrische Matrix $A = (a_{ij})_{i,j=1,\dots,n}$ erfülle*

$$m^2 \sum_{i=1}^n \xi_i^2 \le \sum_{i,j=1}^n a_{ij}\xi_i\xi_j \le M^2 \sum_{i=1}^n \xi_i^2, \qquad \xi \in \mathbb{R}^n,$$

mit den Konstanten $0 < m \le M < +\infty$. Die Funktion $u = u(x) \in C_*^{2+\alpha}(\overline{B(\xi, R)})$ löse die Differentialgleichung

$$L(u)|_x := \sum_{i,j=1}^n a_{ij} \frac{\partial^2 u}{\partial x_i \partial x_j}(x) = f(x), \qquad x \in B(\xi, R).$$

Dann gibt es eine Konstante $C = C(\alpha, n, m, M) \in (0, +\infty)$, so daß

$$\|u\|_2^{B(\xi, \frac{m}{M}\frac{R}{2})} \le C\left(\|f\|_0^{B(\xi,R)} + R^\alpha \|f\|_{0,\alpha}^{B(\xi,R)} + \frac{\|u\|_0^{B(\xi,R)}}{R^2} + \frac{\|u\|_1^{B(\xi,R)}}{R}\right)$$

und

$$\|u\|_{2,\alpha}^{B(\xi,\frac{m}{M}\frac{R}{2})} \leq C\left(\frac{\|f\|_0^{B(\xi,R)}}{R^\alpha} + \|f\|_{0,\alpha}^{B(\xi,R)} + \frac{\|u\|_0^{B(\xi,R)}}{R^{2+\alpha}} + \frac{\|u\|_1^{B(\xi,R)}}{R^{1+\alpha}} \right)$$

gültig ist.

Beweis: Zur Matrix A verwenden wir die Transformation $y = Tx$ gemäß Hilfssatz 4. Wegen $y_n = t_{nn}x_n$ haben wir

$$T : \begin{matrix} \{x \in \mathbb{R}^n \;:\; x_n = 0\} \leftrightarrow \{y \in \mathbb{R}^n \;:\; y_n = 0\}, \\ \{x \in \mathbb{R}^n \;:\; x_n > 0\} \leftrightarrow \{y \in \mathbb{R}^n \;:\; y_n > 0\}. \end{matrix}$$

Ferner gelten die Inklusionen

$$T\left(B\left(\xi, \frac{m}{2M}R\right)\right) \subset B\left(T\xi, \frac{R}{2M}\right), \tag{10}$$

$$B\left(T\xi, \frac{R}{M}\right) \subset T(B(\xi, R)). \tag{11}$$

Ist nämlich $y \in T(B(\xi, \frac{m}{2M}R))$ richtig, so folgt

$$|T^{-1}(y - T\xi)| = |T^{-1}y - \xi| < \frac{m}{2M}R$$

Nach Hilfssatz 4 gilt dann

$$m|y - T\xi| \leq |T^{-1}(y - T\xi)| < \frac{m}{2M}R \qquad \text{bzw.} \qquad |y - T\xi| < \frac{R}{2M}.$$

Das bedeutet aber $y \in B(T\xi, \frac{R}{2M})$, und (10) ist bewiesen. Haben wir dagegen $y \in B(T\xi, \frac{R}{M})$, also $|y - T\xi| < \frac{R}{M}$, so liefert Hilfssatz 4 die Ungleichung

$$|T^{-1}y - \xi| = |T^{-1}(y - T\xi)| \leq M|y - T\xi| < R.$$

Es gilt daher $T^{-1}y \in B(\xi, R)$ beziehungsweise $y \in T(B(\xi, R))$. Somit ist auch (11) bewiesen.

Wir betrachten nun die Funktion $v(y) := u(T^{-1}y)$ der Klasse $C_*^{2+\alpha}(T(\overline{B(\xi,R)})$ bzw. $u(x) = v(Tx)$ der Klasse $C_*^{2+\alpha}(\overline{B(\xi,R)})$. Wegen

$$u_{x_i} = \sum_{k=1}^n v_{y_k} t_{ki}, \qquad u_{x_i x_j} = \sum_{k,l=1}^n v_{y_k y_l} t_{ki} t_{lj} \qquad \text{für} \quad i,j = 1,\dots,n$$

folgt

$$L(u)|_x = \sum_{i,j=1}^n a_{ij} \frac{\partial^2 u}{\partial x_i \partial x_j}(x) = \sum_{k,l=1}^n \left(\sum_{i,j=1}^n a_{ij} t_{ki} t_{lj} \right) v_{y_k y_l}\Big|_{Tx}$$

$$= \sum_{k,l=1}^n \delta_{kl} v_{y_k y_l}\Big|_{Tx} = \sum_{k=1}^n v_{y_k y_k}\Big|_{Tx} = \Delta v(Tx),$$

für alle $x \in B(\xi, R)$. Wir erhalten also

$$\Delta v(y) = g(y), \quad y \in T(B(\xi, R)), \qquad \text{mit} \quad g(y) := f(T^{-1}y). \quad (12)$$

Gemäß Formel (11) können auf die Funktion v Satz 1 in der Kugel $B(T\xi, \frac{R}{M})$ anwenden: Es gibt eine Konstante $\tilde{C} = \tilde{C}(\alpha, n)$, so daß

$$\|v\|_2^{B(T\xi, \frac{R}{2M})} \le \tilde{C}\left(\frac{M^2}{R^2}\|v\|_0^{B(T\xi, \frac{R}{M})} + \frac{M}{R}\|v\|_1^{B(T\xi, \frac{R}{M})}\right.$$
$$\left. + \|g\|_0^{B(T\xi, \frac{R}{M})} + \frac{R^\alpha}{M^\alpha}\|g\|_{0,\alpha}^{B(T\xi, \frac{R}{M})}\right).$$

Beachten wir, daß aus (10) folgt

$$\|u\|_2^{B(\xi, \frac{m}{2M}R)} \le \mu(m, M)\|v\|_2^{B(T\xi, \frac{R}{2M})},$$

so erhalten wir schließlich

$$\|u\|_2^{B(\xi, \frac{m}{2M}R)} \le \mu(m, M)\tilde{C}\left\{\frac{M^2}{R^2}\|u\|_0^{B(\xi, R)} + \frac{M}{R}\mu_1(m, M)\|u\|_1^{B(\xi, R)}\right.$$

$$\left. + \|f\|_0^{B(\xi, R)} + \frac{R^\alpha}{M^\alpha}\mu_2(m, M)\|f\|_{0,\alpha}^{B(\xi, R)}\right\}$$

$$\le C(\alpha, n, m, M)\left\{\frac{\|u\|_0^{B(\xi, R)}}{R^2} + \frac{\|u\|_1^{B(\xi, R)}}{R}\right.$$

$$\left. + \|f\|_0^{B(\xi, R)} + R^\alpha\|f\|_{0,\alpha}^{B(\xi, R)}\right\},$$

wenn wir noch (11) beachten. Analog schätzen wir $\|u\|_{2,\alpha}^{B(\xi, \frac{m}{2M}R)}$ ab.   q.e.d.

Für Funktionen $u \in C_*^{2+\alpha}(\overline{B(\xi, R)})$ führen wir nun mit $d(x) := R - |x - \xi|$ die gewichteten Normen ein:

$$A_0 := \sup_{x \in B} |u(x)|,$$

$$A_1 := \sup_{x \in B}\left\{d(x)\sum_{i=1}^n |u_{x_i}(x)|\right\},$$

$$A_2 := \sup_{x \in B}\left\{d(x)^2\sum_{i,j=1}^n |u_{x_i x_j}(x)|\right\},$$

$$A_{2,\alpha} := \sup_{\substack{x', x'' \in B \\ x' \ne x''}}\left\{\left(\min[d(x'), d(x'')]\right)^{2+\alpha}\sum_{i,j=1}^n \frac{|u_{x_i x_j}(x') - u_{x_i x_j}(x'')|}{|x' - x''|^\alpha}\right\}.$$

$$(13)$$

Hilfssatz 5. (Norm-Interpolation)
Für Funktionen $u = u(x) \in C_*^{2+\alpha}(\overline{B(\xi, R)})$ gilt die Abschätzung

$$A_1 \leq \frac{2n}{\kappa} A_0 + \frac{n\kappa}{(1-\kappa)^2} A_2 \qquad \textit{für alle} \quad \kappa \in (0,1). \qquad (14)$$

Beweis: Wir nehmen $A_1 > 0$ an und wählen ein $x' = (x_1', \ldots, x_n') \in \overline{B}$ mit

$$A_1 = d(x') \sum_{i=1}^{n} |u_{x_i}(x')| \qquad \text{und} \qquad d(x') > 0.$$

Für beliebiges $j \in \{1, \ldots, n\}$ erklären wir $x'' = (x_1'', \ldots, x_n'')$ durch $x_i'' := x_i'$ für $i \neq j$ und $x_j'' := x_j' + \kappa d(x')$, $\kappa \in (0,1)$. Wir beachten, daß $x'' \in \overline{B}$ gilt. Nach dem Mittelwertsatz der Differentialrechnung existiert ein $\tilde{\kappa} \in (0, \kappa)$ und der zugehörige Punkt $\tilde{x} = (\tilde{x}_1, \ldots, \tilde{x}_n)$ mit $\tilde{x}_i = x_i'$, $i \neq j$, und $\tilde{x}_j = x_j' + \tilde{\kappa} d(x')$, so daß

$$u_{x_j}(\tilde{x}) = \frac{u(x'') - u(x')}{\kappa d(x')}$$

richtig ist. Somit folgt

$$|u_{x_j}(\tilde{x})| \leq \frac{2A_0}{\kappa d(x')}. \qquad (15)$$

Weiter ermitteln wir

$$u_{x_j}(\tilde{x}) - u_{x_j}(x') = \int_{x_j'}^{\tilde{x}_j} u_{x_j x_j}(x_1', \ldots, x_{j-1}', t, x_{j+1}', \ldots, x_n') \, dt.$$

Für $x = (x_1', \ldots, x_{j-1}', t, x_{j+1}', \ldots, x_n')$ und $x_j' \leq t \leq \tilde{x}_j$ gilt

$$d(x) = R - |x - \xi| \geq R - |x' - \xi| - |x - x'| \geq d(x')(1 - \kappa)$$

und folglich

$$|u_{x_j x_j}(x)| \leq \frac{A_2}{d(x)^2} \leq \frac{A_2}{(1-\kappa)^2 d(x')^2}.$$

Wir erhalten

$$|u_{x_j}(\tilde{x}) - u_{x_j}(x')| \leq \frac{A_2 \, \kappa \, d(x')}{(1-\kappa)^2 (d(x'))^2} = \frac{\kappa A_2}{(1-\kappa)^2 d(x')}. \qquad (16)$$

Aus (15) und (16) ergibt sich

$$|u_{x_j}(x')| \leq |u_{x_j}(\tilde{x}) - u_{x_j}(x')| + |u_{x_j}(\tilde{x})| \leq \frac{\kappa A_2}{(1-\kappa)^2 d(x')} + \frac{2A_0}{\kappa d(x')}$$

beziehungsweise

$$d(x')|u_{x_j}(x')| \leq \frac{\kappa A_2}{(1-\kappa)^2} + \frac{2A_0}{\kappa} \qquad \text{für} \quad j = 1, \ldots, n.$$

Summation liefert

$$A_1 = d(x') \sum_{i=1}^{n} |u_{x_j}(x')| \le \frac{2nA_0}{\kappa} + \frac{n\kappa A_2}{(1-\kappa)^2},$$

und $\kappa \in (0,1)$ war beliebig gewählt. $\qquad\qquad\qquad\qquad\qquad$ q.e.d.

Wir gehen nun über zu elliptischen Differentialoperatoren

$$\mathcal{L}(u) := \sum_{i,j=1}^{n} a_{ij}(x)\frac{\partial^2 u}{\partial x_i \partial x_j} + \sum_{i=1}^{n} b_i(x)\frac{\partial u}{\partial x_i} + c(x)u, \qquad x \in \overline{B(\xi, R)}, \quad (17)$$

und stellen an die Koeffizienten die

Voraussetzung D: Für $i, j = 1, \ldots, n$ seien $a_{ij}(x), b_i(x), c(x) \in C^\alpha(\overline{B(\xi, R)})$ mit der Schranke

$$\sum_{i,j=1}^{n} \|a_{ij}\|_\alpha^{B(\xi,R)} + \sum_{i=1}^{n} \|b_i\|_\alpha^{B(\xi,R)} + \|c\|_\alpha^{B(\xi,R)} + R \le P.$$

Mit $0 < m \le M < +\infty$ gelten für alle $x \in B(\xi, R)$ und $\lambda \in \mathbb{R}^n$ die Ungleichungen

$$m^2 \sum_{i=1}^{n} \lambda_i^2 \le \sum_{i,j=1}^{n} a_{ij}(x)\lambda_i \lambda_j \le M^2 \sum_{i=1}^{n} \lambda_i^2.$$

Hilfssatz 6. *Sei die Voraussetzung D erfüllt. Die Funktion $u \in C_*^{2+\alpha}(\overline{B})$ erfülle die Differentialgleichung*

$$\mathcal{L}(u) = f \quad in \ B \qquad mit \quad f \in C^\alpha(\overline{B}).$$

Dann gelten für jeden Punkt $\tilde{x} \in B$ und jede Zahl $\kappa \in (0, \frac{1}{2})$ die Abschätzungen

$$\|u\|_2^{B(\tilde{x}, \frac{m}{2M}\kappa d(\tilde{x}))} \le \frac{C}{d(\tilde{x})^2}\left\{\|f\|_0^B + \kappa^\alpha \|f\|_{0,\alpha}^B + \frac{A_0}{\kappa^2} + \frac{A_1}{\kappa} + \kappa^\alpha A_2 + \kappa^{2\alpha} A_{2,\alpha}\right\}$$

und

$$\|u\|_{2,\alpha}^{B(\tilde{x}, \frac{m}{2M}\kappa d(\tilde{x}))} \le \frac{C}{d(\tilde{x})^{2+\alpha}}\left\{\frac{\|f\|_0^B}{\kappa^\alpha} + \|f\|_{0,\alpha}^B + \frac{A_0}{\kappa^{2+\alpha}} + \frac{A_1}{\kappa^{1+\alpha}} + A_2 + \kappa^\alpha A_{2,\alpha}\right\}$$

mit einer Konstanten $C = C(\alpha, n, m, M, P) \in (0, +\infty)$.

Beweis: Wir zeigen diesen Hilfssatz mit einer Methode, die man „Einfrieren der Koeffizienten" nennt. Für jedes $x \in B(\tilde{x}, \kappa d(\tilde{x}))$ gilt

$$d(x) = R - |x - \xi| \ge R - |\tilde{x} - \xi| - |x - \tilde{x}| \ge (1-\kappa)d(\tilde{x}) \ge \frac{1}{2}d(\tilde{x}).$$

Wir erhalten dann

$$A_0 = \sup_{x \in B} |u(x)| \geq \sup_{x \in B(\tilde{x}, \kappa d(\tilde{x}))} |u(x)| = \|u\|_0^{B(\tilde{x}, \kappa d(\tilde{x}))} \qquad (18)$$

und

$$\frac{2A_1}{d(\tilde{x})} = \sup_{x \in B} \left\{ \frac{2d(x)}{d(\tilde{x})} \sum_{i=1}^{n} |u_{x_i}(x)| \right\}$$

$$\geq \sup_{x \in B(\tilde{x}, \kappa d(\tilde{x}))} \left\{ \sum_{i=1}^{n} |u_{x_i}(x)| \right\} = \|u\|_1^{B(\tilde{x}, \kappa d(\tilde{x}))}, \qquad (19)$$

und weiter

$$\frac{4A_2}{d(\tilde{x})^2} \geq \|u\|_2^{B(\tilde{x}, \kappa d(\tilde{x}))} \qquad (20)$$

sowie

$$\frac{2^{2+\alpha} A_{2,\alpha}}{d(\tilde{x})^{2+\alpha}} \geq \|u\|_{2,\alpha}^{B(\tilde{x}, \kappa d(\tilde{x}))}. \qquad (21)$$

Da u der Differentialgleichung $\mathcal{L}(u) = f$ genügt, folgt

$$\tilde{\mathcal{L}}(u) := \sum_{i,j=1}^{n} a_{ij}(\tilde{x}) \frac{\partial^2 u}{\partial x_j \partial x_j}(x) = g(x), \qquad x \in B(\tilde{x}, \kappa d(\tilde{x})), \qquad (22)$$

mit der rechten Seite

$$g(x) := f(x) - \left\{ \sum_{i,j=1}^{n} \left(a_{ij}(x) - a_{ij}(\tilde{x}) \right) \frac{\partial^2 u}{\partial x_i \partial x_j} + \sum_{i=1}^{n} b_i(x) \frac{\partial u}{\partial x_i} + c(x) u \right\}. \qquad (23)$$

Auf (22) wenden wir nun Satz 2 mit $\xi = \tilde{x}$, $R = \kappa d(\tilde{x})$ an und erhalten

$$\|u\|_2^{B(\tilde{x}, \frac{m}{2M} \kappa d(\tilde{x}))} \leq \tilde{C} \left(\|g\|_0^{B(\tilde{x}, \kappa d(\tilde{x}))} + \|g\|_{0,\alpha}^{B(\tilde{x}, \kappa d(\tilde{x}))} \kappa^\alpha d(\tilde{x})^\alpha \right.$$

$$\left. + \frac{A_0}{\kappa^2 d(\tilde{x})^2} + \frac{2A_1}{\kappa d(\tilde{x})^2} \right) \qquad (24)$$

sowie

$$\|u\|_{2,\alpha}^{B(\tilde{x}, \frac{m}{2M} \kappa d(\tilde{x}))} \leq \tilde{C} \left(\frac{\|g\|_0^{B(\tilde{x}, \kappa d(\tilde{x}))}}{\kappa^\alpha d(\tilde{x})^\alpha} + \|g\|_{0,\alpha}^{B(\tilde{x}, \kappa d(\tilde{x}))} \right.$$

$$\left. + \frac{A_0}{\kappa^{2+\alpha} d(\tilde{x})^{2+\alpha}} + \frac{2A_1}{\kappa^{1+\alpha} d(\tilde{x})^{2+\alpha}} \right) \qquad (25)$$

mit der Konstanten $\tilde{C} = \tilde{C}(\alpha, n, m, M) \in (0, +\infty)$. Die Größe $\|g\|_0^{B(\tilde{x}, \kappa d(\tilde{x}))}$ schätzen wir wie folgt ab: Für $x \in B(\tilde{x}, \kappa d(\tilde{x}))$ gilt

$$|g(x)| \leq \|f\|_0^{B(\tilde{x}, \kappa d(\tilde{x}))} + \sum_{i,j=1}^{n} |a_{ij}(x) - a_{ij}(\tilde{x})| \left| \frac{\partial^2 u}{\partial x_i \partial x_j}(x) \right|$$

$$+ \sum_{i=1}^{n} |b_i(x)| \left| \frac{\partial u}{\partial x_i}(x) \right| + |c(x)| |u(x)|$$

und daher

$$|g(x)| \leq \|f\|_0^{B(\tilde{x},\kappa d(\tilde{x}))} + \|u\|_2^{B(\tilde{x},\kappa d(\tilde{x}))} \kappa^\alpha d(\tilde{x})^\alpha \sum_{i,j=1}^n \|a_{ij}\|_{0,\alpha}^{B(\tilde{x},\kappa d(\tilde{x}))}$$

$$+\|u\|_1^{B(\tilde{x},\kappa d(\tilde{x}))} \sum_{i=1}^n \|b_i\|_0^{B(\tilde{x},\kappa d(\tilde{x}))} + \|u\|_0^{B(\tilde{x},\kappa d(\tilde{x}))} \|c\|_0^{B(\tilde{x},\kappa d(\tilde{x}))} .$$

Wir finden also

$$\begin{aligned} \|g\|_0^{B(\tilde{x},\kappa d(\tilde{x}))} &\leq \|f\|_0^B + P\Big(A_0 + \frac{2A_1}{d(\tilde{x})} + \frac{4\kappa^\alpha d(\tilde{x})^\alpha}{d(\tilde{x})^2} A_2\Big) \\ &\leq \|f\|_0^B + \frac{k_0(P)}{d(\tilde{x})^2}\big(A_0 + A_1 + \kappa^\alpha A_2\big), \end{aligned} \qquad (26)$$

mit einer Konstanten $k_0 = k_0(P)$. Um $\|g\|_{0,\alpha}^{B(\tilde{x},\kappa d(\tilde{x}))}$ abzuschätzen, berechnen wir für $x', x'' \in B(\tilde{x},\kappa d(\tilde{x}))$

$$|g(x') - g(x'')| \leq |f(x') - f(x'')| + \sum_{i,j=1}^n \Big\{ |a_{ij}(x') - a_{ij}(x'')|\,|u_{x_i x_j}(x')|$$

$$+|a_{ij}(x'') - a_{ij}(\tilde{x})|\,|u_{x_i x_j}(x') - u_{x_i x_j}(x'')|\Big\}$$

$$+ \sum_{i=1}^n \Big\{ |b_i(x') - b_i(x'')|\,|u_{x_i}(x')| + |b_i(x'')|\,|u_{x_i}(x') - u_{x_i}(x'')|\Big\}$$

$$+\Big\{ |c(x') - c(x'')|\,|u(x')| + |c(x'')|\,|u(x') - u(x'')|\Big\}.$$

Somit folgt

$$|g(x') - g(x'')| \leq |x' - x''|^\alpha \Big\{ \|f\|_{0,\alpha}^{B(\tilde{x},\kappa d(\tilde{x}))} + \|u\|_2^{B(\tilde{x},\kappa d(\tilde{x}))} \sum_{i,j=1}^n \|a_{ij}\|_{0,\alpha}^{B(\tilde{x},\kappa d(\tilde{x}))}$$

$$+\|u\|_{2,\alpha}^{B(\tilde{x},\kappa d(\tilde{x}))} \kappa^\alpha d(\tilde{x})^\alpha \sum_{i,j=1}^n \|a_{ij}\|_{0,\alpha}^{B(\tilde{x},\kappa d(\tilde{x}))} + \|u\|_1^{B(\tilde{x},\kappa d(\tilde{x}))} \sum_{i=1}^n \|b_i\|_{0,\alpha}^{B(\tilde{x},\kappa d(\tilde{x}))}$$

$$+\|u\|_2^{B(\tilde{x},\kappa d(\tilde{x}))} (2\kappa d(\tilde{x}))^{1-\alpha} \sum_{i=1}^n \|b_i\|_0^{B(\tilde{x},\kappa d(\tilde{x}))}$$

$$+\|c\|_{0,\alpha}^{B(\tilde{x},\kappa d(\tilde{x}))} \|u\|_0^{B(\tilde{x},\kappa d(\tilde{x}))} + \|c\|_0^{B(\tilde{x},\kappa d(\tilde{x}))} \|u\|_1^{B(\tilde{x},\kappa d(\tilde{x}))} (2\kappa d(\tilde{x}))^{1-\alpha}\Big\}$$

$$\leq |x' - x''|^\alpha \Big\{ \|f\|_{0,\alpha}^B + \frac{4A_2 P}{d(\tilde{x})^2} + \kappa^\alpha P \frac{2^{2+\alpha} A_{2,\alpha}}{d(\tilde{x})^2} + \frac{2A_1 P}{d(\tilde{x})}$$

$$+\frac{4A_2 P}{d(\tilde{x})^2}(2\kappa)^{1-\alpha}(d(\tilde{x}))^{1-\alpha} + PA_0 + \frac{2PA_1}{d(\tilde{x})}(2\kappa)^{1-\alpha}(d(\tilde{x}))^{1-\alpha}\Big\}.$$

Wir erhalten dann

$$\|g\|_{0,\alpha}^{B(\tilde{x},\kappa d(\tilde{x}))} \le \|f\|_{0,\alpha}^B + \frac{k_1(P)}{d(\tilde{x})^2}\{A_0 + A_1 + A_2 + \kappa^\alpha A_{2,\alpha}\} \qquad (27)$$

mit einer Konstanten $k_1 = k_1(P)$. Fassen wir nun die Abschätzungen (24), (26) und (27) zusammen, so ergibt sich

$$\|u\|_2^{B(\tilde{x},\frac{m}{2M}\kappa d(\tilde{x}))} \le \tilde{C}\Big\{\|f\|_0^B + \frac{k_0(P)}{d(\tilde{x})^2}(A_0 + A_1 + \kappa^\alpha A_2) + \kappa^\alpha d(\tilde{x})^\alpha \|f\|_{0,\alpha}^B$$

$$+\kappa^\alpha \frac{k_1(P)}{d(\tilde{x})^{2-\alpha}}(A_0 + A_1 + A_2 + \kappa^\alpha A_{2,\alpha}) + \frac{A_0}{\kappa^2 d(\tilde{x})^2} + \frac{2A_1}{\kappa d(\tilde{x})^2}\Big\}$$

$$\le \frac{C(\alpha,n,m,M,P)}{d(\tilde{x})^2}\Big\{\|f\|_0^B + \kappa^\alpha \|f\|_{0,\alpha}^B + \frac{A_0}{\kappa^2} + \frac{A_1}{\kappa} + \kappa^\alpha A_2 + \kappa^{2\alpha} A_{2,\alpha}\Big\}.$$

Weiter schätzen wir mit (25), (26) und (27) wie folgt ab:

$$\|u\|_{2,\alpha}^{B(\tilde{x},\frac{m}{2M}\kappa d(\tilde{x}))} \le \tilde{C}\Big\{\frac{\|f\|_0^B}{\kappa^\alpha d(\tilde{x})^\alpha} + \frac{k_0(P)}{\kappa^\alpha d(\tilde{x})^{2+\alpha}}(A_0 + A_1 + \kappa^\alpha A_2) + \|f\|_{0,\alpha}^B$$

$$+\frac{k_1(P)}{d(\tilde{x})^2}(A_0 + A_1 + A_2 + \kappa^\alpha A_{2,\alpha}) + \frac{A_0}{\kappa^{2+\alpha}d(\tilde{x})^{2+\alpha}} + \frac{2A_1}{\kappa^{1+\alpha}d(\tilde{x})^{2+\alpha}}\Big\}$$

$$\le \frac{C(\alpha,n,m,M,P)}{d(\tilde{x})^{2+\alpha}}\Big\{\frac{\|f\|_0^B}{\kappa^\alpha} + \|f\|_{0,\alpha}^B + \frac{A_0}{\kappa^{2+\alpha}} + \frac{A_1}{\kappa^{1+\alpha}} + A_2 + \kappa^\alpha A_{2,\alpha}\Big\}.$$

Dies vervollständigt den Beweis. q.e.d.

Satz 3. *Sei Voraussetzung D erfüllt, und die Funktion $u \in C_*^{2+\alpha}(\overline{B(\xi,R)})$ genüge der Differentialgleichung*

$$\mathcal{L}(u) = f \qquad in \quad B = B(\xi,R)$$

mit einer rechten Seite $f \in C^\alpha(\overline{B})$. Dann gibt es eine Konstante $C = C(\alpha,n,m,M,P) \in (0,+\infty)$, so daß gilt

$$A_1 + A_2 + A_{2,\alpha} \le C(A_0 + \|f\|_0^B + \|f\|_{0,\alpha}^B). \qquad (28)$$

Beweis: Wir wählen $\kappa \in (0,\frac{1}{2})$ und entnehmen Hilfssatz 5 die Ungleichung

$$A_1 \le \frac{2n}{\kappa^{1+\alpha}}A_0 + \frac{n\kappa^{1+\alpha}}{(1-\kappa^{1+\alpha})^2}A_2. \qquad (29)$$

Zusammen mit Hilfssatz 6 erhalten wir die Abschätzungen

$$A_2 \le C\Big\{\|f\|_0^B + \kappa^\alpha \|f\|_{0,\alpha}^B + \Big(\frac{1}{\kappa^2} + \frac{2n}{\kappa^{2+\alpha}}\Big)A_0$$

$$+\Big(\frac{n}{(1-\kappa^{1+\alpha})^2} + 1\Big)\kappa^\alpha A_2 + \kappa^{2\alpha} A_{2,\alpha}\Big\}$$

und

$$\kappa^\alpha A_{2,\alpha} \le C\Big\{ \|f\|_0^B + \kappa^\alpha \|f\|_{0,\alpha}^B + \Big(\frac{1}{\kappa^2} + \frac{2n}{\kappa^{2+\alpha}}\Big) A_0$$

$$+ \Big(\frac{n}{(1-\kappa^{1+\alpha})^2} + 1\Big) \kappa^\alpha A_2 + \kappa^{2\alpha} A_{2,\alpha} \Big\}.$$

Addition liefert

$$A_2 + \kappa^\alpha A_{2,\alpha} \le 2C\Big\{ \|f\|_0^B + \kappa^\alpha \|f\|_{0,\alpha}^B + \Big(\frac{1}{\kappa^2} + \frac{2n}{\kappa^{2+\alpha}}\Big) A_0$$

$$+ \kappa^\alpha \Big(1 + \frac{n}{(1-\kappa^{1+\alpha})^2}\Big)(A_2 + \kappa^\alpha A_{2,\alpha}) \Big\}.$$

Wählen wir $0 < \kappa_0$ so klein, daß

$$2C\kappa_0^\alpha \Big(1 + \frac{n}{(1-\kappa_0^{1+\alpha})^2}\Big) \le \frac{1}{2}$$

erfüllt ist, so folgt

$$A_2 + \kappa_0^\alpha A_{2,\alpha} \le 4C\Big\{ \|f\|_0^B + \kappa_0^\alpha \|f\|_{0,\alpha}^B + \Big(\frac{1}{\kappa_0^2} + \frac{2n}{\kappa_0^{2+\alpha}}\Big) A_0 \Big\}.$$

Somit sind A_2 und $A_{2,\alpha}$ in der gewünschten Form abgeschätzt. Verwenden wir nochmals Hilfssatz 5, so erhalten wir die behauptete Ungleichung (28).

q.e.d.

Wir können nun aus Satz 3 leicht die in § 5 angegebenen Schauderabschätzungen herleiten.

Beweis von Satz 4 aus § 5: Zu hinreichend kleinem $d > 0$ betrachten wir die Menge $\Omega_d := \{x \in \Omega : \operatorname{dist}(x, \partial\Omega) > d\}$. Mit $x_0 \in \Omega_d$ und $R = d$ wenden wir Satz 3 in der Kugel $B = B(x_0, d) \subset \Omega$ an und erhalten

$$\tilde{C}\Big(\sup_{x \in \Omega} |u(x)| + \|f\|_0^\Omega + \|f\|_{0,\alpha}^\Omega\Big) \ge A_1 + A_2 + A_{2,\alpha}$$

$$\ge d \sum_{i=1}^n |u_{x_i}(x_0)| + d^2 \sum_{i,j=1}^n |u_{x_i x_j}(x_0)|$$

$$+ \Big(\frac{d}{2}\Big)^{2+\alpha} \sum_{i,j=1}^n \sup_{\substack{x',x'' \in B(x_0, d/2) \\ x' \ne x''}} \frac{|u_{x_i x_j}(x') - u_{x_i x_j}(x'')|}{|x' - x''|^\alpha}$$

für alle $x_0 \in \Omega_d$. Somit folgt

$$\|u\|_1^{\Omega_d} + \|u\|_2^{\Omega_d} + \|u\|_{2,\alpha}^{\Omega_d} \le C(\dots, d)\big(\|u\|_0^\Omega + \|f\|_0^\Omega + \|f\|_{0,\alpha}^\Omega\big).$$

q.e.d.

Erfüllt das Gebiet Ω die Voraussetzung C_3, so gibt es zu jedem Randpunkt $x_0 \in \partial\Omega$ eine Halbumgebung Ω_0, welche so auf eine Halbkugel $B(\xi, R)$ mit $\xi \in E = \{x \in \mathbb{R}^n : x_n = 0\}$ abgebildet werden kann, daß $\overline{B(\xi, R)} \cap E$ auf $\partial\Omega \cap \partial\Omega_0$ abgebildet wird. Diese Abbildung stellt einen Diffeomorphismus von $\overline{B(\xi, R)}$ auf $\overline{\Omega_0}$ der Klasse $C^{2+\alpha}$ dar. Die Differentialgleichung $\mathcal{L}(u) = f$ transformiert sich dann wie im Beweis von Satz 1 aus §6 in eine elliptische Differentialgleichung auf der Halbkugel mit Nullrandwerten auf E. Die im Beweis von Satz 1 aus §6 dann benötigte Schauderabschätzung können wir mit Hilfe obiger Transformation dem Satz 3 entnehmen.

Wir geben schließlich den

Beweis von Satz 1 aus §5: Nach obigen Ausführungen gibt es zu jedem $x_0 \in \partial\Omega$ eine Umgebung $\Omega_0 := \overline{\Omega} \cap B(x_0, \varepsilon_0)$ mit $\varepsilon_0 > 0$, so daß

$$\|u\|_1^{\Omega_0} + \|u\|_2^{\Omega_0} + \|u\|_{2,\alpha}^{\Omega_0} \leq \tilde{C}\big(\|u\|_0^{\Omega} + \|f\|_0^{\Omega} + \|f\|_{0,\alpha}^{\Omega}\big)$$

gilt. Da $\partial\Omega$ kompakt ist, reichen endlich viele solcher Umgebungen Ω_j, $j = 1, \ldots, N$, zur Überdeckung von $\partial\Omega$ aus. Wir erhalten dann

$$\|u\|_1^{\Omega_j} + \|u\|_2^{\Omega_j} + \|u\|_{2,\alpha}^{\Omega_j} \leq \tilde{C}\big(\|u\|_0^{\Omega} + \|f\|_0^{\Omega} + \|f\|_{0,\alpha}^{\Omega}\big) \qquad \text{für} \quad j = 1, \ldots, N.$$

Wählen wir nun $d > 0$ hinreichend klein, so erhalten wir insgesamt die Schauderabschätzung

$$\|u\|_1^{\Omega} + \|u\|_2^{\Omega} + \|u\|_{2,\alpha}^{\Omega} \leq |u|_1^{\Omega_d} + \|u\|_2^{\Omega_d}\|u\|_{2,\alpha}^{\Omega_d}$$
$$+ \sum_{j=1}^{N} \big(\|u\|_1^{\Omega_j} + \|u\|_2^{\Omega_j} + \|u\|_{2,\alpha}^{\Omega_j}\big)$$
$$\leq \big(\tilde{C}N + \tilde{C}(d)\big)\big(\|u\|_0^{\Omega} + \|f\|_0^{\Omega} + \|f\|_{0,\alpha}^{\Omega}\big)$$
$$\leq C\big(\|u\|_0^{\Omega} + \|f\|_0^{\Omega} + \|f\|_{0,\alpha}^{\Omega}\big)$$

mit einer Konstanten $C = C(\alpha, n, m, M, H, \Omega) \in (0, +\infty)$.   q.e.d

Wir haben somit alle in §5 und §6 bereits verwendeten Schauderabschätzungen hergeleitet.

X

Schwache Lösungen elliptischer Differentialgleichungen

In diesem Kapitel betrachten wir zunächst die Sobolevräume in § 1 und beweisen den Sobolevschen Einbettungssatz und den Rellichschen Auswahlsatz in § 2. Dann befassen wir uns in § 3 mit der Existenz schwacher Lösungen. Mit der Moserschen Iterationsmethode zeigen wir in § 4 die Beschränktheit schwacher Lösungen. In § 5 weisen wir die Hölderstetigkeit schwacher Lösungen mit Hilfe der schwachen Harnackschen Ungleichung von J. Moser nach. Den hierzu notwendigen Regularitätssatz von John und Nirenberg werden wir in § 6 herleiten. Schließlich untersuchen wir in § 7 die Randregularität schwacher Lösungen. Dann wenden wir in § 8 die Resultate auf Gleichungen in Divergenzform an.

§ 1 Sobolevräume

Sei $\Omega \subset \mathbb{R}^n$ eine beschränkte offene Menge. Dann liegt für $1 \le p < +\infty$ der Raum $C_0^\infty(\Omega)$ dicht in $L^p(\Omega)$. Wir wollen nun einen Raum $W^{k,p}(\Omega)$ von k-mal schwach differenzierbaren Funktionen konstruieren, deren Ableitungen im $L^p(\Omega)$ liegen.

Sei $f \in L^p(\Omega)$, so ordnen wir f in natürlicher Weise das Funktional

$$A_f(\varphi) := \int\limits_\Omega f(x)\varphi(x)\,dx, \qquad \varphi \in C_0^\infty(\Omega), \tag{1}$$

zu. Ist $\alpha = (\alpha_1, \ldots, \alpha_n) \in \mathbb{N}_0^n$, $\mathbb{N}_0 := \mathbb{N} \cup \{0\}$, ein Multiindex mit $|\alpha| := \alpha_1 + \ldots + \alpha_n \in \mathbb{N}_0$, so betrachten wir die Funktionale

$$A_{f,\alpha}(\varphi) := (-1)^{|\alpha|} \int\limits_\Omega f(x)\partial^\alpha \varphi(x)\,dx, \qquad \varphi \in C_0^\infty(\Omega); \tag{2}$$

dabei bedeutet

$$\partial^\alpha \varphi(x) := \frac{\partial^{|\alpha|}}{\partial x_1^{\alpha_1} \dots \partial x_n^{\alpha_n}} \, \varphi(x), \qquad x \in \Omega,$$

die entsprechende partielle Ableitung von φ. Es gilt dann

$$A_{f,0} = A_f.$$

Ist $f \in C^{|\alpha|}(\Omega)$, so liefert eine $|\alpha|$-malige partielle Integration

$$A_{f,\alpha}(\varphi) = \int_\Omega \Big(\partial^\alpha f(x) \Big) \varphi(x) \, dx, \qquad \varphi \in C_0^\infty(\Omega), \tag{3}$$

da wegen $\varphi \in C_0^\infty(\Omega)$ die bei der partiellen Integration auftretenden Randintegrale verschwinden.

Ist für $1 \leq q < +\infty$ das gemäß (2) definierte lineare Funktional $A_{f,\alpha}$ in der $L^q(\Omega)$-Norm beschränkt auf $C_0^\infty(\Omega)$, so können wir dieses auf $L^q(\Omega)$ fortsetzen. Nach dem Rieszschen Darstellungssatz gibt es ein $g \in L^p(\Omega)$ mit $p = \frac{q}{q-1} \in (1, +\infty]$, so daß

$$A_{f,\alpha}(\varphi) = \int_\Omega g(x)\varphi(x) \, dx = A_g(\varphi) \qquad \text{für alle} \quad \varphi \in C_0^\infty(\Omega) \tag{4}$$

erfüllt ist.

Wegen (3) ist die folgende Definition sinnvoll.

Definition 1. *Seien* $1 \leq p \leq +\infty$ *sowie* $\alpha = (\alpha_1, \dots, \alpha_n) \in \mathbb{N}_0^n$ *ein Multiindex und* $f \in L^p(\Omega)$. *Dann heißt*

$$g(x) := D^\alpha f(x) \in L^p(\Omega)$$

die α-*te schwache partielle Ableitung von* f, *falls*

$$\int_\Omega g(x)\varphi(x) \, dx = (-1)^{|\alpha|} \int_\Omega f(x)\partial^\alpha \varphi(x) \, dx \qquad \text{für alle} \quad \varphi \in C_0^\infty(\Omega) \tag{5}$$

gilt.

Bemerkungen:

1. Erfüllen $g_1, g_2 \in L^p(\Omega)$ mit $p > 1$ die Identität (5), so erhalten wir

$$\int_\Omega g_1(x)\varphi(x) \, dx = A_{f,\alpha}(\varphi) = \int_\Omega g_2(x)\varphi(x) \, dx \qquad \text{für alle} \quad \varphi \in C_0^\infty(\Omega).$$

Für $q \in [1, +\infty)$ und $p^{-1} + q^{-1} = 1$ folgt daraus

$$\int_\Omega (g_1 - g_2)(x)\varphi(x) \, dx = 0 \qquad \text{für alle} \quad \varphi \in L^q(\Omega).$$

Wegen Kap. II, § 8 Satz 2 ist

$$0 = \|A_{(g_1 - g_2)}\| = \|g_1 - g_2\|_p$$

richtig, und es folgt $g_1 = g_2$ in $L^p(\Omega)$ bzw. $g_1 = g_2$ f.ü. in Ω. Auch wenn die schwache Ableitung nur in $L^1(\Omega)$ existiert, so ist sie in diesem Raum eindeutig bestimmt.

2. Ist $f \in C^{|\alpha|}(\Omega)$, so folgt $\partial^\alpha f(x) = D^\alpha f(x)$ in Ω aus Relation (3).

Definition 2. *Seien $k \in \mathbb{N}_0$ und $1 \leq p \leq +\infty$. Dann erklären wir den Sobolevraum*

$$W^{k,p}(\Omega) := \left\{ f \in L^p(\Omega) : D^\alpha f \in L^p(\Omega), \ |\alpha| \leq k \right\}$$

mit der Sobolevnorm

$$\|f\|_{W^{k,p}(\Omega)} := \|f\|_{k,p,\Omega} := \left(\sum_{|\alpha| \leq k} \int_\Omega |D^\alpha f(x)|^p \, dx \right)^{\frac{1}{p}}. \qquad (6)$$

Bemerkungen:

1. Eine äquivalente Norm ist

$$\|f\|'_{k,p} := \sum_{|\alpha| \leq k} \|D^\alpha f\|_p \, ;$$

es gibt also Konstanten $0 < c_1 \leq c_2 < +\infty$ mit

$$c_1 \|f\|_{k,p} \leq \|f\|'_{k,p} \leq c_2 \|f\|_{k,p} \qquad \text{für alle} \quad f \in W^{k,p}(\Omega).$$

2. Mit der in Definition 2 angegebenen Norm ist der Raum $W^{k,p}(\Omega)$ ein Banachraum.

3. Für $1 < p \leq +\infty$ und $q = \frac{p}{p-1}$ liefern die Vorüberlegungen

$$W^{k,p}(\Omega) = \left\{ f \in L^p(\Omega) : A_{f,\alpha} \in (L^q(\Omega))^*, \ |\alpha| \leq k \right\}. \qquad (7)$$

Dabei bezeichnet $(L^q(\Omega))^*$ den stetigen Dualraum von $L^q(\Omega)$.

4. Im Falle $p = 2$ erhalten wir die Hilberträume

$$H^k(\Omega) := W^{k,2}(\Omega)$$

mit dem Skalarprodukt

$$(f, g)_{H^k(\Omega)} := \sum_{|\alpha| \leq k} \int_\Omega D^\alpha f(x) D^\alpha g(x) \, dx, \qquad f, g \in H^k(\Omega).$$

5. Man zeigt sofort die Linearität der schwachen Ableitung: Seien $c, d \in \mathbb{R}$, α ein Multiindex aus $\mathbb{N}_0^n$ und f, g aus $W^{k,p}(\Omega)$, so gilt

$$D^\alpha(cf + dg) = cD^\alpha f + dD^\alpha g.$$

Wir wollen nun einen Glättungsprozeß vorstellen, den man K. Friedrichs verdankt. Sei $\varrho \in C^\infty(\mathbb{R}^n)$ die Glättungsfunktion

$$\varrho(x) = \begin{cases} c \exp\left(\frac{1}{|x|^2-1}\right), & |x| < 1 \\ 0, & |x| \geq 1 \end{cases},$$

mit der Eigenschaft

$$\int\limits_{\mathbb{R}^n} \varrho(x)\,dx = 1.$$

Dabei ist $c > 0$ geeignet zu wählen. Eine Funktion $u(x) \in L^p(\Omega)$, $1 \leq p \leq +\infty$, setzen wir auf den $\mathbb{R}^n$ fort zu

$$u(x) = \begin{cases} u(x), & x \in \Omega \\ 0, & x \in \mathbb{R}^n \setminus \Omega \end{cases}.$$

Satz 1. (Friedrichs)
Sei $1 \leq p \leq +\infty$. Jeder Funktion $u(x) \in L^p(\Omega)$ und jedem $h > 0$ ordnen wir die regularisierte Funktion

$$u_h(x) := h^{-n} \int\limits_{\mathbb{R}^n} \varrho\left(\frac{x-y}{h}\right) u(y)\,dy, \qquad x \in \mathbb{R}^n,$$

zu. Dann ist die Abbildung $u \mapsto u_h$ linear von $L^p(\mathbb{R}^n)$ in $L^p(\mathbb{R}^n)$, und es gilt

$$\|u_h\|_p \leq \|u\|_p \qquad \textit{für alle} \quad h > 0, \quad u \in L^p(\mathbb{R}^n).$$

Beweis: Die Linearität der Zuordnung $u \mapsto u_h$ ist offensichtlich. Wir müssen die Normabschätzung nachweisen. Die Transformationsformel, die nach Approximation auch für L^1-Funktionen gilt, liefert

$$\begin{aligned} u_h(x) &= h^{-n} \int\limits_{\mathbb{R}^n} \varrho\left(\frac{x-y}{h}\right) u(y)\,dy \\ &= \int\limits_{\mathbb{R}^n} \varrho(z) u(x - hz)\,dz \\ &= \int\limits_{|z| \leq 1} \varrho(z) u(x - hz)\,dz \end{aligned} \qquad (8)$$

für alle $h > 0$. Es folgt mit der Hölderschen Ungleichung für $1 < p < +\infty$ und $p^{-1} + q^{-1} = 1$

$$|u_h(x)| \leq \int\limits_{|z| \leq 1} \varrho^{\frac{1}{p}}(z) |u(x - hz)| \varrho^{\frac{1}{q}}(z)\,dz$$

$$\leq \left(\int\limits_{|z| \leq 1} \varrho(z) |u(x-hz)|^p\,dz\right)^{\frac{1}{p}} \left(\int\limits_{|z| \leq 1} \varrho(z)\,dz\right)^{\frac{1}{q}}$$

beziehungsweise

$$|u_h(x)|^p \leq \int\limits_{|z|\leq 1} \varrho(z)|u(x-hz)|^p\,dz \qquad \text{für alle} \quad x \in \mathbb{R}^n.$$

Integration mit Hilfe des Satzes von Fubini liefert (auch für $p=1$)

$$\int_{\mathbb{R}^n} |u_h(x)|^p\,dx \leq \int\limits_{x\in\mathbb{R}^n} \left(\int\limits_{|z|\leq 1} \varrho(z)|u(x-hz)|^p\,dz \right) dx$$

$$= \int\limits_{|z|\leq 1} \varrho(z) \left(\int\limits_{x\in\mathbb{R}^n} |u(x-hz)|^p\,dx \right) dz$$

$$= \left(\int\limits_{\mathbb{R}^n} |u(x)|^p\,dx \right) \left(\int\limits_{|z|\leq 1} \varrho(z)\,dz \right).$$

Somit folgt

$$\|u_h\|_p \leq \|u\|_p \qquad \text{für alle} \quad u \in L^p(\mathbb{R}^n), \quad h > 0, \quad 1 \leq p < +\infty.$$

Für $p = \infty$ erhält man $|u_h(x)| \leq \|u\|_\infty$ und somit $\|u_h\|_\infty \leq \|u\|_\infty$. \qquad q.e.d.

Satz 2. (Friedrichs)
Wir haben die folgenden Aussagen:

1. Für $u(x) \in C_0^0(\Omega)$ gilt

$$\sup_{x\in\mathbb{R}^n} |u(x) - u_h(x)| \longrightarrow 0 \qquad \text{für} \quad h \to 0+.$$

2. Für $u \in L^p(\Omega)$ mit $1 \leq p < +\infty$ folgt

$$\|u - u_h\|_p \longrightarrow 0 \qquad \text{für} \quad h \to 0+.$$

Beweis:

1. Sei $u \in C_0^0(\Omega)$, so existiert zu jedem $\varepsilon > 0$ ein $\delta > 0$, so daß für alle $x, y \in \mathbb{R}^n$ mit $|x - y| \leq \delta$ die Abschätzung

$$|u(x) - u(y)| \leq \varepsilon$$

gültig ist. Mit (8) erhalten wir

$$|u_h(x) - u(x)| \leq \int\limits_{|z|\leq 1} \varrho(z)|u(x-hz) - u(x)|\,dz$$

$$\leq \varepsilon \qquad \text{für alle} \quad 0 < h \leq \delta(\varepsilon), \quad x \in \mathbb{R}^n.$$

Es folgt somit

$$\sup_{x\in\mathbb{R}^n} |u_h(x) - u(x)| \longrightarrow 0 \qquad \text{für} \quad h \to 0+.$$

2. Sei $u \in L^p(\Omega)$ mit $1 \leq p < +\infty$. Nach Kapitel II, §7 Satz 6 gibt es zu vorgegebenem $\varepsilon > 0$ eine Funktion $v \in C_0^0(\Omega)$ mit $\|u - v\|_p \leq \varepsilon$. Wir wählen nun mit Teil 1 ein $h_0(\varepsilon) > 0$ so klein, daß

$$\|v - v_h\|_p \leq \varepsilon \qquad \text{für alle} \quad 0 < h \leq h_0(\varepsilon)$$

richtig ist. Damit erhalten wir für alle $0 < h \leq h_0(\varepsilon)$ die Ungleichung

$$\|u - u_h\|_p \leq \|u - v\|_p + \|v - v_h\|_p + \|v_h - u_h\|_p$$

$$\leq 2\|u - v\|_p + \|v - v_h\|_p \leq 3\varepsilon,$$

wobei wir Satz 1 benutzt haben. Also folgt $\|u - u_h\|_p \to 0$ für $h \to 0+$.

q.e.d.

Wir wollen nun die Vertauschbarkeit von schwacher Differentiation und Glättungsoperation beweisen.

Satz 3. (Friedrichs)
Sei $f \in W^{k,p}(\Omega)$ durch $f \equiv 0$ auf $\mathbb{R}^n \setminus \Omega$ fortgesetzt. Für $\varepsilon > 0$ bezeichnet

$$f_\varepsilon(x) := \frac{1}{\varepsilon^n} \int\limits_{\mathbb{R}^n} \varrho\Big(\frac{x - y}{\varepsilon}\Big) f(y)\, dy, \qquad x \in \mathbb{R}^n,$$

die regularisierte Funktion der Klasse $C^\infty(\Omega)$. Dann gilt für alle $\alpha \in \mathbb{N}_0^n$, $|\alpha| \leq k$, und alle ε mit $0 < \varepsilon < \mathrm{dist}\,(x, \mathbb{R}^n \setminus \Omega)$ die Identität

$$\partial^\alpha f_\varepsilon(x) = (D^\alpha f)_\varepsilon(x), \qquad x \in \Omega.$$

Beweis: Wir berechnen

$$\partial^\alpha f_\varepsilon(x) = \frac{1}{\varepsilon^n} \int\limits_{\mathbb{R}^n} \partial_x^\alpha \varrho\Big(\frac{x - y}{\varepsilon}\Big) f(y)\, dy$$

$$= (-1)^{|\alpha|} \frac{1}{\varepsilon^n} \int\limits_{\mathbb{R}^n} \partial_y^\alpha \varrho\Big(\frac{x - y}{\varepsilon}\Big) f(y)\, dy$$

$$= \frac{1}{\varepsilon^n} \int\limits_{\mathbb{R}^n} \varrho\Big(\frac{x - y}{\varepsilon}\Big) D^\alpha f(y)\, dy = (D^\alpha f)_\varepsilon(x).$$

q.e.d.

Satz 4. (Meyers-Serrin)
Für $1 \leq p < +\infty$ liegt der lineare Teilraum $C^\infty(\Omega) \cap W^{k,p}(\Omega)$ dicht im Raum $W^{k,p}(\Omega)$.

Beweis: Wir wählen offene Mengen $\Omega_j \subset \mathbb{R}^n$, $j \in \mathbb{N}_0$, mit

$$\emptyset = \Omega_0 \subset \Omega_1 \subset \Omega_2 \subset \ldots \subset \Omega \qquad \text{und} \qquad \overline{\Omega_j} \subset \Omega_{j+1}, \quad j \in \mathbb{N}_0,$$

so daß gilt

$$\bigcup_{j=1}^{\infty} \Omega_j = \Omega.$$

Weiter sei $\Psi_j \in C_0^{\infty}(\Omega)$ eine dem Mengensystem $\{\Omega_{j+1} \setminus \overline{\Omega_{j-1}}\}_{j=1,2,\ldots}$ untergeordnete Zerlegung der Eins, das heißt

$$\operatorname{supp} \Psi_j \subset \Omega_{j+1} \setminus \overline{\Omega_{j-1}} \quad \text{und} \quad \sum_{j=1}^{\infty} \Psi_j(x) = 1, \quad x \in \Omega.$$

Zu vorgegebenem $\varepsilon > 0$ wählen wir $\varepsilon_j > 0$, so daß $\varepsilon_j < \operatorname{dist}(\Omega_{j+1}, \partial\Omega)$ sowie

$$\|(\Psi_j f)_{\varepsilon_j} - (\Psi_j f)\|_{W^{k,p}(\Omega)} \leq \varepsilon\, 2^{-j}$$

richtig ist. Dieses ist möglich aufgrund von Satz 2 und Satz 3. Nun gilt

$$g(x) := \sum_{j=1}^{\infty} (\Psi_j f)_{\varepsilon_j}(x) \in C^{\infty}(\Omega)$$

und weiter

$$\|g - f\|_{W^{k,p}(\Omega)} = \left\| \sum_{j=1}^{\infty} (\Psi_j f)_{\varepsilon_j} - \sum_{j=1}^{\infty} (\Psi_j f) \right\|_{W^{k,p}(\Omega)}$$

$$\leq \sum_{j=1}^{\infty} \|(\Psi_j f)_{\varepsilon_j} - (\Psi_j f)\|_{W^{k,p}(\Omega)} \leq \sum_{j=1}^{\infty} \frac{\varepsilon}{2^j} = \varepsilon.$$

Da $f \in W^{k,p}(\Omega)$, folgt auch $g \in W^{k,p}(\Omega)$.   q.e.d.

Nach diesem Satz können wir den Sobolevraum $W^{k,p}(\Omega)$ als *Vervollständigung* der Funktionenmenge $C^{\infty}(\Omega)$ unter der Sobolevnorm $\|\cdot\|_{W^{k,p}(\Omega)}$ verstehen. Ist $\partial\Omega$ eine glatte C^1-Hyperfläche im $\mathbb{R}^n$, so kann man nachweisen, daß dann sogar der Raum $C^{\infty}(\overline{\Omega})$ dicht im Sobolevraum $W^{k,p}(\Omega)$ liegt. Es liegt jedoch nur im Falle $k = 0$ und $p < +\infty$ der Raum $C_0^{\infty}(\Omega)$ dicht in $W^{k,p}(\Omega) = L^p(\Omega)$. Für $k > 0$ erhalten wir den Sobolevraum $W_0^{k,p}(\Omega)$ mit „schwachen Nullrandwerten".

Definition 3. *Seien $k \in \mathbb{N}$ und $1 \leq p \leq +\infty$, so erklären wir den Sobolevraum*

$$W_0^{k,p}(\Omega) := \left\{ f \in W^{k,p}(\Omega) : \begin{array}{l} \textit{Es gibt eine Folge } \{f_l\}_{l=1,2,\ldots} \subset C_0^{\infty}(\Omega) \\ \textit{mit } \|f - f_l\|_{W^{k,p}(\Omega)} \to 0 \textit{ für } l \to \infty \end{array} \right\}.$$

Wir wollen uns im folgenden auf die Sobolevräume $W^{1,p}(\Omega)$ und $W_0^{1,p}(\Omega)$ konzentrieren. Sei $e_i := (\delta_{1i}, \ldots, \delta_{ni}) \in \mathbb{R}^n$ mit $i \in \{1, \ldots, n\}$ ein Einheitsvektor. Für ein beliebiges $x \in \Omega$ und ε mit $0 < |\varepsilon| < \operatorname{dist}(x, \mathbb{R}^n \setminus \Omega)$ betrachten wir den *Differenzenquotienten in Richtung e_i*, nämlich

$$\triangle_{i,\varepsilon} f(x) := \frac{f(x + \varepsilon e_i) - f(x)}{\varepsilon}.$$

Wir können nun die Sobolevfunktionen wie folgt charakterisieren:

Satz 5. *Seien $1 < p < +\infty$ und $f \in L^p(\Omega)$, so sind die folgenden Aussagen äquivalent:*

i) Es ist $f \in W^{1,p}(\Omega)$.

ii) Es gibt eine Konstante $C \in [0, +\infty)$, so daß für alle offenen Mengen $\Theta \subset \Omega$ mit $\overline{\Theta} \subset \Omega$ und alle ε mit $0 < |\varepsilon| < \mathrm{dist}\,(\Theta, \mathbb{R}^n \setminus \Omega)$ sowie alle $i \in \{1, \ldots, n\}$ gilt

$$\|\triangle_{i,\varepsilon} f\|_{L^p(\Theta)} \leq C.$$

Beweis:

1. Wir beweisen zunächst die Richtung „i) $\Rightarrow$ ii)".

   Seien $i \in \{1, \ldots, n\}$, $f \in C^\infty(\Omega) \cap W^{1,p}(\Omega)$ und $\overline{\Theta} \subset \Omega$, so berechnen wir für alle $0 < |\varepsilon| < \mathrm{dist}\,(\Theta, \mathbb{R}^n \setminus \Omega)$

$$\triangle_{i,\varepsilon} f(x) = \frac{f(x + \varepsilon e_i) - f(x)}{\varepsilon} = \frac{1}{\varepsilon} \int_0^\varepsilon \frac{\partial}{\partial x_i} f(x + t e_i) \, dt.$$

Wir erhalten unter Benutzung der Hölderschen Ungleichung für alle $x \in \Theta$ die Abschätzung

$$|\triangle_{i,\varepsilon} f(x)|^p \leq \frac{1}{\varepsilon^p} \left(\int_0^\varepsilon 1 \left| \frac{\partial}{\partial x_i} f(x + t e_i) \right| dt \right)^p$$

$$\leq \frac{\varepsilon^{\frac{p}{q}}}{\varepsilon^p} \int_0^\varepsilon \left| \frac{\partial}{\partial x_i} f(x + t e_i) \right|^p dt$$

$$= \frac{1}{\varepsilon} \int_0^\varepsilon \left| \frac{\partial}{\partial x_i} f(x + t e_i) \right|^p dt.$$

Man beachte, daß $1 \in L^q(\Omega)$ sowie $p^{-1} + q^{-1} = 1$ gilt. Nach dem Satz von Fubini folgt

$$\int_\Theta |\triangle_{i,\varepsilon} f(x)|^p \, dx \leq \frac{1}{\varepsilon} \int_0^\varepsilon \left(\int_{\mathbb{R}^n} |D^{e_i} f(x + t e_i)|^p \, dx \right) dt$$

$$= \int_{\mathbb{R}^n} |D^{e_i} f(x)|^p \, dx.$$

Wir erhalten also mit dem Satz von Meyers-Serrin

$$\|\triangle_{i,\varepsilon} f\|_{L^p(\Theta)} \leq \|f\|_{W^{1,p}(\Omega)} =: C.$$

2. Es verbleibt „ii) ⇒ i)" zu zeigen.

Für $i \in \{1, \ldots, n\}$, $\overline{\Theta} \subset \Omega$ und ε mit $0 < |\varepsilon| < \text{dist}\,(\Theta, \mathbb{R}^n \setminus \Omega)$ gilt

$$\|\triangle_{i,\varepsilon} f\|_{L^p(\Theta)} \leq C.$$

Nach Kap. II, §8 Satz 7 gibt es eine Folge $\varepsilon_k \downarrow 0$ und ein $g_i \in L^p(\Omega)$, so daß

$$\int\limits_{\mathbb{R}^n} \varphi(x) \triangle_{i,\varepsilon_k} f(x)\,dx \longrightarrow \int\limits_{\mathbb{R}^n} \varphi(x) g_i(x)\,dx \qquad \text{für alle} \quad \varphi \in C_0^\infty(\Omega)$$

richtig ist. Nun beachten wir

$$
\begin{aligned}
\int\limits_{\mathbb{R}^n} \varphi(x) \triangle_{i,\varepsilon_k} f(x)\,dx &= - \int\limits_{\mathbb{R}^n} \Big(\triangle_{i,-\varepsilon_k} \varphi(x) \Big) f(x)\,dx \\
&\longrightarrow - \int\limits_{\mathbb{R}^n} f(x) \frac{\partial}{\partial x_i}\,\varphi(x)\,dx
\end{aligned}
\tag{9}
$$

für $k \to \infty$ und damit

$$- \int\limits_{\mathbb{R}^n} f(x) \frac{\partial}{\partial x_i} \varphi(x)\,dx = \int\limits_{\mathbb{R}^n} \varphi(x) g_i(x)\,dx \quad \text{für alle} \quad \varphi \in C_0^\infty(\Omega).$$

Insgesamt folgt also

$$\triangle_{i,\varepsilon_k} f \overset{L^p(\Omega)}{\rightharpoonup} D^{e_i} f = g_i \in L^p(\Omega),$$

und damit $f \in W^{1,p}(\Omega)$. Um die Identität (9) einzusehen, integrieren wir

$$
\begin{aligned}
\triangle_{i,\varepsilon_k}(\varphi(x) f(x)) \\
= \frac{1}{\varepsilon_k} \Big\{ \Big(\varphi(x + \varepsilon_k e_i) - \varphi(x) \Big) f(x + \varepsilon_k e_i) + \varphi(x) \Big(f(x + \varepsilon_k e_i) - f(x) \Big) \Big\} \\
= \Big\{ \frac{1}{\varepsilon_k} \Big(\varphi(y) - \varphi(y - \varepsilon_k e_i) \Big) f(y) \Big\} \Big|_{y = x + \varepsilon_k e_i} + \varphi(x) \triangle_{i,\varepsilon_k} f(x) \\
= \Big\{ f(y) \triangle_{i,-\varepsilon_k} \varphi(y) \Big\} \Big|_{y = x + \varepsilon_k e_i} + \varphi(x) \triangle_{i,\varepsilon_k} f(x).
\end{aligned}
\tag{10}
$$

Dies vervollständigt den Beweis.   q.e.d.

Bemerkung: Sind $f \in W^{1,p}(\Omega)$ und $\{\triangle_{i,\varepsilon_k} f\}_{k=1,2,\ldots}$ die Folge der Differenzenquotienten mit $\varepsilon_k \downarrow 0$ schwach konvergent, so entnimmt man dem obigen Beweis

$$\triangle_{i,\varepsilon_k} f \rightharpoonup D^{e_i} f \qquad \text{in} \quad L^p(\Omega), \quad i = 1, \ldots, n.$$

Diese Tatsache erklärt den Begriff „schwache Ableitung".

Satz 6. (Schwache Produktregel)
Seien $f, g \in W^{1,p}(\Omega) \cap L^\infty(\Omega)$ mit $1 < p < +\infty$. Dann folgt $h := fg \in W^{1,p}(\Omega) \cap L^\infty(\Omega)$, und es gilt

$$D^\alpha h = f D^\alpha g + g D^\alpha f, \qquad \alpha \in \mathbb{N}_0^n, \quad |\alpha| = 1.$$

Beweis: Seien $\varphi \in C_0^\infty(\Omega)$ und $\varepsilon > 0$ hinreichend klein gewählt. Dann liefert die zweimalige Anwendung der Identität (10) die Gleichung

$$
\begin{aligned}
\triangle_{i,\varepsilon}\big(\varphi(x)h(x)\big) &= \Big\{h(y)\triangle_{i,-\varepsilon}\varphi(y)\Big\}_{y=x+\varepsilon e_i} + \varphi(x)\triangle_{i,\varepsilon}h(x) \\
&= \Big\{h(y)\triangle_{i,-\varepsilon}\varphi(y)\Big\}_{y=x+\varepsilon e_i} \\
&\quad + \varphi(x)\Big(\Big\{f(y)\triangle_{i,-\varepsilon}g(y)\Big\}_{y=x+\varepsilon e_i} + g(x)\triangle_{i,\varepsilon}f(x)\Big) \\
&= \Big\{h(y)\triangle_{i,-\varepsilon}\varphi(y)\Big\}_{y=x+\varepsilon e_i} \hspace{3cm} (11) \\
&\quad + \varphi(x)g(x)\triangle_{i,\varepsilon}f(x) + \Big\{\varphi(y)f(y)\triangle_{i,-\varepsilon}g(y)\Big\}_{y=x+\varepsilon e_i} \\
&\quad + \Big\{\big(\varphi(y-\varepsilon e_i) - \varphi(y)\big)f(y)\triangle_{i,-\varepsilon}g(y)\Big\}_{y=x+\varepsilon e_i}.
\end{aligned}
$$

Da $f, g \in W^{1,p}(\Omega)$ sind, gibt es nach Satz 5 und Kap. II, §8 Satz 7 eine Nullfolge $\varepsilon_k \downarrow 0$, so daß

$$\triangle_{i,\varepsilon_k}f(x) \rightharpoonup D^{e_i}f(x) \quad \text{und} \quad \triangle_{i,-\varepsilon_k}g(x) \rightharpoonup D^{e_i}g(x) \quad \text{in} \quad L^p(\Omega)$$

richtig ist. Aus (11) erhalten wir durch Integration mit Hilfe der Transformationsformel

$$
\begin{aligned}
0 = {}& \int_\Omega h(x)\triangle_{i,-\varepsilon_k}\varphi(x)\,dx + \int_\Omega \varphi(x)g(x)\triangle_{i,\varepsilon_k}f(x)\,dx \\
&+ \int_\Omega \varphi(x)f(x)\triangle_{i,-\varepsilon_k}g(x)\,dx + \int_\Omega \big(\varphi(x-\varepsilon_k e_i) - \varphi(x)\big)f(x)\triangle_{i,-\varepsilon_k}g(x)\,dx.
\end{aligned}
$$

Der Grenzübergang $k \to \infty$ liefert

$$0 = \int_\Omega h(x)\frac{\partial}{\partial x_i}\varphi(x)\,dx + \int_\Omega \varphi(x)g(x)D^{e_i}f(x)\,dx + \int_\Omega \varphi(x)f(x)D^{e_i}g(x)\,dx$$

für alle $\varphi \in C_0^\infty(\Omega)$. Hieraus folgt $D^\alpha h = f D^\alpha g + g D^\alpha f$ für alle $\alpha \in \mathbb{N}_0^n$ mit $|\alpha| = 1$.

q.e.d.

Satz 7. (Schwache Kettenregel)
Auf der beschränkten, offenen Menge $\Omega \subset \mathbb{R}^n$ sei die Funktion $f \in W^{1,p}(\Omega) \cap L^\infty(\Omega)$, $1 < p < +\infty$, erklärt. Weiter sei die Funktion $g : \mathbb{R} \to \mathbb{R} \in C^1$ gegeben. Dann gehört auch $h := g \circ f$ zur Klasse $W^{1,p}(\Omega) \cap L^\infty(\Omega)$, und es gilt

$$D^\alpha h(x) = g'\Big(f(x)\Big) D^\alpha f(x), \qquad x \in \Omega, \tag{12}$$

für alle $\alpha \in \mathbb{N}_0^n$ mit $|\alpha| = 1$.

Beweis:

1. Ist $g(y) = y^m$, $m \in \mathbb{N}$, so zeigen wir induktiv die Gültigkeit der Kettenregel. Für $m = 1$ ist die Aussage klar. Wir schließen unter Verwendung von Satz 6 von m auf die Richtigkeit der Aussage für $m + 1$, d.h.

$$D^\alpha\Big\{(f(x))^{m+1}\Big\} = D^\alpha\Big\{f(x)(f(x))^m\Big\}$$

$$= (D^\alpha f(x))(f(x))^m + f(x)D^\alpha\Big\{(f(x))^m\Big\}$$

$$= (D^\alpha f(x))(f(x))^m + f(x)m(f(x))^{m-1}D^\alpha f(x)$$

$$= (m+1)(f(x))^m D^\alpha f(x) = g'(f(x))D^\alpha f(x).$$

2. Ist nun

$$g(y) = \sum_{k=0}^m a_k y^k, \qquad a_k \in \mathbb{R}, \quad k = 0, \ldots, m,$$

ein beliebiges Polynom, so folgt

$$D^\alpha\Big\{g(f(x))\Big\} = \sum_{k=0}^m a_k D^\alpha\Big\{(f(x))^k\Big\} = \sum_{k=0}^m k a_k (f(x))^{k-1} D^\alpha f(x)$$

$$= g'(f(x))D^\alpha f(x).$$

3. Ist $g : \mathbb{R} \to \mathbb{R} \in C^1$ beliebig, so gibt es nach dem Weierstraßschen Approximationssatz eine Folge von Polynomen g_k, $k = 1, 2, \ldots$, die zusammen mit ihren ersten Ableitungen g_k' lokal gleichmäßig auf $\mathbb{R}$ konvergieren. Nach Teil 2 gilt für die Funktionen $h_k := g_k(f) \in W^{1,p}(\Omega) \cap L^\infty(\Omega)$ die Relation

$$D^\alpha h_k(x) = g_k'(f(x))D^\alpha f(x) \qquad \text{für alle} \quad \alpha \in \mathbb{N}_0^n, \ |\alpha| = 1.$$

Hieraus folgt für alle $\varphi \in C_0^\infty(\Omega)$ die Gleichung

$$\int_\Omega g_k'(f(x))(D^\alpha f(x))\varphi(x)\,dx = \int_\Omega (D^\alpha h_k(x))\varphi(x)\,dx$$

$$= (-1)^{|\alpha|} \int_\Omega h_k(x) D^\alpha \varphi(x)\,dx$$

für alle $|\alpha| = 1$. Der Grenzübergang $k \to \infty$ liefert

$$\int_\Omega g'(f(x))(D^\alpha f(x))\varphi(x)\,dx = (-1)^{|\alpha|} \int_\Omega h(x)\partial^\alpha \varphi(x)\,dx$$

für alle $\varphi \in C_0^\infty(\Omega)$. Somit folgt $D^\alpha h = g'(f)D^\alpha f \in L^p(\Omega)$, $|\alpha| = 1$.

q.e.d.

Genügt $g : \mathbb{R} \to \mathbb{R}$ einer Lipschitzbedingung

$$|g(y_1) - g(y_2)| \le C\,|y_1 - y_2| \qquad \text{für alle} \quad y_1, y_2 \in \mathbb{R},$$

und gilt $f \in W^{1,p}(\Omega)$, so zeigt man mit Hilfe von Satz 5, daß dann auch $h := g \circ f$ zur Klasse $W^{1,p}(\Omega)$ gehört. Es gilt nämlich

$$|\triangle_{i,\varepsilon} h(x)| = \left| \frac{g(f(x + \varepsilon e_i)) - g(f(x))}{\varepsilon} \right| \le C \frac{|f(x + \varepsilon e_i) - f(x)|}{|\varepsilon|} = C|\triangle_{i,\varepsilon} f(x)|$$

für alle $x \in \Omega$ und $0 < |\varepsilon| < \text{dist}\{x, \mathbb{R}^n \setminus \Omega\}$. Zum Nachweis der Kettenregel benötigt man die f.ü.-Differenzierbarkeit der absolut stetigen Funktion g.

Wir wollen nun einen wichtigen Spezialfall dieser Aussage direkt beweisen.

Satz 8. (Verbandseigenschaft)
Sei $f \in W^{1,p}(\Omega)$, $1 < p < +\infty$. Dann gehören die folgenden Funktionen

$$f^+(x) := \max\{f(x), 0\}, \quad f^-(x) := -\min\{f(x), 0\}, \quad |f|(x) := |f(x)|,$$

$$f_{-c,+c}(x) := \begin{cases} -c, & f(x) \le -c \\ f(x), & -c < f(x) < +c \\ +c, & +c \le f(x) \end{cases}$$

zum Sobolevraum $W^{1,p}(\Omega)$, und es gilt

$$Df^+ = \begin{cases} Df, & \text{falls } f > 0 \\ 0, & \text{falls } f \le 0 \end{cases}, \qquad Df^- = \begin{cases} 0, & \text{falls } f \ge 0 \\ -Df, & \text{falls } f < 0 \end{cases},$$

$$D|f| = \begin{cases} Df, & \text{falls } f > 0 \\ 0, & \text{falls } f = 0 \\ -Df, & \text{falls } f < 0 \end{cases}, \qquad Df_{-c,+c} = \begin{cases} Df, & \text{falls } -c < f < +c \\ 0, & \text{sonst} \end{cases}.$$

$$(13)$$

Dabei bezeichnet $Df = (D^{e_1} f, \dots, D^{e_n} f)$ den schwachen Gradienten von f.

Beweis:

1. Wegen $f^- = (-f)^+$, $|f| = f^+ + f^-$ sowie $f_{-c,+c} = (2c - (f - c)^-)^+ - c$ reicht es aus, die Funktion f^+ zu untersuchen.

2. Sei also $f \in W^{1,p}(\Omega)$, $1 < p < +\infty$. Dann gehört auch f^+ zu $L^p(\Omega)$, und für den Differenzenquotienten gilt

$$|\triangle_{i,\varepsilon} f^+(x)| = \left| \frac{f^+(x + \varepsilon e_i) - f^+(x)}{\varepsilon} \right| \leq \left| \frac{f(x + \varepsilon e_i) - f(x)}{\varepsilon} \right| = |\triangle_{i,\varepsilon} f(x)|$$

für alle $x \in \Omega$ und alle $0 < |\varepsilon| < \text{dist}\{x, \mathbb{R}^n \setminus \Omega\}$. Nach Satz 5 gehört dann auch f^+ zu $W^{1,p}(\Omega)$.

3. Sei die Funktion

$$g(y) := \begin{cases} y, & y > 0 \\ 0, & y \leq 0 \end{cases}$$

gegeben, die wir für alle $\delta > 0$ durch die C^1-Funktionen

$$g_\delta(y) := \begin{cases} \sqrt{y^2 + \delta^2} - \delta, & y > 0 \\ 0, & y \leq 0 \end{cases}$$

mit der Ableitung

$$g_\delta'(y) = \begin{cases} \dfrac{y}{\sqrt{y^2 + \delta^2}}, & y > 0 \\ 0, & y \leq 0 \end{cases}$$

approximieren. Offenbar gilt für alle $\delta > 0$

$$0 \leq g_\delta(y) \leq g(y), \quad 0 \leq g_\delta'(y) \leq \begin{cases} 1, & y > 0 \\ 0, & y \leq 0 \end{cases},$$

und wir beachten $g_\delta'(y) \uparrow 1$ $(\delta \downarrow 0)$ für alle $y > 0$.

4. Ist nun $f \in W^{1,p}(\Omega)$, so betrachten wir für alle $\varepsilon > 0$ die regularisierte Funktion $f_\varepsilon \in C^\infty(\Omega)$. Wir differenzieren die $C^1(\Omega)$-Funktion

$$h_{\varepsilon,\delta}(x) := g_\delta(f_\varepsilon(x)), \qquad x \in \Omega,$$

und erhalten

$$\partial^\alpha h_{\varepsilon,\delta}(x) = g_\delta'(f_\varepsilon(x)) \partial^\alpha f_\varepsilon(x) = g_\delta'(f_\varepsilon(x))(D^\alpha f)_\varepsilon(x)$$

für alle $\alpha \in \mathbb{N}_0^n$ mit $|\alpha| = 1$. Für eine beliebige Testfunktion $\varphi \in C_0^\infty(\Omega)$ folgt nun

$$\int_\Omega g_\delta'(f_\varepsilon(x))(D^\alpha f)_\varepsilon(x)\varphi(x)\, dx = \int_\Omega (\partial^\alpha h_{\varepsilon,\delta}(x))\varphi(x)\, dx$$

$$= (-1)^{|\alpha|} \int_\Omega h_{\varepsilon,\delta}(x) \partial^\alpha \varphi(x)\, dx$$

$$= (-1)^{|\alpha|} \int_\Omega g_\delta(f_\varepsilon(x)) \partial^\alpha \varphi(x)\, dx$$

für alle $\alpha \in \mathbb{N}_0^n$ mit $|\alpha| = 1$.

5. Wegen $f_\varepsilon \to f$ und $(D^\alpha f)_\varepsilon \to D^\alpha f$ für $\varepsilon \to 0$ in $L^p(\Omega)$ gibt es nach dem Lebesgueschen Auswahlsatz eine Teilfolge $\varepsilon_k \downarrow 0$, so daß $f_{\varepsilon_k} \to f$ und $(D^\alpha f)_{\varepsilon_k} \to D^\alpha f$ f.ü. in Ω richtig sind. Wir erhalten mit dem Lebesgueschen Konvergenzsatz für $\varepsilon_k \downarrow 0$ die Identität

$$\int_\Omega g_\delta'(f(x))(D^\alpha f(x))\varphi(x)\,dx = (-1)^{|\alpha|} \int_\Omega g_\delta(f(x))\partial^\alpha \varphi(x)\,dx$$

für alle $\varphi \in C_0^\infty(\Omega)$. Der Grenzübergang $\delta \to 0+$ liefert

$$\int_{x\in\Omega:f(x)>0} (D^\alpha f(x))\varphi(x)\,dx = (-1)^{|\alpha|} \int_{x\in\Omega:f(x)>0} f(x)\partial^\alpha \varphi(x)\,dx$$

$$= (-1)^{|\alpha|} \int_\Omega f^+(x)\partial^\alpha \varphi(x)\,dx.$$

Wir erhalten schließlich

$$D^\alpha f^+(x) = \begin{cases} D^\alpha f(x), & f > 0 \\ 0, & f \le 0 \end{cases}.$$

q.e.d.

§2 Einbettung und Kompaktheit

Wir beginnen mit dem fundamentalen

Satz 1. (Sobolevscher Einbettungssatz)
Seien $\Omega \subset \mathbb{R}^n$, $n \ge 3$, eine offene beschränkte Menge und $1 \le p < n$. Dann ist der Sobolevraum $W_0^{1,p}(\Omega) \subset L^{\frac{np}{n-p}}(\Omega)$ stetig in den angegebenen Lebesgueraum eingebettet; das heißt es gibt eine Konstante $C = C(n,p) \in (0, +\infty)$, so daß

$$\|f\|_{L^{\frac{np}{n-p}}(\Omega)} \le C\|Df\|_{L^p(\Omega)} \qquad \text{für alle} \quad f \in W_0^{1,p}(\Omega) \tag{1}$$

gilt. Dabei ist $Df := (D^{e_1}f, \ldots, D^{e_n}f) \in L^p(\Omega) \times \ldots \times L^p(\Omega)$ der schwache Gradient.

Beweis: (L. Nirenberg)

1. Nach Definition 3 aus §1 reicht es aus, die Ungleichung (1) für alle $f \in C_0^\infty(\Omega)$ nachzuweisen. Hierzu benötigen wir die *verallgemeinerte Höldersche Ungleichung*, die man induktiv sofort aus der Hölderschen Ungleichung herleitet. Seien $m \in \mathbb{N}$, $m \ge 2$, und $p_1, \ldots, p_m \in (1, \infty)$ mit $p_1^{-1} + \ldots + p_m^{-1} = 1$. Dann gilt für alle $f_j \in L^{p_j}(\Omega)$ mit $j = 1, \ldots, m$ die Ungleichung

$$\int_\Omega f_1(x)\ldots f_m(x)\,dx \le \|f_1\|_{L^{p_1}(\Omega)} \cdots \|f_m\|_{L^{p_m}(\Omega)}. \tag{2}$$

2. Wir weisen nun die Ungleichung (1) zunächst für den Fall $p = 1$ nach. Für alle $x \in \mathbb{R}^n$ gilt wegen $f \in C_0^\infty(\Omega)$

$$f(x) = \int\limits_{-\infty}^{x_i} D^{e_i} f(x_1, \ldots, x_{i-1}, t, x_{i+1}, \ldots, x_n) \, dt.$$

Daraus folgt

$$|f(x)| \leq \int\limits_{-\infty}^{x_i} |D^{e_i} f| \, dt \leq \int\limits_{-\infty}^{+\infty} |D^{e_i} f| \, dx_i,$$

und somit

$$|f(x)|^{\frac{n}{n-1}} \leq \left(\prod_{i=1}^{n} \int\limits_{-\infty}^{+\infty} |D^{e_i} f| \, dx_i \right)^{\frac{1}{n-1}}.$$

Diese Ungleichung integrieren wir sukzessiv über $x_1, \ldots, x_n$ und wenden jedesmal die verallgemeinerte Höldersche Ungleichung mit $p_1 = \ldots = p_m = n - 1$, $m = n - 1$, an. Wir erhalten

$$\int\limits_{-\infty}^{+\infty} |f(x)|^{\frac{n}{n-1}} \, dx_1$$

$$\leq \left(\int\limits_{-\infty}^{+\infty} |D^{e_1} f| \, dx_1 \right)^{\frac{1}{n-1}} \int\limits_{-\infty}^{+\infty} \prod_{i=2}^{n} \left(\int\limits_{-\infty}^{+\infty} |D^{e_i} f| \, dx_i \right)^{\frac{1}{n-1}} dx_1$$

$$\leq \left(\int\limits_{-\infty}^{+\infty} |D^{e_1} f| \, dx_1 \right)^{\frac{1}{n-1}} \prod_{i=2}^{n} \left(\int\limits_{-\infty}^{+\infty}\int\limits_{-\infty}^{+\infty} |D^{e_i} f| \, dx_i dx_1 \right)^{\frac{1}{n-1}}.$$

Entsprechende Integration über $x_2, \ldots, x_n$ liefert

$$\int\limits_{\mathbb{R}^n} |f(x)|^{\frac{n}{n-1}} \, dx \leq \left(\prod_{i=1}^{n} \int\limits_{\mathbb{R}^n} |D^{e_i} f| \, dx \right)^{\frac{1}{n-1}},$$

beziehungsweise

$$\|f\|_{\frac{n}{n-1}} \leq \left(\prod_{i=1}^{n} \int\limits_{\mathbb{R}^n} |D^{e_i} f| \, dx \right)^{\frac{1}{n}} \leq \frac{1}{n} \int\limits_{\Omega} \left(\sum_{i=1}^{n} |D^{e_i} f| \right) dx$$

$$\leq \frac{1}{\sqrt{n}} \int\limits_{\Omega} |Df| \, dx = \frac{1}{\sqrt{n}} \|Df\|_1$$

$$\tag{3}$$

für alle $f \in C_0^\infty(\Omega)$.

3. Sei nun $1 < p < n$. Wir setzen $|f|^\gamma, \gamma > 1$, in (3) ein und erhalten mit der Hölderschen Ungleichung und $p^{-1} + q^{-1} = 1$

$$\big\| |f|^\gamma \big\|_{\frac{n}{n-1}} \leq \frac{1}{\sqrt{n}} \int_\Omega \big| D|f|^\gamma \big| \, dx = \frac{\gamma}{\sqrt{n}} \int_\Omega |f|^{\gamma-1} |Df| \, dx$$

$$\leq \frac{\gamma}{\sqrt{n}} \big\| |f|^{\gamma-1} \big\|_q \|Df\|_p , \tag{4}$$

beziehungsweise

$$\|f\|_{\frac{\gamma n}{n-1}}^\gamma \leq \frac{\gamma}{\sqrt{n}} \|f\|_{(\gamma-1)q}^{\gamma-1} \|Df\|_p.$$

Wählen wir jetzt

$$\gamma := \frac{(n-1)p}{n-p} = \frac{np - p}{n-p},$$

so ergibt sich

$$\frac{\gamma n}{n-1} = (\gamma - 1)q = \frac{np}{n-p}.$$

Wir erhalten schließlich

$$\|f\|_{\frac{np}{n-p}} \leq \frac{\gamma}{\sqrt{n}} \|Df\|_p \qquad \text{für alle} \quad f \in C_0^\infty(\Omega).$$

Mit

$$C := \frac{np - p}{\sqrt{n}(n-p)}$$

folgt die Behauptung.   q.e.d.

Satz 2. (Stetige Einbettung)
Seien die Voraussetzungen von Satz 1 mit $p > n$ erfüllt. Dann gibt es eine Konstante $C = C(n, p, |\Omega|) \in (0, +\infty)$, so daß

$$\|f\|_{C^0(\overline{\Omega})} := \sup_{x \in \overline{\Omega}} |f(x)| \leq C \|Df\|_{L^p(\Omega)} \qquad \text{für alle} \quad f \in C_0^\infty(\Omega) \tag{5}$$

richtig ist. Somit folgt $W_0^{1,p}(\Omega) \hookrightarrow C^0(\overline{\Omega})$, d.h. dieser Sobolevraum ist stetig in $C^0(\overline{\Omega})$ eingebettet.

Beweis:

1. Haben wir die Ungleichung bereits für offene, beschränkte Mengen $\Omega \subset \mathbb{R}^n$ mit dem Maß $|\Omega| = 1$ bewiesen, so erhalten wir hieraus die angegebene Ungleichung mit der Transformation $y = x|\Omega|^{-\frac{1}{n}}$, $x \in \Omega$. Im folgenden können wir also $|\Omega| = 1$ voraussetzen.

2. Wir verwenden die Ungleichung (4) und erhalten mit

$$n' := \frac{n}{n-1} > p' := \frac{p}{p-1}, \qquad \delta := \frac{n'}{p'} \in (1, \infty)$$

für alle $\gamma \in (1, \infty)$ die Abschätzung

$$\left\| \frac{\sqrt{n}|f|^{\gamma}}{\|Df\|_p} \right\|_{n'} \leq \gamma \||f|^{\gamma-1}\|_{p'}.$$

Daraus folgt nach Multiplikation mit $\frac{\sqrt{n}}{\|Df\|_p^{\gamma-1}}$

$$\left\| \left(\frac{\sqrt{n}|f|}{\|Df\|_p} \right)^{\gamma} \right\|_{n'} \leq \gamma \left\| \left(\frac{\sqrt{n}|f|}{\|Df\|_p} \right)^{\gamma-1} \right\|_{p'}.$$

Setzen wir nun $g := \frac{\sqrt{n}}{\|Df\|_p}|f|$, so finden wir

$$\|g^{\gamma}\|_{n'} \leq \gamma \|g^{\gamma-1}\|_{p'} \qquad \text{für alle} \quad \gamma > 1,$$

also

$$\|g\|_{n'\gamma}^{\gamma} \leq \gamma \|g\|_{p'(\gamma-1)}^{\gamma-1} \leq \gamma \|g\|_{p'\gamma}^{\gamma-1}.$$

Das bedeutet schließlich

$$\|g\|_{n'\gamma} \leq \gamma^{\frac{1}{\gamma}} \|g\|_{p'\gamma}^{1-\frac{1}{\gamma}} \qquad \text{für alle} \quad \gamma > 1.$$

3. Wir setzen nun $\gamma := \delta^{\nu}$, $\nu = 1, 2, \ldots$, in die obige Ungleichung ein und erhalten

$$\|g\|_{n'\delta^{\nu}} \leq \delta^{\nu\delta^{-\nu}} \|g\|_{n'\delta^{\nu-1}}^{1-\delta^{-\nu}}. \tag{6}$$

Aus (3), $|\Omega| = 1$ und der Hölderschen Ungleichung entnehmen wir

$$\|g\|_{n'} = \frac{\sqrt{n}}{\|Df\|_p} \|f\|_{n'} \leq \frac{\|Df\|_1}{\|Df\|_p} \leq 1.$$

Weiter folgt mit $|\Omega| = 1$ und der Hölderschen Ungleichung, daß die Folge $\|g\|_{n'\delta^{\nu}}$, $\nu = 0, 1, 2, \ldots$, schwach monoton wächst. Somit ist entweder $\|g\|_{n'\delta^{\nu}} \leq 1$ für alle ν, oder es gibt ein $\lambda > 0$ mit $\|g\|_{n'\delta^{\nu}} \leq 1$ für alle $\nu \leq \lambda$, $\|g\|_{n'\delta^{\nu}} > 1$ für alle $\nu > \lambda$. Im zweiten Fall erhalten wir für $\mu > \lambda$ aus der obigen Rekursionsformel (6) die Abschätzung

$$\|g\|_{n'\delta^{\mu}} \leq \delta^{\sum_{\nu=\lambda+1}^{\mu} \nu\delta^{-\nu}} \|g\|_{n'\delta^{\lambda}}^{1-\delta^{-(\lambda+1)}} \leq \delta^{\sum_{\nu=1}^{\infty} \nu\delta^{-\nu}} =: c \in \mathbb{R}.$$

In jedem Fall folgt $\|g\|_{L^{\infty}(\Omega)} \leq c$ und daher

$$\|f\|_{L^{\infty}(\Omega)} \leq \frac{c}{\sqrt{n}} \|Df\|_p \qquad \text{für alle} \quad f \in C_0^{\infty}(\Omega).$$

Dieses ist die Behauptung.   q.e.d.

Will man Eigenwertprobleme bei partiellen Differentialgleichungen mit direkten Variationsmethoden behandeln, so benötigt man den

Satz 3. (Auswahlsatz von Rellich-Kondrachov)

Sei $\Omega \subset \mathbb{R}^n$, $n \geq 3$, eine konvexe offene beschränkte Menge. Sei weiter $1 \leq p < n$ erfüllt. Dann ist für alle $1 \leq q < \frac{np}{n-p}$ und alle $s \in [0, +\infty)$ die Menge

$$\mathcal{K} := \left\{ f \in W_0^{1,p}(\Omega) \cap L^q(\Omega) : \|f\|_{W^{1,p}(\Omega)} \leq s \right\} \subset L^q(\Omega)$$

kompakt, das heißt für jede Folge $\{f_k\}_{k=1,2,\ldots} \subset \mathcal{K}$ gibt es eine Teilfolge $\{f_{k_l}\}_{l=1,2,\ldots}$ und ein $f \in L^q(\Omega)$ mit der Eigenschaft

$$\lim_{l \to \infty} \|f_{k_l} - f\|_{L^q(\Omega)} = 0.$$

Bemerkungen:

1. Diesen Satz fand Rellich 1930 für die Hilberträume $W_0^{1,2}(\Omega) \hookrightarrow L^2(\Omega)$. Der allgemeine Fall wurde später von Kondrachov untersucht.

2. Der Banachraum $\{\mathcal{B}_1, \|\cdot\|_1\}$ sei stetig in den Banachraum $\{\mathcal{B}_2, \|\cdot\|_2\}$ eingebettet. Wir nennen $\mathcal{B}_1$ *kompakt* in $\mathcal{B}_2$ eingebettet, wenn die Injektionsabbildung $I_1 : \mathcal{B}_1 \to \mathcal{B}_2$ *kompakt* ist, das heißt beschränkte Mengen in $\mathcal{B}_1$ werden abgebildet auf präkompakte Mengen in $\mathcal{B}_2$. Dabei ist eine Menge $A \subset \mathcal{B}_2$ *präkompakt*, wenn jede Folge $\{f_k\}_{k=1,2,\ldots} \subset A$ eine in $\mathcal{B}_2$ konvergente Teilfolge enthält. Der obige Satz sagt demnach aus, daß $W_0^{1,p}(\Omega)$ kompakt in $L^q(\Omega)$ eingebettet ist.

Beweis von Satz 3:

1. Sei $\{f_k\}_{k=1,2,\ldots} \subset \mathcal{K}$ eine beliebige Folge. Wir können dann übergehen zu einer Folge $\{g_k\}_{k=1,2,\ldots} \subset C_0^\infty(\Omega)$ mit der Eigenschaft $\|g_k - f_k\|_{W^{1,p}(\Omega)} \leq \frac{1}{k}$. Diese Folge genügt für alle $k \in \mathbb{N}$ der Ungleichung

$$\|g_k\|_{W^{1,p}(\Omega)} \leq 1 + s. \tag{7}$$

Gelingt es uns, aus der Folge $\{g_k\}_{k=1,2,\ldots}$ eine in $L^1(\Omega)$ konvergente Teilfolge $\{g_{k_l}\}_{l=1,2,\ldots}$ auszuwählen, so ist auch die Folge $\{f_{k_l}\}_{l=1,2,\ldots}$ in $L^1(\Omega)$ konvergent wegen

$$\|g_k - f_k\|_{L^1(\Omega)} \leq c\|g_k - f_k\|_{W^{1,p}(\Omega)} \leq \frac{c}{k}.$$

2. Um nun zu zeigen, daß die Folge $\{f_{k_l}\}_{l=1,2,\ldots}$ sogar in $L^q(\Omega)$ mit $1 < q < \frac{np}{n-p}$ konvergiert, verwenden wir die folgende *Interpolationsungleichung:*

Sei $1 \leq p \leq q \leq r$ mit $\frac{1}{q} = \frac{\lambda}{p} + \frac{(1-\lambda)}{r}$, $\lambda \in [0,1]$, so haben wir

$$\|f\|_q \leq \|f\|_p^\lambda \|f\|_r^{1-\lambda} \qquad \text{für alle} \quad f \in L^r(\Omega). \tag{8}$$

Der Beweis dieser Interpolationsungleichung erfolgt mit Hilfe der Hölderschen Ungleichung. Unter Beachtung von

$$1 = \frac{\lambda q}{p} + \frac{(1-\lambda)q}{r} = \left(\frac{p}{\lambda q}\right)^{-1} + \left(\frac{r}{(1-\lambda)q}\right)^{-1}$$

erhalten wir nämlich

$$\|f\|_q = \left(\int_\Omega |f|^{\lambda q} |f|^{(1-\lambda)q} dx\right)^{\frac{1}{q}}$$

$$\leq \left(\int_\Omega |f|^p dx\right)^{\frac{\lambda}{p}} \left(\int_\Omega |f|^r dx\right)^{\frac{1-\lambda}{r}}$$

$$= \|f\|_p^\lambda \|f\|_r^{1-\lambda}.$$

Wählen wir nun ein $\lambda \in (0,1)$ mit der Eigenschaft $\frac{1}{q} = \lambda + (1-\lambda)\frac{n-p}{np}$, so folgt aus Satz 1

$$\|f\|_q \leq \|f\|_1^\lambda \|f\|_{\frac{np}{n-p}}^{1-\lambda} \leq \|f\|_1^\lambda (C\|Df\|_p)^{1-\lambda}$$

für alle $f \in W_0^{1,p}(\Omega)$. Daher gilt

$$\|f_{k_l} - f_{k_m}\|_q \leq \widetilde{C} \|f_{k_l} - f_{k_m}\|_1^\lambda \longrightarrow 0 \qquad \text{für} \quad l, m \to \infty.$$

Somit ist $\{f_{k_l}\}_{l=1,2,\ldots}$ in $L^q(\Omega)$ konvergent, wenn $\{g_{k_l}\}_{l=1,2,\ldots}$ in $L^1(\Omega)$ konvergiert.

3. Es bleibt noch aus der Folge $\{g_k\}_{k=1,2,\ldots} \subset C_0^\infty(\Omega)$ eine in $L^1(\Omega)$ konvergente Teilfolge auszuwählen. Hierzu betrachten wir zu beliebigem $\varepsilon \in (0,1]$ die Funktionenfolge

$$g_{k,\varepsilon}(x) := \frac{1}{\varepsilon^n} \int_{\mathbb{R}^n} \varrho\left(\frac{x-y}{\varepsilon}\right) g_k(y)\, dy = \int_{\mathbb{R}^n} \varrho(z) g_k(x-\varepsilon z)\, dz \in C_0^\infty(\Theta)$$

mit

$$\Theta := \Big\{x \in \mathbb{R}^n : \operatorname{dist}(x, \Omega) < 1\Big\}.$$

Für jedes feste $\varepsilon \in (0,1]$ ist die Funktionenfolge $\{g_{k,\varepsilon}\}_{k=1,2,\ldots}$ gleichmäßig beschränkt und gleichgradig stetig, denn für alle $x \in \Theta$ gilt

$$|g_{k,\varepsilon}(x)| \leq \frac{1}{\varepsilon^n} \int_{\mathbb{R}^n} \varrho\left(\frac{x-y}{\varepsilon}\right) |g_k(y)|\, dy \leq \frac{C_0}{\varepsilon^n} \sup_{|z|\leq 1} \varrho(z)$$

und

$$|Dg_{k,\varepsilon}(x)| \leq \frac{1}{\varepsilon^{n+1}} \int\limits_{\mathbb{R}^n} \left| D\varrho\left(\frac{x-y}{\varepsilon}\right) \right| |g_k(y)| \, dy$$

$$\leq \varepsilon^{-(n+1)} \sup_{|z|\leq 1} |D\varrho(z)| \int\limits_{\mathbb{R}^n} |g_k(y)| \, dy$$

$$\leq \frac{C_0}{\varepsilon^{n+1}} \sup_{|z|\leq 1} |D\varrho(z)|.$$

4. Nach dem Satz von Arzelà-Ascoli gibt es zu jedem $\varepsilon > 0$ eine Teilfolge $\{g_{k_l,\varepsilon}\}_{l=1,2,\ldots}$ von $\{g_{k,\varepsilon}\}_{k=1,2,\ldots}$, die in $\overline{\Omega}$ gleichmäßig konvergiert. Wir setzen nun $\varepsilon_m = \frac{1}{m}$, $m = 1, 2, \ldots$, und konstruieren mit dem Cantorschen Diagonalverfahren eine Teilfolge $\{g_{k_l}\}_{l=1,2,\ldots}$ von $\{g_k\}_{k=1,2,\ldots}$ mit der Eigenschaft, daß für jedes feste $m \in \mathbb{N}$ die Folge $\{g_{k_l,\varepsilon_m}\}_{l=1,2,\ldots}$ gleichmäßig in $\overline{\Omega}$ konvergiert.

5. Für alle $x \in \Omega$ gilt

$$|g_k(x) - g_{k,\varepsilon}(x)| \leq \int\limits_{|z|\leq 1} \varrho(z)|g_k(x) - g_k(x - \varepsilon z)| \, dz$$

$$\leq \int\limits_{|z|\leq 1} \varrho(z) \int\limits_0^\varepsilon |Dg_k(x - tz)| \, dt dz,$$

woraus sich

$$\int\limits_\Omega |g_k(x) - g_{k,\varepsilon}(x)| \, dx \leq \varepsilon \int\limits_\Omega |Dg_k(x)| \, dx \leq C_1 \varepsilon$$

für alle $k \in \mathbb{N}$ ergibt. Nun erhält man für beliebiges $\varepsilon > 0$ die Abschätzung

$$\|g_{k_{l_1}} - g_{k_{l_2}}\|_{L^1(\Omega)} \leq \|g_{k_{l_1}} - g_{k_{l_1},\varepsilon_m}\|_{L^1(\Omega)} + \|g_{k_{l_1},\varepsilon_m} - g_{k_{l_2},\varepsilon_m}\|_{L^1(\Omega)}$$

$$+ \|g_{k_{l_2},\varepsilon_m} - g_{k_{l_2}}\|_{L^1(\Omega)}$$

$$\leq (2C_1 + |\Omega|)\varepsilon \quad \text{für alle} \quad l_1, l_2 \geq l_0(\varepsilon).$$

Hierzu wählt man zunächst $m = m(\varepsilon) \in \mathbb{N}$ hinreichend groß und dann $l_1, l_2 \geq l_0(\varepsilon, m(\varepsilon)) =: l_0(\varepsilon)$. Damit ist $\{g_{k_l}\}_{l=1,2,\ldots}$ eine Cauchy-Folge in $L^1(\Omega)$, die nach Satz 3 aus Kap. II, §7 einen Grenzwert in $L^1(\Omega)$ besitzt.

q.e.d.

§3 Existenz schwacher Lösungen

Von nun an setzen wir für die Raumdimension generell $n \geq 3$ voraus. Unter angemessenen Regularitätsvoraussetzungen betrachten wir auf der offenen beschränkten Menge $\Omega \subset \mathbb{R}^n$ eine Lösung $v = v(x) : \Omega \to \mathbb{R}$ der folgenden elliptischen Differentialgleichung in Divergenzform

$$\mathcal{L}v(x) := \sum_{i,j=1}^{n} \frac{\partial}{\partial x_j}\Big(a_{ij}(x)\frac{\partial}{\partial x_i}v(x)\Big) + c(x)v(x) = f(x), \qquad x \in \Omega, \quad (1)$$

unter Dirichletschen Randbedingungen

$$v(x) = g(x), \qquad x \in \partial\Omega. \tag{2}$$

Denken wir uns die Randwerte $g = g(x)$ auf $\overline{\Omega}$ fortgesetzt, so erhalten wir für $u(x) := v(x) - g(x)$, $x \in \overline{\Omega}$, das Dirichletproblem

$$-\sum_{i,j=1}^{n} \frac{\partial}{\partial x_j}\Big(a_{ij}(x)\frac{\partial}{\partial x_i}u(x)\Big) - c(x)u(x)$$
$$= -f(x) + c(x)g(x) + \sum_{i,j=1}^{n} \frac{\partial}{\partial x_j}\Big(a_{ij}(x)\frac{\partial}{\partial x_i}((x))\Big), \qquad x \in \Omega, \tag{3}$$

unter Nullrandbedingungen

$$u(x) = 0, \qquad x \in \partial\Omega. \tag{4}$$

Wir erklären nun die Bilinearform

$$B(u,v) := \int_{\Omega} \left\{ \sum_{i,j=1}^{n} a_{ij}(x)D^{e_i}u(x)D^{e_j}v(x) - c(x)u(x)v(x) \right\} dx \tag{5}$$

und die Linearform

$$F(v) := \int_{\Omega} \left\{ \Big(-f(x) + c(x)g(x)\Big)v(x) - \sum_{i,j=1}^{n} a_{ij}(x)D^{e_i}g(x)D^{e_j}v(x) \right\} dx. \tag{6}$$

Hierbei bezeichnet D^{e_i} wieder die schwache Ableitung in Richtung $e_i = (\delta_{1i}, \ldots, \delta_{ni})$, $i = 1, \ldots, n$. Multiplizieren wir (3) mit einer Testfunktion $\varphi = \varphi(x) \in C_0^\infty(\Omega)$, so liefert der Gaußsche Satz die Differentialgleichung (3) in schwacher Form

$$B(u,\varphi) = F(\varphi) \qquad \text{für alle} \quad \varphi \in C_0^\infty(\Omega) \tag{7}$$

unter Nullrandbedingungen (4).

Wir machen nun folgende Voraussetzungen an die Koeffizienten der Differentialgleichung:

$$a_{ij}(x) \in L^\infty(\Omega) \qquad \text{für} \quad i, j = 1, \ldots, n,$$
$$a_{ij}(x) = a_{ji}(x) \qquad \text{f.ü. in } \Omega \qquad \text{für} \quad i, j = 1, \ldots, n,$$
$$\frac{1}{M}|\xi|^2 \le \sum_{i,j=1}^{n} a_{ij}(x)\xi_i\xi_j \le M|\xi|^2 \qquad \text{f.ü. in } \Omega \qquad \text{für alle} \quad \xi \in \mathbb{R}^n \tag{8}$$

und

$$0 \leq -c(x) \quad \text{f.ü. in } \Omega, \qquad \|c\|_{L^{\infty}(\Omega)} \leq N \tag{9}$$

mit Konstanten $M \in [1, +\infty)$ und $N \in [0, +\infty)$. Wir arbeiten im Hilbertraum $\mathcal{H} := W_0^{1,2}(\Omega)$ mit dem skalaren Produkt

$$(u, v)_{\mathcal{H}} := \int_{\Omega} \left\{ Du(x) \cdot Dv(x) \right\} dx = \int_{\Omega} \left\{ \sum_{i=1}^{n} D^{e_i} u(x) D^{e_i} v(x) \right\} dx, \qquad u, v \in \mathcal{H}. \tag{10}$$

Nach dem Sobolevschen Einbettungssatz ist die induzierte Norm

$$\|u\|_{\mathcal{H}} := \left(\int_{\Omega} |Du(x)|^2 \, dx \right)^{\frac{1}{2}}, \qquad u \in \mathcal{H},$$

äquivalent zu der in § 1, Definition 2 angegebenen Norm von $W^{1,2}(\Omega)$. Von der rechten Seite und der Randbedingung fordern wir nun

$$f(x) \in L^2(\Omega) \qquad \text{und} \qquad g(x) \in W^{1,2}(\Omega). \tag{11}$$

Dann ist $F(v)$ aus (6) ein beschränktes, lineares Funktional auf $\mathcal{H}$. Genauer gibt es eine Konstante

$$b = b(\|f\|_{L^2(\Omega)}, \|g\|_{W^{1,2}(\Omega)}, M, N) \in [0, +\infty)$$

mit der Eigenschaft

$$|F(v)| \leq b\|v\|_{\mathcal{H}} \qquad \text{für alle} \quad v \in \mathcal{H}. \tag{12}$$

Nach dem Darstellungssatz von Fréchet-Riesz im Hilbertraum $\mathcal{H}$ gibt es dann ein $w \in \mathcal{H}$ mit

$$(w, v)_{\mathcal{H}} = F(v) \qquad \text{für alle} \quad v \in \mathcal{H}. \tag{13}$$

Im Spezialfall $a_{ij}(x) = \delta_{ij}$ für $i, j = 1, \ldots, n$ und $c(x) = 0$ f.ü. in Ω haben wir so bereits eine Lösung $u = w$ der schwachen Differentialgleichung (7) gefunden. Wir betonen, daß der o.a. Darstellungssatz in Kapitel II, § 6 mit direkten Variationsmethoden bewiesen wurde.

Im allgemeinen Fall, wenn die Koeffizienten den Bedingungen (8) und (9) genügen, betrachten wir die in (5) erklärte symmetrische Bilinearform $B(u, v)$ für $u, v \in \mathcal{H}$. Diese ist beschränkt und koerziv, d.h. es gibt Konstanten $c^{\pm} = c^{\pm}(M, N)$ mit $0 < c^- \leq c^+ < +\infty$, so daß die Ungleichungen

$$|B(u, v)| \leq c^+ \|u\|_{\mathcal{H}} \|v\|_{\mathcal{H}} \qquad \text{für alle} \quad u, v \in \mathcal{H} \tag{14}$$

und

$$B(u, u) \geq c^- \|u\|_{\mathcal{H}}^2 \qquad \text{für alle} \quad u \in \mathcal{H} \tag{15}$$

erfüllt sind. Nach dem Satz von Lax-Milgram (vgl. Kap. VIII, § 4 Satz 10) gibt es einen beschränkten, symmetrischen Operator $T : \mathcal{H} \to \mathcal{H}$ mit $\|T\| \leq c^+$, welcher eine beschränkte Inverse $T^{-1} : \mathcal{H} \to \mathcal{H}$ mit $\|T^{-1}\| \leq \frac{1}{c^-}$ besitzt, so daß folgendes gilt:

$$B(u,v) = (Tu,v)_{\mathcal{H}} \qquad \text{für alle} \quad u,v \in \mathcal{H}. \tag{16}$$

Auch dieser Existenzsatz beruht auf direkten Variationsmethoden. Die schwache Differentialgleichung (7) wird also zu

$$(Tu,v)_{\mathcal{H}} = F(v) = (w,v)_{\mathcal{H}} \qquad \text{für alle} \quad v \in \mathcal{H}. \tag{17}$$

Mit $u := T^{-1}w \in \mathcal{H}$ erhalten wir dann eine Lösung der schwachen Differentialgleichung (7).

Satz 1. *Unter den Voraussetzungen (8) und (9) an die Koeffizienten hat die schwache Differentialgleichung (7) für alle Daten (11) genau eine Lösung $u \in \mathcal{H}$.*

Beweis: Haben wir zwei Lösungen u_1, u_2 von (7), so genügt $u = u_1 - u_2 \in \mathcal{H}$ der schwachen Differentialgleichung

$$B(u,\varphi) = 0 \qquad \text{für alle} \quad \varphi \in \mathcal{H}. \tag{18}$$

Setzen wir speziell $\varphi = u$ ein, so folgt

$$0 = B(u,u) \geq \frac{1}{M} \int_{\Omega} |Du(x)|^2 \, dx$$

und somit $u(x) \equiv$ const in Ω. Wegen $u \in W_0^{1,2}(\Omega)$ erhalten wir $u \equiv 0$ f.ü. in Ω und somit $u_1 = u_2$.

$$\text{q.e.d.}$$

Wir eliminieren nun die Vorzeichenbedingung in (9) und verlangen statt dessen nur

$$c(x) \in L^{\infty}(\Omega), \qquad \|c\|_{L^{\infty}(\Omega)} \leq N. \tag{19}$$

Um jetzt die Gleichung (7) zu lösen, betrachten wir zu $\sigma \in \mathbb{R}$ die transferierte Bilinearform

$$B_{\sigma}(u,v) := \int_{\Omega} \left\{ \sum_{i,j=1}^{n} a_{ij}(x) D^{e_i} u(x) D^{e_j} v(x) + \left(\sigma - c(x) \right) u(x) v(x) \right\} dx \tag{20}$$

und die identische Bilinearform

$$I(u,v) := \int_{\Omega} u(x) v(x) \, dx \tag{21}$$

für $u,v \in \mathcal{H}$. Die Gleichung (7) erscheint dann in der äquivalenten Form

$$B_{\sigma}(u,\varphi) - \sigma I(u,\varphi) = F(\varphi) \qquad \text{für alle} \quad \varphi \in \mathcal{H}. \tag{22}$$

Wir wählen nun $\sigma \in \mathbb{R}$ so groß, daß

$$\sigma - c(x) \geq 0 \qquad \text{f.ü. in} \quad \Omega \tag{23}$$

erfüllt ist und die Bilinearform $B_\sigma(u, v)$ koerziv wird. Wir benötigen noch den

Hilfssatz 1. *Die Abbildung* $K : \mathcal{H} \to \mathcal{H}$ *mit*

$$(Ku, v)_\mathcal{H} = I(u, v) \qquad \textit{für alle} \quad u, v \in \mathcal{H} \tag{24}$$

ist vollstetig.

Beweis: Sei $\{u_k\}_{k=1,2,\dots} \subset \mathcal{H}$ eine Folge mit $\|u_k\|_\mathcal{H} \leq$ const für alle $k \in \mathbb{N}$. Wir betrachten dann die stetigen linearen Funktionale

$$T_k := I(u_k, \cdot) : \mathcal{H} \to \mathbb{R} \in \mathcal{H}^*, \qquad k = 1, 2, \dots$$

Nach dem Darstellungssatz von Fréchet-Riesz gibt es für jedes $k \in \mathbb{N}$ genau ein $v_k =: Ku_k \in \mathcal{H}$, so daß

$$I(u_k, \cdot) = T_k(\cdot) = (v_k, \cdot)_\mathcal{H} = (Ku_k, \cdot)_\mathcal{H}$$

erfüllt ist. Nach dem Auswahlsatz von Rellich-Kondrachov können wir zu einer Teilfolge $\{u_{k_l}\}_{l=1,2,\dots}$ von $\{u_k\}_{k=1,2,\dots}$ mit

$$\|u_{k_l} - u_{k_m}\|_{L^2(\Omega)} \to 0 \; (l, m \to \infty)$$

übergehen. Es folgt

$$\|Ku_{k_l} - Ku_{k_m}\|_\mathcal{H} = \|T_{k_l} - T_{k_m}\| \leq c\|u_{k_l} - u_{k_m}\|_{L^2(\Omega)} \to 0 \; (l, m \to \infty).$$

Somit ist $K : \mathcal{H} \to \mathcal{H}$ vollstetig. q.e.d.

Mit den Darstellungen (13), (16) und (24) formen wir (22) für σ aus (23) äquivalent um,

$$(T_\sigma u, \varphi)_\mathcal{H} - \sigma(Ku, \varphi)_\mathcal{H} = (w, \varphi)_\mathcal{H} \qquad \text{für alle} \quad \varphi \in \mathcal{H}. \tag{25}$$

Setzen wir nun $\varphi = T_\sigma^{-1} v$ in diese Gleichung ein, so folgt

$$(u, v)_\mathcal{H} - \sigma(T_\sigma^{-1} \circ Ku, v)_\mathcal{H} = (T_\sigma^{-1} w, v) \qquad \text{für alle} \quad v \in \mathcal{H} \tag{26}$$

beziehungsweise

$$\left(\text{Id}_\mathcal{H} - \sigma T_\sigma^{-1} \circ K \right) u = T_\sigma^{-1} w \tag{27}$$

mit dem vollstetigen Operator $T_\sigma^{-1} \circ K : \mathcal{H} \to \mathcal{H}$. Nach dem Satz von Fredholm (vgl. Kap. VIII, § 6 Satz 6) ist somit der Nullraum

$$\mathcal{N} := \left\{ u \in \mathcal{H} : B(u, v) = 0 \text{ für alle } v \in \mathcal{H} \right\} \tag{28}$$

endlich dimensional mit dem Orthogonalraum

$$\mathcal{N}^\perp := \Big\{ u \in \mathcal{H} \; : \; (u,v)_{\mathcal{H}} = 0 \text{ für alle } v \in \mathcal{N} \Big\}. \tag{29}$$

Wählen wir die rechte Seite f und die Randbedingung g aus (11) so, daß ihre Darstellung w aus (13) die Bedingung

$$T_\sigma^{-1} w \in \mathcal{N}^\perp \tag{30}$$

erfüllt, so hat die schwache Differentialgleichung (7) eine Lösung $u \in \mathcal{H}$. Wir erhalten also den

Satz 2. *Unter den Voraussetzungen (8) und (19) ist der Lösungsraum $\mathcal{N}$ der homogenen Gleichung aus (28) endlich dimensional. Zu Daten (11), für die die Linearform (6) eine Darstellung w aus (13) derart besitzt, daß $T_\sigma^{-1} w \in \mathcal{N}^\perp$ mit $\sigma \in \mathbb{R}$ aus (23) erfüllt ist, hat die schwache Differentialgleichung (7) eine Lösung $u \in \mathcal{H}$.*

§4 Beschränktheit schwacher Lösungen

Wir setzen die Überlegungen aus §3 fort und zitieren die dortigen Ergebnisse mit dem Zusatz *. Wir betrachten die Bilinearform $B(u,v)$ aus (5*) mit den Koeffizienten (8*) und (19*). Mit der Moserschen Iterationsmethode beweisen wir den

Satz 1. (Stampacchia)
Es gibt eine Konstante $C = C(M, N, n, |\Omega|) \in (0, +\infty)$, so daß für jede schwache Lösung $u \in \mathcal{H} := W_0^{1,2}(\Omega)$ der elliptischen Differentialgleichung

$$B(u,v) = 0 \qquad \text{für alle} \quad v \in \mathcal{H} \tag{1}$$

die Abschätzung

$$\|u\|_{L^\infty(\Omega)} \le C \|u\|_{L^2(\Omega)} \tag{2}$$

richtig ist.

Beweis:

1. Wir orientieren uns am Beweis von Satz 2 aus §2. Haben wir die Ungleichung (2) bereits für offene beschränkte Mengen $\Omega \subset \mathbb{R}^n$ mit dem Maß $|\Omega| = 1$ bewiesen, so erhalten wir den allgemeinen Fall durch die Transformation

$$y = |\Omega|^{-\frac{1}{n}} x, \qquad x \in \Omega. \tag{3}$$

Die Koeffizienten der schwachen Differentialgleichung hängen dann zusätzlich von $|\Omega|$ ab. Wir setzen also im folgenden $|\Omega| = 1$ voraus, und die Norm $\|u\|_p := \|u\|_{L^p(\Omega)}$ wird schwach monoton steigend in $1 \le p \le \infty$ nach der Hölderschen Ungleichung.

2. Zu beliebigem $K \in (0, +\infty)$ betrachten wir die Funktion

$$\bar{u}(x) := \begin{cases} K, & u(x) \geq K \\ u(x), & -K < u(x) < K \\ -K, & u(x) \leq -K \end{cases} \tag{4}$$

der Klasse $W_0^{1,2}(\Omega) \cap L^\infty(\Omega)$. Zum Exponenten

$$\beta \in [+1, +\infty) \tag{5}$$

setzen wir die Testfunktionen

$$v(x) := \bar{u}(x)^\beta, \qquad x \in \Omega, \tag{6}$$

in die schwache Differentialgleichung (1) ein. Zusammen mit dem Sobolevschen Einbettungssatz erhalten wir dann

$$\int_\Omega c(x)u(x)\bar{u}(x)^\beta \, dx$$

$$= \beta \int_\Omega \left\{ \sum_{i,j=1}^n a_{ij}(x) D^{e_i}\bar{u}(x) D^{e_j}\bar{u}(x) \right\} \bar{u}(x)^{\beta-1} \, dx$$

$$= \frac{4\beta}{(\beta+1)^2} \int_\Omega \left\{ \sum_{i,j=1}^n a_{ij}(x) D^{e_i}\left(\bar{u}(x)^{\frac{1}{2}(\beta+1)}\right) D^{e_j}\left(\bar{u}(x)^{\frac{1}{2}(\beta+1)}\right) \right\} dx$$

$$\geq \frac{4\beta}{M(\beta+1)^2} \left\| D\left(\bar{u}^{\frac{1}{2}(\beta+1)}\right) \right\|_2^2$$

$$\geq \frac{4\beta}{M(\beta+1)^2 C(n,2)^2} \left\| \bar{u}^{\frac{1}{2}(\beta+1)} \right\|_{2\frac{n}{n-2}}^2. \tag{7}$$

3. Für alle $\beta \in [+1, +\infty)$ und $K \in (0, +\infty)$ folgt

$$\|\bar{u}\|_{\frac{n}{n-2}(\beta+1)}^{\beta+1} \leq \beta M N C(n,2)^2 \|u\|_{\beta+1}^{\beta+1}, \tag{8}$$

insofern $u \in L^{\beta+1}(\Omega)$ erfüllt ist. Vollführen wir nun in (8) den Grenzübergang $K \to +\infty$ und setzen wir

$$\delta := \frac{n}{n-2} \in (+1, +\infty) \qquad \text{und} \qquad \Gamma := M N C(n,2)^2 \in [0, +\infty),$$

so finden wir die *Iterationsungleichung*

$$\|u\|_{\delta(\beta+1)} \leq \sqrt[\beta+1]{\beta+1} \, \sqrt[\beta+1]{\Gamma} \, \|u\|_{\beta+1}$$
$$\text{für alle} \quad \beta \in [+1, +\infty) \quad \text{falls} \quad u \in L^{\beta+1}(\Omega). \tag{9}$$

4. Unter Beachtung von $u \in L^2(\Omega)$ starten wir die Iteration mit $\beta = 1$ und erhalten

$$\|u\|_{2\delta} \leq \sqrt[2]{2} \sqrt[2]{\Gamma}\, \|u\|_2. \tag{10}$$

Wir wählen dann $\beta \in (1, +\infty)$, so daß $\beta + 1 = 2\delta$ gilt und entnehmen (9) die Ungleichung

$$\|u\|_{2\delta^2} \leq \sqrt[2\delta]{2\delta}\, \sqrt[2]{2}\, \sqrt[2\delta]{\Gamma}\, \sqrt[2]{\Gamma}\, \|u\|_2. \tag{11}$$

Fortsetzung des Verfahrens liefert für alle $k \in \mathbb{N}$

$$\begin{aligned}
\|u\|_{2\delta^k} &\leq \left(\prod_{j=0}^{k-1} \sqrt[2\delta^j]{2\delta^j} \right) \left(\prod_{j=0}^{k-1} \sqrt[2\delta^j]{\Gamma} \right) \|u\|_2 \\
&= \left(\sqrt{2} \right)^{\sum\limits_{j=0}^{k-1} (\frac{1}{\delta})^j} \left\{ \prod_{j=0}^{k-1} \left(\sqrt{\delta^j} \right)^{\delta^{-j}} \right\} \left(\sqrt{\Gamma} \right)^{\sum\limits_{j=0}^{k-1} (\frac{1}{\delta})^j} \|u\|_2 \\
&\leq \left(\sqrt{2} \right)^{\sum\limits_{j=0}^{\infty} (\frac{1}{\delta})^j} \left(\sqrt{\delta} \right)^{\sum\limits_{j=0}^{\infty} j(\frac{1}{\delta})^j} \left(\sqrt{\Gamma} \right)^{\sum\limits_{j=0}^{\infty} (\frac{1}{\delta})^j} \|u\|_2.
\end{aligned} \tag{12}$$

Für $k \to +\infty$ erhalten wir schließlich die gewünschte Abschätzung

$$\|u\|_{L^\infty(\Omega)} \leq C(M, N, n, |\Omega|) \|u\|_2. \tag{13}$$

q.e.d.

Wir wollen nun schwache Lösungen des Dirichletproblems durch ihre Randwerte abschätzen. In der Bilinearform (5*) verlangen wir

$$c(x) = 0 \qquad \text{f.ü. in} \quad \Omega, \tag{14}$$

und wir erhalten die *Dirichlet-Riemann-Bilinearform*

$$R(u, v) := \int\limits_{\Omega} \left\{ \sum_{i,j=1}^{n} a_{ij}(x) D^{e_i} u(x) D^{e_j} v(x) \right\} dx \tag{15}$$

mit den Koeffizienten aus (8*). Von der Randfunktion fordern wir

$$g = g(x) \in W^{1,2}(\Omega) \cap C^0(\overline{\Omega}). \tag{16}$$

Satz 2. (L^∞-Randabschätzung)
Sei $u = u(x) \in W^{1,2}(\Omega)$ eine schwache Lösung der Differentialgleichung

$$R(u, v) = 0 \qquad \text{für alle} \quad v \in \mathcal{H} \tag{17}$$

mit den schwachen Randwerten

$$u - g \in W_0^{1,2}(\Omega). \tag{18}$$

Dann folgt

$$\mu := \inf_{y \in \partial\Omega} g(y) \leq u(x) \leq \sup_{y \in \partial\Omega} g(y) =: \nu \qquad \text{für fast alle} \quad x \in \Omega. \tag{19}$$

Beweis: Da das Problem translationsinvariant ist, können wir durch den Übergang $u(x) \mapsto u(x) - \mu$ immer $\mu = 0$ voraussetzen. Wir zeigen nun

$$u(x) \geq 0 \qquad \text{f.ü. in} \quad \Omega. \tag{20}$$

Wäre (20) nämlich verletzt, so betrachten wir die nichtverschwindende Funktion

$$u^-(x) := \begin{cases} u(x), & u(x) < 0 \\ 0, & u(x) \geq 0 \end{cases} \tag{21}$$

der Klasse $W_0^{1,2}(\Omega)$. Einsetzen in (17) liefert mit

$$0 = R(u, u^-) > 0 \tag{22}$$

einen Widerspruch. Somit ist (20) erfüllt. Wegen der Translationsinvarianz können wir ebenso $\nu = 0$ erreichen und den zweiten Teil der Ungleichung (19) durch die Spiegelung $u(x) \mapsto -u(x)$ auf die Behauptung (20) zurückführen.

$$\text{q.e.d.}$$

Bemerkung: Für weitere L^∞-Abschätzungen verweisen wir auf [GT] 8.5.

§5 Hölderstetigkeit schwacher Lösungen

Die Ergebnisse aus § 3 zitieren wir mit * und die aus § 4 mit **. Mit

$$K_r(y) := \left\{ x \in \mathbb{R}^n \ : \ |x - y| \leq r \right\}$$

bezeichnen wir die abgeschlossenen Kugeln vom Radius $r \in (0, +\infty)$ um den Mittelpunkt $y \in \mathbb{R}^n$. Wir betrachten wieder die Bilinearform $B(u,v)$ aus (5*) mit den Koeffizienten (8*), (19*). Mit der Moserschen Iterationsmethode zeigen wir nun den tiefliegenden

Satz 1. (Mosersche Ungleichung)
Sei $u = u(x) \in W^{1,2}(\Omega) \cap L^\infty(\Omega)$ mit $u(x) \geq 0$ f.ü. in Ω eine Lösung der schwachen Differentialgleichung

$$B(u,v) = 0 \qquad \text{für alle} \quad v \in \mathcal{H}. \tag{1}$$

Dann gibt es eine Konstante $C = C(M, Nr^2, n) \in (0, +\infty)$, so daß die Integralmittel über alle Kugeln $K_{4r}(y) \subset \Omega$ die folgende Ungleichung erfüllen,

$$\fint_{K_{2r}(y)} u(x)\,dx := \frac{1}{|K_{2r}(y)|} \int_{K_{2r}(y)} u(x)\,dx \leq C \inf_{x \in K_r(y)} u(x). \tag{2}$$

Bemerkungen:

1. Für eine Funktion $u(x) \in W^{1,2}(\Omega) \cap L^\infty(\Omega)$ eklärt man natürlich

$$\inf_{x \in \Omega} u(x) := \inf \left\{ c \in \mathbb{R} : \{x \in \Omega : u(x) \leq c\} \text{ ist keine Nullmenge} \right\}. \quad (3)$$

2. Falls $\Omega \subset \mathbb{R}^n$ ein Gebiet ist, liefert Satz 1 das *Prinzip der eindeutigen Fortsetzung*: Eine nichtnegative Lösung von (1) verschwindet auf Ω, falls es einen Punkt $y \in \Omega$ und ein $r_0 > 0$ so gibt, daß gilt

$$\inf_{x \in K_r(y)} u(x) = 0 \qquad \text{für alle Kugeln} \quad K_r(y) \subset \Omega \quad \text{mit} \quad 0 < r < r_0.$$

Beweis von Satz 1:

1. Wir wählen $r_0 = r_0(n) > 0$ so, daß

$$|K_{3r_0}(y)| = 1 \qquad (4)$$

erfüllt ist. Für alle $0 < r \leq 3r_0$ wird dann die $\|.\|_{L^p(K_r(y))}$-Norm monoton steigend in $1 \leq p \leq +\infty$. Sei nun $y \in \Omega$ fest gewählt, so daß $K_{4r_0}(y) \subset \overline{\Omega}$ richtig ist. Wir zeigen dann zunächst die Abschätzung (2) mit $r = r_0$ und beweisen den allgemeinen Fall anschließend mit einem Skalierungsargument. Für meßbare Funktionen $v = v(x) : \Omega \to \mathbb{R}$ mit

$$0 < \varepsilon \leq v(x) \leq \frac{1}{\varepsilon} \qquad \text{f.ü. in} \quad \Omega \qquad (5)$$

bei festem $\varepsilon > 0$ erklären wir für alle $p \in \mathbb{R}$ und alle $0 < r \leq 3r_0$ die positiv-homogene Funktion

$$\|v\|_{p,K_r(y)} := \left(\int\limits_{K_r(y)} v(x)^p \, dx \right)^{\frac{1}{p}}. \qquad (6)$$

Für $p \geq 1$ erhalten wir die vertraute L^p-Norm, und wir beachten

$$\lim_{p \to -\infty} \|v\|_{p,K_r(y)} = \frac{1}{\displaystyle\lim_{p \to -\infty} \left(\int\limits_{K_r(y)} \left(\frac{1}{v(x)}\right)^{-p} dx \right)^{\frac{1}{-p}}}$$
$$= \frac{1}{\left\| \frac{1}{v} \right\|_{L^\infty(K_r(y))}} = \frac{1}{\sup\limits_{K_r(y)} \frac{1}{v}} = \inf_{K_r(y)} v. \qquad (7)$$

Mit $\eta = \eta_{r,\varrho}(x) : \Omega \to \mathbb{R} \in W^{1,\infty}(\Omega)$ für $0 < r + \varrho \leq 3r_0$ bezeichnen wir die stückweise lineare, radialsymmetrische Annulierungsfunktion mit den Eigenschaften

$$\eta(x) \begin{cases} = 1, & x \in K_r(y) \\ \in [0,1], & x \in K_{r+\varrho}(y) \setminus K_r(y) \\ = 0, & x \in \Omega \setminus K_{r+\varrho}(y) \end{cases} \qquad (8)$$

und

$$|D\eta(x)| \le \frac{1}{\varrho} \qquad \text{f.ü. in} \quad \Omega. \tag{9}$$

2. In die schwache Differentialgleichung (1) setzen wir nun die folgende Testfunktion ein,

$$v(x) := \eta(x)^2 \bar{u}(x)^\beta, \qquad x \in \Omega, \tag{10}$$

mit

$$\bar{u}(x) := u(x) + \varepsilon, \qquad x \in \Omega, \tag{11}$$

und den Exponenten

$$-\infty < \beta < -1 \qquad \text{und} \qquad -1 < \beta < 0. \tag{12}$$

In (11) ist dabei $\varepsilon > 0$ fest gewählt. Es gilt $v \in W_0^{1,2}(\Omega)$, und wir berechnen

$$\int_\Omega c(x)u(x)\bar{u}(x)^\beta \eta(x)^2 \, dx$$

$$= \beta \int_\Omega \left\{ \sum_{i,j=1}^n a_{ij}(x) D^{e_i}\bar{u}(x) D^{e_j}\bar{u}(x) \right\} \bar{u}(x)^{\beta-1} \eta(x)^2 \, dx$$

$$+ 2 \int_\Omega \left\{ \sum_{i,j=1}^n a_{ij}(x) D^{e_i}\bar{u}(x) D^{e_j}\eta(x) \right\} \bar{u}(x)^\beta \eta(x) \, dx$$

$$= \frac{4\beta}{(\beta+1)^2} \int_\Omega \left\{ \sum_{i,j=1}^n a_{ij}(x) D^{e_i}\left(\bar{u}(x)^{\frac{1}{2}(\beta+1)}\eta(x)\right) D^{e_j}\left(\bar{u}(x)^{\frac{1}{2}(\beta+1)}\eta(x)\right) \right\} dx$$

$$- \frac{4\beta}{(\beta+1)^2} \int_\Omega \left\{ \sum_{i,j=1}^n a_{ij}(x) D^{e_i}\eta(x) D^{e_j}\eta(x) \right\} \bar{u}(x)^{\beta+1} \, dx$$

$$+ \left(2 - \frac{4\beta}{\beta+1}\right) \int_\Omega \left\{ \sum_{i,j=1}^n a_{ij}(x) D^{e_i}\bar{u}(x) D^{e_j}\eta(x) \right\} \bar{u}(x)^\beta \eta(x) \, dx$$

$$= \frac{4\beta}{(\beta+1)^2} \int_\Omega \left\{ \sum_{i,j=1}^n a_{ij}(x) D^{e_i}\left(\bar{u}(x)^{\frac{1}{2}(\beta+1)}\eta(x)\right) D^{e_j}\left(\bar{u}(x)^{\frac{1}{2}(\beta+1)}\eta(x)\right) \right\} dx$$

$$- \frac{4}{(\beta+1)^2} \int_\Omega \left\{ \sum_{i,j=1}^n a_{ij}(x) D^{e_i}\eta(x) D^{e_j}\eta(x) \right\} \bar{u}(x)^{\beta+1} \, dx$$

$$- 4\frac{\beta-1}{(\beta+1)^2} \int_\Omega \left\{ \sum_{i,j=1}^n a_{ij}(x) D^{e_i}\left(\bar{u}(x)^{\frac{1}{2}(\beta+1)}\eta(x)\right) D^{e_j}\eta(x) \right\} \bar{u}(x)^{\frac{1}{2}(\beta+1)} dx. \tag{13}$$

Wir erhalten dann für alle $\beta \in (-\infty, -1) \cup (-1, 0)$ die Ungleichung

$$\int_\Omega \left\{ \sum_{i,j=1}^n a_{ij}(x) D^{e_i} \left(\bar{u}(x)^{\frac{1}{2}(\beta+1)} \eta(x) \right) D^{e_j} \left(\bar{u}(x)^{\frac{1}{2}(\beta+1)} \eta(x) \right) \right\} dx$$

$$= \frac{1}{4}(1+\beta)\left(1+\frac{1}{\beta}\right) \int_\Omega c(x) u(x) \bar{u}(x)^\beta \eta(x)^2 \, dx$$

$$+ \left(1 - \frac{1}{\beta}\right) \int_\Omega \left\{ \sum_{i,j=1}^n a_{ij}(x) D^{e_i} \left(\bar{u}(x)^{\frac{1}{2}(\beta+1)} \eta(x) \right) D^{e_j} \eta(x) \right\} \bar{u}(x)^{\frac{1}{2}(\beta+1)} dx$$

$$+ \frac{1}{\beta} \int_\Omega \left\{ \sum_{i,j=1}^n a_{ij}(x) D^{e_i} \eta(x) D^{e_j} \eta(x) \right\} \bar{u}(x)^{\beta+1} \, dx$$

$$\leq \frac{1}{4}(1+\beta)\left(1+\frac{1}{\beta}\right) \int_\Omega c(x) u(x) \bar{u}(x)^\beta \eta(x)^2 \, dx$$

$$+ \frac{1}{2} \int_\Omega \left\{ \sum_{i,j=1}^n a_{ij}(x) D^{e_i} \left(\bar{u}(x)^{\frac{1}{2}(\beta+1)} \eta(x) \right) D^{e_j} \left(\bar{u}(x)^{\frac{1}{2}(\beta+1)} \eta(x) \right) \right\} dx$$

$$+ \left\{ \frac{1}{\beta} + \frac{1}{2}\left(1 - \frac{1}{\beta}\right)^2 \right\} \int_\Omega \left\{ \sum_{i,j=1}^n a_{ij}(x) D^{e_i} \eta(x) D^{e_j} \eta(x) \right\} \bar{u}(x)^{\beta+1} \, dx.$$

$$(14)$$

Schließlich ergibt sich die Abschätzung

$$\int_\Omega \left\{ \sum_{i,j=1}^n a_{ij}(x) D^{e_i} \left(\bar{u}(x)^{\frac{1}{2}(\beta+1)} \eta(x) \right) D^{e_j} \left(\bar{u}(x)^{\frac{1}{2}(\beta+1)} \eta(x) \right) \right\} dx$$

$$\leq \frac{1}{2}(1+\beta)\left(1+\frac{1}{\beta}\right) \int_\Omega c(x) u(x) \bar{u}(x)^\beta \eta(x)^2 \, dx \qquad (15)$$

$$+ \left(1 + \frac{1}{\beta^2}\right) \int_\Omega \left\{ \sum_{i,j=1}^n a_{ij}(x) D^{e_i} \eta(x) D^{e_j} \eta(x) \right\} \bar{u}(x)^{\beta+1} \, dx$$

für alle $\beta \in (-\infty, -1) \cup (-1, 0)$.

3. Wir wenden nun den Sobolevschen Einbettungssatz mit $p = 2$ an. Es sei $\delta \in (1, \frac{n}{n-2}]$ gewählt, und wir setzen weiterhin $0 < r + \varrho \leq 3r_0$ voraus. Unter Beachtung der Definition von η erhalten wir dann für alle $\beta \in (-\infty, -1) \cup (-1, 0)$ die folgende Abschätzung,

$$\|\bar{u}\|_{\delta(\beta+1),K_r}^{\beta+1} = \left(\int\limits_{K_r} |\bar{u}(x)|^{\delta(\beta+1)} \, dx \right)^{\frac{1}{\delta}} = \left\| \bar{u}^{\frac{1}{2}(\beta+1)}\eta \right\|_{L^{2\delta}(K_r)}^2$$

$$\leq \left\| \bar{u}^{\frac{1}{2}(\beta+1)}\eta \right\|_{L^{\frac{2n}{n-2}}(\Omega)}^2 \leq C(n,2)^2 \left\| D\big(\bar{u}^{\frac{1}{2}(\beta+1)}\eta\big) \right\|_{L^2(\Omega)}^2$$

$$\leq MC(n,2)^2 \int\limits_{\Omega} \left\{ \sum_{i,j=1}^{n} a_{ij} D^{e_i}\left(\bar{u}^{\frac{1}{2}(\beta+1)}\eta \right) D^{e_j}\left(\bar{u}^{\frac{1}{2}(\beta+1)}\eta \right) \right\} dx$$

$$\leq MC(n,2)^2 \left\{ \frac{1}{2}|1+\beta|\Big|1+\frac{1}{\beta}\Big|N + \Big(1+\frac{1}{\beta^2}\Big)\frac{M}{\varrho^2} \right\} \|\bar{u}\|_{\beta+1,K_{r+\varrho}}^{\beta+1}.$$

(16)

4. In Teil 8 des Beweises bestimmen wir ein $p_0 = p_0(M,N,n) > 0$ und eine Konstante $C_0 = C_0(M,N,n) > 0$, so daß gilt

$$\|\bar{u}\|_{p_0,K_{3r_0}} \leq C_0 \|\bar{u}\|_{-p_0,K_{3r_0}}.$$

(17)

Wir wählen nun $\delta \in (1, \frac{n}{n-2}]$ und $\nu \in \mathbb{N}_0$, so daß

$$\delta^j p_0 \in (0,1) \quad \text{für} \quad j = 0, \ldots, \nu-1,$$
$$\delta^\nu p_0 \in (1, +\infty)$$

(18)

richtig ist. Für $j = 0, \ldots, \nu$ betrachten wir die Kugeln $K_{\varrho_j} \subset \Omega$ mit den Radien $\varrho_j := 3r_0 - j\frac{r_0}{\nu}$. Formel (16) liefert dann eine Konstante $\widetilde{C}_+ = \widetilde{C}_+(M,N,n) > 0$, so daß

$$\|\bar{u}\|_{\delta^j p_0, K_{\varrho_j}} \leq \widetilde{C}_+ \|\bar{u}\|_{\delta^{j-1} p_0, K_{\varrho_{j-1}}} \quad \text{für} \quad j = 1, \ldots, \nu$$

(19)

erfüllt ist. Durch ν-fache Iteration ergibt sich hieraus die Abschätzung

$$\|\bar{u}\|_{L^1(K_{2r_0})} \leq \|\bar{u}\|_{\delta^\nu p_0, K_{\varrho_\nu}} \leq C_+(M,N,n) \|\bar{u}\|_{p_0, K_{3r_0}}.$$

(20)

5. Für alle $\beta \leq -1 - p_0$ und $\delta := \frac{n}{n-2}$ entnehmen wir (16) die Ungleichung

$$\|\bar{u}\|_{\delta(\beta+1),K_r}^{\beta+1} \leq MC(n,2)^2 \left\{ \frac{1}{2}|\beta+1|N + \frac{2M}{\varrho^2} \right\} \|\bar{u}\|_{\beta+1,K_{r+\varrho}}^{\beta+1}$$

$$\leq \frac{\widetilde{C}_-(M,N,n)|\beta+1|}{\varrho^2} \|\bar{u}\|_{\beta+1,K_{r+\varrho}}^{\beta+1}$$

mit einer Konstante $\widetilde{C}_- = \widetilde{C}_-(M,N,n) > 0$ beziehungsweise

$$\|\bar{u}\|_{\beta+1,K_{r+\varrho}} \leq \left(\frac{\widetilde{C}_-(M,N,n)|\beta+1|}{\varrho^2} \right)^{\frac{1}{|\beta+1|}} \|\bar{u}\|_{\delta(\beta+1),K_r},$$

(21)

insofern wir $0 < r + \varrho \leq 3r_0$ voraussetzen. Wählen wir nun

$$\varrho_j := 3r_0 - 2r_0 \sum_{l=1}^{j} \frac{1}{2^l}, \qquad j = 0, 1, 2, \ldots,$$

so liefert (21) die Iterationsungleichung

$$\|\bar{u}\|_{-\delta^j p_0, K_{\varrho_j}} \le \tilde{C}_{-}^{\frac{\delta-j}{p_0}} \left(\delta^j p_0\right)^{\frac{\delta-j}{p_0}} \left(\frac{2^{2j}}{r_0^2}\right)^{\frac{\delta-j}{p_0}} \|\bar{u}\|_{-\delta^{j+1} p_0, K_{\varrho_{j+1}}} \tag{22}$$

für $j = 0, 1, 2, \ldots$ Hieraus ergibt sich die Abschätzung

$$\|\bar{u}\|_{-p_0, K_{3r_0}} \le \left\{ \left(\sqrt[p_0]{\tilde{C}_-}\right)^{\sum_{j=0}^{k}(\frac{1}{\delta})^j} \left(\sqrt[p_0]{\delta}\right)^{\sum_{j=0}^{k} j(\frac{1}{\delta})^j} \left(\sqrt[p_0]{p_0}\right)^{\sum_{j=0}^{k}(\frac{1}{\delta})^j} \right.$$

$$\left. \cdot \left(\sqrt[p_0]{4}\right)^{\sum_{j=0}^{k} j(\frac{1}{\delta})^j} \left(\sqrt[p_0]{r_0^{-2}}\right)^{\sum_{j=0}^{k}(\frac{1}{\delta})^j} \right\} \|\bar{u}\|_{-\delta^{k+1} p_0, K_{\varrho_{k+1}}} \tag{23}$$

$$\le C_-(M, N, n) \|\bar{u}\|_{-\delta^{k+1} p_0, K_{\varrho_{k+1}}}, \qquad k = 0, 1, 2, \ldots$$

Für $k \to \infty$ folgt schließlich

$$\|\bar{u}\|_{-p_0, K_{3r_0}} \le C_-(M, N, n) \inf_{x \in K_{r_0}} \bar{u}(x). \tag{24}$$

6. Aus (20), (17) und (24) ergibt sich

$$\|\bar{u}\|_{L^1(K_{2r_0})} \le C_+ \|\bar{u}\|_{p_0, K_{3r_0}} \le C_+ C_0 \|\bar{u}\|_{-p_0, K_{3r_0}} \le C_+ C_0 C_- \inf_{x \in K_{r_0}} \bar{u}(x).$$

Setzen wir $C = C(M, N, n) := C_+ C_0 C_-$ und beachten die Unabhängigkeit dieser Konstante von $\varepsilon > 0$, so folgt für $\varepsilon \to 0+$ die Ungleichung

$$\|u\|_{L^1(K_{2r_0})} \le C(M, N, n) \inf_{x \in K_{r_0}} u(x). \tag{25}$$

Dies impliziert die Mosersche Ungleichung (2) für den Fall $r = r_0$ mit $r_0 = r_0(n) > 0$ aus (4).
Sind $y \in \Omega$ und $r > 0$ mit $K_{4r}(y) \subset \overline{\Omega}$ gewählt, so gehen wir von u über zu

$$u^\star(x) := u\left(\frac{r}{r_0} x\right), \qquad x \in K_{4r_0}\left(\frac{r_0}{r} y\right). \tag{26}$$

Die Funktion $u^\star = u^\star(x)$ genügt dann in $\overset{\circ}{K}_{4r_0}(\frac{r_0}{r} y)$ einer schwachen Differentialgleichung (1) mit Koeffizienten $a_{ij} \in L^\infty(K_{4r_0}(\frac{r_0}{r} y))$ wie in (8*) und

$$c \in L^\infty\left(K_{4r_0}\left(\frac{r_0}{r} y\right)\right), \qquad \|c\|_{L^\infty(K_{4r_0}(\frac{r_0}{r} y))} \le \frac{N r^2}{r_0^2}.$$

Die obige Argumentation liefert also die Ungleichung

$$\|u^\star\|_{L^1\left(K_{2r_0}\left(\frac{r_0}{r}y\right)\right)} \leq C(M, Nr^2, n) \inf_{x \in K_{r_0}\left(\frac{r_0}{r}y\right)} u^\star(x)$$

beziehungsweise

$$\frac{r_0^n}{r^n} \int\limits_{K_{2r}(y)} u(x)\,dx \leq C(M, Nr^2, n) \inf_{x \in K_r(y)} u(x).$$

Damit ist der Satz vollständig bewiesen, wenn wir (17) gezeigt haben.

7. Hierzu ermitteln wir aus der schwachen Differentialgleichung eine Wachstumsbedingung für das Dirichletintegral. Mit der Annulierungsfunktion $\eta(x)$ aus (8) für $\varrho = r$ und mit $\bar{u}(x)$ aus (11) setzen wir die Testfunktion

$$v(x) := \eta(x)^2 \bar{u}(x)^{-1}, \qquad x \in \Omega, \tag{27}$$

(dies ist v aus (10) für $\beta = -1$!) in die Gleichung (1) ein. Wir erhalten

$$\int\limits_\Omega c(x)u(x)\bar{u}(x)^{-1}\eta(x)^2\,dx$$

$$= -\int\limits_\Omega \left\{ \sum_{i,j=1}^n a_{ij}(x)D^{e_i}\bar{u}(x)D^{e_j}\bar{u}(x) \right\}\bar{u}(x)^{-2}\eta(x)^2\,dx$$

$$+2\int\limits_\Omega \left\{ \sum_{i,j=1}^n a_{ij}(x)D^{e_i}\bar{u}(x)D^{e_j}\eta(x) \right\}\bar{u}(x)^{-1}\eta(x)\,dx$$

$$= -\int\limits_\Omega \left\{ \sum_{i,j=1}^n a_{ij}(x)D^{e_i}\big(\log\bar{u}(x)\big)D^{e_j}\big(\log\bar{u}(x)\big) \right\}\eta(x)^2\,dx$$

$$+2\int\limits_\Omega \left\{ \sum_{i,j=1}^n a_{ij}(x)\left[\frac{1}{\sqrt{2}}\,\eta(x)D^{e_i}\big(\log\bar{u}(x)\big)\right]\left[\sqrt{2}\,D^{e_j}\eta(x)\right] \right\}dx$$

$$\leq -\frac{1}{2}\int\limits_\Omega \left\{ \sum_{i,j=1}^n a_{ij}(x)D^{e_i}\big(\log\bar{u}(x)\big)D^{e_j}\big(\log\bar{u}(x)\big) \right\}\eta(x)^2\,dx$$

$$+2\int\limits_\Omega \left\{ \sum_{i,j=1}^n a_{ij}(x)D^{e_i}\eta(x)D^{e_j}\eta(x) \right\}dx. \tag{28}$$

Wir erklären nun die Funktion

$$w(x) := \log\bar{u}(x), \qquad x \in \Omega,$$

und entnehmen (28) die Abschätzung

$$\int\limits_{K_r(y)} |Dw(x)|^2 \, dx \leq M \int\limits_{\Omega} \left\{ \sum_{i,j=1}^{n} a_{ij}(x) D^{e_i} w(x) D^{e_j} w(x) \right\} \eta(x)^2 \, dx$$

$$\leq 2M \int\limits_{\Omega} |c(x)| \bar{u}(x) \bar{u}(x)^{-1} \eta(x)^2 \, dx$$

$$+ 4M \int\limits_{\Omega} \left\{ \sum_{i,j=1}^{n} a_{ij}(x) D^{e_i} \eta(x) D^{e_j} \eta(x) \right\} dx$$

$$\leq 2M \left\{ N + \frac{2M}{r^2} \right\} |K_{2r}(y)| \leq C_1(M, N, n) r^{n-2}$$

für $r \leq r_0(n)$. Es folgt somit die Wachstumsbedingung

$$\int\limits_{K_r(y)} |Dw(x)| \, dx \leq \sqrt{\kappa_n} \, r^{\frac{n}{2}} \left(\int\limits_{K_r(y)} |Dw(x)|^2 \, dx \right)^{\frac{1}{2}} \leq C_2(M, N, n) r^{n-1}$$

(29)

für alle Kugeln $K_{2r}(y) \subset \Omega$ mit $r \leq r_0(n)$. Dabei bezeichnet κ_n das Volumen der n-dimensionalen Einheitskugel.

8. Auf die Funktion $w(x)$ wenden wir nun den Regularitätssatz von John und Nirenberg an (siehe Satz 1 in §6): Zu $y \in \Omega$ mit $K_{4r_0}(y) \subset \Omega$ erklären wir

$$w_0 := |K_{3r_0}(y)|^{-1} \int\limits_{K_{3r_0}(y)} w(x) \, dx.$$

Dann existiert eine Konstante $p_0 = p_0(M, N, n) > 0$, so daß

$$\int\limits_{K_{3r_0}(y)} \exp\left\{ p_0 |w(x) - w_0| \right\} dx \leq C_3(M, N, n)$$

(30)

erfüllt ist. Somit folgt

$$\int\limits_{K_{3r_0}(y)} \exp\left\{ p_0 \left(\pm w(x) \mp w_0 \right) \right\} dx \leq C_3(M, N, n)$$

beziehungsweise

$$\int\limits_{K_{3r_0}(y)} \exp\left\{ \pm p_0 w(x) \right\} \leq e^{\pm p_0 w_0} C_3(M, N, n).$$

Wir erhalten dann durch Multiplikation

$$\int\limits_{K_{3r_0}(y)} \exp\left\{ p_0 w(x) \right\} dx \cdot \int\limits_{K_{3r_0}(y)} \exp\{ -p_0 w(x) \} \, dx \leq C_3(M, N, n)^2$$

und schließlich

$$\|\bar{u}\|_{p_0, K_{3r_0}(y)} \leq C_4(M, N, n)\|\bar{u}\|_{-p_0, K_{3r_0}(y)}.$$

Das ist die gewünschte Abschätzung (17).   q.e.d.

Wir beweisen nun den bedeutenden

Satz 2. (de Giorgi, Nash)

Sei $u = u(x) \in W^{1,2}(\Omega) \cap L^\infty(\Omega)$ eine Lösung der schwachen Differential-gleichung

$$R(u, v) = 0 \qquad \text{für alle} \quad v \in \mathcal{H} = W_0^{1,2}(\Omega) \tag{31}$$

mit der Dirichlet-Riemann-Bilinearform $R(u, v)$ aus (15**). Dann gibt es Konstanten $C = C(M, n) \in (0, +\infty)$ und $\alpha = \alpha(M, n) \in (0, 1)$, so daß für alle Kugeln $K_{r_0}(y) \subset \Omega$ die Oszillationsabschätzung

$$\operatorname*{osc}_{K_r(y)} u \leq C\left(\frac{r}{r_0}\right)^\alpha \operatorname*{osc}_{K_{r_0}(y)} u, \qquad 0 < r \leq r_0, \tag{32}$$

gilt; dabei wird die Oszillation erklärt als

$$\operatorname*{osc}_{K_r(y)} u := \sup_{K_r(y)} u - \inf_{K_r(y)} u. \tag{33}$$

Beweis:

1. Wir schreiben $K_r = K_r(y)$ und setzen für $0 < r \leq \frac{1}{4}r_0$ die Größen

$$M_4 = \sup_{K_{4r}} u, \quad m_4 = \inf_{K_{4r}} u, \quad M_1 = \sup_{K_r} u, \quad m_1 = \inf_{K_r} u.$$

Die Funktionen $M_4 - u$ und $u - m_4$ sind nichtnegativ in $K_{4r} \subset K_{r_0} \subset \Omega$ und genügen dort der schwachen Gleichung (31). Die Mosersche Unglei-chung liefert

$$|K_{2r}|^{-1} \int_{K_{2r}} \{M_4 - u(x)\}\, dx \leq C(M, n)(M_4 - M_1),$$

$$|K_{2r}|^{-1} \int_{K_{2r}} \{u(x) - m_4\}\, dx \leq C(M, n)(m_1 - m_4). \tag{34}$$

Addition ergibt

$$M_4 - m_4 \leq C\{(M_4 - m_4) - (M_1 - m_1)\}$$

beziehungsweise

$$M_1 - m_1 \leq \left(1 - \frac{1}{C}\right)(M_4 - m_4)$$

und somit

$$\operatorname*{osc}_{K_r} u \leq \gamma \operatorname*{osc}_{K_{4r}} u \qquad \text{mit} \quad \gamma := 1 - \frac{1}{C} \in (0, 1). \tag{35}$$

2. Wir betrachten nun die monoton steigende Funktion

$$\omega(r) := \underset{K_r}{\mathrm{osc}}\, u, \qquad 0 < r \le r_0, \tag{36}$$

mit der Wachstumseigenschaft

$$\omega(r) \le \gamma\,\omega(4r) \qquad \text{für} \quad 0 < r \le \frac{1}{4}r_0. \tag{37}$$

Zu jedem $r \in (0, \frac{1}{4}r_0]$ gibt es ein $k \in \mathbb{N}$, so daß gilt

$$\left(\frac{1}{4}\right)^{k+1} r_0 < r \le \left(\frac{1}{4}\right)^k r_0, \tag{38}$$

und wir wählen $\alpha = \alpha(M, n) \in (0, 1)$, so daß

$$\gamma \le \left(\frac{1}{4}\right)^\alpha \tag{39}$$

richtig ist. Damit ermitteln wir aus (37)-(39) die Abschätzung

$$\omega(r) \le \omega\left(\left(\frac{1}{4}\right)^k r_0\right) \le \gamma^k \omega(r_0)$$

$$\le \left(\frac{1}{4^k}\right)^\alpha \omega(r_0) \le \left(\frac{4r}{r_0}\right)^\alpha \omega(r_0), \qquad 0 < r \le \frac{1}{4}r_0,$$

beziehungsweise

$$\underset{K_r}{\mathrm{osc}}\, u \le 4^\alpha \left(\frac{r}{r_0}\right)^\alpha \underset{K_{r_0}}{\mathrm{osc}}\, u, \qquad 0 < r \le r_0, \tag{40}$$

da (40) für $\frac{1}{4}r_0 \le r \le r_0$ aus der Monotonie von $\omega(r)$ folgt.   q.e.d.

Bemerkungen:

1. Unter einer äußeren Kegelbedingung an das Gebiet Ω kann man Hölder-stetigkeit der Lösung bis zum Rand zeigen. Wir verweisen hierzu auf Satz 2 aus § 7.
2. Stellt man entsprechende Voraussetzungen an die Koeffizientenmatrix $(a_{ij}(x))_{i,j=1,\dots,n}$, so erhält man höhere Regularität der Lösung mit der Schaudertheorie aus Kapitel IX. Hierzu sollte man die schwache Lösung lokal durch die $C^{2+\alpha}$-Lösung rekonstruieren.

Satz 3. (Moser)
Sei $u = u(x) \in W^{1,2}(\mathbb{R}^n) \cap L^\infty(\mathbb{R}^n)$ eine ganze Lösung der schwachen Differentialgleichung

$$R(u, v) = 0 \qquad \text{für alle} \quad v \in C_0^\infty(\mathbb{R}^n). \tag{41}$$

Dann folgt

$$u(x) \equiv const \qquad im \quad \mathbb{R}^n.$$

Beweis: Wir entnehmen Satz 2 die Abschätzung

$$\underset{K_r(0)}{\mathrm{osc}}\; u \le C\left(\frac{r}{r_0}\right)^{\alpha} \underset{\mathbb{R}^n}{\mathrm{osc}}\, u, \qquad 0 < r \le r_0 < +\infty. \tag{42}$$

Der Grenzübergang $r_0 \to +\infty$ liefert

$$\underset{K_r(0)}{\mathrm{osc}}\; u = 0 \qquad \text{für alle} \quad 0 < r < +\infty.$$

Somit ist die Lösung u konstant. \hfill q.e.d.

§6 Schwache potentialtheoretische Abschätzungen

Sei $\Omega \subset \mathbb{R}^n$ eine offene Kugel vom Radius $R > 0$ um den Mittelpunkt $x_0 \in \mathbb{R}^n$. Mit ω_n bezeichnen wir den Flächeninhalt der Einheitssphäre im $\mathbb{R}^n$.

Definition 1. *Für $\mu \in (0,1]$ erklären wir den Rieszschen Operator*

$$\mathbb{V}_\mu f(x) := \int\limits_{\Omega} |x - y|^{n(\mu-1)} f(y)\, dy \qquad \text{für alle} \quad f \in C_0^\infty(\Omega). \tag{1}$$

Hilfssatz 1. *Der lineare Operator $\mathbb{V}_\mu : L^1(\Omega) \to L^1(\Omega)$ ist für alle $\mu \in (0,1]$ stetig und erfüllt*

$$\|\mathbb{V}_\mu f\|_{L^1(\Omega)} \le \frac{\omega_n}{n\mu}(2R)^{n\mu}\|f\|_{L^1(\Omega)} \qquad \text{für alle} \quad f \in L^1(\Omega). \tag{2}$$

Beweis: Für $f \in C_0^\infty$ schätzen wir wie folgt ab,

$$\begin{aligned}
\|\mathbb{V}_\mu f\|_{L^1(\Omega)} &= \int\limits_{\Omega} |\mathbb{V}_\mu f(x)|\, dx \\
&\le \int\limits_{\Omega} \left\{ \int\limits_{\Omega} |x-y|^{n(\mu-1)} |f(y)|\, dy \right\} dx \\
&\le \int\limits_{\Omega} |f(y)| \left\{ \int\limits_{x:|x-y|\le 2R} |x-y|^{n(\mu-1)}\, dx \right\} dy.
\end{aligned} \tag{3}$$

In Polarkoordinaten ermitteln wir

$$\int\limits_{x:|x-y|\le 2R} |x-y|^{n(\mu-1)}\, dx = \int\limits_0^{2R} \varrho^{n\mu-n}\omega_n\varrho^{n-1}\, d\varrho = \frac{\omega_n}{n\mu}(2R)^{n\mu}. \tag{4}$$

Aus (3) und (4) folgt die Behauptung (2). \hfill q.e.d.

Definition 2. *Für* $1 \leq p \leq +\infty$ *gehört die meßbare Funktion f zur Morrey-schen Klasse* $M^p(\Omega)$, *falls*

$$\int\limits_{\Omega \cap K_r(x)} |f(y)|\, dy \leq L r^{n\left(1-\frac{1}{p}\right)} \qquad \text{für alle} \quad x \in \Omega, \quad r > 0 \tag{5}$$

mit einer Konstanten $L \in [0, +\infty)$ *erfüllt ist.*

Bemerkung: Offenbar gilt $L^p(\Omega) \subset M^p(\Omega)$ für $1 \leq p \leq +\infty$.

Wegen Punkt 7 im Beweis von Satz 1 aus §5 wollen wir uns auf die Klasse $M^n(\Omega)$ konzentrieren.

Hilfssatz 2. *Sei* $f \in M^n(\Omega)$ *und* $\frac{1}{n} < \mu \leq 1$ *erfüllt. Dann gilt*

$$|\mathbb{V}_\mu f(x)| \leq (2R)^{n\mu-1} \frac{n-1}{n\mu-1} L \qquad \text{f.ü. in} \quad \Omega. \tag{6}$$

Beweis: Für festes $x \in \Omega$ betrachten wir die Funktion

$$\Phi(r) := \int\limits_{\Omega \cap K_r(x)} |f(y)|\, dy, \qquad 0 < r < 2R, \tag{7}$$

mit der Ableitung

$$\Phi'(r) = \int\limits_{\Omega \cap \partial K_r(x)} |f(y)|\, d\sigma(y). \tag{8}$$

Wir erhalten dann für fast alle $x \in \Omega$ die Abschätzung

$$|\mathbb{V}_\mu f(x)| \leq \int\limits_\Omega |y-x|^{n\mu-n} |f(y)|\, dy$$

$$= \int\limits_0^{2R} r^{n\mu-n} \left\{ \int\limits_{\Omega \cap \partial K_r(x)} |f(y)|\, d\sigma(y) \right\} dr = \int\limits_0^{2R} r^{n\mu-n} \Phi'(r)\, dr$$

$$= \left[r^{n\mu-n} \Phi(r) \right]_{0+}^{2R} - (n\mu - n) \int\limits_0^{2R} r^{n\mu-n-1} \Phi(r)\, dr$$

$$\leq (2R)^{n\mu-n} L(2R)^{n-1} + n(1-\mu) \int\limits_0^{2R} r^{n\mu-n-1} L r^{n-1}\, dr$$

$$= L \left\{ (2R)^{n\mu-1} + n(1-\mu) \frac{1}{n\mu-1} \left[r^{n\mu-1} \right]_0^{2R} \right\}$$

$$= L(2R)^{n\mu-1} \frac{n-1}{n\mu-1},$$

also (6).   q.e.d.

Hilfssatz 3. *Für Funktionen* $f \in M^n(\Omega)$ *haben wir die Abschätzung*

$$\int\limits_{\Omega} \exp\left\{\frac{\gamma}{(n-1)L}\left|\mathbb{V}_{\frac{1}{n}}f(x)\right|\right\} dx \leq C(n,\gamma)R^n \tag{9}$$

für jedes $\gamma \in (0, \frac{1}{e})$ *mit einer Konstanten* $C = C(n,\gamma) > 0$.

Beweis: Für $k = 1, 2, \ldots$ beachten wir

$$|x-y|^{1-n} = |x-y|^{n\left(\frac{1}{nk}-1\right)\frac{1}{k}}\,|x-y|^{n\left(\frac{1}{nk}+\frac{1}{n}-1\right)\left(1-\frac{1}{k}\right)}.$$

Mit der Hölderschen Ungleichung ergibt sich

$$\left|\mathbb{V}_{\frac{1}{n}}f(x)\right|$$
$$\leq \int\limits_{\Omega}\left\{|x-y|^{n\left(\frac{1}{nk}-1\right)\frac{1}{k}}|f(y)|^{\frac{1}{k}}\right\}\left\{|x-y|^{n\left(\frac{1}{nk}+\frac{1}{n}-1\right)\left(1-\frac{1}{k}\right)}|f(y)|^{1-\frac{1}{k}}\right\} dy$$
$$\leq \left(\int\limits_{\Omega}|x-y|^{n\left(\frac{1}{nk}-1\right)}|f(y)|\,dy\right)^{\frac{1}{k}}\left(\int\limits_{\Omega}|x-y|^{n\left(\frac{1}{nk}+\frac{1}{n}-1\right)}|f(y)|\,dy\right)^{1-\frac{1}{k}}$$

beziehungsweise

$$\left|\mathbb{V}_{\frac{1}{n}}f(x)\right|^k \leq \left(\mathbb{V}_{\frac{1}{nk}}|f|(x)\right)\left(\mathbb{V}_{\left(\frac{1}{n}+\frac{1}{nk}\right)}|f|(x)\right)^{k-1} \tag{10}$$
$$\text{für alle} \quad x \in \Omega \quad \text{und} \quad k = 1, 2, \ldots$$

Mit Hilfssatz 1 und 2 schätzen wir nun für $k = 1, 2, \ldots$ wie folgt ab,

$$\int\limits_{\Omega}\left|\mathbb{V}_{\frac{1}{n}}f(x)\right|^k dx \leq \left\{\sup_{x\in\Omega}\mathbb{V}_{\left(\frac{1}{n}+\frac{1}{nk}\right)}|f|(x)\right\}^{k-1}\int\limits_{\Omega}\mathbb{V}_{\frac{1}{nk}}|f|(x)\,dx$$
$$\leq (2R)^{\frac{k-1}{k}}\left\{k(n-1)\right\}^{k-1}L^{k-1}k\,\omega_n(2R)^{\frac{1}{k}}\|f\|_{L^1(\Omega)}$$
$$\leq 2R\,k^k(n-1)^{k-1}L^{k-1}\omega_n LR^{n-1}$$
$$= 2\frac{\omega_n}{n-1}R^n\left\{(n-1)L\right\}^k k^k.$$

Somit erhalten wir

$$\int\limits_{\Omega}\frac{1}{k!}\left\{\frac{\gamma}{(n-1)L}\left|\mathbb{V}_{\frac{1}{n}}f(x)\right|\right\}^k dx \leq 2\frac{\omega_n}{n-1}R^n\frac{(\gamma k)^k}{k!} \qquad \text{für} \quad k = 0, 1, 2, \ldots \tag{11}$$

Summation über $k = 0, 1, 2, \ldots$ liefert

$$\int\limits_{\Omega}\exp\left\{\frac{\gamma}{(n-1)L}\left|\mathbb{V}_{\frac{1}{n}}f(x)\right|\right\} dx \leq 2\frac{\omega_n}{n-1}R^n\sum_{k=0}^{\infty}\frac{(\gamma k)^k}{k!}.$$

Mit dem Quotientenkriterium überprüfen wir die Konvergenz der Reihe $\sum\limits_{k=0}^{\infty} a_k$ für $a_k := \frac{(\gamma k)^k}{k!}$:

$$\frac{a_{k+1}}{a_k} = \frac{\{\gamma(k+1)\}^{k+1} k!}{(k+1)!(\gamma k)^k} = \gamma\left(1 + \frac{1}{k}\right)^k \overset{k\to\infty}{\longrightarrow} \gamma e < 1.$$

Wir finden also eine Konstante $C = C(n,\gamma) \in (0,+\infty)$ mit

$$\int\limits_{\Omega} \exp\left\{\frac{\gamma}{(n-1)L}|\mathbb{V}_{\frac{1}{n}}f(x)|\right\}dx \le C(n,\gamma)R^n.$$

q.e.d.

Hilfssatz 4. *Sei $u = u(x) \in W^{1,1}(\Omega)$. Setzen wir*

$$u_0 := \frac{1}{|\Omega|}\int\limits_{\Omega} u(x)\,dx,$$

so gilt die Ungleichung

$$\left|u(x) - u_0\right| \le \frac{2^n}{n\kappa_n}\int\limits_{\Omega}|x-y|^{1-n}|Du(y)|\,dy; \tag{12}$$

dabei bezeichnet κ_n das Volumen der n-dimensionalen Einheitskugel.

Beweis: Wegen dem Satz von Meyers-Serrin genügt es, die Ungleichung (12) für Funktionen $u = u(x) \in C^1(\Omega) \cap W^{1,1}(\Omega)$ zu zeigen. Für $x, y \in \Omega$ beachten wir

$$u(x) - u(y) = -\int\limits_{0}^{|x-y|}\frac{d}{dr}u(x+r\zeta)\,dr \qquad \text{mit} \quad \zeta := \frac{y-x}{|y-x|}.$$

Wir integrieren bezüglich y über Ω und erhalten

$$|\Omega|\big(u(x) - u_0\big) = -\int\limits_{\Omega}\left\{\int\limits_{0}^{|x-y|}\frac{d}{dr}u(x+r\zeta)\,dr\right\}dy.$$

Nun erklären wir die $L^1(\mathbb{R}^n)$-Funktion

$$v(x) := \begin{cases} |Du(x)|, & x \in \Omega \\ 0, & x \notin \Omega \end{cases}.$$

Wegen $|\frac{d}{dr}u(x+r\zeta)| \le |Du(x+r\zeta)|$ erhalten wir dann die Abschätzung

$$\left| u(x) - u_0 \right| \leq \frac{1}{|\Omega|} \int_\Omega \left\{ \int_0^{|x-y|} |Du(x + r\zeta)| \, dr \right\} dy$$

$$\leq \frac{1}{|\Omega|} \int_{K_{2R}(x)} \left\{ \int_0^\infty v(x + r\zeta) \, dr \right\} dy$$

$$= \frac{1}{|\Omega|} \int_0^\infty \left\{ \int_{K_{2R}(x)} v(x + r\zeta) \, dy \right\} dr.$$

Wir führen Polarkoordinaten ein gemäß $y = x + \varrho\zeta$ und erhalten für festes $r \in (0, +\infty)$

$$\int_{K_{2R}(x)} v(x + r\zeta) \, dy = \int_{|\zeta|=1} \left\{ \int_0^{2R} v(x + r\zeta)\varrho^{n-1} \, d\varrho \right\} d\sigma(\zeta)$$

$$= \frac{(2R)^n}{n} \int_{|\zeta|=1} v(x + r\zeta) \, d\sigma(\zeta)$$

und somit

$$\left| u(x) - u_0 \right| \leq \frac{(2R)^n}{n|\Omega|} \int_0^\infty \left\{ \int_{|\zeta|=1} v(x + r\zeta) \, d\sigma(\zeta) \right\} dr. \tag{13}$$

Schreiben wir nun $z = x + r\zeta$, $dz = |x - z|^{n-1} \, dr \, d\sigma(\zeta)$ und beachten die Definition von v, so entnehmen wir (13) schließlich

$$\left| u(x) - u_0 \right| \leq \frac{2^n}{n\kappa_n} \int_\Omega |x - z|^{1-n} |Du(z)| \, dz.$$

q.e.d.

Wir fassen unsere Ergebnisse zusammen zum

Satz 1. (John-Nirenberg)

Die Funktion $u = u(x) \in W^{1,1}(\Omega)$ genüge der Wachstumsbedingung

$$\int_{\Omega \cap K_r(y)} |Du(x)| \, dx \leq Lr^{n-1} \qquad \text{für alle} \quad y \in \Omega, \quad r > 0 \tag{14}$$

mit einer Konstante $L > 0$. Dann gibt es für jedes $\gamma \in (0, \frac{1}{e})$ eine Konstante $C = C(n, \gamma) > 0$, so daß

$$\int_\Omega \exp\left\{ \frac{n\kappa_n\gamma}{2^n(n-1)L} |u(x) - u_0| \right\} dx \leq C(n, \gamma)R^n \tag{15}$$

erfüllt ist.

Beweis: Wegen (14) gehört $f(x) := |Du(x)|$, $x \in \Omega$, zur Morreyschen Klasse $M^n(\Omega)$. Nach Hilfssatz 4 gilt ferner

$$\frac{n\kappa_n}{2^n}|u(x) - u_0| \le \mathbb{V}_{\frac{1}{n}}f(x), \qquad x \in \Omega.$$

Hilfssatz 3 liefert dann die gewünschte Abschätzung (15).   q.e.d.

Bemerkung: Fordert man in (14) ein höheres Wachstum, so kann man direkt auf Hölderstetigkeit schließen. Zu diesem Satz von C. B. Morrey verweisen wir auf [GT] 7.9, Theorem 7.19 oder [Jo] 8.1, Satz 8.1.3 und Korollar 8.1.6. Diese Aussagen werden verwandt, um Regularität der Lösungen von Variationsproblemen zu zeigen.

§7 Randverhalten schwacher Lösungen

Wir setzen die Überlegungen aus §5 fort und benötigen hierzu die folgende Variante der Moserschen Ungleichung.

Satz 1. (Trudinger)
Sei $u = u(x) \in W^{1,2}(\Omega) \cap L^\infty(\Omega)$ *mit* $u(x) \ge 0$ *f.ü. in* Ω *eine schwache Lösung der Differentialgleichung*

$$R(u, v) = 0 \qquad \text{für alle} \quad v \in \mathcal{H} := W_0^{1,2}(\Omega) \tag{1}$$

mit der in Formel (15) aus §4 angegebenen Dirichlet-Riemann-Bilinearform $R(u, v)$. *Zu* $y \in \partial\Omega$ *und* $r > 0$ *gelte ferner* $u \in C^0(\partial\Omega \cap K_{4r}(y))$, *und wir setzen*

$$m \in \left[0, \inf_{\partial\Omega \cap K_{4r}(y)} u(x)\right].$$

Dann gibt es eine Konstante $C = C(M, n) \in (0, +\infty)$, *so daß für die Fortsetzungsfunktion*

$$w(x) = [u]^m(x) := \begin{cases} m, & x \in K_{4r}(y) \setminus \Omega \\ \inf\{u(x), m\}, & x \in \Omega \end{cases} \tag{2}$$

die Abschätzung

$$\fint_{K_{2r}(y)} w(x)\, dx := \frac{1}{|K_{2r}(y)|} \int_{K_{2r}(y)} w(x)\, dx \le C \inf_{x \in K_r(y)} w(x) \tag{3}$$

richtig ist.

Beweis: Wir haben nur den Fall $m > 0$ zu betrachten und übertragen den Beweis von Satz 1 in §5 auf diese Situation. Hierzu erklären wir die Menge

$$\Omega^m := \Big\{ x \in \Omega \, : \, u(x) < m \Big\}.$$

Da u gemäß §5, Satz 2 in Ω stetig ist, stellt Ω^m eine offene Menge dar. Im Fall $\Omega^m \cap K_{4r}(y) = \emptyset$ haben wir nichts zu zeigen. Anderenfalls erklären wir zu festem $\varepsilon > 0$ die positive Funktion

$$\bar{w}(x) := \frac{1}{m+\varepsilon}(w(x)+\varepsilon), \qquad x \in K_{4r}(y) \cup \Omega, \tag{4}$$

welche in Ω^m der schwachen Gleichung

$$R(\bar{w}, v) = 0 \qquad \text{für alle} \quad v \in W_0^{1,2}(\Omega^m) \tag{5}$$

genügt. Ferner gilt

$$\bar{w}(x) = 1 \qquad \text{für alle} \quad x \in K_{4r}(y) \setminus \Omega^m. \tag{6}$$

In die schwache Differentialgleichung (5) setzen wir mit den Potenzen

$$\beta \in (-\infty, 0) \tag{7}$$

die folgenden Testfunktionen ein,

$$v(x) := (\bar{w}(x)^\beta - 1)\eta(x)^2 \in W_0^{1,2}(\Omega^m). \tag{8}$$

Hierbei ist $\eta = \eta(x)$ wie im Beweis von Satz 1 aus §5 erklärt. Wir erhalten nun

$$-\beta \int_{\Omega^m} \Big\{ \sum_{i,j=1}^n a_{ij}(x) D^{e_i}\bar{w}(x) D^{e_j}\bar{w}(x) \Big\} \bar{w}(x)^{\beta-1} \eta(x)^2 \, dx$$

$$= 2 \int_{\Omega^m} \Big\{ \sum_{i,j=1}^n a_{ij}(x) D^{e_i}\bar{w}(x) D^{e_j}\eta(x) \Big\} (\bar{w}(x)^\beta - 1)\eta(x) \, dx$$

$$= 2 \int_{\Omega^m} \Big\{ \Big[\sum_{i,j=1}^n a_{ij}(x) D^{e_i}\bar{w}(x) D^{e_j}\eta(x) \Big] \sqrt{\frac{-\beta}{2}}(\bar{w}(x)^{\frac{\beta}{2}} - 1)\frac{1}{\sqrt{\bar{w}(x)}}\eta(x)$$

$$\cdot \sqrt{\frac{2}{-\beta}}(\bar{w}(x)^{\frac{\beta}{2}} + 1)\sqrt{\bar{w}(x)} \Big\} \, dx$$

$$\leq \frac{-\beta}{2} \int_{\Omega^m} \Big\{ \sum_{i,j=1}^n a_{ij}(x) D^{e_i}\bar{w}(x) D^{e_j}\bar{w}(x) \Big\} \bar{w}(x)^{\beta-1} \eta(x)^2 \, dx$$

$$+ \frac{8}{-\beta} \int_{\Omega^m} \Big\{ \sum_{i,j=1}^n a_{ij}(x) D^{e_i}\eta(x) D^{e_j}\eta(x) \Big\} \bar{w}(x)^{\beta+1} \, dx$$

$$\tag{9}$$

beziehungsweise

$$\int_{\Omega^m} \left\{ \sum_{i,j=1}^n a_{ij}(x) D^{e_i} \bar{w}(x) D^{e_j} \bar{w}(x) \right\} \bar{w}(x)^{\beta-1} \eta(x)^2 \, dx$$

$$\leq \frac{16}{\beta^2} \int_{\Omega^m} \left\{ \sum_{i,j=1}^n a_{ij}(x) D^{e_i} \eta(x) D^{e_j} \eta(x) \right\} \bar{w}(x)^{\beta+1} \, dx. \tag{10}$$

Da (10) in $K_{4r}(y) \setminus \Omega^m$ trivial erfüllt ist, kann man hieraus analoge Abschätzungen zu (15) bzw. (28) aus dem Beweis von Satz 1 in §5 entwickeln, indem man $\bar{u}$ durch $\bar{w}$ und Ω durch $\Omega^m \cup K_{4r}(y)$ substituiert. Mit den dort angegebenen Überlegungen leitet man dann die behauptete Ungleichung (3) her.

q.e.d.

Satz 2. (Randverhalten)
In dem beschränkten Gebiet $\Omega \subset \mathbb{R}^n$ erfülle der Randpunkt $y \in \partial\Omega$ die Bedingung

$$\beta \leq \frac{|K_r(y) \setminus \Omega|}{|K_r(y)|} \qquad \text{für} \quad 0 < r \leq r_0 \tag{11}$$

mit den Konstanten $\beta \in (0,1)$ und $r_0 > 0$. Es sei

$$u = u(x) \in W^{1,2}(\Omega) \cap L^\infty(\Omega) \cap C^0(\partial\Omega \cap K_{r_0}(y))$$

eine Lösung der schwachen Differentialgleichung (1), für welche wir die Randoszillation

$$\sigma(r) := \operatorname*{osc}_{x \in \partial\Omega \cap K_r(y)} u(x), \qquad 0 < r \leq r_0, \tag{12}$$

erklären. Dann gibt es Konstanten $C = C(M, n, \beta) \in (0, +\infty)$ und $\alpha = \alpha(M, n, \beta) \in (0, 1)$, so daß die folgende Abschätzung gilt,

$$\operatorname*{osc}_{\Omega \cap K_r(y)} u \leq C \left(\frac{r}{r_0} \right)^\alpha \operatorname*{osc}_{\Omega \cap K_{r_0}(y)} u + \sigma(r_0), \qquad 0 < r \leq r_0. \tag{13}$$

Beweis:

1. Wir bezeichnen die Mengen $K_r = K_r(y)$, $\Omega_r := \Omega \cap K_r(y)$, $(\partial\Omega)_r := \partial\Omega \cap K_r(y)$ und verwenden die Größen

$$M_4 = \sup_{\Omega_{4r}} u, \quad m_4 = \inf_{\Omega_{4r}} u, \quad M_1 = \sup_{\Omega_r} u, \quad m_1 = \inf_{\Omega_r} u.$$

In der Kugel K_{4r} wenden wir Satz 1 auf die in Ω_{4r} nichtnegativen Funktionen $M_4 - u(x)$ und $u(x) - m_4$ an, wobei wir noch

$$M := \sup_{(\partial\Omega)_{4r}} u, \qquad m := \inf_{(\partial\Omega)_{4r}} u$$

setzen. Wir erhalten für alle $0 < r \leq \frac{1}{4}r_0$ die Abschätzungen

$$\beta(M_4 - M) \leq (M_4 - M)\frac{|K_{2r} \setminus \Omega|}{|K_{2r}|}$$

$$\leq \fint_{K_{2r}} [M_4 - u(x)]^{M_4 - M} \, dx \tag{14}$$

$$\leq C(M_4 - M_1)$$

und

$$\beta(m - m_4) \leq (m - m_4)\frac{|K_{2r} \setminus \Omega|}{|K_{2r}|}$$

$$\leq \fint_{K_{2r}} [u(x) - m_4]^{m - m_4} \, dx \tag{15}$$

$$\leq C(m_1 - m_4).$$

Addition von (14) und (15) liefert

$$\beta(M_4 - m_4) - \beta(M - m) \leq C(M_4 - m_4) - C(M_1 - m_1)$$

beziehungsweise

$$M_1 - m_1 \leq \left(1 - \frac{\beta}{C}\right)(M_4 - m_4) + \frac{\beta}{C}(M - m),$$

also

$$\operatorname*{osc}_{\Omega_r} u \leq \gamma \operatorname*{osc}_{\Omega_{4r}} u + (1 - \gamma)\sigma(4r), \qquad 0 < r \leq \frac{1}{4}r_0, \tag{16}$$

mit $\gamma := 1 - \frac{\beta}{C} \in (0, 1)$.

2. Analog zum Beweis von Satz 2 in §5 betrachten wir die monoton steigende Funktion

$$\omega(r) := \operatorname*{osc}_{\Omega_r} u, \qquad 0 < r \leq r_0. \tag{17}$$

Diese genügt der Wachstumsbedingung

$$\omega(r) \leq \gamma\omega(4r) + (1 - \gamma)\sigma(4r), \qquad 0 < r \leq \frac{1}{4}r_0. \tag{18}$$

Zu jedem $r \in (0, \frac{1}{4}r_0]$ gibt es nun ein $k \in \mathbb{N}$, so daß

$$\left(\frac{1}{4}\right)^{k+1} r_0 < r \leq \left(\frac{1}{4}\right)^k r_0 \tag{19}$$

erfüllt ist. Wählen wir noch $\alpha \in (0, 1)$, so daß gilt

$$\gamma \leq \left(\frac{1}{4}\right)^\alpha, \tag{20}$$

so können wir berechnen

$$\omega(r) \leq \omega\left(\left(\frac{1}{4}\right)^k r_0\right) \leq \gamma\omega\left(\left(\frac{1}{4}\right)^{k-1} r_0\right) + (1-\gamma)\sigma(r_0)$$

$$\leq \gamma\left\{\gamma\omega\left(\left(\frac{1}{4}\right)^{k-2} r_0\right) + (1-\gamma)\sigma(r_0)\right\} + (1-\gamma)\sigma(r_0)$$

$$\vdots$$

$$\leq \gamma^k\omega(r_0) + \left\{1 + \gamma + \ldots + \gamma^{k-1}\right\}(1-\gamma)\sigma(r_0) \qquad (21)$$

$$\leq \left(\frac{1}{4^k}\right)^\alpha \omega(r_0) + \left(\sum_{l=0}^\infty \gamma^l\right)(1-\gamma)\sigma(r_0)$$

$$\leq 4^\alpha\left(\frac{r}{r_0}\right)^\alpha \omega(r_0) + \sigma(r_0), \qquad 0 < r \leq \frac{1}{4}r_0.$$

Da (21) für $\frac{1}{4}r_0 \leq r \leq r_0$ trivial erfüllt ist, erhalten wir die gesuchte Abschätzung (13).

q.e.d.

Bemerkung: Wegen $\sigma(r) \to 0 \, (r \to 0+)$ können wir zu vorgegebenem $\varepsilon > 0$ in (13) zunächst $r_0 > 0$ hinreichend klein wählen und dann ein $\delta(\varepsilon) > 0$ so angeben, daß die Abschätzung

$$\underset{\Omega \cap K_r(y)}{\mathrm{osc}}\, u \leq \varepsilon \qquad \text{für alle} \quad 0 < r \leq \delta(\varepsilon) \qquad (22)$$

realisiert wird.

§8 Gleichungen in Divergenzform

Wenn man im Sobolevraum Minima von Energiefunktionalen mit direkten Variationsmethoden konstruiert, erhält man schwache Lösungen von Gleichungen in Divergenzform. Genauer nehmen wir ein Vektorfeld

$$A(p) = \left(A^1(p), \ldots, A^n(p)\right)^* : \mathbb{R}^n \to \mathbb{R}^n \in C^{1+\alpha}(\mathbb{R}^n) \qquad (1)$$

mit $\alpha \in (0, 1)$, dessen Jakobimatrix

$$\partial A(p) := \left(\frac{\partial A^j}{\partial p_k}(p)\right)_{j,k=1,\ldots,n}, \qquad p \in \mathbb{R}^n, \qquad (2)$$

symmetrisch ist und die Elliptizitätsbedingung

$$\frac{1}{M}|\xi|^2 \leq \sum_{j,k=1}^n \frac{\partial A^j}{\partial p_k}(p)\xi_j\xi_k \leq M|\xi|^2 \qquad \text{für alle} \quad \xi, p \in \mathbb{R}^n \qquad (3)$$

mit einer Konstante $M \in [1, +\infty)$ erfüllt. Wir betrachten nun schwache Lösungen

$$u = u(x) \in W^{1,2}(\Omega) \tag{4}$$

der Differentialgleichung

$$\operatorname{div} A\big(Du(x)\big) = 0 \quad \text{in} \quad \Omega, \tag{5}$$

also starten wir mit der Integralrelation

$$\int\limits_{\Omega} \big\{ \nabla\varphi(x) \cdot A(Du(x)) \big\}\, dx = 0 \quad \text{für alle} \quad \varphi \in C_0^\infty(\Omega). \tag{6}$$

Wir verwenden den Differenzenquotienten

$$\Delta_{i,\varepsilon}\varphi(x) := \frac{\varphi(x + \varepsilon e_i) - \varphi(x)}{\varepsilon} \tag{7}$$

in Richtung e_i mit hinreichend kleinem $\varepsilon \neq 0$ aus § 1, und rechnen damit wie in den Beweisen von Satz 5 und 6. Setzen wir (7) in (6) ein, so folgt

$$0 = \int\limits_{\Omega} \big\{ \nabla(\Delta_{i,\varepsilon}\varphi(x)) \cdot A(Du(x)) \big\}\, dx = - \int\limits_{\Omega} \big\{ \nabla\varphi(x) \cdot \Delta_{i,\varepsilon} A(Du(x)) \big\}\, dx. \tag{8}$$

Wir berechnen

$$\Delta_{i,\varepsilon} A(Du(x)) = \frac{1}{\varepsilon}\Big\{ A\big(Du(x + \varepsilon e_i) - Du(x)\big) \Big\}$$

$$= \Big\{ \int\limits_0^1 \partial A\big(Du(x) + t[Du(x + \varepsilon e_i) - Du(x)]\big)\, dt \Big\} \Delta_{i,\varepsilon} Du(x) \tag{9}$$

und erklären die symmetrische Matrix

$$B_\varepsilon(x) := \int\limits_0^1 \partial A\big(Du(x) + t[Du(x + \varepsilon e_i) - Du(x)]\big)\, dt, \qquad x \in \Omega, \tag{10}$$

mit der gleichmäßigen Elliptizitätsbedingung

$$\frac{1}{M}|\xi|^2 \leq \xi \circ B_\varepsilon(x) \circ \xi^* \leq M|\xi|^2 \quad \text{für alle} \quad \xi \in \mathbb{R}^n, x \in \Omega, |\varepsilon| \leq \varepsilon_0. \tag{11}$$

Kombination von (8), (9), (10) liefert mit

$$0 = \int\limits_{\Omega} \big\{ \nabla\varphi(x) \circ B_\varepsilon(x) \circ D(\Delta_{i,\varepsilon} u(x)) \big\}\, dx \quad \text{für alle} \quad \varphi \in C_0^\infty(\Omega) \tag{12}$$

eine schwache, gleichmäßig elliptische Differentialgleichung für den Differenzenquotienten $\Delta_{i,\varepsilon} u(x)$. Nach Satz 2 aus §5 von de Giorgi-Nash genügt dieser einer Hölderbedingung unabhängig von ε. Der Grenzübergang $\varepsilon \to 0+$ liefert nun

$$u \in C^{1+\mu}(\Omega) \tag{13}$$

für ein hinreichend kleines $\mu \in (0,1)$. Wir betrachten dann die Koeffizientenmatrix

$$B(x) := \partial A(Du(x)), \qquad x \in \Omega, \tag{14}$$

der Klasse $C^{\mu}(\Omega)$. Der Grenzübergang $\varepsilon \to 0+$ in (12) liefert für die partiellen Ableitungen $u_{x_i}(x)$, $i = 1, \dots, n$, die folgende schwache Differentialgleichung in Divergenzform

$$0 = \int_{\Omega} \left\{ \nabla \varphi(x) \circ B(x) \circ Du_{x_i}(x) \right\} dx \qquad \text{für alle} \quad \varphi \in C_0^{\infty}(\Omega) \tag{15}$$

mit Hölder-stetigen Koeffizienten. Die höhere Regularität von u zeigen wir durch lokale Rekonstruktion.

Satz 1. *Wir schreiben die Randwerte* $\psi : \partial K \to \mathbb{R} \in C^{1+\mu}(\partial K)$ *auf dem Rand der offenen Kugel* $K \subset\subset \Omega$ *vor. Dann hat zu obigem Vektorfeld (1)-(3) das Dirichletproblem*

$$v = v(x) \in C^{2+\mu}(K) \cap C^0(\overline{K}) \cap W^{1,2}(K),$$
$$divA(Dv(x)) = 0 \quad in \quad \Omega, \tag{16}$$
$$v(x) = \psi(x) \quad auf \quad \partial \Omega$$

eine Lösung.

Beweis:

1. In jedem Punkt $x_0 \in \partial K$ gibt es lineare Stützfunktionen $\eta_-^+(x) : \mathbb{R}^n \to \mathbb{R}$ mit

$$\eta_-^+(x_0) = \psi(x_0) \quad \text{und}$$

$$\eta_-(x) \leq \psi(x) \leq \eta^+(x) \quad \text{für alle} \ x \in \partial K, \quad \text{wobei} \tag{17}$$

$$|D\eta_-^+(x_0)| \leq C(\|\psi\|_{C^{1+\mu}(\partial K)}) \quad \text{für alle} \ x_0 \in \partial K$$

erfüllt ist. Dann ermitteln wir für die Lösung $v \in C^1(\overline{K})$ von (16) die Ungleichung

$$|Dv(x_0)| \leq C \quad \text{für alle} \quad x_0 \in \partial K \tag{18}$$

aus der Inklusion

$$\eta_-(x) \leq v(x) \leq \eta^+(x), \qquad x \in \overline{K}. \tag{19}$$

Diese folgt wiederum aus (17) nach dem Maximumprinzip, angewandt auf die quasilineare, elliptische Gleichung

$$\sum_{j,k=1}^{n} \frac{\partial A^j}{\partial p_k}\big(Dv(x)\big)v_{x_j x_k}(x) = 0, \qquad x \in K. \tag{20}$$

Nun genügen auch die Ableitungen v_{x_i} in K der schwachen elliptischen Differentialgleichung (15) und sind somit dem Maximumprinzip unterworfen:

$$|Dv(x)| \le C\big(\|\psi\|_{C^{1+\mu}(\partial K)}\big), \qquad x \in \overline{K}. \tag{21}$$

2. Wenn wir unser Randwertproblem (16) für die Randwerte

$$\overline{\psi} : \partial K \to \mathbb{R} \in C^{2+\mu}(\partial K)$$

gelöst haben, approximieren wir die vorgegebene Funktion ψ durch eine Folge

$$\psi_k \to \psi \quad \text{in} \quad C^{1+\mu}(\partial K) \quad (k \to \infty).$$

Die zugehörigen Lösungen v_k von (16) sind wegen(21) gleichgradig stetig. Man kann also zu einer in $\overline{K}$ gleichmäßig konvergenten Teilfolge übergehen, deren Grenzfunktion v die Ungleichung

$$|Dv(x)| \le C, \qquad x \in K, \tag{22}$$

erfüllt. Wegen der o.a. inneren Hölderabschätzung für Dv können wir nämlich über die Differentialgleichung (20) mit den inneren Schauderabschätzungen erreichen, daß die Folge für jede offene Menge $\Theta \subset\subset K$ in $C^{2+\mu}(\overline{\Theta})$ konvergiert. Also gehört die Grenzfunktion zur Klasse

$$C^{2+\mu}(K) \cap C^0(\overline{K}) \cap W^{1,2}(K).$$

3. Es bleibt das Dirichletproblem (16) zu $C^{2+\mu}$-Randwerten ψ zu lösen. Hierzu müssen wir mittels Satz 2 aus §7 eine globale Hölderabschätzung für den Gradienten der Lösung ermitteln. Ein Resultat von O. Ladyzhenskaya und N. Uraltseva (siehe [GT] Theorem 13.2) liefert

$$\|Dv\|_{C^\mu(\overline{K})} \le C\big(\|\psi\|_{C^2(\partial K)}\big) \tag{23}$$

für ein $\mu \in (0,1)$. Diese Abschätzung erhält man aus den Hölder-stetigen Randwerten von v_{x_i} und der schwachen Differentialgleichung (15) für die Ableitungen. Geht man mit dieser Ungleichung in die quasilineare Differentialgleichung (20) ein, so liefern die globalen Schauderabschätzungen für eine Folge von Randwerten

$$\psi_k \to \psi \quad \text{in} \quad C^{2+\mu}(\partial K) \quad (k \to \infty)$$

die Aussage

$$v_k \to v \quad \text{in} \quad C^{2+\mu}(\overline{K}) \quad (k \to \infty)$$

für die zugeordneten Lösungen des Randwertproblems (16).

4. Mit einer nichtlinearen Kontinuitätsmethode bei Deformation der Randwerte, wie wir sie in §9 aus Kapitel XII für die nichtparametrische Gleichung vorgeschriebener mittlerer Krümmung vorstellen werden, können wir für alle $\psi \in C^{2+\mu}(\partial K)$ das Randwertproblem (16) lösen. Wie dort in Hilfssatz 4 gehen wir von einer Lösung v von (20) aus und lösen bei kleinen Randwerten mit dem Banachschen Fixpunktsatz die nichtlineare Differentialgleichung

$$
\begin{aligned}
0 &= \sum_{j,k=1}^{n} \frac{\partial A^j}{\partial p_k}\big(Dv(x) + Dw(x)\big)\big[v_{x_j x_k} + w_{x_j x_k}\big] \\
&= \sum_{j,k=1}^{n} \Big[\frac{\partial A^j}{\partial p_k}\big(Dv(x)\big) + \sum_{l=1}^{n} \frac{\partial A^j}{\partial p_k \partial p_l}\big(Dv(x)\big)w_{x_l} + \ldots\Big]\big[v_{x_j x_k} + w_{x_j x_k}\big] \\
&= \sum_{j,k=1}^{n} \frac{\partial A^j}{\partial p_k}\big(Dv(x)\big)w_{x_j x_k} \\
&\quad + \sum_{l=1}^{n} \Big(\sum_{j,k=1}^{n} v_{x_j x_k}\frac{\partial A^j}{\partial p_k \partial p_l}\big(Dv(x)\big)\Big)w_{x_l} + \ldots, \qquad x \in K.
\end{aligned}
$$

(24)

Hier setzen wir zunächst polynomiale Koeffizienten in der Differentialgleichung (20) voraus und bezeichnen mit ... die superlinearen Terme in den partiellen Ableitungen von w. Wie in Satz 2 von §9 aus Kapitel XII deformieren wir dann die triviale Lösung $v = 0$ in die Lösung des gesuchten Dirichletproblems. Zu den vorgegebenen Koeffizienten lösen wir schließlich die Differentialgleichung durch geeignete Approximation.

q.e.d.

Wir erhalten nun den fundamentalen

Satz 2. (Regularitätssatz von de Giorgi)
Eine schwache Lösung u von (4) und (6) mit dem Vektorfeld (1)-(3) gehört der Regularitätsklasse $C^{2+\alpha}(\Omega)$ an.

Beweis: In jeder Kugel $K \subset\subset \Omega$ rekonstruieren wir die Lösung u zu den Randwerten $\psi := u|_{\partial K}$ durch eine Lösung von (16) aus Satz 1. Mit der Gauß'schen Energiemethode zeigt man leicht, daß auch das Randwertproblem (16) für schwache Lösungen eindeutig bestimmt ist. Somit folgt

$$u(x) = v(x) \qquad \text{in} \quad \overline{K},$$

also $u \in C^{2+\mu}(K)$. Durch nochmalige Rekonstruktion innerhalb der C^2-Lösungen folgt

$$u \in C^{2+\alpha}(\Omega).$$

q.e.d.

Bemerkungen:

1. Die Regularitätsfragen stehen im Zentrum der modernen Variationsrechnung, insbesondere bei

   M. Giaquinta: *Multiple integrals in the calculus of variations and nonlinear elliptic systems.* Princeton University Press 1983.

   In diesem Zusammenhang empfehlen wir die schöne Darstellung in [Jo] 11.3 von J. Jost.

2. Mit den Methoden dieses Kapitels kann eine Theorie quasilinearer, elliptischer Differentialgleichungen in n Veränderlichen entwickelt werden wie im vorbildlichen Buch [GT] Part II von D. Gilbarg und N. Trudinger.

3. Wir wollen uns in den nächsten Kapiteln den zweidimensionalen partiellen Differentialgleichungen zuwenden. Hier kann man sowohl im hyperbolischen als auch im elliptischen Fall die Gleichungen in eine Normalform überführen und beide sind über das Komplexe miteinander verbunden. Für die Anschauliche Geometrie ist die zweidimensionale Theorie von besonderer Bedeutung.

Jetzt behandeln wir die *Regularitätsfrage bei der Minimalflächengleichung:*
Im beschränkten Gebiet $\Omega \subset \mathbb{R}^n$ sei $u = u(x) \in W^{1,\infty}(\Omega)$ eine schwache Lösung der nichtparametrischen Minimalflächengleichung in Divergenzform

$$\operatorname{div}\left\{\left(1 + |Du(x)|^2\right)^{-\frac{1}{2}} Du(x)\right\} = 0 \qquad \text{in} \quad \Omega. \tag{25}$$

Wegen $Du(x) \in L^\infty(\Omega)$ ist die Differentialgleichung (25) gleichmäßig elliptisch, und Satz 2 liefert $u \in C^{2+\alpha}(\Omega)$. Da man in der Variationsrechnung aber die Lösungen in $W^{1,2}(\Omega)$ leicht konstruieren kann, bleibt als zentrale Aufgabe $\|Du\|_{L^\infty(\Omega)}$ abzuschätzen. Somit sind Gradientenabschätzungen zu erbringen!

Zu $\mu \in (0,1)$ geben wir uns

$$\begin{array}{l} \text{ein beschränktes, konvexes Gebiet} \quad \Omega \subset \mathbb{R}^n \quad \text{mit} \quad C^{2+\mu}\text{-Rand} \;\; \partial\Omega \\ \text{und den Randwerten} \quad \psi : \partial\Omega \to \mathbb{R} \in C^{2+\mu}(\partial\Omega) \end{array} \tag{26}$$

vor. Wir betrachten eine Lösung des Dirichletproblems

$$\begin{array}{l} u = u(x) \in C^2(\Omega) \cap C^1(\overline{\Omega}) \quad \text{erfülle (25)} \\ \text{und die Randbedingung} \quad u(x) = \psi(x) \quad \text{auf} \quad \partial\Omega, \end{array} \tag{27}$$

für welche wir die Rand-Gradientenabschätzung

$$|Du(x)| \leq C\big(\partial\Omega, \|\psi\|_{C^{2+\mu}(\partial\Omega)}\big), \qquad x \in \partial\Omega, \tag{28}$$

ermitteln. Hierzu zeigen wir, daß die Tangentialebene an die Fläche

$$(x, u(x)), \qquad x \in \overline{\Omega},$$

in jedem Randpunkt $(x, u(x))$, $x \in \partial\Omega$, mit der Stützebene an die Randman-nigfaltigkeit einen Winkel bildet, dessen Betrag nach unten durch ein $\omega > 0$ unabhängig vom Punkt $x \in \partial\Omega$ abgeschätzt werden kann. Dabei stelle man die Minimalfläche mit ihrer Höhenfunktion

$$v : \overline{\Theta} \to [0, \infty)$$

über der Stützebene dar, welche auch der - nun differenzierten - Minimal-flächengleichung

$$\left(1 + |Dv(x)|^2\right)\Delta v(x) - \sum_{i,j=1}^{n} v_{x_i} v_{x_j} v_{x_i x_j}(x) = 0 \qquad \text{in} \quad \Theta \qquad (29)$$

genügt. Mit dem Randpunktlemma von E. Hopf aus §1 in Kapitel VI folgt dann die Behauptung (28). Das schwache Maximumprinzip, angewandt auf die Ableitungen u_{x_i} liefert nun

$$\|u\|_{C^1(\overline{\Omega})} \leq C\left(\partial\Omega, \|\psi\|_{C^{2+\mu}(\partial\Omega)}\right). \qquad (30)$$

Mit den in Abschnitt 3 und 4 des Beweises von Satz 1 angegebenen Methoden zeigt man schließlich die folgende Aussage, deren genauere Ausführung wir jedoch dem Leser überlassen.

Satz 3. (Jenkins, Serrin)
Zu den Daten (26) gibt es genau eine Lösung $u \in C^{2+\mu}(\overline{\Omega})$ des Dirichletpro-blems (27) für die Minimalflächengleichung.

XI

Nichtlineare partielle Differentialgleichungen

In diesem Kapitel betrachten wir geometrische partielle Differentialgleichungen, welche 2-dimensionale Flächen im Gleichgewichtszustand erfüllen. Hierzu legen wir in § 1 die differentialgeometrischen Grundlagen. In § 2 ermitteln wir die Eulerschen Gleichungen 2-dimensionaler, parametrischer Funktionale. In § 3 präsentieren wir die Charakteristikentheorie quasilinearer hyperbolischer Differentialgleichungen, und § 4 ist der Lösung des Cauchyschen Anfangswertproblems mittels sukzessiver Approximation gewidmet. In § 5 behandeln wir die Riemannsche Integrationsmethode für lineare hyperbolische Differentialgleichungen. Schließlich beweisen wir in § 6 das Bernsteinsche Analytizitätstheorem mit Ideen von H. Lewy.

§1 Die Fundamentalformen und Krümmungen einer Fläche

Auf dem offenen Parameterbereich $\Omega \subset \mathbb{R}^2$ betrachten wir die *differentialgeometrisch reguläre Fläche*

$$\mathbf{x}(u,v) = (x(u,v), y(u,v), z(u,v))^* \; : \; \Omega \to \mathbb{R}^3 \in C^2(\Omega, \mathbb{R}^3),$$

welche die Bedingung

$$\mathbf{x}_u(u,v) \wedge \mathbf{x}_v(u,v) \neq \mathbf{0} \qquad \text{für alle} \quad (u,v) \in \Omega \tag{1}$$

erfüllt. Hier bezeichnet $\wedge$ das äußere Produkt im $\mathbb{R}^3$. Nun hat $\mathbf{x}$ die Normale

$$\mathbf{N}(u,v) := |\mathbf{x}_u \wedge \mathbf{x}_v(u,v)|^{-1} \mathbf{x}_u \wedge \mathbf{x}_v(u,v) \; : \; \Omega \to S^2 \tag{2}$$

mit $S^2 := \{\mathbf{y} \in \mathbb{R}^3 \; : \; |\mathbf{y}| = 1\}$ und den Tangentialraum

$$T_{\mathbf{x}(u,v)} := \Big\{ \mathbf{y} \in \mathbb{R}^3 \; : \; \mathbf{y} \cdot \mathbf{N}(u,v) = 0 \Big\}. \tag{3}$$

Für jeden Punkt $(u, v) \in \Omega$ erklären wir die lineare Abbildung

$$d\mathbf{x}(u, v) : \quad \mathbb{R}^2 \;\to\; T_{\mathbf{x}(u,v)},$$

$$(du, dv) \mapsto (\mathbf{x}_u, \mathbf{x}_v) \cdot \binom{du}{dv} = \mathbf{x}_u(u, v)\, du + \mathbf{x}_v(u, v)\, dv \qquad (4)$$

mit der adjungierten Abbildung

$$d\mathbf{x}(u, v)^* : \quad (du, dv) \mapsto (du, dv) \cdot \binom{\mathbf{x}_u^*}{\mathbf{x}_v^*} = \mathbf{x}_u(u, v)^*\, du + \mathbf{x}_v(u, v)^*\, dv. \qquad (5)$$

Wir bemerken noch, daß aus $1 = \mathbf{N}^* \cdot \mathbf{N}$ folgt

$$\mathbf{N}^* \cdot \mathbf{N}_u = 0 = \mathbf{N}^* \cdot \mathbf{N}_v \qquad \text{in} \quad \Omega. \qquad (6)$$

Wir erhalten also eine weitere lineare Abbildung

$$d\mathbf{N}(u, v) : \quad \mathbb{R}^2 \;\to\; T_{\mathbf{x}(u,v)},$$

$$(du, dv) \mapsto (\mathbf{N}_u, \mathbf{N}_v) \cdot \binom{du}{dv} = \mathbf{N}_u(u, v)\, du + \mathbf{N}_v(u, v)\, dv \qquad (7)$$

und deren adjungierte Abbildung

$$d\mathbf{N}(u, v)^* : \quad (du, dv) \mapsto (du, dv) \cdot \binom{\mathbf{N}_u^*}{\mathbf{N}_v^*} = \mathbf{N}_u(u, v)^*\, du + \mathbf{N}_v(u, v)^*\, dv. \qquad (8)$$

Wir erklären nun drei quadratische Formen auf dem $\mathbb{R}^2$, welche vom Punkt $(u, v) \in \Omega$ abhängig sind. *Die erste Fundamentalform* wird gegeben durch

$$
\begin{aligned}
I(u, v) &:= d\mathbf{x}(u, v)^* \cdot d\mathbf{x}(u, v) \\
&= \mathbf{x}_u^* \cdot \mathbf{x}_u(u, v)\, du^2 + 2\mathbf{x}_u^* \cdot \mathbf{x}_v(u, v)\, du\, dv + \mathbf{x}_v^* \cdot \mathbf{x}_v(u, v)\, dv^2 \qquad (9) \\
&=: E(u, v)\, du^2 + 2F(u, v)\, du\, dv + G(u, v)\, dv^2,
\end{aligned}
$$

und *die zweite Fundamentalform* wird erklärt als

$$
\begin{aligned}
II(u, v) &:= -d\mathbf{x}(u, v)^* \cdot d\mathbf{N}(u, v) \\
&= -(\mathbf{x}_u^* \cdot \mathbf{N}_u)\, du^2 - (\mathbf{x}_u^* \cdot \mathbf{N}_v + \mathbf{x}_v^* \cdot \mathbf{N}_u)\, du\, dv - (\mathbf{x}_v^* \cdot \mathbf{N}_v)\, dv^2 \\
&= (\mathbf{N}^* \cdot \mathbf{x}_{uu})\, du^2 + 2(\mathbf{N}^* \cdot \mathbf{x}_{uv})\, du\, dv + (\mathbf{N}^* \cdot \mathbf{x}_{vv})\, dv^2 \\
&=: L(u, v)\, du^2 + 2M(u, v)\, du\, dv + N(u, v)\, dv^2.
\end{aligned}
\qquad (10)
$$

Hierbei haben wir verwendet, daß sich aus $\mathbf{N}^* \cdot \mathbf{x}_u = 0 = \mathbf{N}^* \cdot \mathbf{x}_v$ ergibt

$$-\mathbf{N}_u^* \cdot \mathbf{x}_u = \mathbf{N}^* \cdot \mathbf{x}_{uu}, \qquad -\mathbf{N}_u^* \cdot \mathbf{x}_v = \mathbf{N}^* \cdot \mathbf{x}_{uv}, \qquad \text{etc.}$$

Schließlich definieren wir *die dritte Fundamentalform*

$$III(u, v) := d\mathbf{N}(u, v)^* \cdot d\mathbf{N}(u, v)$$

$$= (\mathbf{N}_u^* \cdot \mathbf{N}_u)\, du^2 + 2(\mathbf{N}_u^* \cdot \mathbf{N}_v)\, du\, dv + (\mathbf{N}_v^* \cdot \mathbf{N}_v)\, dv^2 \tag{11}$$

$$=: e(u, v)\, du^2 + 2f(u, v)\, du\, dv + g(u, v)\, dv^2.$$

Das Krümmungsverhalten einer Fläche wird bestimmt durch die *Weingartenabbildung* bzw. den *Gestaltoperator*

$$W(u, v) := -d\mathbf{N}(u, v) \circ (d\mathbf{x}(u, v))^{-1} \ : \ T_{\mathbf{x}(u,v)} \to T_{\mathbf{x}(u,v)}. \tag{12}$$

Für festes $(u, v) \in \Omega$ bildet $W(u, v)$ die Vektoren $\mathbf{x}_u \mapsto -\mathbf{N}_u$ und $\mathbf{x}_v \mapsto -\mathbf{N}_v$ ab.

Geometrische Interpretation:
Zu festem $\mathbf{y} \in T_{\mathbf{x}(u,v)}$ betrachten wir eine Kurve $\mathbf{x}(t) := \mathbf{x}(u(t), v(t))$, $-\varepsilon < t < \varepsilon$, auf der Fläche $\mathbf{x}$ mit

$$\mathbf{x}(0) = \mathbf{x}(u(0), v(0)) = \mathbf{x}(u, v) \qquad \text{und} \qquad \mathbf{x}'(0) = \mathbf{y} \in T_{\mathbf{x}(u,v)}.$$

Wir gehen dann über zur Kurve $\mathbf{N}(t) := -\mathbf{N}(u(t), v(t))$, $-\varepsilon < t < \varepsilon$, mit der Tangente $\mathbf{N}'(0) \in T_{\mathbf{x}(u,v)}$. Die Abbildung

$$\mathbf{y} = \mathbf{x}'(0) \quad \mapsto \quad \mathbf{N}'(0) =: -\nabla_{\mathbf{y}}\mathbf{N}(u, v) \ : \ T_{\mathbf{x}(u,v)} \to T_{\mathbf{x}(u,v)}$$

bezeichnet man auch als *covariante Ableitung* von $\mathbf{N}$ in Richtung $\mathbf{y}$. Da diese lineare Abbildung auf der Basis $\{\mathbf{x}_u, \mathbf{x}_v\}$ mit der Weingartenabbildung übereinstimmt, ist die Weingartenabbildung die negative covariante Ableitung der Normale $\mathbf{N}$ in Richtung des Tangentialvektors $\mathbf{y}$. Somit ist die Weingartenabbildung invariant unter gleichsinnigen Parametertransformationen.

Bezüglich der Basis $\{\mathbf{x}_u, \mathbf{x}_v\}$ im Tangentialraum $T_{\mathbf{x}(u,v)}$ wird $W(u, v)$ beschrieben durch die symmetrische Matrix

$$\begin{pmatrix} -\mathbf{N}_u \cdot \mathbf{x}_u & -\mathbf{N}_u \cdot \mathbf{x}_v \\ -\mathbf{N}_v \cdot \mathbf{x}_u & -\mathbf{N}_v \cdot \mathbf{x}_v \end{pmatrix}. \tag{13}$$

Somit ist $W(u, v)$ eine symmetrische Abbildung. Als solche hat sie zwei reelle Eigenwerte $\kappa_j(u, v)$ zu den Eigenvektoren $\mathbf{e}_j(u, v) \in T_{\mathbf{x}(u,v)}$ mit $|\mathbf{e}_j(u, v)| = 1$ für $j = 1, 2$. Wir nennen $\kappa_j(u, v)$ die *Hauptkrümmungen* zu den *Hauptkrümmungsrichtungen* $\mathbf{e}_j(u, v)$. Wir halten also fest

$$W(u, v) \circ \mathbf{e}_j(u, v) = \kappa_j(u, v)\mathbf{e}_j(u, v) \qquad \text{für} \quad j = 1, 2. \tag{14}$$

Sei nun $\mathbf{y} = \cos\vartheta\, \mathbf{e}_1(u, v) + \sin\vartheta\, \mathbf{e}_2(u, v)$, $0 \le \vartheta \le 2\pi$, ein beliebiger Tangentialvektor an $\mathbf{x}(u, v)$, so berechnen wir die quadratische Form

$$Q(\mathbf{y}) := (W(u, v) \circ \mathbf{y}) \cdot \mathbf{y}$$

$$= \big(W(u, v) \circ (\cos\vartheta\, \mathbf{e}_1 + \sin\vartheta\, \mathbf{e}_2)\big) \cdot (\cos\vartheta\, \mathbf{e}_1 + \sin\vartheta\, \mathbf{e}_2)$$

$$= (\cos\vartheta\, \kappa_1\mathbf{e}_1 + \sin\vartheta\, \kappa_2\mathbf{e}_2) \cdot (\cos\vartheta\, \mathbf{e}_1 + \sin\vartheta\, \mathbf{e}_2)$$

$$= \kappa_1(u, v)\cos^2\vartheta + \kappa_2(u, v)\sin^2\vartheta.$$

Wir erhalten somit den

Satz 1. (Eulersche Formel für die Normalkrümmung)
Die Normalkrümmung der Fläche in Richtung $\mathbf{y} = \cos\vartheta\,\mathbf{e}_1(u,v) + \sin\vartheta\,\mathbf{e}_2(u,v)$
wird gegeben durch

$$Q(\mathbf{y}) = \kappa_1(u,v)\cos^2\vartheta + \kappa_2(u,v)\sin^2\vartheta. \tag{15}$$

Ist $\kappa_1(u,v) \leq \kappa_2(u,v)$ *erfüllt, so wird die Normalkrümmung in Richtung* $\mathbf{e}_1(u,v)$ *minimiert und in Richtung* $\mathbf{e}_2(u,v)$ *maximiert.*

Definition 1. *Einen Punkt* $\mathbf{x}(u,v)$ *der Fläche* $\mathbf{x}$ *nennen wir Nabelpunkt, falls* $\kappa_1(u,v) = \kappa_2(u,v)$ *erfüllt ist.*

Definition 2. *Wir erklären die Gaußsche Krümmung der Fläche als*

$$K(u,v) := \kappa_1(u,v)\kappa_2(u,v) = det\,W(u,v), \qquad (u,v) \in \Omega. \tag{16}$$

Unter der mittleren Krümmung verstehen wir

$$H(u,v) := \frac{1}{2}\big(\kappa_1(u,v) + \kappa_2(u,v)\big) = \frac{1}{2}\,Sp\,W(u,v), \qquad (u,v) \in \Omega. \tag{17}$$

Bezüglich der Basen $\{\mathbf{x}_u, \mathbf{x}_v\}$, $\{(1,0),(0,1)\}$, $\{\mathbf{x}_u, \mathbf{x}_v\}$ wird die Weingartenabbildung beschrieben durch die Matrizen

$$\begin{pmatrix} L & M \\ M & N \end{pmatrix} \begin{pmatrix} E & F \\ F & G \end{pmatrix}^{-1} = \frac{1}{EG - F^2} \begin{pmatrix} L & M \\ M & N \end{pmatrix} \begin{pmatrix} G & -F \\ -F & E \end{pmatrix}. \tag{18}$$

Hieraus ergeben sich die Formeln

$$K(u,v) = \frac{LN - M^2}{EG - F^2} \tag{19}$$

und

$$H(u,v) = \frac{1}{2}\frac{GL - 2FM + EN}{EG - F^2}. \tag{20}$$

Zum Abschluß dieses Paragraphen zeigen wir noch den

Satz 2. *Zwischen den Fundamentalformen besteht die Beziehung*

$$\begin{pmatrix} e & f \\ f & g \end{pmatrix} - 2H \begin{pmatrix} L & M \\ M & N \end{pmatrix} + K \begin{pmatrix} E & F \\ F & G \end{pmatrix} = \begin{pmatrix} 0 & 0 \\ 0 & 0 \end{pmatrix}. \tag{21}$$

Beweis: Nach dem Satz von Hamilton-Cayley ist eine symmetrische Matrix Nullstelle ihres charakteristischen Polynoms. Es folgt wegen der Symmetrie von $W(u,v)$

$$0 = W(u,v)^* \circ W(u,v) - 2H(u,v)W(u,v) + K(u,v)\,\mathrm{Id}$$
$$= (d\mathbf{N} \circ (d\mathbf{x})^{-1})^* \circ d\mathbf{N} \circ (d\mathbf{x})^{-1} + 2H d\mathbf{N} \circ (d\mathbf{x})^{-1} + K\,\mathrm{Id}$$
$$= (d\mathbf{x}^*)^{-1} \circ d\mathbf{N}^* \circ d\mathbf{N} \circ (d\mathbf{x})^{-1} + 2H d\mathbf{N} \circ (d\mathbf{x})^{-1} + K\,\mathrm{Id}.$$

Wenden wir auf diese Gleichung die Operationen $d\mathbf{x}^* \circ$ und $\circ d\mathbf{x}$ an, so ergibt sich die Identität

$$0 = d\mathbf{N}^* \circ d\mathbf{N} + 2H\,d\mathbf{x}^* \circ d\mathbf{N} + K\,d\mathbf{x}^* \circ d\mathbf{x}$$
$$= III(u,v) - 2H\,II(u,v) + K\,I(u,v),$$

und (21) folgt.   q.e.d.

§2 Zweidimensionale parametrische Integrale

Auf dem offenen Parametergebiet $(u,v) \in \Omega \subset \mathbb{R}^2$ betrachten wir differentialgeometrisch reguläre Flächen

$$\mathbf{x} = \mathbf{x}(u,v) = \big(x_1(u,v), x_2(u,v), x_3(u,v)\big) = \big(x(u,v), y(u,v), z(u,v)\big),$$
$$\mathbf{x} : \Omega \to \mathbb{R}^3 \in C^3(\Omega) \tag{1}$$

mit $|\mathbf{x}_u \wedge \mathbf{x}_v(u,v)| > 0$ für alle $(u,v) \in \Omega$ und

$$\iint_{\Omega} |\mathbf{x}_u \wedge \mathbf{x}_v(u,v)|\, du\, dv < +\infty.$$

Bezeichnet $S^2 := \{\mathbf{z} \in \mathbb{R}^3 \ : \ |\mathbf{z}| = 1\}$ die Einheitssphäre im $\mathbb{R}^3$, so ist die Normale $\mathbf{X}$ an die Fläche $\mathbf{x}$ gegeben durch

$$\mathbf{X}(u,v) := |\mathbf{x}_u \wedge \mathbf{x}_v|^{-1}\mathbf{x}_u \wedge \mathbf{x}_v(u,v) : \Omega \to S^2 \in C^2(\Omega). \tag{2}$$

Wir betrachten eine Dichtefunktion

$$F = F(\mathbf{x}, \mathbf{p}) = F(x_1, x_2, x_3; p_1, p_2, p_3),$$
$$F : \mathbb{R}^3 \times \mathbb{R}^3 \to \mathbb{R} \in C^2\big(\mathbb{R}^3 \times (\mathbb{R}^3 \setminus \{\mathbf{0}\})\big) \cap C^0(\mathbb{R}^3 \times \mathbb{R}^3),$$

welche als positiv-homogen vom Grade 1 vorausgesetzt wird, d.h.

$$F(\mathbf{x}, \lambda\mathbf{p}) = \lambda F(\mathbf{x}, \mathbf{p}) \qquad \text{für alle} \quad \lambda > 0. \tag{3}$$

Aus (3) erhalten wir nach Differentiation bezüglich λ für $\lambda = 1$

$$F_{\mathbf{p}}(\mathbf{x}, \mathbf{p}) \cdot \mathbf{p}^* = F(\mathbf{x}, \mathbf{p}), \quad \mathbf{p} \circ F_{\mathbf{pp}}(\mathbf{x}, \mathbf{p}) \circ \mathbf{p}^* = 0 \qquad \text{für} \quad \mathbf{p} \neq \mathbf{0}, \tag{4}$$

und aus $F_{\mathbf{x}}(\mathbf{x}, \lambda\mathbf{p}) = \lambda F_{\mathbf{x}}(\mathbf{x}, \mathbf{p})$ folgt

$$F_{\mathbf{xp}}(\mathbf{x}, \mathbf{p}) \circ \mathbf{p}^* = F_{\mathbf{x}}(\mathbf{x}, \mathbf{p}) \qquad \text{für} \quad \mathbf{p} \neq \mathbf{0}. \tag{5}$$

Hier haben wir abkürzend $F_{\mathbf{p}} := (F_{p_1}, F_{p_2}, F_{p_3})$, $F_{\mathbf{pp}} := (F_{p_i p_j})_{i,j=1,2,3}$, etc. geschrieben.

Wir erklären nun das *verallgemeinerte Flächenintegral*

$$\begin{aligned}
A(\mathbf{x}) &= \iint_{\Omega} F(\mathbf{x}(u,v), \mathbf{X}(u,v)) |\mathbf{x}_u \wedge \mathbf{x}_v(u,v)| \, du \, dv \\
&= \iint_{\Omega} F(\mathbf{x}(u,v), \mathbf{x}_u \wedge \mathbf{x}_v(u,v)) \, du \, dv.
\end{aligned} \tag{6}$$

Offenbar gilt für einen beliebigen positiv-orientierten Diffeomorphismus

$$f = f(\alpha, \beta) = (u(\alpha, \beta), v(\alpha, \beta)) : \Theta \to \Omega \in C^1(\Theta, \mathbb{R}^2)$$

die Identität

$$A(\mathbf{x}) = A(\mathbf{x} \circ f).$$

Somit ist A ein parametrisches Funktional. Man kann zeigen, daß A aus (6) das allgemeinste zweidimensionale parameterinvariante Funktional im $\mathbb{R}^3$ darstellt.

Beispiele:

1. Für $F = F(\mathbf{x}, \mathbf{p}) := |\mathbf{p}|$ ergibt sich der *gewöhnliche Flächeninhalt.*
2. Im Falle

$$F = F(\mathbf{x}, \mathbf{p}) = |\mathbf{p}| + \frac{2H}{3} \mathbf{x} \cdot \mathbf{p}, \qquad H \in \mathbb{R},$$

erhalten wir das *Funktional von E. Heinz*

$$A(\mathbf{x}) = \iint_{\Omega} \left\{ |\mathbf{x}_u \wedge \mathbf{x}_v| + \frac{2H}{3} (\mathbf{x}, \mathbf{x}_u, \mathbf{x}_v) \right\} du \, dv, \tag{7}$$

wobei wir wie üblich

$$(\mathbf{x}, \mathbf{y}, \mathbf{z}) := \mathbf{x} \cdot (\mathbf{y} \wedge \mathbf{z}), \qquad \mathbf{x}, \mathbf{y}, \mathbf{z} \in \mathbb{R}^3,$$

für das Spatprodukt gesetzt haben. In (7) ist H als Lagrange-Parameter aufzufassen. Man minimiert also den gewöhnlichen Flächeninhalt unter der Nebenbedingung konstanten Volumens:

$$\frac{2H}{3} \iint_{\Omega} (\mathbf{x}, \mathbf{x}_u, \mathbf{x}_v) \, du \, dv = 1.$$

3. Haben wir schließlich

$$F = F(\mathbf{x}, \mathbf{p}) = |\mathbf{p}| + 2\mathbf{Q}(\mathbf{x}) \cdot \mathbf{p},$$

$$\mathbf{Q} : \mathbb{R}^3 \to \mathbb{R}^3 \in C^2(\mathbb{R}^3) \quad \text{mit} \quad \operatorname{div} \mathbf{Q}(\mathbf{x}) = H(\mathbf{x}),$$

so finden wir das *Funktional von S. Hildebrandt*

$$A(\mathbf{x}) = \iint\limits_{\Omega} \left\{ |\mathbf{x}_u \wedge \mathbf{x}_v| + 2\big(\mathbf{Q}(\mathbf{x}), \mathbf{x}_u, \mathbf{x}_v)\big) \right\} du \, dv. \tag{8}$$

Hier minimiert man den gewöhnlichen Flächeninhalt unter der Nebenbedingung konstanten gewichteten Volumens:

$$2 \iint\limits_{\Omega} (\mathbf{Q}(\mathbf{x}), \mathbf{x}_u, \mathbf{x}_v) \, du \, dv = 1.$$

Wir wollen nun die Eulerschen Gleichungen des verallgemeinerten Flächenintegrals A ermitteln. Hierzu betrachten wir für eine beliebige Testfunktion $\varphi = \varphi(u, v) \in C_0^\infty(\Omega)$ die normalvariierten Flächen

$$\overline{\mathbf{x}}(u, v; t) := \mathbf{x}(u, v) + t\varphi(u, v)\mathbf{X}(u, v) : \Omega \times (-\varepsilon, \varepsilon) \to \mathbb{R}^3. \tag{9}$$

Für hinreichend kleines $\varepsilon > 0$ bleiben diese differentialgeometrisch regulär. Wir berechnen

$$\overline{\mathbf{x}}_u = \mathbf{x}_u + t(\varphi\mathbf{X})_u, \qquad \overline{\mathbf{x}}_v = \mathbf{x}_v + t(\varphi\mathbf{X})_v,$$

$$\overline{\mathbf{x}}_u \wedge \overline{\mathbf{x}}_v = \mathbf{x}_u \wedge \mathbf{x}_v + t\big\{\mathbf{x}_u \wedge (\varphi\mathbf{X})_v + (\varphi\mathbf{X})_u \wedge \mathbf{x}_v\big\} + t^2(\varphi\mathbf{X})_u \wedge (\varphi\mathbf{X})_v. \tag{10}$$

Damit folgt

$$\frac{\partial}{\partial t} A(\overline{\mathbf{x}}) = \frac{\partial}{\partial t} \iint\limits_{\Omega} F(\overline{\mathbf{x}}, \overline{\mathbf{x}}_u \wedge \overline{\mathbf{x}}_v) \, du \, dv$$

$$= \iint\limits_{\Omega} \big(F_\mathbf{x}(\overline{\mathbf{x}}, \overline{\mathbf{x}}_u \wedge \overline{\mathbf{x}}_v) \cdot \mathbf{X}\big)\varphi \, du \, dv$$

$$+ \iint\limits_{\Omega} F_\mathbf{p}(\overline{\mathbf{x}}, \overline{\mathbf{x}}_u \wedge \overline{\mathbf{x}}_v) \cdot \big\{\mathbf{x}_u \wedge (\varphi\mathbf{X})_v + (\varphi\mathbf{X})_u \wedge \mathbf{x}_v\big\} \, du \, dv \tag{11}$$

$$+ 2t \iint\limits_{\Omega} \big(F_\mathbf{p}(\overline{\mathbf{x}}, \overline{\mathbf{x}}_u \wedge \overline{\mathbf{x}}_v), (\varphi\mathbf{X})_u, (\varphi\mathbf{X})_v\big) \, du \, dv.$$

Als Eulersche Gleichungen in schwacher Form erhalten wir

$$0 = \frac{\partial}{\partial t} A(\overline{\mathbf{x}})\Big|_{t=0}$$

$$= \iint\limits_{\Omega} \{F_{\mathbf{x}}(\mathbf{x}, \mathbf{X}) \cdot \mathbf{X}\}\, \varphi\, |\mathbf{x}_u \wedge \mathbf{x}_v|\, du\, dv$$

$$+ \iint\limits_{\Omega} \left\{ (F_{\mathbf{p}}(\mathbf{x}, \mathbf{X}), \mathbf{x}_u, \varphi\mathbf{X})_v + (F_{\mathbf{p}}(\mathbf{x}, \mathbf{X}), \varphi\mathbf{X}, \mathbf{x}_v)_u \right\} du\, dv$$

$$- \iint\limits_{\Omega} \left\{ ((F_{\mathbf{p}}(\mathbf{x}, \mathbf{X}))_v, \mathbf{x}_u, \varphi\mathbf{X}) + ((F_{\mathbf{p}}(\mathbf{x}, \mathbf{X}))_u, \varphi\mathbf{X}, \mathbf{x}_v) \right\} du\, dv$$

$$= \iint\limits_{\Omega} \{\mathbf{X} \circ F_{\mathbf{px}}(\mathbf{x}, \mathbf{X}) \circ \mathbf{X}^*\}\, \varphi\, |\mathbf{x}_u \wedge \mathbf{x}_v|\, du\, dv$$

$$+ \iint\limits_{\Omega} \left\{ (\mathbf{x}_u, F_{\mathbf{px}}(\mathbf{x}, \mathbf{X}) \circ \mathbf{x}_v, \mathbf{X}) + (F_{\mathbf{px}}(\mathbf{x}, \mathbf{X}) \circ \mathbf{x}_u, \mathbf{x}_v, \mathbf{X}) \right\} \varphi\, du\, dv$$

$$+ \iint\limits_{\Omega} \left\{ (\mathbf{x}_u, F_{\mathbf{pp}}(\mathbf{x}, \mathbf{X}) \circ \mathbf{X}_v, \mathbf{X}) + (F_{\mathbf{pp}}(\mathbf{x}, \mathbf{X}) \circ \mathbf{X}_u, \mathbf{x}_v, \mathbf{X}) \right\} \varphi\, du\, dv.$$

$$(12)$$

Wir setzen nun

$$2H(\mathbf{x}, \mathbf{p}) := \operatorname{div} F_{\mathbf{p}}(\mathbf{x}, \mathbf{p}) = \operatorname{Sp} F_{\mathbf{px}}(\mathbf{x}, \mathbf{p}).$$

($\operatorname{Sp} F_{\mathbf{px}}$ bezeichnet die Spur der Matrix $F_{\mathbf{px}}$.) Damit gilt die parameterinvariante Gleichung

$$\left(F_{\mathbf{px}}(\mathbf{x}, \mathbf{X}) \circ \mathbf{x}_u, \mathbf{x}_v, \mathbf{X} \right) + \left(\mathbf{x}_u, F_{\mathbf{px}}(\mathbf{x}, \mathbf{X}) \circ \mathbf{x}_v, \mathbf{X} \right) + \left(\mathbf{x}_u, \mathbf{x}_v, F_{\mathbf{px}}(\mathbf{x}, \mathbf{X}) \circ \mathbf{X} \right)$$

$$= 2H(\mathbf{x}, \mathbf{X})(\mathbf{x}_u, \mathbf{x}_v, \mathbf{X}).$$

$$(13)$$

Wir können also die schwache Eulersche Differentialgleichung (12) schreiben als

$$0 = \iint\limits_{\Omega} \left\{ (F_{\mathbf{pp}}(\mathbf{x}, \mathbf{X}) \circ \mathbf{X}_u, \mathbf{x}_v, \mathbf{X}) + (\mathbf{x}_u, F_{\mathbf{pp}}(\mathbf{x}, \mathbf{X}) \circ \mathbf{X}_v, \mathbf{X}) \right.$$

$$\left. + 2H(\mathbf{x}, \mathbf{X})|\mathbf{x}_u \wedge \mathbf{x}_v| \right\} \varphi(u, v)\, du\, dv \qquad \text{für alle} \quad \varphi \in C_0^\infty(\Omega).$$

$$(14)$$

Als Eulersche Gleichung erhalten wir somit

$$0 = (F_{\mathbf{pp}}(\mathbf{x}, \mathbf{X}) \circ \mathbf{X}_u, \mathbf{x}_v, \mathbf{X}) + (\mathbf{x}_u, F_{\mathbf{pp}}(\mathbf{x}, \mathbf{X}) \circ \mathbf{X}_v, \mathbf{X})$$

$$+ 2H(\mathbf{x}, \mathbf{X})|\mathbf{x}_u \wedge \mathbf{x}_v| \qquad \text{in} \quad \Omega.$$

$$(15)$$

Diese Gleichung ist offenbar äquivalent zu dem System

$$\mathbf{0} = \left\{ F_{\mathbf{pp}}(\mathbf{x}, \mathbf{X}) \circ \mathbf{X}_u \right\} \wedge \mathbf{x}_v + \mathbf{x}_u \wedge \left\{ F_{\mathbf{pp}}(\mathbf{x}, \mathbf{X}) \circ \mathbf{X}_v \right\}$$

$$+ 2H(\mathbf{x}, \mathbf{X})\mathbf{x}_u \wedge \mathbf{x}_v \qquad \text{in} \quad \Omega.$$

$$(16)$$

Der Darstellung von W. Klingenberg im Buch „Eine Vorlesung über Differentialgeometrie", Abschnitt 3.6 folgend, führen wir nun die Hauptkrümmungslinien als Parameter u, v in die Fläche ein. Wir erhalten

$$
\begin{aligned}
\mathbf{x}_u \cdot \mathbf{x}_v = 0 = \mathbf{X}_u \cdot \mathbf{x}_v = \mathbf{X}_v \cdot \mathbf{x}_u, \\
\mathbf{X}_u = -\kappa_1 \mathbf{x}_u, \quad \mathbf{X}_v = -\kappa_2 \mathbf{x}_v \quad \text{in} \quad \Omega
\end{aligned}
\tag{17}
$$

mit den Hauptkrümmungen κ_1, κ_2. Erklären wir noch die Gewichtsfaktoren

$$
\varrho_1(u, v) := |\mathbf{x}_u \wedge \mathbf{x}_v|^{-1} \big(F_{\mathbf{pp}}(\mathbf{x}, \mathbf{X}) \circ \mathbf{x}_u, \mathbf{x}_v, \mathbf{X} \big)
\tag{18}
$$

und

$$
\varrho_2(u, v) := |\mathbf{x}_u \wedge \mathbf{x}_v|^{-1} \big(\mathbf{x}_u, F_{\mathbf{pp}}(\mathbf{x}, \mathbf{X}) \circ \mathbf{x}_v, \mathbf{X} \big),
\tag{19}
$$

so geht (15) über in die *quasilineare Krümmungsgleichung*

$$
\varrho_1(u, v)\kappa_1(u, v) + \varrho_2(u, v)\kappa_2(u, v) = 2H(\mathbf{x}(u, v), \mathbf{X}(u, v)) \quad \text{in} \quad \Omega.
\tag{20}
$$

Die Gewichtsfaktoren ϱ_1 und ϱ_2 haben das gleiche positive (bzw. unterschiedliches) Vorzeichen, falls die Matrix $F_{\mathbf{pp}}(\mathbf{x}, \mathbf{p})$ auf dem Orthogonalraum zu $\mathbf{p}$ positiv-definit (bzw. indefinit) ist.

Satz 1. *Die quasilineare Krümmungsgleichung (20) ist die Eulersche Gleichung des parametrischen Funktionals (6).*

Im Falle des Hildebrandtschen Funktionals (8) ist

$$
F(\mathbf{x}, \mathbf{p}) = |\mathbf{p}| + 2\mathbf{Q}(\mathbf{x}) \cdot \mathbf{p} = \sqrt{\sum_{k=1}^{3} p_k^2 + 2\sum_{k=1}^{3} q_k(\mathbf{x})p_k}
$$

mit $\operatorname{div} \mathbf{Q}(\mathbf{x}) = H(\mathbf{x})$. Wir berechnen

$$
F_{p_i} = \frac{p_i}{\sqrt{\sum_{k=1}^{3} p_k^2}} + 2q_i(\mathbf{x}), \qquad F_{p_i p_j} = \frac{\delta_{ij}}{\sqrt{\sum_{k=1}^{3} p_k^2}} - \frac{p_i p_j}{\sqrt{\sum_{k=1}^{3} p_k^2}^3}
$$

für $i, j = 1, 2, 3$. Die Gewichtsfaktoren werden also zu $\varrho_1(u, v) \equiv 1 \equiv \varrho_2(u, v)$ in Ω und die Gleichung (20) reduziert sich auf

$$
\frac{1}{2}\big(\kappa_1(u, v) + \kappa_2(u, v)\big) = \frac{1}{2}\operatorname{div} F_{\mathbf{p}} = \operatorname{div} \mathbf{Q}(\mathbf{x}) = H(\mathbf{x}) \quad \text{in} \quad \Omega.
\tag{21}
$$

Das System (16) erscheint in diesem Fall in der Form

$$
\mathbf{X}_u \wedge \mathbf{x}_v + \mathbf{x}_u \wedge \mathbf{X}_v + 2H(\mathbf{x})\mathbf{x}_u \wedge \mathbf{x}_v = \mathbf{0} \quad \text{in} \quad \Omega
\tag{22}
$$

oder äquivalent

$$-(\mathbf{X} \wedge \mathbf{x}_v)_u + (\mathbf{X} \wedge \mathbf{x}_u)_v = 2H(\mathbf{x})\mathbf{x}_u \wedge \mathbf{x}_v \quad \text{in} \quad \Omega. \tag{23}$$

Die Gleichung (23) wird besonders einfach, wenn wir konforme Parameter

$$\mathbf{x}_u \cdot \mathbf{x}_v = 0 = |\mathbf{x}_u|^2 - |\mathbf{x}_v|^2 \quad \text{in} \quad \Omega \tag{24}$$

in die Fläche einführen. Dann folgt nämlich

$$\mathbf{X} \wedge \mathbf{x}_u = \mathbf{x}_v, \quad \mathbf{X} \wedge \mathbf{x}_v = -\mathbf{x}_u \quad \text{in} \quad \Omega. \tag{25}$$

Setzen wir schließlich (25) in (23) ein, so ergibt sich das *H-Flächensystem*

$$\Delta \mathbf{x}(u,v) = 2H(\mathbf{x})\mathbf{x}_u \wedge \mathbf{x}_v \quad \text{in} \quad \Omega. \tag{26}$$

Zusammenfassend erhalten wir den

Satz 2. (Rellich)
Eine gemäß (24) konform parametrisierte Fläche $\mathbf{x} = \mathbf{x}(u,v) : \Omega \to \mathbb{R}^3$ *hat genau dann die vorgeschriebene mittlere Krümmung* $H = H(\mathbf{x})$, *wenn sie dem H-Flächensystem (26) genügt.*

Bemerkung: Ist die Matrix $F_{\mathbf{pp}}(\mathbf{x}, \mathbf{p})$ auf dem Orthogonalraum zu $\mathbf{p}$ positiv-definit, so können wir in eine gewichtete erste Fundamentalform konforme Parameter einführen. Man erhält dann für die Abbildung $\mathbf{y}(u,v) := (\mathbf{x}(u,v), \mathbf{X}(u,v)) : \Omega \to \mathbb{R}^6$ ein elliptisches System der Form

$$|\Delta \mathbf{y}(u,v)| \le c|\nabla \mathbf{y}(u,v)|^2 \quad \text{in} \quad \Omega.$$

Hierzu verweisen wir auf

> F. Sauvigny: *Curvature estimates for immersions of minimal surface type via uniformization and theorems of Bernstein type.* Manuscripta math. 67 (1990), 69-97.

Sei nun $\Omega \subset \mathbb{R}^2$ ein Gebiet und die Fläche

$$\mathbf{x}(x,y) := (x, y, \zeta(x,y)), \qquad (x,y) \in \Omega, \tag{27}$$

als Graph über der x,y-Ebene gegeben. Die Normale an die Fläche $\mathbf{x}$ wird dann durch

$$\mathbf{X}(x,y) := \frac{1}{\sqrt{1 + |\nabla \zeta(x,y)|^2}}(-\zeta_x, -\zeta_y, 1), \qquad (x,y) \in \Omega, \tag{28}$$

und das Oberflächenelement durch

$$|\mathbf{x}_x \wedge \mathbf{x}_y| = \sqrt{1 + |\nabla \zeta(x,y)|^2} =: \sqrt{} \tag{29}$$

gegeben. Für die Ableitungen erhalten wir

$$\mathbf{x}_x(x,y) = (1, 0, \zeta_x(x,y)), \qquad \mathbf{x}_y(x,y) = (0, 1, \zeta_y(x,y)) \qquad (30)$$

und

$$\mathbf{X}_x = \frac{1}{\sqrt{}}(-\zeta_{xx}, -\zeta_{xy}, 0) + \lambda_1 \mathbf{X}, \qquad \mathbf{X}_y = \frac{1}{\sqrt{}}(-\zeta_{xy}, -\zeta_{yy}, 0) + \lambda_2 \mathbf{X} \qquad (31)$$

mit bestimmten Funktionen λ_1, λ_2. Setzen wir nun (30), (31) in (15) ein, so ergibt sich die Differentialgleichung

$$0 = \left(F_{\mathbf{pp}}(\mathbf{x}, \mathbf{X}) \circ \begin{pmatrix} -\zeta_{xx} \\ -\zeta_{xy} \\ 0 \end{pmatrix}, \begin{pmatrix} 0 \\ 1 \\ \zeta_y \end{pmatrix}, \begin{pmatrix} -\zeta_x \\ -\zeta_y \\ 1 \end{pmatrix} \right)$$

$$+ \left(\begin{pmatrix} 1 \\ 0 \\ \zeta_x \end{pmatrix}, F_{\mathbf{pp}}(\mathbf{x}, \mathbf{X}) \circ \begin{pmatrix} -\zeta_{xy} \\ -\zeta_{yy} \\ 0 \end{pmatrix}, \begin{pmatrix} -\zeta_x \\ -\zeta_y \\ 1 \end{pmatrix} \right) \qquad (32)$$

$$+ 2H(\mathbf{x}, \mathbf{X})\sqrt{1 + |\nabla\zeta(x,y)|^2}^3 = 0 \qquad \text{in} \quad \Omega.$$

Dieses ist eine quasilineare Differentialgleichung der Form

$$a(x, y, \zeta(x,y), \nabla\zeta(x,y))\zeta_{xx} + 2b(\ldots)\zeta_{xy} + c(\ldots)\zeta_{yy} + d(\ldots) = 0 \qquad \text{in} \quad \Omega. \qquad (33)$$

Speziell für das Hildebrandtsche Funktional erhalten wir

$$0 = \begin{vmatrix} -\zeta_{xx} & 0 & -\zeta_x \\ -\zeta_{xy} & 1 & -\zeta_y \\ 0 & \zeta_y & 1 \end{vmatrix} + \begin{vmatrix} 1 & -\zeta_{xy} & -\zeta_x \\ 0 & -\zeta_{yy} & -\zeta_y \\ \zeta_x & 0 & 1 \end{vmatrix} + 2H(\mathbf{x})\sqrt{1 + |\nabla\zeta(x,y)|^2}^3$$

$$= -(1 + \zeta_y^2)\zeta_{xx} + 2\zeta_x\zeta_y\zeta_{xy} - (1 + \zeta_x^2)\zeta_{yy} + 2H(\mathbf{x})\sqrt{1 + |\nabla\zeta(x,y)|^2}^3$$

beziehungsweise

$$\mathcal{M}\zeta := (1 + \zeta_y^2)\zeta_{xx} - 2\zeta_x\zeta_y\zeta_{xy} + (1 + \zeta_x^2)\zeta_{yy}$$

$$= 2H(\mathbf{x})\sqrt{1 + |\nabla\zeta(x,y)|^2}^3 \qquad \text{in} \quad \Omega. \qquad (34)$$

Satz 3. (Lagrange-Gauß)
Der Graph $z = \zeta(x,y)$, $(x,y) \in \Omega$, hat genau dann die vorgeschriebene mittlere Krümmung $H = H(x,y,z)$, wenn ζ die nichtparametrische Gleichung vorgeschriebener mittlerer Krümmung (34) erfüllt.

Bemerkung: Im Falle $H \equiv 0$ erhalten wir die nichtparametrische Minimalflächengleichung

$$\mathcal{M}\zeta(x,y) \equiv 0 \qquad \text{in} \quad \Omega.$$

Beispiel 1. Die Minimalfläche von H. F. Scherk.
Mit dem Ansatz $z = \zeta(x, y) = f(x) + g(y)$ suchen wir alle Minimalflächen dieser Form mit der Eigenschaft $\zeta(0,0) = 0$, $\nabla\zeta(0,0) = 0$. Einsetzen in die Minimalflächengleichung liefert

$$0 = (1 + \zeta_y^2)\zeta_{xx} - 2\zeta_x\zeta_y\zeta_{xy} + (1 + \zeta_x^2)\zeta_{yy}$$
$$= \{1 + (g'(y))^2\}f''(x) + \{1 + (f'(x))^2\}g''(y) \qquad \text{in} \quad \Omega.$$

Dieses ist äquivalent zu

$$\frac{f''(x)}{1 + (f'(x))^2} = -\frac{g''(y)}{1 + (g'(y))^2} \qquad \text{in} \quad \Omega.$$

Also muß gelten

$$-\frac{f''(x)}{1 + (f'(x))^2} = a = \frac{g''(y)}{1 + (g'(y))^2}, \qquad a \in \mathbb{R},$$

und wir können o.E. $a > 0$ annehmen. Wir folgern dann

$$a = -(\arctan f'(x))', \qquad \arctan f'(x) = -ax + b$$

und mit $b = 0$ schließlich

$$f'(x) = \tan(-ax), \qquad f(x) = \frac{1}{a}\log\cos(ax).$$

Entsprechend erhalten wir

$$g(y) = -\frac{1}{a}\log\cos(ay)$$

und somit
$$\zeta(x, y) = f(x) + g(y) = \frac{1}{a}\log\frac{\cos ax}{\cos ay}, \qquad a > 0.$$

Diese Fläche ist auf dem offenen Quadrat

$$\Omega := \left\{(x, y) \in \mathbb{R}^2 : |x| < \frac{\pi}{2a}, \ |y| < \frac{\pi}{2a}\right\}$$

erklärt und nicht über dieses Gebiet hinaus fortsetzbar.

§3 Quasilineare hyperbolische Differentialgleichungen und Systeme zweiter Ordnung (Charakteristische Parameter)

Sei $z = \zeta(x, y) : \Omega \to \mathbb{R} \in C^3(\Omega)$ eine Lösung der quasilinearen Differentialgleichung

$$\mathcal{L}\zeta(x, y) := a(x, y, \zeta(x, y), \nabla\zeta(x, y))\zeta_{xx}(x, y) + 2b(\ldots)\zeta_{xy} + c(\ldots)\zeta_{yy}$$
$$+d(x, y, \zeta(x, y), \nabla\zeta(x, y)) = 0 \quad \text{in} \quad \Omega \tag{1}$$

auf dem Gebiet $\Omega \subset \mathbb{R}^2$. Dabei hängen die Koeffizienten b und c von den gleichen Größen ab wie a. Im folgenden verwenden wir häufig die Abkürzungen

$$z(x, y) := \zeta(x, y), \quad p(x, y) := \zeta_x(x, y), \quad q(x, y) := \zeta_y(x, y),$$
$$r(x, y) := \zeta_{xx}(x, y), \quad s(x, y) := \zeta_{xy}(x, y), \quad t(x, y) := \zeta_{yy}(x, y) \quad \text{in} \quad \Omega. \tag{2}$$

Haben wir eine Lösung $z = \zeta(x, y)$ von (1) gegeben, so setzen wir

$$a(x, y) := a(x, y, \zeta(x, y), \nabla\zeta(x, y)),$$
$$b(x, y) := b(x, y, \zeta(x, y), \nabla\zeta(x, y)), \tag{3}$$
$$c(x, y) := c(x, y, \zeta(x, y), \nabla\zeta(x, y)) \quad \text{in} \quad \Omega$$

und erhalten die Differentialgleichung

$$0 = a(x, y)\zeta_{xx}(x, y) + 2b(x, y)\zeta_{xy}(x, y) + c(x, y)\zeta_{yy}(x, y)$$
$$+d(x, y, \zeta(x, y), \nabla\zeta(x, y)) \quad \text{in} \quad \Omega. \tag{4}$$

Wir nehmen nun an, daß die Differentialgleichung (4) hyperbolisch ist, das heißt

$$a(x, y)c(x, y) - b(x, y)^2 < 0 \quad \text{in} \quad \Omega \tag{5}$$

ist erfüllt. Man beachte, dass diese Bedingung sowohl von den Koeffizienten $a(x, y, z, p, q)$, ... als auch von der Lösung ζ und ihrem Gradienten $\nabla\zeta$ abhängt.

Unser Ziel ist es nun, die Differentialgleichung (1) bzw. (4) in eine möglichst einfache Form zu bringen. Dazu betrachten wir in einer Umgebung $\mathcal{U}(x_0, y_0) \subset \Omega$ die Variablentransformation

$$\xi = \xi(x, y), \quad \eta = \eta(x, y) \in C^2(\mathcal{U}(x_0, y_0)),$$
$$\xi_0 = \xi(x_0, y_0), \quad \eta_0 = \eta(x_0, y_0), \quad \frac{\partial(\xi, \eta)}{\partial(x, y)} \neq 0 \text{ in } \mathcal{U}(x_0, y_0), \tag{6}$$

mit der Umkehrabbildung $x = x(\xi, \eta)$, $y = y(\xi, \eta) \in C^2(\mathcal{U}(\xi_0, \eta_0))$.

Wir berechnen

$$z = \zeta(x,y) = z(\xi(x,y), \eta(x,y)), \qquad (x,y) \in \mathcal{U}(x_0, y_0),$$

$$\zeta_x = z_\xi \xi_x + z_\eta \eta_x, \qquad \zeta_y = z_\xi \xi_y + z_\eta \eta_y,$$

$$\zeta_{xx} = z_{\xi\xi}\xi_x^2 + 2z_{\xi\eta}\xi_x\eta_x + z_{\eta\eta}\eta_x^2 + z_\xi\xi_{xx} + z_\eta\eta_{xx}$$

$$\zeta_{xy} = z_{\xi\xi}\xi_x\xi_y + z_{\xi\eta}(\xi_x\eta_y + \xi_y\eta_x) + z_{\eta\eta}\eta_x\eta_y + z_\xi\xi_{xy} + z_\eta\eta_{xy} \tag{7}$$

$$\zeta_{yy} = z_{\xi\xi}\xi_y^2 + 2z_{\xi\eta}\xi_y\eta_y + z_{\eta\eta}\eta_y^2 + z_\xi\xi_{yy} + z_\eta\eta_{yy}.$$

Damit erhalten wir aus (4) die transformierte Differentialgleichung

$$\begin{aligned} 0 &= a(x,y)\zeta_{xx} + 2b(x,y)\zeta_{xy} + c(x,y)\zeta_{yy} + d(x,y,\zeta,\nabla\zeta) \\ &= A(x,y)z_{\xi\xi} + 2B(x,y)z_{\xi\eta} + C(x,y)z_{\eta\eta} + D(x,y,z,\nabla z) \end{aligned} \tag{8}$$

mit

$$A(x,y) = a(x,y)\xi_x^2 + 2b(x,y)\xi_x\xi_y + c(x,y)\xi_y^2 =: Q(\xi,\xi),$$

$$B(x,y) = a(x,y)\xi_x\eta_x + b(x,y)(\xi_x\eta_y + \xi_y\eta_x) + c(x,y)\xi_y\eta_y =: Q(\xi,\eta), \tag{9}$$

$$C(x,y) = a(x,y)\eta_x^2 + 2b(x,y)\eta_x\eta_y + c(x,y)\eta_y^2 =: Q(\eta,\eta).$$

Die quadratische Form

$$Q(\xi,\eta) := (\xi_x, \xi_y) \circ \begin{pmatrix} a(x,y) & b(x,y) \\ b(x,y) & c(x,y) \end{pmatrix} \circ \begin{pmatrix} \eta_x \\ \eta_y \end{pmatrix} \tag{10}$$

heißt *charakteristische Form der Differentialgleichung (4)*; wir setzen noch $Q(\varphi) := Q(\varphi, \varphi)$. Die Beziehungen (9) können wir nun zusammenfassen zu

$$\begin{pmatrix} A(x,y) & B(x,y) \\ B(x,y) & C(x,y) \end{pmatrix} = \begin{pmatrix} \xi_x & \xi_y \\ \eta_x & \eta_y \end{pmatrix} \circ \begin{pmatrix} a(x,y) & b(x,y) \\ b(x,y) & c(x,y) \end{pmatrix} \circ \begin{pmatrix} \xi_x & \eta_x \\ \xi_y & \eta_y \end{pmatrix}. \tag{11}$$

Damit folgt insbesondere

$$AC - B^2 = \left(\frac{\partial(\xi,\eta)}{\partial(x,y)}\right)^2 (ac - b^2) < 0. \tag{12}$$

Also ist auch die transformierte Gleichung (8) hyperbolisch. Diejenigen Niveaukurven $\Gamma : \varphi(x,y) = $const, für welche

$$Q(\varphi) := Q(\varphi, \varphi) = (a\varphi_x^2 + 2b\varphi_x\varphi_y + c\varphi_y^2)\big|_\Gamma = 0$$

erfüllt ist, sind die *charakteristischen Kurven der hyperbolischen Differentialgleichung (4)* (vgl. Kap. VI, § 4). Wählen wir die Parametertransformation $\xi = \xi(x,y), \eta = \eta(x,y)$ so, daß gilt

$$A(x,y) = Q(\xi) = 0, \quad C(x,y) = Q(\eta) = 0 \quad \text{in} \quad \mathcal{U}(x_0, y_0), \tag{13}$$

dann sind also die Kurven $\xi(x,y) = $ const und $\eta(x,y) = $ const charakteristische Kurven von (4). Der Beziehung (12) entnehmen wir die Identität

$$|B(x,y)| = \sqrt{b^2 - ac}\left|\frac{\partial(\xi,\eta)}{\partial(x,y)}\right| > 0, \tag{14}$$

und (8) reduziert sich auf die *hyperbolische Normalform*

$$z_{\xi\eta}(\xi,\eta) = -\left\{\frac{1}{2B(x,y)}D(x,y,z,p,q)\right\}\Big|_{\substack{x=x(\xi,\eta)\\y=y(\xi,\eta)}}. \tag{15}$$

Wir erinnern daran, daß das Einführen charakteristischer Parameter ξ, η sich schon bei der 1-dimensionalen Wellengleichung $\zeta_{xx} - \zeta_{yy} = 0$ in Kap. VI, § 5 bewährt hatte.

Wir zeigen nun, daß eine lokale Parametertransformation (6) mit der Eigenschaft (13) existiert. Gehen wir in (11) zu den inversen Matrizen über, so erhalten wir

$$\frac{1}{AC - B^2}\begin{pmatrix} C & -B \\ -B & A \end{pmatrix} = \begin{pmatrix} x_\xi & y_\xi \\ x_\eta & y_\eta \end{pmatrix} \circ \frac{1}{ac - b^2}\begin{pmatrix} c & -b \\ -b & a \end{pmatrix} \circ \begin{pmatrix} x_\xi & x_\eta \\ y_\xi & y_\eta \end{pmatrix}. \tag{16}$$

Beachten wir noch (12), so folgt

$$\left(C\,d\xi^2 - 2B\,d\xi\,d\eta + A\,d\eta^2\right)\left(\frac{\partial(x,y)}{\partial(\xi,\eta)}\right)^2$$

$$= \frac{ac - b^2}{AC - B^2}\,(d\xi, d\eta) \circ \begin{pmatrix} C & -B \\ -B & A \end{pmatrix} \circ \begin{pmatrix} d\xi \\ d\eta \end{pmatrix}$$

$$= (d\xi, d\eta) \circ \begin{pmatrix} x_\xi & y_\xi \\ x_\eta & y_\eta \end{pmatrix} \circ \begin{pmatrix} c & -b \\ -b & a \end{pmatrix} \circ \begin{pmatrix} x_\xi & x_\eta \\ y_\xi & y_\eta \end{pmatrix} \circ \begin{pmatrix} d\xi \\ d\eta \end{pmatrix}$$

$$= (dx, dy) \circ \begin{pmatrix} c & -b \\ -b & a \end{pmatrix} \circ \begin{pmatrix} dx \\ dy \end{pmatrix}$$

$$= c\,dx^2 - 2b\,dx\,dy + a\,dy^2.$$

Wir erhalten also als Transformationsformel

$$c(x,y)\,dx^2 - 2b(x,y)\,dx\,dy + a(x,y)\,dy^2$$

$$= \left(\frac{\partial(x,y)}{\partial(\xi,\eta)}\right)^2\left\{C(x,y)\,d\xi^2 - 2B(x,y)\,d\xi\,d\eta + A(x,y)\,d\eta^2\right\}. \tag{17}$$

Da sich die Koeffizientenmatrix bei einer Parametertransformation gemäß (11) transformiert, können wir durch eine Drehung der x, y-Ebene stets erreichen, daß

$$a(x,y)c(x,y) \neq 0 \qquad \text{in} \quad \mathcal{U}(x_0, y_0) \tag{18}$$

erfüllt ist. Wir lösen nun die Differentialgleichung

$$
\begin{aligned}
0 &= a(x,y)\, dy^2 - 2b(x,y)\, dx\, dy + c(x,y)\, dx^2 \\
&= a\Big(dy^2 - 2\frac{b}{a}\, dx\, dy + \frac{c}{a}\, dx^2\Big) \\
&= a(dy - \lambda^+\, dx)(dy - \lambda^-\, dx)
\end{aligned}
\tag{19}
$$

mit

$$
\lambda^\pm := \frac{b \pm \sqrt{b^2 - ac}}{a}.
\tag{20}
$$

Da $\lambda^\pm \in C^2(\mathcal{U}(x_0, y_0))$ sind, erhalten wir als Lösungen der regulären Differentialgleichung erster Ordung

$$
dy - \lambda^+\, dx = 0
\tag{21}
$$

die Niveaulinien $\eta(x,y) = \text{const}$ einer Funktion $\eta \in C^2(\mathcal{U}(x_0, y_0))$. Ebenso finden wir die Lösungen von

$$
dy - \lambda^-\, dx = 0
\tag{22}
$$

in der Form $\xi(x,y) = \text{const}$ für $\xi \in C^2(\mathcal{U}(x_0, y_0))$. Wegen $\lambda^+(x_0, y_0) \neq \lambda^-(x_0, y_0)$ sind die Vektoren $(1, \lambda^+(x_0, y_0))$ und $(1, \lambda^-(x_0, y_0))$ linear unabhängig. Da $\nabla\xi(x_0, y_0)$ bzw. $\nabla\eta(x_0, y_0)$ senkrecht auf diesen stehen, folgt

$$
\frac{\partial(\xi, \eta)}{\partial(x, y)} = \det\begin{pmatrix} \xi_x & \xi_y \\ \eta_x & \eta_y \end{pmatrix} \neq 0 \quad \text{in} \quad \mathcal{U}(x_0, y_0).
\tag{23}
$$

Es existiert also auch die Umkehrabbildung $x = x(\xi, \eta), y = y(\xi, \eta) \in C^2(\mathcal{U}(\xi_0, \eta_0))$ in einer hinreichend kleinen Umgebung $\mathcal{U}(\xi_0, \eta_0)$. Längs der ξ-Kurve $\eta(x,y) = \text{const}$ gilt

$$
y_\xi - \lambda^+ x_\xi = 0,
\tag{24}
$$

und (17) entnehmen wir $C(x,y) = Q(\eta) = 0$. Längs der η-Kurve $\xi(x,y) = \text{const}$ haben wir

$$
y_\eta - \lambda^- x_\eta = 0,
\tag{25}
$$

und (17) liefert $A(x,y) = Q(\xi) = 0$. Wir erhalten also den

Satz 1. (Lineare hyperbolische Differentialgleichungen)
Für die hyperbolische Differentialgleichung mit linearem Hauptteil (4), (5) gibt es eine Variablentransformation (6) mit

$$
Q(\xi) = 0 = Q(\eta) \quad in \quad \mathcal{U}(x_0, y_0).
\tag{26}
$$

Die Differentialgleichung erscheint dann in der hyperbolischen Normalform (15) und die Parametertransformation $x = x(\xi, \eta)$, $y = y(\xi, \eta)$ genügt dem System (24), (25) erster Ordnung.

Wir betrachten nun den Fall $a = a(x, y, z)$, $b = b(x, y, z)$, $c = c(x, y, z)$ und somit $\lambda^{\pm} = \lambda^{\pm}(x, y, z)$. Die charakteristischen Differentialgleichungen (24), (25) hängen dann auch von der Lösung $z = \zeta(x, y)$ ab. Differenzieren wir (24) nach η und (25) nach ξ, so folgt

$$y_{\xi\eta} - \lambda^{+} x_{\xi\eta} = \lambda_{\eta}^{+} x_{\xi} = \lambda_{x}^{+} x_{\eta} x_{\xi} + \lambda_{y}^{+} y_{\eta} x_{\xi} + \lambda_{z}^{+} z_{\eta} x_{\xi} \tag{27}$$

beziehungsweise

$$y_{\xi\eta} - \lambda^{-} x_{\xi\eta} = \lambda_{\xi}^{-} x_{\eta} = \lambda_{x}^{-} x_{\xi} x_{\eta} + \lambda_{y}^{-} y_{\xi} x_{\eta} + \lambda_{z}^{-} z_{\xi} x_{\eta}. \tag{28}$$

Da die Koeffizientenmatrix dieses linearen Gleichungssystems wegen $\lambda^{+} \neq \lambda^{-}$ nichtsingulär ist, können wir (27), (28) nach $x_{\xi\eta}, y_{\xi\eta}$ auflösen und erhalten den

Satz 2. *Eine quasilineare Differentialgleichung (1) mit den Koeffizienten $a = a(x, y, z)$, $b = b(x, y, z)$, $c = c(x, y, z)$, die gemäß (5) hyperbolisch bezüglich ihrer Lösung $z = \zeta(x, y)$ ist, erscheint in den charakteristischen Parametern (24), (25) als System der Form*

$$\mathbf{x}_{\xi\eta}(\xi, \eta) = \mathbf{h}(\xi, \eta, \mathbf{x}(\xi, \eta), \mathbf{x}_{\xi}(\xi, \eta), \mathbf{x}_{\eta}(\xi, \eta)) \tag{29}$$

für die vektorwertige Funktion $\mathbf{x}(\xi, \eta) := (x(\xi, \eta), y(\xi, \eta), z(\xi, \eta))$.

Wir wenden uns nun dem allgemeinen Fall zu

$$a = a(x, y, z, p, q), \qquad b = b(x, y, z, p, q), \qquad c = c(x, y, z, p, q).$$

Da dann $\lambda^{\pm} = \lambda^{\pm}(x, y, z, p, q)$ folgt, hängen die charakteristischen Kurven von der Lösung $z = \zeta(x, y)$ und ihrem Gradienten $\nabla\zeta(x, y)$ ab. Die Gleichungen (27), (28) werden dann zu

$$y_{\xi\eta} - \lambda^{+} x_{\xi\eta} = \lambda_{x}^{+} x_{\eta} x_{\xi} + \lambda_{y}^{+} y_{\eta} x_{\xi} + \lambda_{z}^{+} z_{\eta} x_{\xi} + \lambda_{p}^{+} p_{\eta} x_{\xi} + \lambda_{q}^{+} q_{\eta} x_{\xi} \tag{30}$$

beziehungsweise

$$y_{\xi\eta} - \lambda^{-} x_{\xi\eta} = \lambda_{x}^{-} x_{\xi} x_{\eta} + \lambda_{y}^{-} y_{\xi} x_{\eta} + \lambda_{z}^{-} z_{\xi} x_{\eta} + \lambda_{p}^{-} p_{\xi} x_{\eta} + \lambda_{q}^{-} q_{\xi} x_{\eta}. \tag{31}$$

Um ein vollständiges System zu erhalten, leiten wir nun noch zwei Differentialgleichungen erster Ordnung für $p = p(\xi, \eta)$, $q = q(\xi, \eta)$ in den charakteristischen Parametern her: Sei $z = \zeta(x, y)$ eine gegebene Lösung von (1). Die zweiten Ableitungen $\zeta_{xx}, \zeta_{xy}, \zeta_{yy}$ genügen dann den drei linearen Gleichungen

$$\begin{aligned} a\zeta_{xx} + 2b\zeta_{xy} + c\zeta_{yy} &= -d \\ dx\zeta_{xx} + dy\zeta_{xy} \qquad\quad &= dp \\ dx\zeta_{xy} + dy\zeta_{yy} &= dq. \end{aligned} \tag{32}$$

Wir verweisen auf die Überlegungen in Kap. VI, § 4: Stellt man das Cauchysche Anfangswertproblem längs einer charakteristischen Kurve $\Gamma \subset \Omega$

$$\mathcal{L}\zeta = 0 \quad \text{in} \quad \Omega,$$

$$\zeta(x,y) = f(x,y) \qquad \text{auf} \quad \Gamma,$$

$$\frac{\partial \zeta}{\partial \nu}(x,y) = g(x,y) \qquad \text{auf} \quad \Gamma,$$

(33)

so sind nicht alle zweiten Ableitungen $\zeta_{xx}, \zeta_{xy}, \zeta_{yy}$ durch $\mathcal{L}, f, g$ bestimmt. Da dp und dq längs einer Charakteristik bekannt sind, wäre aber (32) nach $\zeta_{xx}, \zeta_{xy}, \zeta_{yy}$ auflösbar, falls die Determinante der Koeffizientenmatrix ungleich Null wäre. Also muß

$$0 = \begin{vmatrix} a & 2b & c \\ dx & dy & 0 \\ 0 & dx & dy \end{vmatrix} = a\,dy^2 - 2b\,dx\,dy + c\,dx^2$$

(34)

längs der Charakteristiken gelten, was wir bereits m.H. von (17) auf anderem Wege hergeleitet haben. Da andererseits das lineare Gleichungssystem (32) eine Lösung $\{\zeta_{xx}, \zeta_{xy}, \zeta_{yy}\}$ besitzt, muß

$$\text{Rang} \begin{pmatrix} a & 2b & c & d \\ dx & dy & 0 & -dp \\ 0 & dx & dy & -dq \end{pmatrix} = 2$$

(35)

längs der Charakteristiken erfüllt sein. Wir erhalten insbesondere

$$0 = \begin{vmatrix} a & c & d \\ dx & 0 & -dp \\ 0 & dy & -dq \end{vmatrix} = a\,dy\,dp + c\,dx\,dq + d\,dx\,dy.$$

(36)

Werten wir diese Gleichung längs der ξ-Charakteristik aus, so folgt nach Multiplikation mit $(a\,dy\,d\xi)^{-1}$ unter Verwendung von (21) die Gleichung

$$0 = p_\xi + \frac{c}{a}\frac{dx}{dy}q_\xi + \frac{d}{a}x_\xi = p_\xi + \lambda^+ \lambda^- \frac{1}{\lambda^+}q_\xi + \frac{d}{a}x_\xi$$

beziehungsweise

$$p_\xi + \lambda^- q_\xi + \frac{d}{a}x_\xi = 0.$$

(37)

Längs der η-Charakteristik liefert (36) nach Multiplikation mit $(a\,dy\,d\eta)^{-1}$ m.H. von (22) die Gleichung

$$0 = p_\eta + \frac{c}{a}\frac{dx}{dy}q_\eta + \frac{d}{a}x_\eta = p_\eta + \lambda^+ \lambda^- \frac{1}{\lambda^-}q_\eta + \frac{d}{a}x_\eta$$

beziehungsweise

$$p_\eta + \lambda^+ q_\eta + \frac{d}{a}x_\eta = 0.$$

(38)

Schließlich erhalten wir aus der Differentialgleichung $dz = p\,dx + q\,dy$ längs der ξ-Charakteristik

$$z_\xi - px_\xi - qy_\xi = 0.$$

(39)

Wir beweisen nun den

Satz 3. (Hyperbolische Normalform für quasilineare DGL)
Die quasilineare Differentialgleichung (1), welche gemäß (5) hyperbolisch bezüglich ihrer Lösung $z = \zeta(x,y)$ ist, kann durch die lokale Parametertransformation (6) auf die charakteristischen Parameter äquivalent überführt werden in das System erster Ordnung

$$y_\xi - \lambda^+ x_\xi = 0, \qquad y_\eta - \lambda^- x_\eta = 0,$$

$$p_\xi + \lambda^- q_\xi + \frac{d}{a} x_\xi = 0, \qquad p_\eta + \lambda^+ q_\eta + \frac{d}{a} x_\eta = 0, \qquad (40)$$

$$z_\xi - p x_\xi - q y_\xi = 0.$$

Für die Funktion $\mathbf{y}(\xi,\eta) := (x(\xi,\eta), y(\xi,\eta), z(\xi,\eta), p(\xi,\eta), q(\xi,\eta))$ ergibt sich ein hyperbolisches System zweiter Ordnung

$$\mathbf{y}_{\xi\eta}(\xi,\eta) = \mathbf{h}(\xi, \eta, \mathbf{y}(\xi,\eta), \mathbf{y}_\xi(\xi,\eta), \mathbf{y}_\eta(\xi,\eta)), \qquad (41)$$

wobei die rechte Seite quadratisch in den ersten Ableitungen $x_\xi, y_\xi, \ldots, p_\eta, q_\eta$ ist.

Beweis:

1. Ausgehend von einer Lösung (40) wollen wir die Gültigkeit der Differentialgleichung (1) zeigen. Zunächst liefern die ersten beiden Gleichungen aus (40) wegen

$$\begin{pmatrix} x_\xi & x_\eta \\ y_\xi & y_\eta \end{pmatrix} = \begin{pmatrix} \xi_x & \xi_y \\ \eta_x & \eta_y \end{pmatrix}^{-1} = \frac{\partial(x,y)}{\partial(\xi,\eta)} \begin{pmatrix} \eta_y & -\xi_y \\ -\eta_x & \xi_x \end{pmatrix}$$

die Beziehungen

$$\eta_x + \lambda^+ \eta_y = 0, \quad \xi_x + \lambda^- \xi_y = 0.$$

Somit folgt

$$z_{xx} = p_x = p_\xi \xi_x + p_\eta \eta_x$$

$$= -\left(\lambda^- q_\xi + \frac{d}{a} x_\xi\right)\xi_x - \left(\lambda^+ q_\eta + \frac{d}{a} x_\eta\right)\eta_x$$

$$= -(\lambda^+ + \lambda^-)(q_\xi \xi_x + q_\eta \eta_x) - \lambda^+ \lambda^- (q_\xi \xi_y + q_\eta \eta_y) - \frac{d}{a}$$

$$= -\frac{2b}{a} z_{yx} - \frac{c}{a} z_{yy} - \frac{d}{a},$$

woraus sich $a z_{xx} + 2b z_{xy} + c z_{yy} + d = 0$ ergibt.

2. Differenzieren wir alle Gleichungen von (40), in denen nur ξ-Ableitungen vorkommen, nach η und umgekehrt, so erhalten wir

$$-\lambda^+ x_{\xi\eta} + y_{\xi\eta} \qquad\qquad = \dots$$

$$-\lambda^- x_{\xi\eta} + y_{\xi\eta} \qquad\qquad = \dots$$

$$\frac{d}{a} x_{\xi\eta} \qquad\qquad + p_{\xi\eta} + \lambda^- q_{\xi\eta} = \dots \qquad (42)$$

$$\frac{d}{a} x_{\xi\eta} \qquad\qquad + p_{\xi\eta} + \lambda^+ q_{\xi\eta} = \dots$$

$$-p x_{\xi\eta} - q y_{\xi\eta} + z_{\xi\eta} \qquad\qquad = \dots$$

Auf der rechten Seite stehen nur quadratische Terme in den ersten Ableitungen von x, y, z, p, q. Wir fassen (42) als lineares Gleichungssystem in
den Unbekannten $x_{\xi\eta}, y_{\xi\eta}, z_{\xi\eta}, p_{\xi\eta}, q_{\xi\eta}$ auf. Die Koeffizientenmatrix dieses
Systems ist nichtsingulär wegen

$$\begin{vmatrix} -\lambda^+ & 1 & 0 & 0 & 0 \\ -\lambda^- & 1 & 0 & 0 & 0 \\ \dfrac{d}{a} & 0 & 0 & 1 & \lambda^- \\ \dfrac{d}{a} & 0 & 0 & 1 & \lambda^+ \\ -p & -q & 1 & 0 & 0 \end{vmatrix} = -4\,\frac{b^2 - ac}{a^2} \neq 0. \qquad (43)$$

Somit können wir das System (42) in der Form (41) auflösen.   q.e.d.

§4 Das Cauchysche Anfangswertproblem für quasilineare hyperbolische Differentialgleichungen und Systeme zweiter Ordnung

Wir entnehmen dem Satz von d'Alembert (Kap. VI, §5, Satz 1) die Lösung
des Cauchyschen Anfangswertproblems (kurz CAP) für die eindimensionale
Wellengleichung

$$u = u(x, y) \in C^2(\mathbb{R} \times \mathbb{R}, \mathbb{R}),$$

$$\Box u(x, y) := u_{yy}(x, y) - u_{xx}(x, y) = 0 \qquad \text{in} \quad \mathbb{R} \times \mathbb{R}, \qquad (1)$$

$$u(x, 0) = f(x), \quad \frac{\partial}{\partial y} u(x, 0) = g(x) \qquad \text{für alle} \quad x \in \mathbb{R},$$

nämlich

$$u(x, y) = \frac{1}{2}\Big(f(x+y) + f(x-y) \Big) + \frac{1}{2} \int\limits_{x-y}^{x+y} g(s)\, ds, \qquad (x, y) \in \mathbb{R} \times \mathbb{R}. \quad (2)$$

Hierbei müssen wir $f \in C^2(\mathbb{R})$ und $g \in C^1(\mathbb{R})$ voraussetzen. Da das Problem (1) gemäß Satz 2 aus Kapitel VI, §4 eindeutig lösbar ist, können wir der d'Alembertschen Lösungsformel (2) die Regularität der Lösung ansehen:

(a) Ist $f \in C^{2+k}(\mathbb{R})$ und $g \in C^{1+k}(\mathbb{R})$ für $k = 0, 1, 2, \ldots$ erfüllt, so folgt für die Lösung $u \in C^{2+k}(\mathbb{R} \times \mathbb{R})$.

(b) Sind f und g in einer Kreisscheibe vom Radius $2R \in (0, +\infty)$ in konvergente Potenzreihen entwickelbar, d.h. mit $x = x_1 + ix_2 \in \mathbb{C}$ gilt

$$f(x) = \sum_{k=0}^{\infty} a_k x^k, \quad g(x) = \sum_{k=0}^{\infty} b_k x^k \qquad \text{für} \quad x \in \mathbb{C} \quad \text{mit} \quad |x| < 2R, \quad (3)$$

so erhalten wir im Dizylinder $Z_R := \{(x, y) \in \mathbb{C}^2 : |x| < R, |y| < R\}$ mit

$$u(x, y) = \frac{1}{2}\Big(f(x + y) + f(x - y)\Big) + \frac{1}{2}\int_{x-y}^{x+y} g(s)\, ds, \qquad (x, y) \in Z_R, \quad (4)$$

eine in Z_R holomorphe Lösung des CAP

$$\frac{\partial^2}{\partial y^2} u(x, y) - \frac{\partial^2}{\partial x^2} u(x, y) = 0 \qquad \text{in} \quad Z_R,$$

$$u(x, 0) = f(x), \quad \frac{\partial}{\partial y} u(x, 0) = g(x) \qquad \text{für alle} \quad x \in \mathbb{C} \quad \text{mit} \quad |x| < R.$$
$$(5)$$

Hierbei bedeuten $\frac{\partial}{\partial x}$ und $\frac{\partial}{\partial y}$ die komplexen Ableitungen.

Wir führen nun eine Drehung um den Winkel $-\frac{\pi}{4}$ aus mit der Abbildung

$$\begin{pmatrix} \xi \\ \eta \end{pmatrix} = \begin{pmatrix} \cos(-\frac{\pi}{4}) & -\sin(-\frac{\pi}{4}) \\ \sin(-\frac{\pi}{4}) & \cos(-\frac{\pi}{4}) \end{pmatrix} \circ \begin{pmatrix} x \\ y \end{pmatrix} = \frac{1}{\sqrt{2}} \begin{pmatrix} 1 & 1 \\ -1 & 1 \end{pmatrix} \circ \begin{pmatrix} x \\ y \end{pmatrix}$$

bzw.

$$\xi = \frac{1}{\sqrt{2}}(x + y), \qquad \eta = \frac{1}{\sqrt{2}}(y - x). \quad (6)$$

Aus der Wellengleichung erhalten wir m.H. von Formel (11) aus §3 wie folgt die Koeffizienten der transformierten Differentialgleichung

$$\begin{pmatrix} A & B \\ B & C \end{pmatrix} = \frac{1}{\sqrt{2}} \begin{pmatrix} 1 & 1 \\ -1 & 1 \end{pmatrix} \circ \begin{pmatrix} -1 & 0 \\ 0 & 1 \end{pmatrix} \circ \frac{1}{\sqrt{2}} \begin{pmatrix} 1 & -1 \\ 1 & 1 \end{pmatrix} = \begin{pmatrix} 0 & 1 \\ 1 & 0 \end{pmatrix}. \quad (7)$$

Bei dieser Drehung geht die x-Achse $y = 0$, auf welcher wir die Cauchydaten vorgeschrieben haben, über in die Nebendiagonale

$$\xi + \eta = 0.$$

Der Vektor $(0,1)$ geht über in die Normale an die Nebendiagonale in Richtung des 1. Quadranten $\nu = \frac{1}{\sqrt{2}}(1,1)$. Somit wird das CAP (1) transformiert in das folgende CAP:

$$u = u(\xi, \eta) \in C^2(\mathbb{R}^2, \mathbb{R}),$$

$$u_{\xi\eta}(\xi, \eta) = 0 \quad \text{in} \quad \mathbb{R}^2,$$

$$u(\xi, -\xi) = f(\sqrt{2}\xi) \quad \text{für} \quad \xi \in \mathbb{R}, \tag{8}$$

$$\frac{\partial}{\partial\nu}u(\xi, -\xi) := \frac{1}{\sqrt{2}}\left(u_\xi(\xi, -\xi) + u_\eta(\xi, -\xi)\right) = g(\sqrt{2}\xi) \quad \text{für} \quad \xi \in \mathbb{R}.$$

Entsprechend transformiert sich das Problem (5) im Falle von reellanalytischen f, g.

Wir fassen unsere Überlegungen zusammen zum

Satz 1. *Für vorgegebene Funktionen $f = f(\xi) \in C^2(\mathbb{R})$ und $g = g(\xi) \in C^1(\mathbb{R})$ hat das CAP (8) genau eine Lösung $u = u(\xi, \eta) \in C^2(\mathbb{R}^2)$. Gilt $f \in C^{2+k}(\mathbb{R})$ und $g \in C^{1+k}(\mathbb{R})$ mit einem $k \in \{0, 1, 2, \ldots\}$, so folgt $u \in C^{2+k}(\mathbb{R}^2)$. Sind schließlich f und g in $\{\xi \in \mathbb{C} : |\xi| < \sqrt{2}R\}$ in eine konvergente Potenzreihe entwickelbar, so ist $u = u(\xi, \eta)$ holomorph in Z_R, die Differentialgleichung*

$$\frac{\partial^2}{\partial\xi\,\partial\eta}u(\xi, \eta) = 0 \quad \text{in} \quad Z_R$$

ist erfüllt, und die Anfangsbedingungen in (8) gelten für alle $\xi \in \mathbb{C}$ mit $|\xi| < R$.

In § 3 haben wir eine quasilineare hyperbolische Differentialgleichung zweiter Ordnung in ein hyperbolisches System in Normalform überführt. Um also eine Lösung des CAP für die quasilineare Gleichung zu erhalten, lösen wir zunächst das folgende CAP:

$$\mathbf{x} = \mathbf{x}(\xi, \eta) \in C^{2+k}(Q_R, \mathbb{R}^n), \qquad Q_R := [-R, R] \times [-R, R], \quad n \in \mathbb{N},$$

$$\mathbf{x}_{\xi\eta}(\xi, \eta) = \mathbf{h}(\xi, \eta, \mathbf{x}(\xi, \eta), \mathbf{x}_\xi(\xi, \eta), \mathbf{x}_\eta(\xi, \eta)) \quad \text{in} \quad Q_R, \tag{9}$$

$$\mathbf{x}(\xi, -\xi) = \mathbf{f}(\xi), \quad \frac{\partial}{\partial\nu}\mathbf{x}(\xi, -\xi) = \mathbf{g}(\xi) \quad \text{für} \quad \xi \in [-R, R]$$

für Cauchydaten $\mathbf{f} = \mathbf{f}(\xi) \in C^{2+k}(\mathbb{R}, \mathbb{R}^n)$ und $\mathbf{g} = \mathbf{g}(\xi) \in C^{1+k}(\mathbb{R}, \mathbb{R}^n)$ und für eine stetige rechte Seite $\mathbf{h} = \mathbf{h}(\xi, \eta, \mathbf{x}, \mathbf{p}, \mathbf{q})$. Indem wir Satz 1 auf jede Komponentenfunktion anwenden, finden wir eine eindeutige Lösung von

$$\mathbf{y} = \mathbf{y}(\xi, \eta) \in C^{2+k}(\mathbb{R}^2, \mathbb{R}^n),$$

$$\mathbf{y}_{\xi\eta}(\xi, \eta) = 0 \quad \text{in} \quad \mathbb{R}^2, \tag{10}$$

$$\mathbf{y}(\xi, -\xi) = \mathbf{f}(\xi), \quad \frac{\partial}{\partial\nu}\mathbf{y}(\xi, -\xi) = \mathbf{g}(\xi), \qquad \xi \in \mathbb{R}.$$

Gehen wir nun über zu

$$\tilde{\mathbf{x}}(\xi,\eta) := \mathbf{x}(\xi,\eta) - \mathbf{y}(\xi,\eta),$$
$$\tilde{\mathbf{h}}(\xi,\eta,\tilde{\mathbf{x}},\tilde{\mathbf{p}},\tilde{\mathbf{q}}) := \mathbf{h}\big(\xi,\eta,\mathbf{y}(\xi,\eta)+\tilde{\mathbf{x}},\mathbf{y}_\xi(\xi,\eta)+\tilde{\mathbf{p}},\mathbf{y}_\eta(\xi,\eta)+\tilde{\mathbf{q}}\big),$$

(11)

so wird (9) äquivalent transformiert in das CAP

$$\tilde{\mathbf{x}} = \tilde{\mathbf{x}}(\xi,\eta) \in C^{2+k}(Q_R,\mathbb{R}^n),$$

$$\tilde{\mathbf{x}}_{\xi\eta}(\xi,\eta) = \tilde{\mathbf{h}}(\xi,\eta,\tilde{\mathbf{x}}(\xi,\eta),\tilde{\mathbf{x}}_\xi(\xi,\eta),\tilde{\mathbf{x}}_\eta(\xi,\eta)) \quad \text{in} \quad Q_R, \qquad (12)$$

$$\tilde{\mathbf{x}}(\xi,-\xi) = 0 = \frac{\partial}{\partial \nu}\tilde{\mathbf{x}}(\xi,-\xi) \quad \text{für} \quad \xi \in [-R,R].$$

Im folgenden unterdrücken wir ~ in (12) und formen (12) äquivalent um in eine Integrodifferentialgleichung: Sei $(x,y) \in Q_R$ mit $x+y > 0$ gewählt. Dann erklären wir das *charakteristische Dreieck zu* (x,y) als

$$T(x,y) := \Big\{ (\xi,\eta) \in \mathbb{R}^2 \, : \, -x < -\xi < \eta < y \Big\} \subset Q_R.$$

Wir beschränken uns im folgenden auf den Teil von Q_R oberhalb der Nebendiagonalen. Eine Lösung unterhalb der Nebendiagonalen erhält man in gleicher Weise, wenn man als charakteristisches Dreieck definiert

$$T(x,y) = \Big\{ (\xi,\eta) \in \mathbb{R}^2 \, : \, y < \eta < -\xi < -x \Big\}.$$

Auf die Pfaffsche Form

$$\omega = \mathbf{x}_\eta(\xi,\eta)\,d\eta - \mathbf{x}_\xi(\xi,\eta)\,d\xi, \qquad (\xi,\eta) \in T(x,y),$$

wenden wir den Stokesschen Integralsatz an. Wir erhalten

$$2\mathbf{x}(x,y) = \int_{\partial T(x,y)} \mathbf{x}_\eta\,d\eta - \mathbf{x}_\xi\,d\xi = \iint_{T(x,y)} d(\mathbf{x}_\eta\,d\eta - \mathbf{x}_\xi\,d\xi)$$

$$= 2\iint_{T(x,y)} \mathbf{x}_{\xi\eta}(\xi,\eta)\,d\xi\,d\eta$$

$$= 2\iint_{T(x,y)} \mathbf{h}(\xi,\eta,\mathbf{x}(\xi,\eta),\mathbf{x}_\xi(\xi,\eta),\mathbf{x}_\eta(\xi,\eta))\,d\xi\,d\eta$$

beziehungsweise

$$\mathbf{x}(x,y) = \iint_{T(x,y)} \mathbf{h}(\xi,\eta,\mathbf{x}(\xi,\eta),\mathbf{x}_\xi(\xi,\eta),\mathbf{x}_\eta(\xi,\eta))\,d\xi\,d\eta, \qquad (x,y) \in Q_R. \quad (13)$$

Haben wir umgekehrt eine Lösung der Integrodifferentialgleichung (13) gegeben, so folgt unmittelbar $\mathbf{x}(x, -x) = 0$ für alle $x \in [-R, R]$. Aus der Darstellung

$$\mathbf{x}(x, y) = \int\limits_{-y}^{x} \left(\int\limits_{-\xi}^{y} \mathbf{h}(\xi, \eta, \mathbf{x}(\xi, \eta), \mathbf{x}_\xi(\xi, \eta), \mathbf{x}_\eta(\xi, \eta))\, d\eta \right) d\xi$$

ermitteln wir die Gleichung

$$\mathbf{x}_x(x, y) = \int\limits_{-x}^{y} \mathbf{h}(x, \eta, \mathbf{x}(x, \eta), \mathbf{x}_\xi(x, \eta), \mathbf{x}_\eta(x, \eta))\, d\eta. \qquad (14)$$

Hieraus ergibt sich insbesondere $\mathbf{x}_x(x, -x) = 0$ für alle $x \in [-R, R]$. Weiter liefert

$$\mathbf{x}(x, y) = \int\limits_{-x}^{y} \left(\int\limits_{-\eta}^{x} \mathbf{h}(\xi, \eta, \mathbf{x}(\xi, \eta), \mathbf{x}_\xi(\xi, \eta), \mathbf{x}_\eta(\xi, \eta))\, d\xi \right) d\eta$$

die Gleichung

$$\mathbf{x}_y(x, y) = \int\limits_{-y}^{x} \mathbf{h}(\xi, y, \mathbf{x}(\xi, y), \mathbf{x}_\xi(\xi, y), \mathbf{x}_\eta(\xi, y))\, d\xi, \qquad (15)$$

und das impliziert $\mathbf{x}_y(x, -x) = 0$ für $x \in [-R, R]$. Schließlich können wir (14) nach y und (15) nach x differenzieren und erhalten insgesamt den

Satz 2. *Die Funktion* $\mathbf{x} = \mathbf{x}(x, y)$ *der Klasse*

$$C_{xy}(Q_R, \mathbb{R}^n) := \left\{ \mathbf{y} \in C^1(Q_R, \mathbb{R}^n) : \mathbf{y}_{xy} = \mathbf{y}_{yx} \text{ existiert und ist stetig in } Q_R \right\}$$

löst das CAP

$$\mathbf{x}_{xy}(x, y) = \mathbf{h}(x, y, \mathbf{x}(x, y), \mathbf{x}_x(x, y), \mathbf{x}_y(x, y)) \qquad in \quad Q_R,$$
$$\mathbf{x}(x, -x) = 0 = \frac{\partial}{\partial \nu} \mathbf{x}(x, -x) \qquad für \quad x \in [-R, R] \qquad (16)$$

genau dann, wenn $\mathbf{x}$ *die Integrodifferentialgleichung (13) löst.*

Wir stellen nun an die rechte Seite $\mathbf{h} = \mathbf{h}(\xi, \eta, \mathbf{x}, \mathbf{p}, \mathbf{q})$ eine Lipschitzbedingung

$$|\mathbf{h}(\xi, \eta, \mathbf{x}, \mathbf{p}, \mathbf{q}) - \mathbf{h}(\xi, \eta, \tilde{\mathbf{x}}, \tilde{\mathbf{p}}, \tilde{\mathbf{q}})| \leq L|(\mathbf{x}, \mathbf{p}, \mathbf{q}) - (\tilde{\mathbf{x}}, \tilde{\mathbf{p}}, \tilde{\mathbf{q}})|$$
$$\text{für alle} \quad (\xi, \eta, \mathbf{x}, \mathbf{p}, \mathbf{q}), (\xi, \eta, \tilde{\mathbf{x}}, \tilde{\mathbf{p}}, \tilde{\mathbf{q}}) \in Q_R \times \mathbb{R}^n \times \mathbb{R}^n \times \mathbb{R}^n \qquad (17)$$

mit der Lipschitzkonstante $L \in [0, +\infty)$. Unter dieser Voraussetzung leiten wir für den *Integrodifferentialoperator*

$$I(\mathbf{x})(x,y) := \iint\limits_{T(x,y)} \mathbf{h}(\xi, \eta, \mathbf{x}(\xi, \eta), \mathbf{x}_\xi(\xi, \eta), \mathbf{x}_\eta(\xi, \eta))\, d\xi\, d\eta, \qquad (x,y) \in Q_R,$$

(18)

eine Kontraktionsbedingung her: Für $\mathbf{x}, \mathbf{y} \in C^1(Q_R, \mathbb{R}^n)$ setzen wir

$$\hat{\mathbf{x}}(x,y) := I(\mathbf{x})(x,y), \quad \hat{\mathbf{y}}(x,y) := I(\mathbf{y})(x,y), \qquad (x,y) \in Q_R.$$

Wir können dann abschätzen

$$|\hat{\mathbf{x}}(x,y) - \hat{\mathbf{y}}(x,y)| \le \iint\limits_{T(x,y)} \big| \mathbf{h}(\xi, \eta, \mathbf{x}, \mathbf{x}_\xi, \mathbf{x}_\eta) - \mathbf{h}(\xi, \eta, \mathbf{y}, \mathbf{y}_\xi, \mathbf{y}_\eta) \big|\, d\xi\, d\eta$$

$$\le L \iint\limits_{T(x,y)} \big| (\mathbf{x}(\xi,\eta) - \mathbf{y}(\xi,\eta), \mathbf{x}_\xi - \mathbf{y}_\xi, \mathbf{x}_\eta - \mathbf{y}_\eta) \big|\, d\xi\, d\eta$$

$$\le L \int\limits_0^{x+y} |x + y - \tau|\, \phi(\tau)\, d\tau$$

(19)

mit

$$\phi(\tau) := \max_{(\xi,\eta)\in T(x,y),\ \xi+\eta=\tau} \big| (\mathbf{x}(\xi,\eta) - \mathbf{y}(\xi,\eta), \mathbf{x}_\xi - \mathbf{y}_\xi, \mathbf{x}_\eta - \mathbf{y}_\eta) \big|. \qquad (20)$$

Weiter erhalten wir aus (14) die Ungleichung

$$|\hat{\mathbf{x}}_x(x,y) - \hat{\mathbf{y}}_x(x,y)| \le \int\limits_{-x}^{y} \big| \mathbf{h}(x, \eta, \mathbf{x}(x,\eta), \mathbf{x}_\xi, \mathbf{x}_\eta) - \mathbf{h}(x, \eta, \mathbf{y}(x,\eta), \mathbf{y}_\xi, \mathbf{y}_\eta) \big|\, d\eta$$

$$\le L \int\limits_{-x}^{y} \big| (\mathbf{x}(x,\eta) - \mathbf{y}(x,\eta), \mathbf{x}_\xi - \mathbf{y}_\xi, \mathbf{x}_\eta - \mathbf{y}_\eta) \big|\, d\eta$$

$$\le L \int\limits_0^{x+y} \phi(\tau)\, d\tau.$$

(21)

Ebenso zeigt man mit (15) die Abschätzung

$$|\hat{\mathbf{x}}_y(x,y) - \hat{\mathbf{y}}_y(x,y)| \le L \int\limits_0^{x+y} \phi(\tau)\, d\tau. \qquad (22)$$

Insgesamt liefern die Ungleichungen (19), (21) und (22) den

Satz 3. *Für beliebige* $\mathbf{x}, \mathbf{y} \in C^1(Q_R, \mathbb{R}^n)$ *gilt in* Q_R

$$\left| \left(\hat{\mathbf{x}}(x,y) - \hat{\mathbf{y}}(x,y), \hat{\mathbf{x}}_x(x,y) - \hat{\mathbf{y}}_x(x,y), \hat{\mathbf{x}}_y(x,y) - \hat{\mathbf{y}}_y(x,y) \right) \right|$$

$$\leq L \int\limits_0^{x+y} (2 + |x+y-\tau|)\phi(\tau)\, d\tau.$$

Wir erklären noch die Menge

$$Q_{R,S} := \left\{ (x,y,\mathbf{x},\mathbf{p},\mathbf{q}) \in Q_R \times \mathbb{R}^n \times \mathbb{R}^n \times \mathbb{R}^n \; : \; |\mathbf{x}|, |\mathbf{p}|, |\mathbf{q}| \leq S \right\},$$

und beweisen den zentralen

Satz 4. *Sei die parameterabhängige rechte Seite*

$$\mathbf{h} = \mathbf{h}(x,y,\mathbf{x},\mathbf{p},\mathbf{q},\lambda) : Q_{R,S} \times [\lambda_1, \lambda_2] \to \mathbb{R}^n$$

der Klasse $C^1(Q_{R,S} \times [\lambda_1,\lambda_2], \mathbb{R}^n)$ *mit* $R > 0$, $S > 0$ *und* $-\infty < \lambda_1 < \lambda_2 < +\infty$ *gegeben. Dann gibt es ein* $r \in (0, R]$, *so daß für alle* $\lambda \in [\lambda_1, \lambda_2]$ *das CAP*

$$\mathbf{x} = \mathbf{x}(x,y,\lambda) \in C_{xy}(Q_r, \mathbb{R}^n),$$

$$\mathbf{x}_{xy}(x,y,\lambda) = \mathbf{h}(x,y,\mathbf{x}(x,y,\lambda), \mathbf{x}_x(x,y,\lambda), \mathbf{x}_y(x,y,\lambda), \lambda) \qquad in \quad Q_r, \quad (23)$$

$$\mathbf{x}(x,-x,\lambda) = 0 = \frac{\partial}{\partial \nu} \mathbf{x}(x,-x,\lambda) \qquad für \quad x \in [-r,r]$$

genau eine Lösung hat. Weiter hängt die Lösung wie folgt differenzierbar vom Parameter ab:

$$\mathbf{x}(x,y,\lambda) \in C^1(Q_r \times [\lambda_1, \lambda_2], \mathbb{R}^n).$$

Beweis:

1. Wir halten zunächst den Parameter $\lambda \in [\lambda_1, \lambda_2]$ fest und konstruieren eine Lösung $\mathbf{x}(x,y,\lambda)$ mit dem Banachschen Fixpunksatz. Dazu erklären wir den Banachraum

$$\mathcal{B} := \left\{ \mathbf{y} \in C^1(Q_R, \mathbb{R}^n) \; : \; \mathbf{y}(x,-x) = 0 = \frac{\partial}{\partial \nu} \mathbf{y}(x,-x), \; x \in [-R,R] \right\}$$

ausgestattet mit der Norm

$$\|\mathbf{y}\| := \sup_{(x,y) \in Q_R} \left| \left(\mathbf{y}(x,y), \mathbf{y}_\xi(x,y), \mathbf{y}_\eta(x,y) \right) \right|. \qquad (24)$$

Wir setzen $\mathbf{h} : Q_{R,S} \times [\lambda_1, \lambda_2] \to \mathbb{R}^n$ auf $Q_R \times \mathbb{R}^n \times \mathbb{R}^n \times \mathbb{R}^n \times [\lambda_1, \lambda_2]$ so fort, daß für alle $\lambda \in [\lambda_1, \lambda_2]$ die Lipschitzbedingung (17) mit einer gemeinsamen Lipschitzkonstanten $L \geq 0$ erfüllt ist. Gemäß Satz 3 ist dann für hinreichend kleines $R > 0$ der in (18) erklärte Integrodifferentialoperator $I : \mathcal{B} \to \mathcal{B}$ kontrahierend, d.h. es gibt ein $\theta \in [0,1)$ mit

$$\|I(\mathbf{x}) - I(\mathbf{y})\| \leq \theta \|\mathbf{x} - \mathbf{y}\| \qquad \text{für alle} \quad \mathbf{x}, \mathbf{y} \in \mathcal{B}. \tag{25}$$

Nach dem Banachschen Fixpunktsatz (siehe Kapitel VII, § 1, Satz 3) gibt es somit eine Lösung $\mathbf{x} = \mathbf{x}(x, y, \lambda) \in \mathcal{B}$ der Integrodifferentialgleichung

$$\mathbf{x}(x,y,\lambda) = \iint\limits_{T(x,y)} \mathbf{h}(\xi, \eta, \mathbf{x}(\xi, \eta, \lambda), \mathbf{x}_\xi(\xi, \eta, \lambda), \mathbf{x}_\eta(\xi, \eta, \lambda), \lambda)\, d\xi\, d\eta \tag{26}$$

für alle $\lambda \in [\lambda_1, \lambda_2]$. Wie im Beweis von Satz 2 sehen wir schließlich, daß $\mathbf{x}(x, y, \lambda) \in C_{xy}(Q_R, \mathbb{R}^n)$ für jedes $\lambda \in [\lambda_1, \lambda_2]$ richtig ist.

2. Wir zeigen nun, daß die Lösung für hinreichend kleines $R > 0$ unabhängig von der Fortsetzung der rechten Seite $\mathbf{h}$ ist: Sei $\mathbf{x}$ eine Lösung des CAP (23) zu festem $\lambda \in [\lambda_1, \lambda_2]$, so setzen wir

$$\mathbf{y}(x,y) := I(\mathbf{0})(x,y) = \iint\limits_{T(x,y)} \mathbf{h}(\xi, \eta, 0, 0, 0, \lambda)\, d\xi\, d\eta.$$

Für die Funktion

$$\psi(t) := \max_{(x,y) \in Q_R,\ x+y=t} \left| \left(\mathbf{x}(x,y) - \mathbf{y}(x,y), \mathbf{x}_\xi - \mathbf{y}_\xi, \mathbf{x}_\eta - \mathbf{y}_\eta \right) \right|$$

entnehmen wir Satz 3 die Abschätzung

$$\psi(t) \leq A \int_0^t \left(\psi(\tau) + \|\mathbf{y}\| \right) d\tau \tag{27}$$

mit einer Konstante $A > 0$. Ein Vergleichssatz (siehe Hilfssatz 1 in § 5) liefert dann

$$\psi(t) \leq \|\mathbf{y}\| (e^{At} - 1).$$

Wählt man also $R > 0$ hinreichend klein, so ist

$$(\mathbf{x}(x,y), \mathbf{x}_\xi(x,y), \mathbf{x}_\eta(x,y)) \in Q_{R,S} \qquad \text{für alle} \quad (x,y) \in Q_R$$

erfüllt.

3. Haben wir nun zwei Lösungen $\mathbf{x} = \mathbf{x}(x, y, \lambda)$ und $\tilde{\mathbf{x}} = \tilde{\mathbf{x}}(x, y, \tilde{\lambda})$ zu den Parametern λ und $\tilde{\lambda}$, so leiten wir wie im Beweis von Satz 3 eine Ungleichung der Form

$$\psi(t) \leq A \int_0^t \left(\psi(\tau) + \varepsilon(\lambda, \tilde{\lambda}) \right) d\tau \tag{28}$$

für die Funktion

$$\psi(t) := \max_{(x,y)\in Q_R,\ x+y=t} \left| \left(\mathbf{x}(x,y) - \tilde{\mathbf{x}}(x,y), \mathbf{x}_\xi - \tilde{\mathbf{x}}_\xi, \mathbf{x}_\eta - \tilde{\mathbf{x}}_\eta \right) \right|$$

her. Dabei ist $\varepsilon(\lambda,\tilde{\lambda}) \to \varepsilon(\lambda,\lambda) = 0$ für $\lambda \to \tilde{\lambda}$ erfüllt. Mit dem o.a. Vergleichssatz folgt

$$\psi(t) \leq \varepsilon(\lambda,\tilde{\lambda})(e^{At} - 1), \tag{29}$$

was die stetige Abhängigkeit der Lösung vom Parameter in der C^1-Norm impliziert. Weiter liefert $\varepsilon(\lambda,\lambda) = 0$ die eindeutige Lösbarkeit des CAP.

4. Um schließlich die differenzierbare Abhängigkeit vom Parameter zu zeigen, betrachtet man wie bei gewöhnlichen Differentialgleichungen den Differenzenquotienten und geht in der Integrodifferentialgleichung zur Grenze über.

q.e.d.

Bemerkungen:

1. Die Lösung des CAP (23) konstruiert man durch sukzessive Approximation

$$\mathbf{x}^{(0)}(x,y) := 0 \quad \text{in} \quad Q_R,$$

$$\mathbf{x}^{(j+1)}(x,y) := \iint\limits_{T(x,y)} \mathbf{h}\big(\xi,\eta,\mathbf{x}^{(j)}(\xi,\eta),\mathbf{x}_\xi^{(j)},\mathbf{x}_\eta^{(j)}\big)\, d\xi\, d\eta \quad \text{in} \quad Q_R, \tag{30}$$

für $j = 0,1,2,\ldots$

2. Setzt man höhere Regularität der rechten Seite $\mathbf{h}$ voraus, so ergibt sich entsprechend höhere Regularität der Lösungen. Dies gilt auch für die Differenzierbarkeit der Lösungsschar bezüglich des Parameters $\lambda \in [\lambda_1,\lambda_2]$. Zum Beweis nutzt man eine Differenzenquotientenmethode, wie sie in Teil 4 des Beweises angedeutet wurde.

Satz 5. Voraussetzungen: *Die quasilineare Differentialgleichung*

$$0 = a(x,y,\zeta(x,y),\zeta_x(x,y),\zeta_y(x,y))\zeta_{xx} + 2b(\ldots)\zeta_{xy} + c(\ldots)\zeta_{yy}$$
$$+d(x,y,\zeta(x,y),\zeta_x(x,y),\zeta_y(x,y)) = 0 \quad \text{in} \quad \Omega \tag{31}$$

mit den Koeffizienten $a = a(x,y,z,p,q),\ldots,d = d(x,y,z,p,q) \in C^2(\Omega \times \mathbb{R} \times \mathbb{R} \times \mathbb{R},\mathbb{R})$ sei vorgelegt, und $\Omega \subset \mathbb{R}^2$ sei eine offene Menge. Wir betrachten eine reguläre Kurve

$$\Gamma: \quad x = x(t),\ y = y(t), \quad t \in [t_0 - T, t_0 + T], \quad \text{in} \quad \Omega$$

mit der Höhenfunktion $f = f(t) \in C^3([t_0 - T, t_0 + T],\mathbb{R})$ und der vorgeschriebenen Ableitung $g = g(t) \in C^2([t_0 - T, t_0 + T],\mathbb{R})$ in Richtung ihrer Normalen

$$\nu = \nu(t) := \frac{1}{\sqrt{x'(t)^2 + y'(t)^2}} \big(-y'(t), x'(t) \big).$$

Längs dieses Streifens *sei die Differentialgleichung (31) hyperbolisch, d.h. es gilt*

$$a(t)c(t) - b(t)^2 < 0 \qquad \text{für alle} \quad t \in [t_0 - T, t_0 + T],$$

wobei wir $a(t) := a(x(t), y(t), f(t), p(t), q(t))$ *etc. mit*

$$p(t) := \frac{x'(t)f'(t) - \sqrt{x'(t)^2 + y'(t)^2}\, y'(t)g(t)}{x'(t)^2 + y'(t)^2},$$

$$q(t) := \frac{y'(t)f'(t) + \sqrt{x'(t)^2 + y'(t)^2}\, x'(t)g(t)}{x'(t)^2 + y'(t)^2}$$

gesetzt haben. Schließlich bilde die Kurve Γ *bezüglich des Streifens eine nichtcharakteristische Kurve für die Differentialgleichung (31), d.h. es sei*

$$c(t)x'(t)^2 - 2b(t)x'(t)y'(t) + a(t)y'(t)^2 \neq 0 \qquad \text{für alle} \quad t \in [t_0 - T, t_0 + T]$$

erfüllt.

Behauptung: *Dann gibt es eine Umgebung* $\Theta = \Theta(x^0, y^0)$ *des Punktes* $(x^0, y^0) := (x(t_0), y(t_0))$ *und eine Funktion* $\zeta = \zeta(x, y) \in C^2(\Theta)$, *welche das Cauchysche Anfangswertproblem*

$$a(x, y, \zeta(x,y), \zeta_x, \zeta_y)\zeta_{xx} + 2b(\ldots)\zeta_{xy} + c(\ldots)\zeta_{yy} + d(\ldots) = 0 \qquad in \quad \Theta$$

$$\zeta(x(t), y(t)) = f(t), \quad \frac{\partial}{\partial \nu}\zeta(x(t), y(t)) = g(t) \qquad auf \quad \Gamma \cap \Theta$$

$$(32)$$

löst; dabei bezeichnet $\frac{\partial}{\partial \nu}$ *die Ableitung in Richtung der Normale* ν *an die Kurve* Γ. *Die Lösung von (32) ist eindeutig bestimmt.*

Bemerkung: Man kann also lokal den vorgeschriebenen nichtcharakteristischen Streifen $\{\Gamma, f, g\}$ ergänzen zu einer Lösung der gegebenen Differentialgleichung.

Beweis: Mit Hilfe von § 3, Satz 3 führen wir in die Differentialgleichung (31) charakteristische Parameter (ξ, η) ein. Differenzieren wir dann das System erster Ordnung einmal durch, so erhalten wir ein System der Form

$$\mathbf{y}_{\xi\eta}(\xi, \eta) = \mathbf{h}(\xi, \eta, \mathbf{y}(\xi, \eta), \mathbf{y}_\xi(\xi, \eta), \mathbf{y}_\eta(\xi, \eta)). \qquad (33)$$

Wegen $a, b, c, d \in C^2$ ist $\mathbf{h}$ aus C^1 bezüglich $\mathbf{y}, \mathbf{x}_\xi, \mathbf{y}_\eta$. Aus den Cauchydaten $(x(t), y(t), f(t), g(t))$, $t_0 - T \leq t \leq t_0 + T$, berechnet man die Anfangsdaten für $\mathbf{y}$. Da hier $\xi =$const und $\eta =$const die charakteristischen Kurven sind, kann man durch eine Transformation $\xi \mapsto \varphi(\xi)$, $\eta \mapsto \psi(\eta)$ erreichen, daß die nichtcharakteristische Kurve Γ in die Kurve $\xi + \eta = 0$ übergeht. Mit Satz 1 können wir nun zu homogenen Anfangswerten übergehen, und mit Satz 4 lösen wir das CAP für das System (33). Durch Resubstitution erhalten wir dann eine Lösung des CAP (32) (vgl. Beweis zu § 3, Satz 3). Die Eindeutigkeit folgt schließlich aus der entsprechenden Aussage für das System (33).

q.e.d.

§5 Die Riemannsche Integrationsmethode

In diesem Paragraphen wollen wir uns mit linearen hyperbolischen Differenti-algleichungen befassen. Während wir in § 4, Satz 5 nur lokale Lösbarkeit zeigen konnten, werden wir hier die globale Lösbarkeit des linearen CAP sichern. Zur Bequemlichkeit des Lesers stellen wir zuvor die folgende Aussage bereit:

Hilfssatz 1. (Vergleichssatz)
Die stetige Funktion $f : [\xi-h, \xi+h] \to [0, +\infty)$ genüge der Integralungleichung

$$f(x) \le A \int_{\xi}^{x} \big(f(t) + \varepsilon\big)\, |dt| \qquad \text{für alle} \quad x \in [\xi - h, \xi + h]$$

mit Konstanten $A > 0$ und $\varepsilon \ge 0$. Dann gilt für alle $x \in [\xi - h, \xi + h]$ die Abschätzung

$$0 \le f(x) \le \varepsilon\big(e^{A|x-\xi|} - 1\big) = \varepsilon \sum_{k=1}^{\infty} \frac{A^k}{k!} |x - \xi|^k.$$

Beweis: Wir setzen $M := \max\{f(x) : \xi - h \le x \le \xi + h\}$ und zeigen durch vollständige Induktion

$$f(x) \le \varepsilon \sum_{k=1}^{n} \frac{A^k}{k!} |x - \xi|^k + M \frac{A^n}{n!} |x - \xi|^n, \qquad x \in [\xi - h, \xi + h].$$

Aus der Integralungleichung erhalten wir nämlich

$$f(x) \le MA|x - \xi| + \varepsilon A|x - \xi| \qquad \text{für alle} \quad x \in [\xi - h, \xi + h],$$

so daß der Fall $n = 1$ gesichert ist. Gilt nun obige Abschätzung für ein $n \in \mathbb{N}$, so finden wir

$$f(x) \le \varepsilon A|x - \xi| + A \int_{\xi}^{x} f(t)\, |dt|$$

$$\le \varepsilon A|x - \xi| + A \int_{\xi}^{x} \left\{ \varepsilon \sum_{k=1}^{n} \frac{A^k}{k!} |x - \xi|^k + M \frac{A^n}{n!} |x - \xi|^n \right\} |dt|$$

$$= \varepsilon A|x - \xi| + \varepsilon \sum_{k=1}^{n} \frac{A^{k+1}}{(k+1)!} |x - \xi|^{k+1} + M \frac{A^{n+1}}{(n+1)!} |x - \xi|^{n+1}$$

$$= \varepsilon \sum_{k=1}^{n+1} \frac{A^k}{k!} |x - \xi|^k + M \frac{A^{n+1}}{(n+1)!} |x - \xi|^{n+1}.$$

Da nun

$$\lim_{n \to \infty} \frac{(A|x - \xi|)^{n+1}}{(n+1)!} = 0$$

richtig ist, folgt durch Grenzübergang in obiger Abschätzung

$$f(x) \leq \varepsilon \sum_{k=1}^{\infty} \frac{A^k}{k!} |x - \xi|^k = \varepsilon \bigl(e^{A|x-\xi|} - 1\bigr).$$

q.e.d.

Satz 1. *Seien die Funktionen $f = f(t) \in C_0^2(\mathbb{R})$ und $g = g(t) \in C_0^1(\mathbb{R})$ gegeben. Weiter seien die Koeffizientenfunktionen $a = a(x,y)$, $b = b(x,y)$, $c = c(x,y)$, $d = d(x,y)$ aus der Klasse $C_0^1(\mathbb{R}^2)$. Dann hat das CAP*

$$u_{xy}(x,y) + au_x(x,y) + bu_y(x,y) + cu(x,y) = d(x,y) \quad \text{in} \quad \mathbb{R}^2,$$

$$u(x,-x) = f(x), \quad \frac{\partial}{\partial \nu} u(x,-x) = g(x) \quad \text{für} \quad x \in \mathbb{R} \tag{1}$$

genau eine Lösung. Hierbei bezeichnet $\frac{\partial}{\partial \nu}$ wieder die Ableitung in Richtung der Normalen $\nu = \frac{1}{\sqrt{2}}(1,1)$.

Beweis: Schreiben wir die Differentialgleichung in der Form

$$u_{xy} = h(x,y,u,u_x,u_y) := d(x,y) - a(x,y)u_x - b(x,y)u_y - c(x,y)u,$$

so genügt h global einer Lipschitzbedingung wie in § 4, Formel (17) mit einer Lipschitzkonstanten $L \in [0,+\infty)$. Für eine Lösung $u = u(x,y)$, die in einer Umgebung der Nebendiagonale $x+y = 0$ existiert, betrachten wir die Funktion

$$\phi(t) := \max_{x+y=t} \left| \Bigl(u(x,y) - v(x,y), u_x(x,y) - v_x(x,y), u_y(x,y) - v_y(x,y) \Bigr) \right|$$

mit

$$v(x,y) := I(0)|_{(x,y)}.$$

Hierbei bezeichnet I den in § 4, Formel (18) erklärten Integrodifferentialoperator. Wir erhalten aus Satz 3 in § 4 die Differentialungleichung

$$\phi(t) \leq L \int_0^t (2 + T)\bigl(\phi(\tau) + K\bigr) \, d\tau \quad \text{für alle} \quad 0 \leq t \leq T < +\infty$$

mit einer Konstante $K > 0$. Hilfssatz 1 liefert die Abschätzung

$$\phi(t) \leq K\bigl(e^{L(2+T)t} - 1\bigr) \quad \text{für alle} \quad 0 \leq t \leq T < +\infty$$

beziehungsweise

$$\phi(T) \leq K\bigl(e^{L(2+T)T} - 1\bigr) \quad \text{für} \quad 0 \leq T < +\infty. \tag{2}$$

Somit bleibt die Lösung des CAP beschränkt in der C^1-Norm, und das Verfahren der sukzessiven Approximation liefert global auf dem $\mathbb{R}^2$ eine Lösung.

q.e.d.

Wir wollen nun eine Integraldarstellung für die Lösung des CAP (1) angeben. Diese *Riemannsche Integrationsmethode* entspricht der Darstellung der Lösung der Poissongleichung durch die Greensche Funktion. Zum linearen Differentialoperator

$$\mathcal{L}u(x,y) := u_{xy}(x,y) + a(x,y)u_x(x,y) + b(x,y)u_y(x,y) + c(x,y)u(x,y) \quad (3)$$

betrachten wir den *adjungierten Differentialoperator*

$$\mathcal{M}v(x,y) := v_{xy}(x,y) - [a(x,y)v(x,y)]_x - [b(x,y)v(x,y)]_y + c(x,y)v(x,y). \quad (4)$$

Es stimmen $\mathcal{L}$ und $\mathcal{M}$ genau dann überein, falls $a \equiv 0 \equiv b$ erfüllt ist.

Hilfssatz 2. *Es gilt*

$$v\,\mathcal{L}u - u\,\mathcal{M}v = (-v_y u + auv)_x + (vu_x + bvu)_y. \quad (5)$$

Beweis: Wir berechnen

$$\begin{aligned}
v\,\mathcal{L}u &= vu_{xy} + avu_x + bvu_y + cvu \\
&= (vu_x)_y - v_y u_x + (avu)_x - (av)_x u + (bvu)_y - (bv)_y u + cvu \\
&= (vu_x + bvu)_y + (-v_y u + avu)_x + uv_{xy} - u(av)_x - u(bv)_y + ucv \\
&= (vu_x + bvu)_y + (-v_y u + avu)_x + u\,\mathcal{M}v.
\end{aligned}$$

q.e.d.

Sei nun $\Gamma \subset \mathbb{R}^2$ eine abgeschlossene, reguläre, nichtcharakteristische Kurve für die Differentialgleichung (1), d.h. Γ verläuft nirgends parallel zu den Koordinatenachsen. Wir können also eine stetige, bijektive Funktion $\varphi = \varphi(x) : [x_1, x_2] \to \mathbb{R}$ so angeben, daß gilt

$$\begin{aligned}
\Gamma &= \Big\{ (x,y) \in \mathbb{R}^2 \ : \ y = \varphi(x),\ x_1 \le x \le x_2 \Big\} \\
&= \Big\{ (x,y) \in \mathbb{R}^2 \ : \ x = \varphi^{-1}(y),\ y_2 \le y \le y_1 \Big\}
\end{aligned}$$

mit $y_1 = \varphi(x_1)$ und $y_2 = \varphi(x_2)$. (Wir nehmen o.B.d.A. an $y_2 < y_1$.) Weiter sei $P = (x,y) \notin \Gamma$ ein fester Punkt im Quadrat $[x_1, x_2] \times [y_2, y_1]$, von dem wir annehmen, daß er sich oberhalb von Γ befindet, d.h. $y > \varphi(x)$. Dann erklären wir das *charakteristische Dreieck*

$$T(x,y) := \Big\{ (\xi, \eta) \in \mathbb{R}^2 \ : \ \varphi(x) < \varphi(\xi) < \eta < y \Big\}.$$

Ferner schreiben wir

$$\Gamma(x,y) := \Gamma \cap \partial T(x,y).$$

Schließlich bezeichne $\nu = (\nu_1, \nu_2)$ die äußere Normale an $T(x,y)$, und wir setzen noch $A := (\varphi^{-1}(y), y), B := (x, \varphi(x)) \in \Gamma$.

Mit dem Gaußschen Integralsatz integrieren wir nun (5) über das Dreieck $T(x,y)$ und erhalten

$$\iint\limits_{T(x,y)} (v\,\mathcal{L}u - u\,\mathcal{M}v)\Big|_{(\xi,\eta)} \, d\xi \, d\eta$$

$$= \int\limits_{\partial T(x,y)} \left\{ (-v_y u + auv)\nu_1 + (vu_x + bvu)\nu_2 \right\} d\sigma$$

$$= \int\limits_{\widehat{AB}} \left\{ (-v_y u + auv)\nu_1 + (vu_x + bvu)\nu_2 \right\} d\sigma$$

$$+ \int\limits_{\widehat{BP}} (-v_y + av)u \, d\eta + \int\limits_{\widehat{PA}} (u_x + bu)v \, d\xi$$

$$= \int\limits_{\widehat{AB}} \left\{ (-v_y u + auv)\nu_1 + (vu_x + bvu)\nu_2 \right\} d\sigma$$

$$+ \int\limits_{\widehat{BP}} (-v_y + av)u \, d\eta + \int\limits_{\widehat{PA}} (-v_x + bv)u \, d\xi + \int\limits_{\widehat{PA}} (uv)_x \, d\xi$$

$$= \int\limits_{\widehat{AB}} \left\{ (-v_y u + auv)\nu_1 + (vu_x + bvu)\nu_2 \right\} d\sigma$$

$$+ \int\limits_{\widehat{BP}} (-v_y + av)u \, d\eta + \int\limits_{\widehat{PA}} (-v_x + bv)u \, d\xi$$

$$- u(P)v(P) + u(A)v(A).$$

Hierbei bezeichnet z.B. $\widehat{AB} = \Gamma(x,y)$ den von A nach B durchlaufenen Teilbogen des Randes von $T(x,y)$ zwischen den Punkten A und B.

Definition 1. *Die Funktion* $v(\xi, \eta) =: R(\xi, \eta; x, y)$ *heißt Riemannsche Funktion, falls folgendes gilt:*

1. v genügt der Differentialgleichung $\mathcal{M}v = 0$ in $T(x,y)$.

2. Wir haben $v(x,y) = R(x, y; x, y) = 1$.

3. Längs $\widehat{BP}$ gilt $-v_y + av = 0$ bzw. $v(x, \eta) = \exp\left\{ \int\limits_y^\eta a(x, t) \, dt \right\}$.

4. Längs $\widehat{PA}$ *gilt* $-v_x + bv = 0$ *bzw.* $v(\xi, y) = \exp\left\{\int_x^{\xi} b(t, y)\, dt\right\}.$

Können wir eine Riemannsche Funktion angeben, so gilt der folgende

Satz 2. (Riemannsche Integrationsmethode)
Eine Lösung der hyperbolischen Differentialgleichung $\mathcal{L}u(\xi, \eta) = h(\xi, \eta)$ *kann mit Hilfe ihrer Riemannschen Funktion* $R(\xi, \eta; x, y)$ *wie folgt durch ihre Cauchydaten dargestellt werden: Für* $P = (x, y)$ *gilt*

$$u(P) = u(A)R(A; P) - \iint\limits_{T(x,y)} R(\xi, \eta; P)h(\xi, \eta)\, d\xi\, d\eta$$

$$+ \int\limits_{\Gamma(x,y)} \left\{ \left(-R_\eta(\xi, \eta; P)u(\xi, \eta) + auR\right)\nu_1 + (Ru_\xi + bRu)\nu_2 \right\} d\sigma. \tag{6}$$

Bemerkung: Es bleibt die Aufgabe, eine Riemannsche Funktion zu konstruieren.

§6 Das Bernsteinsche Analytizitätstheorem

Auf der Kreisscheibe $B := \{(u, v) : u^2 + v^2 < 1\}$ betrachten wir eine Lösung

$$\mathbf{x} = \mathbf{x}(u, v) = \big(x_1(u, v), \ldots, x_n(u, v)\big) : B \to \mathbb{R}^n \in C^3(B, \mathbb{R}^n) \tag{1}$$

des quasilinearen, elliptischen Systems

$$\Delta\mathbf{x}(u, v) = \mathbf{F}(u, v, \mathbf{x}(u, v), \mathbf{x}_u(u, v), \mathbf{x}_v(u, v)), \qquad (u, v) \in B. \tag{2}$$

In einer offenen Umbgebung $\mathcal{O} \subset \mathbb{R}^{2+3n}$ der Fläche

$$\mathcal{F} := \left\{ \big(u, v, \mathbf{x}(u, v), \mathbf{x}_u(u, v), \mathbf{x}_v(u, v)\big) : (u, v) \in B \right\}$$

sei dabei die Funktion

$$\mathbf{F} : \mathcal{O} \to \mathbb{R}^n \qquad \text{reellanalytisch.} \tag{3}$$

In jedem Punkt $\mathbf{z} \in \mathcal{O}$ können wir also $\mathbf{F}$ in ihren $2 + 3n$ Variablen lokal in eine Potenzreihe mit Koeffizienten aus dem $\mathbb{R}^n$ entwickeln; diese konvergiert dann auch in den komplexen Variablen $u, v, z_1, \ldots, z_n, p_1, \ldots, p_n, q_1, \ldots, q_n \in \mathbb{C}$. Hierdurch erklären wir die Fortsetzung

$$\mathbf{F} = \mathbf{F}(u, v, z_1, \ldots, z_n, p_1, \ldots, p_n, q_1, \ldots, q_n) : \mathcal{O} \to \mathbb{C}^n \in C^1(\mathcal{O}, \mathbb{C}^n) \tag{4}$$

der rechten Seite von (2) auf eine offene Menge $\mathcal{O}$ im $\mathbb{C}^{2+3n}$ mit $\mathcal{F} \subset \mathcal{O}$, wobei wir auf eine Umbenennung verzichten. $\mathbf{F}$ erfüllt somit die $2 + 3n$ Cauchy-Riemann-Gleichungen

$$\mathbf{F}_{\overline{u}} \equiv \mathbf{F}_{\overline{v}} \equiv \mathbf{F}_{\overline{z_1}} \equiv \ldots \equiv \mathbf{F}_{\overline{z_n}} \equiv \mathbf{F}_{\overline{p_1}} \equiv \ldots \equiv \mathbf{F}_{\overline{p_n}} \equiv \mathbf{F}_{\overline{q_1}} \equiv \ldots \equiv \mathbf{F}_{\overline{q_n}} \equiv 0 \quad (5)$$

in $\mathcal{O}$. Unter der Voraussetzung (3) bzw. (4)-(5) wollen wir im folgenden zeigen, daß eine Lösung (1) von (2) in der Kreisscheibe B reellanalytisch ist. Dann gibt es eine offene Umgebung $\mathcal{B} \subset \mathbb{C}^2$ von B, so daß die auf $\mathcal{B}$ fortgesetzte Funktion

$$\mathbf{x}(u,v) = (x_1(u,v), \ldots, x_n(u,v)) : \mathcal{B} \to \mathbb{C}^n \in C^3(\mathcal{B}, \mathbb{C}^n) \quad (6)$$

die Cauchy-Riemannschen Gleichungen

$$\frac{\partial}{\partial \overline{u}} x_j(u,v) \equiv 0 \equiv \frac{\partial}{\partial \overline{v}} x_j(u,v), \quad (u,v) \in \mathcal{B}, \quad \text{für} \quad j = 1, \ldots, n \quad (7)$$

beziehungsweise

$$\mathbf{x}_{\overline{u}} := (x_{1,\overline{u}}, \ldots, x_{n,\overline{u}}) \equiv 0 \equiv (x_{1,\overline{v}}, \ldots, x_{n,\overline{v}}) =: \mathbf{x}_{\overline{v}} \quad \text{in} \quad \mathcal{B} \quad (8)$$

erfüllt. Mit Ideen von H. Lewy werden wir die Lösung (1) von (2) von B auf $\mathcal{B}$ analytisch fortsetzen, indem wir Anfangswertprobleme für nichtlineare Differentialgleichungen in zwei Variablen lösen. Gehen wir von einer solchen Fortsetzung auf Variablen $(u,v) = (\alpha + i\beta, \gamma + i\delta) \in \mathcal{B}$ aus, so erscheint das System (2) in der Form

$$\mathbf{x}_{\alpha\alpha}(u,v) + \mathbf{x}_{\gamma\gamma}(u,v) = \mathbf{F}(u,v,\mathbf{x},\mathbf{x}_\alpha(u,v),\mathbf{x}_\gamma(u,v)) \quad \text{in} \quad \mathcal{B}. \quad (9)$$

Die Cauchy-Riemann-Gleichungen können wir schreiben als

$$\mathbf{x}_\beta(u,v) = i\mathbf{x}_\alpha(u,v) \quad \text{in} \quad \mathcal{B} \quad (10)$$

und

$$\mathbf{x}_\delta(u,v) = i\mathbf{x}_\gamma(u,v) \quad \text{in} \quad \mathcal{B}. \quad (11)$$

Dies impliziert die Laplace-Gleichungen

$$\mathbf{x}_{\alpha\alpha}(u,v) + \mathbf{x}_{\beta\beta}(u,v) = 0 \quad \text{in} \quad \mathcal{B} \quad (12)$$

und

$$\mathbf{x}_{\gamma\gamma}(u,v) + \mathbf{x}_{\delta\delta}(u,v) = 0 \quad \text{in} \quad \mathcal{B}. \quad (13)$$

Setzen wir (12) und (10) in (9) ein, so erhalten wir

$$-\mathbf{x}_{\beta\beta}(u,v) + \mathbf{x}_{\gamma\gamma}(u,v) = \mathbf{F}(u,v,\mathbf{x},-i\mathbf{x}_\beta,\mathbf{x}_\gamma) \quad \text{in} \quad \mathcal{B}, \quad (14)$$

und aus (13), (11) und (9) folgt

$$\mathbf{x}_{\alpha\alpha}(u,v) - \mathbf{x}_{\delta\delta}(u,v) = \mathbf{F}(u,v,\mathbf{x},\mathbf{x}_\alpha,-i\mathbf{x}_\delta) \quad \text{in} \quad \mathcal{B}. \quad (15)$$

Für die hyperbolischenGleichungen (14) und (15) lösen wir nun Anfangswertprobleme mit Anfangsgeschwindigkeiten, die durch (10) bzw. (11) gegeben sind. Wir erhalten so den

Satz 1. (Analytizitätstheorem von S. Bernstein)

Sei eine Lösung $\mathbf{x} = \mathbf{x}(u,v)$ *des Differentialgleichungsproblems (1)-(2) mit der reellanalytischen rechten Seite (3) bzw. (4)-(5) gegeben. Dann ist* $\mathbf{x}$ *reellanalytisch in* B.

Beweis (H. Lewy):

1. Mit den oben eingeführten Bezeichnungen gehen wir aus von einer Lösung $\mathbf{x} = \mathbf{x}(\alpha, \gamma) : B \to \mathbb{R}^n \in C^3(B, \mathbb{R}^n)$ des Differentialgleichunssystems

$$\mathbf{x}_{\alpha\alpha}(\alpha, \gamma) + \mathbf{x}_{\gamma\gamma}(\alpha, \gamma) = \mathbf{F}(\alpha, \gamma, \mathbf{x}, \mathbf{x}_\alpha(\alpha, \gamma), \mathbf{x}_\gamma(\alpha, \gamma)) \quad \text{in} \quad B. \quad (16)$$

Wir betrachten das Cauchysche Anfangswertproblem

$$-\mathbf{x}_{\beta\beta}(\alpha, \beta, \gamma) + \mathbf{x}_{\gamma\gamma}(\alpha, \beta, \gamma) = \mathbf{F}(\alpha, \beta, \gamma, \mathbf{x}, -i\mathbf{x}_\beta, \mathbf{x}_\gamma) \quad \text{in} \quad \mathcal{B}',$$

$$\mathbf{x}(\alpha, 0, \gamma) = \mathbf{x}(\alpha, \gamma) \quad \text{in} \quad B, \quad (17)$$

$$\mathbf{x}_\beta(\alpha, 0, \gamma) = i\mathbf{x}_\alpha(\alpha, \gamma) \quad \text{in} \quad B$$

zum Parameter α. Hierbei ist $\mathcal{B}' \subset \mathbb{R}^3$ eine geeignete offene Menge mit $B \subset \mathcal{B}'$. Gemäß § 4 hat (17) eine lokal eindeutige Lösung $\mathbf{x} = \mathbf{x}(\alpha, \beta, \gamma)$, da die charakteristischen Kurven der Differentialgleichung aus B herausführen. Wir bemerken, daß die Lösung differenzierbar vom Parameter α abhängt. Es sei nun $u := \alpha + i\beta$. Beachten wir noch Bemerkung 2 im Anschluß an Satz 4 aus § 4, so können wir den Operator

$$\frac{\partial}{\partial \overline{u}} = \frac{1}{2}\left(\frac{\partial}{\partial \alpha} + i\frac{\partial}{\partial \beta}\right)$$

auf die Differentialgleichung in (17) anwenden. Wir erhalten dann für die Funktion

$$\mathbf{y}(\alpha, \beta, \gamma) = \big(y_1(\alpha, \beta, \gamma), \ldots, y_n(\alpha, \beta, \gamma)\big) := \mathbf{x}_{\overline{u}}(\alpha, \beta, \gamma)$$

das Differentialgleichungssystem

$$-\mathbf{y}_{\beta\beta}(\alpha, \beta, \gamma) + \mathbf{y}_{\gamma\gamma}(\alpha, \beta, \gamma) = \sum_{j=1}^{n}\big\{\mathbf{F}_{z_j}y_j - i\mathbf{F}_{p_j}y_{j,\beta} + \mathbf{F}_{q_j}y_{j,\gamma}\big\} \quad \text{in} \quad \mathcal{B}'. \quad (18)$$

Offenbar ist wegen (17)

$$\mathbf{y}(\alpha, 0, \gamma) = \frac{1}{2}\big(\mathbf{x}_\alpha(\alpha, 0, \gamma) + i\mathbf{x}_\beta(\alpha, 0, \gamma)\big)$$

$$= \frac{1}{2}\big(\mathbf{x}_\alpha(\alpha, \gamma) + ii\mathbf{x}_\alpha(\alpha, \gamma)\big) = 0 \quad \text{in} \quad B \quad (19)$$

richtig. Weiter berechnen wir mit (17) und (16)

$$\mathbf{y}_\beta(\alpha, 0, \gamma) = \frac{1}{2}\big(\mathbf{x}_{\alpha\beta}(\alpha, 0, \gamma) + i\mathbf{x}_{\beta\beta}(\alpha, 0, \gamma)\big)$$

$$= \frac{1}{2}\big(\mathbf{x}_{\alpha\beta}(\alpha, 0, \gamma) + i\mathbf{x}_{\gamma\gamma}(\alpha, 0, \gamma) - i\mathbf{F}(\alpha, 0, \gamma, \mathbf{x}, \mathbf{x}_\alpha, \mathbf{x}_\gamma)\big)$$

$$= \frac{1}{2}\big(\mathbf{x}_{\alpha\beta}(\alpha, 0, \gamma) - i\mathbf{x}_{\alpha\alpha}(\alpha, \gamma)\big)$$

$$= \frac{1}{2}\frac{\partial}{\partial\alpha}\big(\mathbf{x}_\beta(\alpha, 0, \gamma) - i\mathbf{x}_\alpha(\alpha, \gamma)\big) = 0 \qquad \text{in} \quad B,$$

also

$$\mathbf{y}_\beta(\alpha, 0, \gamma) = 0 \qquad \text{in} \quad B. \tag{20}$$

Das homogene Cauchysche Anfangswertproblem (18)-(20) ist eindeutig lösbar durch $\mathbf{y}(\alpha, \beta, \gamma) \equiv 0$ in $\mathcal{B}'$, und es folgt

$$\mathbf{x}_{\overline{u}}(\alpha, \beta, \gamma) \equiv 0 \qquad \text{in} \quad \mathcal{B}'. \tag{21}$$

2. Wir setzen nun $\mathbf{x}$ von $\mathcal{B}'$ auf $\mathcal{B} \subset \mathbb{C}^2$ fort. Dazu lösen wir das Cauchysche Anfangswertproblem

$$\mathbf{x}_{\alpha\alpha}(\alpha, \beta, \gamma, \delta) - \mathbf{x}_{\delta\delta}(\alpha, \beta, \gamma, \delta) = \mathbf{F}(\alpha, \beta, \gamma, \delta, \mathbf{x}, \mathbf{x}_\alpha, -i\mathbf{x}_\delta) \qquad \text{in} \quad \mathcal{B},$$

$$\mathbf{x}(\alpha, \beta, \gamma, 0) = \mathbf{x}(\alpha, \beta, \gamma) \qquad \text{in} \quad \mathcal{B}',$$

$$\mathbf{x}_\delta(\alpha, \beta, \gamma, 0) = i\mathbf{x}_\gamma(\alpha, \beta, \gamma) \qquad \text{in} \quad \mathcal{B}'. \tag{22}$$

Die Lösung hängt differenzierbar von den Parametern β, γ ab, und höhere Regularität folgt wieder wie in § 4. Wir betrachten zunächst die Funktion

$$\mathbf{y}(\alpha, \beta, \gamma, \delta) = \big(y_1(\alpha, \beta, \gamma, \delta), \dots, y_n(\alpha, \beta, \gamma, \delta)\big) := \mathbf{x}_{\overline{u}}(\alpha, \beta, \gamma, \delta).$$

Diese genügt wegen (22) dem hyperbolischen System

$$\mathbf{y}_{\alpha\alpha}(\alpha, \beta, \gamma, \delta) - \mathbf{y}_{\delta\delta}(\alpha, \beta, \gamma, \delta) = \sum_{j=1}^{n}\big\{\mathbf{F}_{z_j}y_j + \mathbf{F}_{p_j}y_{j,\alpha} - i\mathbf{F}_{q_j}y_{j,\delta}\big\} \quad \text{in} \ \mathcal{B} \tag{23}$$

und erfüllt wegen (21) die Anfangsbedingungen

$$\mathbf{y}(\alpha, \beta, \gamma, 0) = \frac{1}{2}\big(\mathbf{x}_\alpha(\alpha, \beta, \gamma, 0) + i\mathbf{x}_\beta(\alpha, \beta, \gamma, 0)\big)$$

$$= \mathbf{x}_{\overline{u}}(\alpha, \beta, \gamma) = 0 \qquad \text{in} \quad \mathcal{B}' \tag{24}$$

und

$$\mathbf{y}_\delta(\alpha, \beta, \gamma, 0) = \frac{1}{2}\big(\mathbf{x}_{\alpha\delta}(\alpha, \beta, \gamma, 0) + i\mathbf{x}_{\beta\delta}(\alpha, \beta, \gamma, 0)\big)$$

$$= \frac{i}{2}\big(\mathbf{x}_{\alpha\gamma}(\alpha, \beta, \gamma) + i\mathbf{x}_{\beta\gamma}(\alpha, \beta, \gamma)\big) \tag{25}$$

$$= i\frac{\partial}{\partial\gamma}\mathbf{x}_{\overline{u}}(\alpha, \beta, \gamma) = 0 \qquad \text{in} \quad \mathcal{B}'.$$

Aus (23)-(25) folgt $\mathbf{y}(\alpha, \beta, \gamma, \delta) = 0$ in $\mathcal{B}$ bzw.

$$\mathbf{x}_{\overline{u}}(\alpha, \beta, \gamma, \delta) \equiv 0 \quad \text{in} \quad \mathcal{B}. \tag{26}$$

Schließlich untersuchen wir die Funktion

$$\mathbf{z}(\alpha, \beta, \gamma, \delta) = \big(z_1(\alpha, \beta, \gamma, \delta), \ldots, z_n(\alpha, \beta, \gamma, \delta)\big) := \mathbf{x}_{\overline{v}}(\alpha, \beta, \gamma, \delta),$$

welche wegen (22) dem folgenden Differentialgleichungssystem genügt:

$$\mathbf{z}_{\alpha\alpha}(\alpha, \beta, \gamma, \delta) - \mathbf{z}_{\delta\delta}(\alpha, \beta, \gamma, \delta) = \sum_{j=1}^{n} \big\{ \mathbf{F}_{z_j} z_j + \mathbf{F}_{p_j} z_{j,\alpha} - i\mathbf{F}_{q_j} z_{j,\delta} \big\} \quad \text{in } \mathcal{B}. \tag{27}$$

Wir berechnen für $\mathbf{z}$ die Anfangsbedingungen

$$\begin{aligned}
\mathbf{z}(\alpha, \beta, \gamma, 0) &= \frac{1}{2}\big(\mathbf{x}_\gamma(\alpha, \beta, \gamma, 0) + i\mathbf{x}_\delta(\alpha, \beta, \gamma, 0)\big) \\
&= \frac{1}{2}\big(\mathbf{x}_\gamma(\alpha, \beta, \gamma) + ii\mathbf{x}_\gamma(\alpha, \beta, \gamma)\big) = 0 \quad \text{in} \quad \mathcal{B}'
\end{aligned} \tag{28}$$

und

$$\begin{aligned}
\mathbf{z}_\delta(\alpha, \beta, \gamma, 0) &= \frac{1}{2}\big(\mathbf{x}_{\gamma\delta}(\alpha, \beta, \gamma, 0) + i\mathbf{x}_{\delta\delta}(\alpha, \beta, \gamma, 0)\big) \\
&= \frac{1}{2}\big(\mathbf{x}_{\gamma\delta}(\alpha, \beta, \gamma, 0) + i\mathbf{x}_{\alpha\alpha}(\alpha, \beta, \gamma, 0) - i\mathbf{F}(\alpha, \beta, \gamma, 0, \mathbf{x}, \mathbf{x}_\alpha, \mathbf{x}_\gamma)\big) \\
&= \frac{1}{2}\big(\mathbf{x}_{\gamma\delta}(\alpha, \beta, \gamma, 0) - i\mathbf{x}_{\gamma\gamma}(\alpha, \beta, \gamma)\big) \\
&= \frac{\partial}{\partial\gamma}\frac{1}{2}\big(\mathbf{x}_\delta(\alpha, \beta, \gamma, 0) - i\mathbf{x}_\gamma(\alpha, \beta, \gamma)\big) = 0 \quad \text{in} \quad \mathcal{B}',
\end{aligned} \tag{29}$$

wobei wir (22) und (16) benutzt haben. Gleichung (16) gilt nämlich wegen (21) auch in $\mathcal{B}'$. Aus (27)-(29) schließen wir nun $\mathbf{z}(\alpha, \beta, \gamma, \delta) \equiv 0$ in $\mathcal{B}$ bzw.

$$\mathbf{x}_{\overline{v}}(\alpha, \beta, \gamma, \delta) \equiv 0 \quad \text{in} \quad \mathcal{B}. \tag{30}$$

Wir haben also die Lösung $\mathbf{x} = \mathbf{x}(\alpha, \gamma)$ von (16) zu einer Funktion $\mathbf{x} = \mathbf{x}(\alpha, \beta, \gamma, \delta) : \mathcal{B} \to \mathbb{C}^n$ fortgesetzt, die wegen (26) und (30) holomorph in den Variablen $u = \alpha + i\beta$ und $v = \gamma + i\delta$ ist. Somit ist

$$\mathbf{x}(\alpha, \gamma) = \mathbf{x}(\alpha, \beta, \gamma, \delta)|_{\beta=\delta=0}$$

reellanalytisch in α und γ.   q.e.d.

Für die im folgenden Beweis verwendeten Aussagen über holomorphe Abbildungen verweisen wir auf [GF] insbesondere Kapitel I, §6 und §7.

Satz 2. *Auf der offenen Menge $\Omega \subset \mathbb{R}^2$ sei eine Lösung $z = \zeta(x,y) \in C^3(\Omega, \mathbb{R})$ der nichtparametrischen H-Flächen-Gleichung*

$$\mathcal{M}\zeta(x,y) := (1 + \zeta_y^2)\zeta_{xx}(x,y) - 2\zeta_x\zeta_y\zeta_{xy}(x,y) + (1 + \zeta_x^2)\zeta_{yy}(x,y)$$
$$= 2H(x,y,\zeta(x,y))(1 + |\nabla\zeta(x,y)|^2)^{\frac{3}{2}} \quad in \quad \Omega \tag{31}$$

gegeben. $H = H(x,y,z)$ sei in einer dreidimensionalen offenen Umgebung der Fläche

$$\mathcal{F} := \Big\{ (x,y,\zeta(x,y)) \ : \ (x,y) \in \Omega \Big\}$$

reellanalytisch. Dann ist die Lösung $z = \zeta(x,y) : \Omega \to \mathbb{R}$ reellanalytisch in Ω.

Beweis: Es sei $(x^0, y^0) \in \Omega$ beliebig gewählt und $r > 0$ so bestimmt, daß für die Kreisscheibe

$$B_r(x^0, y^0) := \Big\{ (x,y) \in \mathbb{R}^2 \ : \ (x - x^0)^2 + (y - y^0)^2 < r^2 \Big\} \subset\subset \Omega$$

richtig ist. Wir führen in die C^2-Metrik

$$ds^2 = (1 + \zeta_x^2)\,dx^2 + 2\zeta_x\zeta_y\,dx\,dy + (1 + \zeta_y^2)\,dy^2 \quad in \quad B_r(x^0, y^0)$$

isotherme Parameter ein mittels der diffeomorphen Abbildung $f(u,v) = (x(u,v), y(u,v)) : B \to B_r(x^0, y^0) \in C^3(B)$. Die Funktion

$$\mathbf{x}(u,v) := (f(u,v), z(u,v)) \in C^3(B, \mathbb{R}^3) \tag{32}$$

mit

$$z(u,v) := \zeta \circ f(u,v), \qquad (u,v) \in B,$$

genügt dem Rellichschen System

$$\Delta\mathbf{x}(u,v) = 2H(\mathbf{x}(u,v))\,\mathbf{x}_u \wedge \mathbf{x}_v(u,v) \quad in \quad B. \tag{33}$$

Nach Satz 1 ist $\mathbf{x}$ reellanalytisch in B und somit auch $f : B \to B_r(x^0, y^0)$. Da $J_f(u,v) \neq 0$ in B erfüllt ist, muß auch die Umkehrabbildung $f^{-1} : B_r(x^0, y^0) \to B$ reellanalytisch sein. Also ist auch

$$\zeta(x,y) = z \circ f^{-1}(x,y), \qquad (x,y) \in B_r(x^0, y^0), \tag{34}$$

reellanalytisch in $B_r(x^0, y^0)$ und, da $(x^0, y^0) \in \Omega$ beliebig gewählt werden kann, auch in ganz Ω.

q.e.d.

Bemerkungen:

1. Für das Einführen konformer Parameter mit dem Uniformisierungssatz (vgl. Kap. XII, § 8) gibt es verschiedene Beweise z. B.

    F. Sauvigny: *Introduction of isothermal parameters into a Riemannian metric by the continuity method.* Analysis 19 (1999), 235-243.

2. Für beliebige quasilineare, reellanalytische, elliptische Differentialgleichungen in zwei Variablen hat F. Müller das Bernsteinsche Analytizitätstheorem mit der in Satz 2 benutzten Uniformisierungsmethode bewiesen;
man siehe hierzu:

> F. Müller: – *On the continuation of solutions for elliptic equations in*
> *two variables.*Ann. Inst. H. Poincaré - AN 19 (2002), 745-776.
> – *Analyticity of solutions for semilinear elliptic systems of second*
> *order.*Calc. Var. and PDE 15 (2002), 257-288.

3. Schließlich verweisen wir auf Hans Lewys Originalarbeit:

> H. Lewy: *Neuer Beweis des analytischen Charakters der Lösungen el-*
> *liptischer Differentialgleichungen.* Math. Annalen 101 (1929), 609-619.

XII

Nichtlineare elliptische Systeme

Wir präsentieren in §1 ein Maximumprinzip von W. Jäger für das H-Flächen-system. In §2 beweisen wir die fundamentale Gradientenabschätzung von E. Heinz für nichtlineare elliptische Differentialgleichungssysteme. Globale Abschätzungen erbringen wir in §3. Zusammen mit dem Leray-Schauderschen Abbildungsgrad können wir dann in §4 einen Existenzsatz für nichtlineare elliptische Systeme herleiten. Für das von F. Rellich gefundene System $\Delta \mathbf{x} = 2H\mathbf{x}_u \wedge \mathbf{x}_v$ wurde dieser 1954 von E. Heinz entdeckt. In §5 beweisen wir eine innere Verzerrungsabschätzung für ebene nichtlineare elliptische Systeme, die eine in §6 bereitgestellte Krümmungsabschätzung impliziert. In §§7-8 führen wir konforme Parameter in eine Riemannsche Metrik ein und etablieren hierzu a-priori-Abschätzungen bis zum Rand. Wir erläutern in §9 die Uniformisierungsmethode für quasilineare elliptische Differentialgleichungen und lösen das Dirichletproblem für die nichtparametrische Gleichung vorge-schriebener mittlerer Krümmung. Schließlich geben wir in §10 einen Ausblick auf das Plateausche Problem für Flächen konstanter mittlerer Krümmung.

§1 Maximumprinzipien für das H-Flächensystem

Es sei $B := \{w = u + iv \in \mathbb{C} : |w| < 1\}$ die Einheitskreisscheibe. Wir schreiben die Funktion

$$H = H(w, \mathbf{x}) : \overline{B} \times \mathbb{R}^3 \to \mathbb{R} \in C^0(\overline{B} \times \mathbb{R}^3, \mathbb{R}) \tag{1}$$

mit den Schranken

$$|H(w, \mathbf{x})| \leq h_0, \quad |H(w, \mathbf{x}) - H(w, \mathbf{y})| \leq h_1 |\mathbf{x} - \mathbf{y}|$$
$$\text{für alle} \quad w \in B, \quad \mathbf{x}, \mathbf{y} \in \mathbb{R}^3 \tag{2}$$

vor und betrachten das *Rellichsche H-Flächensystem*

$$\mathbf{x} = \mathbf{x}(u, v) \in C^2(B, \mathbb{R}^3) \cap C^0(\overline{B}, \mathbb{R}^3),$$
$$\Delta \mathbf{x}(u, v) = 2H(w, \mathbf{x}(w)) \mathbf{x}_u \wedge \mathbf{x}_v, \qquad w \in B. \tag{3}$$

Genügt eine Lösung von (3) zusätzlich den Relationen

$$|\mathbf{x}_u|^2 = |\mathbf{x}_v|^2, \quad \mathbf{x}_u \cdot \mathbf{x}_v = 0 \quad \text{in} \quad B,$$

d.h. $\mathbf{x}$ ist eine konform parametrisierte Fläche, so hat $\mathbf{x}$ die vorgeschriebene mittlere Krümmung $H = H(w, \mathbf{x}(w))$. Wir wollen von zwei geeigneten Lösungen $\mathbf{x}, \mathbf{y}$ von (3) ausgehen, und für die Differenz $\mathbf{z}(w) := \mathbf{x}(w) - \mathbf{y}(w)$, $w \in \overline{B}$, eine Ungleichung der Form

$$\sup_{w \in \overline{B}} |\mathbf{z}(w)| \leq C(h_0, h_1, \dots) \sup_{w \in \partial B} |\mathbf{z}(w)| \tag{4}$$

herleiten. Diese impliziert die eindeutige Lösbarkeit des Dirichletproblems für (3) und dessen Stabilität unter Störungen der Randwerte in der C^0-Topologie.

Der Spezialfall $H \equiv 0$: Seien $\mathbf{x}, \mathbf{y}$ Lösungen von (3) mit $H \equiv 0$, so ist auch $\mathbf{z}(u,v) = \mathbf{x}(u,v) - \mathbf{y}(u,v) \in C^2(B) \cap C^0(\overline{B})$ eine harmonische Funktion. Wir betrachten die Hilfsfunktion

$$f(u,v) := |\mathbf{z}(u,v)|^2 = \mathbf{z}(u,v) \cdot \mathbf{z}(u,v) = \mathbf{z}(u,v)^2, \qquad (u,v) \in \overline{B}, \tag{5}$$

und berechnen

$$\begin{aligned}
\Delta f(u,v) = \nabla \cdot \nabla f(u,v) &= \nabla \cdot \nabla(\mathbf{z} \cdot \mathbf{z}) \\
&= 2\nabla(\mathbf{z} \cdot \nabla \mathbf{z}) = 2\big(|\nabla \mathbf{z}|^2 + \mathbf{z} \cdot \Delta \mathbf{z}\big) \\
&= 2|\nabla \mathbf{z}(u,v)|^2 \geq 0 \quad \text{in} \quad B.
\end{aligned}$$

Hierbei haben wir $\nabla = (\frac{\partial}{\partial u}, \frac{\partial}{\partial v})$ und $\mathbf{z} \cdot \nabla \mathbf{z} = (\mathbf{z} \cdot \mathbf{z}_u, \mathbf{z} \cdot \mathbf{z}_v) \in \mathbb{R}^2$ geschrieben. Das Maximumprinzip für subharmonische Funktionen liefert

$$\sup_{w \in \overline{B}} |\mathbf{z}(w)| \leq \sup_{w \in \partial B} |\mathbf{z}(w)|. \tag{6}$$

Im allgemeinen Fall $H \not\equiv 0$ gehen wir aus von zwei Lösungen $\mathbf{x}, \mathbf{y}$ von (3) mit der Differenzfunktion $\mathbf{z}(u,v) = \mathbf{x}(u,v) - \mathbf{y}(u,v)$ und betrachten die *gewichtete Abstandsfunktion von W. Jäger*

$$F(u,v) := |\mathbf{z}(u,v)|^2 \exp\left\{ \frac{1}{2}\Big(\phi(|\mathbf{x}(u,v)|^2) + \phi(|\mathbf{y}(u,v)|^2)\Big) \right\} \tag{7}$$

für $w = u + iv \in \overline{B}$. Hierbei bezeichnet

$$\phi = \phi(t) : [0, M^2] \to \mathbb{R} \in C^2([0, M^2]) \tag{8}$$

eine noch zu bestimmende Hilfsfunktion mit einem geeigneten $M > 0$. Offenbar können wir mit der Abstandsfunktion (7) nur *kleine Lösungen* betrachten, die

$$|\mathbf{x}(u,v)| < M, \quad |\mathbf{y}(u,v)| < M \quad \text{für alle} \quad w = u + iv \in \overline{B} \tag{9}$$

erfüllen. Wir wollen nun ϕ so bestimmen, daß F einer Differentialungleichung genügt, für die das Maximumprinzip gilt. Zunächst gilt

$$\nabla e^{\frac{1}{2}(\phi(\mathbf{x}^2)+\phi(\mathbf{y}^2))} = e^{\frac{1}{2}(\phi(\mathbf{x}^2)+\phi(\mathbf{y}^2))}\left[\phi'(\mathbf{x}^2)(\mathbf{x}\cdot\nabla\mathbf{x}) + \phi'(\mathbf{y}^2)(\mathbf{y}\cdot\nabla\mathbf{y})\right], \quad (10)$$

und wir berechnen

$$\nabla F = e^{\frac{1}{2}(\phi(\mathbf{x}^2)+\phi(\mathbf{y}^2))}\left\{\nabla(\mathbf{z}^2) + \mathbf{z}^2\left[\phi'(\mathbf{x}^2)(\mathbf{x}\cdot\nabla\mathbf{x}) + \phi'(\mathbf{y}^2)(\mathbf{y}\cdot\nabla\mathbf{y})\right]\right\}$$

beziehungsweise

$$e^{-\frac{1}{2}(\phi(\mathbf{x}^2)+\phi(\mathbf{y}^2))}\nabla F = \nabla(\mathbf{z}^2) + \mathbf{z}^2\left[\phi'(\mathbf{x}^2)(\mathbf{x}\cdot\nabla\mathbf{x}) + \phi'(\mathbf{y}^2)(\mathbf{y}\cdot\nabla\mathbf{y})\right]. \quad (11)$$

Wenden wir auf diese Identität ∇ an, so folgt der

Hilfssatz 1. *Die in (7) erklärte Funktion $F(u,v)$ genügt in B der Differentialgleichung*

$$\mathcal{L}F := \left(e^{-\frac{1}{2}(\phi(\mathbf{x}^2)+\phi(\mathbf{y}^2))}F_u\right)_u + \left(e^{-\frac{1}{2}(\phi(\mathbf{x}^2)+\phi(\mathbf{y}^2))}F_v\right)_v$$

$$= \Delta(\mathbf{z}^2) + \frac{1}{2}\mathbf{z}^2\left[\phi'(\mathbf{x}^2)\Delta(\mathbf{x}^2) + \phi'(\mathbf{y}^2)\Delta(\mathbf{y}^2)\right]$$

$$+ 2\mathbf{z}^2\left[\phi''(\mathbf{x}^2)(\mathbf{x}\cdot\nabla\mathbf{x})^2 + \phi''(\mathbf{y}^2)(\mathbf{y}\cdot\nabla\mathbf{y})^2\right]$$

$$+ 2(\mathbf{z}\cdot\nabla\mathbf{z})\cdot\left[\phi'(\mathbf{x}^2)(\mathbf{x}\cdot\nabla\mathbf{x}) + \phi'(\mathbf{y}^2)(\mathbf{y}\cdot\nabla\mathbf{y})\right].$$

Unser Ziel ist es nun ϕ so zu wählen, daß $\mathcal{L}F \geq 0$ in B gilt. Zunächst beachten wir

$$|\Delta\mathbf{x}| \leq 2|H|\,|\mathbf{x}_u\wedge\mathbf{x}_v| \leq h_0|\nabla\mathbf{x}|^2$$

und erhalten

$$\Delta(\mathbf{x}^2) = 2(|\nabla\mathbf{x}|^2 + \mathbf{x}\cdot\Delta\mathbf{x}) \geq 2(|\nabla\mathbf{x}|^2 - |\mathbf{x}|\,|\Delta\mathbf{x}|)$$
$$\geq 2|\nabla\mathbf{x}|^2(1 - h_0|\mathbf{x}|),$$
$$\Delta(\mathbf{y}^2) = 2(|\nabla\mathbf{y}|^2 + \mathbf{y}\cdot\Delta\mathbf{y}) \geq 2(|\nabla\mathbf{y}|^2 - |\mathbf{y}|\,|\Delta\mathbf{y}|) \qquad (12)$$
$$\geq 2|\nabla\mathbf{y}|^2(1 - h_0|\mathbf{y}|) \quad \text{in } B.$$

Hilfssatz 2. *Für alle $w \in B' := \{\zeta \in B \mid |z(\zeta)| \neq 0\}$ gilt*

$$\Delta(\mathbf{z}^2) - 2\left(\frac{\mathbf{z}}{|\mathbf{z}|}\cdot\nabla\mathbf{z}\right)^2 \geq -(h_0^2 + h_1)|\mathbf{z}|^2(|\nabla\mathbf{x}|^2 + |\nabla\mathbf{y}|^2).$$

Beweis: Es gilt $\Delta(\mathbf{z}^2) = 2(|\nabla\mathbf{z}|^2 + \mathbf{z}\cdot\Delta\mathbf{z})$. Wir schätzen ab

$$|\mathbf{z}\cdot\Delta\mathbf{z}| = |\mathbf{z}\cdot(\Delta\mathbf{x} - \Delta\mathbf{y})| = \left|\mathbf{z}\cdot\left(2H(w,\mathbf{x})\mathbf{x}_u\wedge\mathbf{x}_v - 2H(w,\mathbf{y})\mathbf{y}_u\wedge\mathbf{y}_v\right)\right|$$

$$\leq 2|H(w,\mathbf{x})|\,|\mathbf{z}\cdot(\mathbf{x}_u\wedge\mathbf{x}_v - \mathbf{y}_u\wedge\mathbf{y}_v)|$$

$$+2|H(w,\mathbf{x}) - H(w,\mathbf{y})|\,|\mathbf{z}|\,|\mathbf{y}_u\wedge\mathbf{y}_v|$$

$$\leq 2h_0|(\mathbf{z},\mathbf{z}_u,\mathbf{x}_v) + (\mathbf{z},\mathbf{y}_u,\mathbf{z}_v)| + h_1|\mathbf{z}|^2|\nabla\mathbf{y}|^2$$

$$\leq 2h_0\left(\frac{|\mathbf{z}\wedge\mathbf{z}_u|}{|\mathbf{z}|}|\mathbf{x}_v|\,|\mathbf{z}| + \frac{|\mathbf{z}\wedge\mathbf{z}_v|}{|\mathbf{z}|}|\mathbf{y}_u|\,|\mathbf{z}|\right) + h_1|\mathbf{z}|^2|\nabla\mathbf{y}|^2$$

$$\leq \frac{|\mathbf{z}\wedge\mathbf{z}_u|^2}{|\mathbf{z}|^2} + \frac{|\mathbf{z}\wedge\mathbf{z}_v|^2}{|\mathbf{z}|^2} + h_0^2|\mathbf{z}|^2(|\mathbf{x}_v|^2 + |\mathbf{y}_u|^2) + h_1|\mathbf{z}|^2|\nabla\mathbf{y}|^2$$

$$= |\nabla\mathbf{z}|^2 - \frac{1}{|\mathbf{z}|^2}\{(\mathbf{z}\cdot\mathbf{z}_u)^2 + (\mathbf{z}\cdot\mathbf{z}_v)^2\}$$

$$+h_0^2|\mathbf{z}|^2(|\mathbf{x}_v|^2 + |\mathbf{y}_u|^2) + h_1|\mathbf{z}|^2|\nabla\mathbf{y}|^2.$$

Vertauschen wir $\mathbf{x}$ und $\mathbf{y}$ und addieren beide Ungleichungen, so folgt

$$2|\mathbf{z}\cdot\Delta\mathbf{z}| \leq 2|\nabla\mathbf{z}|^2 - \frac{2}{|\mathbf{z}|^2}(\mathbf{z}\cdot\nabla\mathbf{z})^2 + h_0^2|\mathbf{z}|^2(|\nabla\mathbf{x}|^2 + |\nabla\mathbf{y}|^2)$$

$$+h_1|\mathbf{z}|^2(|\nabla\mathbf{x}|^2 + |\nabla\mathbf{y}|^2).$$

Wir erhalten schließlich

$$\Delta(\mathbf{z}^2) \geq 2\frac{1}{|\mathbf{z}|^2}(\mathbf{z}\cdot\nabla\mathbf{z})^2 - (h_0^2 + h_1)|\mathbf{z}|^2(|\nabla\mathbf{x}|^2 + |\nabla\mathbf{y}|^2).$$

$$\text{q.e.d.}$$

Wir kombinieren nun die Hilfssätze 1 und 2 mit Formel (12) und ermitteln

$$\mathcal{L}F \geq \left\{-(h_0^2 + h_1) + \phi'(\mathbf{x}^2)(1 - h_0|\mathbf{x}|)\right\}|\mathbf{z}|^2|\nabla\mathbf{x}|^2$$

$$+\left\{-(h_0^2 + h_1) + \phi'(\mathbf{y}^2)(1 - h_0|\mathbf{y}|)\right\}|\mathbf{z}|^2|\nabla\mathbf{y}|^2 + 2\left(\frac{\mathbf{z}}{|\mathbf{z}|}\cdot\nabla\mathbf{z}\right)^2$$

$$++2\sqrt{2}\left(\frac{\mathbf{z}}{|\mathbf{z}|}\cdot\nabla\mathbf{z}\right)\cdot\left\{\phi'(\mathbf{x}^2)(\mathbf{x}\cdot\nabla\mathbf{x}) + \phi'(\mathbf{y}^2)(\mathbf{y}\cdot\nabla\mathbf{y})\right\}\frac{|\mathbf{z}|}{\sqrt{2}}$$

$$+2|\mathbf{z}|^2\left\{\phi''(\mathbf{x}^2)(\mathbf{x}\cdot\nabla\mathbf{x})^2 + \phi''(\mathbf{y}^2)(\mathbf{y}\cdot\nabla\mathbf{y})^2\right\}$$

$$\geq \psi(|\mathbf{x}|)|\mathbf{z}|^2|\nabla\mathbf{x}|^2 + \psi(|\mathbf{y}|)|\mathbf{z}|^2|\nabla\mathbf{y}|^2$$

$$-\frac{1}{2}|\mathbf{z}|^2|\phi'(\mathbf{x}^2)(\mathbf{x}\cdot\nabla\mathbf{x}) + \phi'(\mathbf{y}^2)(\mathbf{y}\cdot\nabla\mathbf{y})|^2$$

$$+2|\mathbf{z}|^2\left\{\phi''(\mathbf{x}^2)(\mathbf{x}\cdot\nabla\mathbf{x})^2 + \phi''(\mathbf{y}^2)(\mathbf{y}\cdot\nabla\mathbf{y})^2\right\},$$

also

$$\mathcal{L}F \geq \psi(|\mathbf{x}|)|\mathbf{z}|^2|\nabla\mathbf{x}|^2 + \psi(|\mathbf{y}|)|\mathbf{z}|^2|\nabla\mathbf{y}|^2$$
$$+|\mathbf{z}|^2\left\{(2\phi''(\mathbf{x}^2) - \phi'(\mathbf{x}^2)^2)(\mathbf{x}\cdot\nabla\mathbf{x})^2 + (2\phi''(\mathbf{y}^2) - \phi'(\mathbf{y}^2)^2)(\mathbf{y}\cdot\nabla\mathbf{y})^2\right\} \tag{13}$$

mit der Hilfsfunktion

$$\psi(t) := -(h_0^2 + h_1) + \phi'(t^2)(1 - h_0 t), \qquad t \in [0, M). \tag{14}$$

In Formel (13) haben wir noch $\phi'(t) \geq 0$ für $t \in [0, M^2)$ vorausgesetzt, und wir bestimmen nun ein $\phi(t) : [0, M^2) \to \mathbb{R} \in C^2$ so, daß zusätzlich

$$\phi''(t) \geq \frac{1}{2}\phi'(t)^2 \quad \text{in} \quad [0, M^2)$$

gilt. Dies ist für die Funktion

$$\phi(t) = -2\log(M^2 - t), \qquad t \in [0, M^2),$$

mit $\phi'(t) = 2(M^2 - t)^{-1}$, $\phi''(t) = 2(M^2 - t)^{-2} = \frac{1}{2}\phi'(t)^2$ für $t \in [0, M^2)$ offenbar richtig. Setzen wir dieses ϕ und die entsprechende Funktion ψ in (13) ein, so folgt

$$\mathcal{L}F \geq \psi(|\mathbf{x}|)\,|\mathbf{z}|^2\,|\nabla\mathbf{x}|^2 + \psi(|\mathbf{y}|)\,|\mathbf{z}|^2\,|\nabla\mathbf{y}|^2 \quad \text{in} \quad B,$$
$$\text{falls} \quad |\mathbf{x}| < M, \ |\mathbf{y}| < M \ \text{in} \ \overline{B} \tag{15}$$

richtig ist. Nun gilt für alle $t \in [0, M)$ die Abschätzung

$$\psi(t) = -(h_0^2 + h_1) + 2\frac{1 - h_0 t}{M^2 - t^2}$$
$$= \frac{h_0^2 + h_1}{M^2 - t^2}\left\{-(M^2 - t^2) + 2\frac{1 - h_0 t}{h_0^2 + h_1}\right\}$$
$$= \frac{h_0^2 + h_1}{M^2 - t^2}\left\{t^2 - 2\frac{h_0}{h_0^2 + h_1}t + \left(\frac{h_0}{h_0^2 + h_1}\right)^2\right.$$
$$\left. - \frac{h_0^2}{(h_0^2 + h_1)^2} + \frac{2}{h_0^2 + h_1} - M^2\right\}$$
$$\geq \frac{h_0^2 + h_1}{M^2 - t^2}\left\{\frac{2(h_0^2 + h_1) - h_0^2}{(h_0^2 + h_1)^2} - M^2\right\} = 0,$$

falls

$$M = \frac{\sqrt{h_0^2 + 2h_1}}{h_0^2 + h_1} \tag{16}$$

gewählt wird. Wir erhalten somit den

Satz 1. (Jägersches Maximumprinzip)
Die Funktion $H = H(w, \mathbf{x}) \in C^0(\overline{B} \times \mathbb{R}^3)$ genüge den Ungleichungen (2) und $\mathbf{x} = \mathbf{x}(u, v)$, $\mathbf{y} = \mathbf{y}(u, v)$ seien zwei Lösungen des H-Flächensystems (3). Wir setzen

$$F(u, v) := \frac{|\mathbf{x}(u, v) - \mathbf{y}(u, v)|^2}{(M^2 - |\mathbf{x}(u, v)|^2)(M^2 - |\mathbf{y}(u, v)|^2)}, \qquad (u, v) \in \overline{B}. \qquad (17)$$

Dabei gelte $|\mathbf{x}(u, v)| < M$, $|\mathbf{y}(u, v)| < M$ für alle $(u, v) \in \overline{B}$ mit

$$M = \frac{\sqrt{h_0^2 + 2h_1}}{h_0^2 + h_1}.$$

Behauptung: *Dann genügt F der linearen, elliptischen Differentialungleichung*

$$\mathcal{L}F := \left\{ (M^2 - |\mathbf{x}|^2)(M^2 - |\mathbf{y}|^2)F_u \right\}_u + \left\{ (M^2 - |\mathbf{x}|^2)(M^2 - |\mathbf{y}|^2)F_v \right\}_v$$

$$\geq 0 \quad in \quad B.$$

Satz 2. (Geometrisches Maximumprinzip von E. Heinz)
Sei die Funktion $\mathbf{x}(u, v) = (x_1(u, v), \ldots, x_n(u, v)) : \overline{B} \to \mathbb{R}^n \in C^2(B) \cap C^0(\overline{B})$ eine Lösung der Differentialungleichung

$$|\Delta\mathbf{x}(u, v)| \leq a|\nabla\mathbf{x}(u, v)|^2, \qquad (u, v) \in B. \qquad (18)$$

Die Kleinheitsbedingung

$$|\mathbf{x}(u, v)| \leq M, \qquad (u, v) \in B, \qquad (19)$$

sei erfüllt, und es gelte

$$aM \leq 1 \quad \text{für die Konstanten} \quad a \in [0, +\infty), \ M \in (0, +\infty). \qquad (20)$$

Behauptung: *Dann folgt*

$$\sup_{(u,v)\in B} |\mathbf{x}(u, v)| \leq \sup_{(u,v)\in\partial B} |\mathbf{x}(u, v)|.$$

Beweis: Die Hilfsfunktion $f(u, v) := |\mathbf{x}(u, v)|^2$, $(u, v) \in \overline{B}$, genügt der Differentialungleichung

$$\Delta f(u, v) = 2\Big(|\nabla\mathbf{x}(u, v)|^2 + \mathbf{x}(u, v) \cdot \Delta\mathbf{x}(u, v) \Big)$$

$$\geq 2\Big(|\nabla\mathbf{x}(u, v)|^2 - |\mathbf{x}(u, v)|\, |\Delta\mathbf{x}(u, v)| \Big)$$

$$\geq 2\Big(|\nabla\mathbf{x}(u, v)|^2 - a|\mathbf{x}(u, v)|\, |\nabla\mathbf{x}(u, v)|^2 \Big)$$

$$\geq 2|\nabla\mathbf{x}(u, v)|^2(1 - aM) \ \geq \ 0 \quad in \quad B.$$

Das Maximumprinzip für subharmonische Funktionen liefert die Behauptung.

q.e.d.

Bemerkungen:

1. Ist $|\mathbf{x}(u,v)| \not\equiv M$ auf B, so folgt $|\mathbf{x}(u,v)| < M$ für alle $(u,v) \in B$.
2. Satz 2 gilt insbesondere für Lösungen des H-Flächensystems (3) mit $a = h_0$.

Satz 3. (Jägersche Abschätzung)
Die Funktion $H = H(w,\mathbf{x})$ erfülle (1) und (2), und wir setzen

$$M := \frac{\sqrt{h_0^2 + 2h_1}}{h_0^2 + h_1}.$$

Weiter seien $\mathbf{x}$, $\mathbf{y}$ zwei Lösungen des H-Flächensystems (3) mit

$$|\mathbf{x}(u,v)| \le M, \quad |\mathbf{y}(u,v)| \le M \quad \text{für alle} \quad (u,v) \in \overline{B}. \tag{21}$$

Zusätzlich gelte $\|\mathbf{x}\|_{C^0(\partial B)} := \sup_{w \in \partial B} |\mathbf{x}(w)| < M$ und $\|\mathbf{y}\|_{C^0(\partial B)} < M$.
Behauptung: *Dann haben wir für alle $w \in \overline{B}$ die Ungleichung*

$$\frac{|\mathbf{x}(w) - \mathbf{y}(w)|^2}{(M^2 - |\mathbf{x}(w)|^2)(M^2 - |\mathbf{y}(w)|^2)} \le \frac{\|\mathbf{x} - \mathbf{y}\|^2_{C^0(\partial B)}}{(M^2 - \|\mathbf{x}\|^2_{C^0(\partial B)})(M^2 - \|\mathbf{y}\|^2_{C^0(\partial B)})}. \tag{22}$$

Beweis: Wir wollen auf die Funktionen $\mathbf{x}$ und $\mathbf{y}$ das geometrische Maximumprinzip mit $a = h_0$ anwenden. Dazu bemerken wir, daß $aM \le 1$ genau dann gilt, wenn

$$\frac{h_0^2(h_0^2 + 2h_1)}{(h_0^2 + h_1)^2} \le 1$$

bzw. $h_0^4 + 2h_0^2 h_1 \le h_0^4 + 2h_0^2 h_1 + h_1^2$ richtig ist, und letzteres ist offenbar immer erfüllt. Satz 2 liefert also

$$\|\mathbf{x}\|_{C^0(\overline{B})} \le \|\mathbf{x}\|_{C^0(\partial B)} < M \quad \text{und} \quad \|\mathbf{y}\|_{C^0(\overline{B})} \le \|\mathbf{y}\|_{C^0(\partial B)} < M.$$

Auf die Hilfsfunktion $F(u,v)$ aus Satz 1 wenden wir nun das Hopfsche Maximumprinzip an und erhalten (22).

q.e.d.

Folgerung: Zusätzlich zu den Voraussetzungen von Satz 3 seien die Ungleichungen

$$\|\mathbf{x}\|_{C^0(\partial B)} \le M' < M \quad \text{und} \quad \|\mathbf{y}\|_{C^0(\partial B)} \le M' < M$$

erfüllt. Dann gibt es eine Konstante $k = k(M, M') > 0$, so daß gilt

$$\|\mathbf{x} - \mathbf{y}\|_{C^0(\overline{B})} \leq k(M, M')\|\mathbf{x} - \mathbf{y}\|_{C^0(\partial B)}. \tag{23}$$

Bemerkung: In der Originalarbeit von

W. Jäger: *Ein Maximumprinzip für ein System nichtlinearer Differential-gleichungen.*Nachr. Akad. Wiss. Göttingen, II. Math. Phys. Kl. (1976), 157-164

wird auch für Systeme der Form

$$\Delta\mathbf{x}(u,v) = \mathbf{F}(u, v, \mathbf{x}(u,v), \nabla\mathbf{x}(u,v)), \qquad (u,v) \in B, \tag{24}$$

unter Strukturbedingungen an die rechte Seite ein Maximumprinzip hergeleitet. Spezialisiert auf das H-Flächensystem ergibt sich daraus eine quantitativ schwächere Aussage.

§2   Gradientenabschätzungen für nichtlineare elliptische Systeme

In einem Gebiet $\Omega \subset \mathbb{R}^2$ betrachten wir Lösungen

$$\mathbf{x} = \mathbf{x}(u,v) = (x_1(u,v), \ldots, x_n(u,v)) \in C^2(\Omega, \mathbb{R}^n) \cap C^0(\overline{\Omega}, \mathbb{R}^n) \tag{1}$$

der *Differentialungleichung* (kurz DUGL)

$$|\Delta\mathbf{x}(u,v)| \leq a|\nabla\mathbf{x}(u,v)|^2 + b \qquad \text{für alle} \quad (u,v) \in \Omega \tag{2}$$

mit den Konstanten $a, b \in [0, +\infty)$. Mit $M \in (0, +\infty)$ stellen wir die *Kleinheitsbedingung*

$$|\mathbf{x}(u,v)| \leq M \qquad \text{für alle} \quad (u,v) \in \overline{\Omega} \tag{3}$$

an die Lösung von (1), (2).

Bemerkung: Sowohl das H-Flächensystem als auch lineare Systeme und die Poissongleichung werden mit der DUGL (2) erfaßt.

Wir wollen $|\nabla\mathbf{x}(u,v)|$ sowohl im Innern von Ω als auch auf dem Rand - unter geeigneten Randbedingungen - nach oben abschätzen.

Hilfssatz 1. *Sei* $\mathbf{x} = \mathbf{x}(u,v)$ *eine Lösung von (1)-(3). Dann genügt die Funktion* $f(u,v) := |\mathbf{x}(u,v)|^2$ *in* Ω *der DUGL*

$$\Delta f(u,v) \geq 2(1 - aM)|\nabla\mathbf{x}(u,v)|^2 - 2bM, \qquad (u,v) \in \Omega. \tag{4}$$

Beweis: Zunächst gilt $\Delta f(u,v) = 2(|\nabla\mathbf{x}(u,v)|^2 + \mathbf{x} \cdot \Delta\mathbf{x}(u,v))$ in Ω. Ferner ist wegen (2) die Ungleichung

$$|\mathbf{x} \cdot \Delta\mathbf{x}(u,v)| \leq aM|\nabla\mathbf{x}(u,v)|^2 + bM \qquad \text{in} \quad \Omega$$

erfüllt, und es folgt (4). q.e.d.

Hilfssatz 2. (Innere Energieabschätzung)

Sei $aM < 1$ erfüllt und $\vartheta \in (0,1)$ gewählt. Weiter erfülle die Kreisscheibe $B_R(w_0) := \{w \in \mathbb{C} : |w - w_0| < R\}$ mit $w_0 \in \Omega$ und $R > 0$ die Inklusion $B_R(w_0) \subset \Omega$. Dann gilt für alle Lösungen von (1)-(3) die Ungleichung

$$\iint\limits_{B_{\vartheta R}(w_0)} |\nabla \mathbf{x}(u,v)|^2 \, du \, dv$$
$$\leq \frac{1}{-\log \vartheta} \left\{ \frac{2\pi M}{1 - aM} \sup_{w \in \partial B_R(w_0)} |\mathbf{x}(w) - \mathbf{x}(w_0)| + \frac{\pi b M R^2}{2(1 - aM)} \right\}. \tag{5}$$

Beweis: Für beliebige Funktionen $\phi \in C^2(\Omega) \cap C^0(\overline{\Omega})$ haben wir nach Satz 3 aus Kap. V, §2 die Identität

$$\phi(w_0) = \frac{1}{2\pi R} \int\limits_{\partial B_R(w_0)} \phi(w) \, d\sigma(w) - \frac{1}{2\pi} \iint\limits_{B_R(w_0)} \left(\log \frac{R}{|w - w_0|} \right) \Delta \phi(w) \, du \, dv. \tag{6}$$

Für $\phi(w) := |w - w_0|^2 = (u - u_0)^2 + (v - v_0)^2$, $w \in \mathbb{R}^2$, erhalten wir

$$0 = R^2 - \frac{1}{2\pi} \iint\limits_{B_R(w_0)} \left(\log \frac{R}{|w - w_0|} \right) 4 \, du \, dv$$

beziehungsweise

$$\iint\limits_{B_R(w_0)} \log \frac{R}{|w - w_0|} \, du \, dv = \frac{\pi R^2}{2}. \tag{7}$$

Setzen wir nun $\phi = f(u,v) = |\mathbf{x}(u,v)|^2$ in (6) ein, so liefert Hilfssatz 1

$$\frac{1 - aM}{\pi} \iint\limits_{B_R(w_0)} \left(\log \frac{R}{|w - w_0|} \right) |\nabla \mathbf{x}(u,v)|^2 \, du \, dv - \frac{b M R^2}{2}$$

$$\leq \frac{1}{2\pi} \iint\limits_{B_R(w_0)} \left(\log \frac{R}{|w - w_0|} \right) \Delta f(u,v) \, du \, dv$$

$$= \frac{1}{2\pi R} \int\limits_{\partial B_R(w_0)} \Big(f(w) - f(w_0) \Big) \, d\sigma(w)$$

$$\leq \frac{1}{2\pi R} \int\limits_{\partial B_R(w_0)} |\mathbf{x}(w) - \mathbf{x}(w_0)| \, |\mathbf{x}(w) + \mathbf{x}(w_0)| \, d\sigma(w)$$

$$\leq 2M \sup_{w \in \partial B_R(w_0)} |\mathbf{x}(w) - \mathbf{x}(w_0)|.$$

Somit folgt

$$\iint\limits_{B_R(w_0)} \left(\log \frac{R}{|w - w_0|} \right) |\nabla \mathbf{x}(u,v)|^2 \, du \, dv$$

$$\leq \frac{2\pi M}{1 - aM} \sup_{w \in \partial B_R(w_0)} |\mathbf{x}(w) - \mathbf{x}(w_0)| + \frac{\pi b M R^2}{2(1 - aM)}. \tag{8}$$

Diese Ungleichung impliziert (5).   q.e.d.

Hilfssatz 3. (Rand-Energieabschätzung)
Es gelte $aM < 1$, und $\vartheta \in (0,1)$ sei gewählt. Die Kreisscheibe $B_R(w_0)$ mit $w_0 \in \mathbb{R}$ und $R > 0$ erfülle

$$B_R(w_0) \cap \Omega = \left\{ w \in B_R(w_0) \, : \, \mathrm{Im}\, w > 0 \right\} =: H_R(w_0). \tag{9}$$

Wir setzen $\partial H_R(w_0) = C_R(w_0) \cup I_R(w_0)$ mit

$$C_R(w_0) := \left\{ w \in \partial B_R(w_0) \, : \, \mathrm{Im}\, w \geq 0 \right\},$$

$$I_R(w_0) := [w_0 - R, w_0 + R].$$

Dann gilt für alle Lösungen $\mathbf{x} \in C^1(\overline{\Omega})$ von (1)-(3), die der Randbedingung

$$\mathbf{x}(u,0) = 0 \qquad \text{für alle} \quad u \in I_R(w_0)$$

genügen, die Abschätzung

$$\iint\limits_{H_{\vartheta R}(w_0)} |\nabla \mathbf{x}(u,v)|^2 \, du \, dv$$

$$\leq \frac{1}{-\log \vartheta} \left\{ \frac{\pi M}{1 - aM} \sup_{w \in C_R(w_0)} |\mathbf{x}(w) - \mathbf{x}(w_0)| + \frac{\pi b M R^2}{4(1 - aM)} \right\}. \tag{10}$$

Beweis:

1. Durch Spiegelung setzen wir $\mathbf{x}$ fort zu

$$\hat{\mathbf{x}}(u,v) := \begin{cases} \mathbf{x}(u,v), & w = u + iv \in \overline{H_R(w_0)} \\ \mathbf{x}(u,-v), & w \in \overline{B_R(w_0)} \setminus \overline{H_R(w_0)} \end{cases}. \tag{11}$$

Die Funktion $\hat{\mathbf{x}}(u,v)$ ist stetig in $\overline{B_R(w_0)}$ und genügt in $B_R(w_0) \setminus I_R(w_0)$ der DUGL (2). Allerdings kann $\mathbf{x}_v(u,v)$ auf $I_R(w_0)$ eine Sprungstelle haben. Wir betrachten die Funktion

$$\phi(u,v) := |\hat{\mathbf{x}}(u,v)|^2, \qquad (u,v) \in \overline{B_R(w_0)}, \tag{12}$$

welche in $B_R(w_0) \setminus I_R(w_0)$ die DUGL (4) erfüllt. Weiter ermitteln wir

$$\phi \in C^1(\overline{B_R(w_0)}) \qquad \text{und} \qquad \phi(u,0) = 0 = \phi_v(u,0) \quad \text{in } I_R(w_0). \tag{13}$$

Wir zeigen nun, daß Formel (6) auch für $\phi = |\hat{\mathbf{x}}|^2$ gilt. Fahren wir dann wie im Beweis von Hilfssatz 2 fort, so erhalten wir (5) für die gespiegelte Funktion $\hat{\mathbf{x}}(w)$. Die Abschätzung (10) folgt dann aus Symmetriegründen.

2. Für hinreichend kleine $0 < \varepsilon < \varepsilon_0$ erklären wir die Mengen

$$B_\varepsilon^\pm := \left\{ w \in \mathbb{C} \, : \; 0 < \varepsilon < |w - w_0| < R, \; \pm \mathrm{Im}\, w > 0 \right\}$$

und setzen $r := |w - w_0| \in [0, \dot{R}]$. Im Punkt w_0 verwenden wir die Greensche Funktion

$$\begin{aligned}
\psi(w) = \psi(u, v) &= \frac{1}{2\pi} \log \frac{R}{|w - w_0|} \\
&= \frac{1}{2\pi} (\log R - \log r), \qquad w \in \overline{B_R(w_0)} \setminus \{w_0\}.
\end{aligned} \tag{14}$$

Mit der Greenschen Formel berechnen wir für $0 < \varepsilon < \varepsilon_0$

$$\begin{aligned}
\frac{1}{2\pi} \iint\limits_{B_\varepsilon^\pm} \left(\log \frac{R}{|w - w_0|} \right) \Delta\phi(u, v) \, du \, dv &= \iint\limits_{B_\varepsilon^\pm} (\psi \Delta\phi - \phi \Delta\psi) \, du \, dv \\
&= \int\limits_{\partial B_\varepsilon^\pm} \left(\psi \frac{\partial\phi}{\partial\nu} - \phi \frac{\partial\psi}{\partial\nu} \right) d\sigma.
\end{aligned} \tag{15}$$

Mit den Randbedingungen (13), (14) für ϕ und ψ folgt aus (15) durch Addition

$$\begin{aligned}
\frac{1}{2\pi} \iint\limits_{B_\varepsilon^+ \cup B_\varepsilon^-} \left(\log \frac{R}{|w - w_0|} \right) \Delta\phi(u, v) \, du \, dv &= \frac{1}{2\pi R} \int\limits_{\partial B_R(w_0)} \phi(w) \, d\sigma(w) \\
- \frac{1}{2\pi\varepsilon} \int\limits_{|w - w_0| = \varepsilon} \phi(w) \, d\sigma(w) &+ \frac{1}{2\pi} \int\limits_{|w - w_0| = \varepsilon} \left(\log \frac{R}{\varepsilon} \right) \frac{\partial\phi(w)}{\partial\nu} \, d\sigma(w)
\end{aligned}$$

für $0 < \varepsilon < \varepsilon_0$. Wegen $\phi \in C^1(\overline{B_R(w_0)})$ liefert der Grenzübergang $\varepsilon \to 0+$

$$\begin{aligned}
\phi(w_0) = \frac{1}{2\pi R} \int\limits_{\partial B_R(w_0)} \phi(w) \, d\sigma(w) \\
- \frac{1}{2\pi} \iint\limits_{B_R(w_0)} \left(\log \frac{R}{|w - w_0|} \right) \Delta\phi(u, v) \, du \, dv.
\end{aligned}$$

Wie in Teil 1 des Beweises beschrieben folgt nun die Behauptung.

q.e.d.

Mit den Hilfssätzen 2 und 3 können wir die Oszillation von $\mathbf{x}$ nach dem Courant-Lebesgue-Lemma auf ausgewählten Kreislinien abschätzen. Unter Verwendung der Wirtingeroperatoren

$$\frac{\partial}{\partial w} = \frac{1}{2} \left(\frac{\partial}{\partial u} - i \frac{\partial}{\partial v} \right) \quad \text{und} \quad \frac{\partial}{\partial \overline{w}} = \frac{1}{2} \left(\frac{\partial}{\partial u} + i \frac{\partial}{\partial v} \right)$$

betrachten wir die komplexe Ableitungsfunktion

$$\mathbf{y}(w) := \mathbf{x}_w(w), \qquad w \in \Omega. \tag{16}$$

Die DUGL (2) läßt sich schreiben als

$$4|\mathbf{x}_{w\overline{w}}(w)| \le 4a|\mathbf{x}_w(w)|^2 + b$$

beziehungsweise

$$|\mathbf{y}_{\overline{w}}(w)| \le a|\mathbf{y}(w)|^2 + \frac{1}{4}b \quad \text{für alle} \quad w \in \Omega. \tag{17}$$

Mit den Oszillationsungleichungen werden wir nun das Cauchyintegral der komplexen Ableitungsfunktion $\mathbf{y}$ für Lösungen von (2) abschätzen.

Hilfssatz 4. *Unter den Voraussetzungen von Hilfssatz 2 gibt es zu jedem $\vartheta \in (0,1)$ ein $\lambda = \lambda(\vartheta) \in [\frac{1}{4}, \frac{1}{2}]$, so daß die Ableitungsfunktion $\mathbf{y}(w) = \mathbf{x}_w(w)$ einer Lösung $\mathbf{x}(w)$ von (1)-(3) folgender Ungleichung genügt:*

$$\left| \frac{1}{2\pi i} \int\limits_{\partial B_{\lambda \vartheta R}(w_0)} \frac{\mathbf{y}(w)}{w - w_0} \, dw \right| \le \frac{8\sqrt{M^2 + \frac{1}{8}bMR^2}}{\sqrt{\log 4}\sqrt{1 - aM}} \frac{1}{\vartheta\sqrt{-\log\vartheta}} \frac{1}{R}$$
$$+ \frac{a}{2}\vartheta R \sup_{w \in B_{\vartheta R}(w_0)} |\mathbf{y}(w)|^2 + \frac{b}{8}\vartheta R. \tag{18}$$

Beweis:

1. Für beliebiges $\vartheta \in (0,1)$ entnehmen wir Hilfssatz 2 die Abschätzung

$$\sqrt{\iint\limits_{B_{\vartheta R}(w_0)} |\nabla\mathbf{x}(u,v)|^2 \, du \, dv} \le \frac{\sqrt{\pi}}{\sqrt{-\log\vartheta}} \frac{2\sqrt{M^2 + \frac{b}{8}MR^2}}{\sqrt{1 - aM}}. \tag{19}$$

Nach dem Courant-Lebesgueschen Oszillationslemma (vgl. Satz 3 in Kapitel I, § 5) gibt es demnach ein $\lambda = \lambda(\vartheta) \in [\frac{1}{4}, \frac{1}{2}]$, so daß

$$\int\limits_{\partial B_{\lambda \vartheta R}(w_0)} |d\mathbf{x}(w)| \le \frac{4\pi}{\sqrt{\log 4}} \frac{\sqrt{M^2 + \frac{b}{8}MR^2}}{\sqrt{1 - aM}} \frac{1}{\sqrt{-\log\vartheta}} \tag{20}$$

erfüllt ist.

2. Wir setzen $B := B_{\lambda \vartheta R}(w_0)$ und $\varrho := \lambda\vartheta R$. Mit dem Gaußschen Satz in komplexer Form (siehe Kap. IV, § 4) berechnen wir

$$\int_{\partial B} \frac{\mathbf{y}(w)}{w - w_0}\, dw - \int_{\partial B} \frac{d\mathbf{x}(w)}{w - w_0}$$

$$= \int_{\partial B} \frac{\mathbf{x}_w(w)}{w - w_0}\, dw - \int_{\partial B} \frac{\mathbf{x}_w(w)\, dw + \mathbf{x}_{\overline{w}}(w)\, d\overline{w}}{w - w_0}$$

$$= -\int_{\partial B} \frac{\mathbf{x}_{\overline{w}}(w)\, d\overline{w}}{w - w_0} = -\frac{1}{\varrho}\left(\overline{\int_{\partial B} \frac{\mathbf{x}_w(w)\, dw}{(\frac{w - w_0}{\varrho})}} \right)$$

$$= -\frac{1}{\varrho}\left(\overline{\int_{\partial B} \frac{\mathbf{x}_w(w)\, dw}{\frac{\varrho}{w - w_0}}} \right) = -\frac{1}{\varrho^2}\left(\overline{\int_{\partial B} (w - w_0)\mathbf{x}_w\, dw} \right)$$

$$= -\frac{1}{\varrho^2}\left(\overline{2i \iint_B \frac{\partial}{\partial \overline{w}}\Big\{ (w - w_0)\mathbf{x}_w(w) \Big\}\, du\, dv} \right)$$

$$= \frac{2i}{\varrho^2} \iint_B (\overline{w - w_0})\mathbf{x}_{w\overline{w}}(w)\, du\, dv$$

$$= \frac{2i}{\varrho^2} \iint_B (\overline{w - w_0})\mathbf{y}_{\overline{w}}(w)\, du\, dv.$$

3. Wir können nun abschätzen

$$\left| \frac{1}{2\pi i} \int_{\partial B} \frac{\mathbf{y}(w)}{w - w_0}\, dw \right| \le \frac{1}{2\pi} \int_{\partial B} \frac{|d\mathbf{x}(w)|}{|w - w_0|} + \frac{1}{\pi \varrho^2} \iint_B |w - w_0||\mathbf{y}_{\overline{w}}(w)|\, du\, dv$$

$$\le \frac{1}{2\pi \varrho} \int_{\partial B} |d\mathbf{x}(w)| + \varrho \sup_{w \in B} |\mathbf{y}_{\overline{w}}(w)|$$

$$\le \frac{2}{\pi \vartheta R} \frac{4\pi}{\sqrt{\log 4}} \frac{\sqrt{M^2 + \frac{b}{8}MR^2}}{\sqrt{1 - aM}} \frac{1}{\sqrt{-\log \vartheta}}$$

$$+ \frac{\vartheta R}{2}\left(a \sup_{w \in B} |\mathbf{y}(w)|^2 + \frac{b}{4} \right)$$

$$\le \frac{8}{\vartheta R} \frac{\sqrt{M^2 + \frac{b}{8}MR^2}}{\sqrt{\log 4}\sqrt{1 - aM}} \frac{1}{\sqrt{-\log \vartheta}}$$

$$+ \frac{a}{2}\vartheta R \sup_{w \in B_{\vartheta R}(w_0)} |\mathbf{y}(w)|^2 + \frac{b}{8}\vartheta R.$$

q.e.d.

Hilfssatz 5. *Unter den Voraussetzungen von Hilfssatz 3 betrachten wir die gespiegelte Gradientenfunktion*

$$\mathbf{z}(w) := \begin{cases} i\mathbf{x}_w(w), & w \in \overline{H_R(w_0)} \\ -i\mathbf{x}_{\overline{w}}(\overline{w}), & w \in \overline{B_R(w_0)} \setminus \overline{H_R(w_0)} \end{cases}. \tag{21}$$

Diese gehört zur Klasse $C^0(\overline{B_R(w_0)}) \cap C^1(B_R(w_0) \setminus I_R(w_0))$ und genügt der DUGL

$$|\mathbf{z}_{\overline{w}}(w)| \le a|\mathbf{z}(w)|^2 + \frac{b}{4} \qquad \text{für alle} \quad w \in B_R(w_0) \setminus I_R(w_0). \tag{22}$$

Weiter gibt es zu jedem $\vartheta \in (0,1)$ ein $\lambda = \lambda(\vartheta) \in [\frac{1}{4}, \frac{1}{2}]$, so daß gilt

$$\left| \frac{1}{2\pi i} \int\limits_{\partial B_{\lambda \vartheta R}(w_0)} \frac{\mathbf{z}(w)}{w - w_0} \, dw \right| \le \frac{8\sqrt{M^2 + \frac{1}{8}bMR^2}}{\sqrt{\log 4}\sqrt{1 - aM}} \frac{1}{\vartheta\sqrt{-\log \vartheta}} \frac{1}{R} \\ + \frac{a}{2}\vartheta R \sup_{w \in B_{\vartheta R}(w_0)} |\mathbf{z}(w)|^2 + \frac{b}{8}\vartheta R. \tag{23}$$

Beweis:

1. Gemäß (11) spiegeln wir $\mathbf{x}(u,v)$ zu $\hat{\mathbf{x}}(u,v)$ und haben

$$|\Delta \hat{\mathbf{x}}(u,v)| \le a|\nabla \hat{\mathbf{x}}(u,v)|^2 + b \qquad \text{für alle} \quad (u,v) \in B_R(w_0) \setminus I_R(w_0). \tag{24}$$

Wegen $\mathbf{x}_u(u,0) = 0 = \operatorname{Im}\mathbf{z}(u,0)$ in $I_R(w_0)$ ist die gemäß (21) definierte Funktion stetig in $B_R(w_0)$. Ferner gilt

$$\hat{\mathbf{x}}_w(w) = \begin{cases} \mathbf{x}_w(w) = -i\mathbf{z}(w), & w \in H_R(w_0) \\ \mathbf{x}_{\overline{w}}(\overline{w}) = i\mathbf{z}(w), & w \in B_R(w_0) \setminus \overline{H}_R(w_0) \end{cases}, \tag{25}$$

und aus (24) folgt die Ungleichung (22). Ersetzen wir in Teil 1 des Beweises von Hilfssatz 4 noch $\mathbf{x}$ durch $\hat{\mathbf{x}}$, so erhalten wir

$$\int\limits_{\partial B_{\lambda \vartheta R}(w_0)} |d\hat{\mathbf{x}}(w)| \le \frac{4\pi}{\sqrt{\log 4}} \frac{\sqrt{M^2 + \frac{b}{8}MR^2}}{\sqrt{1 - aM}} \frac{1}{\sqrt{-\log \vartheta}} \tag{26}$$

mit einem $\lambda = \lambda(\vartheta) \in [\frac{1}{4}, \frac{1}{2}]$. Das Courant-Lebesgue-Lemma ist nämlich auch auf die Funktion $\hat{\mathbf{x}}$ - deren Ableitungen können an $I_R(w_0)$ einen Sprung aufweisen - anwendbar.

2. Wir folgen nun den Überlegungen in Teil 2 des Beweises von Hilfssatz 4 und setzen zusätzlich

$$B^{\pm} := \left\{ w \in B_{\lambda \vartheta R}(w_0) \, : \, \pm \operatorname{Im} w > 0 \right\},$$

$$C^{\pm} := \left\{ w \in \partial B_{\lambda \vartheta R}(w_0) \, : \, \pm \operatorname{Im} w \ge 0 \right\}.$$

Die Rechnung dort liefert

$$\int\limits_{C^{\pm}} \frac{i\hat{\mathbf{x}}_w(w)}{w - w_0} \, dw - i \int\limits_{C^{\pm}} \frac{d\hat{\mathbf{x}}(w)}{w - w_0} = \frac{1}{\varrho^2} \overline{\left(\int\limits_{C^{\pm}} (w - w_0) i\hat{\mathbf{x}}_w(w) \, dw \right)}. \quad (27)$$

Da der Integrand $(w - w_0)i\hat{\mathbf{x}}_w(w)$ bei Annäherung von oben oder unten an $I_R(w_0)$ einen Vorzeichenwechsel erfährt , folgt

$$\int\limits_{C^+} \frac{i\hat{\mathbf{x}}_w(w)}{w - w_0} \, dw + \int\limits_{C^-} \frac{-i\hat{\mathbf{x}}_w(w)}{w - w_0} \, dw - i \int\limits_{C^+} \frac{d\hat{\mathbf{x}}(w)}{w - w_0} + i \int\limits_{C^-} \frac{d\hat{\mathbf{x}}(w)}{w - w_0}$$

$$= \frac{1}{\varrho^2} \overline{\left(\int\limits_{\partial B^+} (w - w_0) i\hat{\mathbf{x}}_w(w) \, dw \right)}$$

$$+ \frac{1}{\varrho^2} \overline{\left(\int\limits_{\partial B^-} (w - w_0)(-i)\hat{\mathbf{x}}_w(w) \, dw \right)}$$

$$= \frac{1}{\varrho^2} \overline{\left(2i \iint\limits_{B^+} (w - w_0) i\hat{\mathbf{x}}_{w\overline{w}}(w) \, du \, dv \right)}$$

$$+ \frac{1}{\varrho^2} \overline{\left(2i \iint\limits_{B^-} (w - w_0)(-i)\hat{\mathbf{x}}_{w\overline{w}}(w) \, du \, dv \right)}$$

$$= -\frac{2}{\varrho^2} \iint\limits_{B^+} (\overline{w - w_0})\hat{\mathbf{x}}_{w\overline{w}}(w) \, du \, dv$$

$$+ \frac{2}{\varrho^2} \iint\limits_{B^-} (\overline{w - w_0})\hat{\mathbf{x}}_{w\overline{w}}(w) \, du \, dv.$$

Beachten wir noch (25), so erhalten wir die Abschätzung

$$\left| \frac{1}{2\pi i} \int\limits_{\partial B_{\lambda\vartheta R}(w_0)} \frac{\mathbf{z}(w)}{w - w_0} \, dw \right| = \frac{1}{2\pi} \left| \int\limits_{C^+} \frac{i\hat{\mathbf{x}}_w(w)}{w - w_0} \, dw + \int\limits_{C^-} \frac{-i\hat{\mathbf{x}}_w(w)}{w - w_0} \, dw \right|$$

$$\leq \frac{1}{2\pi} \int\limits_{\partial B} \frac{|d\hat{\mathbf{x}}(w)|}{|w - w_0|} + \frac{1}{\pi\varrho^2} \iint\limits_{B} |w - w_0| \, |\mathbf{z}_{\overline{w}}(w)| \, du \, dv.$$

Wie in Teil 3 des Beweises von Hilfssatz 4 finden wir nun die Abschätzung (23). Dazu ersetzen wir die Funktion $\mathbf{y}$ durch $\mathbf{z}$ und verwenden (22) und die Oszillationsabschätzung (26).

q.e.d.

Bemerkung: Hilfssatz 5 bleibt unter entsprechenden Voraussetzungen gültig für Kreisscheiben mit einem Mittelpunkt $w_0 \in \mathbb{C}$ und $\mathrm{Im}\, w_0 > 0$, für welche $B_R(w_0) \cap \Omega = \{w \in B_R(w_0) : \mathrm{Im}\, w > 0\}$ erfüllt ist. Die in Hilfssatz

3 bewiesene Abschätzung des Dirichletintegrals ist nämlich (in leicht modifizierter Form) auch in dieser Situation richtig. Wir werden die Hilfssätze 3 und 5 im nächsten Paragraphen nutzen, um eine globale $C^{1+\alpha}$-Abschätzung herzuleiten.

Satz 1. (Gradientenabschätzung von E. Heinz)
Im beschränkten Gebiet $\Omega \subset \mathbb{R}^2$ sei eine Lösung $\mathbf{x} = \mathbf{x}(u,v)$ von (1)-(3) mit $aM < 1$ gegeben. Wir erklären

$$\delta(w) := dist\{w, \partial\Omega\} = \inf_{\zeta \in \mathbb{C}\setminus\Omega} |\zeta - w|, \quad w \in \Omega, \qquad und \qquad d := \sup_{w \in \Omega} \delta(w).$$

Dann gibt es eine Konstante $C = C(a, M, bd^2)$, so daß die Ungleichung

$$\delta(w)|\nabla\mathbf{x}(w)| \le C(a, M, bd^2) \qquad für \ alle \quad w \in \Omega \tag{28}$$

erfüllt ist.

Beweis:

1. Wir nehmen zunächst $\mathbf{x} = \mathbf{x}(u,v) \in C^1(\overline{\Omega}, \mathbb{R}^n)$ an und betrachten die stetige Funktion

$$\phi(w) := \delta(w)|\mathbf{y}(w)|, \qquad w \in \Omega, \tag{29}$$

mit $\mathbf{y}(w) = \mathbf{x}_w(w)$, $w \in \overline{\Omega}$. Diese nimmt wegen $\phi|_{\partial\Omega} = 0$ ihr Maximum in einem inneren Punkt $w_0 \in \Omega$ an. Setzen wir $R := \delta(w_0) > 0$, so erhalten wir $B_R(w_0) \subset \Omega$. Für beliebiges $\vartheta \in (0,1)$ finden wir nach Hilfssatz 4 ein $\lambda = \lambda(\vartheta) \in [\frac{1}{4}, \frac{1}{2}]$, so daß

$$R\left|\frac{1}{2\pi i} \int_{\partial B_{\lambda\vartheta R}(w_0)} \frac{\mathbf{y}(w)}{w - w_0} dw\right| \le \frac{c_1(a, M, bd^2)}{\vartheta\sqrt{-\log\vartheta}} + \frac{bd^2}{8}$$
$$+ \frac{a}{2}\vartheta R^2 \sup_{w \in B_{\vartheta R}(w_0)} |\mathbf{y}(w)|^2 \tag{30}$$

mit der Konstante

$$c_1(a, M, bd^2) := \frac{8\sqrt{M^2 + \frac{1}{8}bMd^2}}{\sqrt{\log 4}\sqrt{1 - aM}}$$

richtig ist. Satz 1 aus Kap. IV, §5 entnehmen wir auf der Kreisscheibe $B := B_{\lambda\vartheta R}(w_0)$ vom Radius $\varrho := \lambda\vartheta R \in (0, R)$ die Integraldarstellung

$$\mathbf{y}(w_0) = \frac{1}{2\pi i} \int_{\partial B} \frac{\mathbf{y}(w)}{w - w_0} dw - \frac{1}{\pi} \iint_B \frac{\mathbf{y}_{\overline{w}}(w)}{w - w_0} du\, dv. \tag{31}$$

Das erste Integral in (31) haben wir in (30) abgeschätzt. Führen wir Polarkoordinaten ein und beachten (17), so erhalten wir für das zweite Integral in (31)

$$\frac{R}{\pi}\left|\iint_B \frac{\mathbf{y}_{\overline{w}}(w)}{w-w_0}\,du\,dv\right| \le \frac{R}{\pi}\sup_{w\in B}|\mathbf{y}_{\overline{w}}(w)|\iint_B \frac{1}{|w-w_0|}\,du\,dv$$

$$\le \frac{R}{\pi}\Big(a\sup_{w\in B_{\vartheta R}(w_0)}|\mathbf{y}(w)|^2 + \frac{b}{4}\Big)2\pi\frac{1}{2}\vartheta R \qquad (32)$$

$$\le a\vartheta R^2\sup_{w\in B_{\vartheta R}(w_0)}|\mathbf{y}(w)|^2 + \frac{1}{4}bd^2.$$

2. Aus (29)-(32) ergibt sich

$$\phi(w_0) = \delta(w_0)|\mathbf{y}(w_0)| = R|\mathbf{y}(w_0)|$$

$$\le \frac{c_1(a,M,bd^2)}{\vartheta\sqrt{-\log\vartheta}} + \frac{3}{8}bd^2 + \frac{3}{2}a\vartheta R^2\sup_{w\in B_{\vartheta R}(w_0)}|\mathbf{y}(w)|^2$$

$$\le \frac{c_1(a,M,bd^2)}{\vartheta\sqrt{-\log\vartheta}} + \frac{3}{8}bd^2 + \frac{3}{2}a\vartheta R^2\sup_{w\in B_{\vartheta R}(w_0)}\left\{\frac{\delta(w)}{R-\vartheta R}|\mathbf{y}(w)|\right\}^2$$

$$\le \frac{c_1(a,M,bd^2)}{\vartheta\sqrt{-\log\vartheta}} + \frac{3}{8}bd^2 + \frac{3a}{2}\frac{\vartheta}{(1-\vartheta)^2}\sup_{w\in B_{\vartheta R}(w_0)}\phi(w)^2.$$

Somit folgt für alle $\vartheta\in(0,1)$ die Ungleichung

$$\phi(w_0) \le \frac{c_1(a,M,bd^2)}{\vartheta\sqrt{-\log\vartheta}} + \frac{3}{8}bd^2 + \frac{3a}{2}\frac{\vartheta}{(1-\vartheta)^2}\phi(w_0)^2. \qquad (33)$$

3. Für $\vartheta\in(0,1)$ erklären wir nun

$$\alpha(\vartheta) := \frac{3a}{2}\frac{\vartheta}{(1-\vartheta)^2} > 0 \qquad \text{mit}\quad \lim_{\vartheta\to 0+}\alpha(\vartheta) = 0$$

und

$$\beta(\vartheta) := \frac{c_1(a,M,bd^2)}{\vartheta\sqrt{-\log\vartheta}} + \frac{3}{8}bd^2 > 0 \qquad \text{mit}\quad \lim_{\vartheta\to 0+}\beta(\vartheta) = +\infty.$$

Wir ermitteln

$$\alpha(\vartheta)\beta(\vartheta) = \frac{3ac_1(a,M,bd^2)}{2(1-\vartheta)^2\sqrt{-\log\vartheta}} + \frac{9abd^2\vartheta}{16(1-\vartheta)^2} \to 0, \qquad \vartheta\to 0+.$$

Für $t := \phi(w_0)$ erhalten wir die Ungleichung

$$\alpha(\vartheta)t^2 - t + \beta(\vartheta) \ge 0 \qquad \text{für alle}\quad \vartheta\in(0,1). \qquad (34)$$

Äquivalent hierzu ist

$$\left(t - \frac{1}{2\alpha(\vartheta)}\right)^2 \ge \frac{1-4\alpha(\vartheta)\beta(\vartheta)}{4\alpha(\vartheta)^2} \qquad \text{für alle}\quad \vartheta\in(0,1). \qquad (35)$$

Es existiert nun ein $\vartheta_0 = \vartheta_0(a, M, bd^2) \in (0,1)$ mit

$$0 < 4\alpha(\vartheta)\beta(\vartheta) \leq \frac{3}{4} \qquad \text{für alle} \quad \vartheta \in (0, \vartheta_0], \tag{36}$$

woraus

$$\sqrt{1 - 4\alpha(\vartheta)\beta(\vartheta)} \geq \frac{1}{2} \qquad \text{für alle} \quad \vartheta \in (0, \vartheta_0] \tag{37}$$

folgt. Setzen wir

$$\chi^\pm(\vartheta) := \frac{1 \pm \sqrt{1 - 4\alpha(\vartheta)\beta(\vartheta)}}{2\alpha(\vartheta)}, \qquad \vartheta \in (0, \vartheta_0],$$

so liefert (35) für jedes $\vartheta \in (0, \vartheta_0]$ die Alternative

$$t \leq \chi^-(\vartheta) \qquad \text{o d e r} \qquad t \geq \chi^+(\vartheta). \tag{38}$$

Da die Funktionen $\chi^-(\vartheta) < \chi^+(\vartheta)$, $\vartheta \in (0, \vartheta_0]$, stetig von ϑ auf $(0, \vartheta_0]$ abhängen und $\lim\limits_{\vartheta \to 0+} \chi^+(\vartheta) = +\infty$ erfüllt ist, folgt

$$t \leq \chi^-(\vartheta) \qquad \text{für alle} \quad \vartheta \in (0, \vartheta_0].$$

Wir erhalten

$$t \leq \chi^-(\vartheta_0) = \chi^-(\vartheta_0(a, M, bd^2)) =: \frac{1}{2} C(a, M, bd^2) \tag{39}$$

und somit

$$\sup_{w \in \Omega} \delta(w)|\nabla \mathbf{x}(w)| = 2 \sup_{w \in \Omega} \delta(w)|\mathbf{y}(w)| = 2 \sup_{w \in \Omega} \phi(w)$$
$$= 2\phi(w_0) = 2t \leq C(a, M, bd^2).$$

Dies ist die gesuchte Abschätzung (28) im Falle $\mathbf{x} \in C^1(\overline{\Omega}, \mathbb{R}^n)$.

4. Es sei nun $\mathbf{x} \in C^2(\Omega) \cap C^0(\overline{\Omega})$. Dann wenden wir die Abschätzung (28) zunächst auf der Menge

$$\Omega_\varepsilon := \left\{ w \in \Omega \, : \, \text{dist}\,\{w, \partial\Omega\} > \varepsilon \right\} \qquad \text{für} \quad 0 < \varepsilon < \varepsilon_0$$

an und erhalten

$$(\delta(w) - \varepsilon)|\nabla \mathbf{x}(w)| \leq C(a, M, bd^2) \qquad \text{für alle} \quad w \in \Omega_\varepsilon \tag{40}$$

mit $0 < \varepsilon < \varepsilon_0$. Für $\varepsilon \to 0+$ folgt dann

$$\delta(w)|\nabla \mathbf{x}(w)| \leq C(a, M, bd^2) \qquad \text{für alle} \quad w \in \Omega.$$

q.e.d.

Zu einer kompakten Menge $K \subset \mathbb{C}$ betrachten wir den linearen Raum

$$C^{1+\alpha}(K, \mathbb{R}^n) := \left\{ \mathbf{x} \in C^1(K, \mathbb{R}^n) \; : \; \sup_{\substack{w_1, w_2 \in K \\ w_1 \neq w_2}} \frac{|\nabla \mathbf{x}(w_1) - \nabla \mathbf{x}(w_2)|}{|w_1 - w_2|^\alpha} < +\infty \right\},$$

wobei $\alpha \in (0,1)$ gewählt ist. Statten wir diesen Raum mit der $C^{1+\alpha}$-Hölder-norm

$$\|\mathbf{x}\|_{C^{1+\alpha}(K)} := \sup_{w \in K} |\mathbf{x}(w)| + \sup_{w \in K} |\nabla \mathbf{x}(w)| + \sup_{\substack{w_1, w_2 \in K \\ w_1 \neq w_2}} \frac{|\nabla \mathbf{x}(w_1) - \nabla \mathbf{x}(w_2)|}{|w_1 - w_2|^\alpha} \quad (41)$$

aus, so wird $C^{1+\alpha}(K, \mathbb{R}^n)$ zu einem Banachraum. Aus Satz 1 folgt nun der

Satz 2. (Innere $C^{1+\alpha}$-Abschätzung)
Sei eine Lösung $\mathbf{x} = \mathbf{x}(u,v)$ von (1)-(3) mit $aM < 1$ im beschränkten Gebiet $\Omega \subset \mathbb{R}^2$ gegeben. Für beliebiges $\varepsilon > 0$ betrachten wir die kompakte Menge

$$K_\varepsilon := \left\{ w \in \Omega \; : \; dist\{w, \partial\Omega\} \geq \varepsilon \right\},$$

und $\alpha \in (0,1)$ sei beliebig gewählt. Dann gibt es eine Konstante $C = C(a, M, b, d, \varepsilon, \alpha) \in (0, +\infty)$, so daß gilt

$$\|\mathbf{x}\|_{C^{1+\alpha}(K_\varepsilon)} \leq C(a, M, b, d, \varepsilon, \alpha). \quad (42)$$

Beweis: Zunächst entnehmen wir (3) die Abschätzung

$$\sup_{w \in K_\varepsilon} |\mathbf{x}(w)| \leq M,$$

und Satz 1 liefert die Gradientenabschätzung

$$|\nabla \mathbf{x}(w)| \leq \frac{2C(a, M, bd^2)}{\varepsilon} \quad \text{für alle} \quad w \in K_{\frac{\varepsilon}{2}}. \quad (43)$$

Nach Kap. IV, §5, Satz 1 haben wir für alle $w_0 \in K_\varepsilon$ die Darstellung

$$\mathbf{x}_w(w_*) = \frac{1}{2\pi i} \int_{\partial B_{\frac{\varepsilon}{2}}(w_0)} \frac{\mathbf{x}_w(w)}{w - w_*} \, dw - \frac{1}{\pi} \iint_{B_{\frac{\varepsilon}{2}}(w_0)} \frac{\mathbf{x}_{w\overline{w}}(w)}{w - w_*} \, du \, dv, \quad w_* \in B_{\frac{\varepsilon}{2}}(w_0).$$

$$(44)$$

Wegen (43) genügt das erste Parameterintegral einer Lipschitzbedingung in $B_{\frac{\varepsilon}{4}}(w_0)$ mit einer von a, M, bd^2, ε abhängigen Lipschitzkonstante. Weiter ist wegen (43)

$$\sup_{w \in K_{\frac{\varepsilon}{2}}} |\mathbf{x}_{w\overline{w}}(w)| \leq C_1(a, M, b, d, \varepsilon) < +\infty$$

richtig. Nach der Hadamardschen Abschätzung (vgl. Kap. IV, §4, Satz 7) erfüllt dann das zweite Parameterintegral in $B_{\frac{\varepsilon}{4}}(w_0)$ eine Hölderbedingung abhängig von $a, M, b, d, \varepsilon, \alpha$. Wir erhalten somit aus (44) die Ungleichung

$$|\mathbf{x}_w(w_1) - \mathbf{x}_w(w_2)| \leq C_2(a, M, b, d, \varepsilon, \alpha)|w_1 - w_2|^\alpha$$

$$\text{für alle} \quad w_1, w_2 \in K_{\frac{3}{4}\varepsilon} \subset \Omega. \quad (45)$$

Insgesamt folgt die Abschätzung (42).   q.e.d.

§3 Globale Abschätzungen für nichtlineare Systeme

Wir setzen die Überlegungen aus § 2 fort und zitieren diese Resultate mit dem Zusatz *. Auf der Einheitskreisscheibe $E := \{\zeta = \xi + i\eta \ : \ |\zeta| < 1\}$ betrachten wir Lösungen des Problems

$$
\mathbf{x} = \mathbf{x}(\zeta) = (x_1(\xi,\eta), \ldots, x_n(\xi,\eta)) \in C^2(E, \mathbb{R}^n) \cap C^1(\overline{E}, \mathbb{R}^n),
$$

$$
|\Delta\mathbf{x}(\xi,\eta)| \leq a|\nabla\mathbf{x}(\xi,\eta)|^2 + b \qquad \text{für alle} \quad (\xi,\eta) \in E,
$$

$$
|\mathbf{x}(\xi,\eta)| \leq M \qquad \text{für alle} \quad (\xi,\eta) \in E, \tag{1}
$$

$$
\mathbf{x}(\xi,\eta) = 0 \qquad \text{für alle} \quad (\xi,\eta) \in \partial E
$$

mit den Konstanten $a, b \in [0, +\infty)$ und $M \in (0, +\infty)$. Wir wollen $|\nabla\mathbf{x}|$ in $\overline{E}$ nach oben abschätzen und eine a-priori-Schranke für $\|\mathbf{x}\|_{C^{1+\alpha}(\overline{E})}$ etablieren. Hierzu bilden wir E konform auf die obere Halbebene $\mathbb{C}^+ := \{w = u + iv \ : \ v > 0\}$ ab mit Hilfe der folgenden Möbiustransformation (vgl. Kap. IV, § 7, Beispiel 1):

$$
f(\zeta) = \frac{\zeta + i}{i\zeta + 1}, \quad \zeta \in E; \qquad f : \partial E \setminus \{i\} \leftrightarrow \mathbb{R}. \tag{2}
$$

Wir erklären den Strahl

$$
S := \left\{\zeta = -it \ \middle| \ 0 \leq t \leq 1\right\} \subset \overline{E}
$$

und das Intervall

$$
J := \left\{w = iv \ \middle| \ 0 \leq v \leq 1\right\} \subset \overline{\mathbb{C}^+}.
$$

Die Funktion

$$
f(i\eta) = i\frac{1+\eta}{1-\eta}, \qquad \eta \in [-1, 0], \tag{3}
$$

bildet dann den Strahl S bijektiv auf das Intervall J ab. Die Umkehrabbildung von f bezeichnen wir mit

$$
\zeta = g(w) : \ \mathbb{C}^+ \to E, \quad \mathbb{R} \to \partial E \setminus \{i\}, \quad J \to S. \tag{4}
$$

Zu $\mu \in [0, 2\pi)$ betrachten wir nun die gedrehten Strahlen

$$
S_\mu := \left\{\tilde{\zeta} = e^{i\mu}\zeta \ : \ \zeta \in S\right\}
$$

und die Schar von konformen Abbildungen

$$
g_\mu(w) := e^{i\mu}g(w), \qquad w \in \mathbb{C}^+. \tag{5}
$$

Offenbar gilt

$$
g_\mu : \mathbb{C}^+ \leftrightarrow E \text{ konform}, \quad g_\mu : J \leftrightarrow S_\mu \qquad \text{für} \quad 0 \leq \mu < 2\pi. \tag{6}
$$

Setzen wir noch

$$\Omega^+ := \Big\{ w \in \mathbb{C}^+ \ : \ \mathrm{dist}\{w, J\} < 1 \Big\},$$

dann gibt es eine Konstante $\beta \in (0,1)$, so daß die Verzerrungsabschätzung

$$\beta \le |g'_\mu(w)| \le \frac{1}{\beta} \qquad \text{für alle} \quad w \in \Omega^+ \quad \text{und alle} \quad \mu \in [0, 2\pi) \qquad (7)$$

richtig ist. Mit den Überlegungen aus §2 beweisen wir nun den

Satz 1. (Globale $C^{1+\alpha}$-Abschätzung)
Sei $\mathbf{x} = \mathbf{x}(\xi, \eta)$ eine Lösung von (1) mit $aM < 1$, und es sei $\alpha \in (0,1)$ gewählt. Dann gibt es eine Konstante $C = C(a, b, M, \alpha)$, so daß gilt

$$\|\mathbf{x}\|_{C^{1+\alpha}(\overline{E})} \le C(a, b, M, \alpha). \qquad (8)$$

Beweis:

1. Mit der Methode von Satz 1* wollen wir $|\nabla \mathbf{x}|$ in $\overline{E}$ nach oben abschätzen. Wir betrachten hierzu die Funktion

$$\phi(\zeta) := |\mathbf{x}_\zeta(\zeta)| = \frac{1}{2}|\nabla \mathbf{x}(\zeta)|, \qquad \zeta \in \overline{E}, \qquad (9)$$

welche in einem Punkt $\zeta_0 \in \overline{E}$ ihr Maximum annimmt. Zu diesem Punkt $\zeta_0 \in \overline{E}$ gibt es ein $\mu \in [0, 2\pi)$ und einen Punkt $w_0 \in J \subset \mathbb{C}^+ \cup \mathbb{R}$, so daß $g_\mu(w_0) = \zeta_0$ richtig ist. Wir halten nun den Winkel μ fest und unterdrücken den Index. Mit der Abbildung (5) führen wir in $\mathbf{x} = \mathbf{x}(\xi, \eta)$ die neuen Parameter (u, v) ein und spiegeln $\mathbf{x} \circ g(u, v)$ an der Achse $v = 0$:

$$\hat{\mathbf{x}}(u, v) := \begin{cases} \mathbf{x} \circ g(u, v), & w = u + iv \in \mathbb{C}^+ \cup \mathbb{R} \\ \mathbf{x} \circ g(u, -v), & w = u + iv \in \mathbb{C}^- := \{\tilde{w} \in \mathbb{C} \ : \ \mathrm{Im}\,\tilde{w} < 0\} \end{cases}.$$
$$\qquad (10)$$

Eine einfache Rechnung zeigt

$$\hat{\mathbf{x}}(u, v) \in C^2(\mathbb{C}^+ \cup \mathbb{C}^-) \cap C^1(\mathbb{C}^+ \cup \mathbb{R}) \cap C^0(\mathbb{C}),$$

$$\sup_{u + iv \in \mathbb{C}} |\hat{\mathbf{x}}(u, v)| \le M, \qquad \hat{\mathbf{x}}(u, 0) = 0 \quad \text{für alle } u \in \mathbb{R},$$

$$|\Delta \hat{\mathbf{x}}(u, v)| \le a|\nabla \hat{\mathbf{x}}(u, v)|^2 + \frac{b}{\beta^2} \qquad \text{für alle} \quad w = u + iv \in \Omega^+ \cup \Omega^-,$$
$$\qquad (11)$$

wobei wir noch $\Omega^- := \{w \in \mathbb{C} \ \overline{w} \in \Omega^+\}$ gesetzt haben. Wir wählen nun $R = 1$ fest und $\vartheta \in (0,1)$ beliebig. Wie in Hilfssatz 3* schätzen wir dann die Energie

$$\iint\limits_{B_\vartheta(w_0)} |\nabla \hat{\mathbf{x}}(u, v)|^2 \, du \, dv$$

ab. (Man beachte auch die Bemerkung im Anschluß an Hilfssatz 5*.)

2. Wir gehen nun über zur gespiegelten komplexen Ableitungsfunktion

$$\mathbf{z}(w) := \begin{cases} i\hat{\mathbf{x}}_w(w), & w \in \overline{B_1(w_0)} \cap \mathbb{C}^+ \\ -i\hat{\mathbf{x}}_{\overline{w}}(\overline{w}), & w \in \overline{B_1(w_0)} \cap \mathbb{C}^- \end{cases} \tag{12}$$

aus Hilfssatz 5*. Diese ist stetig in $\overline{B_1(w_0)}$ und genügt der DUGL

$$|\mathbf{z}_{\overline{w}}(w)| \le a|\mathbf{z}(w)|^2 + \frac{b}{4\beta^2} \qquad \text{für alle} \quad w \in B_1(w_0) \setminus \mathbb{R}. \tag{13}$$

Die Integraldarstellung von Pompeiu-Vekua aus Kap. IV, § 5, Satz 1 gilt dann auch für $\mathbf{z}$, d.h. wir haben

$$\mathbf{z}(w_0) = \frac{1}{2\pi i} \int\limits_{\partial B_{\lambda\vartheta}(w_0)} \frac{\mathbf{z}(w)}{w - w_0}\, dw - \frac{1}{\pi} \iint\limits_{B_{\lambda\vartheta}(w_0)} \frac{\mathbf{z}_{\overline{w}}(w)}{w - w_0}\, du\, dv \tag{14}$$

mit beliebigen $\vartheta, \lambda \in (0,1)$. Zur Herleitung dieser Formel integriert man getrennt in $\mathbb{C}^{\pm}$; da $\mathbf{z}$ stetig auf $\mathbb{R}$ ist, heben sich die Kurvenintegrale auf der reellen Achse gegenseitig weg.

Nach Hilfssatz 5* gibt es ein $\lambda = \lambda(\vartheta) \in [\frac{1}{4}, \frac{1}{2}]$, so daß das Cauchyintegral von $\mathbf{z}$ wie folgt abgeschätzt werden kann:

$$\left| \frac{1}{2\pi i} \int\limits_{\partial B_{\lambda\vartheta}(w_0)} \frac{\mathbf{z}(w)}{w - w_0}\, dw \right| \le \frac{c_1(a,b,M)}{\vartheta\sqrt{-\log\vartheta}} + \frac{b}{8\beta^2} + \frac{a}{2}\vartheta \sup_{w \in B_\vartheta(w_0)} |\mathbf{z}(w)|^2 \tag{15}$$

mit der Konstante

$$c_1(a,b,M) := \frac{8\sqrt{M^2 + \frac{b}{8\beta^2}M}}{\sqrt{\log 4}\sqrt{1 - aM}}.$$

Wie in (32)* ermitteln wir aus der DUGL (13) die Ungleichung

$$\left| \frac{1}{\pi} \iint\limits_{B_{\lambda\vartheta}(w_0)} \frac{\mathbf{z}_{\overline{w}}(w)}{w - w_0}\, du\, dv \right| \le a\vartheta \sup_{w \in B_\vartheta(w_0)} |\mathbf{z}(w)|^2 + \frac{b}{4\beta^2}. \tag{16}$$

3. Wegen

$$|\mathbf{z}(w)| = |\hat{\mathbf{x}}_w(w)| = |\mathbf{x}_\zeta \circ g(w)||g'(w)|, \qquad w \in \mathbb{C}^+ \cup \mathbb{R},$$

entnehmen wir (7) die Ungleichung

$$\beta|\mathbf{z}(w)| \le \phi(g(w)) \le \frac{1}{\beta}|\mathbf{z}(w)| \qquad \text{für alle} \quad w \in \overline{B_\vartheta(w_0) \cap \mathbb{C}^+}. \tag{17}$$

Aus (14)-(16) erhalten wir dann die Abschätzung

$$\phi(\zeta_0) = \phi(g(w_0)) \leq \frac{1}{\beta}|\mathbf{z}(w_0)|$$

$$\leq \frac{c_1(a,b,M)}{\beta\vartheta\sqrt{-\log\vartheta}} + \frac{3b}{8\beta^3} + \frac{3a}{2\beta}\vartheta \sup_{w\in B_\vartheta(w_0)} |\mathbf{z}(w)|^2$$

$$\leq \frac{c_1(a,b,M)}{\beta\vartheta\sqrt{-\log\vartheta}} + \frac{3b}{8\beta^3} + \frac{3a}{2\beta^3}\vartheta \sup_{w\in B_\vartheta(w_0)\cap\mathbb{C}^+} \phi(g(w))^2$$

$$\leq \frac{c_1(a,b,M)}{\beta\vartheta\sqrt{-\log\vartheta}} + \frac{3b}{8\beta^3} + \frac{3a}{2\beta^3}\vartheta\phi(\zeta_0)^2.$$

Wir haben also die Ungleichung

$$\phi(\zeta_0) \leq \frac{c_1(a,b,M)}{\beta\vartheta\sqrt{-\log\vartheta}} + \frac{3b}{8\beta^3} + \frac{3a}{2\beta^3}\vartheta\phi(\zeta_0)^2 \qquad \text{für alle} \quad 0 < \vartheta < 1. \quad (18)$$

4. Wie in Teil 3 des Beweises von Satz 1* ermittelt man aus (18) eine Konstante $C_1 = C_1(a,b,M)$, so daß

$$\sup_{\zeta\in E}|\nabla\mathbf{x}(\zeta)| = 2\sup_{\zeta\in E}\phi(\zeta) \leq C_1(a,b,M) \qquad (19)$$

erfüllt ist. Wendet man auf $\mathbf{x}_w$ die in $\overline{E}$ gültige Darstellungsformel (14) an, so findet man wie im Beweis von Satz 2* zu gegebenem $\alpha \in (0,1)$ eine Konstante $C_2 = C_2(a,b,M,\alpha)$, so daß

$$|\nabla\mathbf{x}(\zeta_1) - \nabla\mathbf{x}(\zeta_2)| \leq C_2|\zeta_1 - \zeta_2|^\alpha \qquad \text{für alle} \quad \zeta_1,\zeta_2 \in \overline{E} \qquad (20)$$

gültig ist. Die Behauptung (8) entnehmen wir nun den Ungleichungen (19) und (20).

q.e.d.

§4 Das Dirichletproblem für nichtlineare elliptische Systeme

Seien $\alpha \in (0,1)$ und $M \in (0,+\infty)$ gewählt, so schreiben wir auf dem Rand der Einheitskreisscheibe $B := \{w = u + iv : |w| < 1\}$ periodische Randwerte mit der Periode 2π vor,

$$\mathbf{g} = \mathbf{g}(t) = (g_1(t),\ldots,g_n(t)) : \mathbb{R} \to \mathbb{R}^n \in C^{2+\alpha}_{2\pi}(\mathbb{R},\mathbb{R}^n),$$
$$|\mathbf{g}(t)| \leq M \qquad \text{für alle} \quad t \in \mathbb{R}. \qquad (1)$$

Wir interessieren uns für das Dirichletproblem

$$\mathbf{x} = \mathbf{x}(u,v) = (x_1(u,v),\ldots,x_n(u,v)) \in C^{2+\alpha}(\overline{B},\mathbb{R}^n),$$
$$\Delta\mathbf{x}(u,v) = \mathbf{F}(u,v,\mathbf{x}(u,v),\nabla\mathbf{x}(u,v)) \qquad \text{für alle} \quad (u,v) \in B,$$
$$|\mathbf{x}(u,v)| \leq M \qquad \text{für alle} \quad (u,v) \in B, \qquad (2)$$
$$\mathbf{x}(\cos t,\sin t) = \mathbf{g}(t) \qquad \text{für alle} \quad t \in \mathbb{R}.$$

Als rechte Seite $\mathbf{F}$ schreiben wir ein homogenes quadratisches Polynom in den ersten Ableitungen

$$\nabla\mathbf{x}(u,v) = (x_{1u}(u,v),\ldots,x_{nu}(u,v),x_{1v}(u,v),\ldots,x_{nv}(u,v))$$

vor. Die Koeffizienten sollen Hölderstetig von u,v und Lipschitzstetig von $\mathbf{x}$ abhängen und im Außenraum $|\mathbf{x}| \geq M$ verschwinden. Genauer erklären wir die Funktion

$$\mathbf{F}(u,v,\mathbf{x};\mathbf{p},\mathbf{q}) = (F_1(\ldots),\ldots,F_n(\ldots)) : \overline{B} \times \mathbb{R}^n \times \mathbb{R}^{2n} \times \mathbb{R}^{2n} \to \mathbb{R}^n,$$

$$F_k(u,v,\mathbf{x};\mathbf{p},\mathbf{q}) := \sum_{i,j=1}^{2n} f_{ij}^k(u,v,\mathbf{x})p_iq_j, \qquad k = 1,\ldots,n, \tag{3}$$

und verlangen mit den Konstanten $K, L \in [0 + \infty)$ von den Koeffizienten

$$f_{ij}^k(w,\mathbf{x}) = 0 \qquad \text{für alle} \quad w \in \overline{B} \quad \text{und} \quad \mathbf{x} \in \mathbb{R}^n \quad \text{mit} \quad |\mathbf{x}| \geq M,$$

$$|f_{ij}^k(w,\mathbf{x})| \leq K \qquad \text{für alle} \quad w \in \overline{B} \quad \text{und} \quad \mathbf{x} \in \mathbb{R}^n \quad \text{mit} \quad |\mathbf{x}| \leq M,$$

$$|f_{ij}^k(w,\mathbf{x}) - f_{ij}^k(\tilde{w},\tilde{\mathbf{x}})| \leq L\{|w - \tilde{w}|^\alpha + |\mathbf{x} - \tilde{\mathbf{x}}|\} \tag{4}$$

$$\text{für alle} \quad w,\tilde{w} \in \overline{B} \quad \text{und} \quad \mathbf{x},\tilde{\mathbf{x}} \in \mathbb{R}^n$$

mit $i,j = 1,\ldots,2n$ und $k = 1,\ldots,n$. Schließlich nutzen wir in (2) als rechte Seite $\mathbf{F}$ die Funktion

$$\mathbf{F}(u,v,\mathbf{x},\mathbf{p}) := \mathbf{F}(u,v,\mathbf{x};\mathbf{p},\mathbf{p}), \qquad (u,v) \in \overline{B}, \quad \mathbf{x} \in \mathbb{R}^n, \quad \mathbf{p} \in \mathbb{R}^{2n}.$$

Alle in der Differentialgeometrie auftretenden elliptischen Systeme sind von der Form

$$\Delta\mathbf{x}(u,v) = \mathbf{F}(u,v,\mathbf{x}(u,v);\nabla\mathbf{x}(u,v),\nabla\mathbf{x}(u,v))$$

$$= \mathbf{F}(u,v,\mathbf{x}(u,v),\nabla\mathbf{x}(u,v)), \qquad (u,v) \in B. \tag{5}$$

Wir bemerken noch, daß für festes $(u,v,\mathbf{x}) \in \overline{B} \times \mathbb{R}^n$ die Abbildung

$$(\mathbf{p},\mathbf{q}) \mapsto \mathbf{F}(w,\mathbf{x};\mathbf{p},\mathbf{q}) \tag{6}$$

bilinear jedoch nicht notwendig symmetrisch ist.

Mit einem $a \in [0,+\infty)$ fordern wir nun eine *Wachstumsbedingung für die rechte Seite* $\mathbf{F}$:

$$|\mathbf{F}(w,\mathbf{x};\mathbf{p},\mathbf{p})| \leq a|\mathbf{p}|^2 \qquad \text{bzw.} \qquad \sqrt{\sum_{k=1}^{n}\left(\sum_{i,j=1}^{2n} f_{ij}^k(w,\mathbf{x})p_ip_j\right)^2} \leq a\sum_{i=1}^{2n} p_i^2$$

für alle $w \in \overline{B}$, $\mathbf{x} \in \mathbb{R}^n$, $\mathbf{p} = (p_1,\ldots,p_{2n}) \in \mathbb{R}^{2n}$.

$$\tag{7}$$

Bemerkungen:

1. Aus (3) und (4) kann man sicherlich eine Konstante a finden, so daß (7) erfüllt ist. Man sollte diese jedoch optimieren. Während nämlich K, L aus (4) nicht quantitativ in unser späteres Existenzresultat eingehen werden, ist dieses für a der Fall.

2. Ist $aM \le 1$ erfüllt, so unterliegt eine Lösung $\mathbf{x} = \mathbf{x}(u, v)$ von (2) dem geometrischen Maximumprinzip von E. Heinz

$$\sup_{(u,v)\in\overline{B}} |\mathbf{x}(u,v)| \le \sup_{(u,v)\in\partial B} |\mathbf{x}(u,v)|. \tag{8}$$

Um (2) zu lösen, gehen wir über zu Nullrandwerten. Dazu lösen wir mit potentialtheoretischen Methoden (vgl. Satz 5 in Kap. IX, §6) das Randwertproblem

$$\mathbf{y} = \mathbf{y}(u,v) \in C^{2+\alpha}(\overline{B}, \mathbb{R}^n),$$
$$\Delta\mathbf{y}(u,v) = 0 \quad \text{für alle} \quad (u,v) \in B, \tag{9}$$
$$\mathbf{y}(\cos t, \sin t) = \mathbf{g}(t) \quad \text{für alle} \quad t \in \mathbb{R}.$$

Das Maximumprinzip für harmonische Funktionen liefert

$$\sup_{(u,v)\in B} |\mathbf{y}(u,v)| \le M. \tag{10}$$

Ist $\mathbf{x}$ eine Lösung von (2), so gehen wir über zur Differenzfunktion

$$\mathbf{z}(u,v) := \mathbf{x}(u,v) - \mathbf{y}(u,v), \quad (u,v) \in \overline{B}, \tag{11}$$

welche im Raum

$$C_*^{2+\alpha}(\overline{B}) := \left\{ \tilde{\mathbf{z}}(u,v) \in C^{2+\alpha}(\overline{B}, \mathbb{R}^n) \ : \ \tilde{\mathbf{z}}(u,v) = 0 \text{ auf } \partial B \right\}$$

liegt. Für $\mathbf{z}$ erhalten wir folgende Differentialgleichung:

$$\Delta\mathbf{z}(u,v) = \Delta\mathbf{x}(u,v) = \mathbf{F}(u,v,\mathbf{x}(u,v); \nabla\mathbf{x}(u,v), \nabla\mathbf{x}(u,v))$$
$$= \mathbf{F}(u,v,\mathbf{y}(u,v) + \mathbf{z}(u,v); \nabla\mathbf{y}(u,v) + \nabla\mathbf{z}(u,v), \nabla\mathbf{y}(u,v) + \nabla\mathbf{z}(u,v))$$
$$= \mathbf{F}(u,v,\mathbf{y}(u,v) + \mathbf{z}(u,v); \nabla\mathbf{z}(u,v), \nabla\mathbf{z}(u,v))$$
$$+ \mathbf{F}(u,v,\mathbf{y}(u,v) + \mathbf{z}(u,v); \nabla\mathbf{y}(u,v), \nabla\mathbf{z}(u,v))$$
$$+ \mathbf{F}(u,v,\mathbf{y}(u,v) + \mathbf{z}(u,v); \nabla\mathbf{z}(u,v), \nabla\mathbf{y}(u,v))$$
$$+ \mathbf{F}(u,v,\mathbf{y}(u,v) + \mathbf{z}(u,v); \nabla\mathbf{y}(u,v), \nabla\mathbf{y}(u,v))$$
$$=: \mathbf{G}(u,v,\mathbf{z}(u,v), \nabla\mathbf{z}(u,v)) \quad \text{für alle} \quad (u,v) \in B. \tag{12}$$

Also genügt $\mathbf{z}(u,v) \in C_*^{2+\alpha}(\overline{B})$ einer inhomogenen Differentialgleichung mit quadratischem Wachstum im Gradienten. Für beliebiges $\varepsilon > 0$ ermitteln wir mit Hilfe von (7)

$$|\Delta \mathbf{z}(u,v)| = |\mathbf{F}(u,v,\mathbf{y}(u,v) + \mathbf{z}(u,v), \nabla \mathbf{y}(u,v) + \nabla \mathbf{z}(u,v)|$$

$$\leq a|\nabla \mathbf{y}(u,v) + \nabla \mathbf{z}(u,v)|^2$$

$$\leq a\Big\{|\nabla \mathbf{y}(u,v)|^2 + 2\frac{1}{\sqrt{\varepsilon}}|\nabla \mathbf{y}(u,v)|\,\sqrt{\varepsilon}|\nabla \mathbf{z}(u,v)| + |\nabla \mathbf{z}(u,v)|^2\Big\}$$

$$\leq a(1+\varepsilon)|\nabla \mathbf{z}(u,v)|^2 + a\Big(1+\frac{1}{\varepsilon}\Big)|\nabla \mathbf{y}(u,v)|^2$$

$$\leq a(1+\varepsilon)|\nabla \mathbf{z}(u,v)|^2 + a\Big(1+\frac{1}{\varepsilon}\Big)\sup_{(u,v)\in B}|\nabla \mathbf{y}(u,v)|^2$$

(13)

für alle $(u,v) \in B$. Entscheidende Bedeutung hat nun der

Hilfssatz 1. (A-priori-Abschätzung)
Seien $\alpha \in (0,1)$ und $a \in [0,+\infty)$, $M \in (0,+\infty)$ mit $2aM < 1$ gewählt. Dann gibt es eine Konstante $C_1(a,M,\alpha)$, so daß für alle Lösungen des Problems

$$\mathbf{z} = \mathbf{z}(u,v) \in C^2(B) \cap C^1(\overline{B}),$$

$$\Delta \mathbf{z}(u,v) = \mathbf{G}(w,\mathbf{z}(w),\nabla \mathbf{z}(w)) \qquad \textit{für alle} \quad w \in B, \qquad (14)$$

$$\mathbf{z}(w) = 0 \qquad \textit{für alle} \quad w \in \partial B$$

die folgende Abschätzung gilt:

$$\|\mathbf{z}\|_{C^{1+\alpha}(\overline{B},\mathbb{R}^n)} \leq C_1(a,M,\alpha). \qquad (15)$$

Beweis:

1. Wir beweisen zunächst die Aussage

$$\sup_{w\in B}|\mathbf{z}(w)| \leq 2M. \qquad (16)$$

Wäre dieses nicht der Fall, so existiert ein $w_0 \in B$ mit

$$2M < |\mathbf{z}(w_0)| \leq |\mathbf{y}(w_0) + \mathbf{z}(w_0)| + |\mathbf{y}(w_0)| \leq |\mathbf{y}(w_0) + \mathbf{z}(w_0)| + M$$

beziehungsweise

$$M < |\mathbf{y}(w_0) + \mathbf{z}(w_0)|.$$

Aus Stetigkeitsgründen gibt es nun eine Kreisscheibe $B_\varrho(w_0) \subset B$ mit

$$|\mathbf{y}(w) + \mathbf{z}(w)| \geq M \qquad \text{für alle} \quad w \in B_\varrho(w_0). \qquad (17)$$

Wegen Voraussetzung (4) an die Koeffizienten f_{ij}^k folgt

$$\Delta \mathbf{z}(w) = \mathbf{F}(w,\mathbf{y}(w) + \mathbf{z}(w); \nabla \mathbf{y}(w) + \nabla \mathbf{z}(w), \nabla \mathbf{y}(w) + \nabla \mathbf{z}(w))$$
$$= 0, \qquad w \in B_\varrho(w_0). \qquad (18)$$

Wir betrachten nun die Funktion

$$\phi(w) := |\mathbf{z}(w)|^2, \qquad w \in B_\varrho(w_0), \tag{19}$$

welche wegen

$$\Delta\phi(w) = 2\big(|\nabla\mathbf{z}(w)|^2 + \mathbf{z}(w) \cdot \Delta\mathbf{z}(w)\big) = 2|\nabla\mathbf{z}(w)|^2 \geq 0 \qquad \text{in} \quad B_\varrho(w_0)$$

subharmonisch ist. Ist $w_0 \in B$ so gewählt, daß

$$|\mathbf{z}(w_0)| = \sup_{w \in B} |\mathbf{z}(w)|$$

erfüllt ist, so nimmt die subharmonische Funktion $\phi(w)$, $w \in B_\varrho(w_0)$, in dem inneren Punkt w_0 ihr Maximum an. Es folgt also

$$\phi(w) \equiv \phi(w_0) \qquad \text{in} \quad \overline{B_\varrho(w_0)}. \tag{20}$$

Ein Fortsetzungsargument liefert schließlich

$$\phi(w) \equiv \phi(w_0) \qquad \text{in} \quad \overline{B}$$

im Widerspruch zu $\phi(w) = 0$ auf ∂B. Somit ist (16) erfüllt.

2. Formel (13) entnehmen wir die DUGL

$$|\Delta\mathbf{z}(u,v)| \leq a(1+\varepsilon)|\nabla\mathbf{z}(u,v)|^2 + b(\varepsilon), \qquad (u,v) \in B, \tag{21}$$

wobei wir

$$b(\varepsilon) := a\Big(1 + \frac{1}{\varepsilon}\Big) \sup_{(u,v)\in B} |\nabla\mathbf{y}(u,v)|^2$$

gesetzt haben. Wählen wir $\varepsilon > 0$ so klein, daß $a(1+\varepsilon)2M < 1$ erfüllt ist, so liefert Satz 1 aus § 3 wegen (16) und (21) die a-priori-Abschätzung (15).

q.e.d.

Wir formen nun (14) in eine Integralgleichung um. In dem Banachraum

$$\mathcal{B} := \Big\{\mathbf{x} \in C^1(\overline{B}, \mathbb{R}^n) : \mathbf{x}(w) = 0 \text{ auf } \partial B\Big\},$$

den wir mit der Norm

$$\| \cdot \| := \| \cdot \|_{C^1(\overline{B}, \mathbb{R}^n)}$$

ausstatten, erklären wir zu $N > 0$ die Kugeln

$$\mathcal{B}_N := \Big\{\mathbf{x} \in \mathcal{B} : \|\mathbf{x}\| < N\Big\}.$$

Für $0 \leq \lambda \leq 1$ betrachten wir die nichtlinearen Integraloperatoren ($\zeta = \xi + i\eta$)

$$\mathbb{V}_\lambda(\mathbf{z})|_w := -\frac{\lambda}{2\pi} \iint\limits_B \log\left|\frac{1 - \overline{w}\zeta}{\zeta - w}\right| \mathbf{G}(\zeta, \mathbf{z}(\zeta), \nabla\mathbf{z}(\zeta)) \, d\xi \, d\eta, \qquad w \in B. \tag{22}$$

Mit dem Leray-Schauderschen Abbildungsgrad werden wir eine Lösung der nichtlinearen Integralgleichung $\mathbf{z} = \mathbb{V}_1(\mathbf{z})$ konstruieren. Diese löst dann (14), und nach dem Übergang (11) erhalten wir eine Lösung des Problems (2). Zunächst benötigen wir den

Hilfssatz 2. *Für jedes* $\beta \in (0,1)$ *bildet der Greensche Operator*

$$u(w) \in C^0(\overline{B}) \quad \mapsto \quad \mathbb{L}(u)|_w := -\frac{1}{2\pi} \iint\limits_{B} \log\left|\frac{1 - \overline{w}\zeta}{\zeta - w}\right| u(\zeta)\, d\xi\, d\eta, \quad w \in B,$$

(23)

den Raum $C^0(\overline{B})$ *stetig auf den Raum*

$$C_*^{1+\beta}(\overline{B}) := \left\{ v(w) \in C^{1+\beta}(\overline{B}) \ : \ v(w) = 0 \text{ für alle } w \in \partial B \right\}$$

ab. Es gibt also eine Konstante $C_2(\beta)$, *so daß gilt*

$$\|\mathbb{L}(u)\|_{C^{1+\beta}(\overline{B})} \le C_2(\beta)\|u\|_{C^0(\overline{B})} \qquad \text{für alle} \quad u \in C^0(\overline{B}). \tag{24}$$

Beweis: Man verwende potentialtheoretische Abschätzungen aus Kap. IX, § 4 und für die komplexe Ableitung $\frac{\partial}{\partial w} L(u)$ die Hadamardsche Abschätzung (vgl. Satz 7 in Kap. IV, § 4).   q.e.d.

Hilfssatz 3. *Sei* $\beta \in (0,1)$ *beliebig gewählt. Für alle* $0 \le \lambda \le 1$ *ist der nichtlineare Integraloperator* $\mathbb{V}_\lambda : \mathcal{B} \to C_*^{1+\beta}(\overline{B}, \mathbb{R}^n)$ *stetig und als Operator* $\mathbb{V}_\lambda : \mathcal{B} \to \mathcal{B}$ *vollstetig.*

Beweis: Wir beachten zunächst für alle $0 \le \lambda \le 1$ den Zusammenhang

$$\mathbb{V}_\lambda(\mathbf{z}) = \lambda\mathbb{L}(\mathbf{G}(\cdot, \mathbf{z}(\cdot), \nabla\mathbf{z}(\cdot))), \qquad \mathbf{z} \in \mathcal{B}. \tag{25}$$

Auf der Kugel $\mathcal{B}_N$ mit beliebigem $N > 0$ genügt

$$\mathbf{F}(\cdot, \mathbf{y} + \mathbf{z}, \nabla\mathbf{y} + \nabla\mathbf{z}, \nabla\mathbf{y} + \nabla\mathbf{z}) = \mathbf{G}(\cdot, \mathbf{z}, \nabla\mathbf{z}), \qquad \mathbf{z} \in \mathcal{B}_N, \tag{26}$$

wegen (4) in allen drei Komponenten einer Lipschitzbedingung mit einer von N abhängigen Konstante. Somit gibt es eine Konstante $C_3 = C_3(K, L, N)$, so daß gilt

$$\|\mathbf{G}(\cdot, \mathbf{z}, \nabla\mathbf{z}) - \mathbf{G}(\cdot, \tilde{\mathbf{z}}, \nabla\tilde{\mathbf{z}})\|_{C^0(\overline{B})} \le C_3(K, L, N)\|\mathbf{z} - \tilde{\mathbf{z}}\|$$

$$\text{für alle} \quad \mathbf{z}, \tilde{\mathbf{z}} \in \mathcal{B}_N. \tag{27}$$

Hilfssatz 2 liefert nun

$$\|\mathbb{V}_\lambda(\mathbf{z}) - \mathbb{V}_\lambda(\tilde{\mathbf{z}})\|_{C^{1+\beta}(\overline{B})} \le \lambda C_2(\beta)C_3(K, L, N)\|\mathbf{z} - \tilde{\mathbf{z}}\|$$

$$\text{für alle} \quad \mathbf{z}, \tilde{\mathbf{z}} \in \mathcal{B}_N. \tag{28}$$

Somit ist $\mathbb{V}_\lambda : \mathcal{B}_N \to C_*^{1+\beta}(\overline{B})$ stetig. Ferner entnehmen wir Hilfssatz 2 wegen (26) und (4) die Abschätzung

$$\|\mathbb{V}_\lambda(\mathbf{z})\|_{C^{1+\beta}(\overline{B})} \le \lambda C_2(\beta)\|\mathbf{G}(\cdot, \mathbf{z}, \nabla\mathbf{z})\|_{C^0(\overline{B})}$$

$$\le C_4(K, N, \beta), \qquad \mathbf{z} \in \mathcal{B}_N. \tag{29}$$

Also ist $\mathbb{V}_\lambda : \mathcal{B} \to \mathcal{B}$ vollstetig.   q.e.d.

Mit topologischen Methoden beweisen wir nun den

Satz 1. *Es seien $\alpha \in (0,1)$ und $a \in [0, +\infty)$, $M \in (0, +\infty)$ mit $aM < \frac{1}{2}$ gewählt. Weiter seien die Randwerte **g** aus (1) vorgeschrieben, und die rechte Seite **F** sei wie in (3) erklärt und erfülle (4) sowie die Wachstumsbedingung (7). Dann existiert eine Lösung $\mathbf{x} = \mathbf{x}(u,v)$ des Dirichletproblems (2).*

Beweis: Als Radius der Kugel $\mathcal{B}_N$ im Banachraum $\mathcal{B}$ wählen wir $N := C_1(a, M, \alpha) + 1$ mit der Konstante C_1 aus Hilfssatz 1. Wir betrachten die Schar von Operatoren

$$\text{Id} - \mathbb{V}_\lambda : \mathcal{B}_N \to \mathcal{B}, \quad \mathbf{z} \mapsto \mathbf{z} - \mathbb{V}_\lambda(\mathbf{z}), \qquad 0 \leq \lambda \leq 1. \tag{30}$$

Für $\lambda = 0$ hat die Abbildung eine Nullstelle, nämlich $\mathbf{z} = \mathbf{0} \in \mathcal{B}$. Nach Hilfssatz 3 ist $\mathbb{V}_\lambda : \mathcal{B}_N \to \mathcal{B}$ für jedes $\lambda \in [0,1]$ vollstetig. Ferner hängt $\mathbb{V}_\lambda$ stetig von $\lambda \in [0,1]$ ab. Wir zeigen nun, daß

$$(\text{Id} - \mathbb{V}_\lambda)(\mathbf{z}) \neq \mathbf{0} \qquad \text{für alle} \quad \mathbf{z} \in \partial\mathcal{B}_N \quad \text{und alle} \quad \lambda \in [0,1] \tag{31}$$

richtig ist. Wäre nämlich $\mathbf{z} \in \partial\mathcal{B}_N$ eine Nullstelle von $\text{Id} - \mathbb{V}_\lambda$ mit einem $\lambda \in [0,1]$, so folgt

$$\mathbf{z} = \mathbb{V}_\lambda(\mathbf{z}). \tag{32}$$

Als Lösung dieser Integralgleichung erhalten wir eine Lösung des Dirichletproblems

$$\mathbf{z} = \mathbf{z}(u,v) \in C^2(B) \cap C^1(\overline{B}),$$
$$\Delta\mathbf{z}(u,v) = \lambda\mathbf{G}(u, v, \mathbf{z}(u,v), \nabla\mathbf{z}(u,v)), \qquad (u,v) \in B, \tag{33}$$
$$\mathbf{z}(u,v) = 0, \qquad (u,v) \in \partial B.$$

Ersetzen wir in (14) $\mathbf{G}(\ldots)$ durch $\lambda\mathbf{G}(\ldots)$, so liefert Hilfssatz 1 die Ungleichung

$$\|\mathbf{z}\|_{C^{1+\alpha}(\overline{B},\mathbb{R}^n)} \leq C_1(a, M, \alpha) = N - 1 < N = \|\mathbf{z}\|_{C^1(\overline{B},\mathbb{R}^n)},$$

also einen Widerspruch. Somit ist (31) erfüllt. Nach dem Leray-Schauderschen Fundamentalsatz (vgl. Kap. VII, §3) hat die Abbildung (30) für jedes $\lambda \in [0,1]$ mindestens eine Nullstelle $\mathbf{z} = \mathbf{z}(w)$. Für $\lambda = 1$ löst diese das Dirichletproblem (14). Mit Satz 1 aus Kap. IX, §4 folgt $\mathbf{z} \in C^{2+\alpha}_*(\overline{B}, \mathbb{R}^n)$. Ist $\mathbf{y} = \mathbf{y}(w)$ die Lösung von (9), so erhalten wir mit $\mathbf{x}(u,v) = \mathbf{y}(u,v) + \mathbf{z}(u,v)$, $(u,v) \in \overline{B}$, eine Lösung von (2). Die Eigenschaft

$$\sup_{(u,v)\in B} |\mathbf{x}(u,v)| \leq M$$

prüft man wie in Teil 1 des Beweises von Hilfssatz 1 leicht nach.   q.e.d.

Wir spezialisieren das Ergebnis nun auf das H-Flächensystem aus §1. Für die Randwerte $\mathbf{g}(t)$ aus (1) im Fall $n = 3$ betrachten wir das Dirichletproblem

$$\mathbf{x} = \mathbf{x}(u,v) = (x_1(u,v), x_2(u,v), x_3(u,v)) \in C^{2+\alpha}(\overline{B}, \mathbb{R}^3),$$

$$\Delta\mathbf{x}(u,v) = 2H(u,v,\mathbf{x}(u,v))\mathbf{x}_u \wedge \mathbf{x}_v(u,v) \quad \text{in} \quad B,$$

$$|\mathbf{x}(u,v)| \leq M \quad \text{in} \quad B,$$

$$\mathbf{x}(\cos t, \sin t) = \mathbf{g}(t) \quad \text{für} \quad t \in \mathbb{R}. \tag{34}$$

Hierbei schreiben wir $H = H(w, \mathbf{x})$ wie folgt vor:

$$H = H(w, \mathbf{x}) : \overline{B} \times \mathbb{R}^3 \to \mathbb{R} \in C^\alpha(\overline{B} \times \mathbb{R}^3) \quad \text{mit}$$

$$|H(w, \mathbf{x})| \leq h_0, \ |H(w, \mathbf{x}) - H(w, \mathbf{y})| \leq h_1 |\mathbf{x} - \mathbf{y}|, \quad w \in \overline{B}, \quad \mathbf{x}, \mathbf{y} \in \mathbb{R}^3,$$

$$H(w, \mathbf{x}) = 0, \quad w \in \overline{B}, \quad \mathbf{x} \in \mathbb{R}^3 \ \text{mit} \ |\mathbf{x}| \geq M. \tag{35}$$

Setzen wir

$$\mathbf{F}(u, v, \mathbf{x}(u,v), \nabla\mathbf{x}(u,v)) := 2H(u,v,\mathbf{x}(u,v))\mathbf{x}_u \wedge \mathbf{x}_v(u,v),$$

so erscheint die rechte Seite (3) in der Form

$$\mathbf{F}(u, v, \mathbf{x}; \mathbf{p}, \mathbf{q}) := 2H(w, \mathbf{x})\mathbf{p}' \wedge \mathbf{q}'' \quad \text{mit} \quad \mathbf{p}, \mathbf{q} \in \mathbb{R}^6 \quad \text{und}$$

$$\mathbf{p} = (\mathbf{p}', \mathbf{p}'') = (p_1', p_2', p_3', p_1'', p_2'', p_3''), \quad \mathbf{q} = (\mathbf{q}', \mathbf{q}'') = (q_1', q_2', q_3', q_1'', q_2'', q_3''), \tag{36}$$

Wir haben dann die Wachstumsbedingung

$$|\mathbf{F}(w, \mathbf{x}; \mathbf{p}, \mathbf{p})| \leq 2|H(w, \mathbf{x})||\mathbf{p}' \wedge \mathbf{p}''| \leq h_0(|\mathbf{p}'|^2 + |\mathbf{p}''|^2) = h_0|\mathbf{p}|^2$$

$$\text{für alle} \quad w \in \overline{B}, \quad \mathbf{x} \in \mathbb{R}^3, \quad \mathbf{p} \in \mathbb{R}^6. \tag{37}$$

Aus Satz 1 erhalten wir sofort den

Satz 2. (E. Heinz, H. Werner, S. Hildebrandt)
Im Falle $h_0 M < \frac{1}{2}$ hat das Dirichletproblem (34) mit den Randwerten (1) und der rechten Seite (35) eine Lösung.

Bemerkungen:

1. E. Heinz hat das Dirichletproblem (34) für den Fall $H \equiv$ const im Jahr 1954 mit der hier vorgestellten topologischen Methode gelöst.
2. H. Werner hat die Bedingung $h_0 M < \frac{1}{2}$ erzielt.
3. Von S. Hildebrandt wurde mit der Variationsmethode das Dirichletproblem (34) auch im Fall $H = H(\mathbf{x})$ und für $h_0 M < 1$ gelöst.
4. Nach dem Jägerschen Maximumprinzip aus §1 ist das Dirichletproblem (34) in einer Kugel vom Radius

$$M := \frac{\sqrt{h_0^2 + 2h_1}}{h_0^2 + h_1}$$

eindeutig lösbar. Für großes h_1 liefert Satz 2 also eine Existenzaussage, ohne daß die Eindeutigkeit gesichert ist.

5. Gemäß § 1, Satz 3 und dessen Folgerung ist unter den dort angegebenen Bedingungen das Dirichletproblem (34) stabil unter Störungen der Randwerte bezüglich der $C^0(\overline{B}, \mathbb{R}^3)$-Norm. Man kann so das Dirichletproblem (34) auch zu stetigen Randwerten lösen.

Wir notieren nun noch den

Satz 3. *Im Falle $H(w, \mathbf{x}) \equiv h_0$ oder $H(w, \mathbf{x}) \equiv -h_0$ mit $h_0 > 0$ und $h_0 M \leq \frac{1}{2}$ hat das Dirichletproblem (34) für stetige $\mathbf{g} = \mathbf{g}(t) \in C^0_{2\pi}(\mathbb{R}, \mathbb{R}^n)$ mit $|\mathbf{g}(t)| \leq M$, $t \in \mathbb{R}$, genau eine Lösung in der Regularitätsklasse $C^{2+\alpha}(B, \mathbb{R}^3) \cap C^0(\overline{B}, \mathbb{R}^3)$.*

Beweis: Man glättet die konstante Funktion H am Rand der Kugel $|\mathbf{x}| \leq M$ so ab, daß sie für $|\mathbf{x}| \geq M$ verschwindet. Dann löst man (34) zunächst für $C^{2+\alpha}$-Randwerte und approximiert gleichmäßig die stetigen Randwerte $\mathbf{g}$ mit Hilfe von Satz 3 aus § 1 und Satz 2 aus § 2.   q.e.d.

§5 Verzerrungsabschätzungen für ebene elliptische Systeme

Wir beginnen mit dem wichtigen

Satz 1. *Zu $R > 0$ betrachten wir die Kreisscheibe $B_R := \{w = u + iv \in \mathbb{C} : |w| < R\}$ und die pseudoholomorphe Funktion $f(w) : B_R \to \mathbb{C} \in C^1(B_R, \mathbb{C})$, für die gilt*

$$|f_{\overline{w}}(w)| \leq M|f(w)|, \qquad w \in B_R, \tag{1}$$

mit einer Konstante $M \in [0, +\infty)$. Weiter gebe es eine Konstante $K \in (0, +\infty)$, so daß

$$0 < |f(w)| \leq K, \qquad w \in B_R, \tag{2}$$

erfüllt ist. Schließlich sei $r \in (0, R)$ gewählt. Dann gelten für alle $w \in \overline{B_r}$ die Ungleichungen

$$|f(w)| \leq K^{\frac{2r}{R+r}} e^{8MR} |f(0)|^{\frac{R-r}{R+r}} \tag{3}$$

und

$$|f(w)| \geq K^{-\frac{2r}{R-r}} e^{-\frac{8MR(R+r)}{R-r}} |f(0)|^{\frac{R+r}{R-r}}. \tag{4}$$

Beweis:

1. Die Ungleichung (3) können wir umformen in

$$\left| \frac{f(w)}{K} \right| \leq e^{8MR} \left| \frac{f(0)}{K} \right|^{\frac{R-r}{R+r}}, \qquad w \in \overline{B_r},$$

und (4) ist äquivalent zu

$$\left|\frac{f(w)}{K}\right| \geq e^{-\frac{8MR(R+r)}{R-r}}\left|\frac{f(0)}{K}\right|^{\frac{R+r}{R-r}}, \qquad w \in \overline{B_r}.$$

Da mit $f(w)$ auch die Funktion $\frac{f(w)}{K}$ die Ungleichung (1) erfüllt, genügt es die Abschätzungen (3), (4) für den Fall $K = 1$ nachzuweisen.

2. Wir erklären nun das Potential

$$a(w) := \frac{f_{\overline{w}}(w)}{f(w)}, \qquad w \in B_R, \tag{5}$$

und beachten

$$\|a\|_\infty := \sup_{w \in B_R} |a(w)| \leq M < +\infty.$$

Damit genügt f der Differentialgleichung

$$\frac{d}{d\overline{w}} f(w) = a(w) f(w), \qquad w \in B_R, \tag{6}$$

und ist somit pseudoholomorph im Sinne von Kap. IV, §6. Nach dem dort angegebenen Ähnlichkeitsprinzip von Bers und Vekua haben wir die Darstellungsformel

$$f(w) = e^{\psi(w)} \phi(w), \qquad w \in B_R, \tag{7}$$

mit einer in B_R holomorphen Funktion ϕ und der Funktion $(\zeta = \xi + i\eta)$

$$\psi(w) := -\frac{1}{\pi} \iint\limits_{B_R} \frac{a(\zeta)}{\zeta - w} \, d\xi \, d\eta, \qquad w \in B_R. \tag{8}$$

Wir bemerken

$$|\psi(w)| \leq \frac{M}{\pi} \iint\limits_{B_R} \frac{1}{|\zeta - w|} \, d\xi \, d\eta \leq \frac{M}{\pi} 2\pi \, 2R = 4MR, \qquad w \in B_R,$$

und erhalten

$$e^{-4MR} \leq |e^{\psi(w)}| \leq e^{4MR}, \qquad w \in B_R. \tag{9}$$

Zusammen mit (2) und (7) ermitteln wir

$$0 < |\phi(w)| = |e^{-\psi(w)}| \, |f(w)| \leq e^{4MR}, \qquad w \in B_R. \tag{10}$$

3. Wir betrachten nun die nichtnegative, harmonische Funktion

$$\chi(w) := 4MR - \log |\phi(w)| \geq 0, \qquad w \in B_R.$$

Die Harnacksche Ungleichung (vgl. Satz 4 in Kap. V, §2) liefert

$$\frac{R-r}{R+r}\chi(0) \leq \chi(w) \leq \frac{R+r}{R-r}\chi(0), \qquad w \in B_r, \qquad (11)$$

für $r \in (0, R)$. Diese schreiben wir in die Form

$$\log |\phi(w)| \leq 4MR - \frac{R-r}{R+r}\bigl(4MR - \log|\phi(0)|\bigr)$$
$$= \frac{R-r}{R+r}\log|\phi(0)| + \frac{8MRr}{R+r}, \qquad w \in B_r, \qquad (12)$$

beziehungsweise

$$\log |\phi(w)| \geq 4MR - \frac{R+r}{R-r}\bigl(4MR - \log|\phi(0)|\bigr)$$
$$= \frac{R+r}{R-r}\log|\phi(0)| - \frac{8MRr}{R-r}, \qquad w \in B_r. \qquad (13)$$

Durch Exponentiation erhalten wir

$$|\phi(w)| \leq e^{\frac{8MRr}{R+r}}|\phi(0)|^{\frac{R-r}{R+r}}, \qquad w \in B_r, \qquad (14)$$

und

$$|\phi(w)| \geq e^{-\frac{8MRr}{R-r}}|\phi(0)|^{\frac{R+r}{R-r}}, \qquad w \in B_r. \qquad (15)$$

4. Aus (7) und (9) ergibt sich

$$e^{-4MR}|\phi(w)| \leq |f(w)| \leq e^{4MR}|\phi(w)|, \qquad w \in B_R. \qquad (16)$$

Zusammen mit (14) folgt

$$|f(w)| \leq e^{4MR}|\phi(w)| \leq e^{4MR}e^{\frac{8MRr}{R+r}}|\phi(0)|^{\frac{R-r}{R+r}}$$
$$\leq e^{4MR}e^{\frac{8MRr}{R+r}}e^{4MR\frac{R-r}{R+r}}|f(0)|^{\frac{R-r}{R+r}}$$
$$= e^{8MR}|f(0)|^{\frac{R-r}{R+r}}, \qquad w \in B_r,$$

und somit die behauptete Ungleichung (3). Entsprechend ermitteln wir aus (16) und (15)

$$|f(w)| \geq e^{-4MR}|\phi(w)| \geq e^{-4MR}e^{-\frac{8MRr}{R-r}}|\phi(0)|^{\frac{R+r}{R-r}}$$
$$\geq e^{-4MR}e^{-\frac{8MRr}{R-r}}e^{-4MR\frac{R+r}{R-r}}|f(0)|^{\frac{R+r}{R-r}}$$
$$= e^{-8MR\frac{R+r}{R-r}}|f(0)|^{\frac{R+r}{R-r}}, \qquad w \in B_r,$$

und wir erhalten (4).   q.e.d.

Satz 2. (Heinzsche Ungleichung)
Wir betrachten auf der Einheitskreisscheibe $B := \{w = u + iv \in \mathbb{C} : |w| < 1\}$
die ebene Abbildung $\mathbf{z}(u, v) = (x(u, v), y(u, v)) \in C^2(B, \mathbb{R}^2)$. Diese genüge der
DUGL

$$|\Delta \mathbf{z}(u, v)| \leq a|\nabla \mathbf{z}(u, v)|^2 + b|\nabla \mathbf{z}(u, v)| \qquad in \quad B \tag{17}$$

mit Konstanten $a, b \in [0, +\infty)$, erfülle

$$|\mathbf{z}(u, v)| \leq m \qquad in \quad B \tag{18}$$

mit einer Konstante $m \in (0, +\infty)$ und sei gemäß

$$J_{\mathbf{z}}(u, v) := \frac{\partial(x, y)}{\partial(u, v)} > 0 \qquad \text{für alle} \quad (u, v) \in B \tag{19}$$

positiv orientiert. Schließlich sei $am < 1$ erfüllt. Zu jedem $r \in (0, 1)$ gibt es
dann Konstanten $C^{\pm}(a, b, m, r) > 0$, so daß gilt

$$C^-(a, b, m, r)|\nabla \mathbf{z}(0)|^{\frac{1+3r}{1-r}} \leq |\nabla \mathbf{z}(w)| \leq C^+(a, b, m, r)|\nabla \mathbf{z}(0)|^{\frac{1-r}{1+3r}}, \qquad w \in \overline{B_r}. \tag{20}$$

Beweis:

1. Zum Parameter $\lambda \in (0, +\infty)$ erhalten wir aus (17) die Abschätzung

$$\begin{aligned} |\Delta \mathbf{z}(u, v)| &\leq a|\nabla \mathbf{z}(u, v)|^2 + 2\lambda|\nabla \mathbf{z}(u, v)| \frac{b}{2\lambda} \\ &\leq (a + \lambda^2)|\nabla \mathbf{z}(u, v)|^2 + \frac{b^2}{4\lambda^2} \qquad in \quad B. \end{aligned} \tag{21}$$

Wir wählen $\lambda = \lambda(a, m) > 0$ so klein, daß $(a + \lambda^2)m < 1$ erfüllt ist. In der
Kreisscheibe B_R vom Radius $R := \frac{1+r}{2} \in (r, 1)$ entnehmen wir § 2, Satz 1
die Abschätzung

$$|\nabla \mathbf{z}(u, v)| \leq C_1(a, b, m, r), \qquad w \in B_R. \tag{22}$$

Einsetzen in (17) liefert die lineare DUGL

$$\begin{aligned} |\Delta \mathbf{z}(u, v)| &\leq \big(aC_1(a, b, m, r) + b\big)|\nabla \mathbf{z}(u, v)| \\ &= C_2(a, b, m, r)|\nabla \mathbf{z}(u, v)| \qquad in \quad \overline{B_R}. \end{aligned} \tag{23}$$

2. Wir betrachten die Hilfsfunktion $f(w) := x_w(w) + iy_w(w) : B \to \mathbb{C}$ und
   berechnen

$$\begin{aligned} |f(w)|^2 &= f(w)\overline{f(w)} = (x_w + iy_w)(x_{\overline{w}} - iy_{\overline{w}}) \\ &= |x_w|^2 + |y_w|^2 - i(x_w y_{\overline{w}} - x_{\overline{w}} y_w) \\ &= \frac{1}{4}|\nabla \mathbf{z}(w)|^2 - \frac{i}{4}\Big\{(x_u - ix_v)(y_u + iy_v) - (x_u + ix_v)(y_u - iy_v)\Big\} \\ &= \frac{1}{4}|\nabla \mathbf{z}(w)|^2 + \frac{1}{2}\frac{\partial(x, y)}{\partial(u, v)} \qquad in \quad B. \end{aligned}$$

Wegen (19) folgt

$$\frac{1}{2}|\nabla\mathbf{z}(w)| < |f(w)| \le \frac{\sqrt{2}}{2}|\nabla\mathbf{z}(w)|, \qquad w \in B. \tag{24}$$

3. Aus (22)-(24) erhalten wir die Ungleichungen

$$|f_{\overline{w}}(w)| = \frac{1}{4}|\Delta x(w) + i\Delta y(w)| = \frac{1}{4}|\Delta\mathbf{z}(w)|$$

$$\le \frac{1}{4}C_2(a,b,m,r)|\nabla\mathbf{z}(w)| \tag{25}$$

$$\le \frac{1}{2}C_2(a,b,m,r)|f(w)| \quad \text{in} \quad B_R$$

und

$$0 < |f(w)| \le \frac{\sqrt{2}}{2}|\nabla\mathbf{z}(w)| \le \frac{\sqrt{2}}{2}C_1(a,b,m,r) \qquad \text{in } B_R. \tag{26}$$

Die Funktion $f(w)$ ist also in B_R pseudoholomorph mit den Konstanten

$$M = M(a,b,m,r) := \frac{1}{2}C_2(a,b,m,r),$$

$$K = K(a,b,m,r) := \frac{\sqrt{2}}{2}C_1(a,b,m,r).$$

Wegen $\frac{R-r}{R+r} = \frac{1-r}{1+3r}$ und $\frac{R+r}{R-r} = \frac{1+3r}{1-r}$ liefert nun Satz 1 die Abschätzung

$$K^{-\frac{2r}{R-r}}e^{-\frac{8MR(R+r)}{R-r}}|f(0)|^{\frac{1+3r}{1-r}} \le |f(w)| \le K^{\frac{2r}{R+r}}e^{8MR}|f(0)|^{\frac{1-r}{1+3r}} \tag{27}$$

in $\overline{B_r}$. Mit Hilfe von (24) finden wir dann die behauptete Ungleichung (20) mit den a-priori-Konstanten $C^\pm(a,b,m,r) > 0$.

q.e.d.

In differentialgeometrischen Problemen ist die folgende Abbildungsklasse von großer Bedeutung:

Definition 1. *Zu Konstanten $a,b \in [0,+\infty)$ und $N \in (0,+\infty]$ bezeichnen wir mit $\Gamma(B,a,b,N)$ die folgende Klasse von Abbildungen:*

i) $\mathbf{z}(w) = (x(u,v),y(u,v)) : \overline{B} \to \mathbb{R}^2 \in C^2(B) \cap C^0(\overline{B})$ *bildet ∂B topologisch und positiv orientiert auf ∂B ab;*

ii) $\mathbf{z}$ *ist nullpunkttreu, d.h. $\mathbf{z}(0) = (0,0)$;*

iii) es ist

$$J_\mathbf{z}(w) = \frac{\partial(x,y)}{\partial(u,v)} > 0 \qquad \text{für alle} \quad w = u + iv \in B;$$

iv) $\mathbf{z}$ *genügt der DUGL*

$$|\Delta\mathbf{z}(u,v)| \le a|\nabla\mathbf{z}(u,v)|^2 + b|\nabla\mathbf{z}(u,v)| \qquad \text{in} \quad B;$$

v) für das Dirichletintegral von $\mathbf{z}$ *gilt*

$$D(\mathbf{z}) := \iint\limits_{B} \left(|\mathbf{z}_u(u,v)|^2 + |\mathbf{z}_v(u,v)|^2 \right) du\,dv \leq N.$$

Bemerkungen:

1. Mit der Indexsummenformel stellt man leicht fest, daß $\mathbf{z} : \overline{B} \to \overline{B}$ topologisch ist.
2. Im Falle $N = +\infty$ fordert man keine Schranke an $D(\mathbf{z})$.
3. Diese Abbildungsklasse wurde von E. Heinz studiert und bei differential-geometrischen Problemen angewendet.
4. Lineare Systeme, also der Fall $a = 0$, wurden bereits von P. Berg behandelt.

Wir beweisen nun den tiefliegenden

Satz 3. (Verzerrungsabschätzung von E. Heinz)
Die Parameter $a, b \in [0, +\infty)$, $N \in (0, +\infty)$ *und* $r \in (0, 1)$ *seien gewählt. Dann gibt es Konstanten* $0 < \Theta(a, b, N, r) \leq \Lambda(a, b, N, r) < +\infty$, *so daß für jede Abbildung* $\mathbf{z} = \mathbf{z}(w) \in \Gamma(B, a, b, N)$ *die Ungleichung*

$$\Theta(a, b, N, r) \leq |\nabla \mathbf{z}(w)| \leq \Lambda(a, b, N, r) \qquad \text{für alle} \quad w \in \overline{B_r} \qquad (28)$$

erfüllt ist. Weiter ist der Stetigkeitsmodul der Abbildungen in $\overline{B}$ *gemäß der u.a. Formel (29) abgeschätzt.*

Beweis:

1. Wir zeigen zunächst die *Zwischenbehauptung:* Für alle $\mathbf{z} = \mathbf{z}(w) \in \Gamma(B, a, b, N)$ und $\delta \in (0, \frac{1}{4})$ gilt

$$|\mathbf{z}(w_1) - \mathbf{z}(w_0)| \leq 4\sqrt{\frac{\pi N}{\log \frac{1}{\delta}}} \qquad (29)$$

für alle $w_0, w_1 \in \overline{B}$ mit $|w_0 - w_1| \leq \delta$.

Wir können o.B.d.A.

$$4\sqrt{\frac{\pi N}{\log \frac{1}{\delta}}} < 2$$

annehmen, da anderenfalls (29) trivial wäre. Für ein beliebiges $w_0 \in \overline{B}$ finden wir nach dem Courant-Lebesgueschen Oszillationslemma ein $\delta^* \in [\delta, \sqrt{\delta}]$, so daß gilt

$$\int\limits_{\substack{w \in B \\ |w - w_0| = \delta^*}} |d\mathbf{z}(w)| \leq 2\sqrt{\frac{\pi N}{\log \frac{1}{\delta}}}. \qquad (30)$$

Wir erklären die Mengen

$$\Omega := \left\{ w \in \overline{B} \; : \; |w - w_0| \leq \delta^* \right\}, \qquad \gamma := \left\{ w \in \overline{B} \; : \; |w - w_0| = \delta^* \right\}$$

sowie ihre topologischen Bilder $\hat{\Omega} := \mathbf{z}(\Omega)$, $\hat{\gamma} := \mathbf{z}(\gamma)$ und unterscheiden
Fall a: $\Omega \subset B$. Dann folgt $\partial\hat{\Omega} = \hat{\gamma}$ und die Länge von $\hat{\gamma}$ erfüllt wegen (30)

$$L(\hat{\gamma}) \leq 2\sqrt{\frac{\pi N}{\log\frac{1}{\delta}}}.$$

Da $\mathbf{z}$ topologisch ist, erhalten wir

$$|\mathbf{z}(w_1) - \mathbf{z}(w_0)| \leq 2\sqrt{\frac{\pi N}{\log\frac{1}{\delta}}} \qquad \text{für alle} \quad w_1 \in \Omega. \tag{31}$$

Fall b: $\partial\Omega \cap \partial B \neq \emptyset$. Dann gibt es also einen Punkt $\hat{\mathbf{z}} \in \hat{\gamma} \cap \partial B$, und (30)
liefert

$$\hat{\gamma} \subset K := \left\{ \zeta \in \mathbb{C} \; : \; |\zeta - \hat{\mathbf{z}}| \leq 2\sqrt{\frac{\pi N}{\log\frac{1}{\delta}}} \right\}.$$

Wegen $|\hat{\mathbf{z}}| = 1$ und

$$2\sqrt{\frac{\pi N}{\log\frac{1}{\delta}}} < 1$$

ist $0 \notin K$ erfüllt, und wegen $\delta^* \leq \sqrt{\delta} < \frac{1}{2}$ und $\partial\Omega \cap \partial B \neq \emptyset$ gilt $0 \notin \Omega$.
Da die Abbildung $\mathbf{z} : \overline{B} \to \overline{B}$ topologisch und nullpunkttreu ist, liefert
somit $\hat{\gamma} \subset K$ die Inklusion $\hat{\Omega} \subset K$. Wir erhalten für alle $w_1 \in \Omega$ die
Abschätzung

$$|\mathbf{z}(w_1) - \mathbf{z}(w_0)| \leq |\mathbf{z}(w_1) - \hat{\mathbf{z}}| + |\hat{\mathbf{z}} - \mathbf{z}(w_0)| \leq 4\sqrt{\frac{\pi N}{\log\frac{1}{\delta}}}. \tag{32}$$

Beachten wir noch $\delta \leq \delta^*$, so ergeben (31), (32) den Beweis der Zwischenbehauptung (29).
2. Die Funktion $\mathbf{z} = \mathbf{z}(w) \in \Gamma(B, a, b, N)$ genügt der DUGL

$$|\Delta\mathbf{z}(w)| \leq a|\nabla\mathbf{z}(w)|^2 + b|\nabla\mathbf{z}(w)| \leq (a+1)|\nabla\mathbf{z}(w)|^2 + \frac{b^2}{4} \qquad \text{in} \quad B. \tag{33}$$

Wir wählen nun $r \in (0, 1)$ so groß, daß $\delta := \frac{1-r}{2} > 0$ neben $\delta \in (0, \frac{1}{4})$
auch die Bedingung

$$(a+1) \, 4\sqrt{\frac{\pi N}{\log\frac{1}{\delta}}} \leq \frac{1}{2} \tag{34}$$

erfüllt. Zu beliebigem Punkt $\tilde{w} \in \overline{B_{1-\delta}} = \overline{B_{\frac{r+1}{2}}}$ betrachten wir die Hilfsfunktion

$$\mathbf{x}(w) := \mathbf{z}(w) - \mathbf{z}(\tilde{w}), \qquad w \in \Omega := \left\{ w \in \overline{B} \ : \ |w - \tilde{w}| \le \delta \right\}. \qquad (35)$$

Wegen (29) und (33) haben wir dann

$$|\Delta\mathbf{x}(w)| \le (a+1)|\nabla\mathbf{x}(w)|^2 + \frac{b^2}{4} \quad \text{in} \quad \overset{\circ}{\Omega},$$

$$\sup_{w \in \Omega} |\mathbf{x}(w)| \le 4\sqrt{\frac{\pi N}{\log \frac{1}{\delta}}}. \qquad (36)$$

Beachten wir noch (34), so liefert die Gradientenabschätzung von E. Heinz aus § 2, Satz 1 die Ungleichung

$$|\nabla\mathbf{z}(\tilde{w})| = |\nabla\mathbf{x}(\tilde{w})| \le \tilde{\Lambda}(a, b, N, \delta)$$

$$=: \Lambda(a, b, N, r) \qquad \text{für alle} \quad \tilde{w} \in \overline{B_{\frac{r+1}{2}}}. \qquad (37)$$

Hiermit erhalten wir die behauptete Abschätzung (28) nach oben.

3. Wir wählen nun $r \in (0, 1)$ so groß, daß $\delta = \frac{1-r}{2}$ neben (34) noch $\delta \in (0, \frac{1}{8})$ und

$$4\sqrt{\frac{\pi N}{\log \frac{1}{2\delta}}} \le \frac{1}{2}$$

erfüllt. Aus (29) ersehen wir dann

$$|\mathbf{z}(w)| \ge \frac{1}{2} \qquad \text{für alle} \quad w \in \mathbb{C} \quad \text{mit} \quad r = 1 - 2\delta \le |w| \le 1. \qquad (38)$$

Zu einem $w_0 \in \partial B_r$ betrachten wir nun die Kurve $\mathbf{y}(t) := \mathbf{z}(tw_0)$, $0 \le t \le 1$, und berechnen

$$\frac{1}{2} \le |\mathbf{z}(w_0)| = |\mathbf{z}(w_0) - \mathbf{z}(0)| \le \int_0^1 |\mathbf{y}'(t)| \, dt = |\mathbf{y}'(t_0)| \le |\nabla\mathbf{z}(t_0 w_0)|$$

mit einem $t_0 \in [0, 1]$. Es gibt also einen Punkt

$$w_* := t_0 w_0 \in \overline{B_r} \qquad \text{mit} \quad |\nabla\mathbf{z}(w_*)| \ge \frac{1}{2}. \qquad (39)$$

4. Wegen (37) genügt $\mathbf{z}$ der linearen DUGL

$$|\Delta\mathbf{z}(u, v)| \le (a\Lambda(a, b, N, r) + b)|\nabla\mathbf{z}(u, v)| \qquad \text{in} \quad B_{\frac{r+1}{2}}. \qquad (40)$$

Mit der Heinzschen Ungleichung Satz 2 (für $a = 0$ und $B \to B_{\frac{r+1}{2}}$, $B_r \to \overline{B_r}$) erhalten wir in $\overline{B_r}$

$$C^-(a, b, N, r)|\nabla\mathbf{z}(0)|^{\varrho_-(r)} \le |\nabla\mathbf{z}(w)| \le C^+(a, b, N, r)|\nabla\mathbf{z}(0)|^{\varrho_+(r)} \qquad (41)$$

mit gewissen Exponenten $\varrho_\pm(r) > 0$ und Konstanten $C^\pm(a, b, N, r) > 0$. Beachten wir schließlich noch (39) so finden wir mit (41) eine Konstante $\Theta(a, b, N, r) > 0$, so daß

$$|\nabla \mathbf{z}(w)| \geq \Theta(a, b, N, r) \qquad \text{für alle} \quad w \in B_r \qquad (42)$$

für beliebige $\mathbf{z} \in \Gamma(B, a, b, N)$ richtig ist. Somit ist auch die Abschätzung nach unten in (28) bewiesen.

q.e.d.

§6 Eine Krümmungsabschätzung für Minimalflächen

Auch für die Abbildungsklasse $\Gamma(B, a, b, +\infty)$ ohne eine Schranke an das Dirichletintegral kann man Verzerrungsabschätzungen beweisen, insofern $a \in [0, \frac{1}{2})$ erfüllt ist. Wir beschränken uns auf die Klasse $\Gamma(B, 0, 0, +\infty)$ der eineindeutigen harmonischen Abbildungen auf der Einheitskreisscheibe B und beginnen mit dem

Hilfssatz 1. (Stetiges Randverhalten)
Die harmonische Abbildung $\mathbf{z} = \mathbf{z}(w)$ der Klasse $\Gamma(B, 0, 0, +\infty)$ erfülle

$$|\mathbf{z}(e^{i\varphi}) - \mathbf{z}(e^{i\vartheta})| \leq \varepsilon \qquad \text{für alle} \quad \varphi \in [\vartheta - \delta, \vartheta + \delta] \qquad (1)$$

mit einem $\vartheta \in [0, 2\pi)$, einem $\delta \in (0, \frac{\pi}{2})$ und mit einem $\varepsilon > 0$. Dann gilt die Abschätzung

$$|\mathbf{z}(re^{i\vartheta}) - \mathbf{z}(e^{i\vartheta})| \leq \varepsilon + \frac{4}{\sin^2 \delta}(1 - r) \qquad \text{für alle} \quad r \in (0, 1). \qquad (2)$$

Beweis: Aus der Poissonschen Integralformel

$$\mathbf{z}(re^{i\vartheta}) = \frac{1}{2\pi} \int\limits_{-\pi}^{\pi} \frac{1 - r^2}{|e^{i\varphi} - r|^2} \mathbf{z}(e^{i(\vartheta + \varphi)}) \, d\varphi$$

erhalten wir für alle $r \in (0, 1)$

$$|\mathbf{z}(re^{i\vartheta}) - \mathbf{z}(e^{i\vartheta})| \leq \frac{1}{2\pi} \int\limits_{-\pi}^{\pi} \frac{1 - r^2}{|e^{i\varphi} - r|^2} |\mathbf{z}(e^{i(\vartheta + \varphi)}) - \mathbf{z}(e^{i\vartheta})| \, d\varphi$$

$$= \frac{1}{2\pi} \int\limits_{-\pi}^{-\delta} \frac{1 - r^2}{|e^{i\varphi} - r|^2} |\mathbf{z}(e^{i(\vartheta + \varphi)}) - \mathbf{z}(e^{i\vartheta})| \, d\varphi$$

$$+ \frac{1}{2\pi} \int\limits_{-\delta}^{\delta} \frac{1 - r^2}{|e^{i\varphi} - r|^2} |\mathbf{z}(e^{i(\vartheta + \varphi)}) - \mathbf{z}(e^{i\vartheta})| \, d\varphi$$

$$+ \frac{1}{2\pi} \int\limits_{\delta}^{\pi} \frac{1 - r^2}{|e^{i\varphi} - r|^2} |\mathbf{z}(e^{i(\vartheta + \varphi)}) - \mathbf{z}(e^{i\vartheta})| \, d\varphi,$$

wobei wir noch

$$\frac{1}{2\pi} \int\limits_{-\pi}^{\pi} \frac{1-r^2}{|e^{i\varphi}-r|^2}\, d\varphi = 1 \qquad \text{für alle} \quad r \in (0,1)$$

benutzt haben. Nun gilt $|e^{i\varphi} - r| \geq \sin\delta$ für alle $\varphi \in [-\pi, -\delta] \cup [\delta, \pi]$ und alle $r \in (0,1)$. Zusammen mit (1) folgt

$$|\mathbf{z}(re^{i\vartheta}) - \mathbf{z}(e^{i\vartheta})| \leq \frac{1}{2\pi} \frac{1-r^2}{\sin^2\delta} 2 \cdot 2\pi + \varepsilon \leq 2\frac{(1-r)(1+r)}{\sin^2\delta} + \varepsilon$$

$$\leq \frac{4}{\sin^2\delta}(1-r) + \varepsilon \qquad \text{für alle} \quad r \in (0,1).$$

q.e.d.

Hilfssatz 2. *Sei* $\mathbf{z} = \mathbf{z}(w) : \overline{B} \to \overline{B}$ *eine topologische Abbildung. Dann gibt es zu jedem* $n \in \mathbb{N}$ *ein* $\vartheta_n \in [0, 2\pi)$, *so daß gilt*

$$|\mathbf{z}(e^{i\varphi}) - \mathbf{z}(e^{i\vartheta_n})| \leq \frac{2\pi}{n} \qquad \text{für alle} \quad \varphi \in [\vartheta_n - \frac{\pi}{n}, \vartheta_n + \frac{\pi}{n}]. \qquad (3)$$

Beweis: Wir teilen den Kreis ∂B in n Bögen $\sigma_1, \ldots, \sigma_n$ der gleichen Länge $\frac{2\pi}{n}$ und bezeichnen mit $\gamma_k := \mathbf{z}(\sigma_k)$, $k = 1, \ldots, n$, ihre Bilder unter der topologischen Abbildung $\mathbf{z}$. Für deren Längen $|\gamma_k|$ gilt offenbar $|\gamma_1| + \ldots + |\gamma_n| = 2\pi$, so daß ein $m \in \{1, \ldots, n\}$ existiert mit $|\gamma_m| \leq \frac{2\pi}{n}$. Ist nun $e^{i\vartheta_n}$ mit $\vartheta_n \in [0, 2\pi)$ der Mittelpunkt des Bogens σ_m, so ist (3) erfüllt.

q.e.d.

Etwa 1952 bewies E. Heinz die folgende bemerkenswerte Aussage:

Satz 1. *Es gibt eine universelle Konstante* $\Theta > 0$, *so daß für jede eineindeutige harmonische Abbildung* $\mathbf{z} = \mathbf{z}(w) \in \Gamma(B, 0, 0, +\infty)$ *die Ungleichung*

$$|\nabla\mathbf{z}(0)| \geq \Theta \qquad (4)$$

erfüllt ist.

Beweis: Zu $\mathbf{z} \in \Gamma(B, 0, 0, +\infty)$ und $n \in \mathbb{N}$ wählen wir gemäß Hilfssatz 2 ein $\vartheta_n \in [0, 2\pi)$, so daß (3) richtig ist. Hilfssatz 1 liefert dann die Abschätzung

$$|\mathbf{z}(re^{i\vartheta_n}) - \mathbf{z}(e^{i\vartheta_n})| \leq \frac{2\pi}{n} + \frac{4}{\sin^2\frac{\pi}{n}}(1-r) \qquad \text{für alle} \quad r \in (0,1). \qquad (5)$$

Indem wir zunächst $n \in \mathbb{N}$ hinreichend groß und dann $r \in (0,1)$ geeignet wählen, wird die rechte Seite in (5) kleiner gleich $\frac{1}{2}$, und es folgt

$$|\mathbf{z}(re^{i\vartheta_n})| \geq |\mathbf{z}(e^{i\vartheta_n})| - |\mathbf{z}(re^{i\vartheta_n}) - \mathbf{z}(e^{i\vartheta_n})| \geq \frac{1}{2}. \qquad (6)$$

Wie in Teil 3 des Beweises von §5, Satz 3 finden wir dann einen Punkt $w_* \in \overline{B_r}$ mit

$$|\nabla \mathbf{z}(w_*)| \geq \frac{1}{2}. \tag{7}$$

Mit der Heinzschen Ungleichung aus § 5, Satz 2 erhalten wir

$$|\nabla \mathbf{z}(0)| \geq C^+(0,0,1,r)^{-\frac{1+3r}{1-r}} |\nabla \mathbf{z}(w_*)|^{\frac{1+3r}{1-r}}$$
$$\geq (2C^+(0,0,1,r))^{-\frac{1+3r}{1-r}} =: \Theta, \tag{8}$$

da $r \in (0,1)$ unabhängig von $\mathbf{z}$ bestimmt wurde.   q.e.d.

Mit der Uniformisierungsmethode beweisen wir nun den

Satz 2. (Krümmungsabschätzung von E. Heinz)
Sei $R \in (0, +\infty)$ gewählt und $B_R := \{z = x + iy \in \mathbb{C} : |z| < R\}$ erklärt. Dann gibt es eine universelle Konstante $M \in (0, +\infty)$, so daß für alle Lösungen der Minimalflächengleichung

$$z = \zeta(x,y) \in C^{2+\alpha}(\overline{B_R}, \mathbb{R}), \qquad \alpha \in (0,1),$$
$$\mathcal{M}\zeta(x,y) := (1 + \zeta_y^2)\zeta_{xx} - 2\zeta_x\zeta_y\zeta_{xy} + (1 + \zeta_x^2)\zeta_{yy} = 0 \qquad in \quad B_R \tag{9}$$

die Abschätzung

$$\kappa_1(0,0)^2 + \kappa_2(0,0)^2 \leq \frac{1}{R^2} M \tag{10}$$

für die Hauptkrümmungen $\kappa_j(0,0)$, $j = 1, 2$, im Punkt $\mathbf{y}(0,0)$ des Graphen $\mathbf{y}(x,y) := (x, y, \zeta(x,y))$, $(x,y) \in \overline{B_R}$, erfüllt ist.

Beweis:

1. Mit dem Uniformisierungssatz (vgl. den nachfolgenden § 8) führen wir isotherme Parameter in die Riemannsche Metrik

$$ds^2 := |\mathbf{y}_x|^2 \, dx^2 + 2(\mathbf{y}_x \cdot \mathbf{y}_y) \, dx \, dy + |\mathbf{y}_y|^2 \, dy^2$$
$$= (1 + \zeta_x^2) \, dx^2 + 2\zeta_x\zeta_y \, dx \, dy + (1 + \zeta_y^2) \, dy^2, \qquad (x,y) \in \overline{B_R}, \tag{11}$$

der Klasse $C^{1+\alpha}(\overline{B_R})$ ein. Mit der uniformisierenden Abbildung

$$f(u,v) = x(u,v) + iy(u,v) : \overline{B} \to \overline{B_R} \in C^{2+\alpha}(\overline{B}, \overline{B_R}),$$
$$f(0,0) = 0, \tag{12}$$

betrachten wir die Fläche

$$\mathbf{x}(u,v) = \mathbf{y} \circ f(u,v) = (f(u,v), \zeta \circ f(u,v)) = (x(u,v), y(u,v), z(u,v)) \tag{13}$$

der Klasse $C^{2+\alpha}(\overline{B}, \mathbb{R}^3)$. Diese genügt den Differentialgleichungen

$$\Delta \mathbf{x}(u,v) = 0 \qquad in \quad B,$$
$$|\mathbf{x}_u| - |\mathbf{x}_v| = 0 = \mathbf{x}_u \cdot \mathbf{x}_v \qquad in \quad B. \tag{14}$$

Insbesondere gehört die ebene Abbildung

$$g(u,v) := \frac{1}{R} f(u,v), \qquad (u,v) \in \overline{B}, \tag{15}$$

der Klasse $\Gamma(B,0,0,+\infty)$ an. Satz 1 liefert nun $|\nabla g(0,0)| \geq \Theta$ beziehungsweise

$$|\nabla f(0,0)| \geq \Theta R \tag{16}$$

mit der universellen Konstante $\Theta > 0$.

2. Die Normale an $\mathbf{y}(x,y)$ in Richtung $\mathbf{e} = (0,0,1)$ bezeichnen wir mit

$$\mathbf{Y}(x,y) := \frac{1}{\sqrt{1 + |\nabla\zeta(x,y)|^2}} \big(-\zeta_x(x,y), -\zeta_y(x,y), 1 \big), \qquad (x,y) \in \overline{B_R},$$

und wir erklären $\mathbf{X}(u,v) := \mathbf{Y} \circ f(u,v)$, $(u,v) \in \overline{B}$. Nach Satz 2 aus Kap. XI, §1 ist dann die Abbildung

$$\mathbf{X} : B \to S^+ := \Big\{ \mathbf{z} = (z_1, z_2, z_3) \in \mathbb{R}^3 : |\mathbf{z}| = 1, \ z_3 > 0 \Big\} \tag{17}$$

antiholomorph. Vom Südpol $(0,0,-1)$ aus betrachten wir wir nun die stereographische Projektion

$$\sigma = \sigma(\mathbf{z}) : S^+ \to B \quad \text{konform.} \tag{18}$$

Die Abbildung $h(u,v) := \sigma \circ \mathbf{X}(u,v)$, $(u,v) \in \overline{B}$, ist antiholomorph und somit harmonisch. Wir finden also eine Konstante $\Lambda \in (0,+\infty)$, so daß

$$|\nabla\mathbf{X}(0,0)| \leq \Lambda \tag{19}$$

erfüllt ist.

3. Mit Hilfe der Betrachtungen aus Kap. XI, §1 berechnen wir nun

$$\kappa_1(0,0)^2 + \kappa_2(0,0)^2 = -2\kappa_1(0,0)\kappa_2(0,0) = -2K(0,0)$$

$$= 2|K(0,0)| = 2\frac{|\mathbf{X}_u \wedge \mathbf{X}_v(0,0)|}{|\mathbf{x}_u \wedge \mathbf{x}_v(0,0)|}$$

$$= 2\frac{|\nabla\mathbf{X}(0,0)|^2}{|\nabla\mathbf{x}(0,0)|^2} \leq 2\frac{|\nabla\mathbf{X}(0,0)|^2}{|\nabla f(0,0)|^2}$$

$$\leq 2\frac{\Lambda^2}{\Theta^2 R^2} = \frac{M}{R^2},$$

wenn wir noch $M := 2\frac{\Lambda^2}{\Theta^2}$ setzen.   q.e.d.

Als Folgerung aus Satz 2 erhalten wir den

Satz 3. (S. Bernstein)
Sei $z = \zeta(x, y) : \mathbb{R}^2 \to \mathbb{R} \in C^{2+\mu}(\mathbb{R}^2)$, $\mu \in (0, 1)$, *eine ganze Lösung der Minimalflächengleichung* $\mathcal{M}\zeta(x, y) = 0$ *in* $\mathbb{R}^2$. *Dann gibt es Koeffizienten* $\alpha, \beta, \gamma \in \mathbb{R}$, *so daß*

$$\zeta(x, y) = \alpha x + \beta y + \gamma \quad im \quad \mathbb{R}^2$$

erfüllt ist, das heißt ζ *ist eine affin-lineare Funktion.*

Beweis: Betrachten wir in (10) den Grenzübergang $R \to +\infty$, so folgt $\kappa_1(0, 0) = 0 = \kappa_2(0, 0)$. Da dieses in jedem Punkt des minimalen Graphen möglich ist, erhalten wir

$$\kappa_1(x, y) = 0 = \kappa_2(x, y) \quad im \quad \mathbb{R}^2. \tag{20}$$

Somit ist die Fläche $\mathbf{y}(x, y) = (x, y, \zeta(x, y))$, $(x, y) \in \mathbb{R}^2$, eine Ebene.
$$q.e.d.$$

Bemerkungen zu Satz 2 und Satz 3:

1. Die Krümmungsabschätzung in Satz 2 verdankt man:

   E. Heinz: *Über die Lösungen der Minimalflächengleichung.* Nachr. Akad. Wiss. Göttingen, Math.-Phys. Kl. (1952), 51-56.

2. Krümmungsabschätzungen für parametrische Flächen vorgeschriebener mittlerer Krümmung sind bewiesen in:

   F. Sauvigny: *A priori estimates of the principle curvatures for immersions of prescribed mean curvature and theorems of Bernstein-type.* Math. Zeitschrift 205 (1990), 567-582.

3. Für stabile Lösungen der Eulerschen Gleichungen parametrischer, elliptischer Funktionale - also insbesondere für relative Minima - hat S. Fröhlich Krümmungsabschätzungen in seiner Dissertation hergeleitet. Man siehe hierzu:

   S. Fröhlich: *Curvature estimates for μ-stable G-minimal surfaces and theorems of Bernstein-type.* Analysis 22 (2002), 109-130.

§7 Globale Abschätzungen für konforme Abbildungen bezüglich einer Riemannschen Metrik

Wir erklären die Einheitskreisscheibe $E := \{\mathbf{x} = (x^1, x^2) \in \mathbb{R}^2 : |\mathbf{x}| < 1\}$ in den Koordinaten (x^1, x^2) und die Einheitskreisscheibe $B := \{w = u + iv \in \mathbb{C} : |w| < 1\}$ in den Koordinaten $u + iv \cong (u, v)$. Auf E schreiben wir die Riemannsche Metrik

$$\begin{aligned}
ds^2 &= g_{jk}(x^1, x^2) \, dx^j \, dx^k \\
&= g_{11}(x^1, x^2) \, (dx^1)^2 + 2g_{12}(x^1, x^2) \, dx^1 \, dx^2 + g_{22}(x^1, x^2) \, (dx^2)^2
\end{aligned} \tag{1}$$

vor. Dabei verwenden wir die Einsteinsche Summationskonvention und verlangen von den Koeffizienten

$$g_{jk} = g_{jk}(x^1, x^2) \in C^{1+\alpha}(E, \mathbb{R}) \qquad \text{für} \quad j, k = 1, 2;$$
$$g_{12}(x^1, x^2) = g_{21}(x^1, x^2) \qquad \text{in} \quad E \tag{2}$$

sowie

$$\lambda |\xi|^2 \leq g_{jk}(x^1, x^2)\xi^j \xi^k \leq \frac{1}{\lambda}|\xi|^2 \tag{3}$$
$$\text{für alle} \quad \xi = (\xi^1, \xi^2) \in \mathbb{R}^2 \quad \text{und} \quad (x^1, x^2) \in E$$

mit den Konstanten $\alpha, \lambda \in (0, 1)$.

Hilfssatz 1. *Die C^2-diffeomorphe, positiv-orientierte Abbildung*

$$\mathbf{x} = \mathbf{x}(u, v) = (x^1(u, v), x^2(u, v))^* : \overline{B} \to \overline{E} \in C^2(B, \mathbb{R}^2) \cap C^0(\overline{B}, \overline{E})$$

genüge den gewichteten Konformitätsrelationen

$$x_u^j(u, v)g_{jk}(x^1(u, v), x^2(u, v))x_v^k(u, v) = 0 \qquad in \quad B, \tag{4}$$
$$x_u^j(u, v)g_{jk}(x^1, x^2)x_u^k(u, v) = x_v^j(u, v)g_{jk}(x^1, x^2)x_v^k(u, v) \qquad in \quad B. \tag{5}$$

Dann genügt $\mathbf{x}$ dem nichtlinearen elliptischen System

$$\Delta x^l + \Gamma_{jk}^l(x_u^j x_u^k + x_v^j x_v^k) = 0 \qquad in \quad B; \qquad l = 1, 2, \tag{6}$$

wobei wir die Christoffelsymbole

$$\Gamma_{jk}^l := \frac{1}{2}g^{li}(g_{ki, x^j} + g_{ij, x^k} - g_{jk, x^i}), \qquad j, k, l = 1, 2, \tag{7}$$

mit der inversen Matrix $(g^{jk})_{j,k=1,2} := (g_{jk})_{j,k=1,2}^{-1}$ verwendet haben. Also ist $\mathbf{x}$ *eine harmonische Abbildung von $\{B, (\delta_{jk})\}$ in $\{E, (g_{jk})\}$ mit der Einheitsmatrix $(\delta_{jk})_{j,k=1,2}$.*

Beweis: Die Gleichung (4) leiten wir nach v ab und die Gleichung (5) nach u:

$$x_{uv}^j g_{jk}x_v^k + x_u^j g_{jk}x_{vv}^k + x_u^j g_{jk, x^l}x_v^k x_v^l = 0,$$
$$x_{uv}^j g_{jk}x_v^k = x_u^j g_{jk}x_{uu}^k + \frac{1}{2}x_u^j g_{jk, x^l}x_u^k x_u^l - \frac{1}{2}x_u^l g_{jk, x^l}x_v^j x_v^k.$$

Setzen wir die zweite Gleichung in die erste ein, so erhalten wir

$$x_u^j g_{jk}\Delta x^k + x_u^j g_{jk, x^l}x_v^k x_v^l + \frac{1}{2}x_u^j g_{jk, x^l}x_u^k x_u^l - \frac{1}{2}x_u^l g_{jk, x^l}x_v^j x_v^k = 0$$

beziehungsweise

$$x_u^j g_{jk}\Delta x^k + \frac{1}{2}x_u^j(g_{kj, x^l} + g_{jl, x^k} - g_{lk, x^j})(x_u^k x_u^l + x_v^k x_v^l) = 0.$$

Vertauschen wir in dieser Rechnung u und v, so ergibt sich analog

$$x_v^j g_{jk} \Delta x^k + \frac{1}{2} x_v^j (g_{kj,x^l} + g_{jl,x^k} - g_{lk,x^j})(x_u^k x_u^l + x_v^k x_v^l) = 0.$$

Da $\mathbf{x}_u$ und $\mathbf{x}_v$ linear unabhängig sind, folgt

$$g_{jk} \Delta x^k + \frac{1}{2}(g_{kj,x^l} + g_{jl,x^k} - g_{lk,x^j})(x_u^k x_u^l + x_v^k x_v^l) = 0, \qquad j = 1, 2.$$

Multiplikation mit der inversen Matrix (g^{ij}) liefert schließlich

$$\delta_k^i \Delta x^k + \frac{1}{2} g^{ij} (g_{kj,x^l} + g_{jl,x^k} - g_{lk,x^j})(x_u^k x_u^l + x_v^k x_v^l) = 0, \qquad i = 1, 2,$$

also

$$\Delta x^i + \Gamma_{lk}^i (x_u^k x_u^l + x_v^k x_v^l) = 0, \qquad i = 1, 2.$$

q.e.d.

Zur Normierung der Abbildungsklasse vereinbaren wir

$$\mathbf{x}(0,0) = (0,0)^*. \tag{8}$$

Weiter erklären wir die positiv-definite Matrix

$$G(x^1, x^2) := (g_{jk}(x^1, x^2))_{j,k=1,2} : E \to \mathbb{R}^{2 \times 2}. \tag{9}$$

Mit der Hauptachsentransformation bestimmen wir deren Wurzel $G^{\frac{1}{2}}(x^1, x^2)$, indem wir dies für die positiven Eigenwerte tun. Damit berechnen wir

$$\left\{ |G^{\frac{1}{2}}(\mathbf{x}(u,v))| \, |(\mathbf{x}_u, \mathbf{x}_v)| \right\}^2 = \left| \left(G^{\frac{1}{2}}(\mathbf{x}(u,v)) \circ \mathbf{x}_u, G^{\frac{1}{2}}(\mathbf{x}(u,v)) \circ \mathbf{x}_v \right) \right|^2$$

$$= \left| \binom{(G^{\frac{1}{2}}(\mathbf{x}) \circ \mathbf{x}_u)^*}{(G^{\frac{1}{2}}(\mathbf{x}) \circ \mathbf{x}_v)^*} \circ \left(G^{\frac{1}{2}}(\mathbf{x}) \circ \mathbf{x}_u, G^{\frac{1}{2}}(\mathbf{x}) \circ \mathbf{x}_v \right) \right|$$

$$= \left| \begin{pmatrix} \mathbf{x}_u^* \circ G(\mathbf{x}) \circ \mathbf{x}_u, & \mathbf{x}_u^* \circ G(\mathbf{x}) \circ \mathbf{x}_v \\ \mathbf{x}_v^* \circ G(\mathbf{x}) \circ \mathbf{x}_u, & \mathbf{x}_v^* \circ G(\mathbf{x}) \circ \mathbf{x}_v \end{pmatrix} \right|$$

$$= \frac{1}{4} \left\{ \mathbf{x}_u^* \circ G(\mathbf{x}) \circ \mathbf{x}_u + \mathbf{x}_v^* \circ G(\mathbf{x}) \circ \mathbf{x}_v \right\}^2 \quad \text{in} \quad B.$$

Es folgt also

$$|G^{\frac{1}{2}}(\mathbf{x}(u,v))| \, |(\mathbf{x}_u, \mathbf{x}_v)| = \frac{1}{2} \left\{ \mathbf{x}_u^* \circ G(\mathbf{x}) \circ \mathbf{x}_u + \mathbf{x}_v^* \circ G(\mathbf{x}) \circ \mathbf{x}_v \right\} \tag{10}$$

für alle $(u,v) \in B$. Mit Hilfe von (3) erhalten wir nun

$$\frac{\lambda^2}{2} |\nabla \mathbf{x}(u,v)|^2 \le \frac{\partial(x^1, x^2)}{\partial(u,v)} \le \frac{1}{2\lambda^2} |\nabla \mathbf{x}(u,v)|^2 \qquad \text{für alle} \quad (u,v) \in B. \tag{11}$$

Für $r \in (0,1)$ erklären wir noch die Kreisscheiben $E_r := \{\mathbf{x} \in E : |\mathbf{x}| < r\}$, $B_r := \{w \in B : |w| < r\}$ und die monotone Funktion

$$\gamma(r) := \max_{j,k=1,2} \|g_{jk}\|_{C^{1+\alpha}(\overline{E_r})}, \qquad r \in (0,1). \tag{12}$$

Satz 1. (Innere Abschätzung)
Bezüglich der Metrik (1)-(3) sei $\mathbf{x} = \mathbf{x}(u,v) : \overline{B} \to \overline{E} \in C^2(B) \cap C^0(\overline{B})$ *ein gewichtet konformer, positiv-orientierter* C^2*-Diffeomorphismus mit (4), (5), (8). Dann gibt es zu jedem* $r \in (0,1)$ *ein* $\Theta = \Theta(r, \lambda, \gamma(\frac{r+1}{2})) > 0$ *und ein* $\Lambda = \Lambda(r, \lambda, \alpha, \gamma(\frac{r+1}{2})) < +\infty$, *so daß*

$$J_{\mathbf{x}}(u,v) = \frac{\partial(x^1, x^2)}{\partial(u,v)} \geq \Theta \qquad \text{für alle} \quad (u,v) \in B_r \tag{13}$$

und

$$\|\mathbf{x}\|_{C^{2+\alpha}(B_r, \mathbb{R}^2)} \leq \Lambda \tag{14}$$

erfüllt ist. Ferner ist diese Abbildungsklasse gleichgradig stetig.

Beweis: Wir folgen den Überlegungen im Beweis von Satz 3 aus § 5. Wegen (11) erhalten wir zunächst

$$D(\mathbf{x}) \leq \frac{2}{\lambda^2} \iint\limits_{B} \frac{\partial(x^1, x^2)}{\partial(u,v)} \, du \, dv = \frac{2\pi}{\lambda^2}. \tag{15}$$

Damit können wir wie in Teil 1 des o.a. Beweises den Stetigkeitsmodul in $\overline{B}$ abschätzen. Aus (6), (7), (3) und (12) leiten wir für beliebiges $r \in (0,1)$ die DUGL

$$|\Delta\mathbf{x}(u,v)| \leq a|\nabla\mathbf{x}(u,v)|^2 \qquad \text{in} \quad B_{\frac{r+1}{2}} \tag{16}$$

mit $a = a(\lambda, \gamma(\frac{r+1}{2})) \in (0, +\infty)$ her. Dann schätzen wir $|\nabla\mathbf{x}(u,v)|$ in $B_{r+\varepsilon}$ ($\varepsilon > 0$ hinreichend klein) nach oben a-priori ab und können zu einer linearen DUGL übergehen. Schließlich erhalten wir wegen (11) wie in Teil 3 und 4 des o.a. Beweises die Konstante Θ aus (13). Mit potentialtheoretischen Abschätzungen folgt dann noch (14).

q.e.d.

Mit den komplexen Ableitungen

$$x_w^j = \frac{1}{2}(x_u^j - ix_v^j), \quad x_{\overline{w}}^j = \frac{1}{2}(x_u^j + ix_v^j), \qquad j = 1,2,$$

schreiben wir die *gewichteten Konformitätsrelationen* nun in die *komplexe Form*

$$x_w^j(u,v)g_{jk}(x^1(u,v), x^2(u,v))x_w^k(u,v) = 0 \qquad \text{in} \quad B. \tag{17}$$

Weiter bringen wir Gleichung (6) für die *harmonischen Abbildungen* in die *komplexe Form:*

$$x_{w\overline{w}}^l + \frac{1}{2}\Gamma_{jk}^l(x_w^j x_{\overline{w}}^k + x_{\overline{w}}^j x_w^k) = 0 \qquad \text{in} \quad B; \qquad l = 1,2. \tag{18}$$

Aus der gewichteten Konformitätsrelation erhalten wir leicht den

Hilfssatz 2. (Eliminationslemma)
Es gibt Konstanten $\mu(\lambda) > 1$ und $0 < \mu_1(\lambda) \leq \mu_2(\lambda) < +\infty$, so daß für alle gewichtet konformen Abbildungen (4),(5) bez. jeder Riemannschen Metrik (1)-(3) die Ungleichungen

$$\frac{1}{\mu(\lambda)}|x_w^1(w)| \leq |x_w^2(w)| \leq \mu(\lambda)|x_w^1(w)|, \qquad w \in B, \qquad (19)$$

sowie

$$\mu_1(\lambda)|x_w^1(w)|^2 \leq \frac{\partial(x^1, x^2)}{\partial(u,v)} \leq \frac{1}{2}|\nabla \mathbf{x}(u,v)|^2 \leq \mu_2(\lambda)|x_w^1(w)|^2, \qquad w \in B, \qquad (20)$$

erfüllt sind.

Beweis:

1. Die gewichtete Konformitätsrelation (17) liefert

$$g_{11}(x^1, x^2)x_w^1 x_w^1 = -2g_{12}(x^1, x^2)x_w^1 x_w^2 - g_{22}(x^1, x^2)x_w^2 x_w^2 \qquad \text{in} \quad B.$$

Mit Hilfe von (3) ermitteln wir

$$\lambda|x_w^1|^2 \leq |g_{11}||x_w^1|^2 \leq 2|g_{12}|\,|x_w^1|\,|x_w^2| + |g_{22}|\,|x_w^2|^2$$

$$\leq 2\left(\sqrt{\frac{\lambda}{2}}|x_w^1|\right)\left(\sqrt{\frac{2}{\lambda}}\frac{|x_w^2|}{\lambda}\right) + \frac{1}{\lambda}|x_w^2|^2$$

$$\leq \frac{\lambda}{2}|x_w^1|^2 + \left(\frac{2}{\lambda}\frac{1}{\lambda^2} + \frac{1}{\lambda}\right)|x_w^2|^2$$

$$= \frac{\lambda}{2}|x_w^1|^2 + \frac{2+\lambda^2}{\lambda^3}|x_w^2|^2$$

beziehungsweise

$$|x_w^1|^2 \leq \frac{4+2\lambda^2}{\lambda^4}|x_w^2|^2, \qquad w \in B.$$

Entsprechend finden wir

$$|x_w^2|^2 \leq \frac{4+2\lambda^2}{\lambda^4}|x_w^1|^2, \qquad w \in B,$$

indem wir die gewichtete Konformitätsrelation (17) nach $g_{22}(x^1, x^2)x_w^2 x_w^2$ auflösen. Mit $\mu(\lambda) := \frac{1}{\lambda^2}\sqrt{4+2\lambda^2}$ erhalten wir (19).

2. Wir schätzen nun ab

$$\frac{1}{2}|\nabla \mathbf{x}(u,v)|^2 = 2\left(|x_w^1(w)|^2 + |x_w^2(w)|^2\right)$$

$$\leq 2(1 + \mu(\lambda)^2)|x_w^1(w)|^2$$

$$= \mu_2(\lambda)|x_w^1(w)|^2, \qquad w \in B,$$

mit $\mu_2(\lambda) := 2(1 + \mu(\lambda)^2)$. Ferner finden wir mit Hilfe von (11)

$$\frac{\partial(x^1, x^2)}{\partial(u,v)} \geq \frac{\lambda^2}{2} |\nabla \mathbf{x}(u,v)|^2 = 2\lambda^2 \left(|x^1_w(w)|^2 + |x^2_w(w)|^2 \right)$$

$$\geq 2\lambda^2 \left(1 + \frac{1}{\mu(\lambda)^2} \right) |x^1_w(w)|^2 = \mu_1(\lambda) |x^1_w(w)|^2, \qquad w \in B,$$

mit $\mu_1(\lambda) := 2\lambda^2(1 + \frac{1}{\mu(\lambda)^2}) > 0$. Somit ist (20) gezeigt.   q.e.d.

Wir beweisen nun den bedeutenden

Satz 2. (Globale Abschätzung)
Zu der Metrik ds^2 aus (1)-(3) mit den Koeffizienten $g_{jk}(x^1, x^2) \in C^{1+\alpha}(\overline{E}, \mathbb{R})$, $j, k = 1, 2$, betrachten wir den gewichtet konformen, positiv-orientierten C^2-Diffeomorphismus

$$\mathbf{x} = \mathbf{x}(u,v) = (x^1(u,v), x^2(u,v))^* \colon \overline{B} \to \overline{E} \; \in C^2(B, \mathbb{R}^2) \cap C^1(\overline{B}, \overline{E}) \quad (21)$$

aus (4), (5) und (8). Dann folgt $\mathbf{x} \in C^{2+\alpha}(\overline{B}, \mathbb{R}^2)$, und wir haben die a-priori-Abschätzungen

$$J_{\mathbf{x}}(u,v) \geq \Theta \qquad \text{für alle} \quad (u,v) \in \overline{B} \tag{22}$$

sowie

$$\|\mathbf{x}\|_{C^{2+\alpha}(\overline{B}, \mathbb{R}^2)} \leq \Lambda \tag{23}$$

mit den Konstanten $\Theta = \Theta(\lambda, \alpha, \gamma(1)) > 0$ und $\Lambda = \Lambda(\lambda, \alpha, \gamma(1)) < +\infty$ und der in (12) erklärten Funktion $\gamma(r)$.

Beweis:

1. Auf der Kreislinie ∂E betrachten wir das tangentiale Vektorfeld

$$\mathbf{t}(x^1, x^2) := (-x^2, x^1)^* \colon \partial E \to \mathbb{R}^2$$

und das konstante Vektorfeld $\mathbf{e} = (1, 0)^*$. Ferner sei

$$\mathbf{a}(x^1, x^2) = (a^1(x^1, x^2), a^2(x^1, x^2))^* \colon \partial E \to \mathbb{R}^2$$

ein Vektorfeld der Länge 1 bzgl. ds^2, d.h. es gilt

$$a^j(x^1, x^2) g_{jk}(x^1, x^2) a^k(x^1, x^2) = 1 \qquad \text{auf} \quad \partial E. \tag{24}$$

Wir wählen $\mathbf{a}(x^1, x^2)$ so, daß dessen orientierter Winkel zum Tangentialvektor $\mathbf{t}(x^1, x^2)$ in der Riemannschen Metrik mit dem Euklidischen Winkel zwischen $\mathbf{e}$ und $\mathbf{t}(x^1, x^2)$ übereinstimmt. Mit

$$\mathbf{b}(x^1, x^2) = (b^1(x^1, x^2), b^2(x^1, x^2))^* \colon \partial E \to \mathbb{R}^2$$

erklären wir nun das Einheitsvektorfeld orthogonal zu $\mathbf{a}(x^1, x^2)$ in der Riemannschen Metrik ds^2 und gemäß

$$\det\left(\mathbf{a}(x^1, x^2), \mathbf{b}(x^1, x^2)\right) = \begin{vmatrix} a^1(x^1, x^2) & b^1(x^1, x^2) \\ a^2(x^1, x^2) & b^2(x^1, x^2) \end{vmatrix} > 0 \qquad \text{auf} \quad \partial E \quad (25)$$

orientiert. Für die gewichtet konforme Abbildung $\mathbf{x}(u, v)$ erhalten wir dann die *freie Randbedingung*

$$\left(\mathbf{x}_u(w), \mathbf{x}_v(w)\right) = \nu(w)\left(\mathbf{a}(\mathbf{x}(w)), \mathbf{b}(\mathbf{x}(w))\right), \qquad w \in \partial B, \qquad (26)$$

mit einer Funktion $\nu(w) : \partial B \to (0, +\infty)$. Schließlich finden wir noch eine Funktion $\varphi = \varphi(x^1, x^2) : \partial E \to \mathbb{R} \in C^{1+\alpha}(\partial E)$, so daß

$$\begin{pmatrix} a^1(x^1, x^2) , b^1(x^1, x^2) \\ a^2(x^1, x^2) , b^2(x^1, x^2) \end{pmatrix} \circ \begin{pmatrix} \cos\varphi(x^1, x^2) , -\sin\varphi(x^1, x^2) \\ \sin\varphi(x^1, x^2) , \cos\varphi(x^1, x^2) \end{pmatrix} = \begin{pmatrix} * \ 0 \\ * \ * \end{pmatrix}$$
$$(27)$$

auf ∂E erfüllt ist.

2. Wir verwenden nun die Schwarzsche Integralformel aus Satz 2 in Kap. IX, § 2, nämlich

$$F(z) := \frac{1}{2\pi} \int_0^{2\pi} \frac{e^{it} + z}{e^{it} - z} \varphi(e^{it})\, dt, \qquad z = x^1 + ix^2 \in E, \qquad (28)$$

mit dem in Teil 1 erklärten $\varphi \in C^{1+\alpha}(\partial E)$. Die Funktion $F(z)$ ist holomorph in E, und man zeigt mit potentialtheoretischen Methoden (vgl. Satz 3 in Kapitel IX, § 4)

$$F(z) \in C^{1+\alpha}(\overline{E}, \mathbb{C}), \qquad \|F\|_{C^{1+\alpha}(\overline{E})} \le C(\alpha)\|\varphi\|_{C^{1+\alpha}(\partial E)}. \qquad (29)$$

Weiter erfüllt F die Randbedingung

$$\operatorname{Re} F(z) = \varphi(z) \qquad \text{für alle} \quad z \in \partial E. \qquad (30)$$

Für die Funktion

$$f(z) := \exp\{iF(z)\}, \qquad z \in \overline{E}, \qquad (31)$$

der Klasse $C^{1+\alpha}(\overline{E}, \mathbb{C} \setminus \{0\})$ finden wir somit die Randbedingung

$$f(z) = \varrho(z)e^{i\varphi(z)}, \qquad z \in \partial E, \qquad (32)$$

mit der positiven reellen Funktion

$$\varrho(z) := e^{-\operatorname{Im} F(z)}, \qquad z \in \partial E. \qquad (33)$$

3. Für die Funktion $y(w) := x_w^1(w)f(\mathbf{x}(w)) : \overline{B} \to \mathbb{C}$ ermitteln wir aus (32) die Randbedingung

$$y(w) = x_w^1(w)f(\mathbf{x}(w)) = \frac{1}{2}\left(x_u^1(w) - ix_v^1(w)\right)\varrho(\mathbf{x}(w))e^{i\varphi(\mathbf{x}(w))}$$

$$= \frac{\varrho(\mathbf{x}(w))}{2}\left(x_u^1(w) - ix_v^1(w)\right)\left(\cos\varphi(\mathbf{x}(w)) + i\sin\varphi(\mathbf{x}(w))\right)$$

für alle $w \in \partial B$, und mit (26), (27) folgt

$$\operatorname{Im} y(w) = \frac{\varrho(\mathbf{x}(w))}{2} \left(x_u^1(w) \sin \varphi(\mathbf{x}(w)) - x_v^1(w) \cos \varphi(\mathbf{x}(w)) \right)$$

$$= \frac{\nu(w)\varrho(\mathbf{x}(w))}{2} \left(a^1(\mathbf{x}(w)) \sin \varphi(\mathbf{x}(w)) - b^1(\mathbf{x}(w)) \cos \varphi(\mathbf{x}(w)) \right)$$

$$= 0 \qquad \text{für alle} \quad w \in \partial B.$$

(34)

Weiter berechnen wir

$$y_{\overline{w}} = x_{w\overline{w}}^1 f(x^1, x^2) + x_w^1 f_{x^1}(x^1, x^2) x_{\overline{w}}^1 + x_w^1 f_{x^2}(x^1, x^2) x_{\overline{w}}^2 \qquad \text{in} \quad B.$$

Zusammen mit (18), (19) und (29) erhalten wir die DUGL

$$|y_{\overline{w}}(w)| \le a|y(w)|^2, \qquad w \in B,$$

(35)

mit einer Konstante $a = a(\lambda, \alpha, \gamma(1)) \in (0, +\infty)$.

4. Wir transformieren wie in § 3 die Kreisscheibe E auf die obere Halbebene $\mathbb{C}^+$ mittels $g : \mathbb{C}^+ \to E$ und spiegeln gemäß

$$\hat{\mathbf{x}}(w) = (\hat{x}^1(w), \hat{x}^2(w)) := \begin{cases} \mathbf{x} \circ g(w), & \operatorname{Im} w > 0 \\ \mathbf{x} \circ g(\overline{w}), & \operatorname{Im} w < 0 \end{cases}.$$

(36)

Aus (15) folgt nun eine Wachstumsbedingung für das Dirichletintegral von $\hat{\mathbf{x}}(w)$, wie sie in § 2, Hilfssatz 2 und 3 beschrieben ist. Hierzu verwenden wir das Courant-Lebesgue-Lemma, schätzen mit der isoperimetrischen Ungleichung den Flächeninhalt durch die Länge der Randkurve ab und erhalten dann wegen (11) eine Wachstumsabschätzung für das Dirichletintegral. Wie in § 2, Hilfssatz 4 und 5 schätzen wir nun die Oszillation von $\hat{\mathbf{x}}(w)$ auf Kreisen im Innern ab. Mit den dort verwendeten Bezeichnungen erhalten wir

$$2 \int\limits_{\partial B_{\lambda\vartheta}(w_0)} |\operatorname{Re}(\hat{x}_w^j(w)\, dw)| = \int\limits_{\partial B_{\lambda\vartheta}(w_0)} |d\hat{x}^j(w)| \le \int\limits_{\partial B_{\lambda\vartheta}(w_0)} |d\hat{\mathbf{x}}(w)|$$

$$\le \frac{C(\lambda)}{\sqrt{-\log\vartheta}} \qquad \text{für } j = 1, 2.$$

(37)

Nun gibt es von ds^2 abhängige Funktionen $\varrho^\pm = \varrho^\pm(x^1, x^2) : \mathbb{C}^+ \to \mathbb{C} \setminus \mathbb{R}$, so daß

$$\hat{x}_w^2(w) = \varrho^\pm(\hat{\mathbf{x}}(w))\hat{x}_w^1(w) \qquad \text{für} \quad w \in \mathbb{C} \setminus \mathbb{R} \quad \text{mit} \quad \pm \operatorname{Im} w > 0 \quad (38)$$

erfüllt ist (vgl. Formel (5) und (6) in § 9). Somit folgt

$$2 \int\limits_{\partial B_{\lambda\vartheta}(w_0)} |\operatorname{Re}(\hat{x}_w^1(w)\, dw)| + 2 \int\limits_{\partial B_{\lambda\vartheta}(w_0)} |\operatorname{Re}(\varrho^\pm(\hat{\mathbf{x}}(w))\, \hat{x}_w^1(w)\, dw)| \le \frac{2C(\lambda)}{\sqrt{-\log\vartheta}},$$

was

$$\int\limits_{\partial B_{\lambda\vartheta}(w_0)} |\hat{x}^1_w(w)\, dw| \leq \frac{\widetilde{C}(\lambda)}{\sqrt{-\log\vartheta}} \tag{39}$$

impliziert.

5. Betrachten wir nun die gespiegelte Ableitungsfunktion

$$z(w) := \begin{cases} y \circ g(w) = x^1_w(g(w))f(\hat{\mathbf{x}}(w)), & \operatorname{Im} w > 0 \\ \overline{y} \circ g(\overline{w}) = x^1_{\overline{w}}(g(\overline{w}))\overline{f}(\hat{\mathbf{x}}(w)), & \operatorname{Im} w < 0 \end{cases}, \tag{40}$$

so ist z wegen der Randbedingung (34) stetig. Mit Hilfe von (39) und (29) erhält man dann eine Abschätzung für das Cauchyintegral von $z(w)$ wie in § 2, Hilfssatz 4 und 5 angegeben. Mit der Methode von Satz 1 aus § 3 finden wir nun wegen (35) eine Konstante $\widetilde{\Lambda}(\lambda, \alpha, \beta, \gamma(1)) < +\infty$, so daß

$$\|y\|_{C^{1+\beta}(\overline{B})} \leq \widetilde{\Lambda}(\lambda, \alpha, \beta, \gamma(1)) \qquad \text{für alle} \quad \beta \in (0,1) \tag{41}$$

richtig ist. Beachten wir noch (19) und das System (6), so liefern potentialtheoretische Methoden

$$\|\mathbf{x}\|_{C^{2+\alpha}(\overline{B}, \mathbb{R}^2)} \leq \Lambda \tag{42}$$

mit einer a-priori-Konstante $\Lambda = \Lambda(\lambda, \alpha, \gamma(1))$. Schließlich wenden wir auf die nichtverschwindende Funktion $y(w)$, $w \in \overline{B}$, den Satz 1 aus § 5 an. Mit den Beweismethoden von Satz 3 aus § 5 erhalten wir wegen (20) eine Konstante $\Theta = \Theta(\lambda, \alpha, \gamma(1)) > 0$ mit

$$J_{\mathbf{x}}(u, v) \geq \Theta \qquad \text{für alle} \quad (u, v) \in \overline{B}. \tag{43}$$

Dies vervollständigt den Beweis des Satzes. \hfill q.e.d.

Bemerkung: Gilt für die Riemannsche Metrik $g_{jk}(x^1, x^2) = \delta_{jk}$ in der Umgebung von ∂E, so können wir die Abbildung $\mathbf{x}$ spiegeln und auf den Einsatz der Schwarzschen Integralformel (28) verzichten.

§8 Einführung konformer Parameter in eine Riemannsche Metrik

Wir führen die Überlegungen aus § 7 fort und zitieren die dortigen Ergebnisse mit dem Zusatz *. In eine Metrik ds^2 aus (1)*, (2)*, (3)* der Klasse $C^{1+\alpha}(\overline{E})$ wollen wir konforme Parameter einführen, d.h. das System (4)*, (5)* der gewichteten Konformitätsrelationen lösen und die Metrik ds^2 in die isotherme Form

$$ds^2 = \sigma(u, v)(du^2 + dv^2) \quad \text{in } \overline{B}, \qquad \sigma(u, v) > 0 \quad \text{in } \overline{B}, \tag{1}$$

überführen. Dieses tun wir zunächst für Metriken ds^2, deren Koeffizienten in der $C^{1+\alpha}(\overline{E})$-Norm hinreichend wenig von einer isothermen Metrik

$$dr^2 = \varrho(x^1, x^2)\delta_{jk}\,dx^j\,dx^k \quad \text{in} \quad \overline{E},$$
$$\varrho(x^1, x^2) : \overline{E} \to (0, +\infty) \in C^{1+\alpha}(\overline{E}), \tag{2}$$

abweichen. Wir erklären das Oberflächenelement von ds^2

$$g(x^1, x^2) := (\det G(x^1, x^2))^{\frac{1}{2}}$$
$$= \sqrt{g_{11}(x^1, x^2)g_{22}(x^1, x^2) - g_{12}(x^1, x^2)^2} \quad \text{in} \quad \overline{E}. \tag{3}$$

Zur Vereinfachung der nachfolgenden Rechnungen setzen wir $(x^1, x^2) = (x, y) = z \in \overline{E}$ und

$$G(x^1, x^2) = (g_{jk}(x^1, x^2))_{j,k=1,2} = \begin{pmatrix} a(x, y) & b(x, y) \\ b(x, y) & c(x, y) \end{pmatrix} \quad \text{in} \quad \overline{E}. \tag{4}$$

Wir wollen nun einen positiv-orientierten Diffeomorphismus

$$w(z) = u(x, y) + iv(x, y) : \overline{E} \to \overline{\Omega} \in C^{2+\alpha}(\overline{E}, \mathbb{C}) \tag{5}$$

auf ein beschränktes, einfach zusammenhängendes Gebiet $\Omega \subset \mathbb{C}$ mit der Umkehrabbildung

$$z = z(w) = x(u, v) + iy(u, v) : \overline{\Omega} \to \overline{E} \in C^{2+\alpha}(\overline{\Omega}, \mathbb{C}) \tag{6}$$

konstruieren, so daß die Metrik ds^2 in die isotherme Form

$$ds^2 = \sigma(u, v)(du^2 + dv^2) \quad \text{in} \quad \overline{\Omega} \tag{7}$$

überführt wird. Wir berechnen

$$ds^2 = a\,dx^2 + 2b\,dx\,dy + c\,dy^2$$
$$= \frac{1}{a}\{a^2\,dx^2 + 2ab\,dx\,dy + ac\,dy^2\} \tag{8}$$
$$= \frac{1}{a}\{a\,dx + (b + ig)\,dy\}\{a\,dx + (b - ig)\,dy\}.$$

Wir suchen nun eine komplexe, diffeomorphe Stammfunktion $w = w(z) : \overline{E} \to \overline{\Omega} \in C^{2+\alpha}(\overline{E}, \mathbb{C})$, so daß

$$a\,dx + (b + ig)\,dy = \varrho(z)\,dw \quad \text{in} \quad \overline{E} \tag{9}$$

mit einer Funktion $\varrho \in C^{1+\alpha}(\overline{E}, \mathbb{C} \setminus \{0\})$ richtig ist. Es folgt dann

$$a\,dx + (b - ig)\,dy = \overline{\varrho(z)}\,d\overline{w} \quad \text{in} \quad \overline{E}, \tag{10}$$

und (8)-(10) liefern die gewünschte isotherme Form

$$ds^2 = \frac{1}{a}\varrho\, dw\, \overline{\varrho}\, d\overline{w} = \frac{|\varrho(z)|^2}{a(z)}\, dw\, d\overline{w} = \lambda(w)(du^2 + dv^2)$$

$$\text{mit}\quad \lambda(w) := \frac{|\varrho(z(w))|^2}{a(z(w))} : \overline{\Omega} \to (0, +\infty) \in C^{1+\alpha}(\overline{\Omega}).$$

(11)

Formel (9) ist äquivalent zu dem System

$$\varrho(z)\frac{\partial}{\partial x}w(z) = a(z), \quad \varrho(z)\frac{\partial}{\partial y}w(z) = b(z) + ig(z) \qquad \text{in}\quad \overline{E}$$

und damit auch zu

$$2\varrho\frac{\partial}{\partial z}w = \varrho\frac{\partial}{\partial x}w - i\varrho\frac{\partial}{\partial y}w = a + g - ib,$$

$$2\varrho\frac{\partial}{\partial \overline{z}}w = \varrho\frac{\partial}{\partial x}w + i\varrho\frac{\partial}{\partial y}w = a - g + ib \qquad \text{in}\quad \overline{E},$$

beziehungsweise

$$\frac{\partial}{\partial \overline{z}}w(z) = \frac{1}{2\varrho(z)}\big(a(z) - g(z) + ib(z)\big),$$

$$\frac{1}{2\varrho(z)} = \frac{1}{a(z) + g(z) - ib(z)}\frac{\partial}{\partial z}w(z) \qquad \text{in}\quad \overline{E}.$$

Setzen wir die zweite Beziehung in die erste ein, so erhalten wir schließlich die zu (9) äquivalente komplexe Gleichung

$$\frac{\partial}{\partial \overline{z}}w(z) - \frac{a(z) - g(z) + ib(z)}{a(z) + g(z) - ib(z)}\frac{\partial}{\partial z}w(z) = 0 \qquad \text{in}\quad \overline{E}.$$

Wir erklären nun

$$q(z) := \frac{a(z) - g(z) + ib(z)}{a(z) + g(z) - ib(z)}, \qquad z \in \overline{E}.$$

(12)

Es gilt

$$q(z) = 0 \quad \Leftrightarrow \quad b(z) = 0,\ a(z) = c(z) \qquad \text{für ein}\quad z \in \overline{E},$$

(13)

und wir beachten

$$|q(z)| = \sqrt{\frac{(a - g)^2 + b^2}{(a + g)^2 + b^2}} = \sqrt{\frac{(a + g)^2 + b^2 - 4ag}{(a + g)^2 + b^2}}$$

$$= \sqrt{1 - 4\frac{ag}{(a + g)^2 + b^2}} < 1 \qquad \text{für alle}\quad z \in \overline{E}.$$

(14)

Wir haben nun die *Beltramische Differentialgleichung in komplexer Form*

$$\frac{\partial}{\partial \bar{z}} w(z) - q(z) \frac{\partial}{\partial z} w(z) = 0, \qquad z \in \overline{E}, \tag{15}$$

zu lösen. Dazu verwenden wir den *Cauchyschen Integraloperator* aus Kap. IV, § 4, Definition 5

$$T_E[f](z) := -\frac{1}{\pi} \iint\limits_{E} \frac{f(\zeta)}{\zeta - z} \, d\xi \, d\eta, \qquad z \in \overline{E}, \tag{16}$$

mit $\zeta = \xi + i\eta$. Hierbei liegt f im Banachraum $\mathcal{B} := C^{1+\alpha}(\overline{E}, \mathbb{C})$ mit der Norm

$$\|f\| := \sup_{z \in E} \Big\{ |f(z)| + |\nabla f(z)| \Big\} + \sup_{\substack{z_1, z_2 \in E \\ z_1 \neq z_2}} \frac{|\nabla f(z_1) - \nabla f(z_2)|}{|z_1 - z_2|^\alpha}. \tag{17}$$

Im Buch von I. N. Vekua [V] Kap. I, § 8, Satz 1.33 wird mit potentialtheoretischen Mitteln folgende Ungleichung bewiesen:

$$\|T_E[f]\|_{C^{2+\alpha}(\overline{E})} \leq C_1(\alpha) \|f\|, \qquad f \in \mathcal{B}. \tag{18}$$

Wie in Hilfssatz 3 aus Kap. IV, § 5 erklären wir den *Vekuaschen Integraloperator*

$$\Pi_E[f](z) := \lim_{\varepsilon \to 0+} \Bigg\{ -\frac{1}{\pi} \iint\limits_{\substack{\zeta \in E \\ |\zeta - z| > \varepsilon}} \frac{f(\zeta)}{(\zeta - z)^2} \, d\xi \, d\eta \Bigg\}, \qquad z \in \overline{E}. \tag{19}$$

Nach dem o.a. Satz von I. N. Vekua gilt

$$\|\Pi_E[f]\| \leq C_2(\alpha) \|f\|, \qquad f \in \mathcal{B}, \tag{20}$$

mit einer Konstante $C_2(\alpha) \in (0, +\infty)$. Hilfssatz 4 in Kap. IV, § 5 entnehmen wir die Identitäten

$$\frac{\partial}{\partial \bar{z}} \{T_E[f](z)\} = f(z), \qquad \frac{\partial}{\partial z} \{T_E[f](z)\} = \Pi_E[f](z), \qquad z \in \overline{E}. \tag{21}$$

Zum Beweis von (20) wendet man Satz 4 aus Kap. IX, § 4 auf die Funktion $\frac{\partial}{\partial z} f$ an. Beachten wir die Identität

$$T_E\Big[\frac{\partial}{\partial \zeta} f\Big](z) = \Pi_E[f](z) - \frac{1}{2\pi i} \int\limits_{\partial E} \frac{f(\zeta)}{\zeta^2(\zeta - z)} \, d\zeta, \qquad z \in E,$$

aus Hilfssatz 5 in Kap. IV, § 5, so haben wir noch das Kurvenintegral in der $C^{1+\alpha}(\overline{E})$-Norm abzuschätzen. Letzteres stellt eine holomorphe Funktion in E dar, welche gemäß Satz 1 aus Kap. IX, § 2 von Plemelj gewisse Cauchysche Hauptwerte über ∂E als Randwerte annimmt. Kontrollieren wir diese mit Hilfssatz 2 aus Kap. IX, § 4 und beachten dort den Satz 3, so können wir das Kurvenintegral in der $C^{1+\alpha}(\overline{E})$-Norm abschätzen und erhalten (20). Verwenden wir nun (21), so haben wir auch (18) gezeigt.

Zur Lösung der Beltramischen Differentialgleichung (15) machen wir nun den *Ansatz von L. Ahlfors und I. N. Vekua*

$$W(z) = z + T_E[f](z), \qquad z \in \overline{E}, \qquad \text{für} \quad f \in \mathcal{B}. \tag{22}$$

Setzen wir (22) in (15) ein, so berechnen wir mit Hilfe von (21) für $f \in \mathcal{B}$ die *Tricomische Integralgleichung*

$$f(z) - q(z)\Pi_E[f](z) = q(z), \qquad z \in \overline{E}. \tag{23}$$

Wir betrachten nun den Operator

$$\mathbb{L}f := q(z) + q(z)\Pi_E[f](z), \qquad z \in \overline{E}, \qquad \text{für} \quad f \in \mathcal{B}. \tag{24}$$

Insofern

$$\|q\| C_2(\alpha) < 1 \tag{25}$$

richtig ist, wird der Operator $\mathbb{L}$ auf $\mathcal{B}$ kontrahierend, denn für $f_1, f_2 \in \mathcal{B}$ gilt wegen (20) die Ungleichung

$$\begin{aligned}
\|\mathbb{L}f_1 - \mathbb{L}f_2\| &= \|q\,\Pi_E[f_1 - f_2]\| \\
&\leq \|q\|\,\|\Pi_E[f_1 - f_2]\| \\
&\leq \|q\| C_2(\alpha)\|f_1 - f_2\|.
\end{aligned} \tag{26}$$

Somit hat der Operator $\mathbb{L} : \mathcal{B} \to \mathcal{B}$ unter der Voraussetzung (25) genau einen Fixpunkt $f \in \mathcal{B}$ mit $\mathbb{L}f = f$ nach dem Banachschen Fixpunktsatz. Nun löst $f \in \mathcal{B}$ die Tricomische Integralgleichung (23). Mit $W(z)$ aus (22) erhalten wir dann eine Lösung der Differentialgleichung (15), und wegen (18) gilt $W \in C^{2+\alpha}(\overline{E})$. Weiter entnehmen wir (20) und (25) die Abschätzung

$$\|f\| \leq \frac{\|q\|}{1 - \|q\| C_2(\alpha)} \tag{27}$$

für den Fixpunkt $f = \mathbb{L}f$. Wegen (18) können wir also in (22) die $C^{2+\alpha}(\overline{E})$-Norm der durch $T_E[f](z)$ verursachten Störung der Identität abschätzen. Setzen wir $\|q\|$ hinreichend klein voraus, so ist demnach

$$W(z) : \overline{E} \to \overline{\Omega} \in C^{2+\alpha}(\overline{E}, \mathbb{C}) \tag{28}$$

ein positiv-orientierter Diffeomorphismus auf das Jordangebiet $\Omega \subset \mathbb{C}$ mit dem $C^{2+\alpha}$-Rand $\partial\Omega$. Mit den Ergebnissen in Kap. IV, §§ 7-8 bilden wir nun $\overline{\Omega}$ konform ab auf die Einheitskreisscheibe $\overline{B}$ mit der Abbildung $X(w) : \overline{\Omega} \to \overline{B}$, so daß $X \circ W(0) = 0$ erfüllt ist. Nach Satz 5 in Kap. IV, § 8 gehört $X^{-1} : \overline{B} \to \overline{\Omega}$ zur Klasse $C^{1,1}(\overline{B})$. Wegen Satz 2 aus § 7 folgt dann

$$(X \circ W)^{-1} = W^{-1} \circ X^{-1} : \overline{B} \to \overline{E} \in C^{2+\alpha}(\overline{B}, \mathbb{C}),$$
$$(X \circ W)^{-1}(0) = 0.$$

Wir erhalten insgesamt den

Satz 1. (Stabilitätssatz für konforme Abbildungen)
Die Metrik ds^2 aus (1)*, (2)*, (3)* erfülle in bezug auf eine Metrik (2) die Ungleichung

$$\|g_{jk} - \varrho\delta_{jk}\|_{C^{1+\alpha}(\overline{E})} < \delta, \qquad j, k = 1, 2, \tag{29}$$

mit einem hinreichend kleinen $\delta = \delta(\alpha, \varrho) > 0$. Dann gibt es einen gewichtet konformen Diffeomorphismus $\mathbf{x}(u, v) = (x^1(u, v), x^2(u, v)) \in C^{2+\alpha}(\overline{B}, \overline{E})$, welcher (4)*, (5)*, (8)* genügt. Die Metrik ds^2 erscheint dann in der isothermen Form (1).

Mit einer nichtlinearen Kontinuitätsmethode beweisen wir nun den Uniformisierungssatz, welcher für die Differentialgeometrie, die Funktionentheorie und die Theorie partieller Differentialgleichungen zentrale Bedeutung hat. Schon C. F. Gauß konnte analytische Flächenstücke im Kleinen abbilden, während L. Lichtenstein differenzierbare Flächenstücke lokal abbilden konnte. Konforme Abbildungen im Großen wurden im analytischen Fall von P. Koebe konstruiert, während im nichtanalytischen Fall C. B. Morrey, E. Heinz, L. Ahlfors und I. N. Vekua mit verschiedenen Methoden ähnliche Resultate erzielten.

Satz 2. (Uniformisierungssatz)
Zu jeder Riemannschen Metrik ds^2 aus (1)*, (2)*, (3)* mit den Koeffizienten $g_{jk} \in C^{1+\alpha}(\overline{E})$, $j, k = 1, 2$, gibt es einen Diffeomorphismus $\mathbf{x} = \mathbf{x}(u, v) \in C^{2+\alpha}(\overline{B}, \overline{E})$ mit (4)*, (5)*, (8)*, welcher ds^2 in die isotherme Form

$$ds^2 = \sigma(u, v)(du^2 + dv^2) \quad in \quad \overline{B} \tag{30}$$

mit dem Oberflächenelement $\sigma = \sigma(u, v) \in C^{1+\alpha}(\overline{B}, (0, +\infty))$ überführt.

Beweis: Wir deformieren die Metrik ds^2 in die Euklidische Metrik mittels

$$ds^2(\tau) := g_{jk}^{(\tau)}(x^1, x^2)\, dx^j\, dx^k \quad in \quad \overline{E}, \qquad 0 \le \tau \le 1, \qquad mit$$

$$g_{jk}^{(\tau)}(x^1, x^2) := (1 - \tau)\delta_{jk} + \tau g_{jk}(x^1, x^2), \qquad (x^1, x^2) \in \overline{E}, \qquad j, k = 1, 2. \tag{31}$$

Für $\tau = 0$ ist die Metrik $ds^2(0) = \delta_{jk}\, dx^j\, dx^k$ schon isotherm. Mit Hilfe von Satz 1 können wir dann ein maximales $\tau^* \in (0, 1]$ finden, so daß alle Metriken $ds^2(\tau)$, $0 \le \tau < \tau^*$, in die isotherme Form überführt werden können. Mit Satz 2* sehen wir nun ein, daß auch die Metrik $ds^2(\tau^*)$ in die isotherme Form überführt werden kann mit einem Diffeomorphismus $\mathbf{x} \in C^{2+\alpha}(\overline{B}, \overline{E})$ mit (4)*, (5)*, (8)*. Wäre nun $\tau^* < 1$, so könnten wir nach Satz 1 auch die Metriken $ds^2(\tau)$ für $\tau^* \le \tau < \tau^* + \varepsilon$ mit hinreichend kleinem $\varepsilon > 0$ in die isotherme Form bringen. Da aber $\tau^* \in (0, 1]$ maximal gewählt war, muß $\tau^* = 1$ gelten. Folglich ist

$$ds^2 = ds^2(1) = g_{jk}(x^1, x^2)\, dx^j\, dx^k$$

in der angegebenen Weise in die isotherme Form überführbar.   q.e.d.

Wir notieren noch den

Satz 3. *Zu jeder Riemannschen Metrik ds^2 aus (1)*, (2)*, (3)* gibt es einen $C^{2+\alpha}(B)$-Diffeomorphismus $\mathbf{x} = \mathbf{x}(u,v)$ mit (4)*, (5)*, (8)*, welcher diese in die isotherme Form*

$$ds^2 = \sigma(u,v)(du^2 + dv^2) \qquad in \quad B \tag{32}$$

mit dem Oberflächenelement $\sigma = \sigma(u,v) \in C^{1+\alpha}(B,(0,+\infty))$ überführt.

Beweis: Für $r \in (0,1)$ führe man in ds^2 auf E_r isotherme Parameter gemäß Satz 2 ein. Mit Satz 1* findet man dann durch Approximation eine Lösung von (32).

q.e.d.

Bemerkung zu Satz 3: Man kann diesen Satz auch herleiten durch Approximation mit Metriken, die am Rand Euklidisch sind. In diesem Zusammenhang verweisen wir auf die Bemerkung zu Satz 2*.

§9 Die Uniformisierungsmethode bei quasilinearen elliptischen Differentialgleichungen und das Dirichletproblem

Auf dem Jordangebiet $\Omega \subset \mathbb{R}^2$ mit $C^{2+\alpha}$-Rand $\partial\Omega$ betrachten wir die quasilineare elliptische Differentialgleichung

$$a(x,y,z,p,q)r + 2b(x,y,z,p,q)s + c(x,y,z,p,q)t + d(x,y,z,p,q) = 0 \quad \text{in } \Omega$$
$$\text{mit} \quad ac - b^2 > 0. \tag{1}$$

Hierbei haben wir die üblichen Abkürzungen

$$p = z_x(x,y), \quad q = z_y(x,y), \quad r = z_{xx}(x,y), \quad s = z_{xy}(x,y), \quad t = z_{yy}(x,y) \tag{2}$$

für die Ableitungen einer Funktion $z = z(x,y) : \overline{\Omega} \to \mathbb{R} \in \mathbb{C}^{2+\alpha}(\overline{\Omega})$ verwendet. Unter entsprechenden Voraussetzungen führen wir in die Metrik

$$ds^2 = c\,dx^2 - 2b\,dx\,dy + a\,dy^2 \tag{3}$$

isotherme Parameter ein mittels

$$x + iy = f(w) = f(u,v) : \overline{B} \to \overline{\Omega}. \tag{4}$$

Hierzu verwenden wir den Uniformisierungssatz aus §8. Die Überlegungen aus Kap. XI, §3 können wir dann formal wiederholen, indem wir die charakteristischen Parameter ξ, η durch $w, \overline{w}$ ersetzen. Erklären wir die Größen

$$\lambda^{\pm}(u,v) := \left.\frac{b \pm i\sqrt{ac - b^2}}{a}\right|_{x+iy=f(u,v)}, \tag{5}$$

so erhalten wir wie dort das der Differentialgleichung (1) assoziierte System erster Ordnung

$$y_w - \lambda^+ x_w = 0, \qquad y_{\overline{w}} - \lambda^- x_{\overline{w}} = 0,$$

$$p_w + \lambda^- q_w + \frac{d}{a} x_w = 0, \qquad p_{\overline{w}} + \lambda^+ q_{\overline{w}} + \frac{d}{a} x_{\overline{w}} = 0, \qquad (6)$$

$$z_w - p x_w - q y_w = 0$$

(mit $z = z \circ f(w)$ usw.). Da in den Gleichungen die Ableitungen nach w bzw. $\overline{w}$ nur gesondert auftreten, differenzieren wir die Gleichungen mit $\frac{\partial}{\partial w}$ nach $\overline{w}$ und die Gleichungen mit $\frac{\partial}{\partial \overline{w}}$ nach w. Wir erhalten dann ein lineares Gleichungssystem für $x_{w\overline{w}}, y_{w\overline{w}}, z_{w\overline{w}}, p_{w\overline{w}}, q_{w\overline{w}}$, das wir wie in Kap. XI, § 3 nach diesen Größen auflösen können. Für die Funktion

$$\mathbf{x}(w) = \mathbf{x}(u,v) = (x(u,v), y(u,v), z(u,v), p(u,v), q(u,v)) \quad \text{in } \overline{B} \quad (7)$$

ergibt sich ein System

$$\Delta\mathbf{x}(w) = \mathbf{\Phi}(\mathbf{x}(u,v), \mathbf{x}_u(u,v), \mathbf{x}_v(u,v)), \qquad w = u + iv \in B, \qquad (8)$$

mit quadratischem Wachstum im Gradienten. Aussagen für die Differentialgleichung (1) kann man nun über das System (8) in Verbindung mit den Gleichungen erster Ordnung (6) gewinnen. Abschätzungen für die uniformisierende Abbildung f garantieren dann die Unabhängigkeit von der Parametrisierung.

Es sei noch bemerkt, daß in den Arbeiten von F. Müller, die wir in Kap. XI, § 6 zitiert haben, das System (8) durch reelle Differentiation aus der Differentialgleichung (1) gewonnen wird.

Wir wollen nun mit der Uniformisierungsmethode das Dirichletproblem für die nichtparametrische Gleichung vorgeschriebener mittlerer Krümmung lösen. Zur Schranke $0 < h_0 < +\infty$ erklären wir die Kreisscheibe

$$\Omega_0 := \left\{ (x,y) \in \mathbb{R}^2 \; : \; 4h_0^2(x^2 + y^2) \leq 1 \right\}$$

und wählen ein $\alpha \in (0,1)$.

Voraussetzung D_1: Das beschränkte Gebiet $\Omega \subset \Omega_0$ habe eine reguläre $C^{2+\alpha}$-Jordankurve $\partial\Omega$ als Berandung, deren Krümmung $\kappa(x,y) \geq 2h_0$ für alle $(x,y) \in \partial\Omega$ erfüllt. Weiter sei $(0,0) \in \Omega$ richtig.

Voraussetzung D_2: Auf dem Kreiszylinder

$$\mathcal{Z} := \left\{ (x,y,z) \in \mathbb{R}^3 \; : \; (x,y) \in \Omega_0 \right\}$$

erklären wir die mittlere Krümmung

$$H = H(x, y, z) : \mathcal{Z} \to \mathbb{R} \in C^{1+\alpha}(\mathcal{Z})$$

mit den folgenden Eigenschaften:

- Es gibt ein $z_0 \in \mathbb{R}$ und ein $H_0 \in [-h_0, +h_0]$, so daß die Bedingung

$$H(x, y, z) = H_0 \qquad \text{für alle} \quad (x, y, z) \in \mathcal{Z} \quad \text{mit} \quad z \le z_0 \qquad (9)$$

erfüllt ist.
- Es gilt

$$\frac{\partial}{\partial z} H(x, y, z) \ge 0 \qquad \text{für alle} \quad (x, y, z) \in \mathcal{Z}. \qquad (10)$$

- Wir haben schließlich

$$|H(x, y, z)| \le h_0 \qquad \text{für alle} \quad (x, y, z) \in \mathcal{Z}. \qquad (11)$$

Gemäß § 2 in Kapitel VI hat das folgende Problem höchstens eine Lösung.

Definition 1. *Zu stetiger Höhendarstellung* $g : \partial\Omega \to \mathbb{R} \in C^0(\partial\Omega, \mathbb{R})$ *betrachten wir eine Lösung* $z = \zeta(x, y) \in C^2(\Omega) \cap C^0(\overline{\Omega})$ *des Dirichletproblems* $\mathcal{P}(g)$ *der nichtparametrischen Gleichung vorgeschriebener mittlerer Krümmung*

$$\mathcal{M}\zeta(x, y) := (1 + \zeta_y^2)\zeta_{xx} - 2\zeta_x\zeta_y\zeta_{xy} + (1 + \zeta_x^2)\zeta_{yy}$$
$$= 2H(x, y, \zeta(x, y))\big(1 + |\nabla\zeta(x, y)|^2\big)^{\frac{3}{2}} \qquad in \quad \Omega \qquad (12)$$

und

$$\zeta(x, y) = g(x, y) \qquad \text{für alle} \quad (x, y) \in \partial\Omega. \qquad (13)$$

Wir setzen noch

$$\|g\|_{C^0(\partial\Omega)} := \sup_{(x,y)\in\partial\Omega} |g(x, y)|.$$

Hilfssatz 1. (R. Finn)
Für eine Lösung $\zeta \in \mathcal{P}(g)$ *zu einer Randverteilung* $g \in C^0(\partial\Omega, \mathbb{R})$ *gelten die folgenden Abschätzungen*

(a) $\qquad |\zeta(x, y)| \le \|g\|_{C^0(\partial\Omega)} + \dfrac{1}{h_0} \qquad \text{für alle} \quad (x, y) \in \Omega;$

(b) $\qquad \displaystyle\iint\limits_{\Omega} \sqrt{1 + |\nabla\zeta(x, y)|^2}\, dx\, dy \le 3|\Omega| + \big(2h_0|\Omega| + |\partial\Omega|\big)\|g\|_{C^0(\partial\Omega)};$

hierbei bezeichnen $|\Omega|$ *und* $|\partial\Omega|$ *den Flächeninhalt von* Ω *bzw. die Länge von* $\partial\Omega$.

Beweis:

(a) Wir betrachten die sphärischen Graphen

$$\eta^{\pm}(x,y) := \pm\|g\|_{C^0(\partial\Omega)} \pm \sqrt{\frac{1}{h_0^2} - (x^2 + y^2)}, \qquad (x,y) \in \Omega_0. \qquad (14)$$

Diese genügen den Differentialungleichungen

$$\mathcal{M}\eta^{\pm}(x,y) = \pm 2h_0\big(1 + |\nabla\eta^{\pm}(x,y)|^2\big)^{\frac{3}{2}}$$

$$\underset{\le}{\overset{\ge}{}} 2H(x,y,\eta^{\pm}(x,y))\big(1 + |\nabla\eta^{\pm}(x,y)|^2\big)^{\frac{3}{2}} \quad \text{in} \quad \Omega. \qquad (15)$$

Leiten wir nun wie in §2 aus Kapitel VI eine Differentialungleichung für die Funktion $\phi(x,y) := \zeta(x,y) - \eta^{\pm}(x,y)$ in Ω her und beachten (10), so liefert das Maximumprinzip

$$\eta^-(x,y) \le \zeta(x,y) \le \eta^+(x,y) \quad \text{in} \quad \Omega. \qquad (16)$$

Hieraus folgt die Abschätzung (a).

(b) Wir schreiben (12) in Divergenzform und kürzen $\sqrt{} := \sqrt{1 + |\nabla\zeta|^2}$ ab. Wir erhalten

$$\zeta\frac{\partial}{\partial x}\left(\frac{\zeta_x}{\sqrt{}}\right) + \zeta\frac{\partial}{\partial y}\left(\frac{\zeta_y}{\sqrt{}}\right) = 2H(x,y,\zeta)\zeta$$

und integrieren über das Gebiet Ω wie folgt:

$$2\iint\limits_{\Omega} \zeta(x,y)H(x,y,\zeta(x,y))\,dx\,dy$$

$$= \iint\limits_{\Omega}\left\{\frac{\partial}{\partial x}\left(\zeta\frac{\zeta_x}{\sqrt{}}\right) + \frac{\partial}{\partial y}\left(\zeta\frac{\zeta_y}{\sqrt{}}\right)\right\}dx\,dy - \iint\limits_{\Omega}\frac{|\nabla\zeta|^2}{\sqrt{}}\,dx\,dy$$

$$= \int\limits_{\partial\Omega} \zeta\left(\frac{\zeta_x}{\sqrt{}}\,dy - \frac{\zeta_y}{\sqrt{}}\,dx\right) - \iint\limits_{\Omega}\sqrt{}\,dx\,dy + \iint\limits_{\Omega}\frac{1}{\sqrt{}}\,dx\,dy.$$

Wegen (a) können wir nun abschätzen

$$\iint\limits_{\Omega} \sqrt{1 + |\nabla\zeta|^2}\,dx\,dy$$

$$= \int\limits_{\partial\Omega} \zeta\left(\frac{\zeta_x}{\sqrt{}}\,dy - \frac{\zeta_y}{\sqrt{}}\,dx\right) + \iint\limits_{\Omega}\frac{1}{\sqrt{}}\,dx\,dy - 2\iint\limits_{\Omega}\zeta H(x,y,\zeta)\,dx\,dy$$

$$\le \|g\|_{C^0(\partial\Omega)}|\partial\Omega| + |\Omega| + 2\Big(\|g\|_{C^0(\partial\Omega)} + \frac{1}{h_0}\Big)h_0|\Omega|,$$

und auch (b) ist gezeigt.   q.e.d.

Mit Satz 3 aus § 8 führen wir nun in den Graphen $\zeta \in \mathcal{P}(g)$ konforme Parameter ein mit der uniformisierenden Abbildung

$$f = f(u,v) : \overline{B} \to \overline{\Omega} \in C^2(B) \cap C^0(\overline{B}) \quad \text{diffeomorph},$$
$$f(0,0) = (0,0). \tag{17}$$

Dann ist

$$\mathbf{x}(u,v) := \big(f(u,v), \zeta(f(u,v))\big), \qquad (u,v) \in \overline{B}, \tag{18}$$

im folgenden Sinne eine H-Fläche.

Definition 2. *Eine nichtkonstante Lösung des Systems*

$$\Delta\mathbf{x}(u,v) = 2H(\mathbf{x}(u,v))\mathbf{x}_u \wedge \mathbf{x}_v(u,v) \qquad in \quad B,$$
$$|\mathbf{x}_u(u,v)|^2 - |\mathbf{x}_v(u,v)|^2 = 0 = \mathbf{x}_u \cdot \mathbf{x}_v(u,v) \qquad in \quad B \tag{19}$$

nennen wir eine H-Fläche. Diese heißt verzweigungspunktfrei, falls

$$E(u,v) := |\mathbf{x}_u \wedge \mathbf{x}_v(u,v)| > 0 \qquad \text{für alle} \quad (u,v) \in B$$

richtig ist.

Hilfssatz 2. *Für die Normale $\mathbf{X}(u,v) \in C^{2+\alpha}(B)$ an die verzweigungspunktfreie H-Fläche $\mathbf{x}$ gilt mit den Bezeichungen aus Kap. XI, §1 die Differentialgleichung*

$$\Delta\mathbf{X}(u,v) + 2\big(2EH(\mathbf{x})^2 - EK - E(\nabla H(\mathbf{x}) \cdot \mathbf{X})\big)\mathbf{X} = -2E\nabla H(\mathbf{x}) \qquad in \quad B. \tag{20}$$

Beweis: Aus den Ableitungsgleichungen (vgl. [BL]) in konformen Parametern

$$\mathbf{X}_u = -\frac{L}{E}\mathbf{x}_u - \frac{M}{E}\mathbf{x}_v, \qquad \mathbf{X}_v = -\frac{M}{E}\mathbf{x}_u - \frac{N}{E}\mathbf{x}_v,$$

ermitteln wir

$$(\mathbf{X} \wedge \mathbf{X}_v)_u - (\mathbf{X} \wedge \mathbf{X}_u)_v = 2\mathbf{X}_u \wedge \mathbf{X}_v = 2\frac{LN - M^2}{E^2}\mathbf{x}_u \wedge \mathbf{x}_v = 2EK\mathbf{X}$$

sowie

$$\mathbf{X} \wedge \mathbf{X}_u = -\mathbf{X}_v - 2H(\mathbf{x})\mathbf{x}_v, \qquad \mathbf{X} \wedge \mathbf{X}_v = \mathbf{X}_u + 2H(\mathbf{x})\mathbf{x}_u.$$

Wegen

$$\big\{H(\mathbf{x}(u,v))\big\}_u = \nabla H(\mathbf{x}) \cdot \mathbf{x}_u, \qquad \big\{H(\mathbf{x}(u,v))\big\}_v = \nabla H(\mathbf{x}) \cdot \mathbf{x}_v$$

folgt

$$2EK\mathbf{X} = (\mathbf{X} \wedge \mathbf{X}_v)_u - (\mathbf{X} \wedge \mathbf{X}_u)_v$$

$$= \mathbf{X}_{uu} + 2(\nabla H \cdot \mathbf{x}_u)\mathbf{x}_u + 2H\mathbf{x}_{uu} + \mathbf{X}_{vv} + 2(\nabla H \cdot \mathbf{x}_v)\mathbf{x}_v + 2H\mathbf{x}_{vv}$$

$$= \Delta\mathbf{X} + 4EH^2\mathbf{X} + 2\big((\nabla H \cdot \mathbf{x}_u)\mathbf{x}_u + (\nabla H \cdot \mathbf{x}_v)\mathbf{x}_v\big).$$

$$(21)$$

Wir entwickeln nun

$$\nabla H = \left(\nabla H \cdot \frac{\mathbf{x}_u}{|\mathbf{x}_u|}\right)\frac{\mathbf{x}_u}{|\mathbf{x}_u|} + \left(\nabla H \cdot \frac{\mathbf{x}_v}{|\mathbf{x}_v|}\right)\frac{\mathbf{x}_v}{|\mathbf{x}_v|} + (\nabla H \cdot \mathbf{X})\mathbf{X}$$

und erhalten

$$(\nabla H \cdot \mathbf{x}_u)\mathbf{x}_u + (\nabla H \cdot \mathbf{x}_v)\mathbf{x}_v = E\nabla H - E(\nabla H \cdot \mathbf{X})\mathbf{X}. \qquad (22)$$

Den Formeln (21) und (22) entnehmen wir die Differentialgleichung (20).

q.e.d.

Satz 1. (Graphenkompaktheit)
Unter den Voraussetzungen (D_1) und (D_2) seien die Randverteilungen $g_k \in C^0(\partial\Omega, \mathbb{R})$ für $k = 1, 2, \ldots$ gegeben, zu denen jeweils eine Lösung $\zeta_k \in \mathcal{P}(g_k)$ existiere. Ferner konvergiere die Folge $\{g_k\}_{k=1,2,\ldots}$ gleichmäßig auf $\partial\Omega$ gegen

$$g(x) := \lim_{k \to \infty} g_k(x) \in C^0(\partial\Omega, \mathbb{R}).$$

Dann hat auch $\mathcal{P}(g)$ eine Lösung ζ.

Beweis:

1. Wie in (17)-(18) führen wir mittels der uniformisierenden Abbildungen $f_k = f_k(u, v) : \overline{B} \to \overline{\Omega}$ in die Graphen ζ_k konforme Parameter ein und erhalten die verzweigungspunktfreien H-Flächen

$$\mathbf{x}_k(u, v) := \big(f_k(u, v), \zeta_k(f_k(u, v))\big) =: \big(f_k(u, v), z_k(u, v)\big), \qquad (u, v) \in \overline{B}.$$

$$(23)$$

Nach Hilfssatz 1 von R. Finn hat diese Folge ein gleichmäßig beschränktes Dirichletintegral. Mit dem Courant-Lebesgue-Lemma in Verbindung mit dem geometrischen Maximumprinzip von E. Heinz zeigt man, daß die Funktionenfolge $\{\mathbf{x}_k\}_{k=1,2,\ldots}$ gleichgradig stetig in $\overline{B}$ ist. Nach dem Satz von Arzelà-Ascoli können wir eine auf $\overline{B}$ gleichmäßig konvergente Teilfolge auswählen, die wegen §2, Satz 2 gegen eine H-Fläche

$$\mathbf{x}(u, v) = \big(f(u, v), z(u, v)\big) : \overline{B} \to \mathbb{R}^3 \in C^2(B) \cap C^0(\overline{B}) \qquad (24)$$

konvergiert.

2. Da $\mathbf{x}_k$ konform parametrisiert ist, können wir wie in Hilfssatz 2 aus §7 die dritte Komponente eliminieren, d.h.

$$|\nabla z_k(u, v)|^2 \leq |\nabla f_k(u, v)|^2 \quad \text{in} \quad B \quad \text{für} \quad k = 1, 2, \ldots \qquad (25)$$

Wir erhalten dann die Folge ebener Abbildungen

$$f_k(u,v) : \overline{B} \to \overline{\Omega} \in C^2(B) \cap C^0(\overline{B}) \qquad \text{diffeomorph,}$$

$$|\Delta f_k(u,v)| \le c_1 |\nabla f_k(u,v)|^2 \qquad \text{in} \quad B,$$

$$f_k(0,0) = (0,0),$$

$$D(f_k) \le c_2 \qquad \text{für} \quad k = 1,2,\ldots \tag{26}$$

mit Konstanten c_1, c_2 und dem Dirichletintegral $D(f_k)$ von f_k. Nach der Verzerrungsabschätzung von E. Heinz aus § 5 gibt es für jedes $r \in (0,1)$ ein $\Theta(c_1, c_2, r) > 0$, so daß in $B_r := \{(u,v) \in B : u^2 + v^2 < r^2\}$ die Ungleichung

$$|\nabla f_k(u,v)| \ge \Theta(c_1, c_2, r) \qquad \text{für alle} \quad (u,v) \in B_r \tag{27}$$

erfüllt ist. Hierbei haben wir im Beweis von Satz 3 aus § 5 das Bildgebiet B durch Ω zu ersetzen. Wegen (27) finden wir für die Grenzabbildung

$$|\nabla f(u,v)| > 0 \qquad \text{in} \quad B, \tag{28}$$

und die H-Fläche $\mathbf{x}$ aus (24) ist verzweigungspunktfrei.

3. Für die Normale $\mathbf{X}(u,v)$ an $\mathbf{x}(u,v)$ betrachten wir die Hilfsfunktion

$$\phi(u,v) := \mathbf{X}(u,v) \cdot \mathbf{e} \ge 0, \qquad (u,v) \in B, \tag{29}$$

mit $\mathbf{e} := (0,0,1)$. Setzen wir

$$q(u,v) := 2\big(2EH(\mathbf{x})^2 - EK - E(\nabla H(\mathbf{x}) \cdot \mathbf{X})\big),$$

so liefert Hilfssatz 2 zusammen mit (10) die Differentialungleichung

$$\Delta\phi(u,v) + q(u,v)\phi(u,v) \le 0 \qquad \text{in} \quad B. \tag{30}$$

Multiplikation mit einer nichtnegativen Testfunktion liefert nach Integration die *schwache Differentialungleichung*

$$\iint\limits_B \big\{ \nabla\phi(u,v) \cdot \nabla\psi(u,v) - q(u,v)\phi(u,v)\psi(u,v) \big\} \, du \, dv \ge 0 \tag{31}$$

für alle $\psi \in C_0^\infty(B)$ mit $\psi \ge 0$ in B.

Da der Beweis der Moserschen Ungleichung (vgl. Satz 1 aus Kap. X, § 5) auch für Lösungen solcher Differentialungleichungen gültig bleibt, haben wir für die Funktion ϕ das Prinzip der eindeutigen Fortsetzung zur Verfügung. Danach muß ϕ auf B verschwinden, insofern auch nur eine Nullstelle in B auftritt. Da aber $\phi \equiv 0$ in B offenbar ausgeschlossen ist, folgt

$$\phi(u,v) > 0 \qquad \text{für alle} \quad (u,v) \in B$$

und schließlich

$$J_f(u,v) := \frac{\partial(x,y)}{\partial(u,v)} > 0 \quad \text{in} \quad B. \tag{32}$$

Somit ist $f : \overline{B} \to \overline{\Omega}$ ein Diffeomorphismus der Klasse $C^2(B) \cap C^0(\overline{B})$, wenn wir noch folgendes beachten: Die Randabbildung $f|_{\partial B}$ ist zunächst schwach monoton, kann aber keine Konstanzintervalle aufweisen. Sonst würde m.H. der Konformitätsrelationen und dem Ähnlichkeitsprinzip leicht $\mathbf{x}_w(w) \equiv 0$ in B hergeleitet, was natürlich unmöglich ist. Mit

$$\zeta(x,y) := z\big(f^{-1}(x,y)\big), \qquad (x,y) \in \overline{\Omega},$$

erhalten wir schließlich eine Lösung von $\mathcal{P}(g)$.   q.e.d.

Hilfssatz 3. (Geometrisches Maximumprinzip von S. Hildebrandt)
Die Hilfsfunktion $\phi(u,v) := x(u,v)^2 + y(u,v)^2$, $(u,v) \in \overline{B}$, *zur H-Fläche*
$\mathbf{x}(u,v) = (x(u,v), y(u,v), z(u,v)) : \overline{B} \to \mathcal{Z}$ *erfüllt die Differentialungleichung*

$$\Delta\phi(u,v) \geq 0 \quad \text{in} \quad B.$$

Beweis: Wir berechnen

$$\Delta\phi(u,v) = 2\big(|\nabla x|^2 + |\nabla y|^2 + x\,\Delta x + y\,\Delta y\big)$$
$$= 2\big(|\nabla x|^2 + |\nabla y|^2 + 2H(\mathbf{x})(x,y,0) \cdot \mathbf{x}_u \wedge \mathbf{x}_v\big).$$

Da $\mathbf{x}$ in konformen Parametern vorliegt, folgt

$$|\nabla z|^2 \leq |\nabla x|^2 + |\nabla y|^2 \quad \text{in} \quad B$$

und somit

$$|2H(\mathbf{x})(x,y,0) \cdot \mathbf{x}_u \wedge \mathbf{x}_v| \leq 2h_0 \frac{1}{2h_0} \frac{1}{2}\big(|\nabla x|^2 + |\nabla y|^2 + |\nabla z|^2\big)$$
$$\leq |\nabla x|^2 + |\nabla y|^2 \quad \text{in} \quad B.$$

Insgesamt erhalten wir also $\Delta\phi(u,v) \geq 0$ in B.   q.e.d.

Mit einem fundamentalen Randregularitätssatz von S. Hildebrandt, J. C. C. Nitsche, F. Tomi und E. Heinz zeigen wir nun den

Satz 2. (Graphenregularität)
Sei $\zeta \in \mathcal{P}(g)$ *eine Lösung zur Randverteilung* $g \in C^{2+\alpha}(\partial\Omega, \mathbb{R})$ *unter den Voraussetzungen* (D_1) *und* (D_2). *Dann folgt* $\zeta = \zeta(x,y) \in C^{2+\alpha}(\overline{\Omega})$.

Beweis: Wir betrachten wieder die H-Fläche $\mathbf{x}(u,v) = (f(u,v), \zeta(f(u,v)))$, $(u,v) \in \overline{B}$, der Regularitätsklasse $C^2(B) \cap C^0(\overline{B})$. Nach [DHKW] 7.3, Theorem 2 folgt $\mathbf{x} \in C^{2+\alpha}(\overline{B})$. Über die Jacobische der uniformisierenden Abbildung wissen wir bereits

$$J_f(u, v) > 0 \qquad \text{in} \quad B,$$

und wir wollen nun diese Ungleichung auch auf ∂B nachweisen. Sei $w_0 \in \partial B$ beliebig gewählt und $x_0 := x(w_0)$, $y_0 := y(w_0)$ erklärt. Dann können wir durch eine Verschiebung des Gebietes $\Omega \subset \Omega_0$ erreichen, daß $(x_0, y_0) \in \partial \Omega_0$ erfüllt ist. Nach dem Hopfschen Randpunktlemma haben wir in Polarkoordinaten $w = re^{i\vartheta}$ für die Hilfsfunktion ϕ aus Hilfssatz 3 die Ungleichung

$$0 < \left.\frac{1}{2}\frac{\partial \phi}{\partial r}\right|_{w_0} = \left.(xx_r + yy_r)\right|_{w_0}. \tag{33}$$

Da $\phi(\vartheta) := \phi(\cos\vartheta, \sin\vartheta)$ in ϑ_0 das Maximum annimmt, folgt

$$0 = \left.\frac{1}{2}\frac{\partial \phi}{\partial \vartheta}\right|_{\vartheta_0} = \left.(xx_\vartheta + yy_\vartheta)\right|_{w_0}. \tag{34}$$

In (33) lesen wir ab, daß w_0 kein Verzweigungspunkt ist,

$$|\mathbf{x}_\vartheta(w_0)|^2 = |\mathbf{x}_r(w_0)|^2 > 0. \tag{35}$$

Ferner gibt es ein $K > 0$, so daß

$$z_\vartheta^2 \leq K(x_\vartheta^2 + y_\vartheta^2). \tag{36}$$

Aus (35) und (36) folgt

$$0 < \left.(x_\vartheta^2 + y_\vartheta^2 + z_\vartheta^2)\right|_{w_0} \leq \left.(1 + K)(x_\vartheta^2 + y_\vartheta^2)\right|_{w_0}$$

beziehungsweise

$$\left.(x_\vartheta^2 + y_\vartheta^2)\right|_{w_0} > 0. \tag{37}$$

Benutzen wir nun, daß die Abbildung f positiv orientiert ist, so finden wir wegen (34) ein $\lambda > 0$ mit

$$x_\vartheta(w_0) = -\lambda y(w_0), \qquad y_\vartheta(w_0) = \lambda x(w_0).$$

Es folgt

$$\left.(x_r y_\vartheta - x_\vartheta y_r)\right|_{w_0} = \left.\lambda(xx_r + yy_r)\right|_{w_0} > 0$$

beziehungsweise

$$J_f(w_0) > 0.$$

Also ist $f : \overline{B} \to \overline{\Omega}$ ein $C^{2+\alpha}(\overline{B})$-Diffeomorphismus, und die Funktion $\zeta(x, y) := z(f^{-1}(x, y))$, $(x, y) \in \overline{\Omega}$, gehört zur Klasse $C^{2+\alpha}(\overline{\Omega})$.

q.e.d.

Hilfssatz 4. (Graphenstabilität) *Zur Randverteilung $g \in C^{2+\alpha}(\partial\Omega)$ sei $\zeta = \zeta(x, y) \in \mathcal{P}(g)$ eine Lösung der Klasse $C^{2+\alpha}(\overline{\Omega})$. Dann gibt es ein $\varepsilon = \varepsilon(\zeta) > 0$, so daß für alle Randverteilungen $\tilde{g} \in C^{2+\alpha}(\partial\Omega)$ mit*

$$\|\tilde{g} - g\|_{C^{2+\alpha}(\partial\Omega)} \leq \varepsilon$$

das Problem $\mathcal{P}(\tilde{g})$ lösbar ist.

Beweis: Durch Störung mit einer Funktion $\eta(x, y) \in C^{2+\alpha}(\overline{\Omega})$ lösen wir das Problem $\mathcal{P}(\tilde{g})$. Damit neben ζ auch $\zeta + \eta$ die Differentialgleichung (12) erfüllt, ermitteln wir aus

$$
\begin{aligned}
0 = {}& \left(1 + (\zeta_y + \eta_y)^2\right)(\zeta_{xx} + \eta_{xx}) - 2(\zeta_x + \eta_x)(\zeta_y + \eta_y)(\zeta_{xy} + \eta_{xy}) \\
& + \left(1 + (\zeta_x + \eta_x)^2\right)(\zeta_{yy} + \eta_{yy}) - 2H(x, y, \zeta + \eta)\left(1 + |\nabla(\zeta + \eta)|^2\right)^{\frac{3}{2}}
\end{aligned}
\tag{38}
$$

gemäß dem Homogenitätsgrad in $\eta, \eta_x, \dots, \eta_{yy}$ die Differentialgleichung

$$
\mathcal{L}\eta(x, y) = \phi(\eta) \quad \text{in} \quad \Omega.
\tag{39}
$$

Dabei ist

$$
\begin{aligned}
\mathcal{L}\eta := {}& (1 + \zeta_y^2)\eta_{xx} - 2\zeta_x\zeta_y\eta_{xy} + (1 + \zeta_x^2)\eta_{yy} \\
& + a(x, y)\eta_x + b(x, y)\eta_y + c(x, y)\eta
\end{aligned}
$$

ein linearer elliptischer Differentialoperator mit Koeffizienten, die von den Größen $\zeta, \zeta_x, \dots, \zeta_{yy}$ abhängen. Wegen (10) haben wir $c(x, y) \leq 0$ in Ω. Die rechte Seite ist quadratisch und von höherer Ordnung in $\eta, \eta_x, \dots, \eta_{yy}$ und genügt somit der *Kontraktionsbedingung*

$$
\|\phi(\eta_1) - \phi(\eta_2)\|_{C^\alpha(\overline{\Omega})} \leq C(\varrho)\|\eta_1 - \eta_2\|_{C^{2+\alpha}(\overline{B})}
\tag{40}
$$

für alle $\eta_j \in C^{2+\alpha}(\overline{\Omega})$ mit $\|\eta_j\|_{C^{2+\alpha}(\overline{\Omega})} \leq \varrho$ und $j = 1, 2$.

Dabei ist $C(\varrho) \to 0$ für $\varrho \to 0+$ richtig, und wir bemerken $\phi(0) = 0$. Mit der Schaudertheorie aus §6 in Kapitel IX können wir nun das lineare Problem

$$
\begin{aligned}
\mathcal{L}\eta &= \omega \quad \text{in} \quad \Omega, \\
\eta &= \psi \quad \text{auf} \quad \partial\Omega
\end{aligned}
\tag{41}
$$

zu jeder rechten Seite $\omega \in C^\alpha(\overline{\Omega})$ und allen Randwerten $\psi \in C^{2+\alpha}(\partial\Omega)$ mit einem $\eta \in C^{2+\alpha}(\overline{\Omega})$ eindeutig lösen. Für Randwerte $\psi \equiv 0$ auf $\partial\Omega$ setzen wir

$$
C_*^{2+\alpha}(\overline{\Omega}) := \left\{ \eta \in C^{2+\alpha}(\overline{\Omega}) \ : \ \eta = 0 \text{ auf } \partial\Omega \right\}
$$

und schreiben $\mathcal{L}_0 := \mathcal{L}|_{C_*^{2+\alpha}(\overline{\Omega})}$ für die Einschränkung von $\mathcal{L}$ auf den Raum $C_*^{2+\alpha}(\overline{\Omega})$. Dann ist der Operator

$$
\omega = \mathcal{L}_0(\eta) : C_*^{2+\alpha}(\overline{\Omega}) \to C^\alpha(\overline{\Omega}),
\tag{42}
$$

invertierbar, und wir haben nach Satz 2 in §5 aus Kapitel IX die Schauderabschätzung

$$
\|\mathcal{L}_0^{-1}(\omega)\|_{C^{2+\alpha}(\overline{\Omega})} \leq C\|\omega\|_{C^\alpha(\overline{\Omega})} \quad \text{für alle} \quad \omega \in C^\alpha(\overline{\Omega}).
\tag{43}
$$

Zu den Randwerten $\|\psi\|_{C^{2+\alpha}(\partial\Omega)} \leq \varepsilon$ lösen wir zunächst

$$\mathcal{L}\eta_0 = 0 \quad \text{in} \quad \Omega,$$
$$\eta_0 = \psi \quad \text{auf} \quad \partial\Omega. \tag{44}$$

Hierbei müssen wir die Lösung durch ihre Randwerte in der $C^{2+\alpha}$-Norm abschätzen. Dazu schätzen wir zunächst die Lösung $\eta_0(x,y)$ in der C^0-Norm gegen ihre Randwerte ab gemäß Satz 1 aus Kap. VI, § 1. Mit der Schaudertheorie aus Kap. IX, § 7 schätzen wir dann die Lösung in der $C^{2+\alpha}$-Norm gegen ihre Randwerte ab. Dabei biegen wir lokal den Rand des Gebietes gerade und können die Randwerte in den umgebenden Raum fortsetzen - ohne ihre $C^{2+\alpha}$-Norm zu vergrößern. Durch Subtraktion der erweiterten Randwerte erhalten wir eine inhomogene Differentialgleichung mit Nullrandwerten, über die wir unsere Schauderabschätzung gewinnen. Nun iterieren wir

$$\mathcal{L}\eta_{k+1} = \phi(\eta_k) \quad \text{in} \quad \Omega,$$
$$\eta_{k+1} = \psi \quad \text{auf} \quad \partial\Omega \tag{45}$$

für $k = 0, 1, 2, \ldots$ Mit Hilfe von (40) und (43) stellt man fest, daß die Folge $\{\eta_k\}_{k=1,2,\ldots}$ im Banachraum $C^{2+\alpha}(\overline{\Omega})$ gegen eine Lösung $\eta \in C^{2+\alpha}(\overline{\Omega})$ von (39) konvergiert, insofern wir $\varepsilon > 0$ hinreichend klein wählen.

$$\text{q.e.d.}$$

Satz 3. (Quasilineares Dirichletproblem)
Unter den Voraussetzungen (D₁) und (D₂) hat für alle Randwerte $g \in C^0(\partial\Omega, \mathbb{R})$ das Dirichletproblem $\mathcal{P}(g)$ für die nichtparametrische Gleichung vorgeschriebener mittlerer Krümmung genau eine Lösung.

Beweis: Wegen der Bedingung (9) können wir einen sphärischen Graphen $\eta(x,y) : \overline{\Omega} \to \mathbb{R} \in C^{2+\alpha}(\overline{\Omega})$ der mittleren Krümmung H_0 finden, so daß die Differentialgleichung (12) zu den Randwerten

$$f(x,y) := \eta(x,y), \qquad (x,y) \in \partial\Omega,$$

erfüllt wird. Zu der Familie von Randwerten

$$g_\lambda(x,y) := f(x,y) + \lambda\big(g(x,y) - f(x,y)\big), \qquad (x,y) \in \partial\Omega, \tag{46}$$

mit $0 \leq \lambda \leq 1$ und $g \in C^{2+\alpha}(\partial\Omega, \mathbb{R})$ lösen wir das Problem $\mathcal{P}(g_\lambda)$. Für $\lambda = 0$ ist das bereits erfolgt, und die Lösbarkeit ist nach Hilfssatz 4 eine offene und nach Satz 1 eine abgeschlossene Eigenschaft. Folglich ist $\mathcal{P}(g_\lambda)$ für alle $0 \leq \lambda \leq 1$ lösbar und insbesondere $\mathcal{P}(g)$ hat eine Lösung $\zeta \in C^{2+\alpha}(\overline{\Omega})$. Mit Satz 1 sehen wir dann sofort die Lösbarkeit des Dirichletproblems auch für stetige Randwerte ein. Die Eindeutigkeit wurde bereits in § 2 von Kapitel VI gezeigt.

$$\text{q.e.d.}$$

Bemerkung: Der hier vorgeschlagene Zugang zum Dirichletproblem orientiert sich an der folgenden Arbeit:

F. Sauvigny: *Deformation of boundary value problems for surfaces with prescribed mean curvature.* Analysis 21 (2001), 157-169.

§10 Ein Ausblick auf das Plateausche Problem

Zu vorgegebenem $M > 0$ erklären wir die Kugel

$$K := \left\{ (x, y, z) \in \mathbb{R}^3 \ : \ x^2 + y^2 + z^2 \le M^2 \right\}.$$

Hierin nehmen wir eine rektifizierbare Jordankurve $\Gamma \subset K$, auf welcher wir drei verschiedene Punkte $\mathbf{p}_j \in \Gamma$, $j = 1, 2, 3$, festlegen. Wir erklären die nichtleere *Klasse zulässiger Funktionen*

$$\mathcal{Z}(\Gamma) := \left\{ \mathbf{x} = \mathbf{x}(u, v) : \overline{B} \to K \ : \ \begin{array}{l} \mathbf{x} \in C^2(B) \cap C^0(\overline{B}) \cap W^{1,2}(B), \\ \mathbf{x} : \partial B \to \Gamma \text{ schwach monoton,} \\ \mathbf{x}(e^{\frac{2\pi i}{3} j}) = \mathbf{p}_j, \ j = 1, 2, 3 \end{array} \right\}.$$

Neben dem *verallgemeinerten Flächeninhalt*

$$A(\mathbf{x}) := \iint\limits_B \left\{ |\mathbf{x}_u \wedge \mathbf{x}_v| + \frac{2H}{3} (\mathbf{x}, \mathbf{x}_u, \mathbf{x}_v) \right\} du\, dv \tag{1}$$

aus Kapitel XI, §2 betrachten wir für $\mathbf{x} \in \mathcal{Z}(\Gamma)$ das *Heinzsche Energiefunktional*

$$E(\mathbf{x}) := \iint\limits_B \left\{ (|\mathbf{x}_u|^2 + |\mathbf{x}_v|^2) + \frac{4H}{3} (\mathbf{x}, \mathbf{x}_u, \mathbf{x}_v) \right\} du\, dv, \tag{2}$$

wobei wir $H \in [-\frac{1}{2M}, +\frac{1}{2M}]$ annehmen. Zum Dirichletintegral

$$D(\mathbf{x}) := \iint\limits_B (|\mathbf{x}_u|^2 + |\mathbf{x}_v|^2)\, du\, dv$$

besteht dann die Beziehung

$$E(\mathbf{x}) \ge \frac{2}{3} D(\mathbf{x}) \qquad \text{für alle} \quad \mathbf{x} \in \mathcal{Z}(\Gamma). \tag{3}$$

Weiter beachten wir

$$2A(\mathbf{x}) \le E(\mathbf{x}) \qquad \text{für alle} \quad \mathbf{x} \in \mathcal{Z}(\Gamma), \tag{4}$$

wobei Gleichheit genau im Falle konformer Parametrisierung

$$|\mathbf{x}_u| = |\mathbf{x}_v|, \quad \mathbf{x}_u \cdot \mathbf{x}_v = 0 \qquad \text{in} \quad B \tag{5}$$

eintritt. Dies beruht auf der Ungleichung

$$\sqrt{EG - F^2} \le \sqrt{EG} \le \frac{1}{2}(E + G)$$

für die Koeffizienten der ersten Fundamentalform

$$d\mathbf{x}^2 = E\, du^2 + 2F\, du\, dv + G\, dv^2$$

der Fläche. T. Radó und C. B. Morrey verdankt man den

Hilfssatz 1. (Fast-konforme Parameter)
Seien $\mathbf{x} = (x(u,v), y(u,v), z(u,v)) \in \mathcal{Z}(\Gamma)$ *und* $\varepsilon > 0$ *vorgegeben. Dann gibt es eine Parametertransformation* $f(\alpha, \beta) : \overline{B} \to \overline{B}$ *topologisch, so daß die Fläche* $\mathbf{y}(\alpha, \beta) := \mathbf{x} \circ f(\alpha, \beta) \in \mathcal{Z}(\Gamma)$ *zulässig ist und*

$$\frac{1}{2} E(\mathbf{y}) \le A(\mathbf{y}) + \varepsilon \tag{6}$$

erfüllt ist.

Beweis: Da der zweite Summand in $2A$ und E parameterinvariant (unter orientierungstreuen Umparametrisierungen) ist, müssen wir nur den Fall $H = 0$ betrachten. Zu $\delta > 0$ erklären wir

$$\tilde{\mathbf{x}}(u,v) = \big(x(u,v), y(u,v), z(u,v); \delta u, \delta v\big) : \overline{B} \to \mathbb{R}^5 \tag{7}$$

mit der ersten Fundamentalform

$$\tilde{E} = \tilde{\mathbf{x}}_u \cdot \tilde{\mathbf{x}}_u = E + \delta^2, \quad \tilde{F} = \tilde{\mathbf{x}}_u \cdot \tilde{\mathbf{x}}_v = F, \quad \tilde{G} = \tilde{\mathbf{x}}_v \cdot \tilde{\mathbf{x}}_v = G + \delta^2$$

und dem Oberflächenelement

$$\tilde{E}\tilde{G} - \tilde{F}^2 = EG - F^2 + \delta^2(E + G) + \delta^4 > 0.$$

Wir führen nun gemäß §8 in die reguläre Fläche $\tilde{\mathbf{x}}(u,v)$ isotherme Parameter ein durch die (positiv orientierte) Abbildung

$$f(\alpha, \beta) = \big(u(\alpha, \beta), v(\alpha, \beta)\big) : \overline{B} \to \overline{B}.$$

Die Fläche

$$\tilde{\mathbf{y}}(\alpha, \beta) := \tilde{\mathbf{x}} \circ f(\alpha, \beta) = \big(\mathbf{x} \circ f(\alpha, \beta), \delta f(\alpha, \beta)\big) = \big(\mathbf{y}(\alpha, \beta), \delta f(\alpha, \beta)\big) : \overline{B} \to \mathbb{R}^5$$

erfüllt

$$\tilde{\mathbf{y}}_\alpha \cdot \tilde{\mathbf{y}}_\beta = 0 = |\tilde{\mathbf{y}}_\alpha|^2 - |\tilde{\mathbf{y}}_\beta|^2 \quad \text{in} \quad B,$$

und die Transformationsformel liefert

$$D(\mathbf{y}) + \delta^2 D(f) = D(\tilde{\mathbf{y}}) = 2 \iint\limits_B \sqrt{\tilde{E}\tilde{G} - \tilde{F}^2} \, d\alpha \, d\beta$$

$$= 2 \iint\limits_B \sqrt{(EG - F^2) + \delta^2(E + G) + \delta^4} \, du \, dv$$

$$\le 2 \iint\limits_B \sqrt{EG - F^2} \, du \, dv + 2\delta \iint\limits_B \sqrt{E + G} \, du \, dv + 2\pi\delta^2. \tag{8}$$

Zu vorgegebenem $\varepsilon > 0$ können wir also ein $\delta > 0$ und eine zugehörige Transformation f finden, so daß für $\mathbf{y} = \mathbf{x} \circ f$ die Ungleichung (6) gilt.

q.e.d.

Hilfssatz 2. (Minimaleigenschaft)
Sei $\mathbf{x}(u,v) \in \mathcal{Z}(\Gamma)$ *eine Lösung des* H-*Flächensystems*

$$\Delta\mathbf{x}(u,v) = 2H\,\mathbf{x}_u \wedge \mathbf{x}_v(u,v) \qquad in \quad B$$

für $H \in [-\frac{1}{2M}, +\frac{1}{2M}]$. *Dann gilt für alle* $\mathbf{y}(u,v) \in \mathcal{Z}(\Gamma)$ *mit* $\mathbf{y}(u,v) = \mathbf{x}(u,v)$
auf ∂B *die Ungleichung*

$$E(\mathbf{y}) \geq E(\mathbf{x}). \tag{9}$$

Beweis: Mit dem Gaußschen Integralsatz prüft man die folgende Identität
nach,

$$E(\mathbf{x}+\mathbf{z}) = E(\mathbf{x}) + \iint_B \left\{ |\nabla\mathbf{z}|^2 + \frac{4H}{3}(3\mathbf{x}+\mathbf{z}, \mathbf{z}_u, \mathbf{z}_v) \right\} du\,dv \tag{10}$$

für alle $\mathbf{z} \in C_0^\infty(B, \mathbb{R}^3)$.

Hierzu entwickeln wir

$$E(\mathbf{x}+\mathbf{z}) = \iint_B \left\{ |\nabla\mathbf{x}|^2 + 2\nabla(\mathbf{z}\cdot\nabla\mathbf{x}) + |\nabla\mathbf{z}|^2 - 2\mathbf{z}\cdot\Delta\mathbf{x} \right\} du\,dv$$

$$+\frac{4H}{3} \iint_B (\mathbf{x}+\mathbf{z}, \mathbf{x}_u+\mathbf{z}_u, \mathbf{x}_v+\mathbf{z}_v)\, du\,dv$$

$$= E(\mathbf{x}) + \iint_B \left\{ |\nabla\mathbf{z}|^2 + \frac{4H}{3}(\mathbf{x}+\mathbf{z})\cdot\mathbf{z}_u\wedge\mathbf{z}_v - 4H(\mathbf{x}_u,\mathbf{x}_v,\mathbf{z}) \right\} du\,dv$$

$$+\frac{4H}{3} \iint_B \left\{ (\mathbf{z},\mathbf{x}_u,\mathbf{x}_v) + (\mathbf{x}+\mathbf{z},\mathbf{x}_u,\mathbf{z}_v) + (\mathbf{x}+\mathbf{z},\mathbf{z}_u,\mathbf{x}_v) \right\} du\,dv$$

$$= E(\mathbf{x}) + \iint_B \left\{ |\nabla\mathbf{z}|^2 + \frac{4H}{3}(\mathbf{x}+\mathbf{z})\cdot\mathbf{z}_u\wedge\mathbf{z}_v \right\} du\,dv$$

$$+\frac{4H}{3} \iint_B \left\{ (\mathbf{x}+\mathbf{z},\mathbf{x}_u,\mathbf{z})_v + (\mathbf{x}+\mathbf{z},\mathbf{z},\mathbf{x}_v)_u \right\} du\,dv$$

$$-\frac{4H}{3} \iint_B \left\{ (\mathbf{z}_v,\mathbf{x}_u,\mathbf{z}) + (\mathbf{z}_u,\mathbf{z},\mathbf{x}_v) \right\} du\,dv$$

$$= E(\mathbf{x}) + \iint_B \left\{ |\nabla\mathbf{z}|^2 + \frac{4H}{3}(3\mathbf{x}+\mathbf{z})\cdot\mathbf{z}_u\wedge\mathbf{z}_v \right\} du\,dv$$

$$-\frac{4H}{3} \iint_B \left\{ (\mathbf{z}_v,\mathbf{x},\mathbf{z})_u + (\mathbf{z}_u,\mathbf{z},\mathbf{x})_v \right\} du\,dv$$

$$= E(\mathbf{x}) + \iint_B \left\{ |\nabla\mathbf{z}|^2 + \frac{4H}{3}(3\mathbf{x}+\mathbf{z})\cdot\mathbf{z}_u\wedge\mathbf{z}_v \right\} du\,dv.$$

Nach einem bekannten Approximationsprozeß können wir $\mathbf{z} = \mathbf{y} - \mathbf{x}$ mit $|\mathbf{x}+\mathbf{z}| \leq M$ auf B in (10) einsetzen. Aus $|H|M \leq \frac{1}{2}$ folgt dann die Ungleichung (9).

q.e.d.

Für Flächen konstanter mittlerer Krümmung verdankt man E. Heinz den

Satz 1. (Plateauproblem)
Das Variationsproblem

$$A(\mathbf{x}) \to Minimum, \qquad \mathbf{x} \in \mathcal{Z}(\Gamma), \tag{11}$$

besitzt für $H \in [-\frac{1}{2M}, +\frac{1}{2M}]$ *eine Lösung* $\mathbf{x} \in \mathcal{Z}(\Gamma)$, *welche eine H-Fläche mit Γ als Berandung darstellt.*

Beweis: Wir erklären

$$a := \inf_{\mathbf{x} \in \mathcal{Z}(\Gamma)} A(\mathbf{x}) \in (0, +\infty)$$

und wählen eine Minimalfolge $\{\mathbf{x}_n\}_{n=1,2,\ldots} \subset \mathcal{Z}(\Gamma)$ mit

$$\lim_{n \to \infty} A(\mathbf{x}_n) = a. \tag{12}$$

Mit Hilfssatz 1 gehen wir über zu einer Folge $\{\mathbf{y}_n\}_{n=1,2,\ldots} \subset \mathcal{Z}(\Gamma)$, die

$$\frac{1}{2}E(\mathbf{y}_n) \leq A(\mathbf{x}_n) + \frac{1}{n}, \qquad n = 1, 2, \ldots, \tag{13}$$

erfüllt. Mit Satz 3 aus §4 können wir die stetigen Randwerte von $\mathbf{y}_n$ eindeutig durch eine Lösung des Rellichschen Systems ergänzen,

$$\Delta\mathbf{z}_n(u,v) = 2H\,(\mathbf{z}_n)_u \wedge (\mathbf{z}_n)_v(u,v) \qquad \text{in} \quad B,$$
$$\mathbf{z}_n = \mathbf{y}_n \qquad \text{auf} \quad \partial B. \tag{14}$$

Hilfssatz 2 liefert zusammen mit (13) die Ungleichung

$$\frac{1}{2}E(\mathbf{z}_n) \leq A(\mathbf{x}_n) + \frac{1}{n}, \qquad n = 1, 2, \ldots \tag{15}$$

Wegen (3) hat die Folge $\{\mathbf{z}_n\}_n$ ein gleichmäßig beschränktes Dirichletintegral. Nach dem Courant-Lebesgue-Lemma sind die Randwerte $\mathbf{z}_n|_{\partial B}$, $n = 1, 2, \ldots$, gleichgradig stetig, und wir können nach dem Jägerschen Maximumprinzip aus §1 zu einer auf $\overline{B}$ gleichmäßig konvergenten Teilfolge übergehen. Gemäß §2, Satz 2 finden wir eine Grenzfunktion $\mathbf{z}(u,v) \in \mathcal{Z}(\Gamma)$, welche

$$\Delta\mathbf{z}(u,v) = 2H\,\mathbf{z}_u \wedge \mathbf{z}_v \qquad \text{in} \quad B \tag{16}$$

genügt. Aus (15) erhalten wir wegen der Konvergenz in $C^1(B)$ die Ungleichung

$$a \le \frac{1}{2}E(\mathbf{z}) \le a \le A(\mathbf{z}) \tag{17}$$

und somit $A(\mathbf{z}) = \frac{1}{2}E(\mathbf{z})$. Also ist $\mathbf{z}$ konform parametrisiert und bildet eine H-Fläche.

q.e.d.

In jeder Kreisscheibe $B_r(w_0) \subset\subset B$ mit $w_0 \in B$ besteht für unsere H-Fläche die Differentialungleichung

$$|\mathbf{x}_{w\overline{w}}(w)| \le c|\mathbf{x}_w| \quad \text{in} \quad B_r(w_0) \tag{18}$$

mit einem $c = c(w_0, r) > 0$. Nach dem Ähnlichkeitsprinzip von Bers und Vekua (vgl. §6 in Kapitel IV) haben wir dann die asymptotische Darstellung

$$\mathbf{x}_w(w) = \mathbf{a}(w - w_0)^n + o(|w - w_0|^n), \qquad w \to w_0. \tag{19}$$

Dabei ist $n = n(w_0) \in \mathbb{N} \cup \{0\}$ und $\mathbf{a} = \mathbf{a}(w_0) \in \mathbb{C}^3 \setminus \{\mathbf{0}\}$ richtig. Die Punkte w_0 mit $n(w_0) \in \mathbb{N}$ nennt man *Verzweigungspunkte der H-Fläche*, welche wegen (19) isoliert sind. Dort ist die Fläche nicht im differentialgeometrischen Sinne regulär.

Die Regularität von H-Flächen insbesondere am Rand wird in den wunderschönen Grundlehren [DHKW] von U. Dierkes und S. Hildebrandt über Minimalflächen genau untersucht. Falls die Randkurve Γ analytisch ist, kann man die Lösung analytisch über den Rand hinaus als H-Fläche fortsetzen gemäß dem Resultat von

F. Müller: *Analyticity of solutions for semilinear elliptic systems of second order.* Calc. Var. and PDE 15 (2002), 257-288.

Nach einem höchst aufwendigen Satz von Alt-Gulliver-Osserman kann man Verzweigungspunkte bei der Lösung des obigen Variationsproblems a posteriori ausschließen. Darum bleibt der Wunsch, das Variationsproblem (11) direkt in der Klasse

$$\mathcal{Z}^*(\Gamma) := \left\{ \mathbf{x} \in \mathcal{Z}(\Gamma) : |\mathbf{x}_u \wedge \mathbf{x}_v(u, v)| > 0 \text{ für alle } (u, v) \in B \right\} \tag{20}$$

zu lösen. Schließlich empfehlen wir die sehr interessante Monographie von

J. C. C. Nitsche: *Vorlesungen über Minimalflächen.* Grundlehren **199**, Springer-Verlag, Berlin ..., 1975.

Im Fall $H = 0$ wurde das Plateauproblem von T. Radó und J. Douglas unabhängig voneinander gelöst und später durch R. Courant ein Zugang mit dem Dirichletschen Prinzip geschaffen.

Literaturverzeichnis

[BS]   H. Behnke, F. Sommer: *Theorie der analytischen Funktionen einer komplexen Veränderlichen.* Grundlehren der Math. Wissenschaften **77**, Springer-Verlag, Berlin ..., 1955.

[BL]   W. Blaschke, K. Leichtweiss: *Elementare Differentialgeometrie.* Grundlehren der Math. Wissenschaften **1**, 5. Auflage, Springer-Verlag, Berlin ..., 1973.

[CH]   R. Courant, D. Hilbert: *Methoden der mathematischen Physik I, II.* Heidelberger Taschenbücher, Springer-Verlag, Berlin ..., 1968.

[D]   K. Deimling: *Nichtlineare Gleichungen und Abbildungsgrade.* Hochschultext, Springer-Verlag, Berlin ..., 1974.

[DHKW]   U. Dierkes, S. Hildebrandt, A. Küster, O. Wohlrab: *Minimal surfaces I, II.* Grundlehren der Math. Wissenschaften **295, 296**, Springer-Verlag, Berlin ..., 1992.

[E]   L. C. Evans: *Partial Differential Equations.* AMS-Publication, Providence, RI., 1998.

[G]   P. R. Garabedian: *Partial Differential Equations.* Chelsea, New York, 1986.

[GT]   D. Gilbarg, N. S. Trudinger: *Elliptic Partial Differential Equations of Second Order.* Grundlehren der Math. Wissenschaften **224**, Springer-Verlag, Berlin ..., 1983.

[Gr]   H. Grauert: *Funktionentheorie I.* Vorlesungsskriptum an der Universität Göttingen im Wintersemester 1964/65.

[GF]   H. Grauert, K. Fritzsche: *Einführung in die Funktionentheorie mehrerer Veränderlicher.* Hochschultext, Springer-Verlag, Berlin ..., 1974.

[GL]   H. Grauert, I. Lieb: *Differential- und Integralrechnung III.* 1. Auflage, Heidelberger Taschenbücher, Springer-Verlag, Berlin ..., 1968.

[GuLe]   R. B. Guenther, J. W. Lee: *Partial Differential Equations of Mathematical Physics and Integral Equations.* Prentice Hall, London, 1988.

[H1]   E. Heinz: *Differential- und Integralrechnung III.* Ausarbeitung einer Vorlesung an der Georg-August-Universität Göttingen im Wintersemester 1986/87.

[H2]   E. Heinz: *Partielle Differentialgleichungen.* Vorlesung an der Georg-August-Universität Göttingen im Sommersemester 1973.

[H3]   E. Heinz: *Lineare Operatoren im Hilbertraum I*. Vorlesung an der Georg-August-Universität Göttingen im Wintersemester 1973/74.

[H4]   E. Heinz: *Fixpunktsätze*. Vorlesung an der Georg-August-Universität Göttingen im Sommersemester 1975.

[H5]   E. Heinz: *Hyperbolische Differentialgleichungen*. Vorlesung an der Georg-August-Universität Göttingen im Wintersemester 1975/76.

[H6]   E. Heinz: *Elliptische Differentialgleichungen*. Vorlesung an der Georg-August-Universität Göttingen im Sommersemester 1976.

[H7]   E. Heinz: *On certain nonlinear elliptic systems and univalent mappings*. Journal d'Analyse Math. 5, 197-272 (1956/57).

[H8]   E. Heinz: *An elementary analytic theory of the degree of mapping*. Journal of Math. and Mechanics **8**, 231-248 (1959).

[He1]   G. Hellwig: *Partielle Differentialgleichungen*. B. G. Teubner-Verlag, Stuttgart, 1960.

[He2]   G. Hellwig: *Differentialoperatoren der mathematischen Physik*. Springer-Verlag, Berlin ..., 1964.

[Hi1]   S. Hildebrandt: *Analysis 1*. Springer-Verlag, Berlin ..., 2002.

[Hi2]   S. Hildebrandt: *Analysis 2*. Springer-Verlag, Berlin ..., 2003.

[HS]   F. Hirzebruch und W. Scharlau: *Einführung in die Funktionalanalysis*. Bibl. Inst., Mannheim, 1971.

[HC]   A. Hurwitz, R. Courant: *Funktionentheorie*. Grundlehren der Math. Wissenschaften **3**, 4. Auflage, Springer-Verlag, Berlin ..., 1964.

[J]   F. John: *Partial Differential Equations*. Springer-Verlag, New York ..., 1982.

[Jo]   J. Jost: *Partielle Differentialgleichungen. Elliptische (und parabolische) Gleichungen*. Springer-Verlag, Berlin ..., 1998.

[M]   C. Müller: *Spherical Harmonics*. Lecture Notes in Math. **17**, Springer-Verlag, Berlin ..., 1966.

[R]   W. Rudin: *Principles of Mathematical Analysis*. McGraw Hill, New York, 1953.

[S1]   F. Sauvigny: *Analysis I*. Vorlesungsskriptum an der BTU Cottbus im Wintersemester 1994/95.

[S2]   F. Sauvigny: *Analysis II*. Vorlesungsskriptum an der BTU Cottbus im Sommersemester 1995.

[Sc]   F. Schulz: *Regularity theory for quasilinear elliptic systems and Monge-Ampère equations in two dimensions*. Lecture Notes in Math. **1445**, Springer-Verlag, Berlin ..., 1990.

[V]   I. N. Vekua: *Verallgemeinerte analytische Funktionen*. Akademie-Verlag, Berlin, 1963.

Sachverzeichnis

Druck und Bindung: Strauss GmbH, Mörlenbach